土木工程系列教材

钢结构设计

主　编　王仕统
副主编　周学军
参　编　陈　兰　姜正荣　陈　麟
主　审　钟善桐

华南理工大学出版社
·广州·

内 容 简 介

本书分三篇共九章，分别论述单层屋盖弯矩钢结构（包括门式刚架轻型房屋钢结构、钢屋架厂房、平板网结构）、屋架空间结构（包括屋架空间结构、网壳）、高层全钢结构（包括材料、体型与抗侧体系、钢框架的近似计算、构件与结点的设计）。

本书图文并茂，并配有丰富的案例和计算实例，可作为土木工程相关专业的教材，也可供相关技术人员参考。

图书在版编目（CIP）数据

钢结构设计/王仕统主编．—广州：华南理工大学出版社，2010.7（2017.7 重印）
（土木工程系列教材）
ISBN 978-7-5623-3272-5

Ⅰ. ①钢… Ⅱ.①王… Ⅲ.①钢结构-结构设计-高等学校-教材 Ⅳ. ①TU391.04

中国版本图书馆 CIP 数据核字（2010）第 122471 号

总 发 行：华南理工大学出版社（广州五山华南理工大学 17 号楼，邮编 510640）
营销部电话：020-87113487 87110964 87111048（传真）
E-mail: scutc13@scut.edu.cn http://www.scutpress.com.cn
策划编辑：赖淑华
责任编辑：张树元
印 刷 者：湛江日报社印刷厂
开 本：787mm×1092mm 1/16 印张：28.5 字数：712 千
版 次：2010 年 7 月第 1 版 2017 年 7 月第 2 次印刷
定 价：48.00 元

前　言

全钢结构的三大核心价值是:最轻的结构、最好的延性和最短的工期。这些核心价值能使结构获得最优的抗震性能。因此,在大跨度钢屋盖和超高层钢结构中,先进国家大量采用钢结构,并能基本上实现以上三个优点,我国的钢结构设计,任重而道远。

钢结构行业包括设计与施工(制造、安装),为了实现钢结构的优势,设计是关键,而精心设计[58]的第一步就是正确选择结构方案(概念设计);由于当前的所谓"结构设计"实为结构验算,因此,第二步就是正确选择截面。否则,"设计"出来的结构不仅笨重、浪费钢材,也直接导致施工十分艰难,造成不必要的巨大浪费。设计是硬道理,硬道理在哪里?就是结构师要利用力学功底正确选择结构方案。方案选错,优化是无用的。

本书按结构新分类——轴力结构和弯矩结构编排,共三篇,九章,六个附录:

轴力结构	弯矩结构	
屋盖空间结构(大跨度)	屋盖弯矩结构(中、小跨度)	三维体空间结构
第二篇　屋盖空间结构	第一篇　单层钢结构	第三篇　高层全钢结构
第4章　屋盖空间结构简论	第1章　门式刚架轻型房屋钢结构	第6章　总论
第5章　网壳	第2章　钢屋架厂房	第7章　材料、作用、体型与抗侧力体系
	第3章　平板网架结构	第8章　钢框架的近似计算
		第9章　构件与结点的设计

附　录

1　风荷载计算
2　受弯构件的容许挠度
3　轴心受压构件的稳定系数 μ_2
4　柱的计算长度系数
5　疲劳计算的构件和连接分类
6　无缝圆钢管和直缝焊接圆钢管的截面特性

本书由王仕统教授(华南理工大学)主编,周学军教授(山东建筑大学)任副主编。我国钢结构泰斗钟善桐教授(哈尔滨工业大学)主审。

参加本书编写的人员有:周学军(第1章),陈兰副教授(第2章,华南理工大学),姜正荣博士(第3章,华南理工大学),王仕统(第4、5、6、7、8章),陈麟副教授(第9章,广州大学)。

限于编者水平,书中如有疏漏,敬请读者指正。

2010年5月15日

目　录

第一篇　单层屋盖弯矩钢结构

第三篇 高层全钢结构

第一篇

单层屋盖弯矩钢结构

第1章　门式刚架轻型房屋钢结构

1.1　概述

1.1.1　门式刚架结构的组成

门式刚架轻型房屋钢结构具有受力简单、传力路径明确、构件制作快捷、便于工厂化加工、施工周期短等特点，因此广泛应用于工业、商业及文化娱乐公共设施等工业与民用建筑中。

门式刚架轻型房屋钢结构源于美国，在欧洲、日本和澳大利亚等国也得到了广泛的应用，尤以美国的门式刚架轻型房屋钢结构体系发展最快、应用也最广泛。由于美国汽车工业的发展，最初主要将其用于建造私人汽车车库等简易房屋。第二次世界大战期间，由于战争的需要，一些拆装方便的轻型房屋钢结构建筑用于营房和库房。20世纪中期，国外建筑钢材的产量和加工水平有了很大突破，随着色彩丰富、耐久性强的彩色压型钢板的出现，加之H型钢和冷弯型钢的问世，极大地推动了门式刚架轻型房屋钢结构的发展。随着新型建筑材料的出现，加工设备也不断改善，设计形式呈多样化，门式刚架轻型房屋钢结构体系逐渐应用于大型工业厂房、商业建筑、交通设施等建筑中，实现了结构分析、设计、出图的程序化，构件加工工厂化，安装施工和经营管理一体化的流程。目前，大部分国外轻钢结构公司（如美国的巴特勒公司、ABC公司等）都具有自己的门式刚架轻型房屋钢结构系列，各公司的产品系列大同小异。据统计，欧美各国门式刚架轻型房屋钢结构体系建造的非住宅单层建筑物占总数的50%以上。在许多国家，如英、美、日、澳大利亚等已作为一种经济快捷的建筑结构体系，以商品的形式出售。

我国门式刚架轻型房屋钢结构的应用和研究起步较晚，但类似门式刚架体系的结构早在建国初期的一些旧工厂改建时已见到，此类建筑多为20世纪20～30年代建造的40～50 m跨度的库房与厂房，大部分为格构式门式刚架。早期的格构式刚架的屋面采用薄钢板、油毡、望板和木檩，保温材料是锯末石灰等轻质材料。到20世纪80年代中后期，随着“三资”企业的增多，实腹式门式刚架在我国的工业厂房中开始应用，这类厂房的屋面与墙面材料一般采用压型钢板，整体结构具有基础简单（多为钢筋混凝土独立基础）、重量轻、施工方便、工期短和造价低等优点，因而得到了迅速发展；与此同时，《门式刚架轻型房屋钢结构技术规程（CECS 102:2002）》[6]的颁布，也为我国轻型钢结构的推广应用起到了促进和更加规范化的作用。时至今日，在新建单层厂房中，门式刚架轻钢结构达到了一统天下的程度。

门式刚架轻型房屋钢结构主要是由梁、柱、檩条、墙梁、支撑、屋面和墙体等构件组成的一种结构体系。对一些带有特殊使用功能的厂房，内部还设有吊车梁。

图1-1为某工厂的一座轻钢结构生产车间。主体结构采用轻型门式刚架形式，内有中级工作制桥式吊车。为使立面效果简洁美观，屋面采用有组织内排水形式。外墙面和屋面板均采用双层压型钢板，两层压型钢板之间有耐火性能较好的岩棉保温隔热层。

图1-1 工程实例

组成门式刚架轻型房屋钢结构的基本构件一般是在工厂内采用自动化生产线焊接成形，施工现场采用高强度螺栓连接，减少了现场焊接工作量，可使工程的施工进度和质量得到较好的保证。屋面和墙面一般采用轻质彩钢板，自重较轻，可减小结构梁柱构件的截面尺寸，降低结构造价。同时，结构自重减轻，还可提高结构整体抗震性能。

一般来讲，门式刚架轻型房屋钢结构主要由以下几部分组成。

(1) 主结构：由横向门式刚架、吊车梁、托梁、支撑体系等组成，是该体系的主要承重结构。房屋所承受的竖向荷载、水平荷载以及地震作用均是通过门式刚架承受并传至基础的。

(2) 次结构：屋面檩条和墙面檩条等。屋面板支承在檩条上，檩条支承在屋面梁上，檩条及墙梁一般为Z型或C型冷弯薄壁型钢。

(3) 围护结构：屋面板和墙板。屋面板（墙面板）起围护作用并承受作用在板上的荷载，再将这些荷载传至檩条（墙梁）上。屋面及墙面板一般为压型钢板、彩钢夹芯板（保温芯材一般为聚苯乙烯泡沫塑料、聚氨酯泡沫塑料、岩棉等)。

(4) 辅助结构：楼梯、平台、扶栏等。

(5) 基础：基础主要承受钢柱以及基础梁传来的荷载，并将荷载传至地基上。

图1-2所示为一般门式刚架轻型房屋钢结构的组成。

1.1.2 门式刚架结构的特点和应用

门式刚架轻钢结构与钢筋混凝土结构及一般普通钢结构相比具有自重轻、刚度大、柱网布置灵活、结构简洁、受力合理及施工方便等优点。

1. 门式刚架的重量轻

体现在如下几个方面：

(1) 门式刚架轻型房屋钢结构是以轻钢结构系统（冷弯薄壁型钢的檩条和墙梁、彩涂压型钢板和轻质保温材料的屋面板和墙板）代替传统的混凝土和热轧型钢制作的屋面板、檩条，质量很轻。用钢量一般在10～30 kg/m^2。在相同跨度和荷载条件的情况下，自重仅为钢筋混凝土结构的1/30～1/20、普通钢屋架的1/5～1/10。因此，基础的尺寸也可以

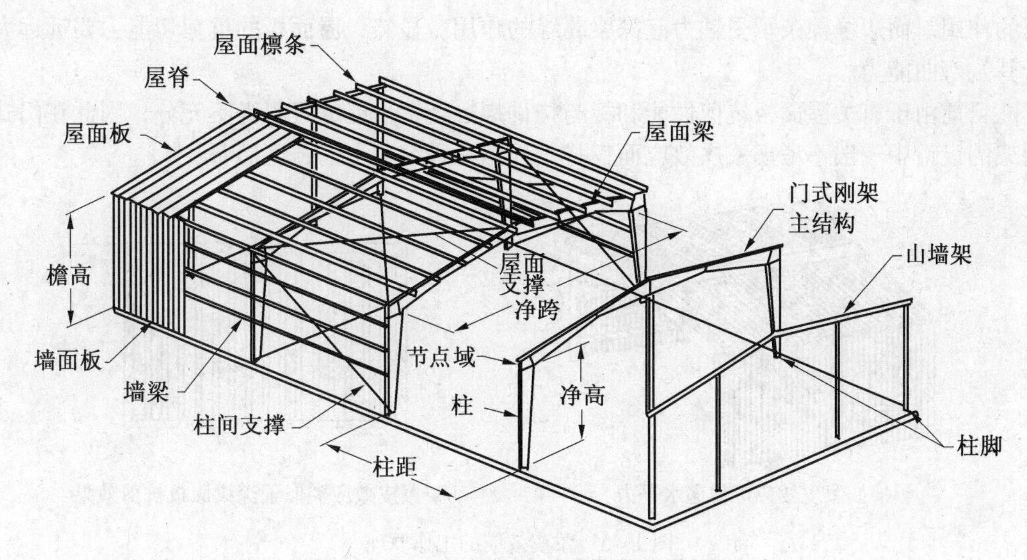

图1-2　门式刚架轻型房屋钢结构的组成

相应地减小。

(2) 门式刚架的梁、柱多采用变截面杆件，可以节省材料。由于刚架的截面抵抗矩与抗弯承载力成正比，故刚架可根据其截面上的弯矩值大小，采用变截面（楔形）形式；变截面位置处根据需要可改变腹板的高度和厚度及翼缘的宽度，做到材尽其用。

(3) 门式刚架的腹板可按有效宽度设计，即允许部分腹板失稳，并可利用其屈曲后强度。因此，在门式刚架中腹板的高厚比可以超出《钢结构设计规范（GB 50017—2003）》[4]的界限，从而减少结构的用钢量。

(4) 门式刚架钢梁的侧向刚度和稳定性可通过檩条和隅撑来提供保证。钢梁的平面外计算长度为檩条或隅撑间距。设置隅撑，可省去部分门式刚架的纵向刚性构件，减小钢梁的翼缘宽度，从而降低结构用钢量。

(5) 对跨度较大的单层厂房结构，可采用一个大屋脊的双坡屋面结构。在跨度中部设置一些上下铰接的摇摆柱，减小横梁的跨度，从而减小横梁截面尺寸，降低整体用钢量。

另外，结构构件本身的截面尺寸较小，还可以有效地利用建筑空间，降低房屋的高度，减小建筑体积，建筑造型美观。

2. 门式刚架的整体刚度较好

门式刚架体系中存在着较大的蒙皮效应，蒙皮效应的存在使建筑物整体刚度得以加强。

蒙皮效应的工作原理是：围护板与檩条以及板与板之间通过不同的紧固件连接起来，形成了以檩条作为其肋的一系列隔板。这种板在平面内具有相当大的刚度，类似于薄壁深梁中的腹板，檩条类似于薄壁深梁中的加劲肋，板的四周连接墙梁或檩条类似于薄壁深梁中的翼缘，可以用来传递板平面内的剪力，承受板平面内的各种荷载作用（图1-3）。

满足一定条件的压型钢板以及轻型钢框架组成的门式刚架体系中存在着较大的蒙皮效应。如在垂直荷载作用下，坡顶门式刚架的运动趋势是屋脊向下、屋檐向外变形。屋面板将与支撑檩条一起以深梁的形式来抵抗这一变形趋势。这时，屋面板承受剪力，起深梁腹板的作用。而边缘檩条承受轴力起深梁翼缘的作用。显然，屋面板的抗剪切能力要远远大于其抗弯曲能力。

目前由于有关屋面板抗剪性能和板与构件螺栓连接性能的资料尚不充分，因此在门式刚架的设计中一般不考虑蒙皮效应而仅将其作为一种结构上的强度储备。

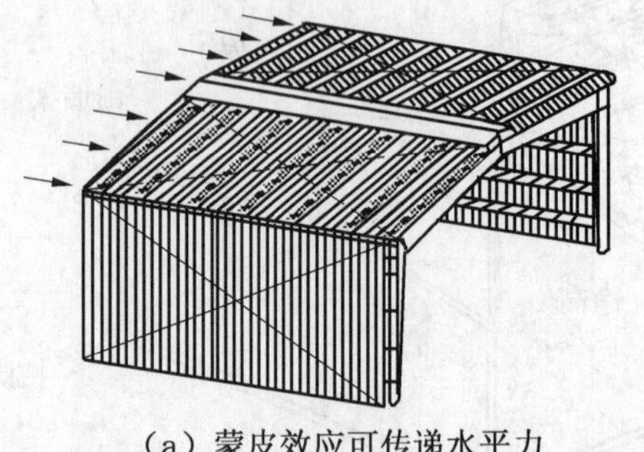

（a）蒙皮效应可传递水平力

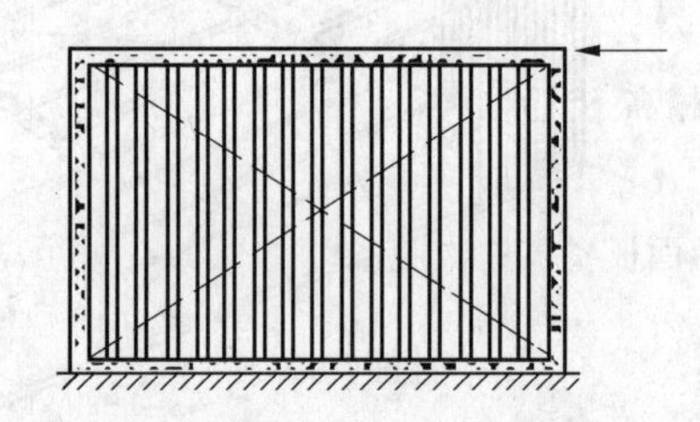

（b）蒙皮效应类似于深梁腹板抗剪效果

图 1－3　蒙皮效应的工作原理

3. 柱网布置灵活

门式刚架轻钢结构厂房设计，存在经济跨度和刚架最优间距。在工艺要求允许的情况下，尽量选择小跨度的门式刚架较为经济。门式刚架的柱距不受模数限制。一般情况下，门式刚架的最优间距为 6～9 m，当设有大吨位吊车时，一般为 7～9 m，不宜超过 9 m，超过 9 m 时，屋面檩条、吊车梁与墙架体系的用钢量也会相应增加，造价并不经济。众多工程实例表明，7.5 m 左右的柱距较为经济。

4. 门式刚架的支撑系统简洁

由于门式刚架屋面体系的整体性可以依靠檩条、隅撑来保证，从而减少了屋盖支撑的数量，结构的支撑系统（包括屋面支撑系统和柱间支撑系统）比较简洁明了，而且一般可采用柔性支撑（如张紧的圆钢）将其直接或用水平节点板连接在腹板上即可。当然，当厂房内有起重量超过 5 t 的吊车时应采用刚性支撑（如角钢、槽钢、钢管等）作为结构的支撑。

5. 门式刚架的综合经济效益高

由于门式刚架构件的刚度好，其平面内、外的刚度差别较小，为制作、运输、安装提供了较有利的条件。结构构件可全部在工厂制作，工业化程度高，运输便捷，安装方便快速，土建施工量小，综合经济效益高。

近年来，随着我国钢产量的逐年增长（2009 年我国钢产量为 5.2 亿 t，约占全世界钢产量的 40%，居世界第一位），钢结构发展形势普遍看好，我国门式刚架结构的设计、制作、安装技术已趋成熟，门式刚架的应用范围也越来越广泛。应用范围从各类轻型厂房、仓库、物流中心、大型超市等扩大到体育场馆、车站候车大厅、展览厅、加层建筑等民用建筑中。据不完全统计，国内每年至少有 1000 万 m^2 的轻钢结构建筑物竣工，全国从事门式刚架轻型钢结构加工制作的厂家估计有 1000 家。门式刚架轻型钢结构房屋的制作安装质量也逐步提高，建筑造型也越来越美观新颖。压型钢板及夹芯板加工厂家遍布全国各地，有的厂家已具有独自的屋面墙面围护系统，有的厂家引进国外先进设备，技术水平不断提高。目前国内的压型板板型有几十种，其生产线大部分都是国内制造的。门式刚架轻型钢结构房屋的大量应用，也带动了相关配套行业的发展和兴旺，设计软件的开发，焊接型钢、冷弯薄壁型钢及压型钢板等加工设备的制造，采光板、保温材料、零配件连接件和密封材料的生产厂家也逐渐发展起来，技术水平也在逐步提高。总之，近年来，门式刚架轻型房屋钢结构及其相关的产业呈现出一派繁荣昌盛蒸蒸日上的发展局面。

1.2　结构形式和结构布置

1.2.1　结构形式

门式刚架又称山形门式刚架，其结构形式是多种多样的，按跨度数可分为单跨刚架(根据需要可带挑檐或毗屋)、双（多）跨连续刚架或双（多）跨中间摇摆柱刚架。按屋面排水方式可分为单坡刚架和双坡刚架。根据建筑结构的通风、采光等要求，可在门式刚架轻型房屋钢结构的屋面上设置通风口、采光带等。门式刚架结构形式如图 1－4 所示。

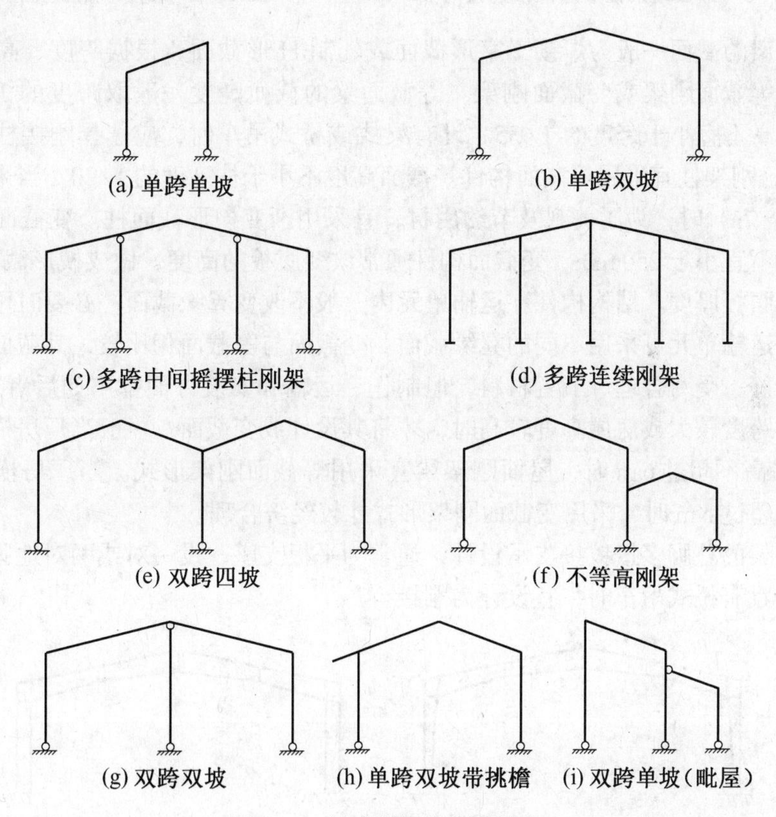

图 1－4　门式刚架的结构形式

结构形式的选取应考虑生产工艺、吊车吨位及建筑尺寸等因素的影响。对于多跨刚架，在相同跨度条件下，多脊多坡与单脊双坡的刚架用钢量大致相当，常做成一个屋脊的双坡屋面。这是因为金属压型板屋面为长坡面排水创造了条件。而多脊多坡刚架的内天沟容易产生渗漏及堆雪现象。不等高刚架（图 1－4f）这一问题更为严重，在实际工程中应尽量避免这种刚架形式。

双坡多跨刚架，用于无桥式吊车房屋时，当刚架柱不是特别高且风荷载也不是很大时，中柱宜采用两端铰接的摇摆柱（图1－4c），中间摇摆柱和梁的连接构造简单（图1－5），而且制作和安装都省工。这些柱不参与抵抗侧力（仅承受轴力），截面也比较小。但是在设有桥式吊车的房屋时，中柱宜为两端刚接（图1－4d、图1－6），以增加刚架的侧向刚度。

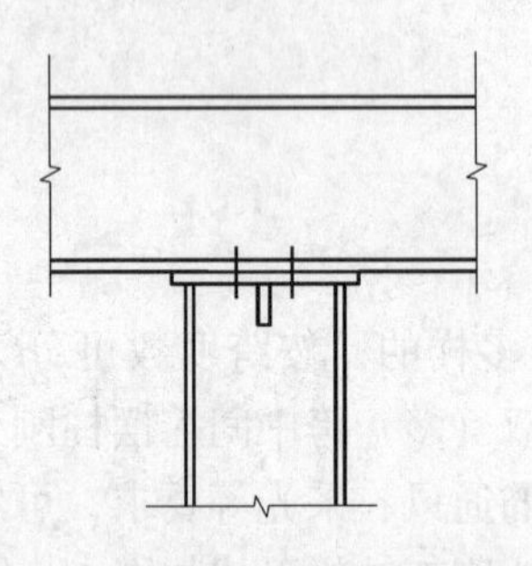
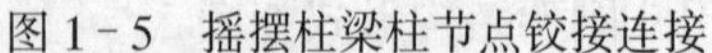

图1－5　摇摆柱梁柱节点铰接连接

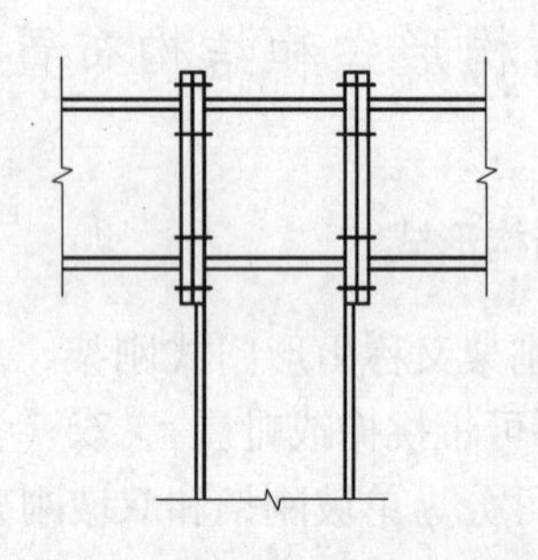

图1－6　梁柱节点刚性连接

门式刚架的截面一般为焊接工字形截面或轧制H形截面，根据跨度、高度及荷载不同，可采用等截面刚架或变截面刚架。等截面梁的截面高度一般取跨度的1/40～1/30，变截面梁端高不宜小于跨度的1/35。设有梁式或桥式吊车时，应选择刚接柱脚门式刚架（图1－7b），刚架柱宜采用等截面构件。截面高度不小于柱高度的1/20。当采用铰接柱脚刚架（图1－7a）时，为了美观及节约用材，宜采用渐变楔形截面柱。变截面柱在铰接柱脚处的高度不宜小于250 mm。变截面构件通常改变腹板的高度，做成楔形截面；必要时，也可以改变腹板厚度。结构构件在运输单元内一般不改变翼缘截面，必要时可改变翼缘厚度；邻接的运输单元可采用不同的翼缘截面。变截面与等截面相比较，其截面形状与内力图形吻合较好，受力合理、节省材料，但制作、运输和安装方面都不如后者方便。因此，只有当刚架跨度较大或房屋高度较高时，才将其设计成变截面。一般当厂房横向跨度不超过15 m、柱高不超过6 m时，屋面刚架梁宜采用等截面刚架形式。当厂房横向跨度大于15 m、柱高超过6 m时，采用变截面刚架形式才较经济合理。

门式刚架的柱脚多按铰接支承设计，通常为平板支座，设一对或两对地脚螺栓。当用于工业厂房且有桥式吊车时，宜设计为刚接。

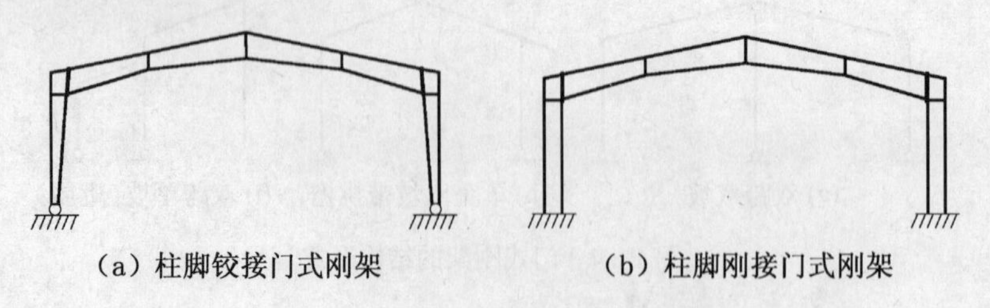

（a）柱脚铰接门式刚架　　（b）柱脚刚接门式刚架

图1－7　不同柱脚形式的门式刚架

门式刚架轻型房屋屋面坡度宜取1/20～1/8，在雨水较多的地区取其中的较大值。

门式刚架可由多个梁、柱单元构件组成，柱一般为单独单元构件，斜梁可根据运输条件划分为若干个单元。单元构件本身采用焊接，单元之间可通过端板用高强度螺栓连接。

1.2.2　结构布置

门式刚架轻型房屋钢结构的布置主要包括建筑尺寸要求、结构平面布置、墙架布置以及支撑布置等。

1. 建筑尺寸要求

门式刚架轻型房屋钢结构的建筑尺寸应符合下列规定。

(1) 门式刚架的跨度应取横向刚架柱轴线间的距离。

(2) 门式刚架的高度应取地坪至柱轴线与横梁轴线交点的高度；门式刚架轻型房屋的檐口高度应取地坪至屋外侧檩条上缘的高度；门式刚架轻型房屋的最大高度应取地坪至屋盖顶部檩条上缘的高度。门式刚架的高度应根据使用要求的室内净高确定，有吊车的厂房应根据轨顶标高和吊车净空要求确定。

(3) 柱的轴线可取通过柱下端（变截面时，取较小端）中心的竖向轴线；工业建筑边柱的定位轴线宜取柱外皮；横梁的轴线可取通过变截面梁段最小端中心与横梁上翼缘平行的轴线。

(4) 门式刚架轻型房屋的宽度应取房屋侧墙墙梁外皮之间的距离；门式刚架轻型房屋的长度应取两端山墙墙梁外皮之间的距离。

(5) 门式刚架轻型房屋屋面坡度可视屋面材料及排水条件的不同，在1/20～1/10之间（长尺寸压型金属板屋面或卷材屋面）及1/6～1/4之间（短尺寸压型金属板或石棉瓦屋面）选用，在雨水较多的地区宜取其中的较大值。

(6) 门式刚架的跨度宜为9～36 m，以3 m为模数，也可采用非模数跨度。当边柱截面不等时，其外侧应对齐。门式刚架的高度宜为4.5～9 m，必要时可适当加大，但最大不宜超过18 m，否则应按《钢结构设计规范（GB 50017—2003)》[4]和《建筑结构荷载规范（GB 50009—2001)》[2]进行设计。门式刚架的间距（即柱距）宜为6 m，也可采用7.5 m或9 m，最大可采用12 m；门式刚架跨度较小时，也可采用4.5 m。

(7) 门式刚架的檐口挑檐长度可根据使用要求确定，宜为0.5～1.2 m，其上翼缘坡度宜与横梁坡度相同。

2. 结构平面布置

(1) 门式刚架轻型房屋钢结构的温度区段长度（伸缩缝间的距离），应符合下列规定：

纵向温度区段不大于300 m（沿厂房长度方向）；

横向温度区段不大于150 m（沿厂房跨度方向）。

当需要设置伸缩缝时，可采用两种做法：①在搭接檩条（墙梁）的螺栓连接处采用长圆孔连接，并使此处屋面板（墙面板）在构造上允许胀缩（1-8a)；②若建筑使用要求允许，可设置双柱（图1-8b)。

对有吊车的厂房，当设置双柱形式的纵向伸缩缝时，伸缩缝两侧刚架的横向定位轴线可加插入距（图1-8c)。

(2) 在刚架局部抽柱处，可布置托架或托梁（图1-9)。

(3) 屋面檩条的布置应考虑天窗、通风屋脊、采光带、屋面材料、檩条供货规格等因素的影响，檩条应等间距布置。在屋脊处，应沿屋脊两侧各布置一道檩条，使得屋面板的外伸宽度不要太长（一般＜200 mm)，在天沟附近应布置一道檩条，以便于天沟的固定。

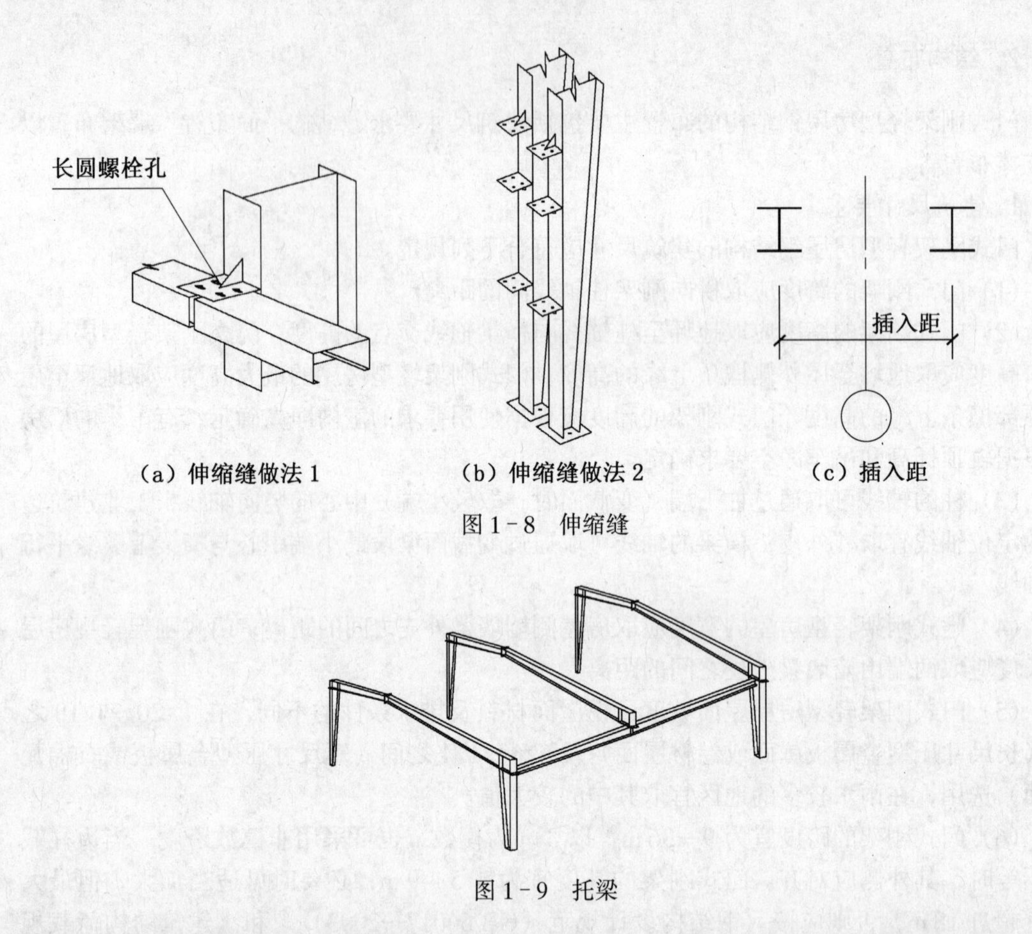

（a）伸缩缝做法 1　　（b）伸缩缝做法 2　　（c）插入距

图 1-8　伸缩缝

图 1-9　托梁

檩条间距应按计算确定，可参见 1.4 节。

(4) 门式刚架的合理柱距应综合使用要求、刚架跨度、檩条合理跨度及荷载条件等因素确定，一般可取 6～12 m。对有檩轻型屋面板且跨度较大时，宜选用较大值。为了方便布置支撑，亦可在大柱距中插入个别小柱距，如 12 m+6 m 的混合柱距。

3. 墙架布置

(1) 门式刚架轻型房屋钢结构侧墙墙梁的布置，应考虑门窗、挑檐、雨篷等构件和围护材料的设置要求。

(2) 门式刚架轻型房屋钢结构的侧墙，当采用压型钢板作为围护面时，墙梁宜布置在刚架柱的外侧，其间距随墙板板型和规格而异，且不应大于计算确定的值。墙梁计算参见 1.4 节。

(3) 当抗震设防烈度不高于 6 度时，外墙可采用砌体；当为 7 度、8 度时，外墙不宜采用嵌砌砌体；当为 9 度时，外墙宜采用与柱柔性连接的轻质墙板。

4. 支撑布置

支撑布置的目的是使每个温度区段或分期建设的区段构成稳定的空间结构体系。布置的主要原则如下：

(1) 在每个温度区段或分期建设的区段中，应分别设置能独立构成空间稳定结构的支撑体系。

(2) 端部支撑宜设在温度区段端部的第一个开间，若设置在第二个节间，在第一开间的相应位置应设置刚性系杆。

(3) 在刚架转折处（单跨房屋边柱柱顶和屋脊，以及多跨房屋某些中间柱柱顶和屋脊）宜设置通长的刚性系杆。对跨度较大的刚架，中部也宜设置适量的刚性系杆，以保证刚架的平面外稳定。

(4) 由支撑斜杆等组成的水平桁架，其直腹杆宜按刚性系杆考虑，可由檩条兼作（注意：此时檩条应按压弯构件计算）；当刚度和承载力不足时，可在刚架横梁间设置钢管、H 型钢或其他截面形式的杆件以减少横梁的平面外计算长度。

(5) 柱间支撑的间距应根据房屋纵向受力情况及安装条件确定，一般取 30～40 m，不应大于 60 m；支撑与相连构件的夹角为 30°～60°，45°的支撑斜杆能最有效地传递水平荷载，当柱子较高导致单层支撑构件角度过大时应考虑设置双层柱间支撑。

(6) 设置柱间支撑的开间，应同时设置屋盖横向支撑，以组成几何不变体系（参见图 1-2）。

(7) 有吊车时，应在厂房单元中部设置上下柱间支撑，并应在厂房单元两端增设上柱支撑。当抗震设防烈度为 7 度且结构单元长度大于 120 m，或为 8 度、9 度且结构单元长度大于 90 m 时，应在单元中部 1/3 区段内设置两道上下柱间支撑。

(8) 门式刚架轻型房屋钢结构的支撑，宜采用张紧的十字交叉圆钢支撑，用特制的连接件与梁柱腹板连接。连接件应能适应不同的夹角。圆钢端部应有扣丝，校正定位后将拉条张紧固定。

(9) 当设起重量≥5t 的桥式吊车时，柱间支撑宜采用型钢。当房屋中不允许设置柱间支撑时，应设置纵向刚架。

(10) 为了保证门式刚架梁下翼缘和柱内翼缘的平面外稳定，可在横梁和钢柱上增设隅撑，如图 1-10 所示。

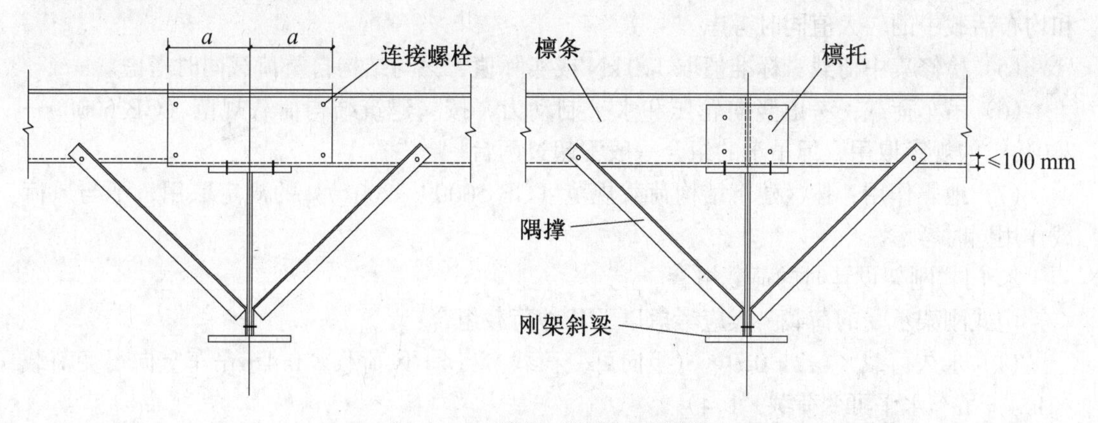

图 1-10　横梁（钢柱）的隅撑

除了结构设计中必须正确设置支撑体系以确保其整体稳定性之外，还必须注意结构安装过程中的整体稳定性。安装时应该首先构建稳定的安装单元，然后逐榀将平面刚架连接于稳定单元上直至完成全部结构。在稳定的安装单元形成前，必须施加临时支撑固定已安装的刚架部分。

1.3 主刚架设计与构造

1.3.1 刚架荷载及荷载组合

1. 门式刚架设计时应考虑的荷载

1）永久荷载

作用在门式刚架上的永久荷载主要有以下两项：

(1) 结构自重：包括屋面板、檩条、支撑体系、刚架以及墙架等自重。在初步计算时，若通过手工计算，一般此项折算荷载标准值为 0.45～0.55 kN/m^2；若通过有限元软件来计算，由于有限元软件一般能自动考虑刚架自重，因此，屋面板、檩条、支撑的自重标准值一般取为 0.30～0.40 kN/m^2。

(2) 附属部分自重：包括结构的吊顶、管线、门窗以及天窗架等自重。

2）可变荷载

作用在门式刚架上的可变荷载主要有以下几项：

(1) 屋面活荷载：当采用压型钢板且不上人的轻型屋面时，屋面竖向均布活荷载的标准值（按水平投影面积）应取 0.50 kN/m^2。对受荷载水平投影面积大于 60 m^2的刚架构件，当仅有一个可变荷载参与组合时，屋面竖向均布活荷载的标准值应取 0.30 kN/m^2。

(2) 风荷载：按现行《门式刚架轻型房屋钢结构技术规程（CECS 102:2002)》的规定取用。

(3) 雪荷载：按现行《建筑结构荷载规范（GB 50009—2001)》的规定采用，与均布活荷载不同时考虑，取其中较大值计算。

(4) 积灰荷载：按现行《建筑结构荷载规范（GB 50009—2001)》的规定采用，与雪和均布活载中的较大值同时考虑。

(5) 检修集中荷载：标准值取 1.0 kN 或实际值，只与结构自重荷载同时考虑。

(6) 吊车荷载：考虑竖向轮压和水平制动力，按《建筑结构荷载规范（GB 50009—2001)》的规定取用，但吊车的组合一般不超过两台。

(7) 地震作用：按《建筑结构荷载规范（GB 50009—2001)》的规定取用，不与风荷载作用同时考虑。

2. 门式刚架设计时的荷载组合

门式刚架承受的荷载一般应考虑以下几种荷载组合：

(1) 永久荷载×1.2+0.9×（竖向可变荷载×1.4+风荷载×1.4+吊车竖向可变荷载×1.4+吊车水平可变荷载×1.4)；

(2) 永久荷载×1.0+0.9×（风荷载×1.4+邻跨吊车水平可变荷载×1.4)；

(3) 永久荷载×1.0+风荷载×1.4；

(4) 永久荷载×1.2+竖向可变荷载×1.4；

(5) 1.0×永久荷载+0.5×竖向可变荷载+1.0×吊车自重；

(6) 1.2×永久荷载+1.4×（0.5×竖向可变荷载+1.0×吊车自重）+1.3×地震作用。

值得注意的是：(1)(4) 组合主要用于计算最大弯矩及最大轴力的内力组合；用于刚架截面验算；(2)(3) 组合主要用于计算轴力最小而相应弯矩最大的内力组合；用于柱脚及锚栓验算。另外（3）组合还适用于刚架的抗倾覆验算；(5) 组合适用于计算刚架的地震作用和自振特性；(6) 组合适用于计算有地震作用参与组合时的刚架内力。

实际经验表明，对轻型房屋的刚架，当抗震设防烈度为 6 度或抗震设防烈度为 7 度而相应风荷载标准值大于 0.35 kN/m^2 或抗震设防烈度为 8 度而相应风荷载标准值大于 0.45 kN/m^2 时，地震作用一般不起作用，可只进行基本的内力计算。

1.3.2　刚架的内力计算

1. 门式刚架内力的计算方法

门式刚架的内力计算可根据构件截面的类型采用不同的计算方法。对构件为变截面的门式刚架应采用弹性分析方法确定各种内力，不宜采用塑性分析方法；对构件截面全部为等截面的门式刚架允许采用塑性分析方法，也可按弹性分析方法来确定各种内力。

1）弹性分析方法

弹性分析可按一般结构力学方法（如力法、位移法、弯矩分配法等）或利用静力计算公式、图表确定；也可采用有限元（直接刚度法）编制程序上机计算。对梁、柱截面为变截面的刚架，进行内力分析时，应计入截面变化对内力分析的影响。若采用有限元方法计算变截面门式刚架的内力时，宜将梁、柱构件分成若干段等截面单元作近似计算。单元的划分应按其两端实际惯性矩 I 值的比值约为 0.8 来划分，并取每段单元的中间截面惯性矩 I 值作为该单元的 I 值进行内力计算；也可以将整个构件视为楔形单元。

2）塑性分析方法

塑性设计法是考虑钢材具有充分塑性变形能力这一特性，在超静定结构中，当荷载达到一定数值时，受力较大的截面随着塑性变形的深入发展而形成塑性铰，使构件各截面产生应力重分布，从而提高结构的极限承载力。这种设计方法较符合实际工程情况，比弹性设计方法节约钢材 10%～20%。

采用塑性分析方法计算门式刚架的内力时，不能直接采用将各种荷载作用下的内力相叠加的方法进行计算，而应按各种可能出现的荷载组合分别进行内力分析，找出各种可能的破坏机构和计算出相应的塑性弯矩，然后从中取其最大弯矩。塑性分析方法按《钢结构设计规范（GB 50017—2003)》中的相关规定进行。

在实际应用中刚架采用塑性设计方法尚不普遍，故本节仅叙述有关弹性分析方法的计算内容。

2. 刚架的内力计算

对于变截面门式刚架，在采用弹性分析方法确定各种内力时，通常把刚架当作平面结构对待，一般不考虑蒙皮效应，只是把它当作安全储备。当有必要且有条件时，可考虑应力蒙皮效应。蒙皮效应是将屋面板视为沿屋面全长伸展的深梁，可用于承受平面内的荷载，面板可视为承受平面内横向剪力的腹板，其边缘构件可视为翼缘，承受轴向拉力和压力。与此类似，矩形墙板也可按平面内受剪的支撑系统处理。考虑应力蒙皮效应可以提高刚架结构的整体刚度和承载力，但对压型钢板的连接则有较高的要求。

根据不同荷载组合下的内力分析结果，找出控制截面的最不利内力组合。最不利内力组合应按梁、柱控制截面分别进行，一般可选柱顶、柱底、阶形柱变截面处、梁端、梁跨中等截面进行组合和截面的验算。

计算控制性截面的内力组合时一般应计算以下四种组合：

①N_{max}情况下 M_{max}及相应 V；

②N_{max}情况下 M_{min}（最大负弯矩）及相应 V；

③N_{min}情况下 M_{max}及相应 V；

④N_{min}情况下 M_{min}（最大负弯矩）及相应 V。

进行上述计算时均应考虑风荷载、吊车水平荷载、地震作用等，可正向或反向作用以及最大、最小吊车轮压可分别在左柱或右柱作用的最不利组合。

3. 刚架在各种荷载作用下的内力计算简图

（1）刚架在恒载作用下的内力计算简图和弯矩图，如图 1－11 所示。

（2）刚架在活载作用下的内力计算简图和弯矩图，如图 1－12 所示。

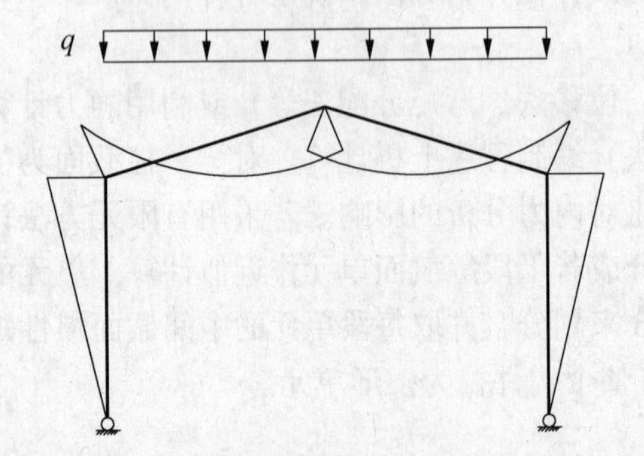

图 1－11　恒载作用下的内力计算简图和弯矩图

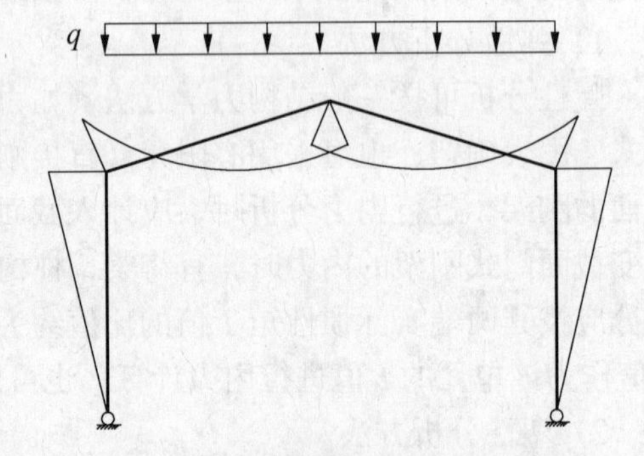

图 1－12　活载作用下的内力计算简图和弯矩图

①左半跨风吸力作用下的内力计算简图和弯矩图，如图 1－13 所示。

②右半跨风吸力作用下的内力计算简图和弯矩图，如图 1－14 所示。

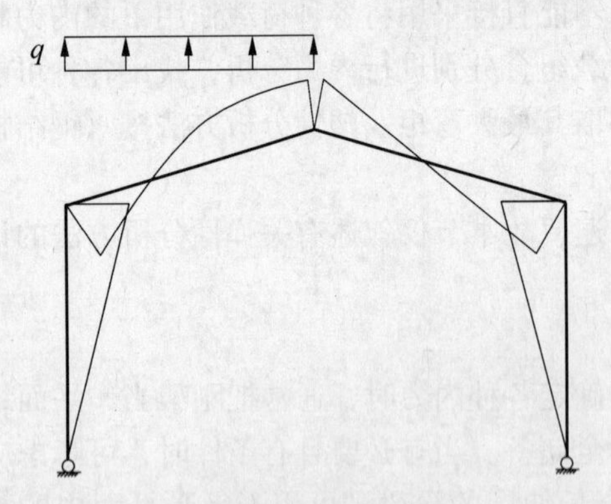

图 1－13　左半跨风吸力作用下的内力计算简图和弯矩图

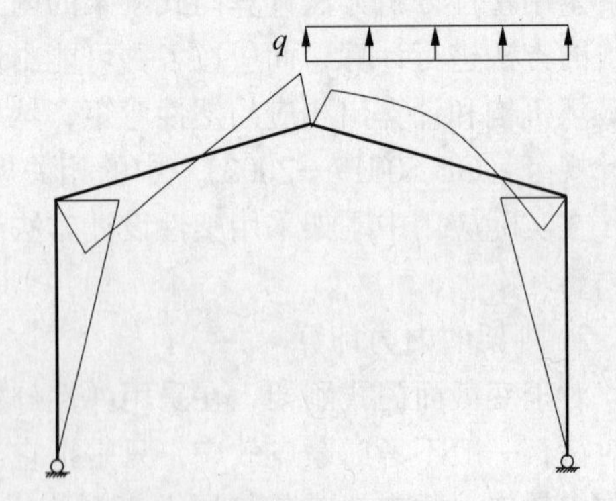

图 1－14　右半跨风吸力作用下的内力计算简图和弯矩图

③左柱身迎风作用下的内力计算简图和弯矩图，如图 1－15 所示。

④左屋面高度吸力作用下的内力计算简图和弯矩图，如图 1－16 所示。

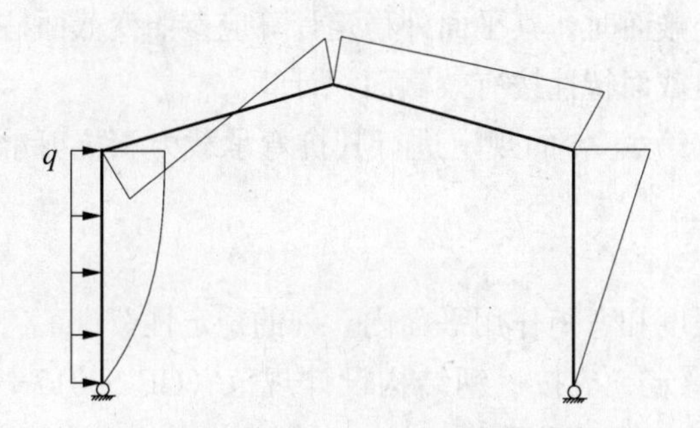

图 1－15　左柱身迎风作用下的内力计算简图和弯矩图

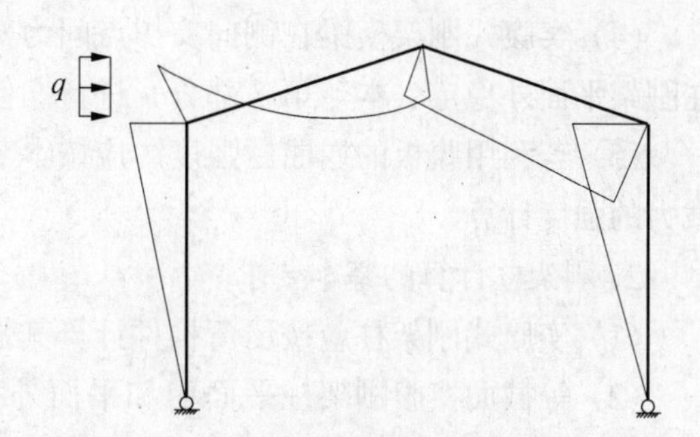

图 1－16　左屋面高度吸力作用下的内力计算简图和弯矩图

⑤右柱身背风作用下的内力计算简图和弯矩图，如图 1－17 所示。

⑥右屋面高度吸力作用下的内力计算简图和弯矩图，如图 1－18 所示。

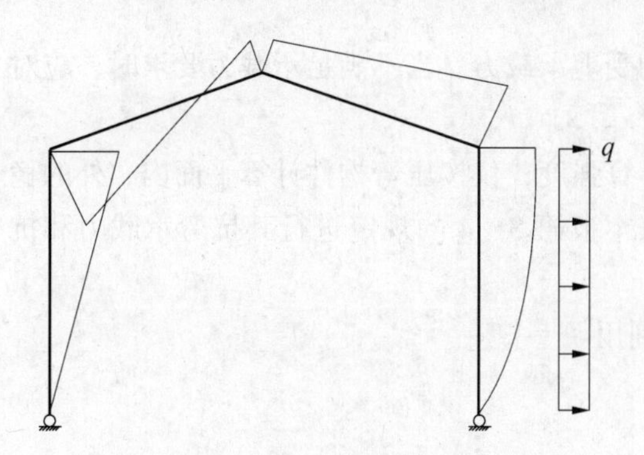

图 1－17　右柱身背风作用下的内力计算简图和弯矩图

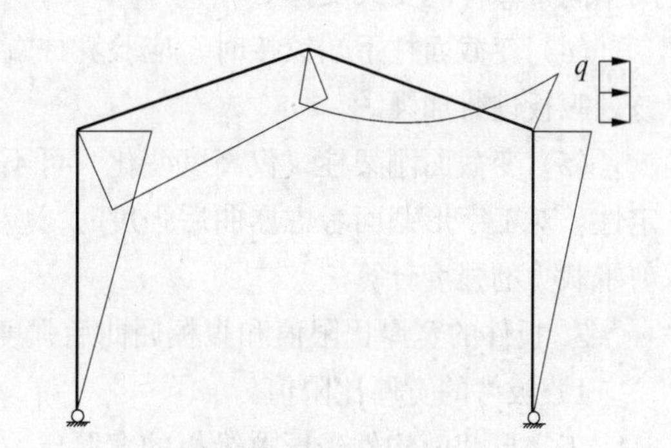

图 1－18　右屋面高度吸力作用下的内力计算简图和弯矩图

1.3.3　刚架梁、柱的截面设计

门式刚架的梁柱均为压弯构件，按照《钢结构设计规范（GB 50017—2003）》的要求，应计算构件的强度、平面内稳定和平面外稳定、局部稳定、刚度（变形）。但考虑到轻钢结构的特点，又有不同的计算公式。

1. 刚架横梁计算的基本要求

（1）实腹式刚架梁按压弯构件计算强度，同时，由于一般门式刚架屋面坡度较缓（≤10°），此时轴力较小，可近似于受弯构件，而受弯构件在梁的上翼缘又有檩条与之相连能阻止梁的侧向失稳（檩条间距一般为 1.5 m），故可不计算其平面内稳定性，只计算刚架平面外的稳定性；对刚架斜梁坡度大于 10°和刚架斜梁上作用有悬挂吊车时（此时横梁轴力较大），应补充验算横梁平面内稳定性。

（2）实腹式刚架横梁平面外稳定计算时，其平面外计算长度，应取截面上、下翼缘均同时被支承的侧向支承点间的距离，一般为在屋盖横向支撑点同时设置隅撑处。

（3）当实腹式刚架横梁承受负弯矩使其下翼缘受压时，必须在受压翼缘侧面布置隅撑以保证其整体稳定性，其间距可取不超过横梁受压翼缘宽度的 $16\sqrt{235/f_y}$ 倍。

(4) 实腹式刚架横梁在侧向支撑点间为变截面时，其平面外稳定计算应参照变截面柱在刚架平面外稳定（本节第7部分）进行。但截面特性按有效截面积计算。

(5) 若利用腹板的屈曲后强度，应按本节第3、4的规定进行其抗弯承载力和抗剪承载力的强度计算。

2. 刚架柱计算的基本要求

(1) 实腹式刚架柱应按压弯构件计算其强度和弯矩作用平面内、外的稳定性。

(2) 等截面实腹刚架柱平面内和平面外稳定，应按《钢结构设计规范（GB 50017—2003)》的相关规定进行计算，其截面特性按有效截面积取用。

(3) 计算平面外稳定时，钢柱平面外的计算长度为柱间支撑的支承点，当柱间支撑仅设置在柱子截面一个翼缘（或其附近）时，应在此处设置隅撑（连接于另一翼缘和檩条上）以支撑柱全截面。对工字形截面柱由于双主轴方向的回转半径相差较多，故一般均采用中间带撑杆的交叉支撑。

(4) 变截面柱下端铰接时，应验算柱端的受剪承载力。当不满足承载力要求时，应对该处腹板进行加强。

(5) 变截面刚架柱（仅高度变化）可不计算强度，仅按压弯构件计算平面内、外的稳定性。对工字形截面考虑屈曲后强度时，应按本节第3、4的规定进行其抗弯承载力和抗剪承载力的强度计算。

3. 板件的宽厚比限值和腹板屈曲后强度利用

1) 板件的宽厚比限值

工字形截面构件受压翼缘板的宽厚比：

$$\frac{b_1}{t} \leqslant 15\sqrt{\frac{235}{f_y}} \tag{1-1}$$

工字形截面梁、柱构件腹板的宽厚比：

$$\frac{h_w}{t_w} \leqslant 250\sqrt{\frac{235}{f_y}} \tag{1-2}$$

式中 b_1、t——受压翼缘的外伸宽度与厚度；

h_w、t_w——腹板的高度与厚度。

2) 腹板屈曲后强度的利用

工字形截面（采用三块板焊成）受弯构件中腹板以受剪为主，翼缘以抗弯为主。增大腹板的高度，可使翼缘的抗弯能力发挥更为充分。然而，在增大腹板高度的同时如果随它的厚度增大，则腹板耗钢量过多，不经济。因而在进行刚架梁、柱截面设计时，为了节省钢材，允许腹板发生局部构件的屈曲，并利用其屈曲后强度。《钢结构设计规范（GB 50017—2003)》5.2节所列关于梁腹板利用屈曲后强度的计算公式，适用于等截面简支梁，门式刚架的构件剪应力最大处往往弯曲正应力也最大，翼缘对腹板没有约束作用，因而相关公式不同于GB 50017—2003规范。

对考虑屈曲后强度的工字形等截面构件和变截面构件，其腹板高度变化不超过60 mm/m时，可考虑屈曲后强度，其抗剪承载力设计值 V_d 按下列公式计算：

$$V_d = h_w t_w f'_v \tag{1-3}$$

当 $\lambda_w \leqslant 0.8$ 时，$$f'_v = f_v \tag{1-4a}$$

当 $0.8 < \lambda_w < 1.4$ 时，$$f'_v = [1 - 0.64(\lambda_w - 0.8)] f_v \tag{1-4b}$$

当 $\lambda_w \geqslant 1.4$ 时，$$f'_v = (1 - 0.275\lambda_w) f_v \tag{1-4c}$$

式中　f_v——钢材抗剪强度设计值；

h_w——腹板高度，对楔形腹板取板幅平均高度；

f'_v——腹板屈曲后抗剪强度设计值；

λ_w——参数，按下式计算：

$$\lambda_w = \frac{h_w / t_w}{37\sqrt{k_\tau}\sqrt{235/f_y}} \tag{1-5}$$

当 $a/h_w < 1$ 时，$$k_\tau = 4 + 5.34/(a/h_w)^2 \tag{1-6a}$$

当 $a/h_w \geqslant 1$ 时，$$k_\tau = 5.34 + 4/(a/h_w)^2 \tag{1-6b}$$

式中　k_τ——受剪板件的凸曲系数；当不设横向加劲肋时，取 $k_\tau = 5.34$；

a——加劲肋间距，宜取 h_w～$2h_w$。

式（1-4）是参照欧洲规范的内容并略加修改后给出的，是一种较为简便的计算方法，计算结果属于下限。当腹板高度变化超过 60 mm/m 时，式（1-4）不再适用。

3）腹板的有效宽度

①工字形截面腹板受弯及受压板幅利用屈曲后强度时，应按有效宽度计算截面特性。有效宽度 h_e 取：

当截面全部受压时，$$h_e = \rho h_w \tag{1-7a}$$

当截面部分受拉时，受拉区全部有效，受压区有效宽度应取

$$h_e = \rho h_c \tag{1-7b}$$

式中　h_c——腹板受压区宽度；

ρ——有效宽度系数，按下列公式计算：

当 $\lambda_p \leqslant 0.8$ 时，$$\rho = 1 \tag{1-8a}$$

当 $0.8 < \lambda_p \leqslant 1.2$ 时，

$$\rho = 1 - 0.9(\lambda_p - 0.8) \tag{1-8b}$$

当 $\lambda_p > 1.2$ 时，

$$\rho = 0.64 - 0.24(\lambda_p - 1.2) \tag{1-8c}$$

式中　λ_p——与板件受弯、受压有关的参数；

$$\lambda_p = \frac{h_w / t_w}{28.1\sqrt{k_\sigma}\sqrt{235/f_y}} \tag{1-9}$$

当计算板边最大应力 $\sigma_1 < f$ 时，可用 $\gamma_R \sigma_1$ 代替 f_y（γ_R 对 Q235 钢材取 1.087，对 Q345 钢材取 1.111。为简单起见，可统一取为 1.1）。

k_σ——杆件在正应力作用下的凸曲系数；

$$k_\sigma = \frac{16}{\sqrt{(1+\beta)^2 + 0.112(1-\beta)^2} + (1+\beta)} \tag{1-10}$$

式中　$\beta = \sigma_2/\sigma_1$——截面边缘正应力比值（图 1－19），以压为正，拉为负，$-1 \leqslant \beta \leqslant 1$。

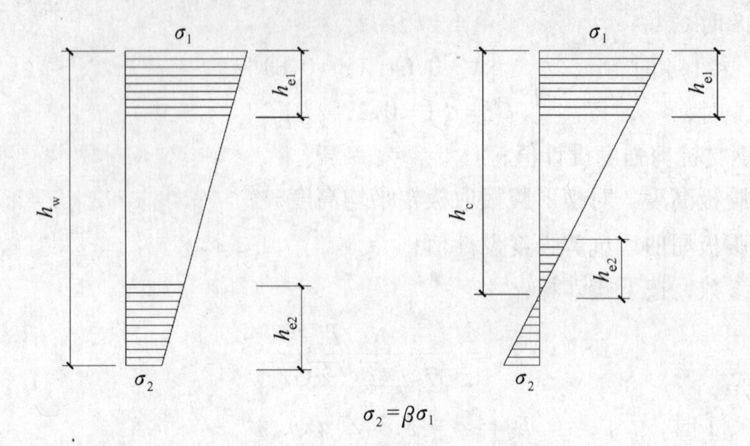

图 1－19　有效宽度的分布

②腹板有效宽度 h_e 按下列规则分布：

当截面全部受压，即 $\beta > 0$ 时，

$$h_{e1} = 2h_e/(5-\beta) \tag{1-11a}$$

$$h_{e2} = h_e - h_{e1} \tag{1-11b}$$

当截面部分受拉，即 $\beta < 0$ 时，

$$h_{e1} = 0.4h_e \tag{1-12a}$$

$$h_{e2} = 0.6h_e \tag{1-12b}$$

4. 刚架梁、柱构件的强度计算

①工字形截面受弯构件同时承受剪力 V 和弯矩 M 时，其截面强度应符合下述要求：

当 $V \leqslant 0.5V_d$ 时，　$$M \leqslant M_e \tag{1-13a}$$

当 $0.5V_d < V \leqslant V_d$ 时，$$M \leqslant M_f + (M_e - M_f)\left[1 - \left(\frac{V}{0.5V_d} - 1\right)^2\right] \tag{1-13b}$$

当截面为双轴对称时，　$$M_f = A_f(h_w + t)f \tag{1-14}$$

式中　M_f——两翼缘所承担的弯矩；

M_e——构件有效截面所承担的弯矩，$M_e = W_e f$；

W_e——构件有效截面最大受压纤维的截面模量；

A_f——构件翼缘的截面面积；

V_d——腹板抗剪承载力设计值，按式（1－3）计算。

②工字形截面压弯构件同时承受轴力 N、弯矩 M 和剪力 V 时，其截面强度应符合下述要求：

当 $V \leqslant 0.5V_d$ 时，　$$M \leqslant M_e^n \tag{1-15}$$

$$M_e^N = M_e - NW_e/A_e \tag{1-16}$$

当 $0.5V_d < V \leqslant V_d$ 时，

$$M \leqslant M_f^N + (M_e^N - M_f^N)\left[1 - \left(\frac{V}{0.5V_d} - 1\right)^2\right] \tag{1-17}$$

当截面为双轴对称时，　$M_f^N = A_f(h_w + t)(f - N/A)$　(1-18)

式中　M_f^N——兼承压力 N 时两翼缘所承担的弯矩；

A_e——有效截面面积。

5. 梁腹板加劲肋的设置和计算

梁腹板应在与中柱连接处、较大固定集中荷载作用处和翼缘转折处设置横向加劲肋。其他部位是否设置中间加劲肋，根据计算需要确定。但《门式刚架轻型房屋钢结构技术规程（CECS 102:2002）》规定，当利用腹板屈曲后抗剪强度时，横向加劲肋间距宜取 h_w～$2h_w$。

当梁腹板在剪应力作用下发生屈曲后，将以拉力带的方式承受继续增加的剪力，亦即起类似桁架斜腹杆的作用，而横向加劲肋则相当于受压的桁架竖杆（图1-20）。因此，

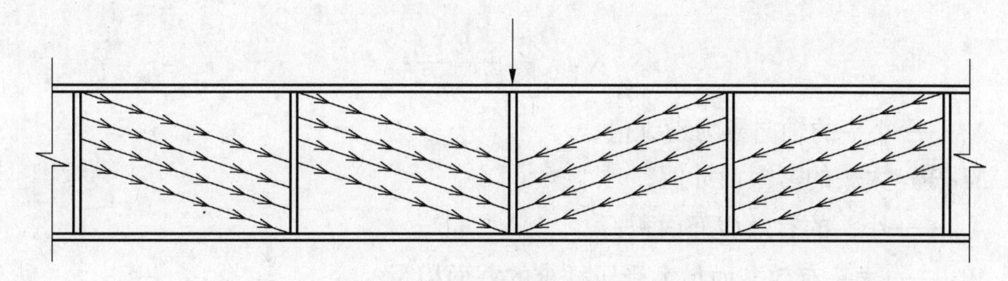

图1-20　腹板屈曲后受力模型

中间横向加劲肋除承受集中荷载和翼缘转折产生的压力外，还承受屈曲后因拉力场影响产生的压力 N_s。N_s 可按下式计算：

$$N_s = V_s - 0.9h_w t_w \tau_{cr} \tag{1-19}$$

式中　N_s——拉力场产生的压力；

V_s——横向加劲肋和翼缘所组成腹板区格中的剪力；

τ_{cr}——形成张力场时腹板的屈曲剪应力，按式（2-27）或式（2-28）计算；

当 $0.8 < \lambda_w \leqslant 1.25$ 时，

$$\tau_{cr} = [1 - 0.8(\lambda_w - 0.8)]f_v \tag{1-20a}$$

当 $\lambda_w > 1.25$ 时，

$$\tau_{cr} = f_v/\lambda_w^2 \tag{1-20b}$$

式中　λ_w——参数，按式（1-5）计算，计算时对变高度腹板应取平均高度。

加劲肋强度和稳定性验算按《钢结构设计规范（GB 50017—2003）》的规定进行，其截面应包括每侧 $15t_w\sqrt{235/f_y}$ 宽度范围内的腹板面积，计算长度取 h_w，按两端铰接轴心受压构件计算。

当横梁上翼缘承受集中荷载处不设横向加劲肋时，除按《钢结构设计规范（GB 50017—2003）》的规定验算横梁腹板上边缘正应力、剪应力和局部压应力共同作用时的折算应力外，尚应按以下公式进行腹板压皱验算：

$$F \leqslant 15\alpha_m t_w^2 f\sqrt{\frac{t_f}{t_w} \cdot \frac{235}{f_y}} \tag{1-21}$$

$$\alpha_m = 1.5 - M/(W_e f) \tag{1-22}$$

式中 F——上翼缘所受的集中荷载；

t_f、t_w——横梁翼缘和腹板的厚度；

α_m——参数，在横梁正弯矩区 $\alpha_m \leqslant 1.0$ 时取 $\alpha_m = 1.0$，在横梁负弯矩区取零；

M——集中荷载作用处的弯矩；

W_e——有效截面最大受压纤维的截面模量。

6. 变截面柱在刚架平面内的稳定计算

刚架平面内的稳定应按下列公式计算：

$$\frac{N_0}{\varphi_{x\gamma} A_{e0}} + \frac{\beta_{mx} \cdot M_1}{W_{e1}\left(1 - \varphi_{x\gamma} \frac{N_0}{N'_{Ex0}}\right)} \leqslant f \tag{1-23}$$

$$N'_{Ex0} = \frac{\pi^2 E A_{e0}}{1.1\lambda^2} \tag{1-24}$$

式中 N_0——小头的轴向压力设计值；

M_1——大头的弯矩设计值；

A_{e0}——小头的有效截面面积；

W_{e1}——大头有效截面最大受压纤维的截面模量；

$\varphi_{x\gamma}$——杆件轴向受压稳定系数，楔形柱的长细比取小头回转半径计算（楔形柱的计算长度见本节第9部分），由《钢结构设计规范（GB 50017—2003）》查取数值；

β_{mx}——等效弯矩系数，对有侧移刚架柱的等效弯矩系数 β_{mx} 取1.0；

N'_{Ex0}——参数，计算 λ 时的回转半径，以小头为准。

当柱的最大弯矩不出现在大头时，M_1 和 W_{e1} 分别取最大弯矩和该弯矩所在截面的有效截面模量。

7. 变截面柱在刚架平面外的稳定计算

变截面柱在平面外稳定应分段按下式计算：

$$\frac{N_0}{\varphi_y A_{e0}} + \frac{\beta_t M_1}{\varphi_{b\gamma} W_{e1}} \leqslant f \tag{1-25}$$

对一端弯矩为零的区段，

$$\beta_t = 1 - \frac{N}{N'_{Ex0}} + 0.75\left(\frac{N}{N'_{Ex0}}\right)^2 \tag{1-26}$$

对两端弯曲应力基本相等的区段，

$$\beta_t = 1.0 \tag{1-27}$$

式中 φ_y——轴心受压构件弯矩作用平面外的稳定系数，按区段间小头截面计算；系数取值按《钢结构设计规范（GB 50017—2003）》的规定采用，若计算各段线刚度差别较大，确定计算长度时可考虑各段间的相互约束；

N_0——所计算构件段小头截面的轴压力；

M_1——所计算构件段大头截面的弯矩；

β_t——等效弯矩系数；

N'_{Ex0}——在刚架平面内按小头截面计算的参数，见式（2-24）。

$\varphi_{b\gamma}$——均匀弯曲楔形受弯构件的整体稳定系数，对双轴对称的工字形截面杆件：

$$\varphi_{b\gamma}=\frac{4320}{\lambda_{y0}^2}\frac{A_0h_0}{W_{x0}}\sqrt{\left(\frac{\mu_s}{\mu_w}\right)^4+\left(\frac{\lambda_{y0}t_0}{4.4h_0}\right)^2}\cdot\frac{235}{f_y} \tag{1-28}$$

$$\lambda_{y0}=\mu_s l/i_{y0} \tag{1-29}$$

$$\mu_s=1+0.023\gamma\sqrt{lh_0/A_f} \tag{1-30}$$

$$\mu_w=1+0.00385\gamma\sqrt{l/i_{y0}} \tag{1-31}$$

$$\gamma=(h_1/h_0)-1 \tag{1-32}$$

式中　A_0、h_0、W_{x0}、t_0——构件小头的截面面积、截面高度、截面模量、受压翼缘截面厚度；

A_f——受压翼缘截面面积；

i_{y0}——受压翼缘与受压区腹板1/3高度组成的截面绕 y 轴的回转半径；

l——楔形构件计算区段的平面外计算长度，取支撑点间的距离；

γ——构件的楔率。

当两翼缘截面不相等时，在式（1-28）中应参照《钢结构设计规范（GB 50017—2003)》附录B.1公式（B.1-1）增加不对称影响系数 η_b 项。当按式（1-28）算得的 $\varphi_{b\gamma}$ 值大于0.6时，应按《钢结构设计规范（GB 50017—2003)》的相关规定查出相应的 φ'_b 代替 $\varphi_{b\gamma}$ 值。

8. 变截面柱端承载力验算

变截面柱下端铰接时，应验算柱端的受剪承载力，按公式（1-3）计算。当不满足承载力要求时，应对该处腹板进行加强。

9. 变截面刚架柱在刚架平面内的计算长度

对截面高度呈线性变化的柱，在刚架平面内的计算长度为 $h_0=\mu_r h$，式中 h 为柱高，计算长度系数 μ_r，可由下列三种方法之一确定：第一种方法适合手算，主要用于柱脚铰接的对称刚架；第二种方法普遍适用于各种情况，并且适合上机计算；第三种方法则要求有二阶分析的计算程序。

1）查表法

(1) 用于单跨柱脚铰接刚架，其刚架横梁为等截面或变截面，表2-1所列 μ_r 是以小头为基准的数值。

表中柱的线刚度 K_1 和梁的线刚度 K_2 应分别按下式计算：

$$K_1=I_{c1}/h \tag{1-33}$$

$$K_2=I_{b0}/(2\Psi s) \tag{1-34}$$

表中和式中　I_{c0}、I_{c1}——分别为柱小头和柱大头的截面惯性矩；

I_{b0}——梁最小截面惯性矩；

s——半跨横梁长度；

Ψ——变截面横梁换算长度系数，由附录E查取；当梁为等截面时，$\Psi=1$。

表 1-1 柱脚铰接楔形柱的计算长度系数 μ_r

K_2/K_1		0.1	0.2	0.3	0.5	0.75	1.0	2.0	≥2.0
$\frac{I_{c0}}{I_{c1}}$	0.01	0.428	0.368	0.349	0.331	0.320	0.318	0.315	0.310
	0.02	0.600	0.502	0.470	0.440	0.428	0.420	0.411	0.404
	0.03	0.729	0.599	0.558	0.520	0.501	0.492	0.483	0.473
	0.05	0.931	0.756	0.694	0.644	0.618	0.606	0.589	0.580
	0.07	1.075	0.873	0.801	0.742	0.711	0.697	0.672	0.650
	0.10	1.252	1.027	0.935	0.857	0.817	0.801	0.790	0.739
	0.15	1.518	1.235	1.109	1.021	0.965	0.938	0.895	0.872
	0.20	1.745	1.395	1.254	1.140	1.080	1.045	1.000	0.969

（2）中间柱为摇摆柱的多跨刚架（图 1-21），边柱计算长度应取：

$$h_0 = \eta\mu_r h \tag{1-35}$$

$$\eta = \sqrt{1 + \frac{\sum (P_{1i}/h_{1i})}{\sum (P_{fi}/h_{fi})}} \tag{1-36}$$

式中 μ_r——计算长度系数，由表 1-1 查得，但式（1-34）中的 s 取与边柱相连的一跨横梁的坡面长度 l_b，如图 1-21 所示；

η——放大系数；

P_{1i}、P_{fi}——摇摆柱、边柱分别承受的荷载；

h_{1i}、h_{fi}——摇摆柱、边柱高度。

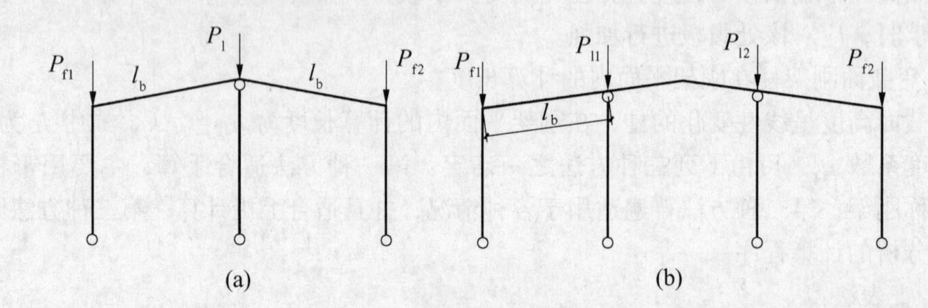

图 1-21 计算边柱时的斜梁长度

摇摆柱计算长度取柱的几何长度。

对于中间柱为摇摆柱的多跨刚架，中间柱不提供任何侧向刚度，但这些柱中的轴向力却有促使刚架失稳的作用，也就是说，框架边柱除承受自身荷载的不稳定效应外，还要加上中间摇摆柱荷载效应，因此边柱的计算长度系数应乘以放大系数。

对于屋面坡度大于 1:5 的情况，在确定刚架柱的计算长度时应考虑横梁轴向力对柱刚度的不利影响。此时应按刚架的整体弹性稳定分析通过电算来确定变截面刚架柱的计算长度。

（3）对于带毗屋的刚架，可近似地将毗屋柱视为摇摆柱，此时主刚架柱的系数 μ_r 可由表 1-1 查得，并应乘以按式（1-36）计算的放大系数 η。计算 η 时，P_{1i} 为毗屋柱承受的竖向荷载，P_{fi} 为主刚架柱承受的荷载。

2）一阶分析法

框架有侧移失稳的临界状态和它的侧移刚度有直接关系。框架上的荷载使此刚度逐渐退化，荷载加到一定程度时刚度完全消失，框架随即不能保持稳定。因此框架柱的临界荷载或计算长度可以由侧移刚度得出。此法包括了各柱相互支持的效应，体现了框架的整体性。

对于下述类型的刚架，可利用一阶分析法计算程序得出柱顶水平荷载作用下的侧向刚度 $K=H/\mu$，按下列公式计算柱计算长度系数（以小头截面为基准）。

(1) 对单跨对称刚架，可按下式计算：

当柱脚铰接时，

$$\mu_\gamma = 4.14\sqrt{EI_{c0}/Kh^3} \tag{1-37a}$$

当柱脚刚接时，

$$\mu_\gamma = 5.85\sqrt{EI_{c0}/Kh^3} \tag{1-37b}$$

式中　h——刚架柱的高度。

(2) 对中间柱为摇摆柱的多跨刚架，当其屋面坡度≤1∶5 时，刚架的边柱，可按式（1-37a）和式（1-37b）算得的系数 μ_γ 乘以放大系数 $\eta=\sqrt{1+\dfrac{\sum(P_{1i}/h_{1i})}{1.2\sum(P_{fi}/h_{fi})}}$ 采用。摇摆柱的计算长度系数 $\mu_\gamma=1.0$。

(3) 对中间柱为非摇摆柱的多跨刚架（图 1-22），可按下列公式计算：

当柱脚铰接时，

$$\mu_\gamma = 0.85\sqrt{\frac{1.2}{K}\frac{P'_{E0i}}{P_i}\sum\frac{P_i}{h_i}} \tag{1-38a}$$

当柱脚刚接时，

$$\mu_\gamma = 1.20\sqrt{\frac{1.2}{K}\frac{P'_{E0i}}{P_i}\sum\frac{P_i}{h_i}} \tag{1-38b}$$

$$P'_{E0i} = \frac{\pi^2 EI_{0i}}{h_i^2} \tag{1-39}$$

式中　h_i、P_i、$P'_{E0i}=\dfrac{\pi^2 EI_{0i}}{h_i^2}$——第 i 根柱的高度、竖向荷载和以小头为准的参数。

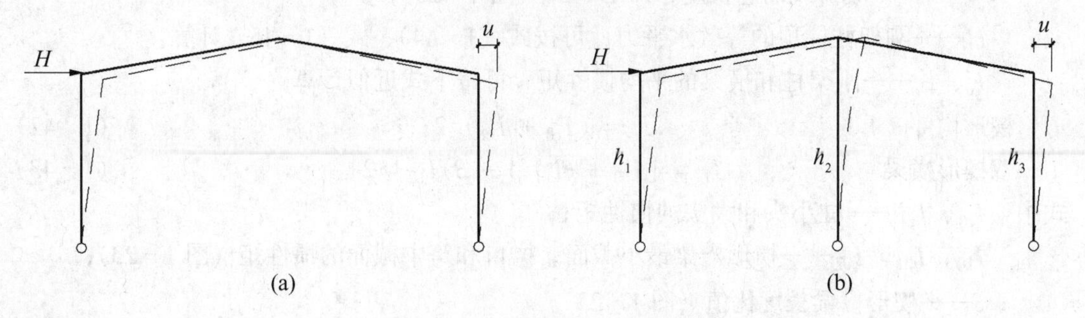

图 1-22　一阶分析时的柱顶位移

(4) 对单跨非对称刚架，当由柱顶水平荷载求得侧向刚度 $K=H/\mu$ 后，可采用式(1-38)求得柱计算长度系数。

3) 二阶分析法

门式刚架中柱的侧移除有水平荷载作用引起的位移外，尚有屋面竖向荷载引起的效应，因此在屋架坡度较大、竖向荷载较重的情况下，刚架内力的分析应计入 $P-\triangle$ 效应，即采用二阶分析程序计算刚架内力，此时刚架柱的计算长度系数 μ_γ 可按式（1-40）计算：

$$\mu_\gamma = 1 - 0.375\gamma + 0.08\gamma^2(1 - 0.0775\gamma) \tag{1-40}$$

式中 γ——构件的楔率，按式（1-32）计算，不大于 $0.268H/h_0$ 及 6.0；H 为刚架柱的高度。

1.3.4 刚架变形计算

对所有构件均为等截面的门式刚架的侧移计算可通过一般结构力学方法进行计算。本小节主要介绍变截面门式刚架的柱顶侧移计算方法。对变截面门式刚架的柱顶侧移计算一般由通用或专用程序按弹性分析方法确定。计算时荷载取标准值，不考虑荷载分项系数。当作初步估算时，可分别采用下述方法计算：

1. 单跨变截面门式刚架的柱顶侧移计算

1）单跨变截面门式刚架柱顶侧移 u

当单跨变截面门式刚架斜梁的上翼缘坡度不大于1:5时，在柱顶水平力 H 作用下的柱顶侧移 u 可按下式估算。

(1) 柱脚铰接

$$u = \frac{Hh^3}{12EI_c}(2 + \xi_t) \tag{1-41a}$$

(2) 柱脚刚接

$$u = \frac{Hh^3}{12EI_c}\frac{3 + 2\xi_t}{6 + 2\xi_t} \tag{1-41b}$$

式中 ξ_t——刚架柱与横梁的线刚度比值，$\xi_t = (I_c/h)/(I_b/L)$；

E——钢材的弹性模量；

h、L——刚架柱的高度和刚架横梁的跨度，但当坡度大于1:10时，L 应取横梁沿坡折线的总长度，即 $L=2s$（图1-23）；

H——刚架柱柱顶的等效水平力，可按式（1-44）、式（1-45）计算。

I_c、I_b——刚架柱和横梁的平均惯性矩，可按下式近似计算：

楔形构件 $$I_c = (I_{c0} + I_{c1})/2 \tag{1-42}$$

双楔形横梁 $$I_b = [I_{b0} + \beta I_{b1}(1 - \beta) I_{b2}]/2 \tag{1-43}$$

式中 I_{c0}、I_{c1}——柱小头和大头的惯性矩；

I_{b0}、I_{b1}、I_{b2}——楔形横梁最小截面、檐口和跨中截面的惯性矩（图1-23）；

β——楔形横梁长度比值（图1-23）。

2）变截面门式刚架柱顶等效水平力 H

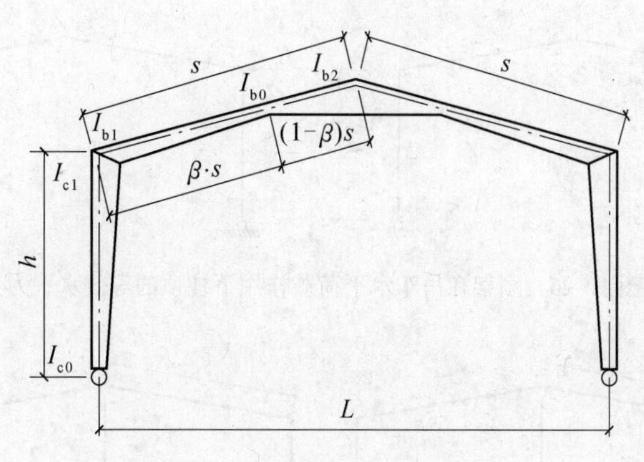

图 1－23　变截面刚架的计算尺寸

(1) 水平均布风荷载作用。当计算刚架沿柱高度均匀分布的水平风荷载作用下的侧移时（图 1－24)，柱顶等效水平力 H 可取：

柱脚铰接刚架

$$H = 0.67W \tag{1-44a}$$

柱脚刚接刚架

$$H = 0.45W \tag{1-44b}$$

式中　$W=(w_1+w_2)h$——均布风荷载的总值；

w_1、w_2——刚架两侧承受的沿柱高均布的水平荷载（kN/m)，一般按《门式刚架轻型房屋钢结构技术规程（CECS 102:2002)》附录 A 规定的标准值计算。

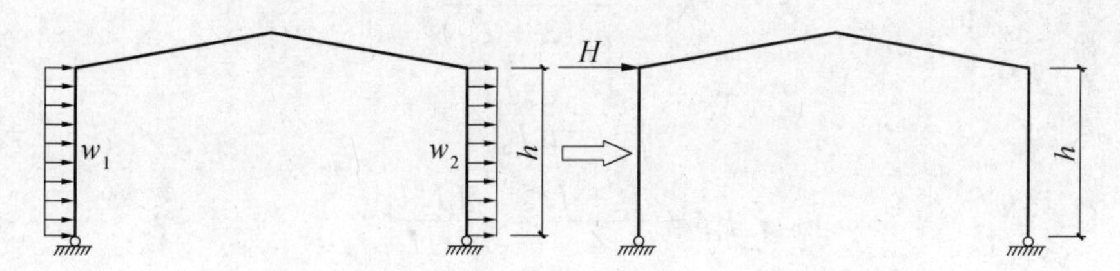

图 1－24　刚架在均布风荷载作用下柱顶的等效水平力

(2) 吊车水平荷载 P 作用。当计算刚架在吊车水平荷载 P 作用下的侧移时（图 1－25)，柱顶等效水平力 H：

柱脚铰接刚架

$$H = 1.15\eta P_c \tag{1-45a}$$

柱脚刚接刚架

$$H = \eta P_c \tag{1-45b}$$

式中　η——吊车水平荷载 P_c 作用高度与柱高度之比。

2. 两跨或多跨刚架的柱顶侧移计算

(1) 中间柱为摇摆柱时，柱顶侧移可采用式（1－41）计算，但在计算刚架柱与横梁的线刚度比值 ξ_t 时，横梁长度 L 应以双坡斜梁全长 $2s$ 代替，s 为单坡长度（图 1－26)。

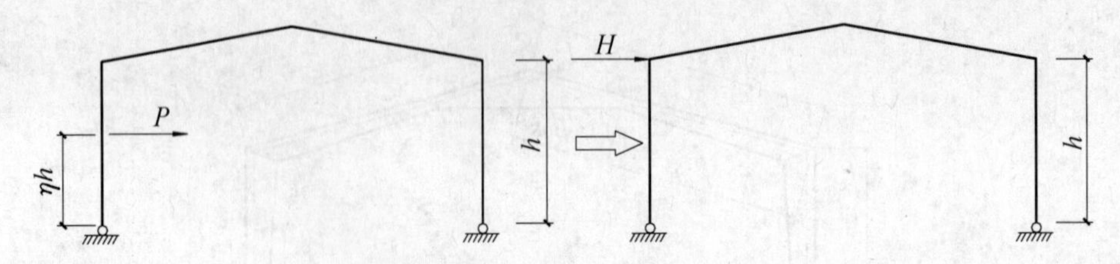

图 1－25　刚架在吊车水平荷载作用下柱顶的等效水平力

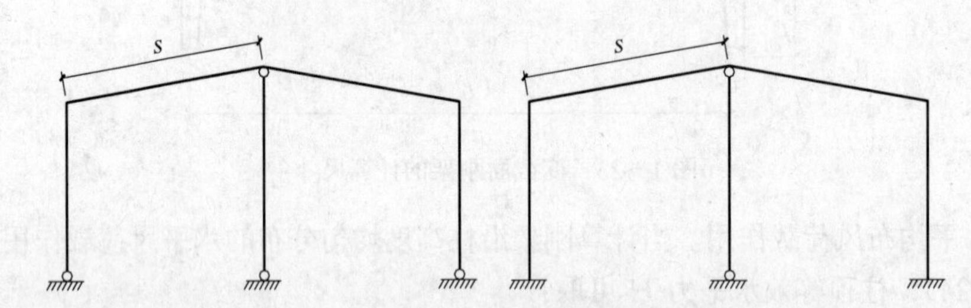

图 1－26　有摇摆柱的两跨刚架

上下端均为铰接的摇摆柱不能提供侧向刚度，但对横梁起铰支点作用。

（2）当多跨刚架中间柱与斜梁刚接时，其侧向刚度可以看作几个单跨刚架刚度之和。中间柱分属两个单跨刚架，惯性矩应各分一半（$I_c/2$），按下列公式计算整个刚架在柱顶水平荷载作用下的侧移。

$$u = \frac{H}{\sum K_i} \tag{1-46}$$

$$K_i = \frac{12EI_{ei}}{h_i^3(2+\xi_{ti})} \tag{1-47}$$

$$\xi_{ti} = \frac{I_{ei}l_i}{h_i I_{bi}} \tag{1-48}$$

$$I_{ei} = \frac{I_l + I_r}{4} + \frac{I_l I_r}{I_l + I_r} \tag{1-49}$$

式中　$\sum K_i$——柱脚铰接时各单跨刚架的侧向刚度之和；

h_i——所计算跨两柱的平均高度；

l_i——与所计算柱相连接的单跨刚架梁的长度；

I_{ei}——两柱惯性矩不相同时的等效惯性矩；

I_l、I_r——左、右柱的惯性矩（图 1－27）；

I_{bi}——与所计算柱相连接的单跨刚架梁的惯性矩；

ξ_{ti}——所计算柱同与之相连接的单跨刚架梁的线刚度的比值。

3．单层门式刚架柱顶侧移限值

单层门式刚架在相应荷载标准值作用下的柱顶侧移值应不大于表 1－2 的限制。

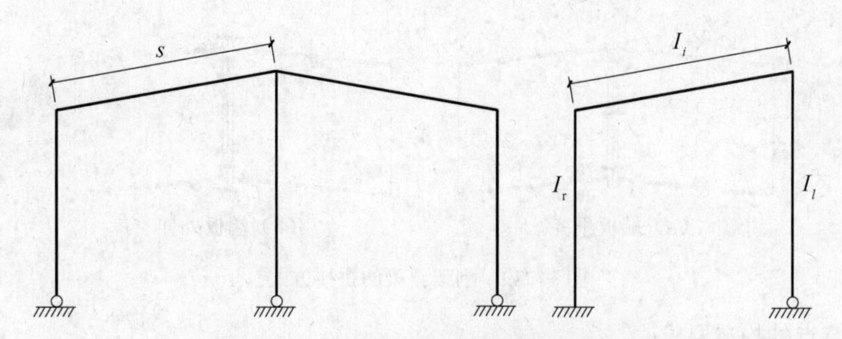

图 1－27　中柱与梁刚接的两跨刚架的分解

表 1－2　单层门式刚架柱顶侧移限值

变形条件		容许变形
不设吊车时	砖墙围护	$H/100$
	轻型板材围护	$H/60$
		H 为柱高
设吊车时	有电动单梁吊车（地面操纵）	$H/180$
	有电动桥式吊车（带驾驶室）	$H/400$

轻型钢结构设计时，一般先按照承载能力极限状态设计构件截面，然后校核是否满足正常使用极限状态。由于轻型钢结构较柔，在很多情况下构件截面是由位移控制的。

1.3.5　刚架主要节点的构造与计算

门式刚架的节点设计应注意节点的构造合理，具有必要的延性，避免应力集中及过大的约束应力，且应便于施工及安装，容易就位和调整。

1. 横梁和柱连接节点及横梁拼接节点

（1）横梁与柱连接节点形式。门式刚架横梁与柱的连接，可采用端板竖放（图 1－28a）、端板横放（图 1－28b）和端板斜放（图 1－28c）三种形式。为了便于施工的定位，通常采用端板竖放方式。

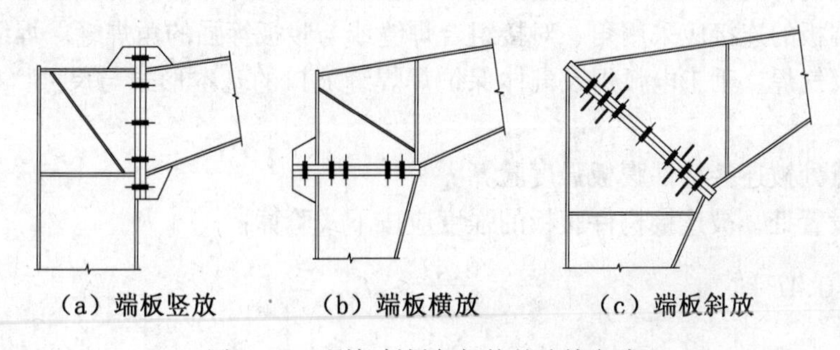

（a）端板竖放　　（b）端板横放　　（c）端板斜放

图 1－28　刚架斜梁与钢柱的连接方式

（2）横梁拼接节点形式。门式刚架横梁拼接，可采用端板平齐（图 1－29a）和端板外伸（图 1－29b）两种形式。横梁拼接时宜使端板与构件的外边缘垂直，且宜选择弯矩较小的位置设置拼接。

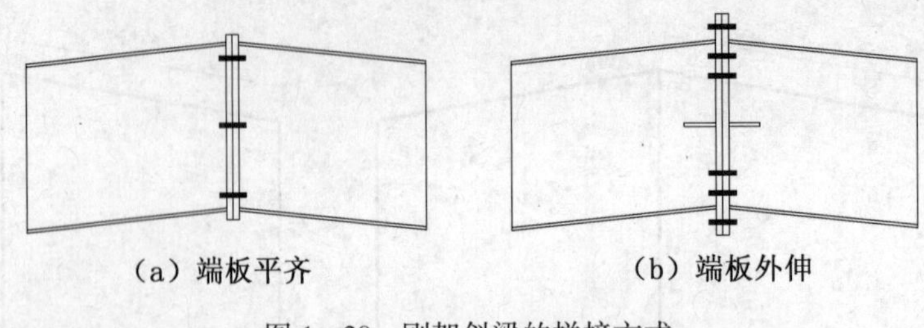

图 1-29 刚架斜梁的拼接方式

(3) 节点的构造要求。

①门式刚架构件（梁、柱）的连接应采用高强度螺栓（承压型或摩擦型螺栓）连接。高强度螺栓直径大小可根据需要来选用，通常采用 M16、M18、M20、M24 螺栓。

②端板连接的高强度螺栓应成对对称布置。在横梁与刚架柱连接处的受拉区，宜在受拉翼缘内外两侧设置高强度螺栓的一端端板外伸式连接（图 1-28b）。在横梁的拼接处，宜在受拉翼缘和受压翼缘内外两侧设置高强度螺栓的两端端板外伸式连接（图 1-29b）。当采用端板外伸式连接（一端或两端）时，宜使翼缘内外的螺栓群中心与翼缘的中心重合或比较接近。只有当螺栓群的力臂足够大（如端板斜放，图 1-28c）或受力较小（横梁拼接）时，才可以采用全部高强度螺栓均设置在构件截面高度范围内的端板平齐连接方式。

③高强度螺栓中心至翼缘板表面的距离，应满足螺栓的施工空间净距要求（一般不宜小于 35 mm）。螺栓端距不应小于 $2d_0$（d_0为螺栓的孔径）。

④受压翼缘的螺栓排列数不宜少于两排。当在受拉翼缘两侧各设置一排螺栓尚不能满足节点承载力要求时，可在翼缘内侧增设螺栓，其间距可取 75 mm，且不小于 3 d_0（d_0为螺栓的孔径）。

⑤与横梁端板连接的柱翼缘内侧（端板竖放），或与柱端板连接的横梁下翼缘（端板平放），应与端板等厚。在施工过程中，对于型钢构件，一般采用换板方式来实现，即将原型钢相应位置的翼缘切割之后再补焊一块与端板等厚的钢板。刚架的节点端板上任意两对螺栓间的最大距离应不大于 400 mm。

⑥被连接构件的翼缘与端板的连接应采用全熔透对接焊缝，焊缝质量等级应为一级焊缝。腹板与端板的连接应采用角、对接组合焊缝或与腹板等强的角焊缝。焊缝的坡口形式应符合现行《气焊、手工电弧焊及气体保护焊焊缝坡口的基本形式与尺寸（GB 985）》中的相关规定。

(4) 节点处被连接构件腹板强度验算。

在端板设置处，被连接构件腹板的强度应按下式验算：

当 $N_{t2} \leqslant 0.4P$ 时
$$\frac{0.4P}{e_w t_w} \leqslant f \tag{1-50a}$$

当 $N_{t2} > 0.4P$ 时
$$\frac{N_{t2}}{e_w t_w} \leqslant f \tag{1-50b}$$

式中 P——高强度螺栓的预拉力值；

N_{t2}——翼缘内第二排单个螺栓的轴向拉力设计值；

t_w——被连接构件的腹板厚度；

e_w——螺栓中心至腹板表面的距离，见图1－30；

f——腹板钢材的抗拉强度设计值。

当按式（1－50）验算被连接构件的腹板强度不满足设计要求时，可局部增加腹板厚度或设置腹板加劲肋。

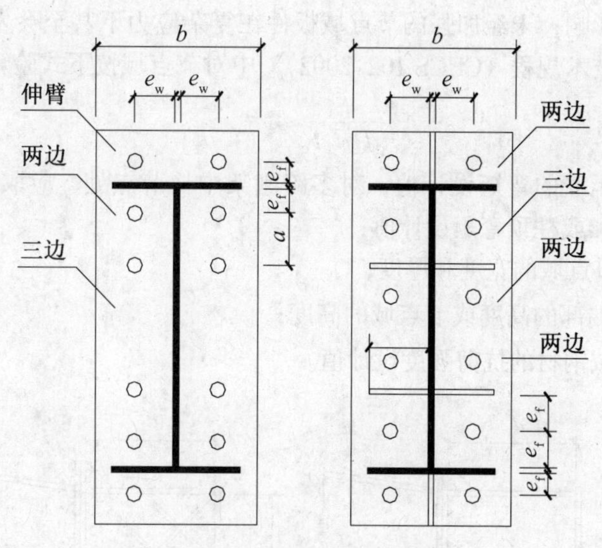

图1－30　端板的支承条件

（5）节点端板厚度 t 计算。门式刚架横梁与柱连接节点以及横梁拼接节点的端板厚度 t 应根据端板的支承条件（图1－30）按下式计算，且不应小于16 mm。

①伸臂类端板（图1－30）

$$t \geqslant \sqrt{\frac{6e_f N_t}{bf}} \tag{1－51a}$$

②无加劲肋类端板（图1－30）

$$t \geqslant \sqrt{\frac{3e_w N_t}{(0.5a + e_w)f}} \tag{1－51b}$$

③两边支承类端板（图1－30）

当端板外伸时，

$$t \geqslant \sqrt{\frac{6e_f e_w N_t}{[e_w b + 2e_f(e_f + e_w)]f}} \tag{1－51c}$$

当端板平齐时，

$$t \geqslant \sqrt{\frac{12e_f e_w N_t}{[e_w b + 4e_f(e_f + e_w)]f}} \tag{1－51d}$$

④三边支承类端板（图1－30）

$$t \geqslant \sqrt{\frac{6e_f e_w N_t}{[e_w(b + 2b_s) + 4e_f^2]f}} \tag{1－51e}$$

式中　N_t——单个高强度螺栓的受拉承载力设计值；

e_w，e_f——螺栓中心至腹板和翼缘板表面的距离，如图1－30所示；

b，b_s——端板和加劲肋的宽度，如图1－30所示；

a——螺栓的间距，如图1－30所示；

f——端板钢材的抗拉强度设计值。

2. 梁柱节点域

门式刚架横梁与柱相交处称为节点域（图 1-31），弯剪共同作用的应力情况比较复杂。节点域板件的过度变形会影响节点刚度，从而降低计算模型的准确性，对构件强度和结构变形造成不利影响；未经加强的节点域板件在复杂应力下甚至会发生破坏。《门式刚架轻型房屋钢结构技术规程（CECS 102:2002）》中对节点域按下式验算其剪应力：

$$\frac{M}{d_b d_c t_c} \leqslant f_v \tag{1-52}$$

式中 M——节点承受的弯矩设计值，对多跨刚架中柱节点处，应取两侧横梁端弯矩的代数和或柱顶弯矩设计值；

d_c、t_c——节点域的宽度和厚度；

d_b——横梁端部的高度或节点域的高度；

f_v——节点域钢材的抗剪强度设计值。

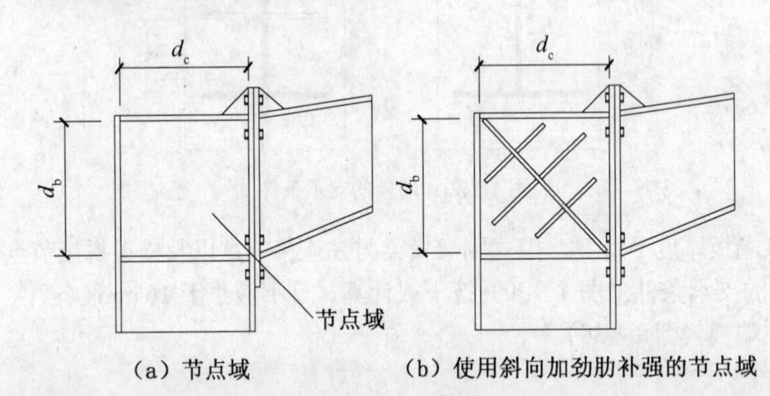

（a）节点域　（b）使用斜向加劲肋补强的节点域

图 1-31　节点域

当强度不满足时，一般通过增加节点域加劲板或额外增加该区域板件的厚度来加强节点域承载能力。图 1-31b 为使用斜向加劲肋补强的节点域。

3. 钢牛腿节点

(1) 牛腿的构造要求。在带有吊车的工业厂房中，吊车梁与柱之间连接通常是通过钢牛腿节点连接的（图 1-32）。钢牛腿一般为工字形、H 形或 T 形截面，钢柱截面通常为等截面或变截面的焊接工字形（或 H 形）截面。在钢牛腿与钢柱连接位置处，钢柱上对应牛腿的翼缘位置需设置水平加劲肋。钢牛腿的截面尺寸应与钢柱截面尺寸相一致。

(2) 牛腿的荷载计算。钢牛腿承担的荷载主要是吊车梁体系的自重以及吊车轮压。根据图 1-32 可得钢牛腿根部截面上的弯矩设计值 M 和剪力设计值 V，分别如下：

$$V = 1.2P_D + 1.4D_{max} \tag{1-53}$$

$$M = Pe = Ve \tag{1-54}$$

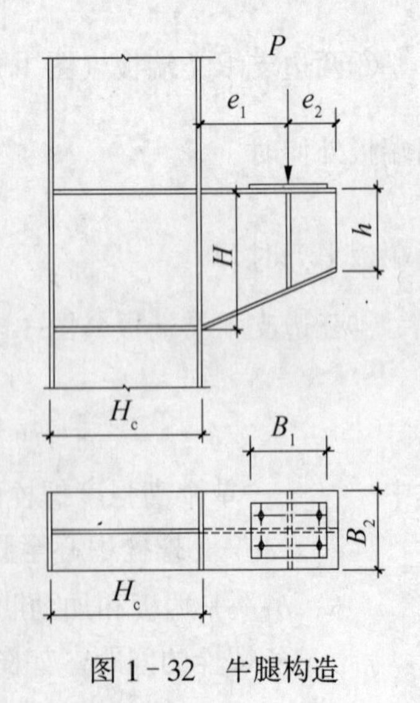

图 1-32　牛腿构造

式中　P_D——吊车梁及轨道的自重；

e——吊车轨道中心点至柱内翼缘边的距离；

D_{max}——吊车全部最大轮压通过吊车梁传给一根柱的最大反力。

(3) 牛腿截面设计。钢牛腿与钢柱连接处的截面强度可按下列公式计算：

正应力
$$\sigma=\frac{M}{W_x}=\frac{Pe}{W_x}\leqslant f \tag{1-55}$$

剪应力
$$\tau=\frac{VS}{It_w}\leqslant f_v \tag{1-56}$$

1 点折算应力
$$\sigma_{eq}=\sqrt{\sigma_1^2+3\tau_1^2}\leqslant f \tag{1-57}$$

式中　W_x——钢牛腿根部截面对刀轴的截面抵抗矩；

I——钢牛腿根部截面的惯性矩；

S——钢牛腿根部截面位于计算剪应力以上的截面对中和轴的面积矩；

t_w——钢牛腿根部截面腹板的厚度；

σ_1、τ_1——钢牛腿根部截面 1 点（腹板计算高度边缘）的正应力、剪应力；

f——钢材的抗拉（压）强度设计值；

f_v——钢材的抗剪强度设计值。

(4) 牛腿与柱连接焊缝设计。钢牛腿上翼缘与钢柱的连接可采用焊透的 V 形对接焊缝，也可采用角焊缝。角焊缝的焊脚尺寸由牛腿翼缘传来的水平力 $F=M/H$ 确定。钢牛腿的腹板与钢柱的连接采用角焊缝。角焊缝的焊脚尺寸由剪力 V 确定。钢牛腿下翼缘与钢柱的连接采用 V 形焊透的对接焊缝。

4. 柱脚节点

门式刚架轻型房屋钢结构的柱脚有铰接和刚接两种节点形式，铰接节点只传递剪力和轴力，刚接节点除承受剪力和轴力外还能承受弯矩。一般情况下，采用刚接柱脚可降低柱截面的内力，但基础承受较大的弯矩，使基础的构造复杂，需加大埋深或增大基底面积。因此门式刚架轻型房屋钢结构宜采用平板式铰接柱脚（图 1-33a、b）。当有桥式吊车或刚架侧向刚度过弱时，也可采用刚接柱脚（图 1-33c、d）。

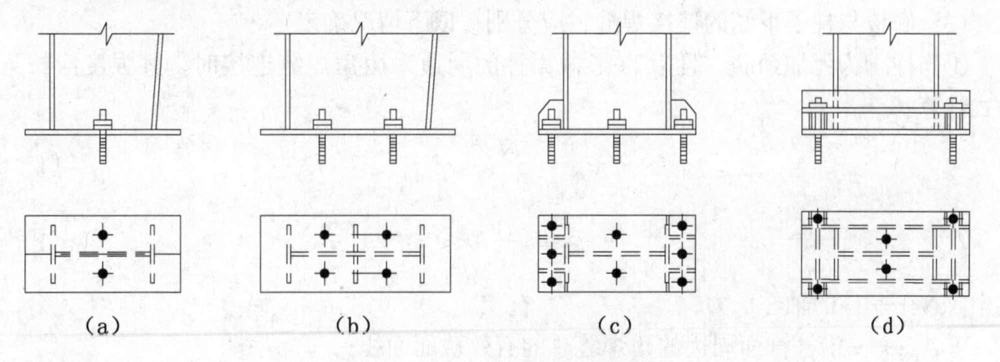

图 1-33　门式刚架柱脚形式

本节仅介绍门式刚架铰接柱脚的设计，刚接柱脚的设计可参阅相关资料。

(1) 铰接柱脚底板的长度和宽度可按下式确定，同时应符合构造上的要求。

$$\sigma_c = \frac{N}{LB} \leqslant f_{cc} \tag{1-58}$$

式中 N——柱的轴心压力；

L——柱脚底板的长度；

B——柱脚底板的宽度；

f_{cc}——柱脚底板下混凝土的轴心抗压强度设计值。

（2）柱脚底板的厚度可按下式确定，同时不应小于柱中较厚板件的厚度，且不宜小于20 mm。

$$t \geqslant \sqrt{\frac{6M_{max}}{f}} \tag{1-59}$$

式中 M_{max}——根据柱脚底板下混凝土基础的反力和底板的支承条件确定的最大弯矩。通常情况下，对无加劲肋的底板可近似地按悬臂板考虑；另外，对H形截面柱，还应按三边支承板考虑。公式计算如下：

悬臂板 $$M_1 = 0.5\sigma_c a_1^2 \tag{1-60}$$

三边支承板 $$M_2 = \alpha\sigma_c a_2^2 \tag{1-61}$$

式中 σ_c——底板下混凝土基础的平均反力；

a_1——底板的悬臂长度；

a_2——计算区格内板自由边长度；

α——与 b/a_2 有关的系数（b 为与自由边垂直的支承边长），按表1-3采用。

表1-3 参数 α

b/a_2	0.3	0.35	0.4	0.45	0.5	0.55	0.6	0.65	0.7	0.75	0.8
α	0.0273	0.0355	0.0439	0.0522	0.0602	0.0677	0.0747	0.0812	0.0871	0.0924	0.0972
b/a_2	0.85	0.9	0.95	1.0	1.1	1.2	1.3	1.4	1.5	1.75	2.0
α	0.1015	0.1053	0.1087	0.1117	0.1167	0.1205	0.1235	0.1258	0.1275	0.1302	0.1316

（3）底板与柱子下端的连接焊缝，应分别按以下情况确定。

①当柱脚为无加劲肋，且沿H形截面柱的周边采用角焊缝连接时，其强度应按下列公式计算：

$$\sigma_N = \frac{N}{A_{ew}} \leqslant \beta_f f_f^w \tag{1-62}$$

$$\tau_V = \frac{V}{A_{eww}} \leqslant f_f^w \tag{1-63}$$

式中 N——柱的轴心压力；

A_{ew}——沿柱截面周边的角焊缝总的有效截面面积；

V——柱脚处的水平剪力；

A_{eww}——柱腹板处的角焊缝有效截面面积。

②当柱脚为无加劲肋，且H形截面柱翼缘采用完全焊透的对接焊缝，腹板采用角焊缝连接时，其强度可近似地按下列公式计算：

$$\sigma_N = \frac{N}{2A_f + A_{eww}} \leqslant \beta_f f_f^w \tag{1-64}$$

$$\tau_V = \frac{V}{A_{eww}} \leqslant f_f^w \tag{1-65}$$

$$\sigma_{fs} = \sqrt{\left(\frac{\sigma_N}{\beta_f}\right)^2 + (\tau_v)^2} \leqslant f_f^w \tag{1-66}$$

式中　A_f——钢柱单侧翼缘的截面面积。

③当柱脚为无加劲肋，且沿柱周边采用完全焊透的坡口对接焊缝时，可视焊缝与柱截面是等强度的，不必进行焊缝强度的验算。

④通常情况下，柱脚底板与柱下端的连接焊缝，无论有无加劲肋，均可按无加劲肋进行计算。当加劲肋与柱和底板的连接焊缝质量有可靠保证时，也可采用底板与柱下端和加劲肋的连接焊缝的截面性能进行计算。

(4) 铰接柱脚的锚栓仅作安装过程的固定之用，因此锚栓的直径通常根据其与钢柱板件厚度和底板厚度相协调的原则来确定，不宜小于 24 mm，且采用双螺母紧固，为防止螺母松动，螺母与锚栓垫板尚应进行点焊。锚栓的锚固长度应符合《建筑地基基础设计规范(GB 5007)》的规定，一般不宜小于 25 倍锚栓直径。锚栓端部应按规定设置弯钩或锚板。

锚栓的数目常采用 2 个或 4 个,同时应与钢柱的截面形式、截面尺寸及安装要求相协调。

柱脚底板的锚栓孔径，宜取锚栓直径加 5～10 mm；锚栓垫板的锚栓孔径，取锚栓直径加 2 mm。锚栓垫板的厚度通常取与底板厚度相同。

在柱子安装校正完毕后，应将锚栓垫板与底板焊牢，焊脚尺寸不宜小于 10 mm。

(5) 在铰接柱脚中，锚栓通常不能用以承受柱脚底部的水平剪力。而柱脚底部的水平剪力应由柱脚底板与其下部的混凝土或水泥砂浆之间的摩擦力来抵抗。此时其摩擦力 V_{fb} (抗剪承载力) 应符合下式的要求。即

$$V \leqslant V_{fb} = \mu_{sc} N \tag{1-67}$$

式中　μ_{sc}——柱脚底板与其下部的混凝土或水泥砂浆之间的摩擦系数，一般取 0.4。

当不能满足上式要求时，可在柱脚底板下设置抗剪连接件（可采用角钢、槽钢、工字钢、H 形钢）来抵抗水平力。

【例 1-1】　图 1-34 所示单层门式刚架，柱为楔形柱，梁为等截面梁，刚架几何尺寸如图 1-34，截面尺寸及毛截面几何特性如表 1-4 所示。材料为 Q235-B。已知楔形柱

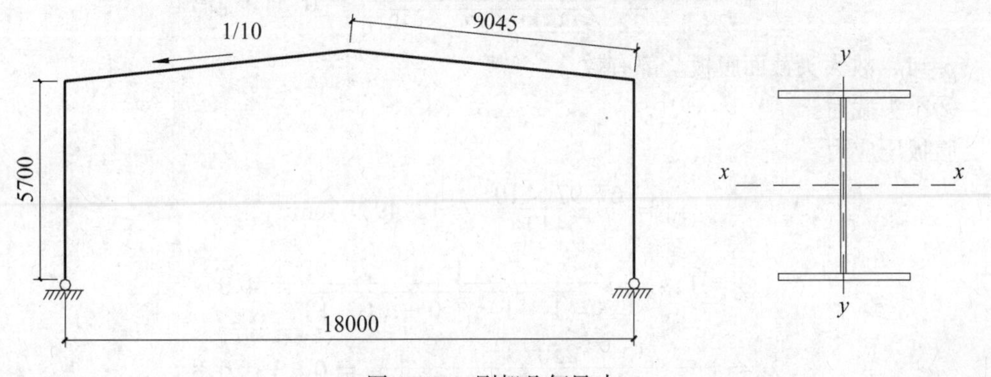

图 1-34　刚架几何尺寸

大头截面的设计内力：$M_1=132.03\,kN\cdot m$，$N_1=56.89\,kN$，$V_1=23.16\,kN$；柱小头截面内力：$N_0=67.97\,kN$，$V_0=23.16\,kN$。试验算刚架柱的强度和整体稳定是否满足要求。

表 1-4　构件单元信息表

构件		截面尺寸	长度（mm）	面积（mm^2）	绕 y 轴惯性矩（$\times10^4mm^4$）	绕 x 轴惯性矩（$\times10^4mm^4$）
柱	小头	$250\times180\times8\times10$	5700	5440	973	5998
	大头	$450\times180\times8\times10$		7040	974	22728

【解】（1）楔形柱腹板的有效宽度计算

腹板高度变化率：（450－250）/5.7＝35 mm/m＜60 mm/m，故腹板抗剪可以考虑屈曲后强度。

①大头截面

腹板边缘的最大应力

$$\sigma_1=\frac{56.89\times10^3}{7040}+\frac{132.03\times10^6\times225}{22728\times10^4}=138.8\,N/mm^2$$

$$\sigma_2=\frac{56.89\times10^3}{7040}-\frac{132.03\times10^6\times225}{22728\times10^4}=-122.6\,N/mm^2$$

腹板边缘正应力比值

$$\beta=\frac{\sigma_2}{\sigma_1}=\frac{-122.6}{138.8}=-0.883$$

腹板在正应力作用下的凸曲系数

$$k_\sigma=\frac{16}{\sqrt{(1+\beta)^2+0.112(1-\beta)^2}+(1+\beta)}$$

$$=\frac{16}{\sqrt{(1-0.883)^2+0.112(1+0.883)^2}+(1-0.883)}=22$$

与板件受弯、受压有关的系数

$$\lambda_p=\frac{h_w/t_w}{28.1\sqrt{k_\sigma}\sqrt{235/\gamma_R\sigma_1}}$$

$$=\frac{450/8}{28.1\sqrt{22}\sqrt{235/1.087\times138.8}}=0.34<0.8$$

$\rho=1$，故大头截面腹板全部有效。

②小头截面

腹板压应力

$$\sigma_0=\frac{67.97\times10^3}{5440}=12.49\,N/mm^2$$

$$\beta=1,k_\sigma=\frac{16}{\sqrt{(1+1)^2+0}+(1+1)}=4.0$$

$$\lambda_p=\frac{250/8}{28.1\sqrt{4}\sqrt{235/1.087\times12.49}}=0.13<0.8$$

$\rho=1$，故小头截面腹板全部有效。

(2) 楔形柱的强度计算

①柱大头截面

柱腹板上不设加劲肋，$k_\tau=5.34$

$$\lambda_w=\frac{h_w/t_w}{37\sqrt{k_\tau}\sqrt{235/f_y}}=\frac{430/8}{37\sqrt{5.34}}=0.629<0.8$$

腹板屈曲后抗剪强度设计值

$$f'_v=f_v=125\,\text{N/mm}^2$$

柱腹板抗剪承载力设计值

$$V_d=h_w t_w f'_v=430\times8\times125\times10^{-3}=430\,\text{kN}$$

$$V_1=23.16\,\text{kN}<0.5V_d=0.5\times430=215\,\text{kN}$$

$$M_e^N=M_e-NW_e/A_e$$

$$=\frac{22728\times10^4}{225}\times215\times10^{-6}-\frac{56.89\times\dfrac{22728\times10^4}{225}}{7040}\times10^{-3}=208.8\,\text{kN}\cdot\text{m}$$

$$M=132.03\,\text{kN}\cdot\text{m}<M_e^N$$

柱大头截面强度满足要求。

②柱小头截面

$$\sigma_0=N/A=67.97\times10^3/5440=12.5\,\text{N/mm}^2<f=215\,\text{N/mm}^2$$

$$V_0=23.16\,\text{kN}<V_d=230\times8\times125=230\,\text{kN}$$

柱小头截面强度满足要求。

(3) 楔形柱的计算长度

柱的线刚度 $$K_1=\frac{I_{c1}}{h}=\frac{22728\times10^4}{5700}=39874$$

梁的线刚度 $$K_2=\frac{I_{b0}}{2\Psi s}=\frac{22728\times10^4}{2\times1\times9045}=12563$$

$$\frac{K_2}{K_1}=\frac{12563}{39874}=0.32$$

$$\frac{I_{c0}}{I_{c1}}=\frac{5998}{22728}=0.26$$

查表 1-1 得柱的计算长度系数　$\mu_r=1.21$

柱平面内的计算长度　$l_{0x}=\mu_r h=1.21\times5700=6897\,\text{mm}$

柱平面外的计算长度　$l_{0y}=5700\,\text{mm}$

(4) 楔形柱的平面内稳定计算

$$\lambda_x=\frac{l_{0x}}{i_x}=\frac{6897}{\sqrt{5998\times10^4/5440}}=65.7$$

查《钢结构设计规范（GB 50017—2003)》得 $\varphi_{x\gamma}=0.776$

$$N'_{Ex0}=\frac{\pi^2 EA_{e0}}{1.1\lambda^2}=\frac{\pi^2\times206\times10^3\times5440}{1.1\times65.7^2}\times10^{-3}=2327\,\text{kN}$$

等效弯矩系数 $\beta_{mx}=1.0$

$$\frac{N_0}{\varphi_{x\gamma}A_{e0}}+\frac{\beta_{mx}\cdot M_1}{W_{e1}\left(1-\varphi_{x\gamma}\frac{N_0}{N'_{Ex0}}\right)}$$

$$=\frac{67.97\times10^3}{0.776\times5440}+\frac{132.03\times10^6}{\frac{22728\times10^4}{225}\times\left(1-0.776\times\frac{67.97}{2327}\right)}$$

$$=149.8\,\text{N/mm}^2<f=215\,\text{N/mm}^2$$

柱的平面内稳定满足要求。

(5) 楔形柱的平面外稳定计算

$$\lambda_y=\frac{l_{0y}}{i_y}=\frac{5700}{\sqrt{973\times10^4/5440}}=134.7$$

查《钢结构设计规范(GB 50017—2003)》得 $\varphi_\gamma=0.367$

柱的楔率 $\gamma=(h_1/h_0)-1=430/230-1=0.87$，不大于 $0.268h/d_0=6.1$ 及 6.0

$$\mu_s=1+0.023\gamma\sqrt{lh_0/A_f}=1+0.023\times0.87\times\sqrt{\frac{5700\times250}{180\times10}}=1.56$$

$$\mu_w=1+0.00385\gamma\sqrt{l/i_{y0}}=1+0.00385\times0.87\times\sqrt{\frac{5700}{\sqrt{973\times10^4/5440}}}=1.07$$

$$i'_{y0}=\sqrt{\frac{180^3\times10/12}{180\times10+122\times8/3}}=47.8\,\text{mm}$$

$$\lambda_{y0}=\mu_s l_{0y}/i'_{y0}=1.56\times\frac{5700}{47.8}=185.6$$

梁整体稳定系数

$$\varphi_{b\gamma}=\frac{4320}{\lambda_{y0}{}^2}\frac{A_0\,h_0}{W_{x0}}\sqrt{\left(\frac{\mu_s}{\mu_w}\right)^4+\left(\frac{\lambda_{y0}t_0}{4.4h_0}\right)^2}\cdot\frac{235}{f_y}$$

$$=\frac{4320}{185.6^2}\times\frac{5440\times250}{5998\times10^4/125}\times\sqrt{\left(\frac{1.56}{1.07}\right)^4+\left(\frac{185.6\times10}{4.4\times250}\right)^2}=0.96>0.6$$

修正后 $\varphi'_b=1.07-\dfrac{0.282}{0.96}=0.78$

等效弯矩系数

$$\beta_t=1-\frac{N}{N'_{Ex0}}+0.75\left(\frac{N}{N'_{Ex0}}\right)^2$$

$$=1-\frac{67.97}{2327}+0.75\left(\frac{67.97}{2327}\right)^2=0.97$$

$$\frac{N_0}{\varphi_y A_{e0}}+\frac{\beta_t M_1}{\varphi_{b\gamma}W_{e1}}$$

$$=\frac{67.97\times10^3}{0.367\times5440}+\frac{0.97\times132.03\times10^6}{0.78\times22728\times10^4/225}=196.5\,\text{N/mm}^2<f=215\,\text{N/mm}^2$$

柱的平面外稳定满足要求。

1.4　檩条（墙梁）设计与构造

1.4.1　檩条的形式、受力特点及适用范围

檩条是屋盖结构体系中次要的承重构件，它将屋面荷载传递到刚架。檩条宜优先采用实腹式构件，当檩条跨度超过 9 m 时一般采用空腹式或格构式构件。檩条一般设计成单跨简支构件，实腹式檩条也可设计成连续构件。

除柱距较大的结构需采用热轧工字钢外，轻型门式刚架的檩条一般都采用冷弯薄壁型钢，如图 1－35 所示。构件的高度一般为 140～250 mm，厚度 1.4～2.5 mm。冷弯薄壁型钢构件一般采用 Q235 或 Q345，大多数檩条表面涂层采用防锈底漆，也有采用镀铝或镀锌的防腐措施。

图 1－35　冷弯薄壁型钢檩条

冷弯薄壁型钢构件用相对较少的材料承受较大的外荷载，不是单纯用增大截面面积，而是通过改变截面形状的方法获得。根据测算，同样截面积的冷弯薄壁型钢与热轧型钢相比，回转半径可增大 80%，惯性矩和面积矩可增大 50%～180%。所以，冷弯薄壁型钢抗压和抗弯性能好，整体刚度大。

由于冷弯薄壁型钢在室温下成型，材料将产生冷弯效应。所谓冷弯效应，是指冷加工使材料达到塑性变形，材料内部结构发生变化，产生应变硬化和应变时效，使截面弯角部分材料强度提高，塑性降低。影响材料冷弯效应的因素有钢材极限强度和屈服强度的比值；弯角半径和板厚的比值；冷加工的成型方式、次数、受力性质等。考虑材料的冷弯效应，一般可以提高设计强度 10%～15%，但是一般只在构件全截面有效时才在计算中考虑设计强度的提高，否则可以将冷弯效应作为设计中的强度储备。

冷弯薄壁型钢构件板件宽而薄，在压应力作用下，截面板件容易产生凸曲变形，发生局部失稳。但是板件在局部失稳后并不立即丧失承载能力，而是仍能承担一定的荷载增量直至构件整体失效，这个过程称为屈曲后强度的利用。可以采用有效宽度法或有效截面法概念利用板件或截面的屈曲后强度。

冷弯薄壁型钢由于自由扭转刚度小，而且大多数截面剪心和形心不重合，因此构件中存在弯曲和扭转的共同作用。弯扭屈曲是其常见的破坏形式，必须在设计中加以防止。除了采用更好的截面形式（双轴对称、闭合构件）外，常见的构造措施有增加支座和跨中处的侧向支承，比如端加劲肋、檩托、撑杆等。

带卷边的槽形(也称之为 C 形)檩条和斜卷边或直卷边的 Z 形檩条是目前轻型门式刚架常用的两种檩条规格，其截面如图 1－36 所示。

表 1－5 给出了高、宽、卷边及厚度均相等的 C 形檩条和 Z 形檩条的截面特性比较(图 1－37)。

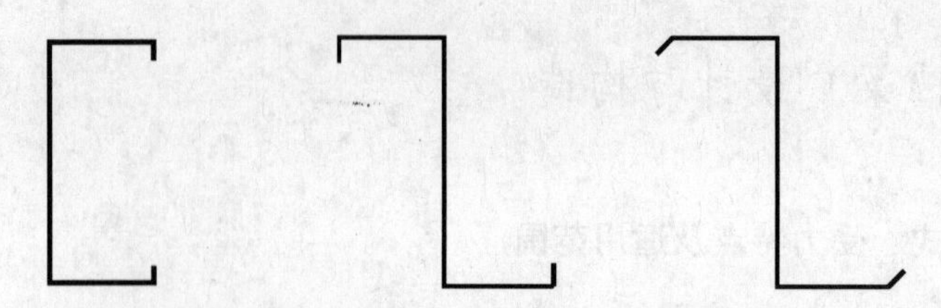

图1-36　C形和Z形檩条

表1-5　C形和Z形檩条截面特性比较

	h(mm)	b(mm)	a(mm)	t(mm)	Z_0(mm)/θ	m(kg/m)	A(mm²)	I_{x1}(mm⁴)
C160×60×20×2	160	60	20	2	18.41	5.2	582	
Z160×60×20×2	160	60	20	2	19.38°	5.2	595	2352000
	I_{y1}(mm⁴)	I_w(mm⁴)	I_x(mm⁴)	I_y(mm⁴)	W_{x1}(mm³)	W_{y1}(mm³)	$W_{x\max}$(mm³)	$W_{x\min}$(mm³)
C160×60×20×2	476350	14172500	2195200	274190	—	—	27440	27440
Z160×60×20×2	466600	23382000	2579000	152200	29400	7780	34170	27720
	$W_{y\max}$(mm³)	$W_{y\min}$(mm³)	i_{x1}(mm)	i_{y1}(mm)	i_x(mm)	i_y(mm)		
C160×60×20×2	14891	6593	—	—	61.36	21.7		
Z160×60×20×2	6560	4400	62.9	28	65.8	16		

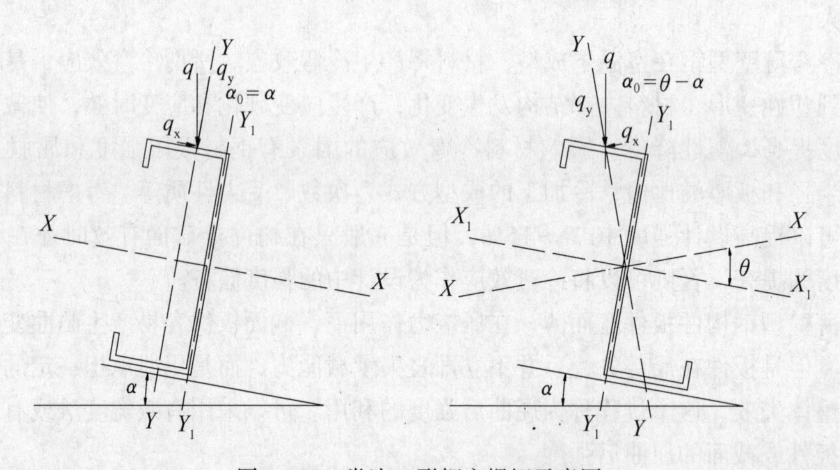

图1-37　卷边Z形钢主惯矩示意图

从表1-5的截面特性比较可以看出：

(1) 这两种规格檩条在用钢量一样的情况下，绕平行于屋面的轴，Z形檩条截面特性略大于C形檩条；绕垂直于屋面的轴，在不利一侧Z形檩条截面特性也略大于C形檩条。而檩条是按平行于屋面和垂直于屋面进行验算，因而Z形檩条受力性能稍好一些。

(2) 对于Z形檩条θ在20°左右时，绕x—x轴、y—y轴的截面特性与绕x_1—x_1轴、y_1—y_1轴的截面特性比较接近，所以Z形檩条适用于屋面坡度比较大的情况。

(3) 在屋面坡度较小时，C形檩条自重产生偏心较小；在屋面坡度较大时，Z形檩条自重产生偏心较小。

(4) Z形檩条在制作和安装上较C形檩条麻烦。

卷边Z形钢檩条绕主平面 x 轴的刚度较大，在屋面荷载作用下挠度较小，受力较为合理，用钢量省，构造简单，制作、安装方便，且斜卷边Z形钢存放时还可叠层堆放、运输，占地少，是当前比较经济合理的一种实腹式檩条，为各国所普遍采用。但因为我国目前的冷弯型钢产品规格有限，其主轴的倾角多为20°～24°，故卷边Z形钢檩条主要用于坡度较大的屋面（≥1/3），这时屋面荷载作用线与截面主轴方向相当接近，较为经济。

1.4.2　檩条的布置和构造

1. 檩条间距和跨度

檩条的设计首先应考虑天窗、通风屋脊、采光带、屋面材料以及檩条供货规格的影响，以确定檩条间距，并根据主刚架的间距确定檩条的跨度。确定最优的檩条跨度和间距是一个复杂的问题。随着跨度的增大，主刚架及檩条的用量势必加大。但主刚架榀数的减少可以降低用钢量，檩条间距的加大也可以减少檩条的用量。但是檩条跨度的加大，支撑用量也相应增多。所有这些因素需要综合考虑。

2. 侧向支撑的设置

外荷载作用下檩条同时产生弯曲和扭转的共同作用。冷弯薄壁型钢本身板件宽厚比大，抗扭刚度不足；荷载通常位于上翼缘的中心，荷载中心线与剪力中心相距较大；因为坡屋面的影响，檩条腹板倾斜，扭转问题将更加突出。所有这些说明，侧向支撑是保证冷弯薄壁型钢檩条稳定性的重要保障。

1) 屋面板的支撑作用

首先，可以将屋面视为一大构件，承受平行于屋面方向的荷载（如风、地震作用等），称之为屋面的蒙皮效应。考虑蒙皮效应的屋面板必须具有合适的板型、厚度及连接性能，主要是一些用自攻螺丝连接的屋面板，可以作为檩条的侧向支撑，使檩条的稳定性大大提高。扣合式或咬合式的屋面板不能对檩条提供很好的侧向支撑。

2) 拉条和撑杆

拉条和撑杆的布置应根据檩条的跨度、间距、截面形式和屋面坡度、屋面形式等因素来选择。

为了减小檩条在安装和使用阶段的侧向变形和扭转，保证其整体稳定性，一般需在檩条间设置拉条，作为其侧向支承点。当檩条跨度≤4 m时，可按计算要求确定是否需要设置拉条；当屋面坡度 $i>1/10$，檩条跨度>4 m时，宜在檩条跨中位置设置一道拉条；当跨度>6 m时，宜在檩条跨度三分点处各设一道拉条。拉条通常用圆钢做成，拉条的直径为8～12 mm，根据荷载和檩距大小取用。圆钢拉条可设在距檩条上翼缘1/3腹板高度范围内。当在风吸力作用下檩条下翼缘受压时，屋面宜用自攻螺钉直接与檩条连接，拉条宜设在下翼缘附近。为了兼顾无风和有风两种情况，可在上、下翼缘附近交替布置，或在两处都设置。当采用扣合式屋面板时，拉条的设置根据檩条的稳定计算确定。

拉条的作用是防止檩条侧向变形和扭转，并且提供轴方向的中间支点。此中间支点的力需要传到刚度较大的构件。为此，还需要在屋脊或檐口处设置斜拉条和刚性撑杆。当檩条用卷边槽钢时，横向力指向下方，斜拉条应如图1－38a、b所示布置。当檩条为Z形钢而横向荷载向上时，斜拉条应布置于屋檐处（图1－38c）。以上论述适用于没有风荷载和屋面风吸力小于重力荷载的情况。

当风吸力超过屋面永久荷载时，横向力的指向和前述情况相反。此时Z形钢檩条的斜拉条需要设置在屋脊处，而卷边槽钢檩条则需设在屋檐处。因此，为了兼顾两种情况，在风荷载大的地区或是在屋檐和屋脊处都设置斜拉条，或是把横拉条和斜拉条都做成可以既承拉力又承压力的刚性杆。

刚性撑杆通常按压杆的刚度要求［λ］≤200来选择截面。可采用钢管、方钢或角钢做成，目前也有采用钢管内设拉条的做法，构造简单。撑杆处应同时设置斜拉条。

拉条和撑杆的布置见图1－38。

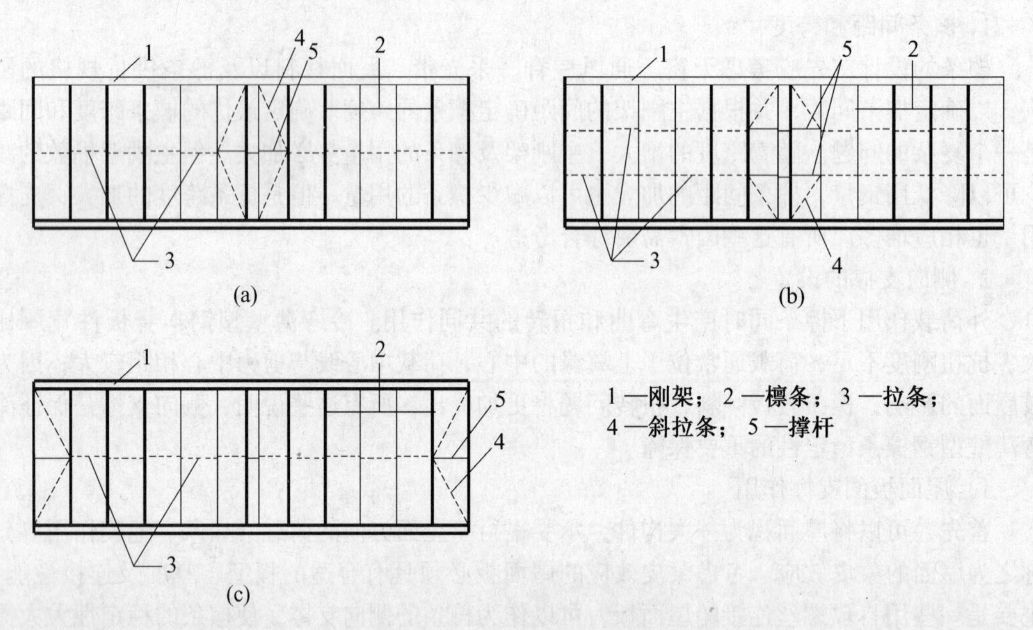

图1－38　拉条和撑杆布置图

拉条和撑杆与檩条的连接见图1－39。斜拉条与檩条腹板的连接处一般应予弯折，弯折的直段长度不宜过大，以免受力后发生局部弯曲。斜拉条弯折点距腹板边距宜为10～15mm。如条件许可，斜拉条可不弯折，而采用斜垫板或角钢连接。

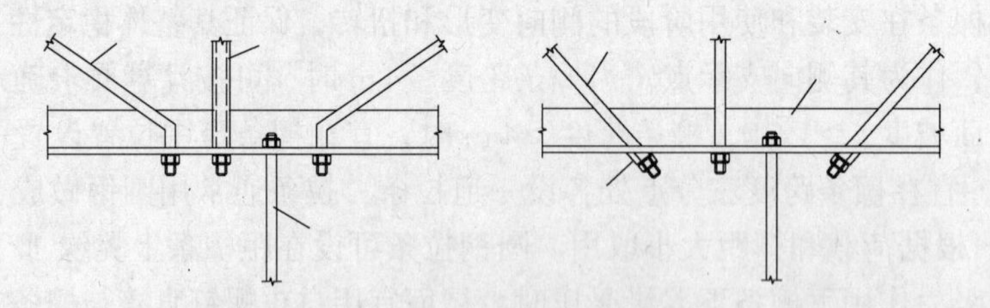

图1－39　檩条与拉条连接

3．檩条与刚架的连接

实腹式檩条的截面均宜垂直于屋面坡面，并宜将上翼缘肢尖（或卷边）朝向屋脊方向，以减小屋面荷载偏心而引起的扭矩。

檩条端部与刚架的连接应能阻止檩条端部截面的扭转，以增强其整体稳定性。

实腹式檩条可通过檩托与刚架斜梁连接，设置檩托的目的是为了阻止端部截面的扭转，以防止檩条在支座处的扭转变形和倾覆，增强其整体稳定性。檩条端部与檩托的连接螺栓应不少于两个，并沿檩条高度方向设置。当檩条高度较小（＜120 mm），排列两个螺栓有困难时，也可改为沿檩条长度方向设置。螺栓直径根据檩条的截面大小，取 M12～M16，檩托可用角钢做成（图 1-40a）。当屋面坡度与屋面荷载较小时，也可用钢板直接焊于刚架横梁上翼缘作为檩托（图 1-40b）。

实腹式檩条与刚架的连接处也可采用搭接，此时檩条按连续构件设计。带斜卷边的 Z 形檩条可采用叠置搭接，卷边 C 形檩条可采用不同型号的卷边 C 形冷弯薄壁型钢套置搭接。斜卷边 Z 形檩条的搭接长度及其连接螺栓直径，应根据连续梁中间支座处的弯矩确定。在同一工程中宜尽量减少搭接长度的类型。

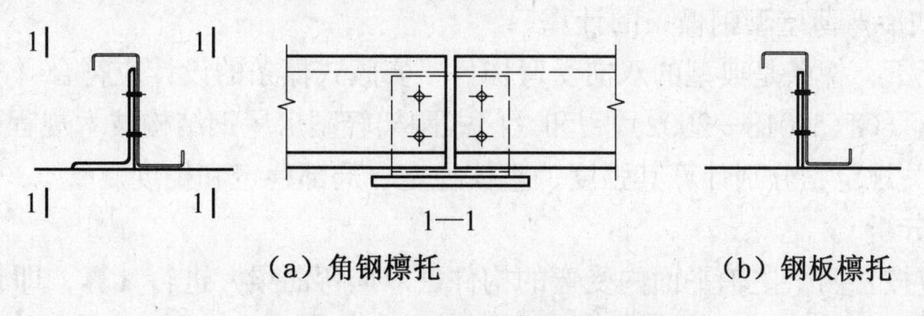

图 1-40　檩条与刚架的连接

当刚架斜梁的下翼缘受压时，须在受压翼缘两侧布置隅撑作为刚架斜梁的侧向支承，隅撑的另一端与檩条相连（见图 1-10），这样虽可减小檩条平面内的计算跨度，但在计算檩条时，不考虑隅撑的影响。

1.4.3　檩条的设计

1. 檩条的荷载

1）永久荷载（恒荷载）

包括屋面围护材料重量（包括防水层、保温层或隔热层等）、支撑（当支撑连于檩条上时）及檩条结构自重。

2）可变荷载（活荷载）

包括屋面均布活荷载、雪荷载、积灰荷载及风荷载等。

屋面均布活荷载（按水平投影面积计算）一般取为 0.5 kN/m^2，但不与雪荷载同时考虑。

雪荷载和积灰荷载按《建筑结构荷载规范（GB 50009—2001）》取用。在有落差等部位时应考虑不均匀分布增大系数。积灰荷载应与均布活荷载或雪荷载中的较大值同时考虑。

风荷载对轻型屋面檩条应考虑不利的正风压与负风压（风吸力）作用，计算时应注意以下几点：

（1）檩条风荷载作用不考虑风振系数 β_z 与阵风系数 β_{gz}。

（2）按《门式刚架轻型房屋钢结构技术规程（CECS 102:2002）》附录 A 计算风荷载作用时，其相关参数较为合理，分别对刚架檩条、屋面板规定了不同的 μ_s 取值，但计算分区较复杂，且负风压 μ_s 取值偏大，故计算时应注意严格遵守附录 A 所规定的适用条件，即房屋外形应符合屋面坡度 $\alpha \leqslant 10°$，屋面平均高度 $H \leqslant 18$ m，房屋高宽比 $H/B \leqslant 1$

等条件，并在计算时将基本风压值乘以系数1.05。其他建筑物檩条的风荷载应按《建筑结构荷载规范》的有关规定计算。

2. 荷载组合

对轻型屋面檩条一般选用可变荷载控制的组合，即

1.2×恒载+1.4×活荷载（或雪荷载）；

1.2×恒载+1.4×施工或检修荷载。施工或检修荷载一般取1.0kN（标准值）。

当验算在风吸力（负风压）作用下檩条下翼缘受压稳定性时，应采用由可变荷载控制的组合，此时屋面永久荷载（恒载）的分项系数取1.0，即

1.0×恒载+1.4×负风压。

3. 实腹式冷弯薄壁型钢檩条的计算

一般情况下，檩条是典型的双向受弯构件，实腹式檩条的设计应符合《冷弯薄壁型钢结构技术规范（GB 50018—2002）》[5]和《门式刚架轻型房屋钢结构技术规程（CECS 102:2002)》的有关规定，分别计算其强度、整体稳定、局部稳定和挠度。

1）内力分析

分析时应按在两个主轴平面内受弯的构件（双向弯曲梁）进行计算，即将均布荷载 q 分解为两个荷载分量 q_x 和 q_y 分别计算。

垂直于主轴 x 和 y 的分荷载（见图1-37）按下列公式计算：

$$q_x = q\sin\alpha_0 \quad (1-68a)$$

$$q_y = q\cos\alpha_0 \quad (1-68b)$$

式中 q——檩条竖向荷载设计值；

α_0——q 与主轴 y 的夹角：对C形截面 $\alpha_0=\alpha$，α 为屋面坡角；对Z形截面 $\alpha_0=\theta-\alpha$ 为主轴 x 与平行于屋面轴 x_1 的夹角。

由图可见，在屋面坡度不大的情况下，卷边Z形钢的 q_x 指向上方（屋脊），而卷边C形钢的 q_x 指向上下方（屋檐）。

对设有拉条的简支檩条（墙梁），由 q_x、q_y 分别引起的 M_x、M_y 按表1-6计算。

檩条（墙梁）的内力计算汇总见表1-6。

表1-6 檩条（墙梁）的内力计算

拉条设置情况	由 q_x 产生的内力		由 q_y 产生的内力	
	$M_{y\max}$	$V_{x\max}$	$M_{x\max}$	$V_{y\max}$
无拉条	$\frac{1}{8}q_xl^2$	$0.5q_xl$	$\frac{1}{8}q_yl^2$	$0.5q_yl$
跨中有一道拉条	拉条处负弯矩 $\frac{1}{32}q_xl^2$ 拉条与支座间正弯矩 $\frac{1}{64}q_xl^2$	$0.625q_xl$	$\frac{1}{8}q_yl^2$	$0.5q_yl$

续表 1－6

拉条设置情况	由 q_x 产生的内力		由 q_y 产生的内力	
	$M_{y\max}$	$V_{x\max}$	$M_{x\max}$	$V_{y\max}$
三分点处各有一道拉条	拉条处负弯矩 $\frac{1}{90}q_xl^2$ 跨中正弯矩 $\frac{1}{360}q_xl^2$	$0.367q_xl$	$\frac{1}{8}q_yl^2$	$0.5q_yl$

2）强度计算

当屋面能阻止檩条侧向失稳和扭转时，可不计算檩条的整体稳定性，仅按下式计算其强度：

$$\frac{M_x}{W_{enx}}+\frac{M_y}{W_{eny}}\leqslant f \tag{1-69}$$

式中　M_x——由 p_y 引起 x 轴的最大弯矩；

M_y——由 p_x 引起 y 轴相应于最大 M_x 处的弯矩，拉条应作为侧向支承点；

W_{enx}、W_{eny}——分别对主轴 x、y 的有效净截面抵抗矩。

3）稳定计算

当屋面不能阻止檩条侧向失稳和扭转时（如采用扣合式屋面板时），可按下式计算檩条的稳定性：

$$\frac{M_x}{\varphi_{bx}W_{ex}}+\frac{M_y}{W_{ey}}\leqslant f \tag{1-70}$$

式中　W_{ex}、W_{ey}——分别对主轴 x、y 的有效截面抵抗矩；

φ_{bx}——受弯构件绕强轴的整体稳定系数，按《冷弯薄壁型钢结构技术规范（GB 50018—2002）》的规定由下式计算：

$$\varphi_{bx}=\frac{4320Ah}{\lambda_y^2W_x}\xi_1\left(\sqrt{\eta^2+\zeta}+\eta\right)\left(\frac{235}{f_y}\right) \tag{1-71}$$

$$\eta=2\xi_2e_a/h \tag{1-72}$$

$$\zeta=\frac{4I_\omega}{h^2I_y}+\frac{0.156I_t}{I_y}\left(\frac{l_0}{h}\right)^2 \tag{1-73}$$

式中　λ_y——梁在弯矩作用平面外的长细比；

A——毛截面面积；

h——截面高度；

l_0——梁的侧向计算长度，$l_0=\mu_b l$；

μ_b——梁的侧向计算长度系数，按表 1－7 采用；

l——梁的跨度；

ξ_1、ξ_2——系数，按表 1－7 采用；

e_a——横向荷载作用点到弯心的距离：对于偏心压杆或当横向荷载作用在弯心时 $e_a=0$，

当荷载不作用在弯心且荷载方向指向弯心时 e_a 为负，而离开弯心时 e_a 为正；

W_x——对 x 轴的受压边缘毛截面截面模量；

I_ω ——毛截面扇形惯性矩；

I_y——对 y 轴的毛截面惯性矩；

I_t——扭转惯性矩。

表 1-7 简支檩条的 ξ_1、ξ_2 和 μ_b 系数

系数	跨间无拉条	跨中一道拉条	三分点两道拉条
μ_b	1.0	0.5	0.33
ξ_1	1.13	1.35	1.37
ξ_2	0.46	0.14	0.06

如按上列公式算得 φ_{bx}值大于 0.7，则应以 φ'_{bx}值代替 φ_{bx}，φ'_{bx}值应按下式计算：

$$\varphi'_{bx} = 1.091 - \frac{0.274}{\varphi_{bx}} \tag{1-74}$$

C 形钢檩条的荷载不通过截面弯心（剪心），从理论上说稳定计算应计及双力矩 B 的影响，但 GB 50018 规范认为非牢固连接的屋面板能起一定作用，从而略去 B 的影响。

在风吸力作用下，当屋面能阻止上翼缘侧移和扭转时，受压下翼缘的稳定性应按《门式刚架轻型房屋钢结构技术规程（CECS 102:2002）》附录 E 的规定计算。该方法考虑屋面板对檩条整体失稳的约束作用，能较好反映檩条的实际性能，但计算比较复杂。当屋面不能阻止上翼缘侧移和扭转时，受压下翼缘的稳定性应按式（1-71）计算；当采取可靠措施能阻止檩条截面扭转时，可仅计算其强度。

在式（1-69）和式（1-70）中截面模量都用有效截面，其值应按《冷弯薄壁型钢结构技术规范（GB 50018—2002）》的规定计算。但是檩条是双向受弯构件，翼缘的正应力非均匀分布，确定其有效宽度的计算比较复杂，且该规范规定的部分加劲板件的稳定系数偏低。对于和屋面板牢固连接并承受重力荷载的卷边槽钢、Z 形钢檩条，据研究资料分析，翼缘全部有效的范围由下列公式给出，可供设计参考。

当 $h/b \leqslant 3.0$ 时
$$\frac{b}{t} \leqslant 31\sqrt{205/f} \tag{1-75a}$$

当 $3.0 < h/b \leqslant 3.3$ 时
$$\frac{b}{t} \leqslant 28.5\sqrt{205/f} \tag{1-75b}$$

式中 h、b、t 分别为截面高度、翼缘宽度和板件厚度。

《冷弯薄壁型钢结构技术规范（GB 50018—2002）》所附卷边槽钢和卷边 Z 形钢规格，多数都在上述范围之内。需要提出注意的是这两种截面的卷边宽度应符合 GB 50018 规范的规定，见表 1-8。

表 1-8 卷边的最小高厚比

$\frac{b}{t}$	15	20	25	30	35	40	45	50	55	60
$\frac{a}{t}$	5.4	6.3	7.2	8.0	8.5	9.0	9.5	10.0	10.5	11.0

注：a 为卷边的高度；b 为带卷边板件的宽度；t 为板厚。

如选用式（1－75）范围外的截面，应按有效截面进行验算。

4）变形计算

实腹式檩条应验算垂直于屋面方向的挠度。

对卷边槽形截面的两端简支檩条，应按式（1－76）进行验算。

$$\frac{5}{384}\frac{q_{ky}l^4}{EI_x}\leqslant[\nu] \tag{1-76}$$

式中　q_{ky}——沿 y 轴作用的分荷载的标准值；

　　I_x——对 x 轴的毛截面惯性矩。

对 Z 形截面的两端简支檩条，应按式（1－77）计算：

$$\frac{5}{384}\frac{q_k\cos\alpha l^4}{EI_{x1}}\leqslant[\nu] \tag{1-77}$$

式中　α——屋面坡度；

　　I_{x1}——Z 形截面对平行于屋面的形心轴 x_1 轴的惯性矩。

容许挠度［ν］按表 1－9 取值。

表 1－9　檩条的容许挠度限值

仅支承压型钢板屋面（承受活荷载或雪荷载）	$l/150$
有吊顶	$l/240$
有吊顶且抹灰	$l/360$

【例 1－2】　如图 1－41 所示屋面实腹式檩条，选用冷弯 C 形卷边型钢 160×60×20×2.0，跨度 L = 6m，檩距为 1.5m，中间设一道拉条，屋面坡度 10%（5.71°）檩条及拉条钢材均为 Q235，试验算该檩条的承载力和挠度是否满足设计要求。已知该檩条承受的荷载为：

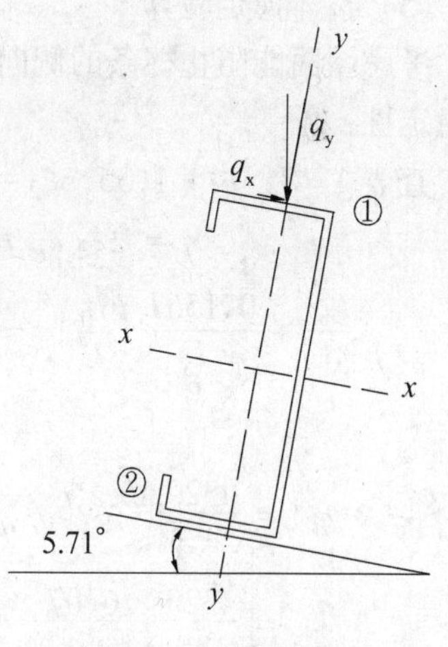

图 1－41　檩条截面

（1）1.2×永久荷载＋1.4×max（屋面活荷载，雪荷载）：

荷载标准值：$q_k = 1.05\,\text{kN/m}$

荷载设计值：$q = 1.365\,\text{kN/m}$

$q_x = q\sin 5.71° = 0.136\,\text{kN/m}$

$q_y = q\cos 5.71° = 1.358\,\text{kN/m}$

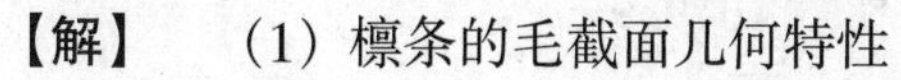

（2）1.0×永久荷载＋1.4×风荷载吸力：

荷载设计值：　　$q_x = 0.025\,\text{kN/m}$；$q_y = 0.943\,\text{kN/m}$

【解】　（1）檩条的毛截面几何特性

C160×60×20×2.0 截面的毛截面几何特性值为：

$A = 6.07\,\text{cm}^2, I_x = 236.59\,\text{cm}^4, I_y = 29.99\,\text{cm}^4, i_x = 6.24\,\text{cm}, i_y = 2.22\,\text{cm},$

$W_x = 29.57\,\text{cm}^3, x_0 = 1.85\,\text{cm}, I_\omega = 1596.28\,\text{cm}^6, I_t = 0.0809\,\text{cm}^4$。

(2) 弯矩计算

第一种组合： $$M_x=\frac{1}{8}\times0.931\times6^2=4.19\,\text{kN}\cdot\text{m}$$

$$M_y=\frac{1}{32}\times0.093\times6^2=0.11\,\text{kN}\cdot\text{m}$$

第二种组合： $$M_x=\frac{1}{8}\times0.943\times6^2=4.24\,\text{kN}\cdot\text{m}$$

$$M_y=\frac{1}{32}\times0.025\times6^2=0.03\,\text{kN}\cdot\text{m}$$

(3) 有效截面计算

$$\frac{h}{b}=\frac{160}{60}=2.67<3.0,\frac{h}{b}=\frac{60}{2}=30<31\sqrt{\frac{205}{205}}=31\text{ 且}\frac{a}{t}=\frac{20}{2}=10>8.0$$

故檩条全截面有效（表1-8）。

(4) 强度验算

考虑屋面能阻止檩条的侧向失稳和扭转，验算檩条在第一种荷载组合作用下①、②点的强度：

$$\sigma_1=\frac{M_x}{W_{enx}}+\frac{M_y}{W_{eny,max}}=\frac{4.19\times10^6}{29.57\times10^3}+\frac{0.11\times10^6}{16.19\times10^3}=148.5\,\text{N/mm}^2\leqslant f=205\,\text{N/mm}^2$$

$$\sigma_2=\frac{M_x}{W_{enx}}+\frac{M_y}{W_{eny,min}}=\frac{4.19\times10^6}{29.57\times10^3}+\frac{0.11\times10^6}{7.23\times10^3}=156.9\,\text{N/mm}^2\leqslant f=205\,\text{N/mm}^2$$

满足要求。

(5) 整体稳定验算

考虑屋面能阻止檩条的侧向失稳和扭转，验算檩条在第二种荷载组合作用下檩条的整体稳定性：

查表1-7，$\xi_1=1.35$，$\xi_2=0.14$，$\mu_b=0.50$

$$\eta=2\xi_2 e_a/h=2\times0.14\times(-4.52)/16=-0.079$$

$$\zeta=\frac{4I_\omega}{h^2 I_y}+\frac{0.156I_t}{I_y}\left(\frac{l_0}{h}\right)^2=\frac{4\times1596.28}{16^2\times29.99}+\frac{0.156\times0.0809}{29.99}\left(\frac{0.5\times600}{16}\right)^2=0.9796$$

$$\lambda_y=300/2.22=135.14$$

$$\begin{aligned}\varphi_{bx}&=\frac{4320Ah}{\lambda_y^2 W_x}\xi_1\left(\sqrt{\eta^2+\zeta}+\eta\right)\left(\frac{235}{f_y}\right)\\&=\frac{4320\times6.07\times16}{135.14^2\times29.57}\times1.35\times\left(\sqrt{(-0.079)^2+0.9796}-0.079\right)\\&=0.959>0.7\end{aligned}$$

$$\varphi'_{bx}=1.091-\frac{0.274}{\varphi_{bx}}=1.091-\frac{0.274}{0.959}=0.809$$

$$\frac{M_x}{\varphi_{bx}W_{ex}}+\frac{M_y}{W_{ey}}=\frac{4.24\times10^6}{0.809\times29.57\times10^3}+\frac{0.03\times10^6}{7.23\times10^3}=181.4\,\text{N/mm}^2<f=205\,\text{N/mm}^2$$

满足要求。

(6) 挠度验算

$$\nu = \frac{5}{384} \times \frac{q_{\mathrm{ky}} l^4}{EI_{\mathrm{x}}} = \frac{5}{384} \times \frac{0.705 \times \cos 5.71° \times 6000^4}{206 \times 10^3 \times 236.59 \times 10^4} = 24.3\,\mathrm{mm} \leqslant [\nu] = \frac{l}{150} = 40\,\mathrm{mm}$$

计算表明，该檩条的强度、整体稳定和挠度均满足设计要求。

1.4.4 墙架系统的形式与构造

1. 墙架系统的形式

1）侧墙骨架

侧墙骨架位于门式刚架房屋的两侧，沿纵向布置，其构造与刚架的柱距密切相关。当刚架柱距不超过 9 m 时，一般不设墙架柱，只设墙梁和拉条。墙面重量和侧向风荷载由墙板传到墙梁，再由墙梁传递给刚架柱。如柱距在 9 m 以上，则需设墙架柱。墙架柱承受墙梁的重量和侧向风荷载。风荷载由墙梁传到墙架柱与刚架柱。传到墙架柱下端的直接传至基础，上端传至纵向水平支撑再分布到刚架柱上，最终传至基础。

2）山墙骨架

山墙骨架位于房屋的两端，与门式刚架平行。

当门式刚架跨度超过 9 m 时，应设置山墙墙架柱，组成山墙骨架体系。山墙骨架体系一般有两种布置方案，即刚架体系和构架体系。

(1) 刚架体系。刚架体系由门式刚架和山墙骨架组成。山墙骨架含墙架柱、墙梁及墙梁拉杆等构件。

山墙刚架承受端开间一半的屋面竖向荷载和纵墙端部的侧向风荷载或地震荷载。山墙骨架承受墙体重量和山墙的水平荷载。墙架柱不作为刚架斜梁的支点，不承受刚架斜梁上的垂直荷载。所以，在构造上必须采取措施，保证刚架斜梁不致因向下变位而压到墙架柱上。

山墙刚架虽然只承受正常刚架的一半垂直荷载，但设计中一般仍采用与中间刚架相同的截面，显然有点浪费，但这种布置具有如下优点：

①受力、传力是直线，传力路径直接、明确。即屋面荷载与侧同风荷载由刚架承受、传递；山墙重量和山墙风荷载由山墙墙骨架承受、传递。

②便于处理屋盖水平支撑、吊车梁和与刚架的连接。由于山墙刚架与相邻刚架的截面相同，水平支撑和吊车梁的连接构造一致，无需另行设计。

③便于改扩建。在改扩建时只需拆除、移动山墙骨架系统，不影响刚架和屋盖系统。

④大大节省设计工作量，制作、安装较为方便。

⑤可作为备用构件。如在施工吊装过程中，一旦有刚架构件出现损坏事故时，可以用这榀山墙刚架替代，不致影响工程进度。

如房屋高度较高，如高于 15m，可沿柱高在中部增设一片或均匀地增设多片水平抗风桁架，作为墙架柱的支点。抗风桁架可有效减小墙架柱的计算高度。墙架柱承受的水平风荷载，部分由抗风桁架传至两端的刚架柱上，经由刚性系杆传至柱间支撑，最后向基础传递。

(2) 构架体系。构架体系由构架柱、斜梁、墙梁以及墙面支撑组成一个独立的系统，竖向承受由檩条传来的屋面荷载，经斜梁传至构架柱，最后传递到基础，构架柱同时承受并传递墙面荷载和构架自重至基础。侧墙和山墙的风荷载，均由构架体系承受。侧墙端开间一半的风荷载由构架柱和十字交叉组成的柱间支撑传递，山墙风荷载则由构架柱承受。

该布置方式显然存在以下缺点：

①增加了构件种类，如斜梁、构架柱之间的柱间支撑等。

②构架柱除同时承受屋面荷载和山墙垂直荷载外，还要考虑侧墙和山墙风荷载的传递。系统受力和传力途径多样而复杂。

③构架体系与中间刚架传力路线不一致，结构形式不同，增加了构件，加大了设计工作量。

这种形式的唯一优点是可以节省钢材，但节省量有限。

2. 墙梁的形式及构造

轻型墙体的墙梁多采用轻型槽钢或卷边槽钢。通常墙梁的最大刚度平面在水平方向，以承担水平风荷载。槽口的朝向应视具体情况而定：槽口向上，便于连接，但容易积灰积水，钢材易锈蚀；槽口向下，不易积灰积水，但连接不便。墙梁的间距取决于墙板的材料强度、尺寸、所受荷载的大小等，如压型钢板较长、强度较高时，墙梁间距可达 3 m 以上；而瓦楞铁、石棉瓦及塑料板或因规格尺寸所限制，或因材料强度所限，墙梁的间距一般不超过 2.5 m。一般墙梁的间距取 1～1.5 m，遇有窗口位置等情况作特殊处理。

为了减小墙梁在竖向荷载作用下的计算跨度，提高墙梁稳定性，常在墙梁上设置拉条。当墙梁的跨度 $l=4\sim6$ m 时，可在跨中设置一道拉条；当 $l>6$ m 时，可在跨间三分点处设置二道拉条。拉条作为墙梁的竖向支承，利用斜拉条将拉力传给柱（图 1－42）。

为了减少墙板自重对墙梁的偏心影响，当墙梁单侧挂墙板时，拉条应连接在墙梁挂墙板的一侧 1/3 处；当墙梁两墙梁侧均挂有墙板时，拉条宜连接在墙梁重心点处。拉条常采用圆钢制造，直径不宜小于 10 mm。

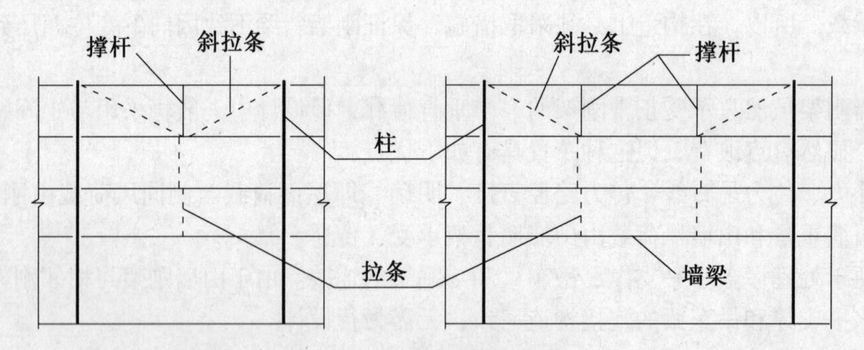

图 1－42　墙梁拉条的布置

1.4.5　墙梁的设计

墙梁通常支承于建筑物的承重柱或墙架柱的牛腿上，墙体荷载通过墙梁传给柱。墙梁跨度可为一个柱距的简支梁或两个柱距的连续梁，从墙梁的受力性能、材料的充分利用来看，后者更合理。但考虑到节点构造、材料供应、运输和安装等方面的因素，现有墙梁大都设计成跨度为一个柱跨的单跨简支梁。当墙板落地（或底部有砖墙）且墙板与墙梁有可靠连接时，计算墙梁时可不考虑墙板和墙梁自重引起的弯矩和剪力。当钢柱间距等于或大于 12 m 时，可在墙梁跨中设置墙架柱，以减少墙梁的跨度。

1. 计算荷载

墙梁所受的荷载主要包括自重、挂在墙梁上内外侧墙板的重量和保温隔热材料等竖向荷载，以及水平的风荷载，组合时应考虑迎风和背风两种情况：

1.2×竖向永久荷载+1.4×水平风压力荷载；

1.2×竖向永久荷载+1.4×水平风吸力荷载。

2. 截面计算

首先根据墙梁跨度、荷载和拉条设置情况，初选墙梁截面，然后对墙梁截面进行验算。验算时尚应根据其墙板单侧挂设或双侧挂设的不同情况，分别验算其强度、稳定性和刚度。

1）正应力计算

墙梁在竖向和水平向荷载作用下应按下式验算其正应力

$$\sigma = \frac{M_x}{W_{efnx}} + \frac{M_y}{W_{efny}} + \frac{B}{W_\omega} \leqslant f \tag{1-78}$$

式中　M_x——水平荷载产生的弯矩设计值，按简支梁计算；

M_y——竖向荷载产生的弯矩设计值，设拉条时按连续梁计算；

B——由水平荷载和竖向荷载引起的双力矩设计值。对两侧挂设墙板的墙梁且墙板与墙梁有可靠连接时，可取 $B=0$；对单侧挂设墙板的墙梁，需计算双力矩；当设置的拉条能确保阻止墙梁扭转时，也可不计算双力矩。

W_{efnx}——对主轴 x 的有效净截面抵抗矩；

W_{efny}——对主轴 y 的有效净截面抵抗矩；

W_ω——截面的毛截面扇性抵抗矩；

f——钢材的强度设计值。

2）剪应力计算

墙梁在竖向和水平向荷载作用下应分别按下式验算其剪应力

$$\tau_x = \frac{3V_{x\max}}{4b_0 t} \leqslant f_v \tag{1-79a}$$

$$\tau_y = \frac{3V_{y\max}}{2h_0 t} \leqslant f_v \tag{1-79b}$$

式中　$V_{x\max}$——墙梁在 x 方向承担的剪力最大值，按简支梁计算；

$V_{y\max}$——墙梁在 y 方向承担的剪力最大值，设拉条时按连续梁计算；

b_0——墙梁沿 x 方向的计算高度；

h_0——墙梁沿 y 方向的计算高度；

t——墙梁壁厚；

f_v——钢材的抗剪强度设计值。

当两个剪力发生在同一截面时，尚应验算其合剪应力。

3）稳定性计算

当墙梁两侧挂有墙板，或单侧挂有墙板承担迎风水平荷载，由于受压竖向板件与墙板有牢固连接，一般认为能保证墙梁的整体稳定性，不需计算；对于单侧挂有墙板的墙梁在风吸力作用下，由于墙梁的主要受压竖向板件未能与墙板牢固连接，在构造上不能保证墙梁的整体稳定性，尚需按下式计算其整体稳定性。

$$\frac{M_x}{\varphi_{bx} W_{efx}} + \frac{M_y}{W_{efy}} + \frac{B}{W_\omega} \leqslant f \tag{1-80}$$

式中 φ_{bx}——单向弯矩 M_x 作用下墙梁的整体稳定系数；

W_{efx}——对主轴 x 的有效截面抵抗矩；

W_{efy}——对主轴 y 的有效截面抵抗矩。

4）刚度验算

应分别验算墙梁在风荷载作用下，水平方向的最大挠度及竖向荷载作用下竖直方向的最大挠度均不大于墙梁的容许挠度。

水平方向，按式（1-76）按简支梁计算最大挠度；

竖直方向，按连续梁计算最大挠度：

两跨连续梁
$$\frac{1}{3070}\frac{q_{kx} l^4}{EI_y} \leqslant [\nu] \tag{1-81}$$

三跨连续梁
$$\frac{0.667}{1000}\frac{q_{kx} l_1^4}{EI_y} \leqslant [\nu] \tag{1-82}$$

式中 q_{kx}——竖向荷载的标准值；

l——墙梁的跨度；

l_1——墙梁侧向支承点间距；

I_y——墙梁对主轴 y 轴的惯性矩；

E——墙梁钢材的弹性模量；

$[\nu]$——墙梁的挠度容许值：对压型钢板墙面的墙梁 $[\nu]=l/150$；对窗洞顶部的墙梁 $[\nu]=l/200$。且其竖向挠度不得大于 10 mm，否则会影响窗扇的关启。

1.5 压型钢板的设计与构造

1.5.1 压型钢板的类型及使用条件

轻型钢结构屋面，宜采用具有轻质、高强、耐久、耐火、保温、隔热、隔声、抗震及防水等性能的建筑材料，同时要求构造简单、施工方便，并能工业化生产，如压型钢板、太空板（由水泥发泡芯材及水泥面层组成的轻板）、石棉水泥瓦和瓦楞铁等。

轻型钢结构屋面分为有檩体系和无檩体系。有檩体系檩条宜采用冷弯薄壁型钢及高频焊接轻型 H 形钢。檩距多为 1.5～3 m，直接铺设压型钢板。压型钢板是目前轻型屋面有檩体系中应用最广泛的屋面材料，以冷轧薄钢板为基板，经镀锌或镀锌后覆以彩色涂层再经辊压冷弯成 V 形、U 形、W 形等类似形状的波纹板材，具有自重轻、强度高、刚度较大、抗震性能较好、施工安装方便，易于维护更新，便于商品化、工业化生产的特点。具有简洁美观的外观、丰富多彩的色调以及灵活的组合方式，是一种较为理想的围护结构用材。广泛用于工业建筑、公共建筑物的屋面、墙面等围护结构及建筑物内部的隔断；还大量用作组合楼板或混凝土楼板，并作为承载构件或永久性模板使用。单层板的自重为

0.10～0.18 kN/m²，当有保温隔热要求时，可采用双层钢板中间夹保温层（超细玻璃纤维棉或岩棉等）的做法。屋面全部荷载标准值（包括活荷载）一般不超过 1.0 kN/m²。

我国的压型钢板，是由冶金工业部建筑研究总院首先开发研制成功的，至今已有二十多年的历史，已编制了国家标准《建筑用压型钢板（GB/T 12755—2008)》，同时在《冷弯薄壁型钢结构技术规范（GB 50018—2002)》及其他轻型钢结构技术规程中列入相关内容。

压型钢板由基材、镀层和涂层三部分组成。基材由板厚度为 0.4～1.6 mm 的薄钢板经冷轧或冲压成型。镀层一般为热镀锌、热镀锌铝合金、热镀铝等。涂层有聚酯涂料、有机硅改性聚酯涂料等。

压型钢板按表面处理情况可分为以下三种：

①镀锌压型钢板：其基板为热镀锌板。可作为无侵蚀和弱侵蚀环境的建筑围护材料。

②涂层压型钢板：为在热镀锌基板上增加彩色涂层的薄板压型而成。可作为无侵蚀、弱侵蚀和中等侵蚀环境的建筑围护材料。

③铝锌复合涂层压型钢板：为新一代无紧固件的扣压式压型钢板，其使用寿命更长，但要求基板为专用的、强度等级更高的冷轧薄钢板。可作为无侵蚀、弱侵蚀和中等侵蚀环境的建筑围护材料。

目前压型钢板的加工和安装已达到标准化、工厂化、装配化，其最大允许檩距，可根据板型、支承条件、荷载及芯板厚度，在产品规格中选用，压型钢板的截面形式（板型）较多，国内生产的轧机已能生产几十种板型，但真正在工程中应用较多的板型也就十几种。图 1 - 43a、b 是早期的压型钢板板型，截面形式较简单，板和檩条、墙梁的固定采用钩头螺栓和自攻螺钉、拉铆钉。当作屋面板时，因板需要开孔，所以防水问题难以解决，目前已不在屋面上采用。1 - 43c、d 是属于带加劲肋的板型，增加了压型钢板的截面刚度，用作墙板时加劲肋产生的竖向线条还可以增加墙板的美感。1 - 43e、f 是近年来用在屋面上的板型，其特点是板和板、板和檩条的连接通过支架咬合在一起，板上无需开孔，屋面上没有明钉，从而有效地解决了防水、渗漏问题。

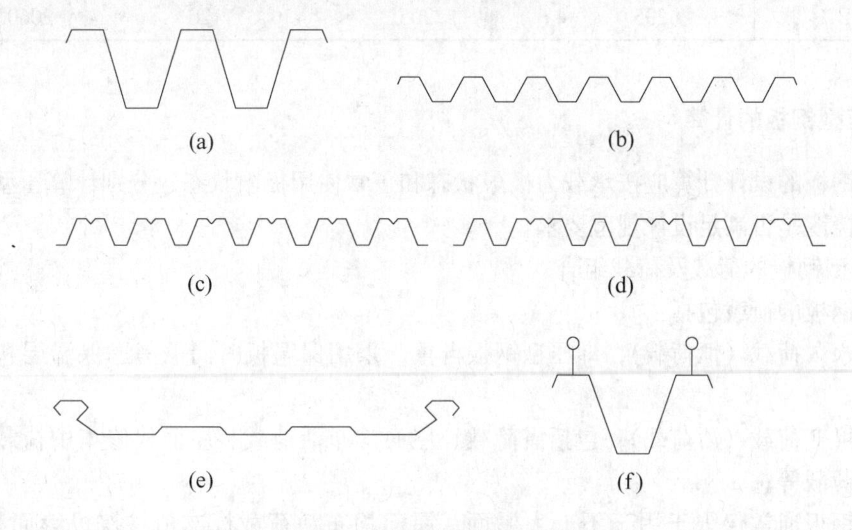

图 1 - 43　压型钢板的截面形式

压型钢板根据其波形截面可分为：

①高波板：波高大于 75 mm，适用于做屋面荷载很大的屋面围护材料；

②中波板：波高 50～75 mm，适用于做楼面板和中小跨度的屋面围护材料；

③低波板：波高小于 50 mm，适用于做墙面围护材料。

波高越高，截面的抗弯刚度就越大，承受的荷载也就越大。屋面宜采用波高和波距较大的压型钢板，中波在实际采用得最多。因高波板、中波板的装饰效果较差，一般不在墙板中采用。

压型钢板的表示方法为 YX 波高—波距—有效覆盖宽度，如 YX110—380—760 即表示：波高为 75 mm、波距为 380 mm、板的有效覆盖宽度为 760 mm 的板型；厚度需另外注明，一般在 0.4～1.6 mm 之间。压型钢板基板宽度（即展开宽度）为 1000 mm，压型钢板宽度/基板宽度称为压型钢板的覆盖率。

压型钢板轻钢屋面的坡度应根据压型钢板的波高、屋面排水面积及建筑当地的雨水量来选择，一般原则为：对板型为中波型、屋面排水面积较大或当地雨水量大的建筑，宜选择 1/12～1/10 的屋面坡度；对板型为高波型的建筑，宜选择 1/20～1/15 的屋面坡度；对采用扣合式或咬合式压型钢板、屋面无穿透板面的紧固件的建筑，宜选择 1/20 的屋面坡度；对处于雨水量很大地区的建筑，应根据排水计算结果，选择合适的建筑坡度。

压型钢板的使用寿命一般为 15～20 年；当采用扣合式或咬合式压型钢板时，其使用寿命可达 30 年以上。压型钢板的基板材料一般采用 Q235A、Q235B.F 钢，对主要以挠度为控制的压型钢板，其基板材质也可选用 Q215 钢，有关强度指标见表 1-10。

表 1-10 基板钢材计算指标 （N/mm^2）

钢号	屈服强度 f_y	强度设计值		弹性模量 E
		抗拉、抗压、抗弯 f	抗剪 f_v	
Q215B.F	215	190	110	206000
Q235B.F	235	205	120	206000

1.5.2 压型钢板的计算

压型钢板的设计计算应按承载力极限状态和正常使用极限状态，分别计算压型钢板的承载力和挠度是否满足设计规范要求。

1. 压型钢板的荷载及荷载组合

压型钢板的荷载包括：

(1) 永久荷载（恒荷载），即压型钢板自重，采用保温板时尚需考虑保温层和龙骨等自重；

(2) 可变荷载（活荷载），包括雪荷载、屋面均布活荷载、屋面检修集中荷载、积灰荷载、风荷载等；

压型钢板通常仅限于用于不上人屋面，屋面均布活荷载标准值（按投影面积计算）取 0.3 kN/mm^2；雪荷载、积灰荷载和风荷载均可按《建筑结构荷载规范（GB 50009—

2001)》查得，其中对可能形成不均匀积灰或积雪的局部屋面区域，应按《建筑结构荷载规范（GB 50009—2001)》的规定，考虑其增值影响。

压型钢板在进行荷载组合时，永久荷载和可变荷载的荷载分项系数分别取 1.2 和 1.4，荷载组合值系数可取 1.0；对风荷载较大地区，且受较大风吸力的屋面，应验算风吸力作用下压型钢板及其连接件的强度，屋面板自重的荷载分项系数取 1.0；另外还需考虑施工或检修荷载，一般按 1.0 kN 计算，当施工荷载大于 1.0 kN 时，应按实际情况取值，其集中荷载需按下式折算成单波线荷载 q_{re}考虑。

$$q_{re} = \eta \frac{F}{b_{pi}} \tag{1-83}$$

式中　F——作用在一个波上的集中载荷；

b_{pi}——压型钢板波距；

η——折算系数，由实验确定，无实验依据时可取 0.5。

验算集中荷载时，不考虑雪荷载。

综上所述，压型钢板在计算内力时，应主要考虑以下两种荷载组合：

1.2×永久荷载 + 1.4×max｛屋面均布活荷载，雪荷载｝；

1.2×永久荷载 + 1.4×施工检修集中荷载换算值。

当需考虑风吸力对屋面压型钢板的受力影响时，还应进行下式的荷载组合：

1.0×永久荷载 + 1.4×风吸力荷载。

以上主要介绍的是压型钢板用作屋面板时的情况。压型钢板用作墙板时，主要承受水平风荷载作用，荷载和荷载组合都比较简单。

2. 压型钢板截面特性及有效截面计算

压型钢板截面几何特性可用单槽口的特性来计算。

压型钢板板厚较薄且各部分板厚不变，它的截面特性可采用“线性元件算法”或称之“中线法”计算。线性元件算法是指将平面薄板由其“中轴线”代替，根据中轴线计算截面各项几何特性后，再乘以板厚 t，便是单槽口截面的各特性值。压型钢板单槽口截面的折线形中线如图 1-44 所示。

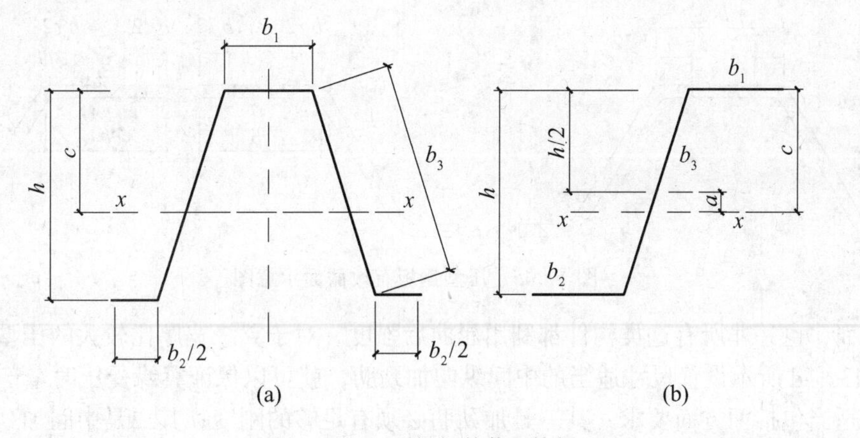

图 1-44　压型钢板的截面特征

用 $\sum b$ 代表单槽口中线总长，则 $\sum b = b_1 + b_2 + 2b_3$。形心轴 x 与受压翼缘 b_1 中线之间的距离是 $c = \dfrac{h(b_2 + b_3)}{\sum b}$。

在图 1－44b 中，板件 b_1 对于 x 轴的惯性矩为 $b_1 c^2$，同理板件 b_2 对于 x 轴的惯性矩为 $b_2(h - c^2)$。腹板 b_3 是一个斜板段，对于和 x 轴平行的自身形心轴的惯性矩，根据力学原理不难得出为 $b_3 h^2/12$。板件 b_3 对于 x 轴的惯性矩为 $b_2\left(a^2 + \dfrac{h^2}{12}\right)$。以上都是线性值，尚未乘板厚。注意到单槽口截面中共有两个腹板 b_3，整理得到单槽口对于形心轴（x 轴）的惯性矩为

$$I_x = \frac{th^2}{\sum b}\left(b_1 b_2 + \frac{2}{3} b_3 \sum b - b_3^2\right) \tag{1-84}$$

单槽口对于上翼缘边和下翼缘边的截面模量抵抗矩分别为

上翼缘：
$$W_x^s = \frac{I_x}{c} = \frac{th\left(b_1 b_2 + \frac{2}{3} b_3 \sum b - {b_3}^2\right)}{b_2 + b_3} \tag{1-85a}$$

下翼缘：
$$W_x^x = \frac{I_x}{h - c} = \frac{th\left(b_1 b_2 + \frac{2}{3} b_3 \sum b - b_3^2\right)}{b_1 + b_3} \tag{1-85b}$$

线性元件法计算是按折线截面原则进行的，略去了各转折处圆弧过渡的影响。精确计算表明，其影响在 0.5%～4.5%，可以略去不计。当板件的受压部分为部分有效时，应采用有效宽度代替它的实际宽度。

压型钢板和用于檩条、墙梁的卷边槽钢和 Z 形钢都属于冷弯薄壁构件，这类构件允许板件受压后屈曲并利用其屈曲后强度。因此，在其强度和稳定性计算公式中截面特性一般以有效截面为准。

压型钢板受压翼缘的有效截面分布如图 1－45 所示。计算压型钢板的有效截面时应扣除图中所示阴影部分面积，按《冷弯薄壁型钢结构技术规范（GB 50018—2002）》的有关规定确定。

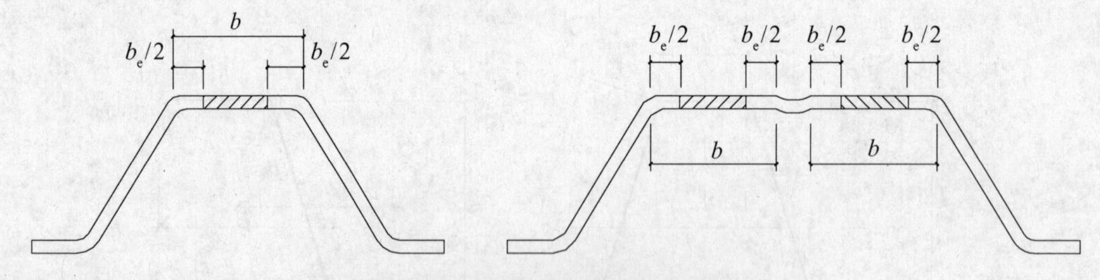

图 1－45　压型钢板有效截面示意图

然而，也并非所有这类构件都利用屈曲后强度。对于翼缘宽厚比较大的压型钢板，如图 1－43c、d 所示设置尺寸适当的中间纵向加劲肋，就可以保证翼缘受压时全部有效。所谓尺寸适当包括两方面要求：其一是加劲肋必须有足够的刚度；其二是中间加劲肋的惯性矩符合下列两方面要求。

要求 1：中间加劲肋应符合以下公式要求：

$$I_{is} \geqslant 3.66t^4\sqrt{\left(\frac{b_s}{t}\right)^2 - \frac{27100}{f_y}} \tag{1-86a}$$

$$且\ I_{is} \geqslant 18t^4 \tag{1-86b}$$

式中　I_{is}——中间加劲肋截面对平行于被加劲肋之重心轴的惯性矩；

b_s——子板件的宽度；

t——板件的厚度。

对边缘加劲肋（图 1－46），其惯性矩 I_{es}要求不小于中间加劲肋的一半，计算时在以上公式中用 b 代替 b_s，即：$I_{is} \geqslant 1.83t^4\sqrt{\left(\frac{b}{t}\right)^2 - \frac{27100}{f_y}}$且 $I_{is} \geqslant 9t^4$。

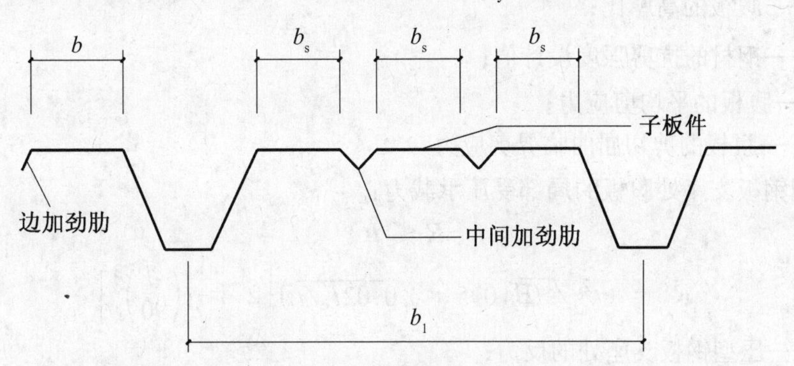

图 1－46　带中间加劲肋的压型钢板

要求 2：中间加劲肋的间距不能过大，即满足：

$$\frac{b_s}{t} \leqslant 36\sqrt{205/\sigma_1} \tag{1-87}$$

式中　σ_1——受压翼缘的压应力（设计值）。

对于设置边加劲肋的受压翼缘宽厚比，亦要求不小于中间加劲肋的一半，即：

$$\frac{b}{t} \leqslant 18\sqrt{205/\sigma_1}$$

以上计算没有考虑相邻板件之间的约束作用，一般偏于安全。

3. 压型钢板的强度和刚度计算

设计工程经验表明，在压型钢板强度和刚度的验算中，压型钢板的截面设计多数是由刚度控制的，但有时截面设计也可能是强度起控制作用。因此，本节仍分别介绍压型钢板的强度计算和刚度验算。

（1）压型钢板的强度计算原则。压型钢板的强度和挠度取单槽口的有效截面，按受弯构件计算。一般情况下，对单跨支承压型钢板应按简支板计算，对常用的多跨支承压型钢板均可简化为多跨连续板计算。

（2）压型钢板的强度与挠度计算均先假定截面尺寸后再进行验算校核，其强度验算按以下公式进行。

①抗弯强度：

$$\sigma_{max} = \frac{M_{max}}{W_{ef}} \leqslant f \tag{1-88}$$

式中 M_{max}——最大弯矩设计值；

W_{ef}——有效截面抵抗矩；

f——钢材的强度设计值。

②压型钢板腹板的剪应力：

当$\frac{h}{t}<100$时，
$$\tau \leqslant \tau_{cr}=\frac{8550}{(h/t)} \tag{1-89a}$$
$$\tau \leqslant f_v \tag{1-89b}$$

当$\frac{h}{t}\geqslant 100$时，
$$\tau \leqslant \tau_{cr}=\frac{855000}{(h/t)^2} \tag{1-89c}$$

式中 $\frac{h}{t}$——腹板的高厚比；

f_v——钢材的抗剪强度设计值；

τ——腹板的平均剪应力；

τ_{cr}——腹板的剪切屈曲临界剪应力。

③压型钢板支座处腹板的局部受压承载力：

$$R \leqslant R_w \tag{1-90}$$

$$R_w = \alpha t^2 \sqrt{fE}\left(0.5+\sqrt{0.02 l_c/t}\right)\left[2.4+\left(\frac{\theta}{90}\right)^2\right] \tag{1-91}$$

式中 R——压型钢板支座处的反力；

R_w——一块腹板的局部受压承载力设计值；

α——计算系数，中间支座取 $\alpha=0.12$，端部支座取 $\alpha=0.06$；

t——腹板厚度；

l_c——支座处的支承长度，一般取 10 mm< l_c ≤200 mm，端部支座处可取 $l_c=10$ mm；

θ——腹板倾角，一般 $45°\leqslant\theta\leqslant 90°$。

④压型钢板同时承受弯矩 M 和支座反力 R 的截面，应满足下列要求：

$$M/M_u \leqslant 1.0 \tag{1-92}$$
$$R/R_w \leqslant 1.0 \tag{1-93}$$
$$M/M_u + R/R_w \leqslant 1.25 \tag{1-94}$$

式中 M_u——截面的抗弯承载力设计值；$M_u=W_{ef}f$。

⑤压型钢板同时承受弯矩和剪力的截面，应满足下列要求：

$$\left(\frac{M}{M_u}\right)^2+\left(\frac{V}{V_u}\right)^2 \leqslant 1.0 \tag{1-95}$$

式中 V_u——截面的抗剪承载力设计值；$V_u=(ht\sin\theta)\tau_{cr}$。

(3) 压型钢板的挠度计算。在均布荷载作用下的压型钢板构件的挠度，可按以下各式计算：

悬臂板端
$$\nu=\frac{q_k l^4}{8EI_{ef}} \tag{1-96}$$

简支板跨中
$$\nu=\frac{5q_k l^4}{384EI_{ef}} \tag{1-97}$$

连续板跨中
$$\nu=\frac{2.7q_k l^4}{8EI_{ef}} \tag{1-98}$$

式中　q_k——板上均布荷载标准值；

E、I_{ef}、l——压型钢板的弹性模量、有效截面惯性矩和跨度。

1.5.3　压型钢板的构造

(1) 压型钢板腹板与翼缘水平面之间的夹角 θ 不宜小于 45°。

(2) 屋面、墙面压型钢板的厚度宜取 0.4～1.6 mm，用作楼面模板的压型钢板厚度不宜小于 0.7 mm。压型钢板宜采用长尺板材，以减少板长方向之搭接。

(3) 压型钢板长度方向的搭接端必须与支承构件（如檩条、墙梁等）有可靠的连接，搭接部位应设置防水密封胶带。搭接长度不宜小于下列限值：

波高≥70 mm 的高波屋面压型钢板：　350 mm

波高＜70 mm 的低波屋面压型钢板：

屋面坡度＜1/10 时　250 mm

屋面坡度＞1/10 时　200 mm

墙面压型钢板：　120 mm

(4) 屋面压型钢板侧向可采用搭接式、扣合式和咬合式等不同搭接方式（图 1－47）。搭接式是把压型钢板搭接边重叠并用各种螺栓、铆钉或自攻螺钉等连成整体；扣合式是利用钢板弹性性能在向下或向左（向右）的力作用下形成左右相连；咬合式是在搭接部位通过机械锁边，使其当侧向采用搭接式连接时，一般搭接一波，特殊要求时可搭接两波。搭接处用连接件紧固，连接件应设于波峰上，以利于防水，连接件宜采用带有防水密封胶垫的自攻螺栓。对于高波压型钢板，连接件间距一般为 700～800 mm；对于低波压型钢板，连接件间距一般为 300～400 mm。

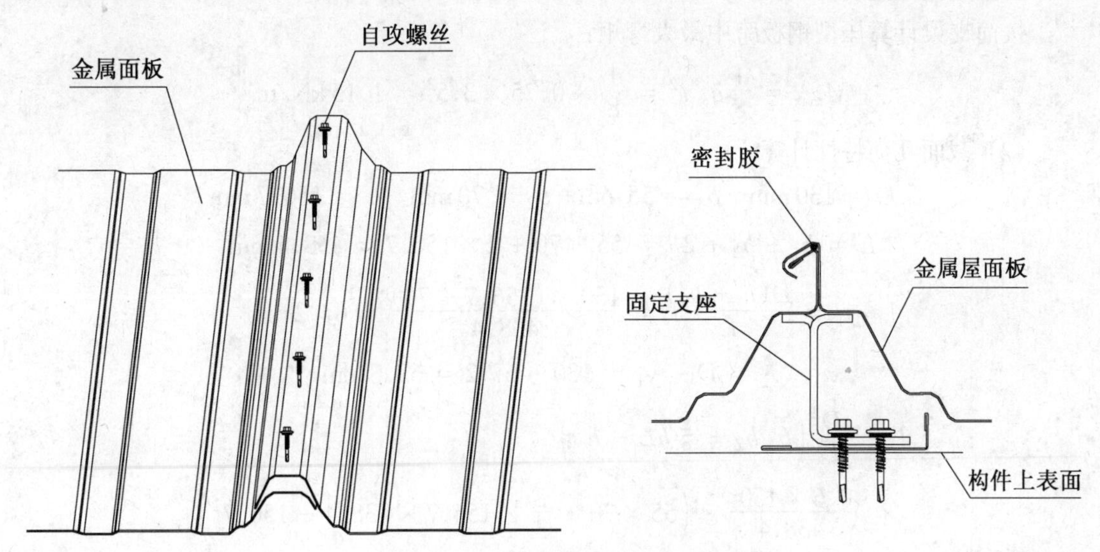

图 1－47　压型钢板的侧向连接方式

(5) 铺设高波压型钢板屋面时，应在檩条上设置固定支架，檩条上翼缘宽度应比固定支架宽 10 mm。固定支架用自攻螺钉或射钉与檩条连接，每波设置一个；低波压型钢板可不设置固定支架，宜在波峰处采用带有防水密封胶垫的自攻螺钉或射钉、勾头螺栓与檩条连接，连接点可每波设置一个，但每块压型钢板与同一檩条的连接不得少于 3 个连接件。

(6) 为了延长压型钢板的使用寿命，防止硬物撞击，一般在地面以上 0.9～1.0 m 的范围内砌筑砌体结构墙体。

【例 1-3】 屋面材料采用压型钢板，檩条间距 3.5 m，设计荷载 2.5 kN/m²，选用 YX130—300—600 型压型钢板，板厚 $t=0.6$ mm，截面形状及尺寸如图 1-48 所示。试按截面全部有效验算截面强度和刚度是否满足设计要求。

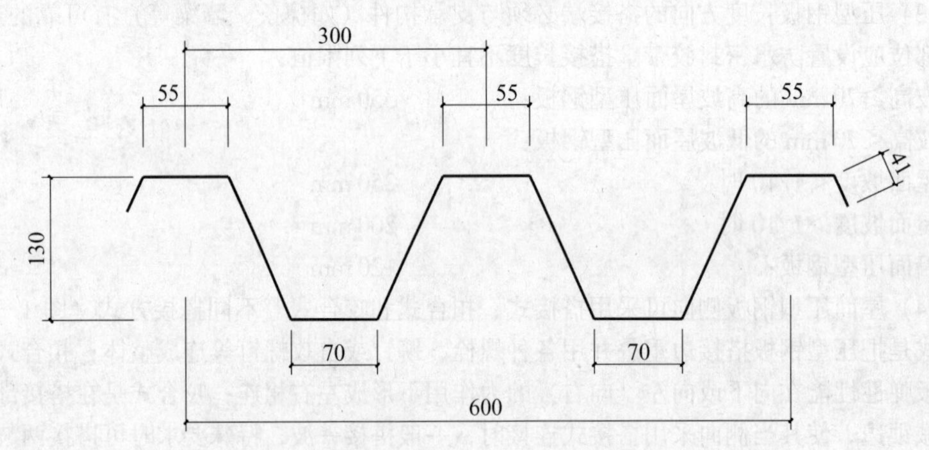

图 1-48 YX130—300—600 型压型钢板

【解】 (1) 内力计算。

压型钢板但波线荷载： $q_x=2.5\times0.3=0.75\,\text{kN/m}$

按简支梁计算压型钢板跨中最大弯矩：

$$M_{\max}=\frac{1}{8}q_x l^2=\frac{1}{8}\times0.75\times3.5^2=1.15\,\text{kN/m}$$

(2) 截面几何特性计算。

$$D=130\,\text{mm}\quad b_1=55\,\text{mm}\quad b_2=70\,\text{mm}\quad h=156.7\,\text{mm}$$

$$L=b_1+b_2+2h=55+70+2\times156.7=438.4\,\text{mm}$$

$$y_1=\frac{D(h+b_2)}{L}=\frac{130\times(156.7+70)}{438.4}=67.2\,\text{mm}$$

$$y_2=D-y_1=130-67.2=62.8\,\text{mm}$$

$$I_x=\frac{tD^2}{L}\left(b_1 b_2+\frac{2}{3}hL-h^2\right)$$

$$=\frac{0.6\times130^2}{438.4}\times\left(55\times70+\frac{2}{3}\times156.7\times438.4-156.7^2\right)$$

$$=580397\,\text{mm}^4$$

$$W_{cx}=\frac{I_x}{y_1}=\frac{580397}{67.2}=8637\,\text{mm}^3$$

$$W_{tx} = \frac{I_x}{y_2} = \frac{580397}{62.8} = 9242\text{mm}^3$$

(3) 强度验算。

正应力验算：

$$\sigma_{max} = \frac{M_{max}}{W_{cx}} = \frac{1.15 \times 10^6}{8637} = 133\,\text{N/mm}^2 < f = 205\,\text{N/mm}^2$$

$$\sigma_{min} = \frac{M_{max}}{W_{tx}} = \frac{1.15 \times 10^6}{9242} = 124\,\text{N/mm}^2 < f = 205\,\text{N/mm}^2$$

剪应力验算：

$$V_{max} = \frac{1}{2} q_x l = \frac{1}{2} \times 0.75 \times 3.5 = 1.3\,\text{kN}$$

腹板最大剪应力

$$\tau_{max} = \frac{3V_{max}}{2\sum ht} = \frac{3 \times 1.3 \times 10^3}{2 \times 2 \times 156.7 \times 0.6} = 10.3\,\text{N/mm}^2 < f_v = 120\,\text{N/mm}^2$$

腹板平均剪应力

$$\tau = \frac{V_{max}}{\sum ht} = \frac{1.3 \times 10^3}{2 \times 156.7 \times 0.6} = 6.9\,\text{N/mm}^2$$

因为　　$h/t = 156.7/0.6 = 261.1 > 100$

所以　　$\tau < \frac{855000}{(h/t)^2} = \frac{855000}{261.1^2} = 12.5$

根据以上计算分析，该压型钢板强度满足设计要求。

(4) 刚度验算。

按单跨简支梁计算跨中最大挠度 ω_{max}

$$\omega_{max} = \frac{5ql^4}{384EI_x} = \frac{5 \times 0.75/1.3 \times 3.5^4 \times 10^{12}}{384 \times 2.06 \times 10^5 \times 580397} = 9.4\,\text{mm} < [\omega] = \frac{l}{300} = 11.7\,\text{mm}$$

根据以上计算分析，该压型钢板刚度满足设计要求。

1.6 支撑系统设计

1.6.1 支撑系统的组成、布置和构造

支撑系统属钢结构体系中一个次要的部分，但又是一个必不可少的部分。在门式刚架轻型房屋钢结构中，支撑体系有重要的功能，主要表现在：保证总体结构和单个构件的稳定性、传递水平作用至基础和辅助安装工程等，对于平面布置复杂的结构，支撑系统还有利于结构刚度的调整，使结构受力均匀、合理，提高其整体性。

门式刚架轻型房屋钢结构中，支撑系统由屋盖水平支撑、柱间支撑及其他辅助支撑系统组成。

支撑系统布置的基本原则为：

(1) 明确、合理、简捷地传递纵向荷载，尽量缩短传力途径。

(2) 保证结构体系平面外的稳定，为结构和构件的整体稳定性提供侧向支撑点。

(3) 方便结构的安装。

(4) 满足必要的强度、刚度要求，具有可靠的连接。

在门式刚架钢结构房屋中，针对不同类别的支撑，还存在一些具体的规定和要求。

1. 屋盖水平支撑

屋盖水平支撑和柱间支撑是一个整体，共同保持结构的稳定，并将纵向水平荷载通过屋盖水平支撑，经柱间支撑传至基础。

屋盖水平支撑一般由交叉杆和刚性系杆共同构成。

为保证结构山墙所受纵向荷载的传递路径简短、快捷，屋盖横向水平支撑应设置在建筑物或建筑物温度区段的两端开间内，以求直接传递山墙荷载。如第一开间内不能设置时，可设置在第二开间内，但必须注意，第一开间内相应传递水平荷载的杆件应该设计成压杆。当建筑物或温度伸缩区段较长时，应增设一道或多道水平支撑，间距不得大于60m (图1-49)。

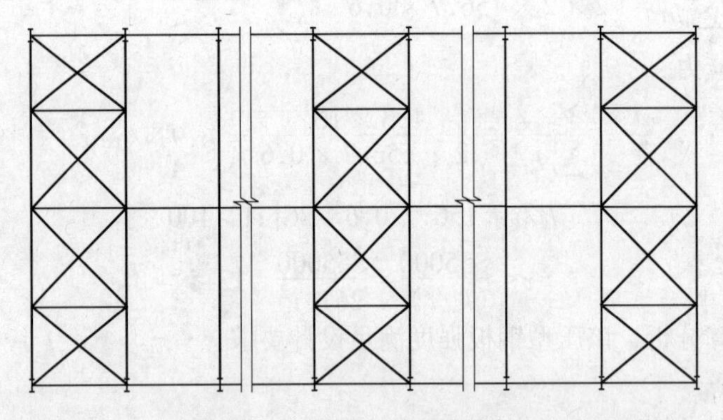

图1-49　屋面水平支撑的布置

当结构简单、对称且各跨高度一致时，屋盖水平支撑相对简单，即在满足温度区段长度条件下，可仅在端开间设置。

在建筑物内，当柱列有不同柱距时，或当建筑物有高低跨变化时，应设置纵向水平支撑提高结构的整体性，调整结构抗侧刚度的分布，以求减小各刚架柱侧向水平位移的差异，使结构受力均匀、合理。当建筑平面布置不规则时，如有局部凸出、凹进、抽柱等情况时，为提高结构的整体抗侧力，在上述区域均需设置纵、横向封闭的连续水平支撑系统。

设计支撑系统时，必须在屋脊和柱顶处设置压杆并注意节点的构造，以保证水平力的传递。

在门式刚架轻型钢结构房屋中，屋盖水平支撑的交叉杆可设计为圆钢，用特制的连接件与梁、柱腹板相连（图1-50)，并应以花篮螺栓张紧，避免圆钢挠度过大，不能起到受力作用。交叉杆也可以设计为角钢，但也需考虑长支撑由于自重产生的挠度，应采取必要的措施加以克服。交叉杆与竖杆间的夹角应在30°～60°范围内。用角钢做成支撑拉杆的水平支撑，其连接节点与普通钢结构类似，关键是保证杆件必须相交于节点的中心。用张紧的圆钢做成拉杆的节点可用单螺栓相连。

刚性系杆可用钢管，也可采用双角钢。在建筑物跨度较小、高度较低的情况下，可由

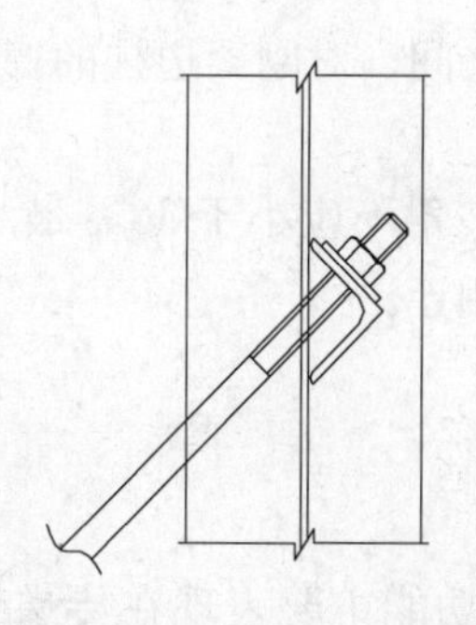
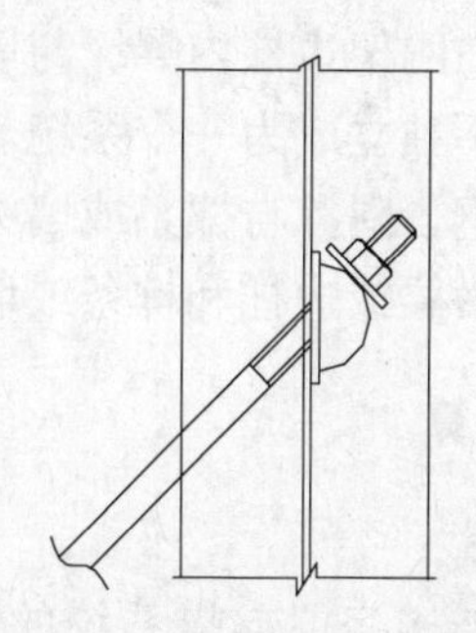

图 1 - 50　圆钢支撑的连接

檩条兼任，但檩条需按压弯构件设计，并应保证檩条平面外的长细比和稳定性。

2. 柱间支撑

柱间支撑一般设置在柱列的中部。为此，柱顶水平系杆需设计成刚性系杆，以便将屋盖水平支撑所承受的荷载传递到柱间支撑上，如建筑物较长时可增设一道柱间支撑。两道柱间支撑分别放在纵向 1/3 处。当柱间支撑因建筑物使用要求不能设置在结构设计所要求的理想位置时，也可以偏离柱列中部设置。柱间支撑可设计成交叉形，也可以设计成八字形、门形，甚至设计为刚架形式。

在同一建筑物中最好使用同一类型的柱间支撑，不宜几种类型的柱间支撑混合使用。若因为功能要求如开大门、窗或有其他因素影响时，可采用刚架支撑或桁架支撑。当必须混合使用支撑系统时，应尽可能使其刚度一致，如不能满足刚度一致要求时，则应具体分析各支撑所承担的纵向水平力，确保结构稳定、安全，同时还应注意支撑设置的对称性。

如建筑物由于使用要求，不允许各列中柱间放任何构件，此时厂房设计需采取特殊处理。处理方案可采用增加多道屋盖横向水平支撑保证屋盖整体刚性，同时增加两侧柱列的柱间支撑，以保证厂房纵向的刚度。

如建筑物的高度大于柱距时，柱间支撑也可设计两层或三层，斜杆可设计成拉杆，水平杆件必须设置，且应按刚性杆件设计。

柱间支撑在建筑物跨度小、高度较低的情况下，可用带张紧装置的圆钢做成交叉形的拉杆。也可采用角钢或槽钢。

在高大的建筑中柱间支撑的交叉杆除用角钢外，也可采用钢管。钢管具有用料省，制作简单，而且在建筑物中显得坚实、美观等特点。

柱间支撑的连接节点与水平支撑相似。必须注意的是，柱间支撑的上端与水平压杆必须与柱中心交于一点。同样，柱间支撑下端应尽可能与柱中心交于柱脚底面，避免形成偏心受力。

3. 隅撑

隅撑是实腹式门式刚架轻型钢结构房屋中特有的构件。斜梁下翼缘受压时，必须在受压翼缘侧面布置隅撑作为斜梁的侧向支撑，刚架斜梁隅撑的作用是防止斜梁在下翼缘受压时出现侧向失稳。隅撑另一端连接在檩条上（图 1 - 10）。

考虑到横梁在风荷载作用下在跨中可能出现下翼缘受压的情况，所以一般情况下隅撑宜在刚架斜梁全跨度内设置。如经过校核各种荷载组合后跨中不存在下翼缘受压的可能时，可仅在支座附近横梁下翼缘受压的区域内设置。

另外隅撑还设置在刚架边柱内翼缘与墙梁之间，对刚架边柱的稳定性起支撑作用。隅撑是一种辅助杆件，不独立成为一个系统。

隅撑一般采用角钢，隅撑与檩条或墙梁的夹角不应小于35°，最小可采用∟40×4角钢。隅撑使用螺栓与横梁或边柱和檩条或墙梁相连。

1.6.2 支撑系统的计算

1. 支撑系统的荷载

门式刚架轻型钢结构房屋支撑系统的承载功能主要表现在传递纵向水平荷载（风荷载、地震荷载和吊车水平荷载），支撑系统的传力路径一般为：山墙墙板→墙梁→墙架柱→屋盖水平支撑系统→刚性系杆→柱间支撑→基础。屋盖水平支撑主要承受风荷载和地震荷载，但风荷载不与地震荷载同时作用。门式刚架轻型钢结构房屋，多采用轻型屋面，其重量较轻，一般设防烈度在7度以下的结构，其地震作用比风荷载小，因此支撑系统可按其承受的风荷载分析内力和设计。

对于单跨双坡门式刚架轻型钢结构房屋，水平支撑和柱间支撑是整个房屋结构中的一个组成部分，因此如厂房符合《门式刚架轻型房屋钢结构技术规程（CECS 102∶2002)》附录A的条件，计算风荷载应采用刚架的风荷载体型系数。

计算出山墙面承受的风荷载后求出墙架柱顶的反力。墙架柱按简支构件设计，计算出其上端反力即为作用于支撑桁架上的节点荷载，进行水平支撑桁架的内力分析。一般两端的水平支撑桁架相同，同样承受风压力和风吸力，所以只需分析计算一端受压的情况。

屋盖水平支撑桁架的反力经柱顶刚性系杆传至柱间支撑顶部，柱间支撑作为一垂直桁架，将力最后传递至基础。

2. 支撑系统的内力分析

传统设计中，一般将水平支撑和柱间支撑系统简化为平面结构计算构件内力。对于简化为平面分析的支撑系统，当内力分析时仅考虑交叉杆中一根受拉杆件参与工作，与之交叉的杆件则退出工作，因此水平支撑系统可简化为简支静定桁架。在电算中，当交叉杆采用角钢或钢管时，则无论拉、压状态，所有交叉杆均参与工作，支撑系统也成为超静定结构。柱间支撑可简化为垂直的悬臂桁架。

虽然在简单结构中可将支撑系统简化为平面结构，使计算过程得以简化，但从现有的研究看，由于简化时支座一般按铰接考虑，这与实际支座的弹性受力状态存在一定的差异，此种简化很难准确计算构件的内力。因此，合理的计算应建立整体结构的空间模型。

对于结构平面复杂或立面不规则的结构，其支撑系统的布置一般也较为复杂，很难确定合理的平面计算模型。因此，必须建立系统的空间计算模型，通过电算确定构件的内力。

3. 支撑系统的设计

交叉支撑和柔性系杆按拉杆设计，非交叉支撑中的压杆及刚性系杆按压杆设计，设计时应遵循《钢结构设计规范》或《冷弯薄壁型钢结构技术规范》。

1）交叉杆

水平支撑的交叉腹杆按受拉构件设计时，强度验算公式为：

$$\sigma = \frac{N}{A_n} \leqslant f \tag{1-99}$$

式中　N——交叉杆所受的轴心拉力；

A_n——净截面面积；

f——钢材的强度设计值。

2）刚性系杆

刚性系杆的设置存在两种情况，即檩条兼任和独立设置。当檩条兼做系杆时，檩条应按压弯构件设计，且在屋脊处多用双檩。从工程实践看，檩条兼做系杆利少弊多。虽然檩条兼做系杆可省去系杆用钢，但檩条的材料用量将增加，总体节材有限，同时由于檩条需搁置在刚架斜梁上，从而使交叉杆与系杆不在同一平面，不利于力的直接传递，同时使斜梁受扭，不利于斜梁稳定性。因此，建议刚性系杆单独设置。

独立设置的系杆可采用圆形钢管、双角钢等截面。系杆为轴压构件，截面验算包括强度、长细比和稳定性。刚性系杆的选型一般由受压构件的容许长细比或由稳定条件控制，钢管截面具有强、弱轴回转半径相等的优点，截面受力合理，建议采用此截面，但钢管价格较高。《门式刚架轻型房屋钢结构技术规程（CECS 102:2002)》中受压构件的容许长细比为 220。

3）隅撑

隅撑的强度与被支撑的构件截面有关。

隅撑按轴心受压构件设计，轴心力可按下列公式计算：

$$N = \frac{Af}{60\cos\theta}\sqrt{\frac{f_y}{235}} \tag{1-100}$$

式中　A——实腹斜梁被支撑翼缘的截面面积；

f——实腹斜梁钢材的强度设计值；

f_y——实腹斜梁钢材的屈服强度；

θ——隅撑与檩条轴线或墙梁的夹角。

隅撑设置在刚架横梁下翼缘的两侧或单侧设置。当隅撑成对布置时，每根隅撑的计算轴压力可取 $N/2$。边柱的隅撑，考虑到风荷载的双向作用，一般应沿柱全高设置。

【例 1-4】　现有跨度 18 m 的两端山墙封闭门式刚架厂房，檐口标高 8 m，刚架间距 6 m，每侧边柱各设有两道柱间支撑，形式为单层 X 形交叉支撑。取山墙面的基本风压 $0.55\,\text{kN/m}^2$，试设计支撑形式及截面。

【解】　由于厂房无吊车且跨度较小，支撑可采用张紧的圆钢截面。

(1) 荷载计算。

风压高度变化系数　　　　　　$\mu_z = 1.0$

风压体型系数　　　　　　　　$\mu_s = 0.9$

风压设计值

$$\omega = 1.4\mu_s\,\mu_z\,\omega_0 = 1.4 \times 0.9 \times 1.0 \times 0.55 = 0.693\,\text{kN/m}^2$$

单片柱间支撑柱顶风荷载集中力

$$F_W = \frac{1}{4} \times \omega \times S = \frac{1}{4} \times 0.693 \times 8 \times 18 = 24.95\,\text{kN}$$

（2）内力分析。

考虑张紧的圆钢只能受拉，故虚线部分退出工作（图1－51），得到的支撑杆件拉力值

$$N = 41.5\,\text{kN}$$

考虑钢杆的预加张力作用，在拉杆设计中留出20%的余量，杆件拉力设计值

$$N = 41.5 \times 1.2 = 49.8\,\text{kN}$$

（3）截面选择。

杆件净面积 $A = \frac{N}{f} = \frac{49800}{215} = 232\,\text{mm}^2$。取 $\phi 20$ 的圆钢，截面积为 $314\,\text{mm}^2$。

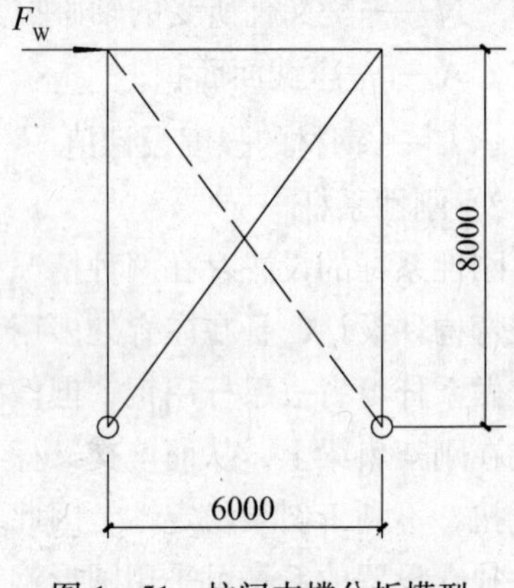

图1－51　柱间支撑分析模型

习　题

1. 设计以下单层厂房的刚架梁、柱的截面和主要节点。

（1）设计资料

济南某车间，横向跨度12 m，柱距6 m，柱高5 m，屋面坡度1/10，无吊车，屋面及墙面均采用压型钢板复合板，檩条墙梁为卷边C形冷弯薄壁型钢，檩条间距1.5 m，钢材Q235。

设计要求：

（2）内力组合值（图1－52）

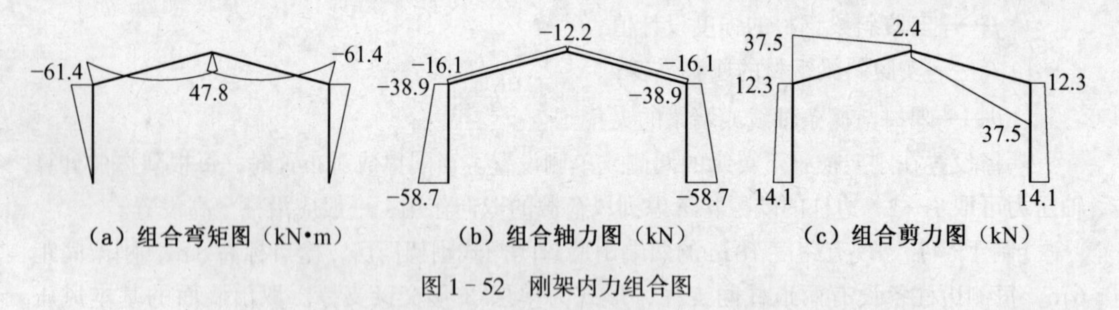

图1－52　刚架内力组合图

2. 设计一两端简支卷边C形冷弯薄壁型钢檩条。

（1）设计资料

封闭式建筑，屋面材料为压型钢板，屋面坡度1/10，檩条跨度6 m，于1/2处设一道拉条，水平檩距1.5 m，钢材Q235。

（2）荷载标准值（对水平投影面）

永久荷载：压型钢板（一层无保温）自重为0.12 kN/m²，檩条（包括拉条）自重设为0.05 kN/m²。

可变荷载：屋面均布活荷载或雪荷载的较大值为0.30 kN/m²，不考虑风荷载。

3. 已知：屋面材料为压型钢板，檩条间距 3.0 m，设计荷载 2.0 kN/m^2，选用 YX75—200—600 型压型钢板，板厚 0.6 mm，截面尺寸如图 1 - 53 所示，验算截面强度和挠度是否满足要求。

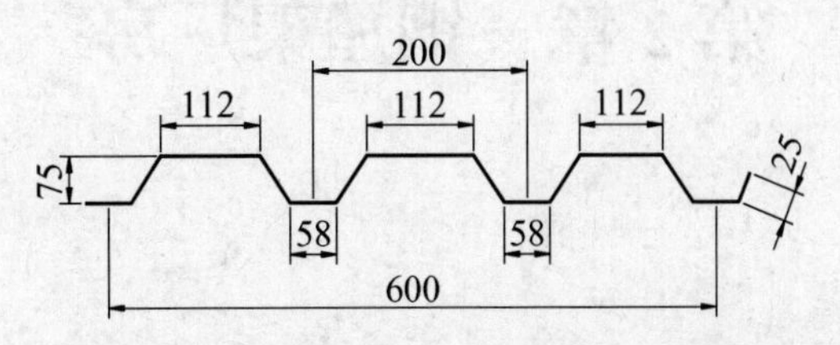

图 1 - 53　YX75—200—600 型压型钢板

第 2 章　钢屋架厂房

2.1　厂房结构的组成和布置

2.1.1　厂房结构的组成

厂房结构是工厂建筑物的骨干，它必须具有足够的强度、刚度和稳定性，以抵抗来自屋面、墙面和吊车设备等各种竖向及水平荷载的作用。图 2－1 是典型的单层厂房构造简图，其屋顶可采用大型屋面板体系，简称无檩屋盖，也可采用钢屋架—檩条—轻型屋面板体系，或钢梁—檩条—轻型屋面板体系，由于设置了檩条，所以称为有檩屋盖。

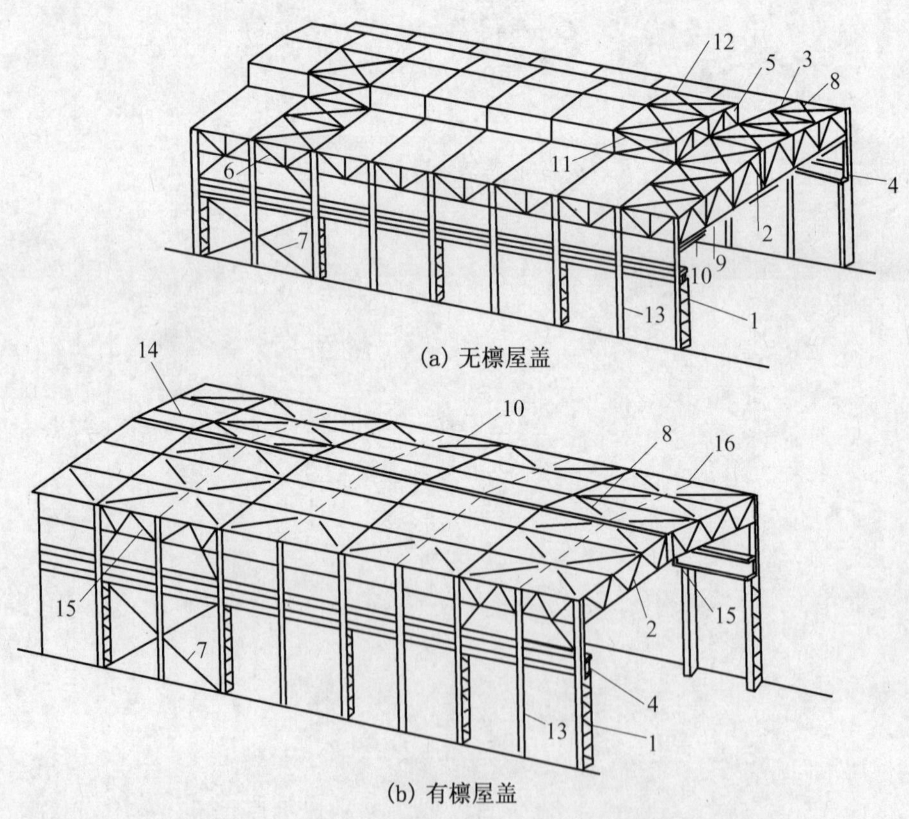

1—框架柱；2—屋架（框架横梁）；3—中间屋架；4—吊车梁；5—天窗架；6—托架；7—柱间支撑；8—屋架上弦横向支撑；9—屋架下弦横向支撑；10—屋架纵向支撑；11—天窗架垂直支撑；12—天窗架横向支撑；13—墙架柱；14—檩条；15—屋架垂直支撑；16—檩条间撑杆

图 2－1　厂房结构组成

单层厂房钢结构是由柱、屋架、托架、天窗架、吊车梁、制动梁（或制动桁架）、檩条、各种支撑以及墙架梁组成的空间骨架，这些构件按其作用可组成下列体系：

（1）横向框架。由柱和屋架组成，是厂房的主要承重体系，承受作用在厂房上的竖向荷载和横向荷载，并将这些荷载传至基础。

（2）屋盖结构。由屋架、天窗架、托架、檩条和屋盖支撑组成，主要承受屋面荷载。

（3）支撑体系。包括屋盖支撑和柱间支撑，其作用是将单独的平面框架连成空间体系，从而保证结构必需的刚度和稳定，同时承担纵向风力和吊车纵向制动力。

（4）吊车梁体系。包括吊车梁和制动梁（或制动桁架），主要承受吊车竖向荷载及吊车水平制动力，并将这些荷载传至横向框架和纵向框架。

（5）墙架。也称为墙架梁，主要承受墙体的自重和风荷载。

2.1.2　厂房结构的布置

1. 柱网布置

厂房的跨度、跨数和柱距主要取决于工艺要求，并综合考虑结构和经济等因素。柱网布置时，应注意以下问题：

（1）生产工艺。柱的位置应与车间的生产设备、工艺流程相配合，基础应与地下设备、管线相协调，还应考虑生产发展和工艺设备更新换代的问题。

（2）结构要求。为了保证车间的正常使用，有利于吊车运行，柱子应布置在同一横向轴线上，以便与屋架组成横向框架，保证厂房的横向刚度。

（3）经济合理。柱的纵向间距是纵向构件如檩条、吊车梁的跨度，柱距的大小，直接影响到这些构件的截面大小，对结构的总用钢量影响较大。加大柱距，柱及基础所用的材料减少，但将使布置在柱距间的构件的材料增加。合理的柱网布置应使总用钢量最少，最适宜的柱距与柱上的荷载及柱高有密切关系，实际设计中，要结合工程的具体情况进行综合方案比较才能确定。

（4）模数要求。结构构件的统一化和标准化可降低制作和安装费用。对厂房横向，即厂房跨度宜采用3m的倍数。常用的厂房跨度有15m、18m、21m、24m、27～36m。对厂房纵向，以前的基本柱距是6m或12m。随着以压型钢板作为屋面和墙面材料的厂房日益增多，厂房的跨度和柱距有逐渐增大的趋势。扩大柱网尺寸，可使车间工艺布置灵活、多样，增加厂房使用面积，降低安装工作量。

由于工艺要求或其他原因，有时需要将柱距局部加大。如图2-2中，在④轴与B轴相交处不设柱子，因而③轴与⑤轴之间的柱距增大，这种现象称为拔柱。通常在拔柱处设置一构件，如图2-2中的构件T_1，上承屋架，下传柱子。该构件为实腹式时称为托梁，桁架式时称为托架。

2. 温度缝布置

当厂房平面尺寸较大时，因温度变化使结构产生变形，如图2-3，使构件内产生较大的温度应力，并可能导致屋面和墙面开裂。为避免上述不良影响，故当厂房平面尺寸较大时，应在厂房的横向或纵向设置温度缝，将厂房分成若干个互不影响的独立温度区段。《钢结构设计规范（GB 50017—2003）》规定，当单层房屋和露天结构的温度区段的长度（伸缩缝的间距）不超过表2-1的数值时，一般情况下可不考虑温度应力和温度变形。

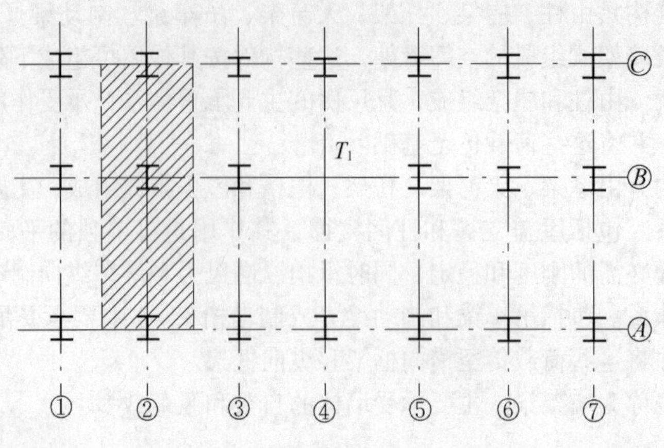

图 2-2　拔柱时设置托梁或托架

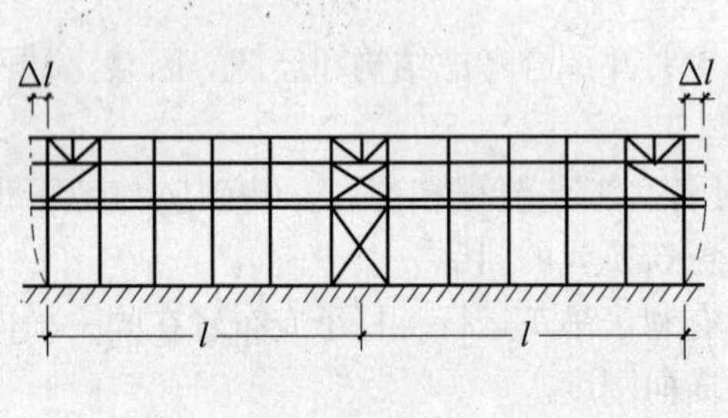

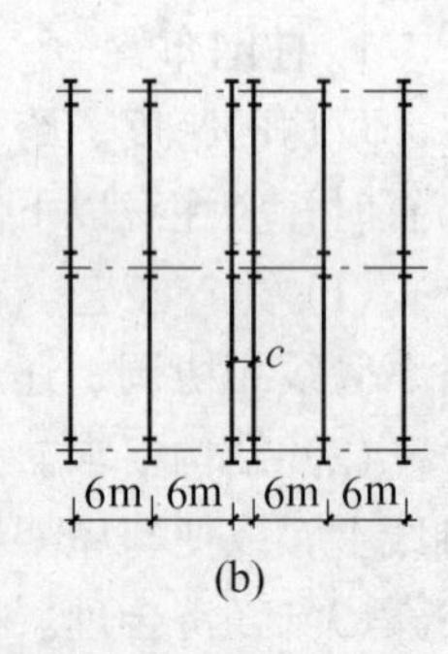

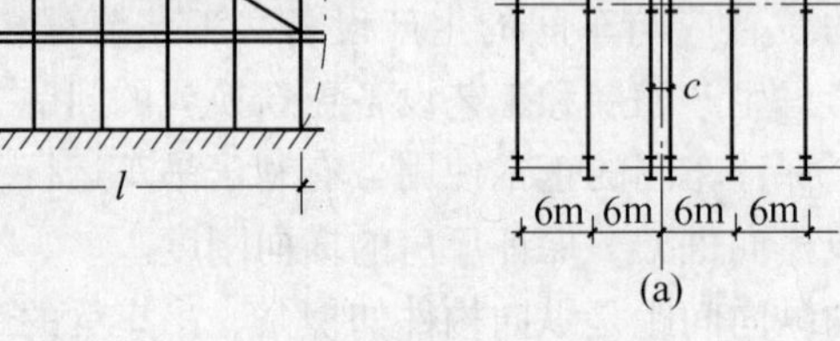

图 2-3　温度变形　　　图 2-4　柱网布置及温度伸缩缝

温度缝通常的做法是双柱，即在缝的两侧各设置一个柱子，从基础顶面开始，将两个温度区段的上部结构完全分开，并留出一定宽度的缝隙 c（图 2-4），使上部结构构件在气温变化时，水平方向可自由地发生变形。

表 2-1　温度区段长度值　　(m)

结构情况	纵向温度区段（垂直屋架或构架跨度方向）	横向温度区段（沿屋架或构架跨度方向）	
		柱顶刚接	柱顶铰接
采暖房屋和非采暖地区的房屋	220	120	150
热车间和采暖地区的非采暖房屋	180	100	125
露天结构	120	—	—

有时为节约钢材也可采用单柱温度伸缩缝，即在纵向构件（如托梁、吊车梁等）支座处设置滑动支座，以使这些构件有自由伸缩的余地。

2.2　支撑体系

在单层厂房钢结构中，支撑虽然不是主要受力构件，但却是连接主要承重结构，使其成为刚度大、稳定性好的结构的重要组成部分。适当而有效地设计、布置支撑体系，使厂房具有足够的强度、刚度和稳定性，以保证结构安全正常使用。

厂房支撑体系可分为柱间支撑和屋盖支撑。

2.2.1 柱间支撑

柱间支撑与厂房框架柱相连，其作用有以下几方面：

(1) 组成稳定的纵向构架，保证厂房的纵向刚度。厂房柱在框架平面外的刚度远低于框架平面内的刚度，且柱脚构造接近铰接，吊车梁与柱的连接也是铰接。如果不设柱间支撑，纵向构架是一个几何可变体系，因此设置柱间支撑可组成几何不变的纵向构架，并使厂房具有一定的纵向刚度。

(2) 承受厂房纵向力。端部山墙传来的风荷载，吊车的纵向制动力均需通过柱间支撑传至基础。

(3) 在框架平面外，为厂房柱提供可靠的支承点，减少柱子在框架平面外的计算长度。

柱间支撑由两部分组成：在吊车梁以上的部分称为上层支撑，吊车梁以下的部分称为下层支撑。

下层柱间支撑与柱和吊车梁一起在纵向组成刚度很大的桁架，如果将下层支撑布置在温度区段的端部，当温度变化时，纵向构件不能自由伸缩，因此，下层柱间支撑宜布置在温度区段的中部，使厂房结构在温度变化时能较自由地从支撑处向两侧伸缩，以减少纵向温度应力。

当温度区段长度小于90 m时，在它的中央设置一道下层支撑；如果温度区段长度超过90 m，则在它的1/3点处各设一道下层支撑（如图2-5），以免传力路线太长，纵向刚度不足。

为了便于传递从屋架横向支撑传来的纵向风力，上层柱间支撑应布置在温度区段的两端，由于厂房柱在吊车梁以上部分刚度小，端部设置上层支撑，不会产生过大的温度应力。另外，在设有下层柱间支撑的开间，也应设置上层柱间支撑，每列柱顶要布置刚性系杆。

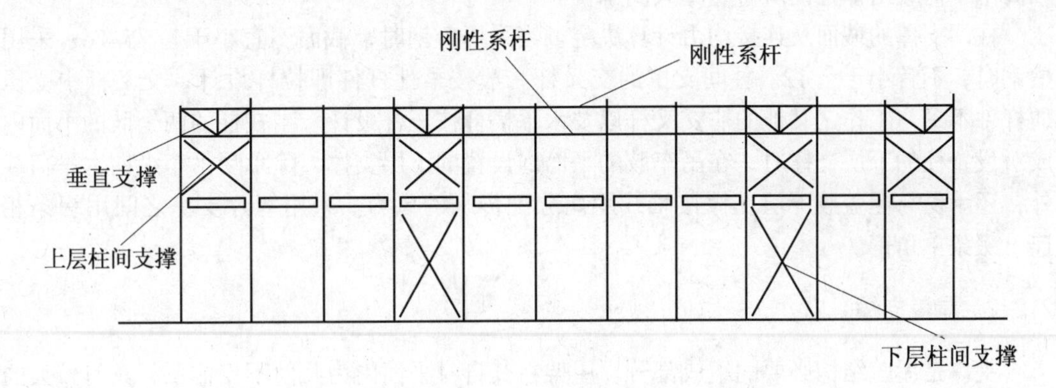

图2-5　柱间支撑

常见的下层柱间支撑是单层十字形，见图2-6a。支撑的倾角应控制在35°~55°之间，如果单层十字形不能满足这种构造要求，可选用人字形（图2-6b）、K形（图2-6c）、Y

形（图 2－6d）或单斜杆形（图 2－6e）。如果由于柱距过大（大于 12 m），不能设置上述形式的下层支撑时，可考虑采用门架式（图 2－6f~i）。

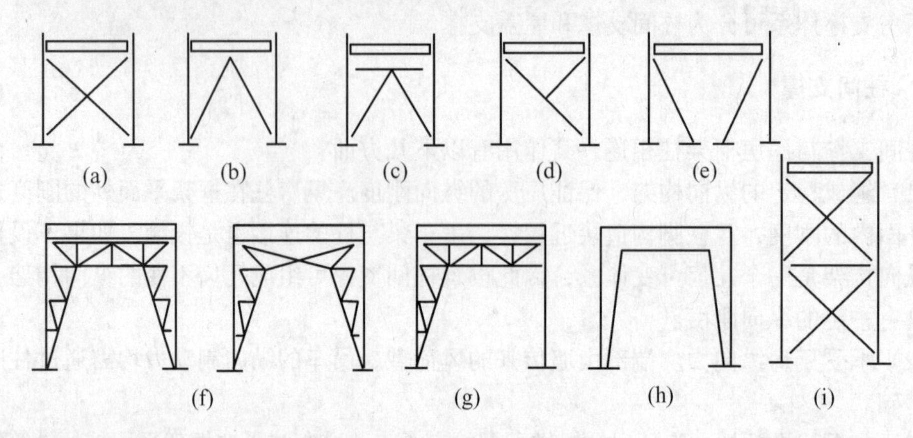

图 2－6　下层柱间支撑形式

上层柱间支撑的常见形式见图 2－7，一般采用十字形（图 2－7a）、人字形（图 2－7b）和 K 形（图 2－7c），柱距较大时可取八字形（图 2－7d）或 V 形（图 2－7e）。

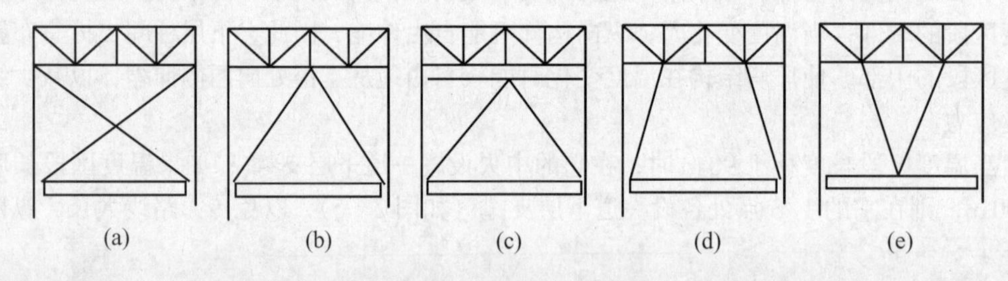

图 2－7　上层柱间支撑形式

上层柱间支撑承受端墙传来的风力，下层柱间支撑除承受端墙传来的风力外还承受吊车的纵向水平荷载。当同一温度区段的同一柱列设有两道或两道以上的柱间支撑时，全部纵向水平荷载由该柱列所有支撑共同承受。

柱间支撑的截面及连接均由计算决定。当采用角钢时，截面不宜小于∟ 75×6；采用槽钢时，不宜小于［ 12。柱间支撑的交叉杆一般按柔性杆件即拉杆设计，交叉杆中受压的杆件不参与工作，其他的非交叉杆以及水平横杆按压杆设计。当在柱的两个肢的平面内成对设置柱的下层支撑时，在吊车肢的平面内设置的下层支撑，除承受吊车纵向水平荷载外，还承受与屋盖肢下层支撑按轴线距离分配传来的风力。采用双片支撑之间用缀条相连，缀条单角钢。

2.2.2　屋盖支撑

支撑是屋盖结构必要的组成部分。屋架在其自身平面内为几何不变体系，具有较大的刚度，能承受屋架平面内的各种荷载。当各个屋架仅用檩条和屋面板连系时，在垂直于屋架平面的侧向（简称屋架平面外），刚度和稳定性均很差，不能承受水平荷载。因此，为使屋架有足够的空间刚度和稳定性，应在屋架间设置屋盖支撑。

1. 屋盖支撑的类型和作用

屋盖支撑分为上弦横向水平支撑、下弦横向水平支撑、下弦纵向水平支撑、竖向支撑和系杆等，它们具有下列作用：

(1) 保证屋盖结构的几何稳定性。各个屋架之间，如果仅用檩条或屋面板连接，其组成的屋盖结构是几何可变体系，在荷载作用下，各个屋架就会向一侧倒，如图2-8a，如果在某些屋架的适当部位用支撑联系起来，便构成稳定的空间体系，如图2-8b，其余屋架再由檩条或屋面板连接在这个稳定的空间体系上，则能保证整个屋盖结构的稳定。

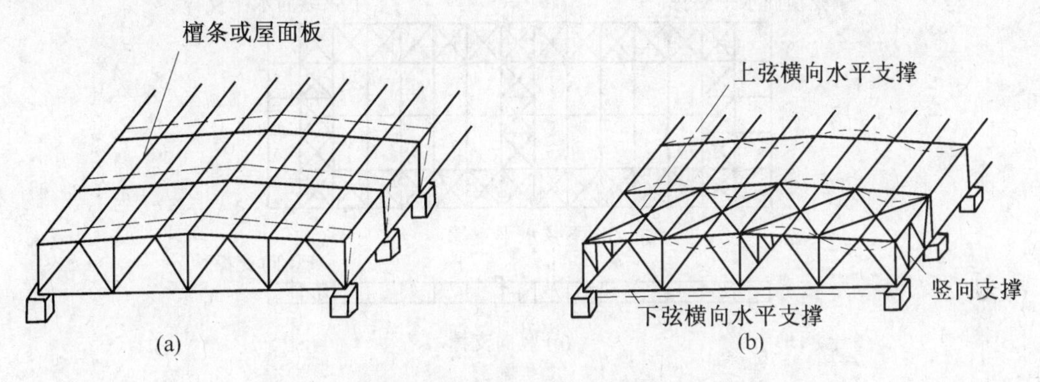

图2-8　屋盖支撑作用示意图

(2) 为弦杆提供适当的侧向支承点。支撑可作为弦杆的侧向支承点，以减小弦杆在平面外的计算长度，保证受压上弦杆的侧向稳定，并使受拉下弦杆不会在某些动力作用下(如吊车运行) 产生过大的振动。当下弦杆为折线形时，在转折点处布置侧向支撑，是保证下弦杆平面外稳定必不可少的措施。

(3) 承受并传递屋盖的纵向水平荷载。作用于厂房两端山墙的风荷载、悬挂吊车的纵向刹车力及地震荷载将通过屋盖支撑传给厂房的下部支承结构。

(4) 保证结构安装时的稳定与方便。屋盖的安装工作一般是从房屋温度区段的一端开始，首先用支撑将两相邻屋架连系起来组成一个基本空间稳定体，在此基础上即可顺序进行其他屋架的安装。

2. 屋盖支撑的布置

1) 上弦横向水平支撑

无论是有檩体系还是仅采用大型屋面板的无檩体系，均应设置屋架上弦横向水平支撑。当有天窗架时，天窗架上弦也应设置横向水平支撑。大型屋面板有三个角与屋架焊接，如果能保证质量，大型板在屋架上弦平面内形成刚度很大的刚体，则可考虑大型屋面板起支撑作用，不设上弦横向水平支撑。但由于施工条件的限制，焊接质量不易保证，故一般仅考虑大型屋面板起系杆作用。

上弦横向水平支撑一般设置在房屋两端或温度区段的两端的第一个柱间（图2-10），也可将支撑布置在第二柱间，但第一柱间必须用刚性系杆将端屋架上弦与横向支撑牢固相连（图2-9），以保证端屋架的稳定和有效传递山墙的风力。为保证上弦横向水平支撑的有效作用，提高房屋的纵向刚度，两道横向水平支撑间的距离不宜大于60 m，故当房屋较长时，应在中间柱间再设一道或几道上弦横向水平支撑。

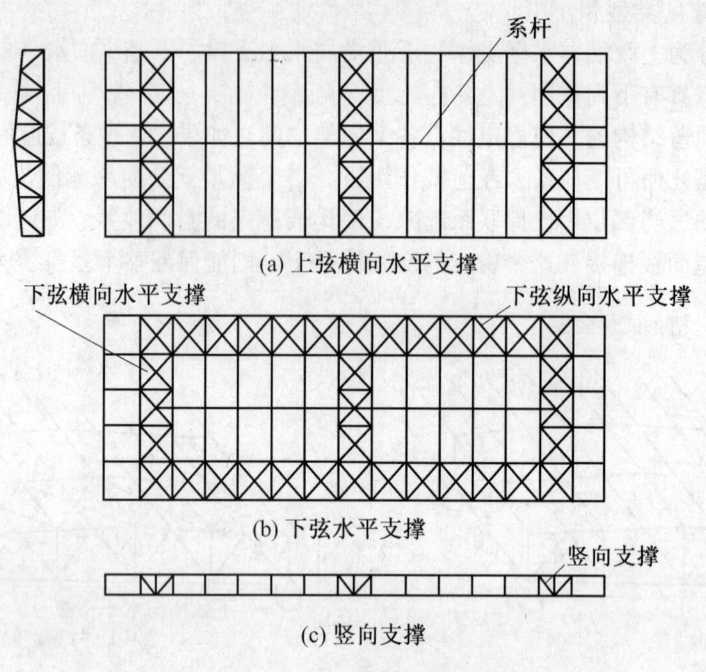

(a) 上弦横向水平支撑

(b) 下弦水平支撑

(c) 竖向支撑

图 2-9　无天窗的屋盖支撑布置图

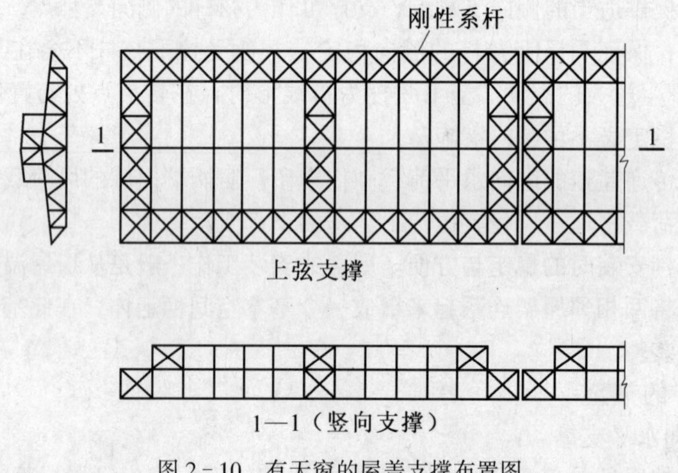

1—1（竖向支撑）

图 2-10　有天窗的屋盖支撑布置图

2）下弦横向水平支撑

下弦横向水平支撑一般与上弦横向水平支撑布置在同一开间，它们和相邻的屋架组成一个空间桁架体系，如图 2-9。

一般情况下，均应设置下弦横向水平支撑，但当房屋跨度 $L\leqslant18$ m 且未设悬挂吊车时，或虽有悬挂吊车但起重吨位不大，厂房内也没有较大的振动设备时，可不设下弦横向水平支撑。

3）下弦纵向水平支撑

当房屋内设有托架，或有较大吨位的重级、中级工作制桥式吊车，或有壁行吊车，或有锻锤等大型振动设备，以及房屋较高，跨度较大，空间刚度要求高时，均应在屋架下弦端节间设置纵向水平支撑。纵向水平支撑与横向水平支撑形成闭合框架，加强了屋盖结构的整体性，提高了房屋的纵向、横向刚度。

单跨厂房下弦纵向水平支撑一般沿两纵向柱列设置，多跨厂房则根据具体情况沿全部或部分纵向柱列设置。有托架的房屋，如图2-11，为保证托架的侧向稳定，在有托架处也应设置纵向水平支撑。

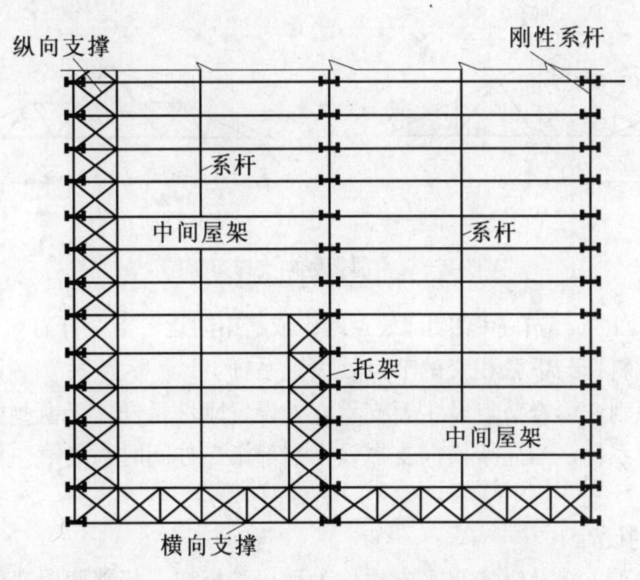

图2-11　有托架厂房的下弦纵向水平支撑布置图

当采用三角形屋架或支座节点在上弦的屋架，纵向水平支撑宜放置在上弦第一节间内，以提高屋架的整体刚度。

4）竖向支撑

无论有檩屋盖还是无檩屋盖，均需设置竖向支撑，它的主要作用是使相邻屋架和上下弦横向水平支撑所组成的四面体形成空间几何不变体系。故在设有横向水平支撑的开间内，均应设置竖向支撑（图2-9）。

对梯形屋架，当跨度$L \leqslant 30$ m时，一般只在屋架两端及跨中竖杆平面内布置三道竖向支撑，如图2-12；当跨度$L > 30$ m时，应在两端及跨度1/3处各布置一道竖向支撑。

天窗架的竖向支撑，一般在天窗架的两侧，当天窗的宽度大于12 m时，还应在天窗中央设置一道，如图2-12b。

三角形屋架，当跨度≤18 m时，仅在跨中设置一道竖向支撑；当跨度＞18 m时，可根据具体情况，在跨度1/3处各布置一道。

5）系杆

为保证未设横向水平支撑屋架的侧向稳定及传递水平荷载，应在横向水平支撑或竖向支撑的节点处，沿房屋的纵向通长地设置系杆。系杆分刚性系杆和柔性系杆。刚性系杆既能受压也能受拉，柔性系杆则只能承受拉力。

在屋架上弦平面内，对无檩屋盖，大型屋面板可起系杆作用，只需在屋脊处和屋架端部设置系杆；对有檩屋盖，檩条可代替系杆，只需在纵向天窗下的屋脊处设置系杆。

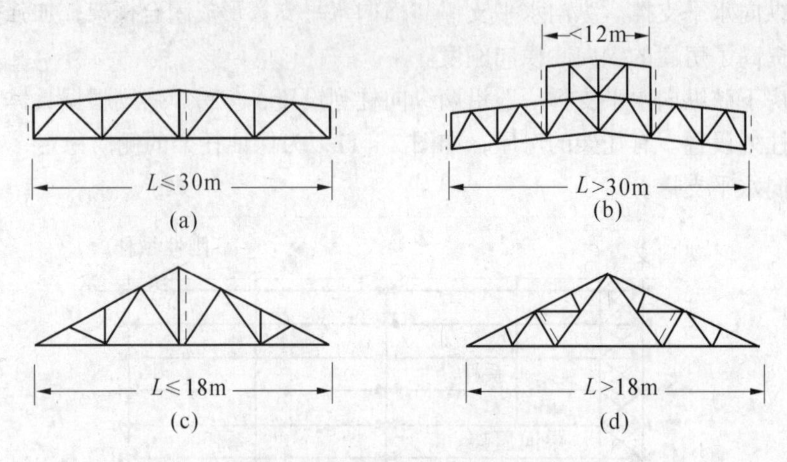

图 2－12　屋架竖向支撑布置图

在屋架下弦平面内，应在屋架端部处、跨中或跨中附近、下弦杆有弯折处、跨度≥18 m的芬克式屋架的主斜杆与下弦相交的节点处设置系杆。

系杆的布置原则：屋脊节点及主要支承点处设置刚性系杆；天窗侧柱处及下弦跨中或跨中附近设置柔性系杆；当屋架横向支撑设在端部第二柱间时，则第一柱间所有系杆均为刚性系杆。

3．屋盖支撑的设计

屋盖的横向水平支撑及纵向水平支撑均为平行弦桁架。相邻两屋架的弦杆兼作支撑桁架的弦杆，另加竖杆和斜腹杆，便组成支撑桁架。斜腹杆一般采用十字交叉式，斜腹杆与弦杆的交角一般在 30°～60°之间。通常横向水平支撑节点间的距离为屋架上弦节间距离的 2～4 倍，纵向水平支撑的宽度取屋架下弦端节间的长度，一般为 3～6 m。

竖向支撑也是平行弦桁架，常做成图 2－13 所示的小桁架，其宽和高各由屋架间距及屋架相应竖杆高度确定。当宽度与高度相近时，宜采用交叉斜杆，高度较小时，可采用 V 形或 W 形，以避免杆件交角小于 30°。

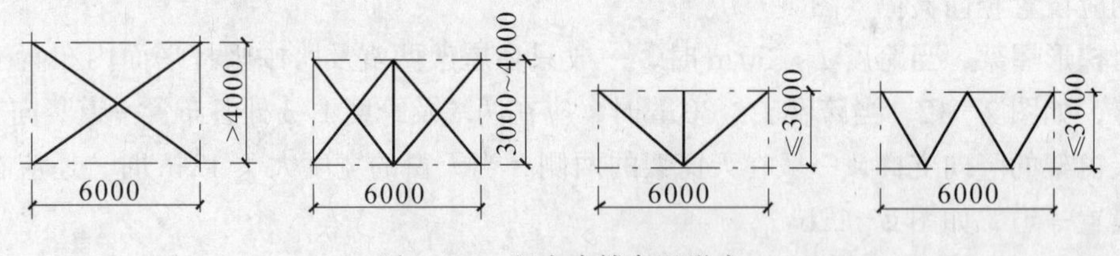

图 2－13　竖向支撑布置形式

支撑受力很小，一般不必计算，按构造要求和容许长细比选择截面。通常，凡是交叉斜杆和柔性系杆一般按拉杆设计，容许长细比为 400，可用单角钢；非交叉斜杆、弦杆、竖杆以及刚性系杆均按压杆设计，容许长细比为 200，可用双角钢组成的 T 形截面。刚性系杆通常将双角钢组成十字形截面，而非 T 形截面，以使两个方向的回转半径接近。

当支撑桁架受力较大，如横向水平支撑传递较大的山墙风荷载时，支撑构件除满足长细比限值外，尚应按桁架体系计算内力并选择截面。交叉斜腹杆体系的支撑桁架属超静定体系，计算时，可近似采用如图 2－14 所示的计算简图进行分析，将所有斜腹杆设计成只能受拉不能受压的柔性杆件。在图示的节点荷载作用下，实线斜杆受拉，虚线斜杆受压屈曲退出工作，桁架按单斜杆体系进行受力分析。当荷载反向时，则认为另一组斜杆退出工作。

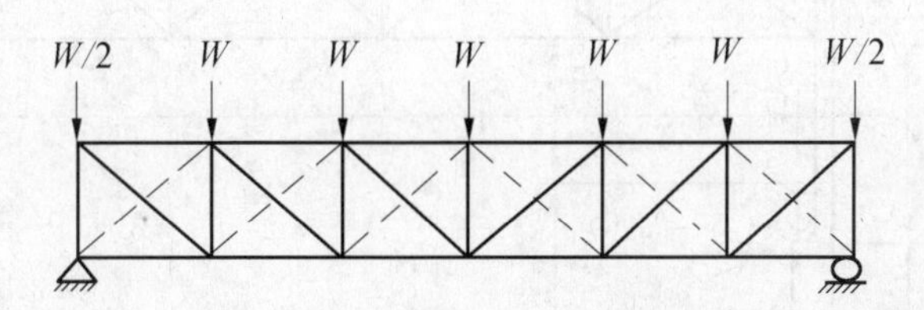

图 2-14　支撑桁架杆件计算简图

2.3　横向框架体系

厂房的主要承重结构通常采用框架体系，因为框架体系的横向刚度较大，且能形成较大的内部空间，便于桥式吊车运行，能满足使用上的要求。

厂房横向框架的柱脚一般与基础刚接，而柱顶可分为铰接和刚接两类。柱顶铰接的框架对基础不均匀沉陷及温度影响敏感性小，框架节点构造容易处理，且因屋架端部不产生弯矩，下弦杆始终受拉，可免去一些下弦支撑的设置。但柱顶铰接时下柱的弯矩较大，厂房横向刚度差，因此一般用于多跨厂房或厂房高度不大而刚度容易满足的情况。当采用钢屋架、钢筋混凝土柱的混合结构时，也常采用铰接框架形式。

反之，在厂房较高，吊车的起重量大，对厂房刚度要求较高时，钢结构的单跨厂房框架常采用柱顶刚接方案。在选择框架类型时必须根据具体条件进行分析比较。

2.3.1　横向框架的主要尺寸和计算简图

1. 主要尺寸

框架的主要尺寸见图 2-15 所示。框架的跨度，一般取为上部柱中心线间的横向距离，常取为：

$$L_0 = L_k + 2S \tag{2-1}$$

式中　L_k——桥式吊车的跨度，为吊车轨道中心线之间的距离；

S——由吊车梁轴线至上段柱轴线的距离，应满足下式：

$$S = B + D + b_1/2 \tag{2-2}$$

B——吊车桥架悬伸长度，可由行车样本查得；

D——吊车外缘和柱内边缘之间的必要空隙：当吊车起重量不大于 500 kN 时，不宜小于 80 mm；当吊车起重量大于或等于 750 kN 时，不宜小于 100 mm；当在吊车和柱之间需要设置安全走道时，则 D 不得小于 400 mm；

b_1——上段柱宽度。

S 的取值：对于中型厂房一般采用 0.75 m 或 1 m，重型厂房则为 1.25 m 甚至达 2.0 m。框架高度为柱脚底面到横梁下弦底部的距离：

$$H = h_1 + h_2 + h_3 \tag{2-3}$$

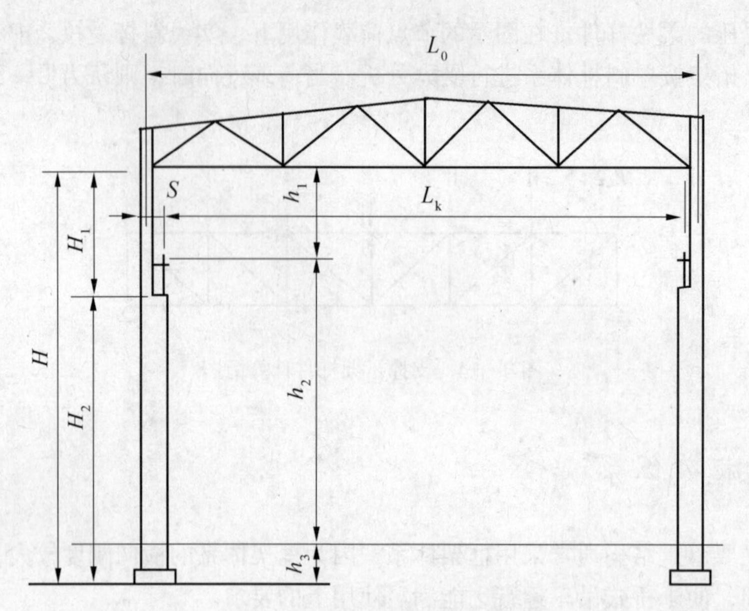

图 2-15 框架的主要尺寸

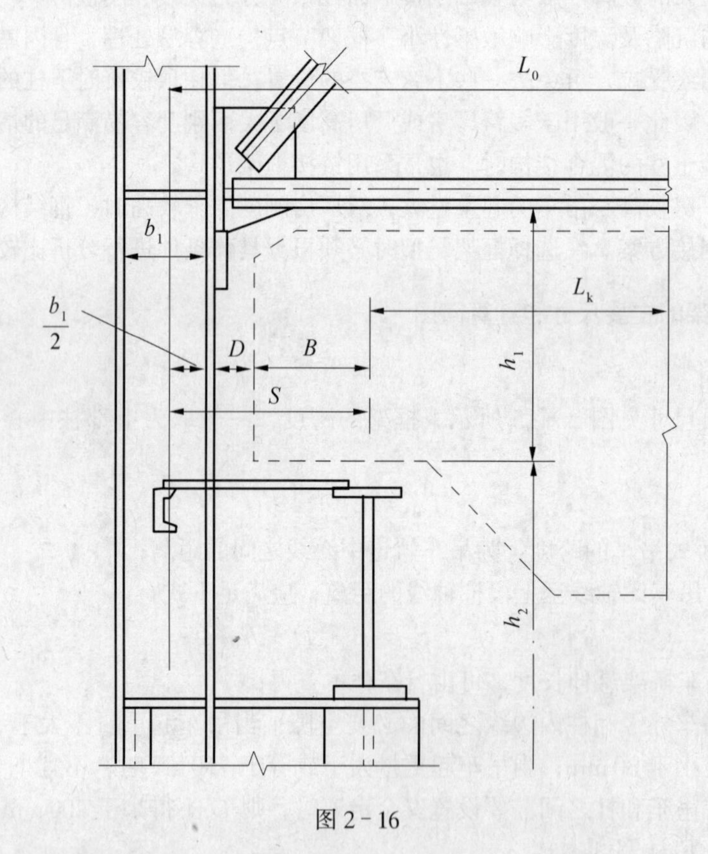

图 2-16

式中 h_1——吊车轨顶至屋架下弦底面的距离：

$$h_1 = A + 100 + (150 \sim 200)(\text{mm}) \tag{2-4}$$

h_2——地面至吊车轨顶的高度，由工艺要求决定；

h_3——地面至柱脚底面的距离。中型车间为 0.8～1.0 m，重型车间为 1.0～1.2 m；

式（2－4）中 A 为吊车轨道顶面至起重小车顶面之间的距离；100 mm 是为制造、安装误差留出的空隙；150～200 mm 则是考虑屋架的挠度和下弦水平支撑角钢的外伸等所留的空隙。

吊车梁的高度可按（1/5～1/12）L 选用，L 为吊车梁的跨度，吊车轨道高度可根据吊车起重量决定。框架横梁一般采用梯形或人字形屋架，其形式和尺寸参见本章 2.5 节。

2. 计算简图

单层厂房框架是由柱和屋架（横梁）所组成，各个框架之间有屋面板或檩条、托架、屋盖支撑等纵向构件相互连接成整体，故框架实际上是空间工作的结构，应按空间工作计算才比较合理和经济，但由于厂房框架布置规整，为免去繁复计算，通常简化为单榀的平面框架（图 2－17）来计算。框架计算单元的划分应根据柱网的布置确定。对于各列柱距均相等的厂房，只计算一个框架。对有拔柱的计算单元，一般以最大柱距作为划分计算单元的标准。

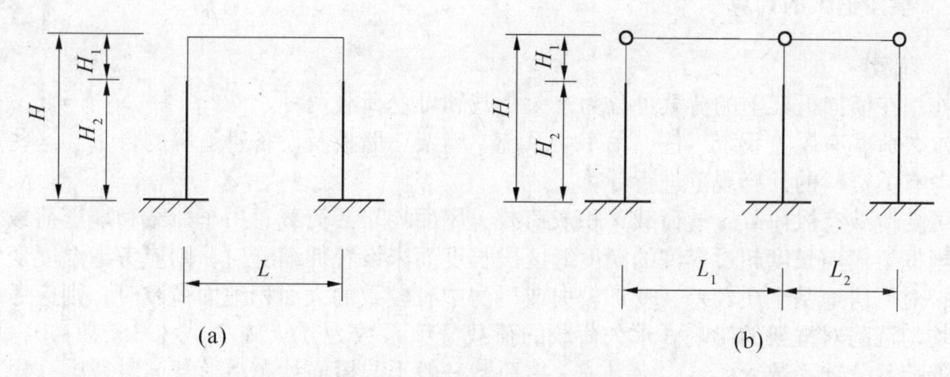

图 2－17　横向框架计算简图

对于由格构式横梁和阶形柱（下部柱为格构柱）所组成的横向框架，一般考虑桁架式横梁和格构柱的腹杆或缀条变形的影响，将惯性矩（对高度有变化的桁架式横梁按平均高度计算）乘以折减系数 0.9，简化成实腹式横梁和实腹式柱。对柱顶刚接的横向框架，当满足下式的条件时，可近似认为横梁刚度为无穷大，否则横梁按有限刚度考虑：

$$\frac{K_{AB}}{K_{AC}} \geqslant 4 \tag{2-5}$$

式中　K_{AB}——横梁在远端固定使近端 A 点转动单位角时在 A 点所需施加的力矩值；

K_{AC}——柱在 A 点转动单位角时在 A 点所需施加的力矩值。

框架的计算跨度 L（或 L_1、L_2）取为两上柱轴线之间的距离。

横向框架的计算高度 H：

柱顶刚接时，可取为柱脚底面至框架下弦轴线的距离（横梁假定为无限刚性）（图 2－18a）；或柱脚底面至横梁端部形心的距离（横梁为有限刚性）（图 2－18b）；

柱顶铰接时，应取为柱脚底面至横梁主要支承节点间距离（图 2－18c、d）。

对阶形柱应以肩梁上表面作分界线将 H 划分为上部柱高度 H_1 和下部柱高度 H_2。

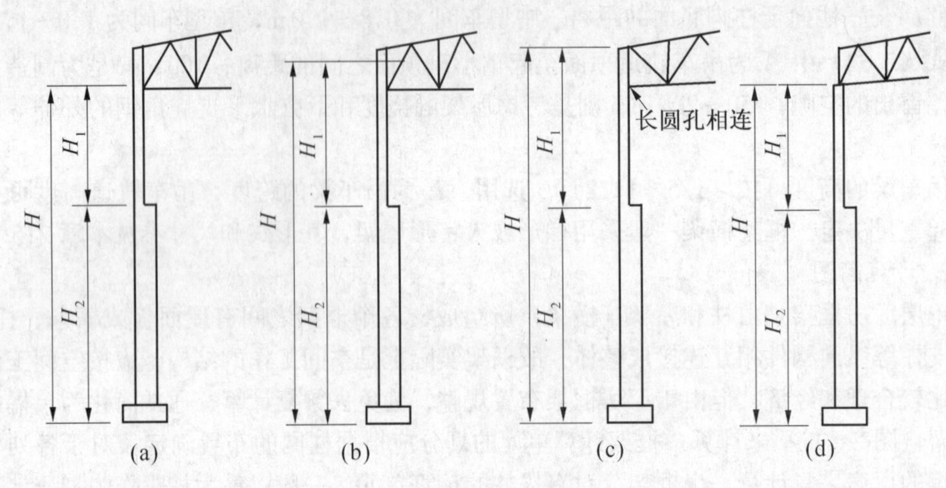

图 2-18　框架计算高度

2.3.2　横向框架的计算

1. 荷载

作用在横向框架上的荷载可分为永久荷载和可变荷载两种。

永久荷载有屋盖系统、柱、吊车梁系统、墙架、墙板及设备管道等的自重。这些重量可参考有关资料的计算规范进行计算。

可变荷载有风荷载、雪荷载、积灰荷载、屋面均布活荷载、吊车荷载和地震荷载等。

当框架横向长度超过容许的温度缝区段长度而未设置伸缩缝时，则应考虑温度变化的影响；对厂房地基土质较差、变形较大或厂房中有较重的大面积地面荷载时，则应考虑基础不均匀沉陷对框架的影响。永久荷载的荷载分项系数为 $\gamma_G=1.2$ 或 1.35 或 1.0，可变荷载的荷载分项系数 $\gamma_Q=1.4$ 或 1.3。雪荷载一般不与屋面均布活荷载同时考虑，积灰荷载与雪荷载或屋面均布活荷载两者中的较大者同时考虑。屋面荷载化为均布的线荷载作用于框架横梁上。当无墙架时，纵墙上的风力一般作为均布荷载作用在框架柱上；有墙架时，尚应计入由墙架柱传于框架柱的集中风荷载。作用在框架横梁轴线以上的屋架及天窗上的风荷载按集中在框架横梁轴线上计算。吊车垂直轮压及横向水平力一般根据同一跨间、两台满载吊车并排运行的最不利情况考虑，对多跨厂房一般只考虑 4 台吊车作用。

2. 内力分析和内力组合

框架内力分析可按结构力学的方法进行，可利用现成的图表或计算机程序分析框架内力。为便于对各构件和连接进行最不利的组合，对各种荷载作用应分别进行框架内力分析。

为了计算框架构件的截面，必须将框架在各种荷载作用下所产生的内力进行最不利组合。要列出上端柱和下段柱的上下端截面中的弯矩 M、轴向力 N 和剪力 V。此外还应包括柱脚锚固螺栓的计算内力。包括以下组合：① $+M_{max}$ 和相应的 N、V；② $-M_{max}$ 和相应的 N、V；③ N_{max} 和相应的 N、V。

2.4　框架柱的设计

2.4.1　框架柱的类型

框架柱可分为等截面柱、台阶式柱和分离式柱。

等截面柱（图 2－19a）通常采用工字形截面，吊车梁支撑在柱的牛腿上。这种形式

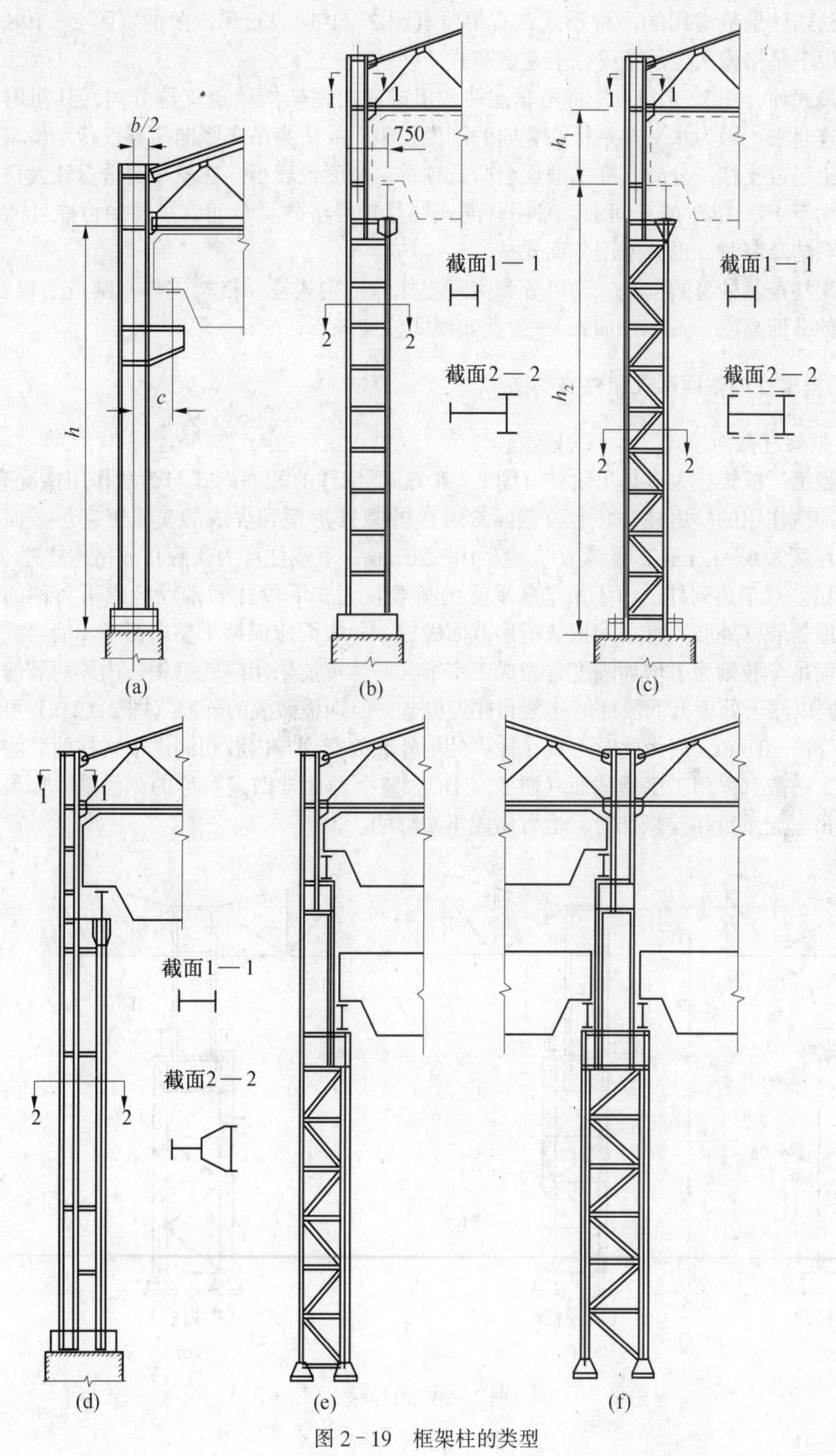

图 2－19　框架柱的类型

适用于吊车起重量小于20t且柱距不大于12m的车间。

台阶式柱是最常用的一种形式，有单阶（图2-19b、c）和双阶的（图2-19e、f），吊车梁以下是格构式，吊车梁以上是实腹式。

分离式柱（图2-19d）是将吊车支柱和组成横向框架的屋盖支柱分离，其间用水平连系板连起来。因为水平连系板在竖向的刚度很小，故认为吊车竖向荷载仅传至吊车支柱而不传给屋盖支柱。分离式柱一般比台阶式柱重，刚度也较小。在吊车起重量较大且车间高度不大于15～18m的车间中，采用分离式柱是较经济的。车间有扩建的可能且欲不受吊车荷载的牵制时，也可采用分离式柱。

框架柱按其柱身的构造，又可分为实腹式柱和格构式柱。格构式柱在制造上较费工，但当柱的截面高度 $b \geqslant 1.0$ m时，一般比实腹式柱经济。

2.4.2 框架柱的截面形式和柱身构造

1. 框架柱截面形式

重型工厂框架柱大多是单阶柱（图2-20）。厂房柱的截面形式与荷载作用情况有关。有吊车荷载作用的厂房柱，其上段截面常用宽翼缘H形钢和焊成的实腹工字形截面，一般腹板厚度为6～12mm，翼缘板厚度为10～20mm；下段柱可为实腹柱或格构式柱（图2-20a、b）。对于边列柱，由于吊车肢承受的荷载较大，下段柱通常设计成不对称的。边列柱的屋盖肢（外肢）常用钢板或槽形截面做成，外表面应保持平整以便于和墙梁或墙板连接，而吊车肢则为了增加刚度常做成工字形，并尽可能采用热轧型钢。内外两肢的宽度 b 应相同以便于处理上下段柱的连接和柱脚构造；但钢板做成的外肢（图2-21a）可比吊车肢小20～30mm，因为此时不难在柱脚处把外肢放宽到与内肢相同。中列柱两肢均支撑吊车梁，一般都采用工字形截面（图2-21b），整个截面常做成对称的；但是，如果两个跨间的吊车起重量相差悬殊时，也可做成不对称的。

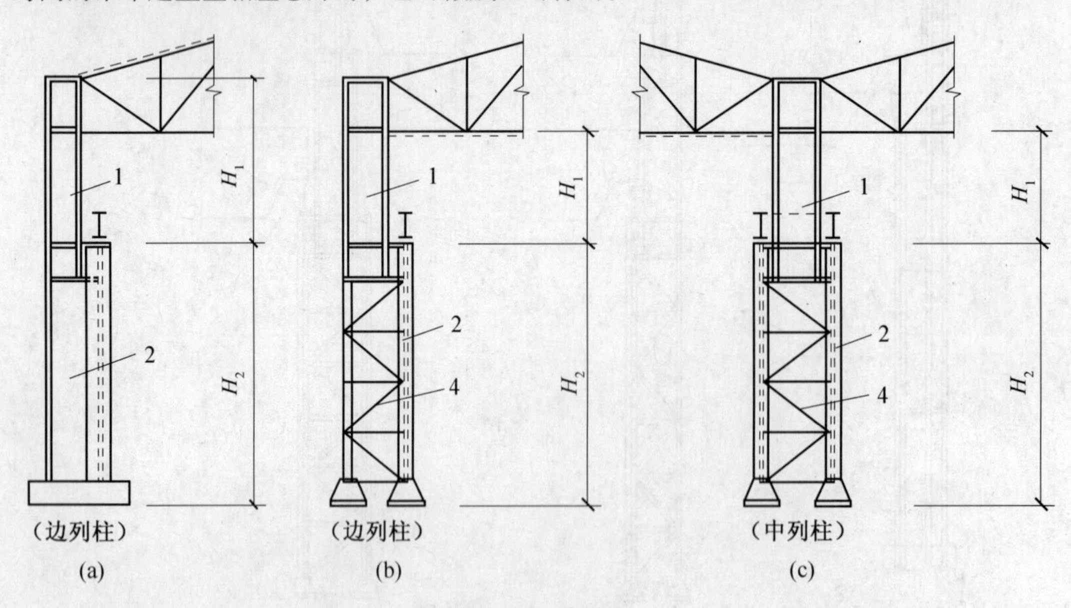

图2-20　阶形柱

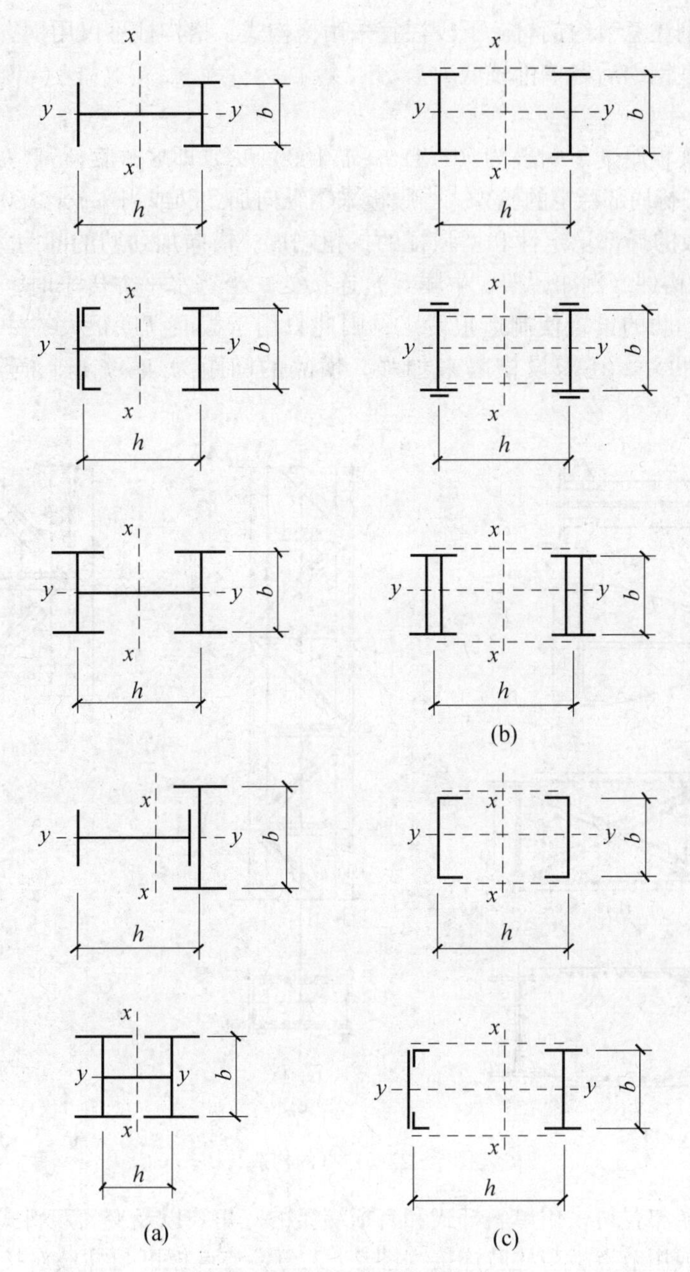

图2-21　阶形柱的截面形式

分离式柱的屋盖肢常做成宽翼缘H形钢和焊接工字形钢，吊车肢一般采用工字钢。吊车肢在框架平面内的稳定性靠连在屋盖肢上的水平连系板（与缀板不同，它不能传递竖向力）来解决，因为屋盖肢在框架平面内的刚度较大。水平连系板的间距可根据吊车肢在框架平面内和框架平面外的长细比相等的条件来决定；一般采用1.5m左右较为合适。吊车肢的截面高度和屋盖肢的截面宽度应尽可能相同以简化柱脚的构造。

沿车间的纵向，柱的截面尺寸 b 应足够大，以保证柱在框架平面外的稳定性以及柱脚构造和柱与吊车梁连接的合理性。下段柱的宽度 b 通常应不小于0.4m。

在吊车起重量较大的重型厂房中柱的用钢量占厂房结构总用钢量的35%左右，因此在设计柱时要特别注意节约钢材。下段柱宜采用格构式，格构柱不仅用钢省，且可省去大量钢板而代之以型钢，后者单价较低。

2. 柱身构造

实腹式柱的腹板厚度 t 一般为（1/120～1/100）h_w。即 8～12 mm，h_w为腹板高度。这样薄的腹板需进行局部稳定的验算。当腹板采用纵向加劲肋或当 $h_w/t>80$ 时，应设横向加劲肋以提高腹板的局部稳定性和增强柱的抗扭刚度。横向加劲肋的间距为(2.5～3)h_w。此外,在柱与其他构件（例如屋架、牛腿等）连接处，当有水平力传来时，也应设置横向加劲肋。纵向加劲肋的设置使制造很费工，因此只用于截面高度很大的柱中。在重型柱中，除横向加劲肋外，还需设横隔来加强，横隔的间距为 4～6 m，横隔的形式如图 2-22a、b 所示。

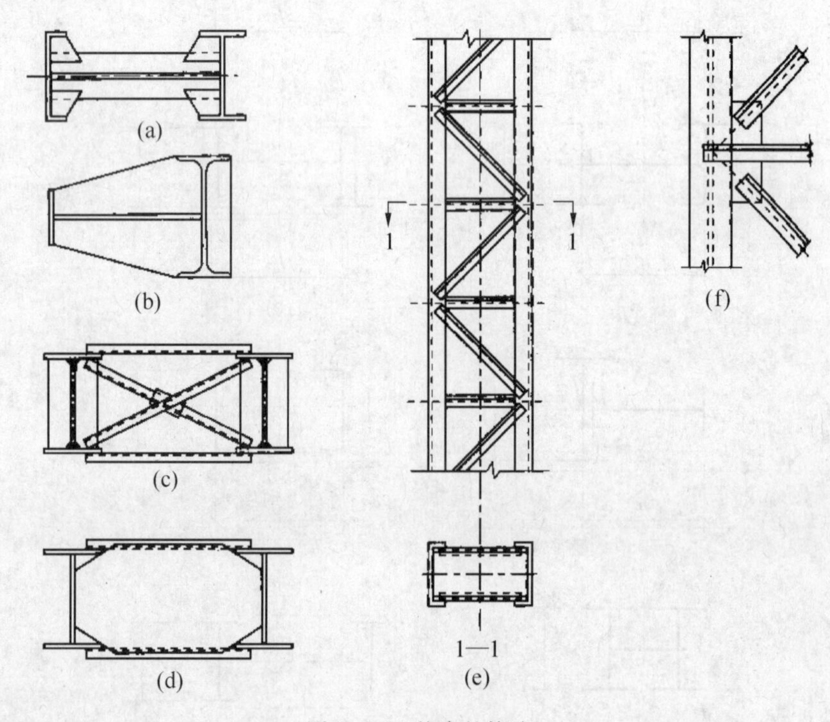

图 2-22　柱身的构造

格构式的缀条布置可采用单斜杆式和有横缀条的三角式以及交叉双斜式体系。缀条可直接与柱肢焊接或用节点板与柱肢连接（图 2-22f）。节点板可与柱肢对接或搭接。缀条的轴线应尽可能汇交于柱肢的轴线上。为了减少连接偏心，可将缀条焊在柱肢外缘，而将横缀条焊在柱肢内缘（图 2-22e）。在格构柱中也必须设置横隔以加强柱的抗扭刚度（图 2-22c、d）。

2.4.3　框架柱计算

1. 构件设计内力

框架柱承受轴向力 N，框架平面内的弯矩 M_x和剪力 V_x，有时还要承受垂直于框架平面的弯矩 M_y。在一般情况下，柱的截面尺寸由 N 和 M_x决定。

当柱内没有 M_y作用或 M_y作用相对很小时，实腹式柱的截面选择及验算可按平面压弯构件的计算方法进行。

验算柱在框架平面内的稳定时，M_x取该柱段的最大弯矩，验算柱在垂直于框架平面的稳定时，M_x取柱间支撑节点或纵向系杆之间的最大弯矩。

通常从所有的荷载效应组合中取出如下 4 种情况进行框架柱的截面设计和强度及稳定性验算：

（1）N_{max}及其对应的 N_x和 M_x；

（2）N_{min}及其对应的 N_x和 M_x；

（3）$M_{x,max}$及其对应的 N 和 V_x；

（4）$M_{x,min}$及其对应的 N 和 V_x。

2. 柱子计算长度

柱在框架平面内的计算长度应根据柱的形式及其两端的固定情况而定。规范规定，单层或多层框架等截面柱，在框架平面内的计算长度应等于该柱的几何长度乘以柱计算长度系数 μ。

单层厂房下端刚性固定的单阶形柱，在框架平面内的计算长度应按下列规定确定：

（1）单阶柱下段柱的计算长度系数 μ_2：当柱上端与横梁铰接时，等于按附录 4 附表 4－2（柱上端为自由的单阶柱）的数值乘以表 2－2 的折减系数，当柱上端与横梁刚接时等于按附录 4 附表 4－1（柱上端可移动但不转动的单阶柱）的数值乘以表 2－2 的折减系数。

（2）上端柱的计算长度系数 μ_1，应按下式确定：

$$\mu_1 = \frac{\mu_2}{\eta_1} \tag{2-6}$$

式中　η_1——系数，按附表 4.3.4 或 4.3.5 中的公式计算。

表 2－2　单层长厂房阶形矩计算长度折减系数

<table>
<tr><th colspan="4">厂房类型</th><th rowspan="2">折减系数
i</th></tr>
<tr><th>单跨或多跨</th><th>纵向温度区段内一个柱列中的柱数</th><th>屋面情况</th><th>厂房两侧是否有通常的纵向水平支撑</th></tr>
<tr><td rowspan="4">单跨</td><td>等于或少于 6 个</td><td>—</td><td>—</td><td rowspan="2">0.9</td></tr>
<tr><td rowspan="3">多于 6 个</td><td rowspan="2">非大型混凝土屋面板屋面</td><td>无纵向水平支撑</td></tr>
<tr><td>有纵向水平支撑</td><td rowspan="3">0.8</td></tr>
<tr><td>大型混凝土屋面板</td><td>—</td></tr>
<tr><td rowspan="3">多跨</td><td rowspan="3">—</td><td rowspan="2">非大型混凝土屋面板屋面</td><td>无纵向水平支撑</td></tr>
<tr><td>有纵向水平支撑</td><td rowspan="2">0.7</td></tr>
<tr><td>大型混凝土屋面板</td><td>—</td></tr>
</table>

注：有横梁的露天结构（如落锤车间等），其折减系数可采用 0.9。

3. 局部弯矩作用

当吊车梁的支承结构不能保证沿柱轴线传递支座压力时，两侧吊车支座压力差会产生垂直于框架平面的弯矩 M。吊车梁支座假定作用在吊车梁支座加劲肋处，由两侧吊车梁支座压力差值 $\Delta R = R_1 - R_2$ 所引起的弯矩为（图 2－23）：

$$M_y = \Delta R \cdot e \tag{2-7}$$

式中　e——柱轴线至吊车梁支座加劲肋的距离。

由于台阶柱的腹板或缀条、缀板均不能有效地传递纵向弯矩 M，因此认为 M_y完全由吊车肢承受。假定吊车肢的下端为固定，上端为铰接，则柱弯矩 M_y的变化如图 2-23b 所示。吊车肢中 N 和 M_x，引起的轴向力 N'由下式计算（图 2-24）：

$$N' = \frac{NZ}{h} + \frac{M_x}{h} \tag{2-8}$$

式中的 N 和 M_x为框架柱组合而得的轴向力和弯矩；N 和 M_x的荷载与产生 M_y的荷载必须相应。这样就可把吊车单肢单独作为承受压力 N'和弯矩的 M_y偏心压杆来补充验算。

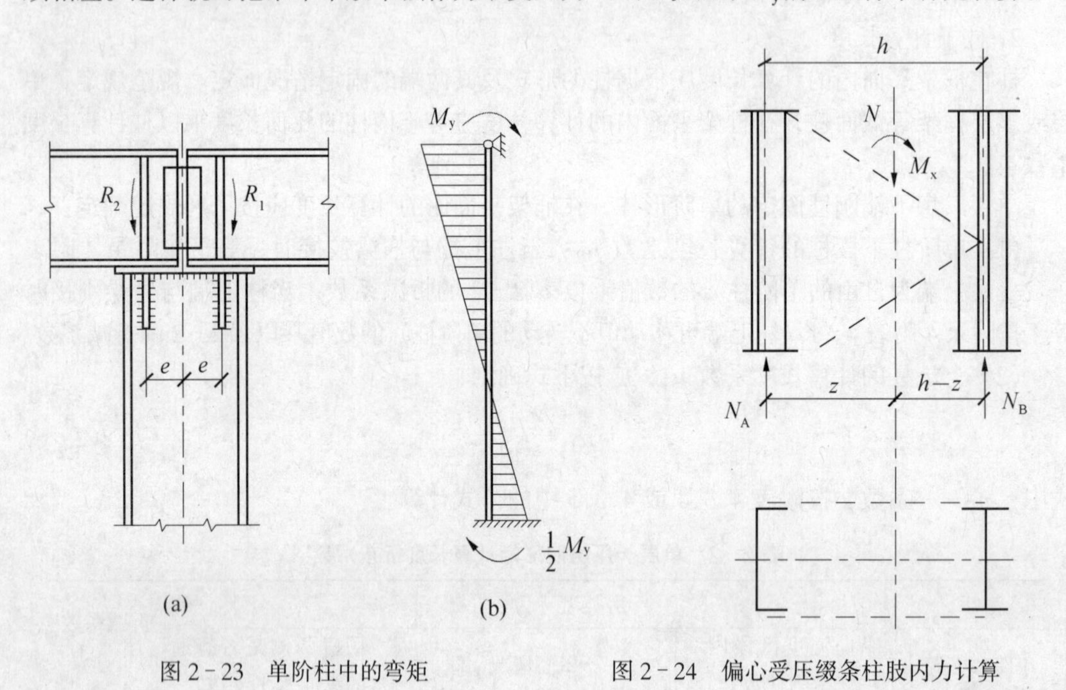

图 2-23　单阶柱中的弯矩　　　　图 2-24　偏心受压缀条柱肢内力计算

4. 柱子截面验算

实腹式柱段、格构式柱段的强度、弯矩作用平面内稳定性、弯矩作用平面外稳定性按各类相应公式计算。

2.5　普通钢屋架

2.5.1　屋架的形式和主要尺寸

屋盖结构大体分为两种：无檩屋盖和有檩屋盖，见图 2-25。无檩屋盖一般用于预应力混凝土大型屋面板等重型屋面，是将屋面板直接搁置在屋架上或天窗架上。预应力混凝土大型屋面板的跨度通常采用 6 m，有条件时也可采用 12 m。当柱距大于所采用的屋面板跨度时，可采用托架或托梁来支承中间屋架。

无檩屋盖的优点是屋盖的刚度大，整体性好，耐久性好，构件种类和数量少。缺点是

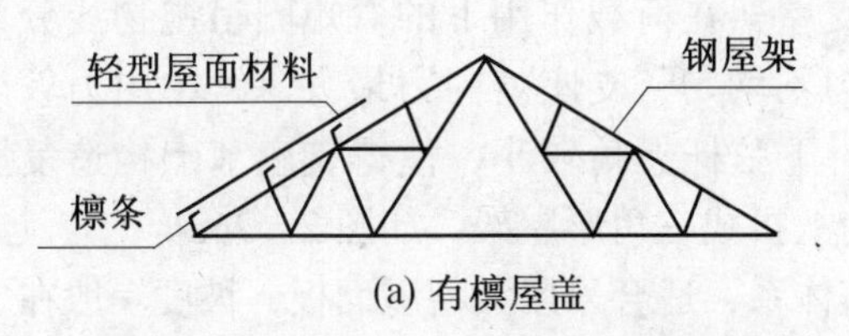

(a) 有檩屋盖

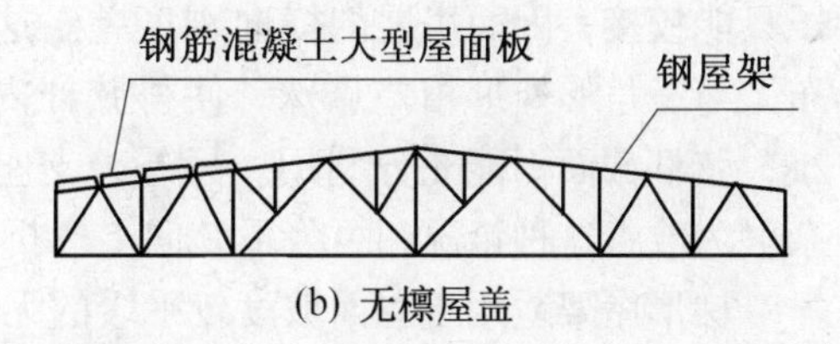

(b) 无檩屋盖

图2-25 有檩屋盖和无檩屋盖

屋面板自重大，致使屋架和柱的荷载增加，用钢量大，对抗震不利。

有檩屋盖屋面材料是轻型屋面材料，常用的有压型钢板、压型铝合金板、石棉瓦、瓦楞铁等。有檩屋盖是将檩条支承在屋架上，屋面材料直接铺于檩条上。由于屋面材料轻，荷载小，所以用钢量少，安装轻便，但屋面刚度差。

两种屋盖体系各有优缺点，选择设计方案时，应根据厂房的规模、工艺、受力特点、使用要求、材料供应和施工条件等综合考虑。

钢屋架、托架、天窗架、檩条和屋面板都是屋盖的承重结构和构件，本节重点介绍钢屋架的设计，并简要介绍托架、天窗架的设计特点。

1. 屋架形式

屋架的外形通常有三角形、梯形和平行弦等。屋架选形是设计的第一步，主要取决于建筑物的用途和屋面材料要求的排水坡度，其次考虑用料经济、施工方便。同时，在制造简单的条件下，屋架外形应尽量与弯矩图相接近，使弦杆受力均匀。

腹杆的布置应使内力分布合理。一般情况下，腹杆的数目宜少，总长度宜短，长杆受拉，短杆受压。腹杆布置时尽可能使荷载都作用在节点上，避免节间荷载使弦杆承受局部弯矩。此外，节点的数目宜少，节点构造简单合理，便于制作，斜腹杆的倾角一般在30°～60°之间。上述各项要求往往难以同时满足，需要根据具体情况，全面考虑，综合分析，得到最佳设计方案。

三角形屋架（图2-26）一般用于屋面坡度很大的陡坡屋面有檩屋盖体系（屋面坡度 $i \geqslant 3$），屋面材料是要求快速排水的轻型材料，如波形石棉瓦、瓦楞铁等材料，屋架的高跨比为1/4～1/6。

图2-26a、b称为芬克式屋架，它的腹杆受力合理，长腹杆受拉，短腹杆受压，腹杆数虽多，但大多数比较短，所以总长度较短。这种屋架可分成两个小桁架，由中间的下弦杆连成整件，制作、运输较为方便，因而是三角形屋架中应用较广泛的一种。

图2-26c是人字式腹杆屋架，杆件数和节点数较少，但受压腹杆较长，适用于 $L \leqslant 18$m 跨度较小的屋架。

三角形屋架共同的缺点是：屋架通常与柱

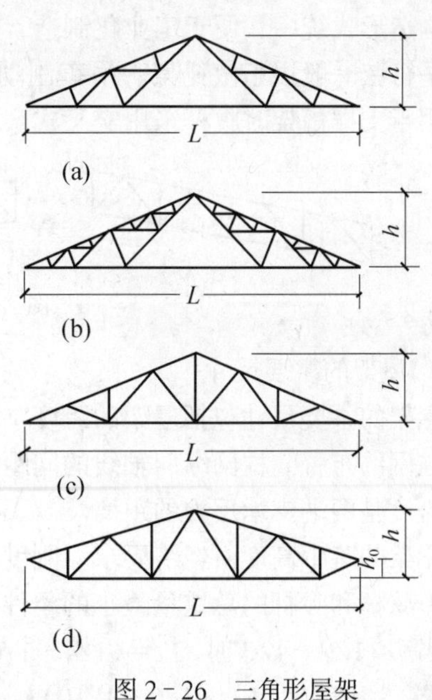

图2-26 三角形屋架

子只能铰接，因而房屋的横向刚度差。这种简支屋架在荷载作用下的弯矩图呈抛物线分布，与三角形外形相差悬殊，使得弦杆内力受力不均匀，支座处内力最大，跨中内力较小，弦杆截面不能充分利用。另外，支座处上、下弦杆夹角较小，使得支座节点构造复杂。为改善这种情况，可将下弦向上弯折，成为上折式三角形屋架，如图 2－26d。

梯形屋架适用于屋面坡度较平缓的无檩屋盖体系，适合采用大型屋面板，坡度一般在 1/8～1/12。它与简支受弯构件的弯矩图较接近，因而弦杆内力沿跨度分布比较均匀，弦杆截面能充分利用，用料节省。梯形屋架与柱的连接可做成铰接或刚接，刚接提高了建筑物的横向刚度，因而这种屋架已成为工业厂房屋盖结构的基本形式。

梯形屋架的腹杆体系可采用单斜式、人字式和再分式（图 2－27）。当桁架下弦要设天棚时，需设置吊杆（图 2－27b 虚线所示）。人字式腹杆体系的腹杆总长度短，节点较少，上弦节间长度可做到 3 m，而大型屋面板一般为 1.5 m 时，为避免上弦杆承受局部弯矩，可采用再分式腹杆，将节间距离减小至 1.5 m，使弦杆只受节点荷载，无节间荷载和局部弯矩。

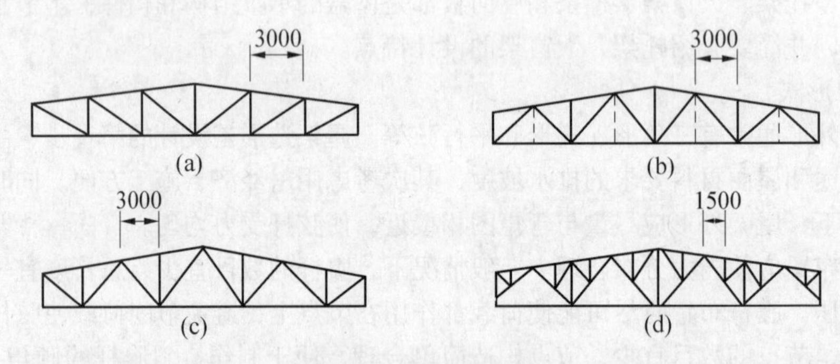

图 2－27　梯形屋架

平行弦屋架的上下弦杆相互平行（图 2－28），故弦杆及腹杆分别等长，构件规格化，节点构造形式统一，便于工业化制造，但弦杆内力分布不均匀。

平行弦一般用于做托架、吊车制动桁架、栈桥和支撑体系，腹杆布置通常采用人字式，用于支撑桁架时腹杆采用交叉式。

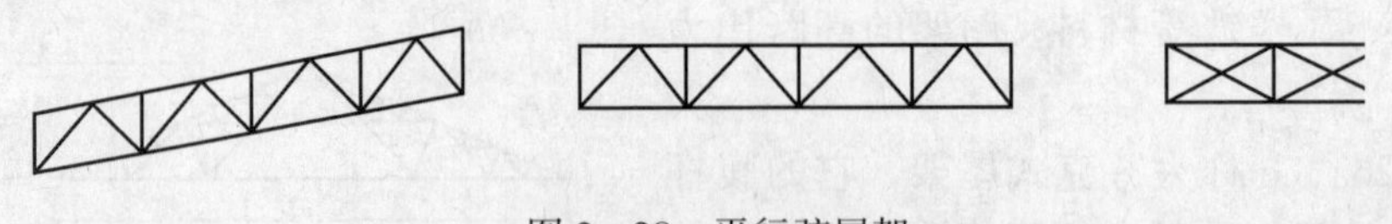

图 2－28　平行弦屋架

2. 屋架的主要尺寸

屋架的主要尺寸包括屋架的跨度、跨中高度和端部高度（梯形屋架）。屋架的跨度取决于柱网的布置。柱网纵向轴线的间距就是屋架的标志跨度，一般以 3 m 为模数。屋架的计算跨度是两端支承反力的距离。

屋架的跨中高度由经济要求、刚度要求和屋面坡度等因素决定。屋架的经济高度是根据上下弦杆和腹杆的总重量最小的条件确定的。三角形屋架的中部高度主要取决于屋面坡度，当 $i=1/2 \sim 1/3$ 时，$h=(1/4 \sim 1/6)L$。梯形和平行弦屋架的中部高度主要取决于经济要求，一般取为 $h=(1/6 \sim 1/10)L$。至于端部高度 h_0，与中部高度和屋面坡度有关，一般陡坡梯形屋架取 $h_0=0.5\sim1.0\text{m}$，缓坡梯形屋架取 $h_0=1.8\sim2.1\text{m}$，如图 2-29。

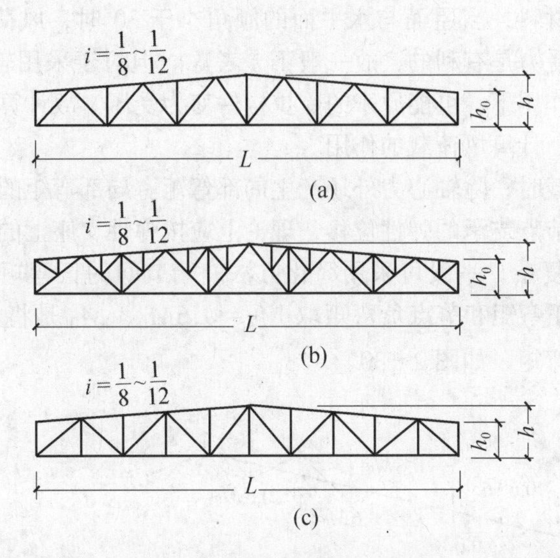

图 2-29　梯形屋架的主要尺寸

2.5.2　屋架杆件内力

作用在屋架上的荷载有永久荷载和可变荷载两大类。永久荷载包括屋面构造层的重量、屋架和支撑的重量及天窗等结构自重。因为屋架和支撑的截面未知，故屋架和支撑自重按经验公式计算：

$$q=0.117+0.011L$$

式中　L——屋架跨度，m；

q——面荷载，kN/m^2。

可变荷载包括屋面活荷载、屋面积灰荷载、雪荷载、风荷载和悬挂吊车荷载等。

屋架所受的荷载是由檩条或大型屋面板的肋以集中荷载的方式作用于屋架的节点上，若有节间荷载，则应把节间荷载分配到相邻的两个节点上，屋架按节点荷载求出各杆件轴力，然后再考虑节间荷载引起的局部弯矩。

计算屋架杆件内力时，假定节点处的所有杆件轴线在同一平面内相交于一点，即节点中心，并假定各节点均为理想铰接，屋架看成承受节点力作用的桁架，可以很方便地利用结构力学方法求出各杆件轴力。按理想铰接体系求出的应力是屋架的主要应力，实际上用焊缝连接的各节点具有一定的刚度，在屋架杆件中引起了的次应力，以及因制作偏差或构造等原因产生的附加应力，其值较小，设计时一般不考虑。

计算杆件内力时，应注意到某些屋架在半跨荷载作用下，跨中少数腹杆内力可能由全跨满载时的拉力变为压力或拉力增大，此时，半跨荷载可能成为控制荷载，因此，为了求出各杆件的最不利内力，必须根据施工和使用过程可能出现的情况对作用在屋架上的荷载进行组合，一般考虑下列三种组合：

(1) 全跨永久荷载 + 全跨可变荷载（使用时）；

(2) 全跨永久荷载 + 半跨可变荷载（使用时）；

(3) 屋架和支撑自重+半跨屋面板重+半跨施工荷载（施工铺屋面板时）。

对于非轻质屋面材料，当屋面与水平面的倾角小于30°时，风荷载对屋面产生吸力，起卸荷作用，对屋架受力是有利的，故一般不予考虑。但对于采用轻质屋面材料的屋架，在风荷载和永久荷载作用下，可能原来的受拉构件变为受压。故计算杆件内力时，应根据荷载规范的有关规定，计算风荷载的作用。

当上弦有节间荷载时，除轴心力外还产生局部弯矩。局部弯矩的计算，既要考虑杆件的连续性，又要考虑节点支承的弹性位移，理论上应按弹性支座上的连续梁进行计算。由于这种计算方法较为复杂，一般可采用简化方法。端节间的正弯矩取偏于安全的 $M_1=0.8M_0$，其他节间的正弯矩和节点负弯矩取 $M_2=0.6M_0$，M_0 是将相应弦杆节间作为单跨简支梁求得的最大弯矩，如图 2-30。

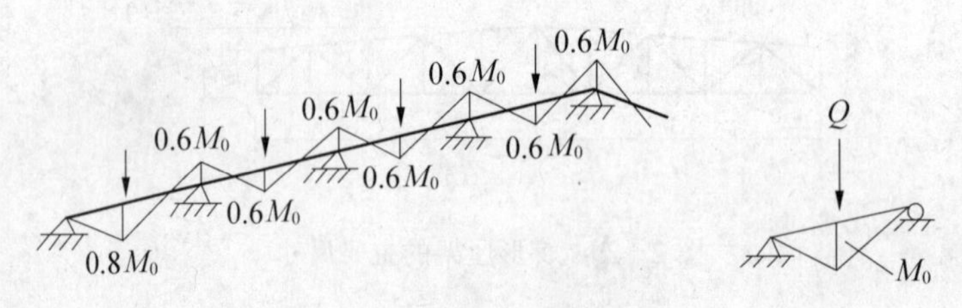

图 2-30　上弦杆局部弯矩

2.5.3　屋架杆件设计

1. 屋架杆件的计算长度

1）屋架平面内

在理想的铰接屋架中，杆件在屋架平面内的计算长度应是节点中心的距离即杆件的几何长度，但实际上，汇交于节点处的各杆件是通过节点板焊接在一起的，并非真正的铰接，节点具有一定的刚度，杆件两端均属于弹性嵌固。另外，节点的转动还要受到汇交于节点的拉杆的约束，拉杆的线刚度越大，约束作用越强，压杆在节点处的嵌固程度就越大，其计算长度也越小。根据此道理，可视节点的嵌固程度来确定各杆的计算长度。

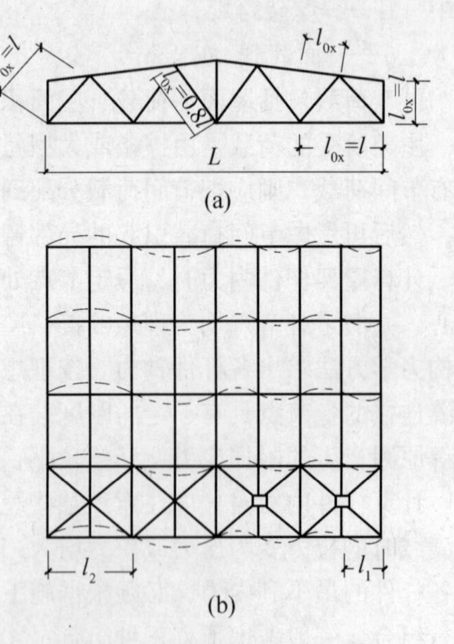

图 2-31　屋架杆件的计算长度

图 2-31a 所示的上弦杆、下弦杆、支座斜杆和支座竖杆因本身截面较大，本身的刚度较大，且两端相连的拉杆少，节点的嵌固程度小，其他杆件在节点处对它的约束作用很小，故取其计算长度等于节点间的距离，即 $l_{0x}=l$；其他腹杆，上端与上弦相连的，上弦是压杆，嵌固程度小，下端与下弦相连，下弦是拉杆，嵌固程度大。一端固定一端铰支的计算长

度系数是0.7，此时腹杆与下弦杆相连的末端是弹性嵌固，故其计算长度取 $l_{0x}=0.8l$。

2）屋架平面外

屋架弦杆在平面外的计算长度等于侧向支承点的距离，即 $l_{0y}=l_1$。

对于上弦，一般取上弦横向水平支撑的节间长度。在有檩屋盖中，如檩条与横向水平支撑的交叉点用节点板焊牢，如图2－31b，则檩条可视为屋架上弦杆的侧向支承点，取 l_1 等于檩条之间的距离；如檩条与支撑交叉点不连接，则 l_1 取支撑节点的距离。在无檩屋盖中，大型屋面板在三个角点与屋架上弦焊接，起一定的支承作用，l_1 可取两块屋面板的宽度。一般大型屋面板的宽度为1.5m，故 l_1 取为3m。

屋架下弦的平面外计算长度 l_{0y} 等于侧向支承点间的距离，即纵向水平支撑节点与系杆或系杆与系杆之间的距离。

腹杆在平面外的计算长度等于杆端节点间距，即等于腹杆的几何长度，因为节点板在平面外的刚度很小，对杆件无嵌固作用，只能视作板铰，所有腹杆的 $l_{0y}=l$。

3）斜平面

单面连接的单角钢或双角钢组成的十字形截面构件，因截面的主轴均不在屋架平面内，与屋架平面有夹角，构件可能向着最小刚度的斜向屈曲。此时，杆件两端的节点对其两个方向均有一定的嵌固作用，因此，这类腹杆的计算长度略作折减，取 $l_0=0.9l$，但支座斜杆和支座竖杆仍取计算长度为几何长度。

4）其他情况

当屋架上弦侧向支承点的距离 l_1 为节间长度的二倍，且此两节间的轴心压力不相等，一个节间作用较大的压力 N_1，另一节间作用较小压力或拉力 N_2 时（如图2－32a），压杆的临界力要比两端都作用着较大的轴压力 N_1 要高。计算这种压杆在屋架平面外的稳定时，轴力仍取较大轴力 N_1，为考虑上述有利因素，计算长度按下式计算：

$$l_0 = l_1\left(0.75 + 0.25\frac{N_2}{N_1}\right) \geqslant 0.5l_1 \tag{2-9}$$

式中　N_1——较大的压力，计算时取正值；

N_2——较小的压力或拉力，计算时压力取正值，拉力取负值。

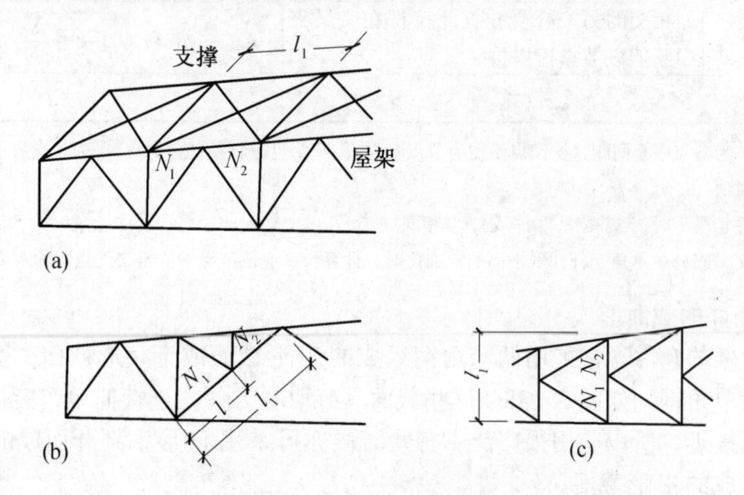

图2－32　侧向支撑点之间压力有变化的杆件平面外计算长度

同理，如图2-32b，c对于芬克式屋架和再分式腹杆体系中的受压主斜杆，其在屋架平面外的计算长度也按公式（2-9）计算，但受拉的主斜杆在桁架平面外的计算长度仍取l_1。在桁架平面内的计算长度则采用节点中心间的距离。

《钢结构设计规范（GB 50017—2003）》对于屋架杆件的计算长度规定见表2-3。

表2-3　屋架弦杆和单系腹杆的计算长度

项次	弯曲方向	弦杆	腹杆	
			支座斜杆和支座竖杆	其他杆件
1	在屋架平面内	l	l	$0.8l$
2	在屋架平面外	l_1	l	l
3	斜平面	—	l	$0.9l$

注：①l——构件的几何长度（节点中心间距离）；

l_1——屋架弦杆侧向支撑点间的距离。

②斜平面系指与屋架平面斜交的平面，适用于构件截面两主轴均不在屋架平面内的单角钢腹杆和双角钢十字形截面腹杆。

③无节点板的腹杆计算长度在任意平面内均取等于其几何长度。

确定桁架交叉腹杆的长细比时，在桁架平面内的计算长度应取节点中心到交叉点的距离；在桁架平面外的计算长度应按表2-4。

表2-4　桁架交叉腹杆在桁架平面外的计算长度

项次	杆件类别	杆件的交叉情况	桁架平面外的计算长度
1	压杆	相交的另一杆受压，两杆在交叉点均不中断	$l_0=l\sqrt{\frac{1}{2}\left(1+\frac{N_0}{N}\right)}$
2		相交的另一杆受拉，两杆中有一杆在交叉点中断但以节点板搭接	$l_0=l\sqrt{\frac{1}{2}\left(1+\frac{\pi^2}{12}\frac{N_0}{N}\right)}$
3		相交的另一杆受拉，两杆在交叉点均不中断	$l_0=l\sqrt{\frac{1}{2}\left(1-\frac{3}{4}\frac{N_0}{N}\right)}\geqslant 0.5l$
4		相交的另一杆受拉，此拉杆在交叉点中断但以节点板搭接	$l_0=l\sqrt{1-\frac{3}{4}\frac{N_0}{N}}\geqslant 0.5l$
5	拉杆		$l_0=l$

注：①表中l为节点中心间距（交叉点不作为节点考虑）；N为计算杆件的内力；N_0为相交另一杆件的内力，均为绝对值。

②两杆件均受压时，$N_0<N$，两杆截面应相同。

③确定交叉腹杆中单角钢杆件斜平面的长细比时，计算长度应取节点中心至交叉点间的距离。

2. 屋架杆件的截面形式

普通钢屋架的杆件通常采用两个角钢组成的T形截面或十字形截面，受力较小的次要杆件可采用单角钢，如图2-33。这些截面具有取材方便，连接简单，能使各杆件在两个主轴方向相接近，所以应用很广泛。有些时候亦可采用H形钢剖开而成的T形钢，来替代双角钢组成的T形截面。

屋架上弦杆是受压，在一般支撑情况下，屋架平面外的计算长度大于或等于平面内计

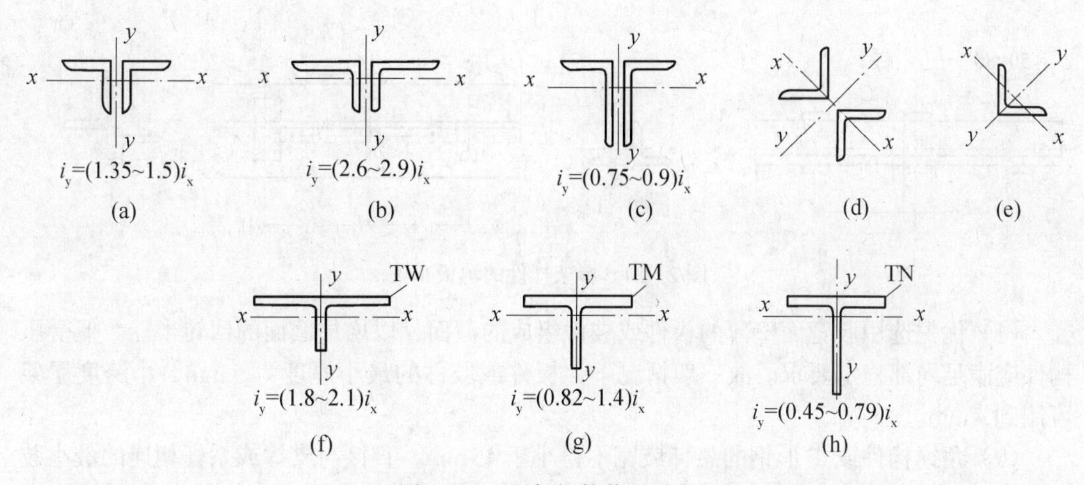

图 2－33　屋架杆件截面形式

算长度的 2 倍，即 $l_{0y} \geqslant 2l_{0x}$，为满足等稳 $\lambda_x \approx \lambda_y$，必须使 $i_y \geqslant 2i_x$，因此，宜采用由两个不等肢角钢短肢相并的 T 形截面或 TM 截面。如果上弦杆有节间荷载作用，为了增强屋架平面内的抗弯强度，宜采用由两个等肢角钢组成的 T 形截面或两个不等肢角钢长肢相并的 T 形截面。

屋架下弦杆，一般是受拉，所选截面除满足强度和容许长细比外，应尽可能增大屋架平面外的刚度，以利于运输和吊装，因此下弦杆常采用两个不等肢角钢短肢相并的 T 形截面或 TW 截面。

支座斜杆，由于在屋架平面内和屋架平面外的计算长度相等，从等稳条件出发，要求所选截面的 $i_x \approx i_y$，故采用两个不等肢角钢长肢相并的 T 形截面。

对于其他腹杆，由于 $l_{0y}=1.25l_{0x}$，要求 $i_y \geqslant 1.25i_x$，所以应采用两个等肢角钢组成的 T 形截面。连接竖向支撑的竖腹杆，为了传力不产生偏心，便于与支撑连接，以及吊装时屋架两端可以互换，宜采用两个等肢角钢组成的十字形截面。对于受力很小的腹杆，也可采用单角钢截面，但角钢最小不能小于∟ 45×4 或∟ 56×36×4。

将 H 形钢沿纵向剖开而成的 T 形钢代替传统的双角钢 T 形截面，用于屋架弦杆，可以省去节点板或减小节点板尺寸，零件数量少，易于涂油漆且提高其抗腐蚀性能，且可节约钢材 10%左右，减少用工 15%～20%，因此有很广阔的发展前景。有 TW、TM、TN 三种截面形式，分别由 HW、HM、HN 剖开形成。

由双角钢组成的 T 形或十字形截面杆件是按实腹式杆件进行计算的。为保证两个角钢共同工作，必须每隔一定距离在两个角钢间加设填板，使它们之间有可靠连接。填板宽度由构造要求确定，一般取 50～80 mm，填板长度：对 T 形截面，应伸出角钢肢边各 10～15 mm，如图 2－34a；对于十字形截面应沿两个方向交错放置，如图 2－34b，填板则从角钢肢尖缩进 10～15 mm，以便于施焊。填板的厚度与屋架节点板厚度相同。

填板间距 l_d，对压杆为 $l_d \leqslant 40i_1$；对拉杆为 $l_d \leqslant 80i_1$。对于 T 形截面，i_1 为一个角钢对平行于填板形心轴的回转半径；对于十字形截面，则取一个角钢的最小的回转半径。

3. 屋架杆件的截面选择原则

选择杆件的截面时应考虑下列原则：

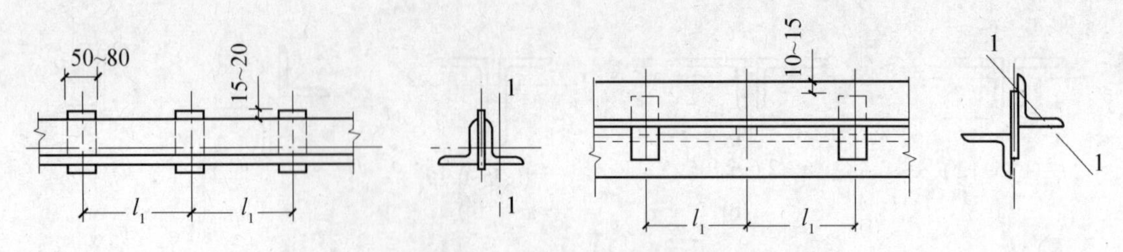

图 2-34　屋架杆件的填板布置

(1) 优先选用肢宽而壁薄的板件或肢件组成的截面，以增加截面的回转半径。但受压构件应满足局部稳定要求。故一般情况下，板件或肢件的最小厚度为 5 mm，小跨度屋架可用到 4 mm。

(2) 角钢构件或 T 形钢的悬伸肢宽不得小于 45 mm，直接与支撑或系杆相连的最小肢宽，应根据连接螺栓的直径而定。

(3) 屋架弦杆一般采用等截面，当跨度大于 30 m 时，弦杆可根据内力的变化改变截面，但半跨内只变一次。通常厚度保持不变而改变肢宽，以便拼接节点的构造处理。

(4) 为了便于订货和制造，相近的角钢应尽量统一，同一屋架所采用的型钢规格不宜太多，一般不超过 5~6 种。

4. 构件设计

屋架各杆件的截面选择根据不同受力情况计算设计。

1) 轴心拉杆

按强度确定杆件所需的截面面积：

$$A_n \geqslant N/f \tag{2-10}$$

式中　N——杆件的轴心拉力；

f——钢材的抗拉设计强度，当采用单角钢单面连接时，应乘折减系数 0.85。

根据 A_n 从型钢表中选出合适的型钢。强度验算中在有螺栓孔削弱时，应用净截面，如果螺栓孔位置处于节点板内且距离节点板边缘距离大于 100 mm，可考虑不计截面削弱，因为焊缝已传递一部分内力，截面有削弱处内力已减小。

2) 轴心压杆

按稳定条件计算杆件所需的毛截面面积：

$$A \geqslant N/\varphi f \tag{2-11}$$

式中　φ——轴心压杆的整体稳定系数，按附录 3 采用。

由于 A、φ 都是未知数，因此不能直接计算所需要的截面，通常先假定长细比（一般弦杆取 80~100，腹杆取 100~120），查出相应的 φ 代入式（2-11），计算截面 A，同时算出回转半径 i_x、i_y。根据 A、i_x、i_y 从型钢表中选择型钢，再进行验算，反复一两次，即可得到合适的角钢。

双角钢压杆和轴对称放置的单角钢压杆，绕对称轴 Y 轴失稳时的换算长细比可用下列简化公式计算。

①等肢双角钢（图 2-35b）

当 $b/t \leqslant 0.58 l_{0y}/b$ 时：
$$\lambda_{yz} = \lambda_y \left(1 + \frac{0.475 b^4}{l_{0y}^2 t^2}\right) \tag{2-12}$$

当 $b/t \leqslant 0.58 l_{0y}/b$ 时：　$\lambda_{yz} = 3.9\dfrac{b}{t}\left(1 + \dfrac{l_{0y}^2 t^2}{18.6\, b^4}\right)$ (2-13)

②长肢相并的不等肢角钢（图 2-35c）

当 $b_2/t \leqslant 0.48 l_{0y}/b_2$ 时：　$\lambda_{yz} = \lambda_y\left(1 + \dfrac{1.09 b_2^4}{l_{0y}^2 t^2}\right)$ (2-14)

当 $b_2/t > 0.48 l_{0y}/b_2$ 时：　$\lambda_{yz} = 5.1\dfrac{b_2}{t}\left(1 + \dfrac{l_{0y}^2 t^2}{17.4\, b_2^4}\right)$ (2-15)

③短肢相并的不等肢双角钢（图 2-35d）

当 $b_1/t \leqslant 0.56 l_{0y}/b_1$ 时：　$\lambda_{yz} = \lambda_y$ (2-16)

当 $b_1/t > 0.56 l_{0y}/b_1$ 时：　$\lambda_{yz} = 3.7\dfrac{b_1}{t}\left(1 + \dfrac{l_{0y}^2 t^2}{52.7 b_1^4}\right)$ (2-17)

④等肢单角钢截面（图 2-35a）

当 $b/t \leqslant 0.54 l_{0y}/b$ 时：　$\lambda_{yz} = \lambda_y\left(1 + \dfrac{0.85 b^4}{l_{0y}^2 t^2}\right)$ (2-18)

当 $b/t > 0.54 l_{0y}/b$ 时：　$\lambda_{yz} = 4.78\dfrac{b}{t}\left(1 + \dfrac{l_{0y}^2 t^2}{13.5 b^4}\right)$ (2-19)

式中　b、b_1、b_2——分别为等肢角钢的肢宽、不等肢角钢的长肢宽和短肢宽；

t——角钢厚度。

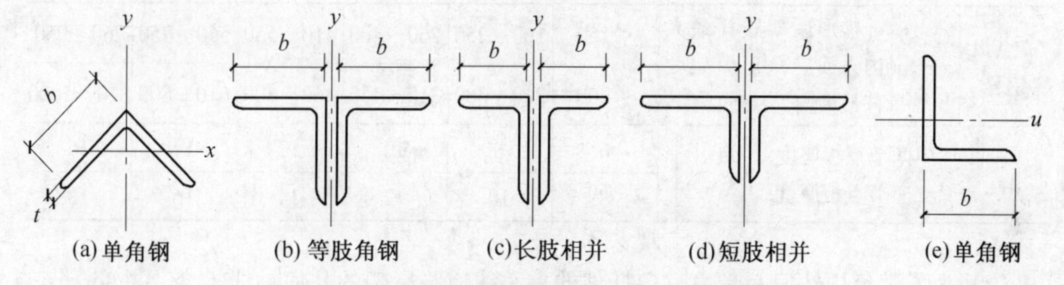

图 2-35　单角钢截面和双角钢组合 T 形截面

3）压弯构件

当上弦有节间荷载时，应根据轴心压力和局部弯矩按压弯构件进行计算。初选截面后，按下列公式验算。

弯矩作用平面内的稳定计算：

$$\frac{N}{\varphi_X A} + \frac{\beta_{mx} M_X}{\gamma_X\, W_{1X}(1 - 0.8N/N_{EX})} \leqslant f \tag{2-20}$$

$$\left|\frac{N}{A} - \frac{\beta_{mx} M_X}{\gamma_X W_{2X}(1 - 1.25N/N_{EX})}\right| \leqslant f \tag{2-21}$$

弯矩作用平面外的稳定计算：

$$\frac{N}{\varphi_y A} + \frac{\beta_{tx} M_X}{\varphi_b W_{1X}} \leqslant f \tag{2-22}$$

屋架所有杆件还应满足长细比限值的要求。对于内力很小的腹杆，截面选择往往由长细比限值控制。长细比过大的构件，在自重作用下会产生过大的挠度，在运输和安装过程中因刚度不足而产生变形，在动力荷载作用下会引起颤动。根据长期实践经验，《钢结构设计规范（GB 50017—2003）》对受压构件和受拉构件的容许长细比规定了不同的限值。对于压杆：[λ] =150；对于承受静荷载或设有轻、中级工作制吊车厂房的间接承受动力荷载的拉杆，[λ] =350；对于设有重级工作制吊车厂房的间接承受动力荷载的拉杆，及直接承受动力荷载的拉杆，[λ] =250。

2.5.4 屋架节点设计

1. 节点设计的一般原则

（1）双角钢截面杆件在节点处以节点板相连，T形钢截面杆件是否需要用节点板相连应根据具体情况决定。节点板受力复杂，对一般跨度的屋架，可以不作计算，而由经验确定厚度。梯形屋架和平行弦屋架的节点板把腹杆的内力传给弦杆，节点板的厚度由腹杆最大内力决定。三角形屋架支座处的节点板要传递端节间弦杆的内力，因此，节点板的厚度应由上弦杆内力来决定。一般屋架支座节点板受力大，节点板的厚度可参照表 2-5 取用，中间节点板受力小，板厚可比支座节点板的厚度减小 2 mm。在一榀屋架中，除支座节点板厚度大 2 mm 外，全屋架节点板取相同厚度。节点板不得作为拼接弦杆用的主要传力构件。节点板的平面具体尺寸一般根据杆件截面尺寸和腹杆端部焊缝长度画出大样后确定，但考虑制作和装配误差，宜将此平面尺寸适当放大。

表 2-5 节点板厚度选用表 （mm）

节点板钢号		梯形屋架腹杆最大内力或三角形屋架弦杆最大内力（kN）						
	Q235		＜150	160～250	260～400	410～550	560～750	760～950
	Q345		＜200	210～300	310～450	460～600	610～800	810～1000
中间节点板厚度			6	8	10	12	14	16
支座节点板厚度			8	10	12	14	16	18

（2）为了避免杆件偏心受力，各杆件的重心线应与屋架的几何轴线重合，并交于节点中心，以避免由于偏心而产生的附加弯矩。为制作方便，通常取角钢肢背或 T 形钢肢背至屋架轴线的距离为 5 mm 的倍数。例如∟70×5，其形心线距离肢背为 1.91 cm，则实际施工时，角钢肢背到屋架几何轴线的距离可取 2.0 cm；又如∟90×8，其形心线距离肢背为 2.52 cm，角钢肢背到屋架几何轴线的距离可取 2.50 cm。

（3）当弦杆截面沿长度改变时，为减少偏心、便于拼接和搁置屋面构件，一般应使肢背齐平，并使两个角钢形心线之间的中线与屋架的轴线重合，如图 2-36。如轴线变动不超过较大弦杆截面高度的 5%时，可不考虑其影响。

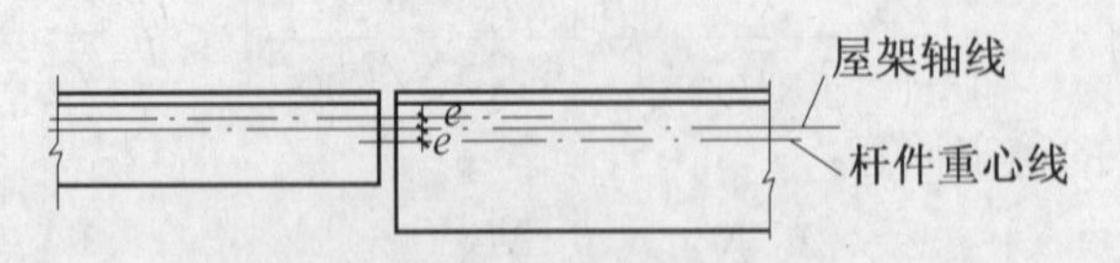

图 2-36 上弦杆截面改变时的轴线位置

（4）为避免焊缝过于密集导致节点板材质变脆，节点板上弦杆与腹杆之间、腹杆与腹杆之间的间隙，不宜小于 20 mm。节点板一般伸出弦杆角钢肢背 10～15 mm 以便施焊，如

图2－40。在屋架上弦，为了支承屋面构件，可将节点板缩进弦杆肢背5~10mm，并用塞焊连接，见图2－37。

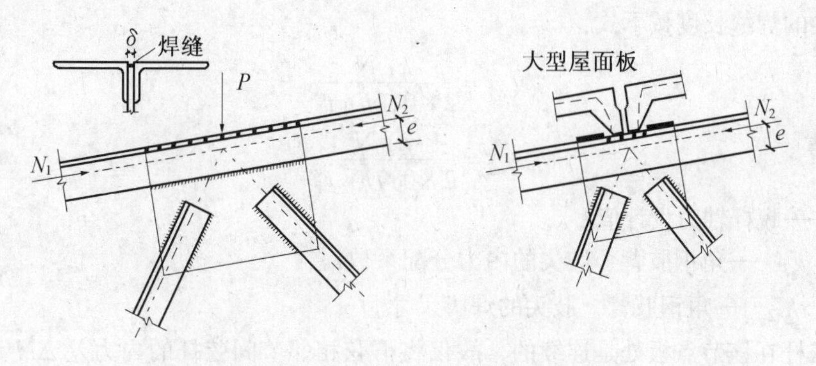

图2－37　上弦节点板缩进弦杆肢背

(5) 各构件端部切割面宜垂直于杆件轴线，如图2－38a。当角钢截面较宽或为减少节点板尺寸，允许切去一肢的部分，如图2－38b的斜切。但图2－38c、d的切割形式一般不宜采用，因为机械切割无法做到，且端部焊缝分布不合理。

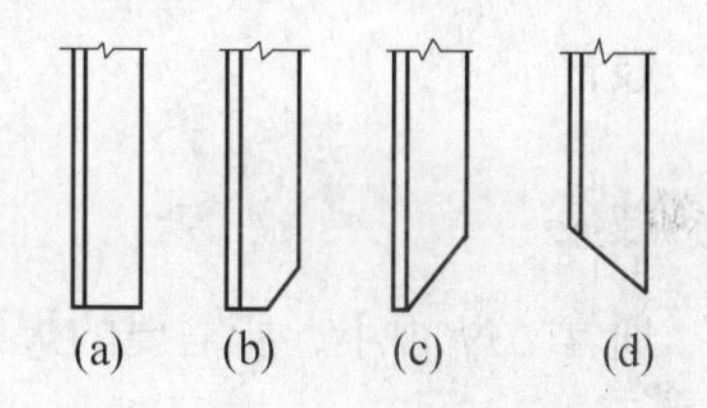

图2－38　角钢端部切割形式

(6) 节点板的尺寸主要取决于所在连接杆件的大小和所需焊缝的长短。节点板的形状力求简单而规则，一般至少有两边平行，如矩形、直角梯形等，以便切割钢板时能充分利用材料和减少切割次数。节点板不应有凹角，以免产生严重的应力集中现象。此外确定节点板的尺寸和外形时，应注意使其受力良好，节点板边缘与杆件轴线的夹角不应小于15°，并应尽可能使连接焊缝中心受力，如图2－39所示。图2－39b的受力有偏心，不宜采用。

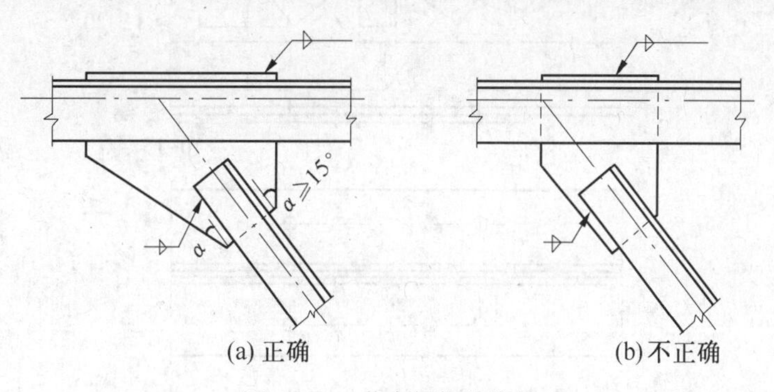

图2－39　节点板焊缝位置

2. 角钢桁架节点的计算和构造

节点设计时，一般先根据腹杆截面和内力确定连接焊缝的尺寸和长度，焊脚尺寸一般取等于或小于角钢肢厚。然后根据节点板上各杆件的焊缝长度，并考虑杆件之间应有的空隙以及施工误差确定节点板形状和尺寸，最后根据实际节点板尺寸验算弦杆与节点板的焊缝。屋架节点一般分为下弦普通节点、上弦普通节点、下弦拼接节点、屋脊节点和支座节点。

1）下弦普通节点

图 2－40 为下弦普通节点，腹杆与节点板的连接一般采用角焊缝，两面侧焊缝连接，肢背、肢尖的焊缝长度按下式：

肢背 $$l_{w1}=\frac{k_1 N}{2\times0.7h_{f1}f_f^w} \tag{2-23}$$

肢尖 $$l_{w2}=\frac{k_2 N}{2\times0.7h_{f2}f_f^w} \tag{2-24}$$

式中 N——腹杆轴力设计值；

k_1、k_2——角钢肢背、肢尖的内力分配系数；

h_{f1}、h_{f2}——角钢肢背、肢尖的焊脚尺寸。

由于弦杆在该节点板处是连续的，故仅将下弦相邻节间弦杆的内力差 $\Delta N=N_1-N_2$ 传递给节点板，弦杆与节点板的连接焊缝长度为：

肢背 $$l_{w1}=\frac{k_1 \Delta N}{2\times0.7h_{f1}f_f^w} \tag{2-25}$$

肢尖 $$l_{w2}=\frac{k_2 \Delta N}{2\times0.7h_{f2}f_f^w} \tag{2-26}$$

通常 ΔN 很小，所需要的焊缝很短，一般按节点板大小满焊。

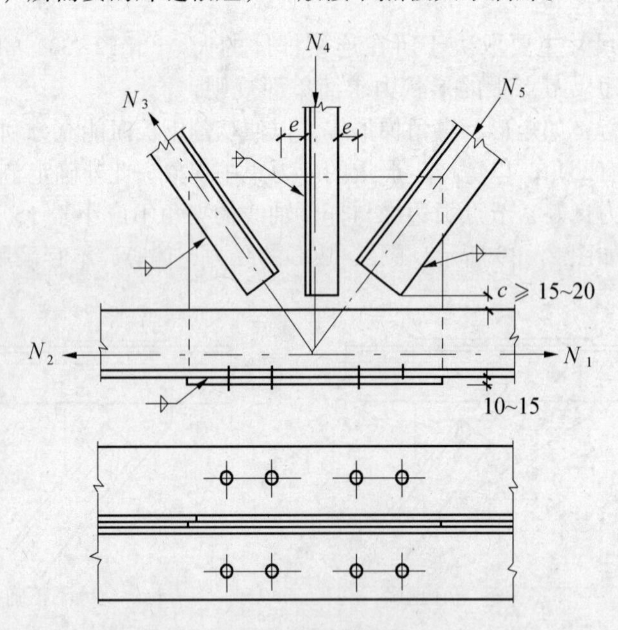

图 2－40 下弦普通节点

当下弦节点上有集中荷载 P 作用时，连接角焊缝按下式验算：

肢背 $$\frac{\sqrt{(k_1\Delta N)^2+\left(\frac{P}{2}/1.22\right)^2}}{2\times0.7h_{f1}l_{w1}}\leqslant f_f^w \tag{2-27}$$

肢尖 $$\frac{\sqrt{(k_2\Delta N)^2+\left(\frac{P}{2}/1.22\right)^2}}{2\times0.7h_{f2}l_{w2}}\leqslant f_f^w \tag{2-28}$$

式中　P——下弦节点集中荷载设计值。

2）上弦普通节点

上弦节点的腹杆与节点板的连接与下弦节点的腹杆焊缝计算相同，此处不赘述。所不同的是上弦节点总有集中力作用，例如大型屋面板的肋或檩条传来的集中荷载，在计算上弦与节点板的连接焊缝时，应考虑上弦杆相邻节间的内力差 $\Delta N = N_1 - N_2$ 与集中荷载 P 的共同作用。

上弦节点因需搁置屋面板或檩条，常将节点板缩进角钢肢背而采用槽焊缝（也称为塞焊缝）连接，如图 2－41。节点板缩进角钢肢背的距离应不少于节点板厚度 δ 的一半加 2 mm，也不大于节点板的厚度 δ。槽焊缝可近似地按两条角焊缝计算，焊脚尺寸 $h_f = \delta/2$。计算时假定集中荷载与上弦杆垂直，忽略屋架上弦坡度的影响。在 $\Delta N = N_1 - N_2$ 作用下，角钢肢背与节点板角焊缝所受剪应力为：

$$\tau_f = k_1 \Delta N / (2 \times 0.7 h_f l_w) \tag{2-29}$$

在集中荷载 P 作用下，上弦杆与节点板连接的四条焊缝平均受力。如焊脚尺寸相同，则焊缝应力为：

$$\sigma_f = P / (4 \times 0.7 h_f l_w) \tag{2-30}$$

肢背焊缝受力最大，按下式验算：

$$\sqrt{\left(\frac{\sigma_f}{1.22}\right)^2 + \tau_f^2} \leqslant f_w^f \tag{2-31}$$

此外，上弦节点也可按下列近似方法进行计算：考虑到角钢肢背与节点板的塞焊缝质量不易保证，常假设塞焊缝只承受集中荷载 F 的作用，由于 F 力不大，塞焊缝可按构造满焊不必计算。角钢肢尖与节点板的连接焊缝承受 ΔN 和其产生的偏心力矩 $M = \Delta N \cdot e$（e 为角钢肢尖至弦杆轴线的距离），因此肢尖焊缝按下式验算：

$$\tau_f^N = \Delta N / (2 \times 0.7 h_f l_w) \tag{2-32}$$

$$\sigma_f^M = 6M / (2 \times 0.7 h_f l_w^2) \tag{2-33}$$

$$\sqrt{\left(\frac{\sigma_f^M}{1.22}\right)^2 + (\tau_f^N)^2} \leqslant f_f^w \tag{2-34}$$

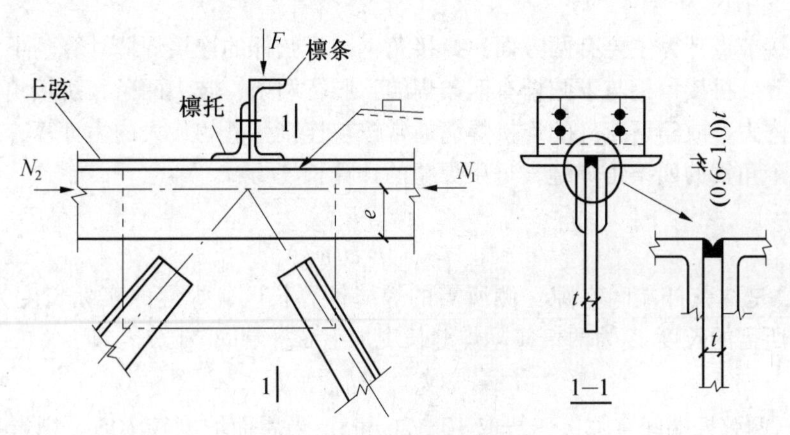

图 2－41　上弦普通节点

3）下弦拼接节点

当屋架的跨度较大时，需将屋架分成两个运输单元，在屋脊节点和下弦跨中节点设置工地拼接。弦杆的拼接分为工厂拼接和工地拼接。工厂拼接用于型钢长度不够在制作工厂进行的拼接，此时的拼接接头，常设于内力较小的节间内，通常在节点范围外。工地拼接是由于运输条件的限制，屋架分成两个或两个以上的运输单元时在工地进行的拼接，这种拼接的位置一般在节点处。此处叙述的是工地拼接。

为减轻节点板负担，弦杆的拼接通常不利用节点板作为拼接材料，而是以拼接角钢传递内力。一般是另加一对型号与弦杆相同的拼接角钢，以保证弦杆在拼接处保持原有的强度和刚度。为使拼接角钢与弦杆紧密贴合，常常将拼接角钢的棱角削去。为便于施焊，还应将拼接角钢的竖肢切去 $\Delta=(t+h_f+5)$ mm，此处 t 为拼接角钢的厚度，h_f是连接角钢焊缝的焊脚尺寸。当角钢肢宽在125 mm以上时，应将拼接角钢斜切，使其传力均匀。

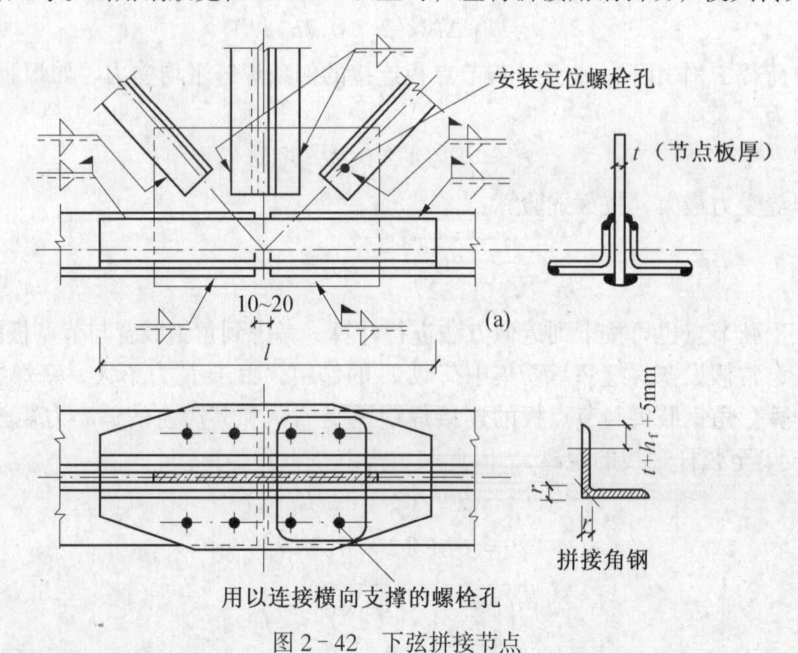

图2－42　下弦拼接节点

下弦拼接节点计算主要有两方面：拼接角钢与下弦杆的连接焊缝计算、下弦杆与节点板的连接焊缝。拼接角钢与下弦杆有四条焊缝，肢背两条，肢尖两条，拼接角钢应能传递弦杆的最大内力，故与下弦杆的连接焊缝通常按被连接弦杆的最大内力计算，并假定平均地分配给两个角钢的四条角焊缝，每条焊缝的计算长度为：

$$l_w=\frac{N}{4\times0.7h_{f1}f_f^w} \tag{2-35}$$

此处 l_w 是两弦杆端间空隙一侧所需的焊缝计算长度，焊缝的实际长度为 l_w+2h_f，故拼接角钢所需的长度 L 为两倍实际焊缝长度加上弦杆端间空隙b，即：

$$L=2(l_w+2h_f)+b \tag{2-36}$$

式中　b——两弦杆端间空隙，一般取10～20 mm，当屋面坡度较大时，屋脊拼接节点的 b 可取50 mm。

下弦杆与节点板的连接焊缝，除按拼接节点两侧弦杆的内力差进行计算外，还应考虑拼接角钢由于削棱、切肢，截面有一定的削弱，削弱部分由节点板来补偿。一般拼接角钢削弱的面积不超过15%，所以下弦杆与节点板的连接焊缝按下弦较大内力的15%和两侧下弦的内力差ΔN，取两者中的较大值来计算。当拼接节点处有外荷载作用时，则应按此最大值和外荷载的合力进行计算。因此，下弦杆肢背与节点板的连接焊缝计算长度为：

$$l_w = \frac{k_1(0.15N_{max},\Delta N)_{max}}{2\times 0.7h_f f_f^w} + 2h_f \tag{2-37}$$

由于节点板一般取矩形，故肢尖焊缝长度取与肢背焊缝等长度。

4）屋脊节点

当屋架上弦的坡度较大时，需将屋架分成两个运输单元，在屋脊节点和下弦跨中节点设置工地拼接，左半边的弦杆、腹杆、竖杆与节点板的连接为工厂焊接，右半边的上弦、腹杆与节点板的连接为工地焊接。拼接角钢与上弦的连接采用工地焊缝，如图2-43a。为了便于现场安装，需设置临时性的安装螺栓。

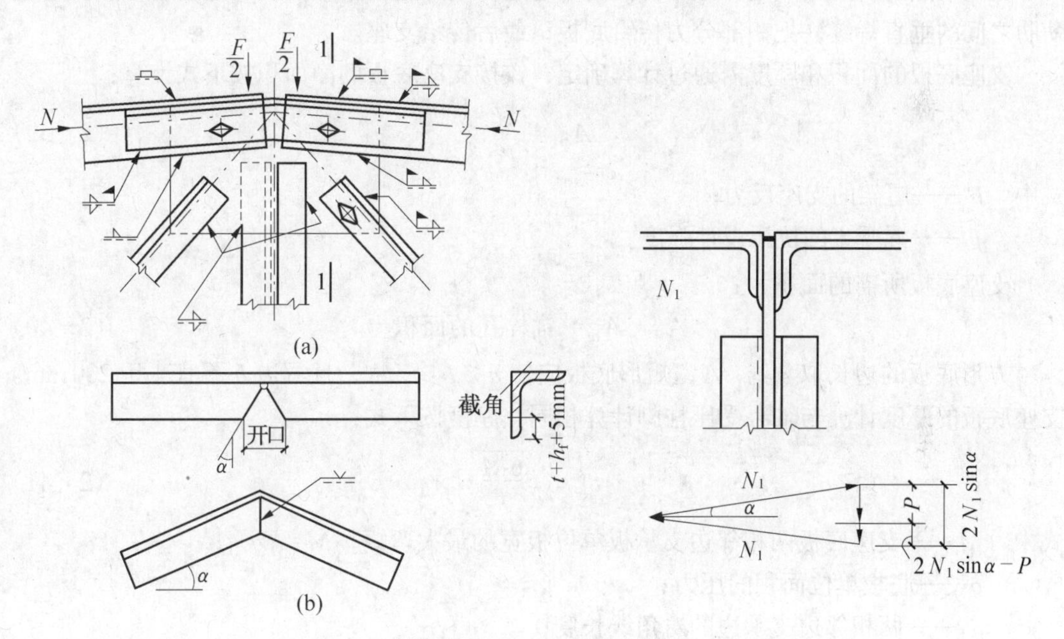

图2-43　屋脊节点

屋架上弦一般在屋脊节点处用两根与上弦相等截面的角钢拼接。两角钢热弯成形。当屋面坡度较大且拼接角钢肢宽较宽时，可将角钢竖向肢切斜口，然后热弯曲对齐再焊接如图2-43b。

拼接角钢与弦杆的连接焊缝按被连接弦杆的最大内力计算，具体见式(2-35)。

至于上弦杆与节点板的焊缝，由于上弦杆的截面面积是由稳定确定的，拼接角钢面积的削弱并不影响承载力。屋脊处弦杆与节点板的连接焊缝承受接头两侧弦杆的竖向分力与节点荷载F的合力，肢背两条塞焊缝（相当于四条角焊缝），肢尖四条角焊缝，连接焊缝共八条，每条焊缝长度按下式计算：

$$l_w = \frac{2N\sin\alpha - F}{8\times 0.7h_f f_f^w} + 2h_f \tag{2-38}$$

5）支座节点

屋架一般置于柱顶，做成铰接。

铰接屋架的支承节点多采用平板式支座，由节点板、支座底板、加劲肋和锚栓组成。它的设计与轴心受压柱脚相似。加劲肋的作用是加强底板刚度，使支座底板受力均匀，提高节点板的侧向刚度，加劲肋一般设置在支座节点的中心处，焊在节点板和支座底板上，其高度和厚度分别与节点板的高度和厚度相同。

为便于下弦角钢肢背施焊，下弦杆水平肢的底面与支座底板之间的净距不应小于下弦角钢水平肢的宽度，也不小于130 mm。

锚栓预埋于柱中，其直径一般取20～25 mm，为便于安装屋架时能够调整位置，底板上的锚栓孔径应为锚栓直径的2～2.5倍，通常取40～60 mm。屋架安装完毕后，在锚栓上套上垫圈，并与底板焊牢以固定屋架，垫圈的孔径比锚栓直径大1～2 mm，厚度可与底板相同。锚栓埋入柱内的锚固长度为450～600 mm，并加弯钩。

支座节点的传力路线是：屋架杆件内力通过杆端焊缝传给节点板，然后经节点板与加劲肋之间的垂直焊缝，把一部分力传给底板，最后传给支座。

支座底板的面积和厚度需通过计算确定，铰接支座底板的净面积按下式计算：

$$A_n = \frac{R}{f_c} \tag{2-39}$$

式中 R——屋架的支座反力；

f_c——混凝土的抗压设计强度。

支座底板所需的面积为：

$$A = A_n + \text{锚栓孔的面积} \tag{2-40}$$

方形底板的边长取 $a \geqslant \sqrt{A}$，矩形底板应使 $a \times b \geqslant \sqrt{A}$，且短边 b 不宜小于200 mm。支座底板的厚度计算与轴心受压柱脚计算相同，厚度按下式：

$$t \geqslant \sqrt{\frac{6M}{f}} \tag{2-41}$$

式中 M——支座底板两相邻边支承板单位板宽的最大弯矩，$M = \beta q a_1^2$；

q——底板单位面积的压力；

a_1——两相邻边支承边的对角线长度；

β——系数，按 b_1/a_1 查表2-6得出，b_1为两支承边的交点至对角线的垂直距离。

表2-6 两邻边支承的矩形板受弯曲的系数 β

(图：a, b)	b_1/a_1	0.3	0.4	0.5	0.6	0.7
	β	0.026	0.042	0.058	0.072	0.085

为使柱顶压力分布均匀，底板厚度不宜太薄，一般其厚度不小于16 mm。

加劲肋的高度由节点板的尺寸决定，其厚度取等于或略小于节点板的厚度。加劲肋可视为支承于节点板上的悬臂梁，每块加劲肋假定承受屋架支座反力的1/4，并考虑偏心弯矩 M。

焊缝所受剪力

$$V = \frac{R}{4} \tag{2-42}$$

焊缝所受弯矩
$$M=\frac{R}{4}\times e \tag{2-43}$$

加劲肋与节点板的竖向连接焊缝按下式计算：

$$\sqrt{\left(\frac{V}{2\times 0.7h_{\mathrm{f}}l_{\mathrm{w}}}\right)^{2}+\left(\frac{6M}{1.22\times 2\times 0.7h_{\mathrm{f}}\ l_{\mathrm{w}}^{2}}\right)^{2}}\leqslant f_{\mathrm{f}}^{\mathrm{w}} \tag{2-44}$$

另外，需按悬臂梁验算加劲肋本身的强度。

节点板、加劲肋与支座底板的水平焊缝按均匀传递支座反力计算：

$$\sigma_{\mathrm{f}}=\frac{R}{1.22\times 0.7h_{\mathrm{f}}\sum l_{\mathrm{w}}}\leqslant f_{\mathrm{f}}^{\mathrm{w}} \tag{2-45}$$

式中　$\sum l_{\mathrm{w}}$——节点板、加劲肋与支座底板的水平焊缝总长度。

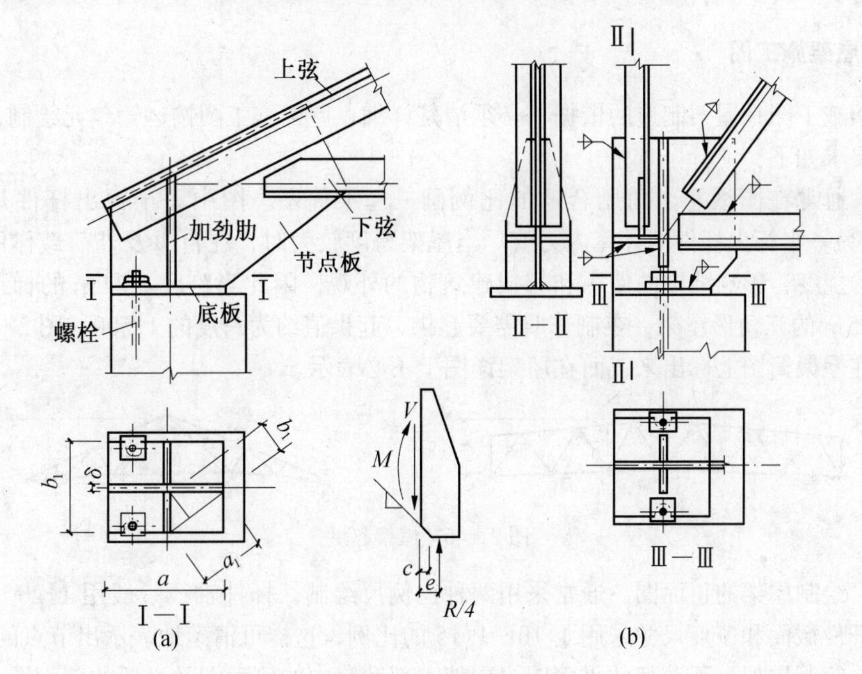

图2-44　支座节点

3.T形钢屋架节点的计算和构造

采用T形钢作屋架弦杆，当腹杆也用T形钢或单角钢时，腹杆与弦杆的连接不需要节点板，直接焊接省工省料。当腹杆采用双角钢时，有时需设节点板，如图2-45，节点板与弦杆采用对接焊缝，此焊缝承受弦杆相邻节间的内力差 $\Delta N=N_1-N_2$ 和其产生的偏心弯矩 $M=\Delta N\cdot e$，焊缝计算按下式：

剪应力
$$\tau=\frac{1.5\Delta N}{l_{\mathrm{w}}t}\leqslant f_{\mathrm{v}}^{\mathrm{w}} \tag{2-46}$$

正应力
$$\sigma=\frac{6M}{l_{\mathrm{w}}^{2}t}\leqslant f_{\mathrm{t}}^{\mathrm{w}}\text{ 或 }f_{\mathrm{c}}^{\mathrm{w}} \tag{2-47}$$

式中　l_{w}——节点板与弦杆的对接焊缝计算长度，由斜腹杆焊缝确定的节点板的长度；

t——节点板厚度，通常取与T形钢腹板等厚或相差不超过1mm；

$f_{\mathrm{v}}^{\mathrm{w}}$、$f_{\mathrm{t}}^{\mathrm{w}}$、$f_{\mathrm{c}}^{\mathrm{w}}$——对接焊缝的抗剪、抗拉和抗压强度设计值。

角钢腹杆与节点板的焊缝计算同角钢桁架，由于节点板几乎与T形钢等厚，所以腹杆可伸入T形钢腹板，从而减少节点板尺寸。

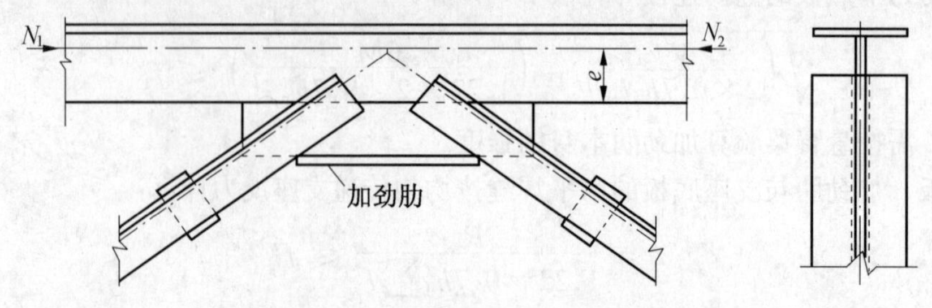

图2-45　T形钢为弦杆的上弦节点

2.5.5　屋架施工图

屋架施工图是屋架制造的依据，必须清楚详细。屋架施工图按运输单元绘制，其绘制特点和要求如下：

(1) 通常在图纸左上角用合适的比例画一屋架简图。图中一半标出杆件几何长度(mm)，另一半标出杆件的计算内力值。当屋架跨度较大时，在自重及外荷载作用下将产生较大的挠度，影响结构的使用和有损建筑物的外观，因此当跨度≥24 m的梯形屋架和跨度≥15 m的三角形屋架，在制作时需要起拱，起拱值约为跨度的1/500（图2-46)。起拱值应在屋架简图上标出来，而在屋架详图上不必表示。

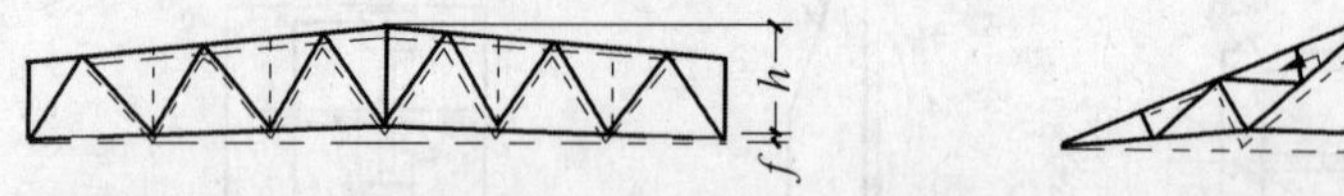

图2-46　屋架起拱

(2) 绘制屋架的正面图。通常采用两种比例尺绘制，杆件轴线一般用1∶20～1∶30的比例，杆件截面和节点尺寸采用1∶10～1∶15的比例，这样可清楚地表示出节点的细部。

(3) 绘制屋架上下弦杆的平面图、屋架端部和跨中的侧面图及必要的剖面图。

(4) 标注尺寸。要全部注明各杆件和板件的定位尺寸和孔洞位置等。定位尺寸主要包括三种：杆件轴线至角钢背的距离（以5 mm为模数)，节点中心至杆件近端的距离，节点中心至节点板上、下、左、右边缘的距离。板件和角钢的切角、切肢、削棱，栓孔直径和焊缝尺寸等要详细表示。拼接节点的焊缝要分清工厂焊缝和工地焊缝。有支撑连接的屋架和无支撑连接的屋架可用一张施工图表，但在图上应标明哪种编号的屋架有连接支撑的螺栓孔。

(5) 编制材料表。对所有零件应进行详细编号，编号应按零件的主次、上下、左右的一定顺序逐一进行。完全相同的零件用同一编号，当两个形状、尺寸相同只是栓孔位置成镜面对称时，可编同一号，但在材料表上注明正和反（图2-47)。材料表包括各零件的截面、

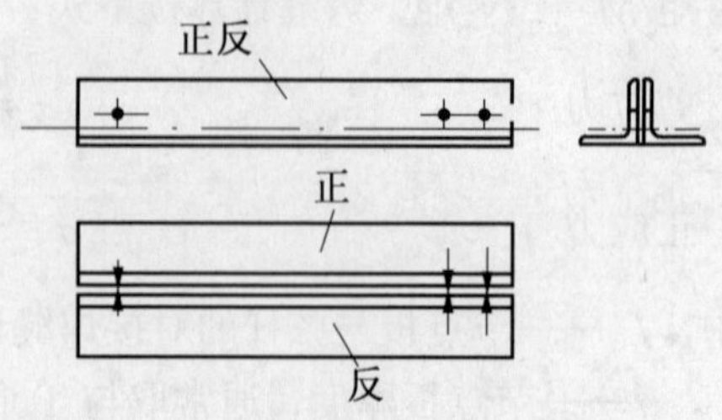

图2-47　杆件正、反示意图

长度、数量（正、反）和重量。材料表的用途是供配料、计算用钢指标以及选用运输和安装器具之用。计算节点板重量时，按它的外接轮廓尺寸进行计算，至于焊缝重量可在结构用钢总重量上增加 1.5%。由于在材料表中标明了杆件的规格和板件的厚度，就可大大简化图面上的标注。

(6) 文字说明。说明应包括所用钢材的牌号及保证项目、焊条的型号、焊接方法和质量要求；图纸上未注明的焊缝和栓孔尺寸要求；油漆、运输和加工要求以及图中未能表达清楚的一些内容。

2.5.6　屋架设计实例

1. 设计资料

广州某厂金工车间，跨度 30 m，长度 102 m，柱距 6 m，车间内设有两台 30/5 t 中级工作制桥式吊车。采用 1.5 m×6 m 预应力钢筋混凝土大型屋面板和卷材屋面，屋面坡度 $i = l/10$，屋架支承在钢筋混凝土柱上，上柱截面 400 mm×400 mm，混凝土等级为 C25。

2. 钢材和焊条的选用

根据广州地区的计算温度和荷载性质（静荷载），按设计规范要求，屋架钢材选用 Q235B，要求保证屈服点和含碳量。焊条选用 E43 型，手工焊。

3. 屋架形式、尺寸及支撑布置

由于采用 1.5 m×6 m 预应力钢筋混凝土大型屋面板和卷材屋面，故选用梯形屋架。

屋架计算跨度：　$$L_0 = L - 300 = 29700\ \text{mm}$$

屋架端部高度：　$$H_0 = 2000\ \text{mm}$$

跨中高度：　$$H = H_0 + \frac{L_0}{2} i = 2000 + \frac{29700}{2} \times 0.1 = 3485 \approx 3490\ \text{mm}$$

屋架高跨比：　$$\frac{H}{L_0} = \frac{3490}{29700} = \frac{1}{8.5}$$

为了使屋架节点受荷，配合屋面板 1.5 m 宽，腹杆体系大部分采用下弦节间为 3 m 的人字形式，仅在跨中，考虑到腹杆的适宜倾角，采用再分式杆系，屋架跨中起拱按 $L_0/500$ 计算为 60 mm，几何尺寸如图 2-48 所示。

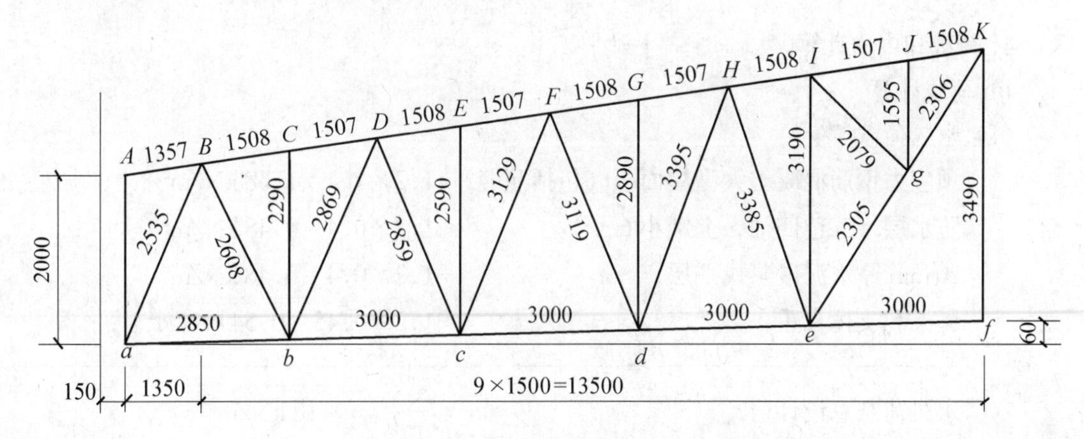

图 2-48　屋架杆件的几何长度

根据车间长度、跨度及荷载情况，设置三道上、下弦横向水平支撑，因车间两端为山墙，故横向水平支撑设在第二柱间。在第一柱间的上弦平面设置刚性系杆保证安装时上弦的稳定，下弦平面内的第一柱间也设置刚性系性传递山墙的风荷载。在设置横向水平支撑的同一柱间，设置竖向支撑三道，分别设在屋架的两端和跨中。屋脊节点及屋架支座处沿厂房设置通长刚性系杆，屋架下弦跨中设一道通长柔性系杆（详见图 2－49），凡与横向支撑连接的屋架编号为 GWJ－2，不与横向支撑连接的屋架编号为 GWJ－1。

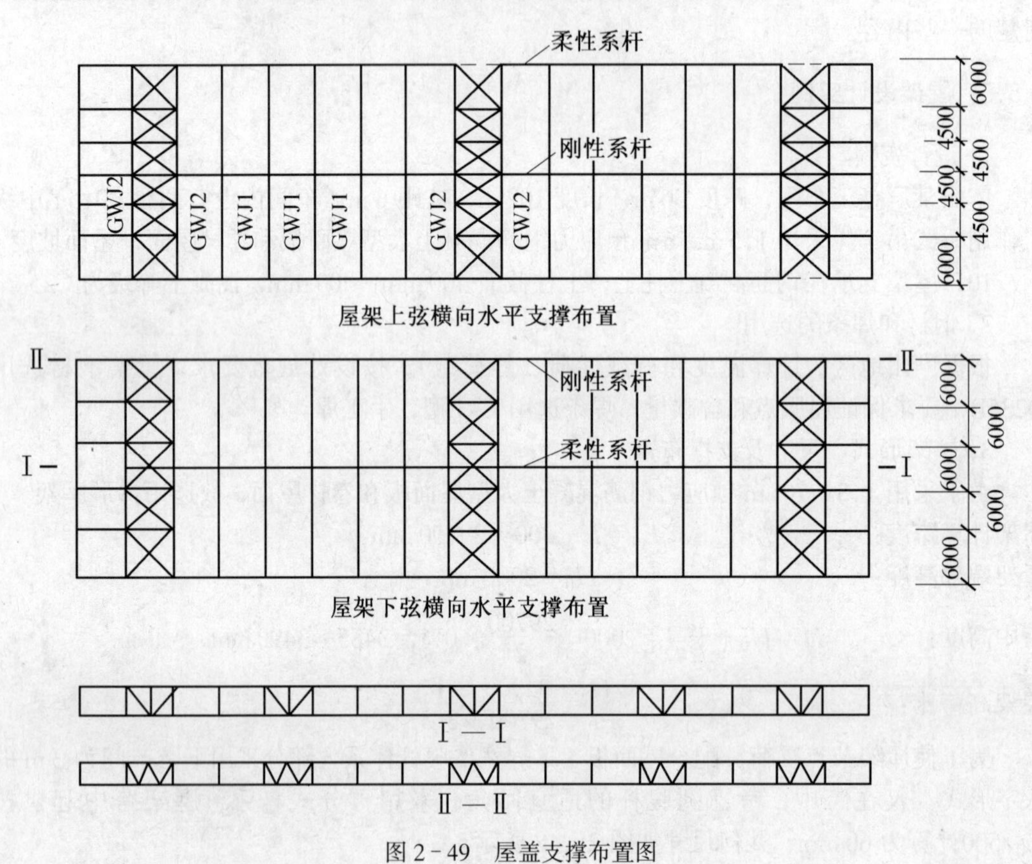

图 2－49 屋盖支撑布置图

4．荷载和内力计算

1）荷载计算

（1）永久荷载

预应力钢筋混凝土大型屋面板（包括灌缝）	$1.2\times1.4=1.68\,\mathrm{kN/m^2}$
防水层（三毡四油，上铺小石子）	$1.2\times0.4=0.48\,\mathrm{kN/m^2}$
20 mm 厚水泥砂浆找平层	$1.2\times0.4=0.48\,\mathrm{kN/m^2}$
屋架和支撑自重	$1.2\times0.45=0.54\,\mathrm{kN/m^2}$
永久荷载总设计值	$\sum=3.18\,\mathrm{kN/m^2}$

（2）可变荷载

屋面活荷载 $1.4\times0.7=0.98\,\mathrm{kN/m^2}$

可变荷载总设计值　　$\sum = 0.98\,\text{kN/m}^2$

计算屋架时应考虑下列三种荷载组合情况：

①全跨永久荷载＋全跨可变荷载

节点荷载　　$P=(3.18+0.98)\times1.5\times6=37.44\,\text{kN}$

②全跨永久荷载＋（左）半跨可变荷载

节点荷载

$$P_{左}=(3.18+0.98)\times1.5\times6=37.44\,\text{kN}$$

$$P_{右}=3.18\times1.5\times6=28.62\,\text{kN}$$

③全跨屋架和支撑自重＋（左）半跨屋面板重＋（左）半跨施工荷载（取等于屋面使用荷载）

节点荷载

$$P_{左}=(0.54+1.68+0.98)\times1.5\times6=28.8\,\text{kN}$$

$$P_{右}=0.54\times1.5\times6=4.86\,\text{kN}$$

2）内力计算

用图解法分别先求出左半跨和右半跨单位节点荷载作用下的杆件内力系数 μ_L 和 μ_R，二者相加得到全跨单位节点荷载作用下内力系数 μ，然后乘以实际的节点荷载，得到相应的内力。屋架在上述第一种荷载组合作用下，屋架的弦杆、竖杆和靠近两端的斜腹杆，内力均达到最大，在第二种和第三种荷载组合作用下，靠跨中的斜腹杆的内力可能达到最大或发生变号。因此，在全跨荷载作用下所有杆件的内力均应计算，而在半跨荷载作用下仅需计算近跨中的斜腹杆内力。

计算结果列于表2-7。

3）杆件截面选择

（1）上弦杆。整个上弦不改变截面，按最大内力计算，$N_{1K}=-849.5\,\text{kN}$，$l_{0x}=150.8\,\text{cm}$，$l_{0y}=301.6\,\text{cm}$（取等于两块屋面板宽），截面宜选用两个不等肢角钢，短肢相并。根据腹杆的最大内力 $N_{aB}=421.2\,\text{kN}$，查表2-5取节点板 $t=12\,\text{mm}$，支座节点板厚 $t=14\,\text{mm}$。

假定 $\lambda=60$，$\varphi=0.807$，

$$A = N/\varphi f = 849500/0.87\times215 = 4896.2\,\text{mm}^2$$

$$i_x = l_{0x}/\lambda = 150.8/60 = 2.51\,\text{cm}$$

$$i_y = l_{0y}/\lambda = 301.6/60 = 5.02\,\text{cm}$$

选用2∟160×100×10短肢相并，如图2-50

$$A = 50.63\,\text{cm}^2,$$

$$i_x = 2.85\text{cm}, i_y = 7.78\,\text{cm}。$$

验算：

$$\lambda_x = 150.8/2.85 = 52.9 < [\lambda] = 150,$$

$$\lambda_y = 301.6/7.78 = 39 < [\lambda] = 150,$$

$$\varphi_x = 0.884$$

$$\sigma = N/\varphi A = 849510/(0.844\times5063) = 199.0\,\text{N/mm}^2 < f = 215\,\text{N/mm}^2$$

表 2-7 屋架杆件计算内力 单位：kN

名称	杆件编号	$P=1$			内力组合		备注
		左半跨	右半跨	全跨	最大计算拉力	最大计算压力	
		1	2	3	4	5	
上弦	AB	0	0	0	0		
	BD	−8.13	−3.12	−11.25		−421.2	
	DF	−12.45	−5.62	−18.07		−676.5	
	FH	−13.80	−7.62	−21.42		−802	
	HI	−13.00	−9.24	−22.24		−832.7	
	IK	−13.45	−9.24	−22.69		−849.5	
下弦	ab	+4.45	+1.57	+6.02	+225.39		
	bc	+10.68	+4.45	+15.13	+566.47		
	cd	+13.37	+6.64	+20.01	+749.17		
	de	+13.54	+8.43	+21.97	+812.45		
	ef	+10.54	+10.54	+21.08	+789.24		
斜腹杆	aB	−8.32	−2.93	−11.25		−421.2	
	Bb	+6.31	+2.63	+8.94	+334.71		
	bD	−4.95	−2.54	−7.49		−280.43	
	Dc	+3.27	+2.25	+5.52	+206.67		
	cF	−2.04	−2.19	−4.23		−158.37	
	Fd	+0.74	+1.96	+2.70	+101.09		
	dH	+0.44	−1.92	−1.48	+3.34	−59.28	
	He	−1.38	+1.74	+0.36	+43.41	−31.29	
	eg	+3.65	−2.05	+1.60	+95.16	−41.3	
	gK	+4.37	−2.05	+2.32	+115.89	−37.8	
	Ig	+0.65	0	+0.65	−24.34		
竖腹杆	Aa	−0.50	0	−0.5		−18.72	
	Cb	−1.00	0	−1.0		−37.44	
	Ec	−1.00	0	−1.0		−37.44	
	Gd	−1.00	0	−1.0		−37.44	
	Ie	−1.50	0	−1.5		−56.16	
	Jg	−1.00	0	−1.0		−37.44	
	Kf	0	0	0	0	0	

(2) 下弦杆。整个下弦杆采用等截面，按下弦杆的最大内力 $N_{ef}=812.45\,kN$ 计算，$l_{0x}=300\ cm$，$l_{0y}=1485\ cm$。所需要面积 $A_n=812450/215=3778.8\,mm$，选 2∟140×90×10 短肢相并（图 2-51），$A=44.5\ cm^2>A_n=37.79\,cm^2$，$i_x=2.56\,cm$，$i_y=6.84\,cm$，

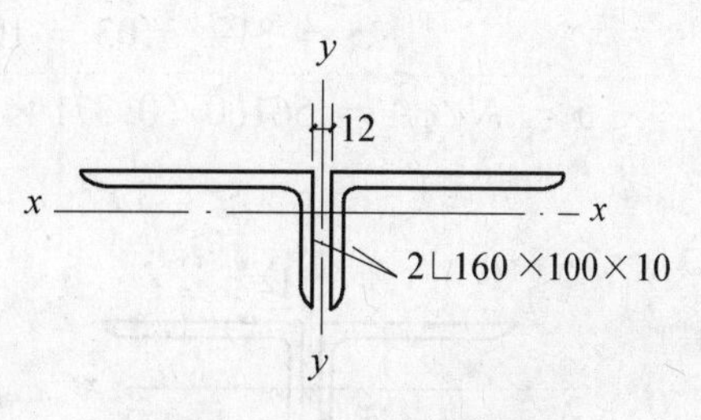

图 2-50　上弦杆截面

$$\lambda_x=300/2.56=117<[\lambda]=350$$

$$\lambda_y=1485/6.84=217<[\lambda]=350$$

(3) 端斜杆 Ba。　$N_{Ba}=-421.2\,kN$　$l_{0x}=253.5\,cm$

选用 2∟100×8（图 2-52），其截面参数：

$$A=31.3\,cm^2,i_x=3.08\,cm,i_y=4.56\,cm,$$

验算　$$\lambda_x=253.5/3.08=82<[\lambda]=150,\varphi_x=0.618$$

$$\lambda_y=253.5/4.56=56<[\lambda]=150,$$

$$\sigma=N/\varphi A=421200/(0.618\times3130)=198.0\,N/mm^2<f=215\,N/mm^2$$

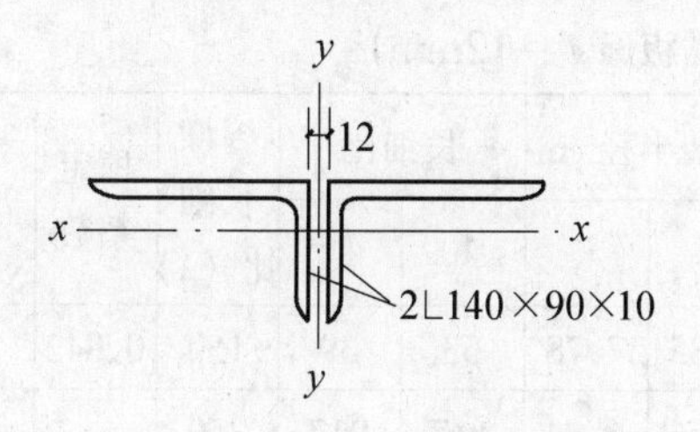

图 2-51　下弦杆截面

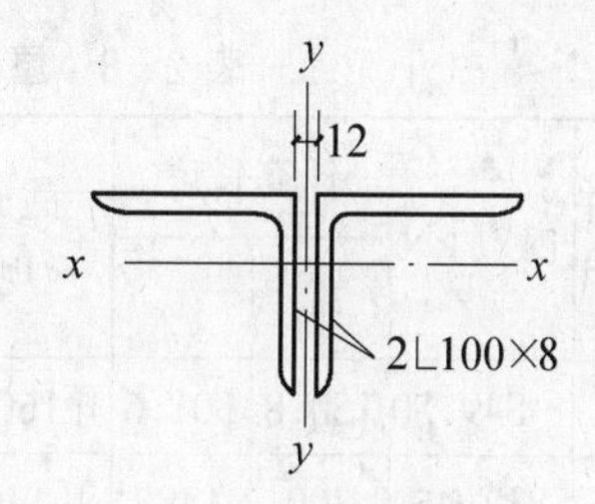

图 2-52　端斜杆截面

(4) 斜腹杆 Kg-ge。此杆是再分式桁架的斜腹杆，在 g 节点处不断开，两段杆件内力不同：

最大拉力：　$N_{Kg}=115.89\,kN$，$N_{ge}=95.16\,kN$

最大压力：　$N_{Kg}=37.8\,kN$，$N_{ge}=41.3\,kN$

在桁架平面内的计算长度：　$l_{0x}=230.6\,cm$，

在桁架平面外的计算长度按公式（2-9）计算：

$$l_{0y}=l_1\left(0.75+0.25\frac{N_2}{N_1}\right)=461.1\times\left(0.75+0.25\times\frac{37.8}{41.3}\right)=451\,cm$$

选用 2∟63×5　$A=12.28\,cm^2$，$i_x=1.94\,cm$，$i_y=3.03\,cm$

验算：　$$\lambda_x=230.6/1.94=119<[\lambda]=150,$$

$$\lambda_y=451/3.03=149<[\lambda]=150,\varphi_y=0.311$$

$$\sigma=N/\varphi A=41300/(0.311\times1228)=108\,N/mm^2<f=215\,N/mm^2$$

(5) 竖杆 Ie。$N_{Ie}=-56.16\,kN$，$l_{0x}=0.8\times319=225.2\,cm$，$l_{0y}=319\,cm$，$N_{Ie}=56.16\,kN$，内力较小

选用 2∟63×5　$A=12.28\,cm^2$，$i_x=1.94\,cm$，$i_y=3.03\,cm$

验算：　$$\lambda_x=255.2/1.94=132<[\lambda]=150$$

$$\lambda_y = 319/3.03 = 105 < [\lambda] = 150, \varphi_x = 0.378$$

$$\sigma = N/\varphi A = 56160/(0.371 \times 1228) = 121\,\mathrm{N/mm^2} < f = 215\,\mathrm{N/mm^2}$$

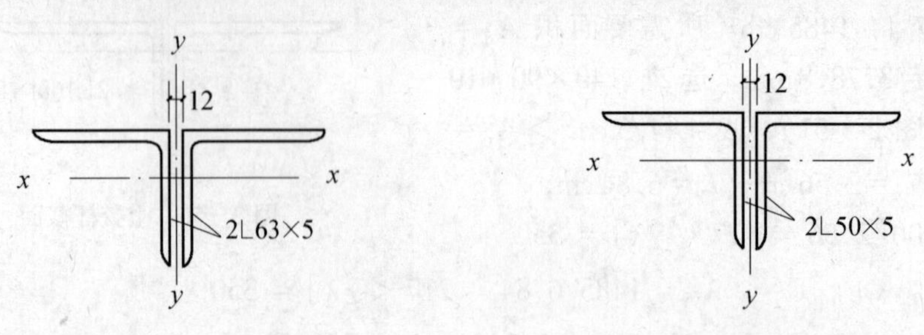

图 2-53　Kg-ge、Ie 截面　　　　图 2-54　Gd 截面

(6) 竖杆 Gd。$N_{Gd} = -37.44$ kN，$l_{0x} = 231.2$ cm，$l_{0y} = 289$ cm，因为内力较小，可按［λ］选择，需要回转半径：$i_x = \dfrac{231.2}{150} = 1.54$ cm，$i_y = \dfrac{289}{150} = 1.93$ cm，按 i_x、i_y 查型钢表，选用2∟50×5，其截面参数：$A = 9.6\,\mathrm{cm^2}$，$i_x = 1.53\,\mathrm{cm} \approx 1.54\,\mathrm{cm}$，$i_y = 2.53\,\mathrm{cm} > 1.93\,\mathrm{cm}$。其余各杆件的截面选择计算过程不一一列出，其计算过程见表 2-8。

表 2-8　屋架杆件截面选择（节点板厚 $t = 12$mm）

名称	杆件编号	内力 kN	计算长度 l_{0x}	计算长度 l_{0y}	截面形式和规格	截面面积 cm²	回转半径 cm i_x	回转半径 cm i_y	长细比 λ_x	长细比 λ_y	容许长细比（λ）	稳定系数	计算应力 N/mm²
上弦	IK	−849.50	150.8	301.6	╥160×100×10	50.6	2.85	7.78	53	39	150	0.842	199
下弦	de	812.45	300	1485	╥140×90×10	44.5	2.56	6.84	117	217	350		202
斜腹杆	aB	−421.1	253.5	253.5	╥100×8	31.3	3.08	4.56	82	56	150	0.675	199
	Bb	334.71	208.6	260.8	╥90×6	21.2	2.79	4.13	75	63	350		158
	bD	−280.43	229.5	286.9	╥90×6	21.2	2.79	4.13	82	70	150	0.675	196
	Dc	206.67	228.7	285.9	╥63×5	12.3	1.94	3.04	118	94	350		168
	cF	−158.37	250.3	312.9	╥75×5	14.8	2.33	3.51	107	89	150	0.511	209
	Fd	101.09	249.5	311.9	╥50×5	9.6	1.53	2.53	163	123	350		105
	dH	−59.28	271.6	339.5	╥63×5	12.3	1.94	3.04	140	112	150	0.345	140
	He	+43.41 −31.29	270.8	338.5	╥63×5	12.3	1.94	3.04	140	112	150	0.345	74
	eK	115.89 −41.3	230.6	451	╥63×5	12.3	1.94	3.04	119	149	150	0.311	108
	Ig	24.34	166.3	207.9	╥50×5	9.6	1.53	2.53	109	82	350		25

续表2-8

名称	杆件编号	内力 kN	计算长度		截面形式和规　格	截面面积	回转半径 cm		长细比		容许长细比（λ）	稳定系数	计算应力
			l_{0x}	l_{0y}		cm^2	i_x	i_y	λ_x	λ_y			N/mm^2
竖腹杆	Aa	−18.72	199	199	╥50×5	9.6	1.53	2.53	130	79	150	0.387	50
	Cb	−37.44	183.2	229	╥50×5	9.6	1.53	2.53	120	91	150	0.437	89
	Ec	−37.44	207.2	259	╥50×5	9.6	1.53	2.53	135	102	150	0.365	107
	Gd	−37.44	231.2	289	╥50×5	9.6	1.53	2.53	150	114	150	0.308	127
	Ie	−56.16	255.2	319	╥63×5	12.3	1.94	3.04	132	105	150	0.378	121
	Jg	−34.44	127.6	159.5	╥50×5	9.6	1.53	2.53	83	63	150	0.667	54
	Kf	0	314.1	314.1	╥63×5 ┐└	12.3	$i_{min}=24.5$		$\lambda_{max}=128$				

4）节点设计

(1) 下弦节点“b”（图2-55）。

各杆的内力见表2-7。这类节点的设计是先计算腹杆与节点板的连接焊缝尺寸，然后按比例绘出节点板的形状，量出尺寸，然后验算下弦杆与节点板的连接焊缝。

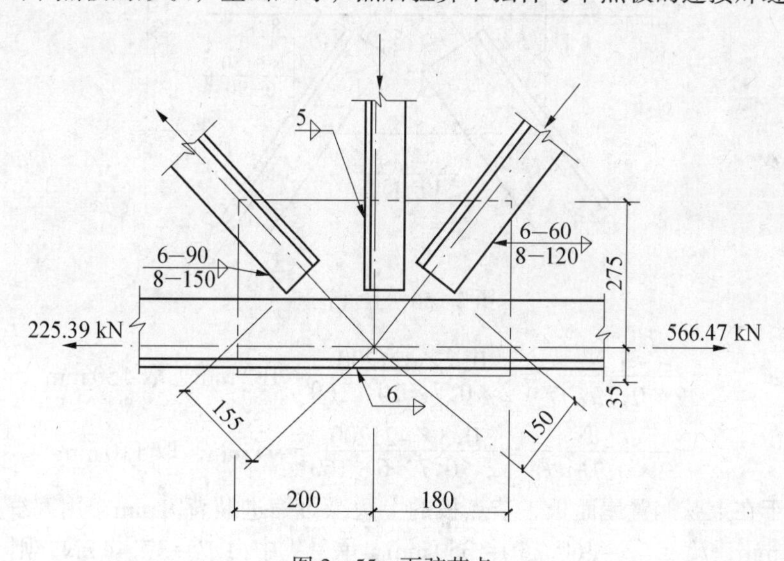

图2-55　下弦节点

Bb杆的肢背和肢尖焊缝采用 $h_f=8$ mm 和 6 mm，则所需焊缝长度为：

肢背　$$l'_w=\frac{k_1 N}{2\times0.7h_f f_f^w}=\frac{0.7\times334710}{2\times0.7\times8\times160}=131\text{ mm，取 }150\text{ mm}$$

肢尖　$$l''_w=\frac{k_2 N}{2\times0.7h_f f_f^w}=\frac{0.3\times334710}{2\times0.7\times6\times160}=75\text{ mm，取 }90\text{ mm}$$

Db杆的肢背和肢尖分别采用8 mm和6 mm，

肢背　$$l'_w=\frac{k_1 N}{2\times0.7h_f f_f^w}=\frac{0.7\times280430}{2\times0.7\times8\times160}=110\text{ mm，取 }120\text{ mm}$$

肢尖 $l''_w = \dfrac{k_2 N}{2\times0.7h_f f_f^w} = \dfrac{0.3\times280430}{2\times0.7\times6\times160} = 47\,\text{mm}$，取 60 mm

Cb 杆的内力很小，焊缝尺寸可按构造确定，$h_f = 5\,\text{mm}$。根据上面求得的焊缝长度，并按构造要求留出间隙及制作和装配误差，按比例绘出节点大样图，确定节点板尺寸为 310 mm×380 mm。

下弦杆与节点板连接的焊缝长度为 380 mm，$h_f = 6\,\text{mm}$。焊缝所受的力为左右两下弦杆的内力差 $\Delta N = 566.47 - 225.39 = 341.1\,\text{kN}$，则肢背的应力为：

$$\tau_f = \frac{k_1 \cdot \Delta N}{2\times0.7h_f l_w} = \frac{0.75\times341100}{2\times0.7\times6\times(380-10)} = 110\,\text{N/mm}^2 < 160\,\text{N/mm}^2$$

满足强度要求。

(2) 上弦节点“B”（图 2-56）。

Bb 杆与节点板的连接焊缝尺寸和 B 节点相同。Ba 杆与节点板的连接焊缝尺寸按同样的方法计算，$N_{Ba} = 421.2\,\text{kN}$，肢背和肢尖焊缝分别采用 $h_f = 10\,\text{mm}$ 和 6 mm。

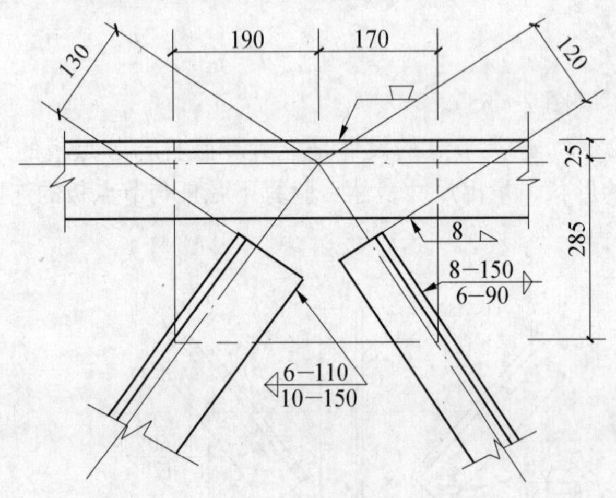

图 2-56 上弦节点

肢背 $l'_w = \dfrac{k_1 N}{2\times0.7h_f f_f^w} = \dfrac{0.7\times421200}{2\times0.7\times10\times160} = 132\,\text{mm}$，取 150 mm

肢尖 $l''_w = \dfrac{k_2 N}{2\times0.7h_f f_f^w} = \dfrac{0.3\times421200}{2\times0.7\times6\times160} = 94\,\text{mm}$，取 110 mm

为了便于在上弦搁置屋面板，节点板的上边缘可缩进肢背 8 mm，用塞缝连接，这时 $h_f = t/2 = 6\,\text{mm}$，$l'_w = l''_w = 360 - 10 = 350\,\text{mm}$。承受集中力 $P = 37.44\,\text{kN}$，则

$$\tau_f = \frac{37440}{2\times0.7\times6\times350} = 13\,\text{N/mm}^2 < f_f^w = 160\,\text{N/mm}^2$$

肢尖焊缝承担弦杆内力差 $\Delta N = 421200 - 0 = 421200\,\text{N}$，

偏心距 $e = 10 - 2.5 = 7.5\,\text{cm}$

偏心力矩 $M = \Delta N \cdot e = 421200\times75 = 31590000\,\text{N·mm}$，$h_f = 8\,\text{mm}$，则

$$\tau_{DN} = \frac{421200}{2\times0.7\times8\times350} = 107\,\text{N/mm}^2$$

$$\sigma_M = \frac{6\times31590000}{2\times0.7\times8\times350^2} = 138\,\text{N/mm}^2$$

$$\sqrt{107^2+\left(\frac{138}{1.22}\right)^2}=156\,\text{N/mm}^2<f_f^w=160\,\text{N/mm}^2$$

满足强度要求。

(3) 屋脊节点“K”(图 2-57)

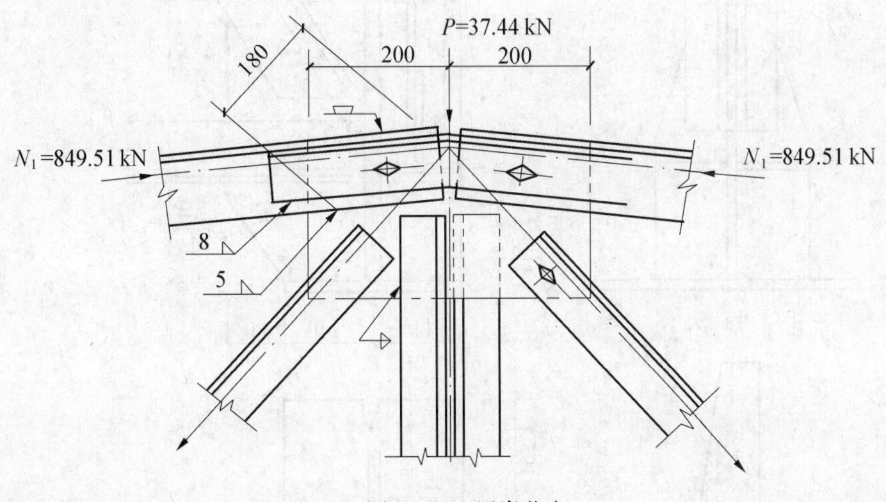

图 2-57　屋脊节点

弦杆的拼接，一般都采用同号角钢作为拼接角钢，为了使拼接角钢在拼接处能紧贴被连接的弦杆和便于施焊，需将拼接角钢削棱和切去肢的一部分，$\Delta=(t+h_f+5)$ mm。设焊缝 $h_f=8$ mm，拼接角钢与弦杆的连接焊缝按被连接弦杆的最大内力计算，$N_{1k}=849.51$ kN，每条焊缝长度为：

$$l_w=\frac{849510}{4\times0.7\times8\times160}=207\,\text{mm},\text{取 }220\,\text{mm}$$

拼接角钢总长　$L=2\times220+20=460$ mm，取 520 mm，

竖肢需切去　$\Delta=10+8+5=23$ mm，取 $\Delta=25$ mm，并按上弦坡度热弯。

计算屋脊处弦杆与节点板的连接焊缝，取 $h_f=5$ mm，需要焊缝长度按公式 (2-38) 计算：

$$l_w=\frac{2N_1\sin\alpha-P}{8\times0.7h_f f_f^w}+2h_f=\frac{2\times849510\times\sin5.7^\circ-37440}{8\times0.7\times5\times160}+2\times5\,\text{mm}=39.3\,\text{mm},$$

故按构造决定节点板长度。

(4) 支座节点“a”(图 2-58)。

ⓐ支座底板的计算

支座反力：$R=10P=10\times37.44=374.4$ kN。

支座底板按构造要求取用 28 cm × 39 cm。若仅考虑有加劲肋部分的底板作为有效面积，则底板承受的均布反力为：

$$q=\frac{R}{A_n}=\frac{374400}{280\times390}=3.43\,\text{N/mm}^2<f_{cc}=10\,\text{N/mm}^2$$

底板的厚度按两邻边支承而另两邻边自由的板计算：

$$a_1=\sqrt{(140-12/2)^2+100^2}=172\,\text{mm},$$

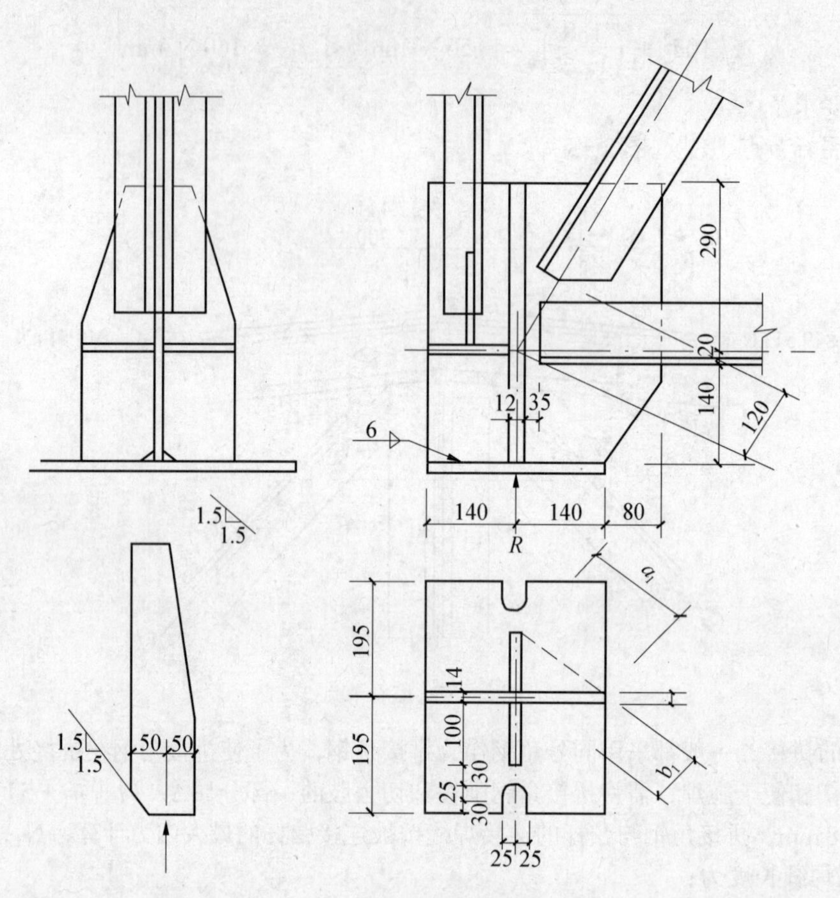

图 2-58 支座节点

$$b_1 = 100 \times \frac{134}{172} = 78\,\text{mm},$$

$$b_1/a_1 = 78/172 = 0.454,$$

查表 2-6 得 $\beta = 0.051$，则板的单位宽度的最大弯矩为：

$$M = \beta q a_1^2 = 0.051 \times 6.25 \times 172^2 = 9430\,\text{N}\cdot\text{mm},$$

底板厚度：$t = \sqrt{\dfrac{6M}{f}} = \sqrt{\dfrac{6 \times 9430}{215}} = 16.2\,\text{mm}$，取 $t = 20\,\text{mm}$

底板尺寸：390 mm×280 mm×20 mm

ⓑ加劲肋与节点板的连接焊缝计算

一个加劲肋连接焊缝所承受的偏心荷载，偏安全地取屋架支座反力的四分之一，即：

$$V = R/4 = 374400/4 = 93600\,\text{N}$$

$$M = V \times 100/2 = 4680000\,\text{N}\cdot\text{mm}$$

设焊缝 $h_f = 8\,\text{mm}$，焊缝计算长度 $l_w = 450 - 10 = 440\,\text{mm}$，则：

$$\tau_V = 93600/(2 \times 0.7 \times 8 \times 440) = 19\,\text{N/mm}^2$$

$$\sigma_M = 6 \times 4680000/(2 \times 0.7 \times 8 \times 440^2) = 13\,\text{N/mm}^2。$$

$$\sqrt{19^2 + \left(\frac{13}{1.22}\right)^2} = 21.8\,\text{N/mm}^2 < 160\,\text{N/mm}^2$$

ⓒ节点板，加劲肋与底板的连接焊缝计算

设焊缝传递全部支座反力 $R=374.4\,\text{kN}$，实际的焊缝总计算长度：

$$\sum l_w = 2\times(280-10)+4\times(100-15-10)=840\,\text{mm}$$

所需焊缝尺寸：

$$h_f=\frac{374400}{0.7\times840\times160}=4\,\text{mm}，采用\ h_f=6\,\text{mm}。$$

其余节点详见施工图。

2.6　吊车梁设计

2.6.1　吊车梁的工作制等级

吊车是厂房常见的起重设备，按吊车使用的繁重程度（亦即吊车的利用次数和荷载大小），国家标准《起重机设计规范（GB 3811）》将其分为8个工作级别，称为A1～A8。在相当多的文献中，习惯将吊车以轻、中、重和特重四个工作等级来划分，它们之间的对应关系见表2-9。

表2-9　吊车的工作制等级与工作级别的对应关系

工作制等级	轻级	中级	重级	特重级
工作级别	A1～A3	A4、A5	A6、A7	A8

2.6.2　吊车梁的型式

钢吊车梁一般采用简支梁。吊车梁除承受竖向吊车轮压荷载外，其上翼缘还承受吊车横向水平制动力，故通常在吊车梁上翼缘的一侧设置水平制动结构（梁或桁架），见图2-59。吊车梁跨度和吊车起重量较小（≤6 m和≤30 t轻、中级工作制）时也可不设水平制动结构而仅将上翼缘沿水平方向适当加强。

吊车梁按结构型式可分为实腹式（图2-60a、b、c），桁架式（图2-60d）和撑杆式（图2-60e）。

实腹式吊车梁又可分为型钢梁（包括上翼缘加强者）和组合梁。型钢梁（图2-60a）制造简单，安装方便，但截面尺寸受型钢规格限制，一般只适用于跨度≤6 m和起重量≤10 t的轻、中级工作制吊车梁。通常情况不再设上翼缘水平制动结构而是将上翼缘沿水平方向加强。

组合吊车梁用于各种尺寸、类型和起重量的吊车梁，应用最广，其上翼缘通常用水平制动结构加强。这类吊车梁中，三块钢板焊成的工字形截面梁应用最广，其上翼缘板通常比下翼缘板略宽略厚，但也可上下翼缘相同。箱形梁的刚度和抗扭性能较好，但构造复杂，只在较大吊车和特殊需要时采用。

撑杆式吊车梁和桁架式吊车梁（通常称吊车桁架）构造复杂，制造费工，梁高较大，在动力和反复荷载作用下的工作性能不如实腹梁可靠，但钢材用量较省。撑杆式吊车梁一

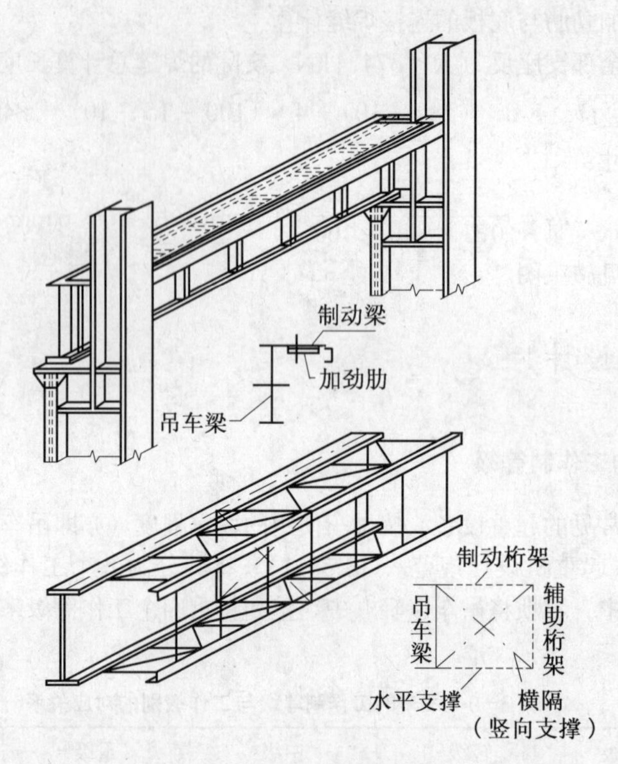

图 2-59　制动梁和制动桁架

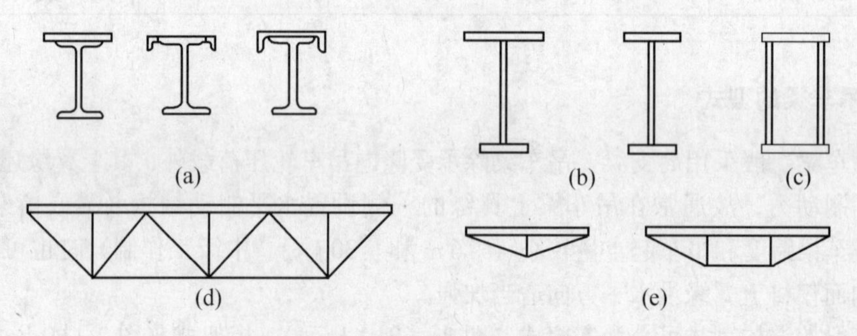

图 2-60　吊车梁和吊车桁架的类型

般采用单撑式或双撑式（图 2-60e），刚度较差，制造时要求确保撑杆中心线垂直于上弦平面。多数情况下只用于跨度≤6 m、起重量≤3 t 的轻、中级工作制的手动或电动单梁吊车的吊车梁。因跨度较小，其上翼缘一般不设水平制动结构，但应保证有足够的侧向刚度。目前大多为钢筋混凝土吊车梁所代替。

吊车桁架通常采用有附加竖杆的人字式腹杆体系的平行弦桁架（图 2-60d），设水平制动结构，其连接方式可采用全部焊接。吊车桁架的焊接连接节点在动力和反复荷载作用下对疲劳较敏感，因此一般适用于跨度较大而起重量较小的轻、中级工作制吊车梁。

2.6.3　吊车梁的荷载

吊车梁承受桥式吊车产生的三个方向的荷载作用，即吊车的竖向荷载 P，横向水平荷载（刹车力及卡轨力）T 和纵向水平荷载（刹车力）T_L，如图 2-61，其中的纵向水平刹车力 T_L 沿吊车轨道方向，通过吊车梁传给柱间支撑，对吊车梁的受力影响很小，计算吊车梁时一般不需考虑。因此，吊车梁按双向受弯构件设计。

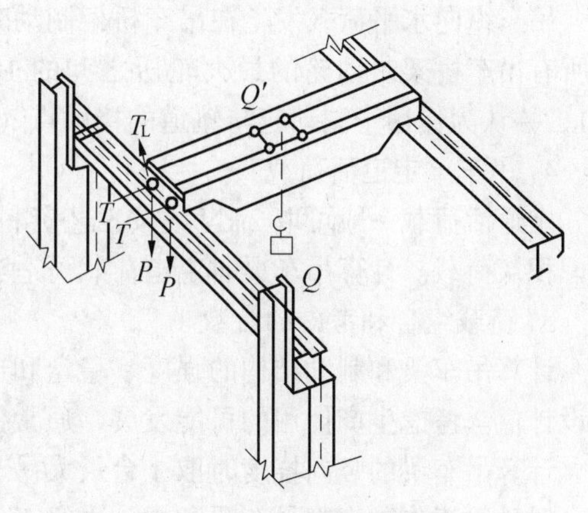

图 2-61　吊车系统的荷载

1. 吊车竖向荷载

吊车的竖向标准荷载为吊车的最大轮压标准值 $P_{k\max}$，当吊车在跨间靠近一侧吊车梁处最小极限距离且吊重 Q 时，吊车梁承受的最大轮压 $P_{k\max}$，另一侧吊车梁承受相应最小轮压。吊车的最大轮压标准值 $P_{k\max}$可在吊车产品规格中直接查得。计算吊车梁的强度时，应乘以荷载分项系数 r_Q=1.4；同时还应考虑吊车的动力作用，乘以动力系数 α。对悬挂吊车（包括电动葫芦）及工作级别为 A1～A5 的软钩吊车，动力系数 α 取 1.05；对工作级别为 A6～A8 的软钩吊车、硬钩吊车和其他特种吊车，动力系数 α 可取 1.1。这样，作用在吊车梁上的最大轮压设计值为：

$$P_{\max} = 1.4\alpha P_{k\max} \tag{2-48}$$

2. 吊车横向水平荷载

吊车横向水平荷载发生在横向小车制动时，吊车的横向水平荷载依《建筑结构荷载规范（GB 50009—2001）》的规定，可取吊车上横行小车重量 Q'与额定起重量 Q 的总和乘以重力加速度 g，并乘以下列规定的百分数 ξ：

软钩吊车　额定起重量 Q 不大于 10t，取 ξ=12%；

额定起重量 Q 为 15 ～ 50t，取 ξ = 10%；

额定起重量 Q 不小于 75t，取 ξ = 8%；

硬钩吊车　取 ξ=20%；

按上述百分数算得的横向水平荷载应等分于两边轨道，并分别由轨道上的各车轮平均传至轨顶，方向与轨道垂直，并考虑正反两个方向的刹车情况。再乘以荷载分项系数 r_Q=1.4 之后，得作用在每个车轮上的横向水平力为：

$$T = 1.4g\xi(Q + Q')/n \tag{2-49}$$

式中，n 是桥式吊车的总轮数。在吊车的工作级别为 A6～A8 时，吊车运行时摆动引起的水平力比刹车更为不利，因此，GB 50017 规范规定，此时作用于每个轮压处的水平力标准值改按下式计算

$$T = \alpha_1 P_{k\max} \tag{2-50}$$

式中　α_1——系数，对一般软钩吊车取 0.1，抓斗或磁盘吊车宜采用 0.15，硬钩吊车宜采用 0.2。

手动吊车及电葫芦可不考虑水平荷载，悬挂吊车的水平荷载应由支撑系统承受，可不计算。

3. 吊车纵向水平荷载

吊车纵向水平荷载发生在吊车桥架制动时。荷载规范规定其标准值按作用在一边轨道上所有吊车桥架制动轮的最大轮压之和的10%考虑，即相当于制动时的摩擦系数 $\mu_Z=0.1$，并认为作用于制动轮与轨道的接触点（轨顶标高），顺轨道的正或反方向。

4. 吊车梁走道活荷载

走道活荷载一般可取2 kN或按工艺资料。对某些车间（如转炉、平炉车间）等还应考虑积灰荷载。计算吊车梁时走道荷载可适当等效地并入竖向轮压内。

5. 荷载组合和考虑的台数

计算吊车梁和制动结构的强度、稳定和连接强度时，按实际情况，但≤2台吊车荷载的设计值。考虑生产使用的可能发展，通常按2台最大吊车。

计算吊车梁的竖向挠度时取1台最大吊车，但取荷载标准值。

对重级工作制实腹吊车梁和中、重级工作制吊车桁架的应力循环中出现拉应力的部位和连接部分应计算疲劳强度，按1台最大吊车荷载的标准值。对有重级工作制厂房中吊车梁的制动结构应计算水平挠度，按1台最大吊车横向水平荷载的标准值。以上按荷载标准值计算时，均不考虑荷载分项系数 γ_Q、动力系数 α。

2.6.4 吊车梁的内力分析

确定各项内力及吊车台数后，即可进行吊车梁及制动结构的内力分析。竖向荷载全部由吊车梁承受，横向水平制动力由制动结构承受。纵向水平制动力由吊车梁支座处下翼缘与柱子的连接来承受并传递到专门设置的柱间下部支撑中，它在吊车梁内引起的轴向力和偏心力矩可忽略。吊车梁的上翼缘需考虑竖向和横向水平荷载共同作用产生的内力。

在选择和验算吊车梁的截面前，必须算出吊车梁的绝对最大弯矩以及相同轮位下制动结构的弯矩和剪力。竖向轮压是若干个保持一定距离的移动集中荷载。当车轮移动时，在吊车梁上引起的最大弯矩的数值和位置都将随之改变。因此需先用力学的影响线方法确定使吊车梁产生最大内力（弯矩和剪力）的吊车轮压所在位置，即所谓“最不利轮位”，然后分别计算吊车梁的最大弯矩和剪力。当起重量较大时，吊车车轮较多，且常需考虑两台吊车同时工作，因此不利轮位可能有几种情况，分别按这几种不利情况求出相应的弯矩和剪力。从而求得吊车梁的绝对最大弯矩和最大剪力，以及相同轮位下制动结构的弯矩和剪力。

图2-62a、b表示了吊车梁上有四个或两个轮压时，使吊车梁产生绝对最大弯矩的最不利轮位。横向水平荷载下弯矩 M_y 和剪力 V_y 的最不利轮压位置与竖向荷载时相同。

制动结构如果采用制动梁，则把制动梁（包括吊车梁的上翼缘）看成是一根水平放置的梁，承受水平制动力的作用（图2-62c）。当采用制动桁架（图2-62d）时，可以用一般桁架内力分析方法求出各杆（包括吊车梁的上翼缘）的轴向力 N_1。但对于上弦杆（吊车梁上翼缘）还要考虑节间局部弯矩 M'_T，可近似地取 $M'_T=\gamma_Q T_H d/3$，d 为制动桁架的节间长度。

2.6.5 焊接实腹式吊车梁的设计

焊接实腹式吊车梁的选择方法与一般梁基本相同，但吊车梁除在轮压下竖向受弯外，还在横向制动力作用下水平受弯。选截面时可只考虑竖向受弯而把强度设计值乘以0.85

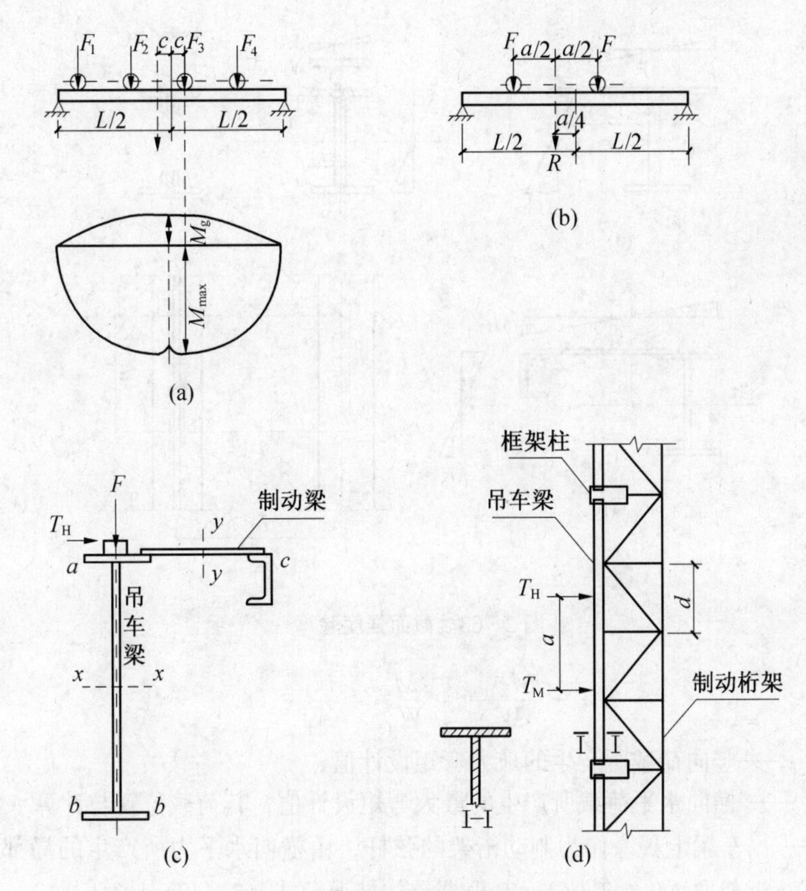

图2-62 实腹式吊车梁的计算简图

~0.9。然后按实际构件尺寸进行验算。

1. 强度验算

截面验算时，假定竖向荷载由吊车梁承受，而横向水平荷载则由加强的吊车梁的上翼缘（图2-63a），制动梁（图2-63b所示影线部分截面）或制动桁架（图2-63c）承受，并忽略横向水平荷载所产生的偏心作用。

对于无制动结构的吊车梁，如图2-63a所示，应首先验算梁受压区的正应力。A点的压应力最大，验算公式为：

$$\sigma = \frac{M_{x\max}}{W_{nx1}} + \frac{M_{y\max}}{W'_{ny}} \leqslant f \tag{2-51}$$

同时还需用下式验算受拉翼缘的正应力：

$$\sigma = \frac{M_{x\max}}{W_{nx2}} \leqslant f \tag{2-52}$$

对于有制动梁的吊车梁，如图2-63b，同样为A点压应力最大：

$$\sigma = \frac{M_{x\max}}{W_{nx}} + \frac{M_{y\max}}{W_{ny_1}} \leqslant f \tag{2-53}$$

当吊车梁本身为双轴对称截面时，则吊车梁受拉翼缘无需验算。

对于设置制动桁架的吊车梁，如图2-63c所示，同样应验算A点应力：

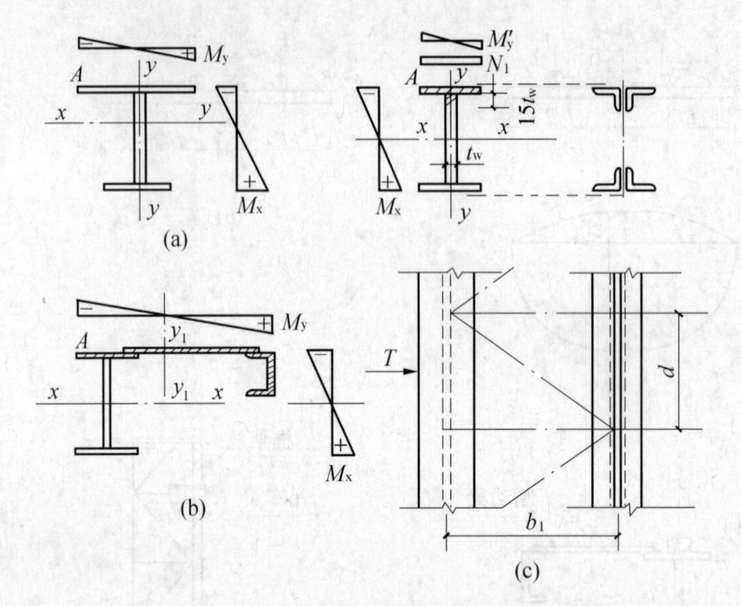

图 2-63　截面强度验算

$$\sigma = \frac{M_{x\max}}{W_{nx}} + \frac{M'_y}{W'_{ny}} + \frac{N_1}{A_n} \leqslant f \tag{2-54}$$

式中　$M_{x\max}$——竖向荷载所产生的最大弯矩设计值；

$M_{y\max}$——横向水平荷载所产生的最大弯矩设计值，其荷载位置与计算 M_x 一致；

M'_y——吊车梁上翼缘作为制动桁架的弦杆，由横向水平力所产生的局部弯矩，可近似取 $M'_y = Td/3$，T 根据具体情况公式（2-49）计算；

N_1——吊车梁上翼缘作为制动桁架的弦杆，由 M_y 作用所产生的轴力 $N_1 = M_y/b_1$；

W_{nx}——吊车梁截面对 x 轴的净截面抵抗矩（上翼缘或下翼缘最外纤维）；

W'_{ny}——吊车梁上翼缘截面对 y 轴的净截面抵抗矩；

W_{ny_1}——制动梁截面（图 2-63b 所示影线部分截面）对其形心轴 y_1 的净截面抵抗矩；

A_n——图 2-63c 所示吊车梁上翼缘及腹板 $15t_w$ 的净截面面积之和。

2. 整体稳定验算

连有制动结构的吊车梁，侧向弯曲刚度很大，整体稳定得到保证，不需验算。对无制动结构的吊车梁，应按下式验算其整体稳定：

$$\frac{M_x}{\varphi_b W_x} + \frac{M_y}{W_y} \leqslant f \tag{2-55}$$

式中　φ_b——依梁在最大刚度平面内弯曲所确定的整体稳定系数；

W_x、W_y——梁截面对 x 轴或 y 轴的毛截面抵抗矩。

3. 刚度验算

验算吊车梁的刚度时，应按效应最大的一台吊车的荷载标准值计算，且不乘动力系数。吊车梁在竖向的挠度可按下列近似公式计算：

$$\nu = \frac{M_{ky} l^2}{10EI_x} \leqslant [\nu] \tag{2-56}$$

对于重级工作制吊车梁除计算竖向的刚度外，还应按下式验算其水平方向的刚度。

$$\nu = \frac{M_{kx} l^2}{10EI_{y_1}} \leqslant \frac{l}{2200} \tag{2-57}$$

式中　M_{kx}——竖向荷载标准值作用下梁的最大弯矩；

M_{ky}——跨内一台起重量最大吊车横向水平荷载标准值作用下所产生的最大弯矩；

I_{y_1}——制动结构截面对形心轴 y_1 的毛截面惯性矩。对制动桁架应考虑腹杆变形的影响，I_{y_1} 乘以 0.7 的折减系数。

$[\nu]$——吊车梁允许挠度，查附表 2-1。

4. 局部稳定

前述关于梁局部稳定要求的板件宽厚比限值和加劲肋设置的规定同样适用于吊车梁。在腹板高度较大的吊车梁中，可能需要同时设置纵、横加劲肋。需要同时设置纵横加劲肋的条件是：

(1) 受压翼缘扭转受到约束，如连有刚性铺板、制动板或焊有钢轨时，

$$h_0/t_w > 170\sqrt{235/f_y} \tag{2-58}$$

(2) 受压翼缘扭转未受到约束时，

$$h_0/t_w > 150\sqrt{235/f_y} \tag{2-59}$$

出现上述两种情况，应在弯曲应力较大区隔的受压区增加配置纵向加劲肋，局部压力很大的梁，必要时还宜在受压区配置短加劲肋。此时，板格的局部稳定可按有关规定计算。

5. 吊车梁的疲劳强度

吊车梁承受反复动力荷载，可能产生疲劳破坏，尤其是重级工作制吊车梁和中、重级工作制吊车桁架。设计时应从构造和计算上予以重视。

首先从构造措施防止疲劳破坏。疲劳破坏总是从应力集中处开始，故吊车梁应避免截面的急剧变化，如槽口、凹角、板厚或板宽突变等。

钢材的冷作硬化会加速疲劳破坏，故吊车梁应避免剪切、冲孔、冷弯等冷加工。应采用钻孔，凡冲孔应进行扩钻以消除周边硬化区。重级工作制吊车梁受拉翼缘或吊车桁架受拉弦杆的边缘应尽量采用轧制边、切割后刨边或自动精密气割边；中级工作制吊车梁也至少采用自动或半自动气割边，并符合一级质量标准。

焊接对结构疲劳性能有很大的影响，尤其对吊车桁架更为显著。因此，对重级工作制和起重量≥50 t 的中级工作制吊车梁腹板与上翼缘的连接，以及吊车桁架中节点板与上弦杆的连接，应采用焊透的 K 形对接焊缝（图 2-64），焊缝质量不低于二级焊缝标准，因为此处应力复杂。吊车梁的工地拼接宜采用摩擦型高强度螺栓。重级工作制吊车梁上翼缘与制动桁架的连接应采用摩擦型高强度螺栓连接；与制动梁腹板的连接宜采用摩擦型高强度螺栓或双面连续角焊缝的搭接。

疲劳现象在结构的受拉区特别敏感。因此，吊车梁的受拉翼缘或吊车桁架的受拉弦杆除与腹板或桁架节点板焊接外，不应焊接其他任何零件，该处与支撑的连接也不宜用焊

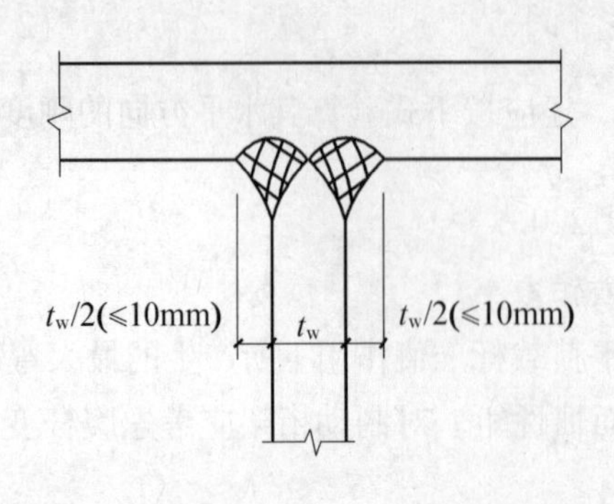

图 2-64　翼缘与腹板的 K 形对接焊缝

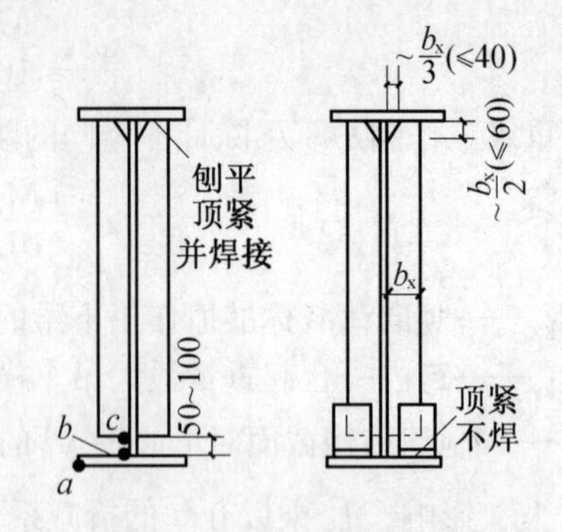

图 2-65　吊车梁的横向加劲肋

接。另外，中间横向加劲肋的下端不应与受拉翼缘焊接，一般在距受拉翼缘 50～100 mm 处断开，如图 2-65，并且焊接时不宜在加劲肋下端起落弧。

《钢结构设计规范（GB 50017—2003）》规定：对重级工作制吊车梁和重级、中级工作制吊车桁架的应力循环中出现拉应力的部位应进行疲劳强度计算。计算时按 1 台吊车荷载的标准值，不乘以分项系数和动力系数，应力按弹性状态计算。用容许应力幅法计算吊车梁疲劳公式为

$$\alpha_f \Delta\sigma \leqslant [\Delta\sigma] \tag{2-60}$$

式中 α_f——欠载效应的等效系数，重级工作制硬勾吊车取 1.0，重级工作制软勾吊车取 0.8，中级工作制吊车 0.5；

$[\Delta\sigma]$——容许应力幅，按构件和连接类别查表 2-10。

表 2-10　循环次数 $n=2\times10^6$ 次时的容许应力幅　(N/mm^2)

构件和连接类别	1	2	3	4	5	6	7	8
$[\Delta\sigma]$	176	144	118	103	90	78	69	59

对简支实腹吊车梁，由于不发生应力的正负反复，故最小应力 σ_{min}是恒荷载标准值产生的应力，最大应力 σ_{max}是恒荷载标准值应力加 1 台吊车活荷载标准值产生的应力。因此，疲劳计算时不必求恒荷载应力，而可直接求活荷载应力，即为 $\Delta\sigma=\sigma_{max}-\sigma_{min}$。只需对截面受拉部位特别是受孔洞、切割、焊接等影响部分的主体金属以及连接进行疲劳计算，主要验算部位如下：

(1) 受拉翼缘最大拉应力处主体金属（图 2-65 的 a 点）；

(2) 受拉翼缘连接焊缝处主体金属（图 2-65 的 b 点）；

(3) 横向加劲肋下端处腹板主体金属（图 2-65 的 c 点）；

(4) 下翼缘角焊缝，支座加劲肋与腹板的连接角焊缝。

2.6.6　吊车梁的设计实例

1. 设计资料

简支吊车梁，跨度 12 m，2 台 500/100 kN 重级工作制（A6 级）桥式吊车，吊车跨度

$L=28.5\,\mathrm{m}$，横行小车重 $G=165\,\mathrm{kN}$。吊车轮压简图如图 2-66 所示，最大轮压标准值 $F_k=437.1\,\mathrm{kN}$，轨道型号 QU80，轨高 130 mm，底宽 130 mm，吊车资料系按北京起重运输机械研究所 2003 年产品样本。

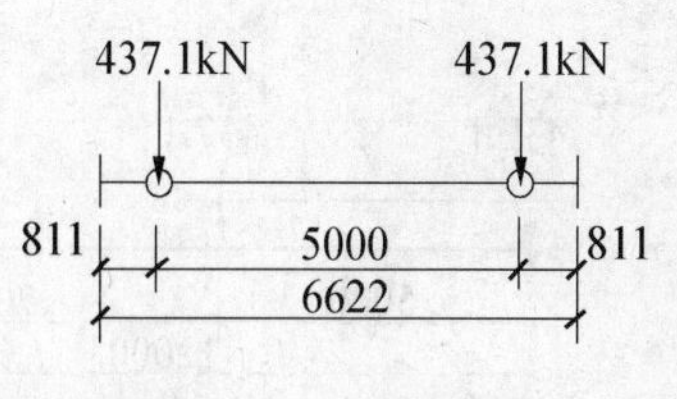

图 2-66　轮压简图

吊车梁材料采用 Q345B 钢，腹板与翼缘连接焊缝采用自动焊。制动梁宽度为 1.0 m。

2. 内力计算

1）两台吊车作用下的内力

竖向轮压在支座 A 处产生的最大剪力，最不利轮压位置可能如图 2-67a 所示，但也可能如图 2-67b 所示。

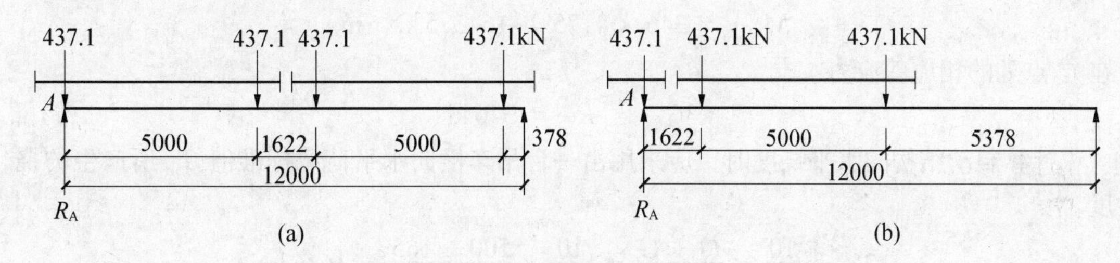

图 2-67　最大剪力轮压

由图 2-67a，得：

$$V_{k,A}=R_A=437.1\times\frac{1}{12}\times(0.378+5.378+7.00+12)=901.7\,\mathrm{kN}$$

由图 2-67b，得：

$$V_{k,A}=R_A=437.1\times\frac{1}{12}\times(10.378+5.378+7.00+12)=1011\,\mathrm{kN}$$

最大剪力标准值为：

$$V_{k\,max}=1011\,\mathrm{kN}$$

竖向轮压产生的绝对最大弯矩轮位如图 2-68 所示，最大弯矩在 C 点，其值为：

$$R_A=3\times437.1\times\frac{6.563}{12}=717.2\,\mathrm{kN}$$

$$M_{kC}=717.2\times6.563-437.1\times5=2521.5\,\mathrm{kN\cdot m}$$

相应剪力：　　$V_{kC}=717.2-437.1=280.1\,\mathrm{kN}$

计算吊车梁及制动结构的强度时应考虑由吊车摆动引起的横向水平力 H_k，此处 $H_k=0.1F_k$产生的最大弯矩为：

$$M_{yk}=0.1M_{kc}=252.1\,\mathrm{kN\cdot m}$$

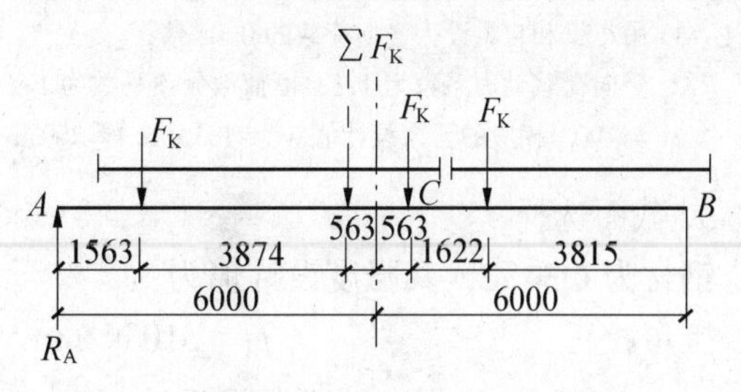

图 2-68　最大弯矩轮压

2）一台吊车作用下的内力

一台吊车最大剪力和最大弯矩轮位如图 2-69。其最大剪力为：

$$V_{k1}=437.1\times\frac{1}{12}\times(7+12)=692.1\,\mathrm{kN}$$

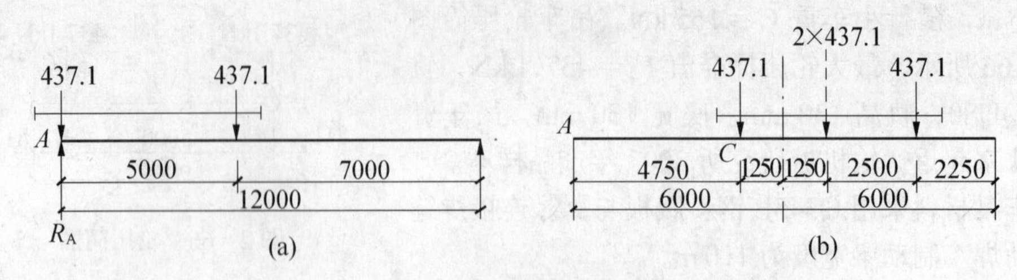

图 2－69　一台吊车的最大剪力和最大弯矩轮位

最大弯矩（图 2－69b）为：

$$R_A = 2 \times 437.1 \times \frac{4.75}{12} = 346\,\text{kN}$$

$$M_{kC1} = 346 \times 4.75 = 1643.5\,\text{kN} \cdot \text{m}$$

在 C 点处的相应剪应力：

$$V_{kC1} = R_A = 346\,\text{kN}$$

计算制动结构的水平挠度时，应采用由一台吊车横向水平荷载标准值 T_k 所产生的挠度。

$$T_k = \frac{10}{100} \times \frac{Q+G}{N} = \frac{10}{100} \times \frac{500+165}{4} = 16.6\,\text{kN}$$

水平荷载最不利轮位与图 2－69b 相同，产生的最大水平弯矩为：

$$M_{yk1} = 1643.5 \times \frac{16.6}{437.1} = 62.42\,\text{kN} \cdot \text{m}$$

3）内力汇总

见表 2－11。

表 2－11　吊车梁内力汇总表

两台吊车时			一台吊车时			
计算强度和稳定（设计值）			计算竖向挠度（标准值）	计算疲劳（标准值）		计算水平挠度(标准值)
$M_{x\,max}$	$M_{y\,max}$	$V_{x\,max}$	M_{xk}	M_{xk1}	V_{k1}	M_{yk1}
1.1×1.4×2521.5+ 1.1×1.2×0.05×2521.5 ＝4050 kN·m	1.4×252.1 ＝352.9 kN·m	1.1×1.4×1011+ 1.1×1.2×0.05×1011 ＝1623.7 kN	(1＋0.05)×1643.5 ＝1725.7 kN·m	1643.5 kN·m	692.1 kN	62.42 kN·m

注：1. 吊车梁和自重设为竖向荷载的 0.05 倍；

2. 竖向荷载动力系数为 1.1；恒荷载分项系数为 1.2；吊车荷载分项系数为 1.4；

3. 与 M_{max} 相应的剪力设计值 V_c＝1.1×1.4×280.1＋1.1×1.2×0.05×280.1＝449.8 kN。

3. 截面选择

钢材为 Q345B，其强度设计值为：

抗弯：　$f_1 = 310\,\text{N/mm}^2$（$t \leqslant 16\,\text{mm}$）

$f_2 = 295\,\text{N/mm}^2$（$t = 17 \sim 35\,\text{mm}$）

抗剪：　$f_v = 180\,\text{N/mm}^2$（$t \leqslant 16\,\text{mm}$）

估计翼缘板厚度超过 16 mm，故抗弯强度设计值取为 295 N/mm²；而腹板厚度不超过

16 mm，故抗剪强度取为 $f_v = 180\ N/mm^2$。

1）梁截面高度 h

需要的截面模量

$$W_{nx} = \frac{M_{x\max}}{\alpha \cdot f} = \frac{4050 \times 10^6}{0.7 \times 295} = 19612\ mm^3$$

由一台吊车竖向荷载标准值产生的弯曲应力为：

$$\sigma_k = \frac{M_{xk1}}{W_{nx}} = \frac{1725.7 \times 10^6}{19612 \times 10^3} = 88.0\ N/mm^2$$

重级工作制（A6、A7）桥式吊车容许值［ν］= $l/1200$，由刚度条件确定的梁截面最小高度：

$$h_{\min} = \frac{\sigma_k}{5E} \cdot \frac{l}{[\nu]} \cdot l = \frac{88.0}{5 \times 206 \times 10^3} \times 1200 \times 12000 = 1231\ mm$$

梁的经济高度：

$$h_s = 2W_{nx}^{0.4} = 2 \times (19612 \times 10^3)^{0.4} = 1652\ mm$$

取腹板高度　$h_w = 1600\ mm$。

(2) 腹板厚度　t_w

由抗剪要求：

$$t_w \geqslant 1.2\frac{V_{x\max}}{h_w f_v} = \frac{1623.7 \times 10^3}{1600 \times 180} \times 1.2 = 6.8\ mm$$

由经验公式：

$$t_w = \sqrt{h_w}/3.5 = \sqrt{1600}/3.5 = 11.4\ mm$$

取　$t_w = 12\ mm$

3）翼缘板宽度 b 和厚度 t

需要的翼缘截面面积为：

$$A_{f1} = \frac{W_{nx}}{h_w} - \frac{1}{6}t_w h_w = \frac{19612}{160} - \frac{1}{6} \times 1.2 \times 160 = 90.6\ cm^2$$

因吊车钢轨用压板与吊车梁的上翼缘连接，故上翼缘在腹板两侧均有螺栓孔。另外，本设计是跨度为 12 m 的重级工作制吊车梁，应设置辅助桁架和水平垂直的支撑系统，因此下翼缘也应有连接水平支撑的螺栓孔，如图 2-70。设上、下翼缘的螺栓孔直径为 $d_0 =$ 24 mm，

$$b = \left(\frac{1}{5} \sim \frac{1}{3}\right)h = 33 \sim 55\ cm$$

取上翼缘宽度 500 mm（留两个螺栓孔），下翼缘宽度 500 mm（留一个螺栓孔）。

$$t = \frac{90.6}{50 - 2 \times 2.4} = 2.0\ cm, 取\ t = 22\ mm,$$

$$\frac{b_1}{t} = \frac{25}{2.2} = 11.4 < 15\sqrt{\frac{235}{345}} = 12.4$$

满足局部稳定的要求。

4）制动板、梁选择

制动板选用 8 mm 厚花纹钢板，制动梁外侧翼缘（即辅助桁架的上弦）选用 2∟90×8

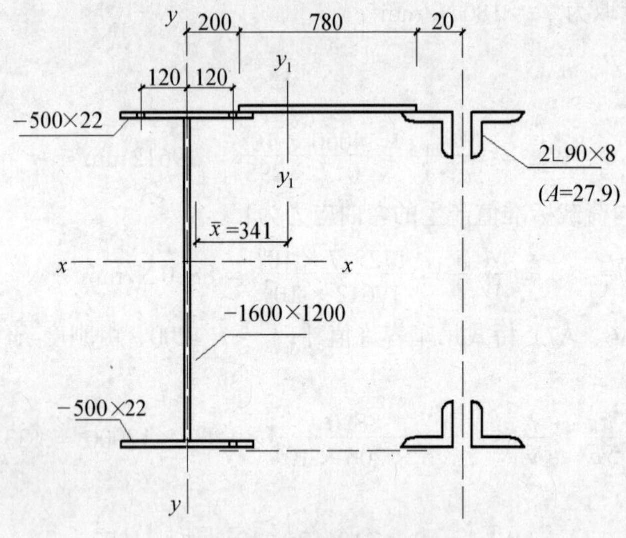

图 2－70 吊车梁截面

（$A=27.9\,\mathrm{cm}^2$，$I_y=467\,\mathrm{cm}^4$）。

5）截面几何特性（图 2－70）

吊车梁毛截面惯性矩：

$$I_x = \frac{1}{12}(50 \times 164.4^3 - 48.8 \times 160^3) = 1857000\,\mathrm{cm}^4$$

净截面惯性矩（假设中和轴 $x—x$ 与毛截面的相同）：

$$I_{nx} = 1857000 - 3 \times 2.4 \times 2.2 \times 82.2^2 = 1750000\,\mathrm{cm}^4$$

吊车梁净截面模量：

$$W_{nx} = \frac{1750000}{82.2} = 21290\,\mathrm{cm}^3$$

制动梁净截面面积：

$$A_n = (50 - 2 \times 2.4) \times 2.2 + 78 \times 0.8 + 27.9 = 189.7\,\mathrm{cm}^2$$

制动梁截面中心至吊车梁腹板截面中心之间的距离：

$$\bar{x} = \frac{1}{189.7}(78 \times 0.8 \times 59 + 27.9 \times 100) = 34.1\,\mathrm{cm}$$

制动梁对 $y_1—y_1$轴的毛截面惯性矩：

$$I_{y1} = \frac{1}{12} \times 2.2 \times 50^3 + 2.2 \times 50 \times 34.1^2 + 467 + 27.9 \times 65.9^2 + \frac{1}{12} \times 0.8 \times 78^3 + 78 \times 0.8 \times 24.9^2 = 343000\,\mathrm{cm}^4$$

制动梁对吊车梁上翼缘外边缘点的净截面模量：

$$W_{ny1} = \frac{343000 - 2.4 \times 2.2 \times (46.1^2 + 22.1^2)}{59.1} = 5570\,\mathrm{cm}^3$$

4．截面验算

1）验算强度

上翼缘正应力：

$$\frac{M_{\mathrm{x\,max}}}{W_{\mathrm{nx}}}+\frac{M_{\mathrm{y\,max}}}{W_{\mathrm{ny1}}}=\frac{4050\times10^{6}}{21290\times10^{3}}+\frac{352.9\times10^{6}}{5570\times10^{3}}=253.6\,\mathrm{N/mm^2}<f_2=295\,\mathrm{N/mm^2}$$

剪应力：

$$\tau=\frac{V_{\mathrm{x}}S}{I_{\mathrm{x}}t_{\mathrm{w}}}=\frac{1623.7\times10^{3}}{1857000\times10^{4}\times12}\left(500\times22\times811+800\times12\times\frac{800}{2}\right)$$

$$=93\,\mathrm{N/mm^2}<f_{\mathrm{v}}=180\,\mathrm{N/mm^2}$$

腹板局部压应力：

$$\sigma_{\mathrm{c}}=\frac{\Psi F}{t_{\mathrm{w}}l_{\mathrm{z}}}=\frac{1.35\times437.1\times10^{3}\times1.4\times1.1}{12\times(50+2\times130+5\times22)}=180.3\,\mathrm{N/mm^2}<f_1=310\,\mathrm{N/mm^2}$$

2）整体稳定验算

因有制动梁，不需要验算吊车梁的整体稳定性。

3）刚度验算

吊车梁的竖向相对挠度：

$$\frac{\nu}{l}=\frac{M_{\mathrm{xk}}l}{10EI_{\mathrm{x}}}=\frac{1725.7\times10^{6}\times12000}{10\times206\times10^{3}\times1857000\times10^{4}}=\frac{1}{1847}<\frac{1}{1200}$$

制动梁的水平相对挠度：

$$\frac{\nu}{l}=\frac{M_{\mathrm{yk1}}l}{10EI_{\mathrm{y1}}}=\frac{62.42\times10^{6}\times12000}{10\times206\times10^{3}\times343000\times10^{4}}=\frac{1}{9433}<\frac{1}{2200}$$

由于跨度不大，梁截面沿长度不予以改变。

5. 翼缘与腹板的连接焊缝

(1) 腹板与上翼缘的连接采用焊透的 T 形对接焊缝，焊缝质量不低于二级。不必计算。

(2) 腹板与下翼缘的连接采用角焊缝，需要的焊角尺寸为：

$$h_{\mathrm{f}}\geqslant\frac{1}{1.4f_{\mathrm{f}}^{\mathrm{w}}}\cdot\frac{V_{\mathrm{x}}S_1}{I_{\mathrm{x}}}=\frac{1}{1.4\times200}\times\frac{1623.7\times10^{3}\times500\times22\times811}{1857000\times10^{4}}=2.9\,\mathrm{mm}$$

采用 $h_{\mathrm{f}}=8\,\mathrm{mm}\geqslant1.5\sqrt{t}=1.5\sqrt{22}=7.04\,\mathrm{mm}$

6. 腹板局部稳定性验算

因受压翼缘连有制动板，可以认为扭转受到完全约束。

$$\frac{h_0}{t_{\mathrm{w}}}=\frac{1600}{12}=133<170\sqrt{\frac{235}{345}}=140$$

只需设置横向加劲肋，沿全跨等间距布置，设间距 $a=1200$，则全跨有 10 个板段，如图 2-71。

(1) 靠近跨中的板段 V 或 V'（图 2-71）中央，正好在最大弯矩 $M_{\mathrm{x\,max}}$ 附近，其应力为：

$$\sigma=\frac{M_{\mathrm{x\,max}}h_0}{W_{\mathrm{nx}}h}=\frac{4050\times10^{6}\times1600}{21290\times10^{3}\times1644}=185.1\,\mathrm{N/mm^2}$$

$$\tau=\frac{V_{\mathrm{c}}}{h_0t_{\mathrm{w}}}=\frac{449.8\times10^{3}}{1600\times12}=23.5\,\mathrm{N/mm^2}$$

$$\sigma_{\mathrm{c}}=\frac{F}{t_{\mathrm{w}}l_{\mathrm{z}}}=\frac{437.1\times10^{3}\times1.4\times1.1}{12\times(50+2\times130+5\times22)}=133.6\,\mathrm{N/mm^2}$$

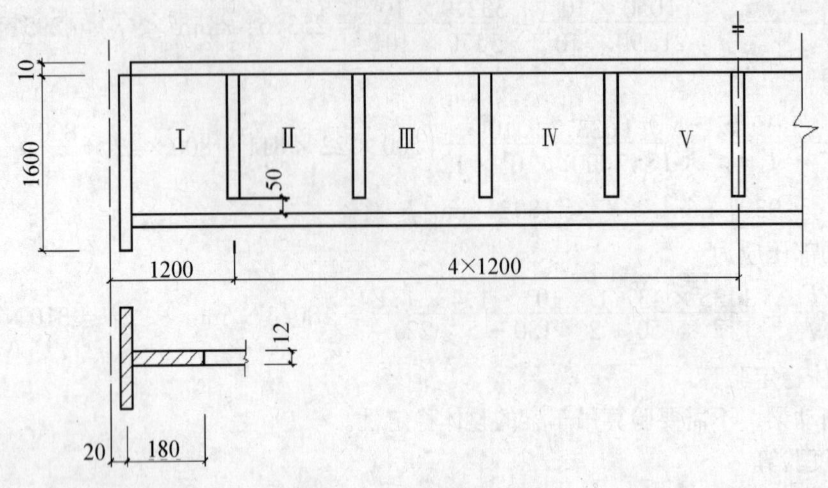

图 2-71　加劲肋的布置

$$\frac{a}{h_0}=\frac{1200}{1600}=0.75,\ \frac{h_0}{t_w}=\frac{1600}{12}=133$$

各自的临界应力：

由　$\lambda_b=\dfrac{h_0/t_w}{177}\sqrt{\dfrac{345}{235}}=0.91>0.85$ 但小于 1.25，得：

$$\sigma_{cr}=[1-0.79(\lambda_b-0.85)]f$$
$$=[1-0.79(0.91-0.85)]\times 310=296\,\text{N/mm}^2$$

由　$\lambda_c=\dfrac{133}{28\sqrt{10.9+13.4\ (1.85-0.75)^3}}\sqrt{\dfrac{345}{235}}=1.09>0.9$ 但小于 1.2，得：

$$\sigma_{c,cr}=[1-0.79(\lambda_c-0.9)]f$$
$$=[1-0.79(1.09-0.9)]\times 310=263.5\,\text{N/mm}^2$$

由　$\lambda_s=\dfrac{133}{41\sqrt{4+5.34\times 1.33^2}}\sqrt{\dfrac{345}{235}}=1.07>0.8$ 但小于 1.2，得：

$$\tau_{cr}=[1-0.59(\lambda_s-0.8)]f_v$$
$$=[1-0.59(1.07-0.8)]\times 180=151\,\text{N/mm}^2$$

验算稳定：

$$\left(\frac{\sigma}{\sigma_{cr}}\right)^2+\left(\frac{\tau}{\tau_{cr}}\right)^2+\frac{\sigma_c}{\sigma_{c,cr}}=\left(\frac{185.1}{296}\right)^2+\left(\frac{23.5}{151}\right)^2+\frac{133.6}{263.5}=0.923<1.0$$

满足要求。

(2) 靠近支座的端部板段Ⅰ，此板段的弯曲正应力影响甚小，可假定 $\sigma=0$，板段中央所承受的最不利剪力比最大剪力 $V_{x\max}$略小，但假定 $V_1=V_{x\max}$以弥补略去弯曲正应力的影响。

$$\tau=\frac{1623.7\times 10^3}{1600\times 12}=84.6\,\text{N/mm}^2$$

局部压应力仍为：

$$\left(\frac{\sigma}{\sigma_{cr}}\right)^2+\left(\frac{\tau}{\tau_{cr}}\right)^2+\frac{\sigma_c}{\sigma_{c,cr}}=\left(\frac{84.6}{151}\right)^2+\frac{133.6}{263.5}=0.31+0.51=0.82<1.0$$

7. 中间加劲肋截面设计

加劲肋在腹板两侧成对布置，其所需的外伸宽度：

$$b_s \geqslant \frac{h_0}{30}+40=\frac{1600}{30}+40=93.3\,\text{mm}, \text{取}\ 120\,\text{mm}$$

厚度：
$$t_s=\frac{1}{15}b_s=\frac{1}{15}\times 120=8\,\text{mm}$$

加劲肋选用截面 -120×8。

8. 支座加劲肋设计

支座处选用突缘加劲板（图 2-71），其截面 -500×20。

稳定性验算：按承受最大支座反力 $R=V_{v\,max}=1623.7\,\text{kN}$ 的轴心压杆，验算在腹板平面外的稳定。

$$A=50\times 2.0+18\times 1.2=121.6\,\text{cm}^2$$

$$I_z=\frac{2.0\times 50^3}{12}=20800\,\text{cm}^4$$

$$i_x=\sqrt{\frac{20800}{121.6}}=13.1\,\text{cm}$$

$$\lambda=\frac{h_0}{i_x}=\frac{160}{13.1}=12.2$$

由 $\lambda=\sqrt{\frac{345}{235}}=14.8$，查附表 3-1b，得 $\varphi=0.98$（b 类截面）。

整体稳定：

$$\frac{R}{\varphi A}=\frac{1623.7\times 10^3}{0.98\times 121.6\times 10^2}=136.7\,\text{N/mm}^2<f_2=295\,\text{N/mm}^2$$

验算端部承压应力：

$$\sigma_{ce}=\frac{R}{A_{ce}}=\frac{1623.7\times 10^3}{500\times 20}=164.2\,\text{N/mm}^2<f_{ce}=400\,\text{N/mm}^2$$

支承加劲肋与腹板的连接焊缝计算：焊缝计算长度 $\sum l_w=2(160-1)=318\,\text{cm}$，需要的焊脚尺寸为：

$$h_f=\frac{R}{0.7f_f^w\sum l_w}=\frac{1623.7\times 10^3}{0.7\times 200\times 3180}=3.7\,\text{mm}$$

取 $h_f=8\,\text{mm}$，大于最小焊脚尺寸 $1.5\sqrt{20}=6.7\,\text{mm}$。

9. 吊车梁的拼接

由钢板的规格，翼缘板（厚 22 mm，宽 0.5m）和腹板（厚 12 mm，宽 1.6m）的长度均可达 12m，且运输也无困难，故不需进行拼接。

10. 吊车梁的疲劳强度验算

1）下翼缘与腹板连接处的主体金属

由于应力幅 $\Delta\sigma=\sigma_{max}-\sigma_{min}$，其中 σ_{max} 为恒载与吊车荷载产生的应力，σ_{min} 为恒载产生的应力，故 $\Delta\sigma$ 为吊车竖向荷载产生的应力。

$$\Delta\sigma = \frac{M_{xk1}}{W_{nx}} \cdot \frac{h_0}{h} = \frac{1643.5\times10^5}{21290\times10^3}\cdot\frac{1600}{1644} = 75.1\,\mathrm{N/mm^2}$$

由附表 5－1 查得此种连接类别为 3 类，再由表 2－10 得$[\Delta\sigma]_{2\times10^6}=118\,\mathrm{N/mm^2}$。

验算公式为：

$$\alpha_f\cdot\Delta\sigma = 0.8\times75.1 = 60\,\mathrm{N/mm^2} < [\Delta\sigma]_{2\times10^6} = 118\,\mathrm{N/mm^2}$$

2）下翼缘连接支撑的螺栓孔处

设一台吊车最大弯矩截面处正好有螺栓孔。

$$\Delta\sigma = \frac{M_{xk1}}{W_{nx}} = \frac{1643.5\times10^6}{21290\times10^3} = 77.2\,\mathrm{N/mm^2}$$

此连接类别为 3 类，$[\Delta\sigma]_{2\times10^6}=118\,\mathrm{N/mm^2}$，验算式为：

$$\alpha_f\cdot\Delta\sigma = 0.8\times77.2 = 61.8\,\mathrm{N/mm^2} < [\Delta\sigma]_{2\times10^6} = 118\,\mathrm{N/mm^2}$$

3）横向加劲肋下端的主体金属（截面沿长度不改变的梁，可只验算最大弯矩处截面）

此类连接为第 5 类，由表 2－10 得$[\Delta\sigma]_{2\times10^6}=90\,\mathrm{N/mm^2}$。

最大弯矩为 $M_{xk1}=1643.5\,\mathrm{kN\cdot m}$，相应的剪应力 $V=346\,\mathrm{kN}$

$$\Delta\tau = \frac{VS}{I_x t_w} = \frac{34.6\times10^3}{1857000\times10^4\times12}\times(500\times22\times811+50\times12\times775) = 14.6\,\mathrm{N/mm^2}$$

$$\Delta\sigma = \frac{M_{xk1}}{W_{nx}}\times\frac{750}{822} = \frac{1643.5\times10^6\times750}{21290\times10^3\times822} = 70.4\,\mathrm{N/mm^2}$$

主拉应力幅为：

$$\Delta\sigma_0 = \frac{\Delta\sigma}{2}+\sqrt{\left(\frac{\Delta\sigma}{2}\right)^2+(\Delta\tau)^2} = \frac{70.4}{2}+\sqrt{\left(\frac{70.4}{2}\right)^2+15^2} = 73.5\,\mathrm{N/mm^2}$$

验算式为：

$$\alpha_f\cdot\Delta\sigma_0 = 0.8\times73.5 = 58.5\,\mathrm{N/mm^2} < [\Delta\sigma]_{2\times10^6} = 90\,\mathrm{N/mm^2}$$

4）下翼缘与腹板连接的角焊缝

此角焊缝 $h_f=8\,\mathrm{mm}$，疲劳类别为 8 类，$[\Delta\tau]_{2\times10^6}=59\,\mathrm{N/mm^2}$，角焊缝的应力幅为：

$$\Delta\tau_f = \frac{V_{k1}S_1}{2\times0.7h_f I_x} = \frac{692.1\times10^3\times500\times22\times811}{1.4\times8\times185700\times10^4} = 29.7\,\mathrm{N/mm^2}$$

$$\alpha_f\cdot\Delta\tau_f = 0.8\times29.7 = 23.8\,\mathrm{N/mm^2} < [\Delta\tau]_{2\times10^6} = 59\,\mathrm{N/mm^2}$$

5）支座加劲肋与腹板处的连接焊缝。

此角焊缝 $h_f=8\,\mathrm{mm}$，疲劳类别仍为 8 类。

$$\Delta\tau_f = \frac{V_{k1}}{2\times0.7h_f l_w} = \frac{692.1\times10^3}{1.4\times8\times(1600-10)} = 38.9\,\mathrm{N/mm^2}$$

$$\alpha_f\cdot\Delta\tau_f = 0.8\times38.9 = 31.1\,\mathrm{N/mm^2} < [\Delta\tau]_{2\times10^6} = 59\,\mathrm{N/mm^2}$$

第3章　平板网架结构

3.1 概述

3.1.1 网格结构定义

网格结构是由多根杆件按照某种规律的几何图形通过节点连接起来的杆系结构，其外形可呈平板状（双层或多层），即网架结构；也可是曲面状（单层或双层），即网壳结构（图3-1）。网格结构是网架与网壳的总称。

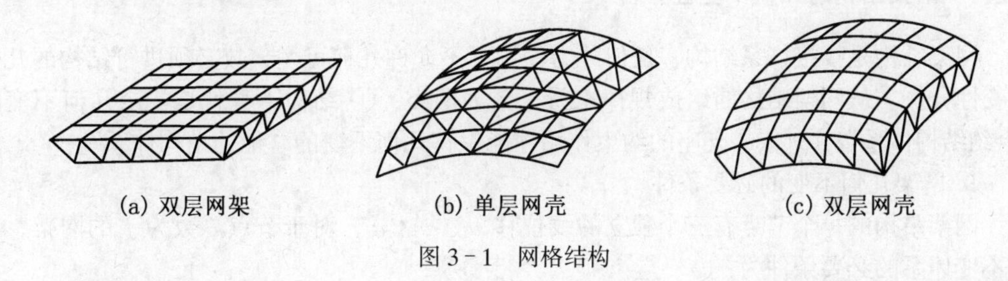

(a) 双层网架　(b) 单层网壳　(c) 双层网壳

图3-1　网格结构

3.1.2 网架结构的优越性

我国从1964年建成第一幢平板网架结构——上海师范学院球类房屋盖（平面尺寸31.4m×40.5m，正放四角锥网架）以来，据不完全统计，至2001年底，全国已建成各种跨度的网架、网壳结构约13500座，覆盖面积近2000万m^2，在世界上列首位。

网架结构广泛用于体育场馆、展览馆、影剧院、食堂、候车（船）厅、飞机库、工业厂房和仓库等建筑中。工程实践表明，网架结构已成为大跨度结构中应用最为广泛的结构形式之一。之所以获得如此快的发展，除了计算机技术的进步外，主要是由于网架结构是一种受力性能很好的结构体系，具有以下优点：

(1) 传力路径简捷，应用范围广。平板网架不仅可用于中小跨度* 的工业、民用建筑，如厂房、食堂、会议室等，更宜覆盖大跨度的公共建筑，如体育馆、影剧院、展览馆等。首都体育馆（99m×112.2m）用钢量65kg/m^2，上海体育馆（内径110m）用钢量47kg/m^2。

(2) 重量轻，经济指标好。与同等跨度的平面钢屋架相比，跨度30m以下时，可节

* 注：60m以上为大跨度，30～60m为中等跨度，30m以下为小跨度[48]。

省钢材5%～10%；跨度30m以上时，可节省钢材10%～20%。跨度越大，节省越多。

(3) 整体刚度大，抗震性能好。1976年唐山地震后，京津地区的大中跨度网架，如首都体育馆、天津二七俱乐部等网架屋盖，经检查都未发现任何损坏；且对于承受集中荷载、非对称荷载、局部荷载、地基沉陷等均为有利。

(4) 施工安装方便。杆件和节点比较单一，尺寸不大，储存、装卸、运输和拼装都较方便。现场安装可不需要大型起重设备。

(5) 杆件和节点制作定型化、商品化，可在工厂中成批生产，既保证了加工质量又缩短了制作时间。

(6) 平面布置灵活，屋盖平整，有利于吊顶、安装管道和设备，且建筑造型美观、大方，便于建筑处理和装饰。

(7) 分析计算成熟，且采用计算机辅助设计。

3.2 网架结构的分类及选型

3.2.1 网架结构的几何不变性分析

网架结构是铰接杆系结构，任何外力作用下不允许几何可变，故必须进行结构的几何不变性分析。从网架结构的组成规律来看，分为两类：① 结构本身就是一个几何不变的“自约结构体系”；② 依靠支座的约束作用才能保持几何不变的“他约结构体系”。

1. 网架几何不变的必要条件

网架结构的每个节点有三个独立的线位移 u、v、w，对于节点总数为 J 的网架，几何不变体系的必要条件为：

$$W = 3J - m - n \leqslant 0 \tag{3-1}$$

式中 m——杆件总数；

n——支座约束链杆数（≥6）。

由式(3-1)，当 $W>0$ 时，网架为几何可变体系；$W=0$ 时，网架为静定结构；$W<0$ 时，网架为超静定结构。

2. 网架几何不变的充分条件

首先对组成网架的基本单元进行分析，再对网架的整体做出评价。

网架节点不得仅含一根或两根杆件，三角锥是组成空间结构几何不变的最小单元。从一个几何不变基本单元（图3-2所示的四面体 $Oabc$）开始，连续不断地通过三个不共面的杆件交出一个新的节点所构成的结构体系，总是几何不变的。

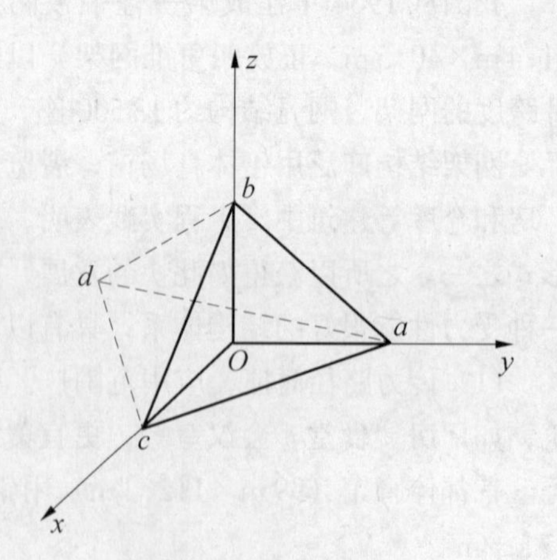

图3-2 几何不变基本单元

几何可变单元（图3-3a、c、e）可通过加设杆件（图3-3b、f）或适当加设支承链杆（图3-3d、g）使其变为几何不变体系。

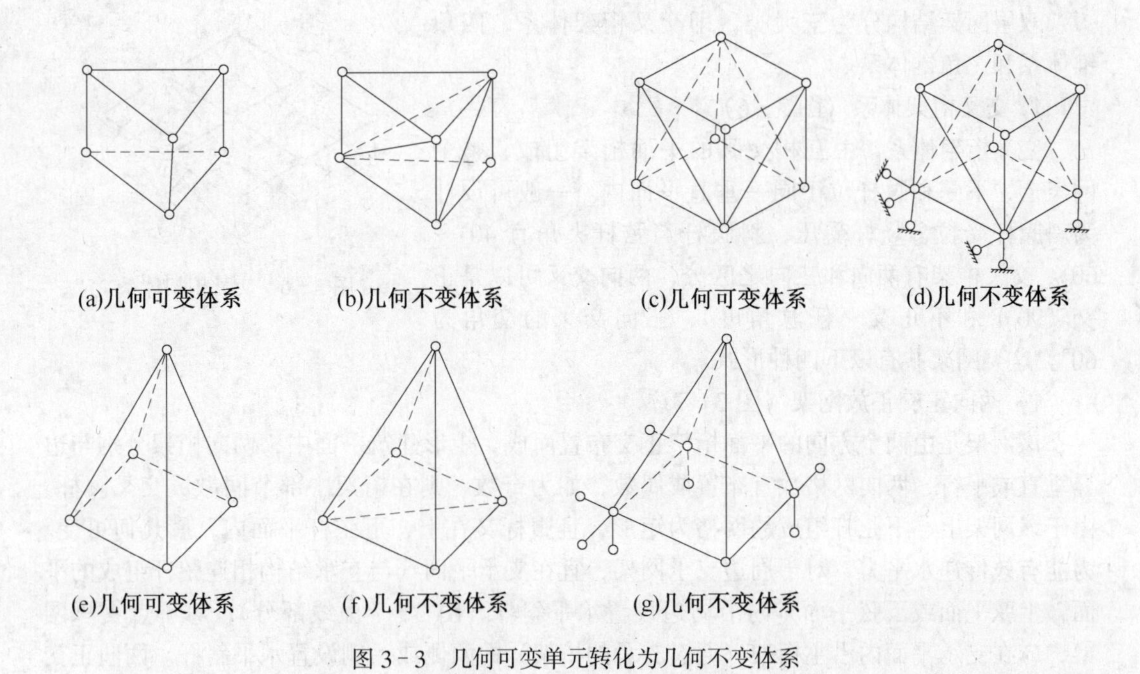

图 3-3　几何可变单元转化为几何不变体系

由于网架结构的杆件、节点数目众多，一般无须对其进行充分必要条件的验证，而是通过对结构的总刚矩阵进行检查来实现，即：总刚矩阵考虑了边界条件以后，若在对角元素中出现零元素，则与其相应节点为几何可变；或总刚矩阵系数行列式 $|K|=0$，说明该矩阵为奇异矩阵，即体系几何可变。

3.2.2　网架结构的分类

平板网架的形式众多，按层数分，有双层（图 3-4，最常用）和三层网架（图 3-5）；按支承情况，可分为周边支承或周边点支承、三边支承或对边支承、点支承以及周边支承与点支承的组合等（详见 3.3 节）；按网格组成情况，可分为交叉桁架系和角锥系。

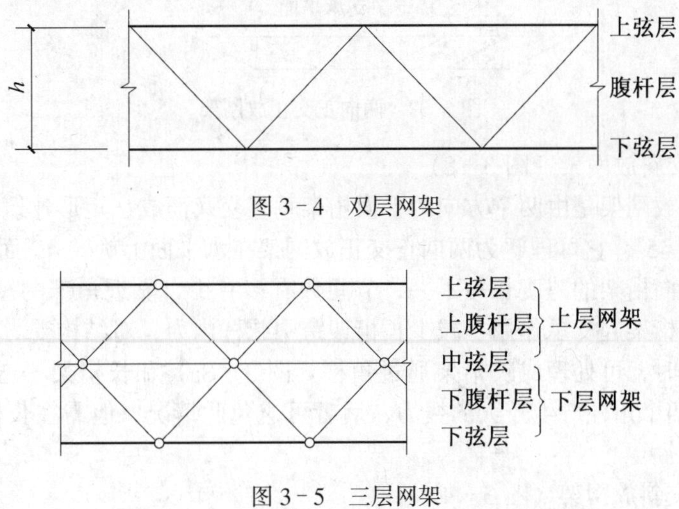

图 3-4　双层网架

图 3-5　三层网架

双层网架结构分为三大类，即交叉桁架体系，四角锥体系和三角锥体系。

1. 交叉桁架体系（图 3－6）

交叉桁架体系，由互相交叉的平面桁架组成，整个网架上、下弦和腹杆位于同一垂直平面内。一般可设计为斜腹杆受拉，竖杆受压，斜腹杆与弦杆夹角宜 40°～60°。交叉桁架有两向和三向之区分，两向交叉可以是正交（90°）和不正交（任意角度），三向交叉的交角为60°。这类网架共有以下四种形式。

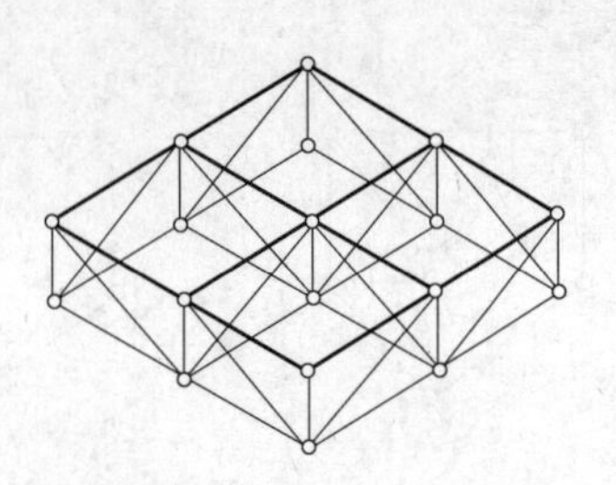
图 3－6　交叉桁架体系

1）两向正交正放网架（图 3－7）

该网架是由两个方向的平面桁架正交布置而成。矩形建筑平面中，两向桁架分别与边界垂直或平行，两向网格数宜布置成偶数，如为奇数，则在桁架中部节间做成交叉腹杆。由于该网架上、下弦杆组成的网格为矩形，且腹杆又在上、下弦杆平面内，属几何可变。为能有效传递水平力，对于周边支承网架，宜在支承平面（与支承结构相连弦杆组成的平面，上弦平面或下弦平面）内沿周边设置水平斜杆（图 3－7 虚线部分）；对于点支承网架，应在支承平面内沿主桁架（通过支承的桁架）的两侧或一侧设置水平斜杆。两向正交正放网架的受力特点类似于两向等刚度交叉梁，随平面尺寸和支承情况而变化。

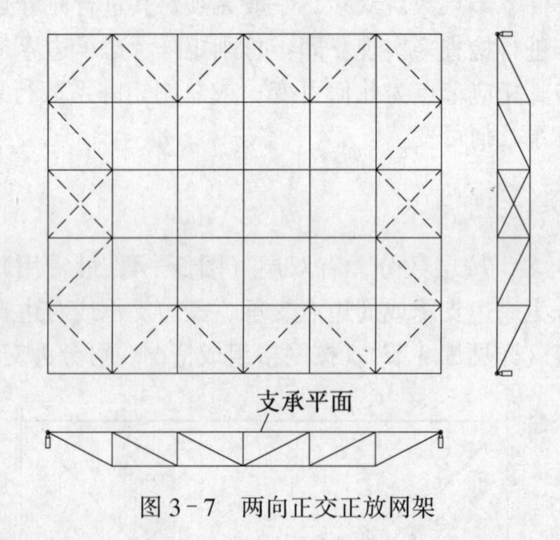

图 3－7　两向正交正放网架

2）两向正交斜放网架（图 3－8）

两向正交斜放网架是由两个方向的平面桁架垂直交叉而成，矩形建筑平面中，两向桁架与边界夹角为 45°，它可理解为两向正交正放网架在水平面上旋转 45°而得。

该网架的两向桁架的跨度长短不一，节间数有多有少，靠近角部的短桁架刚度较大，对与其垂直的长桁架起支承作用，减少长桁架跨中弦杆内力，对结构受力有利。对于矩形平面，周边支承时，可处理成长桁架通过角柱（图 3－8a）和长桁架不通过角柱（图 3－8b），前者将使四个角柱产生较大的拔力，后者可避免此情况，但需在长桁架支座处设两个边角柱。

3）两向斜交斜放网架（图 3－9）

两向斜交斜放网架是由两向桁架相交 α 角交叉而成，形成菱形网格，适宜于边界柱距

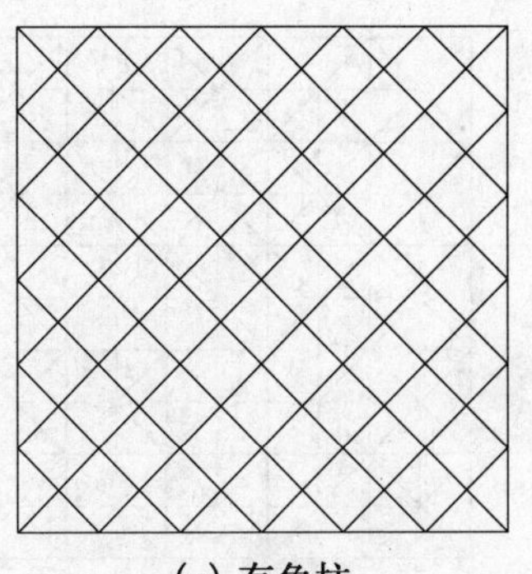

(a) 有角柱　　(b) 无角柱

图3－8　两向正交斜放网架

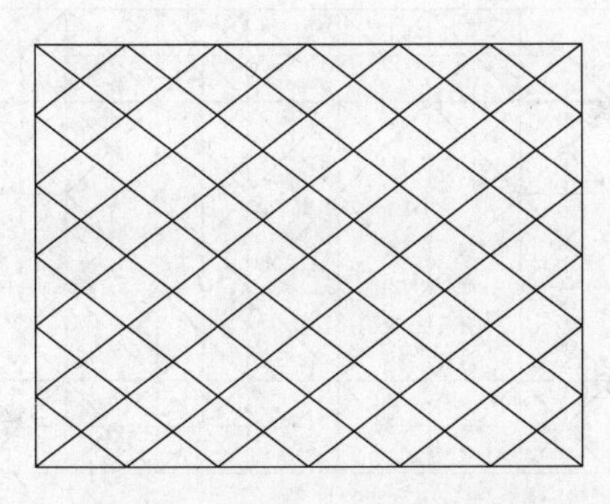

图3－9　两向斜交斜放网架

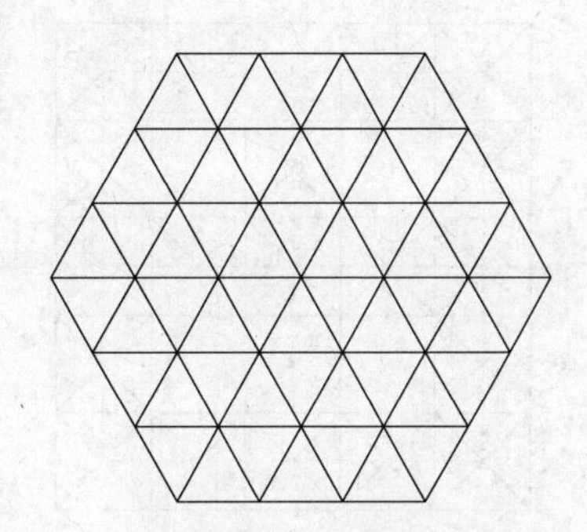

3－10　三向网架

在两个方向不等跨时采用。这类网架节点构造复杂，受力性能欠佳，只是在建筑上有特殊要求时才考虑选用。

4）三向网架（图3－10）

三向网架是三个方向的桁架按60°相互交叉而成。该网架的上、下弦平面的网格呈正三角形，为几何不变体，刚度大，受力性能好。但汇交于一个节点的杆件多达10根，节点构造较复杂。三向网架适用于三角形、六边形、多边形和圆形等建筑平面。该网架节间一般较大，可达5～6m，故腹杆可采用再分式。

2．四角锥体系（图3－11）

四角锥体系网架是由许多倒置四角锥按一定规律组成。该网架上、下弦平面均为方形网格，且错开半个网格，下弦节点位于上弦网格形心的投影线上，用斜腹杆与上弦网格的四个节点相连。这类网架主要有五种形式。

1）正放四角锥网架（图3－12）

所谓正放是指四角锥底各边与相应周边平行。正放四角锥网架是由倒置的四角锥体为组成单元，锥底的四边为网架上弦杆，锥棱为腹杆，各锥顶相连即为下弦杆。上、下弦节点均分别连接8根杆件，节点构造较统一。这种网架因杆件标准化、节点统一化，便于工厂生产，在国内外得到了广泛应用。

2）正放抽空四角锥网架（图3－13）

正放抽空四角锥网架是在正放四角锥网架的基础上，适当抽掉一些四角锥单元中的腹杆和下弦杆而成。这种网架的杆件数量少、构造简单、经济效果较好，但刚度稍弱。由于

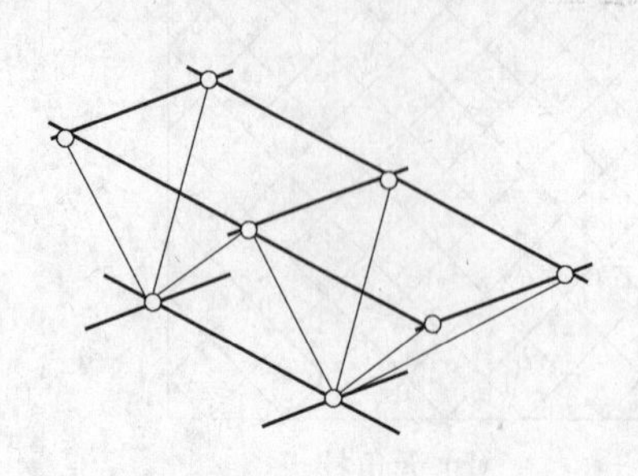

图 3－11　四角锥体系

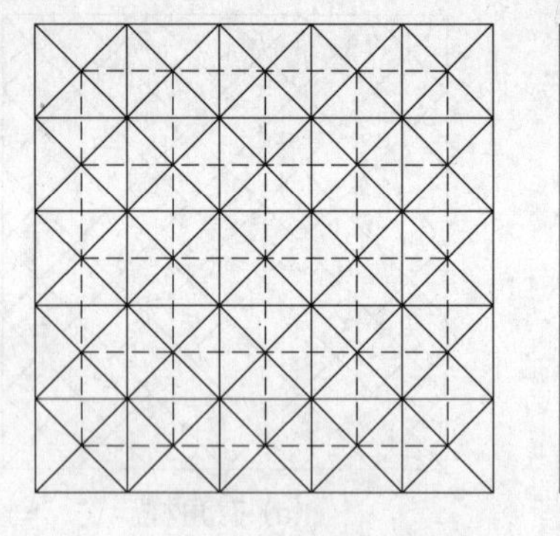

3－12　正放四角锥网架

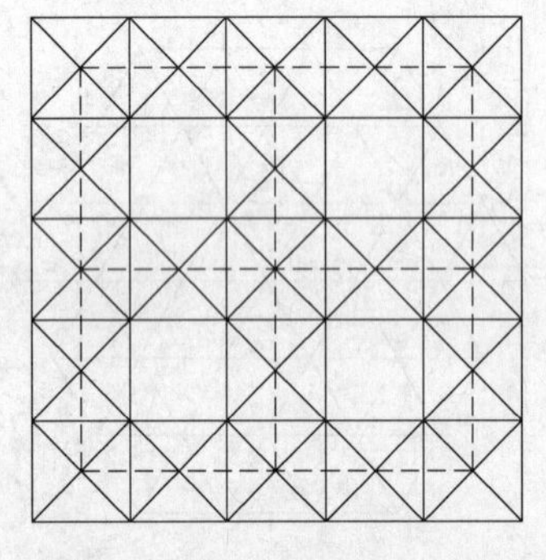

图 3－13　正放抽空四角锥网架

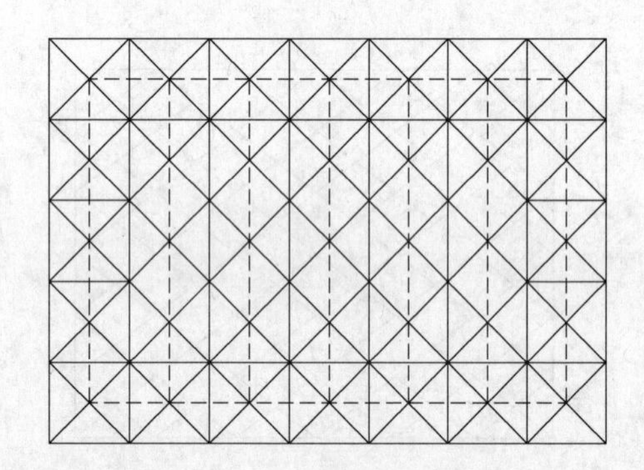

图 3－14　单向折线形网架

周边 1～2 个网格不宜抽杆，两向网格数宜取奇数。

3）单向折线形网架（图 3－14）

单向折线形网架是将正放四角锥网架取消纵向的上、下弦杆，保留周边一圈纵向上弦杆而组成的网架，适用于周边支承。

周边支承的正放四角锥网架，当长宽比较大（>2）时，沿长向上、下弦杆内力较小，而沿短向上、下弦杆内力较大，处于明显的单向受力状态，故可取消纵向上、下弦杆，形成单向折线形网架。周边一圈四角锥是为加强结构的整体刚度，并传递外荷载。

4）斜放四角锥网架（图 3－15）

所谓斜放，是指四角锥底与周边成 45°角。斜放四角锥网架也是由倒置四角锥组成，上弦网格正交斜放，下弦网格正交正放。

这种网架的上弦杆长度为下弦杆的$\sqrt{2}/2$倍。周边支承情况下，上弦杆受压，下弦杆受拉，充分体现了长杆受拉、短杆受压的合理受力特点。此外，节点处交汇的杆件相对较少（上弦节点 6 根，下弦节点 8 根）。该网架适合于周边支承的情况，节点构造简单，杆件受力合理，用钢量较省。

5）棋盘形四角锥网架（图 3－16）

棋盘形四角锥网架是因其形状与国际象棋的棋盘相似而得名。在正放四角锥基础上，除周边四角锥（1～2 格）不变外，中间四角锥间隔抽空，下弦杆呈正交斜放，上弦杆呈正交正放，下弦杆与边界呈 45°夹角，上弦杆与边界垂直或平行。

这种网架也具有上弦短下弦长的优点，且节点汇交杆件少，用钢量省，屋面板规格单

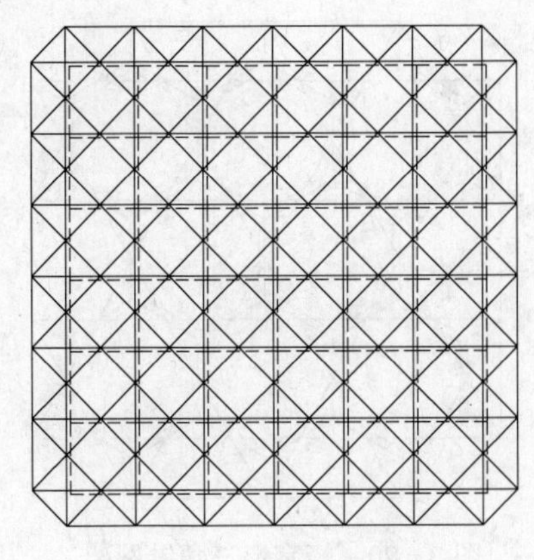

图 3－15　斜放四角锥网架

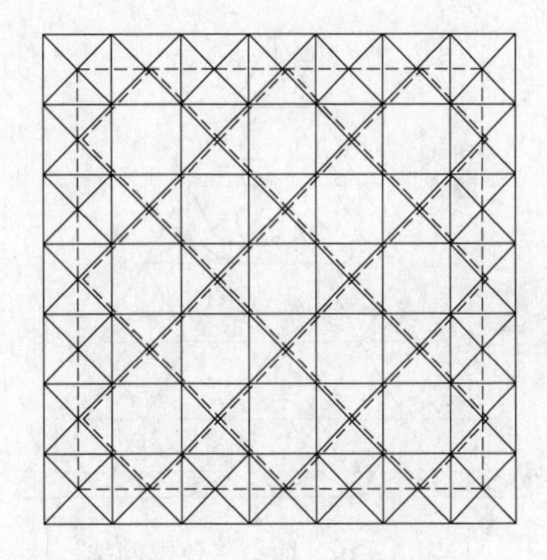

图 3－16　棋盘形四角锥网架

一，刚度比斜放四角锥好。它适用于周边支承的情况。

3．三角锥体系（图 3－17）

三角锥体系网架是由倒置的三角锥组成，锥底的三条边即网架的上弦杆，棱边即为网架腹杆，锥顶用杆件相连即为网架的下弦杆，随锥体布置不同，分为三类三角锥体系网架。

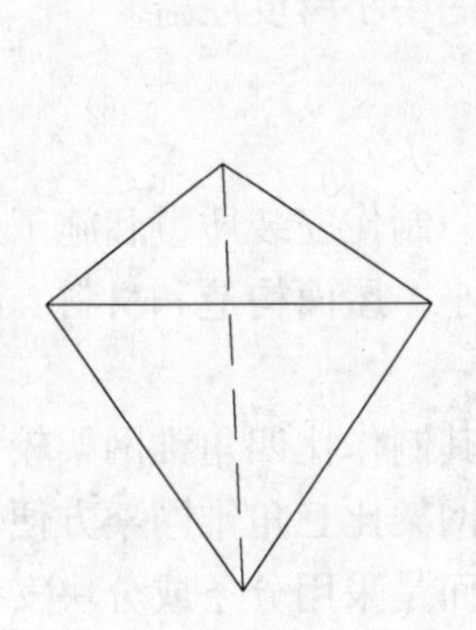

图 3－17　三角锥体系

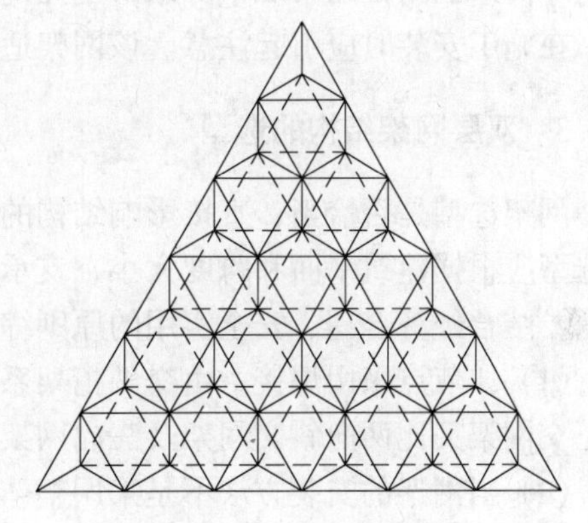

图 3－18　三角锥网架

1）三角锥网架（图 3－18）

三角锥网架的上、下弦平面均为正三角锥网格。下弦三角形的顶点在上弦三角形网格的形心投影线上。三角锥网架受力比较均匀，整体抗扭、抗弯刚度好，如果取网架高度为网格尺寸的$\sqrt{6}/3$倍，则网架的上、下弦杆和腹杆等长。上、下弦节点处汇交杆件数均为 9 根，节点构造类型统一。

三角锥网架一般适用于大中跨度及重屋盖的建筑，当建筑平面为三角形、六边形或圆形时最为适宜。

2）抽空三角锥网架（图 3－19）

抽空三角锥网架是在三角锥网架基础上，适当抽去一些三角锥中的腹杆和下弦杆，使上弦网格仍为三角形，下弦网格为三角形及六边形组合。抽锥规律为：沿网架周边一圈的网格保持不变，内部从第二圈开始沿三个方向间隔一个网格抽掉一个三角锥。

抽空三角锥网架抽掉杆件较多，整体刚度不如三角锥网架，适用于中小跨度的三角

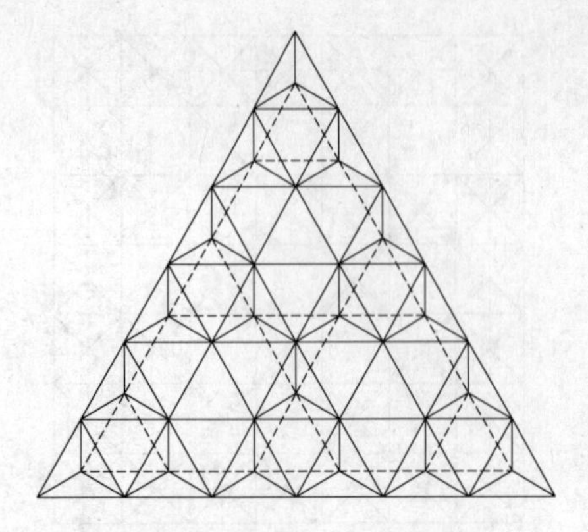

图 3-19 抽空三角锥网架

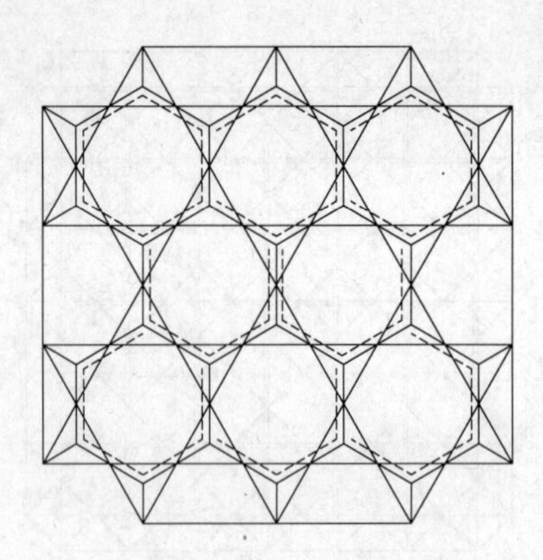

图 3-20 蜂窝形三角锥网架

形、六边形和圆形的建筑平面。

3）蜂窝形三角锥网架（图 3-20）

蜂窝形三角锥网架的上弦网格为三角形和六边形，下弦网格为六边形。这种网架的上弦杆较短，下弦杆较长，受力合理。每个节点均只汇交 6 根杆件，节点构造统一，用钢量较省。

蜂窝形三角锥网架从本身来讲是几何可变的，它需借助于支座水平约束来保证几何不变，在施工安装时应引起注意。该网架适用于周边支承的中小跨度屋盖。

3.2.3 双层网架结构的选型

网架选型是否恰当，直接影响结构的技术经济指标、制作安装质量和施工进度。网架的选型应根据建筑平面和跨度大小、支承方式、荷载大小、屋面构造和材料、制作安装方法等，结合经济合理、安全实用的原则综合分析确定。

(1) 如节点采用焊接，由交叉桁架系组成的网架，其制作比四角锥网架较为方便；两向正交网架又比两向斜交网架及三向网架方便；四角锥网架比三角锥网架方便。

(2) 当网架的安装方法不是采用整体提升或吊装，而是采用分条或分块安装，或采用高空滑移法时，则选用两向正交正放网架、正放四角锥网架、正放抽空四角锥网架等三种正交正放类网架比选用斜放类网架有利。因为后者在分条或分块吊装时，往往因刚度不足或几何可变而需增设临时支撑，不经济。

(3) 网架本身的用钢量指标是衡量网架选型的一项重要标志。如周边支承且平面接近方形的网架，采用斜放四角锥、棋盘形四角锥用钢量较省。因为这两种网架的上弦网格小、杆件短、对压杆稳定有利；下弦网格大，受拉杆件长，节点和杆件数量少。如边长比大于 1.5 的网架，正交正放类比斜放类网架的用钢量省。抽空角锥体网架的用钢量一般比不抽空角锥体网架的要省，但抽空角锥体网架的杆件内力比不抽空时的变化幅度要大，对节点设计和杆件选择不利。

(4) 网架刚度比平面屋架好得多，但各种网架之间，不论是水平刚度还是竖向刚度，其差别较大。一般来说，节点数和杆件数较多的网架，如三角锥网架、三向网架、正放四角锥网架，其刚度较大；反之，如斜放四角锥网架、棋盘式四角锥网架、抽空三角锥网架、蜂窝形三角锥网架，节点数和杆件数较少，其刚度也较小。

（5）平面形状为圆形、正六边形和接近圆形的多边形网架，从平面布置及建筑造型看，比较适宜采用三向网架、三角锥网架、抽空三角锥和蜂窝形三角锥网架。

（6）多点支承的网架，选用正交正放类网架较为合适。三边支承一边开口的网架，宜选用正交正放类网架，周边支承和多点支承相结合的网架，则可采用正交正放类网架，也可选用斜放类网架，但一般不宜采用三向网架和三角锥网架。

（7）对跨度不大于40 m多层建筑的楼层及跨度不大于60 m的屋盖，可以采用以钢筋混凝土板代替上弦的组合网架；组合网架宜选用正放四角锥组合网架、正放抽空四角锥组合网架、两向正交正放组合网架、斜放四角锥组合网架及蜂窝形三角锥组合网架。

给定支承方式时，对于一定平面形状和尺寸的网架，从用钢量指标或结构造价最优的原则出发。表3-1列出了各类网架的较为合适的应用范围，可供选型时参考。

表3-1　常用网架选型表

<table>
<tr><th>支承方式</th><th>平面形式</th><th>网架形式</th></tr>
<tr><td rowspan="2">周边支承</td><td>矩形</td><td>两向正交正放网架、两向正交斜放网架、正放四角锥网架、正放抽空四角锥网架、单向折线形网架、斜放四角锥网架、棋盘形四角锥网架、蜂窝形三角锥网架</td></tr>
<tr><td>圆形、正多边形</td><td>三向网架、三角锥网架、抽空三角锥网架、蜂窝形三角锥网架</td></tr>
<tr><td>三边支承</td><td rowspan="3">矩形</td><td>参照周边支承矩形平面网架进行选型，但其开口边可采取增加网架层数或适当增加整个网架高度等办法</td></tr>
<tr><td>四点支承及多点支承</td><td>正放四角锥网架、正放抽空四角锥网架、两向正交正放网架</td></tr>
<tr><td>周边支承与点支承结合</td><td>正放四角锥网架、正放抽空四角锥网架、两向正交正放网架、两向正交斜放网架或斜放四角锥网架</td></tr>
</table>

3.3　网架结构设计

3.3.1　网架的几何尺寸

网架设计时，首先是选型，再进一步确定网格尺寸、网架厚度和腹杆布置。衡量网架几何尺寸选择的优劣，其主要指标：①内力分布是否均匀；②用钢量在同样跨度及荷载下是否最省。当网架的平面形状和尺寸已定，直接影响网架设计优劣的主要因素为网格的大小和网架厚度。

1. 网格尺寸

网格尺寸的选取与网架的跨度有关，为避免出现过多的构造杆件，采用稍大一点的网格尺寸较为经济合理。根据工程经验，矩形平面网架，其上弦网格一般应设计成近似正方形，上弦网格尺寸与网架

表3-2　上弦网格尺寸

网架短向跨度 L_2（m）	网格尺寸
＜30	$(1/6\sim1/12)L_2$
30～60	$(1/10\sim1/16)L_2$
＞60	$(1/12\sim1/20)L_2$

短向跨度（L_2）间的关系可参照表3-2。

网格尺寸还取决于屋面材料的选用，若屋面采用无檩体系，即钢丝网水泥板或带肋钢筋混凝土屋面板，网格尺寸不宜超过4m；若采用有檩体系，受檩条经济跨度的影响，网格尺寸不宜超过6m。通常情况下杆件的长度一般为3m左右。网格尺寸（s）与网架厚度（h）关系密切，s/h 越大，斜腹杆与下弦平面夹角越小，通常应为35°～55°。不同材料屋面体系的周边支承网架的上弦网格数和跨高比的选用，见表3-3。

表3-3　周边支承网架的上弦网格数和跨高比

网架形式	钢筋混凝土屋面体系		钢檩条屋面体系	
	网格数	跨高比	网格数	跨高比
两向正交正放网架、正放四角锥网架、正放抽空四角锥网架	$(2\sim4)+0.2L_2$	10～14	$(6\sim8)+0.07L_2$	$(13\sim17)-0.03L_2$
两向正交斜放网架、棋盘形四角锥网架、斜放四角锥网架、星形四角锥网架	$(6\sim8)+0.08L_2$			

注：L_2 为网架短向跨度（m）；当跨度在18m以下时，网格数可适当减少。

2. 网架厚度

网架厚度直接影响弦杆内力的大小，网架厚度与结构跨度、荷载大小、节点形式、平面形状、支承情况及起拱等因素有关。周边支承网架厚度与跨度的关系参照表3-4选用。屋面荷载较大或有悬挂吊车时，为满足刚度要求，网架厚度应适当提高；采用轻型材料时，网架厚度可适当降低。

表3-4　周边支承网架厚度

网架短向跨度 L_2（m）	网格厚度
<30	$(1/16\sim1/10)L_2$
30～60	$(1/16\sim1/12)L_2$
>60	$(1/16\sim1/14)L_2$

注：悬臂网架根部厚度与悬臂跨度之比可取（1/8～1/6）

3. 腹杆布置

钢结构的设计一般受稳定控制，而非强度控制，尽量缩短压杆的传力路径，直接关系到网架的经济性。角锥系网架的腹杆布置形式是固定的，而对于交叉桁架系网架，应将斜腹杆布置成拉杆（图3-21a、b）；当网格尺寸较大，并在上弦节间设置檩条时，可采用再分式腹杆（图3-21c）。

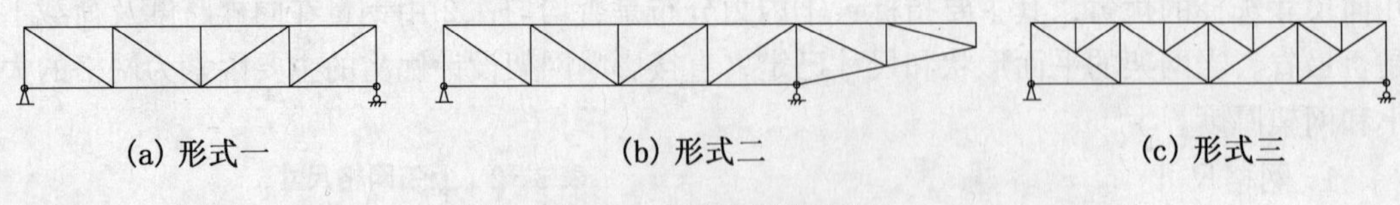

(a) 形式一　　(b) 形式二　　(c) 形式三

图3-21　腹杆布置形式

3.3.2 支承形式

网架结构支承在柱、梁及桁架等下部结构上，由于支承方式不同，可分为周边支承或周边点支承、三边支承或对边支承、点支承及周边支承与点支承的组合等。

1. 周边支承或周边点支承

周边支承（图 3-22）或周边点支承（图 3-23）是指网架四周边界上的全部节点或部分节点为支承节点，支承节点可支承在柱顶，也可支承在连系梁上，传力直接，受力均匀，是常用的支承方式。

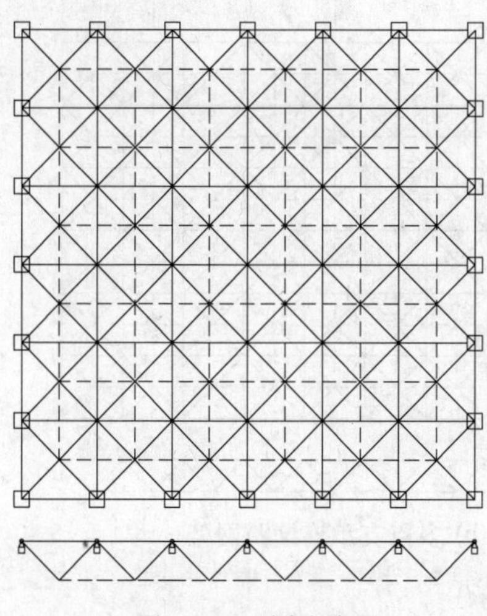

图 3-22　周边支承

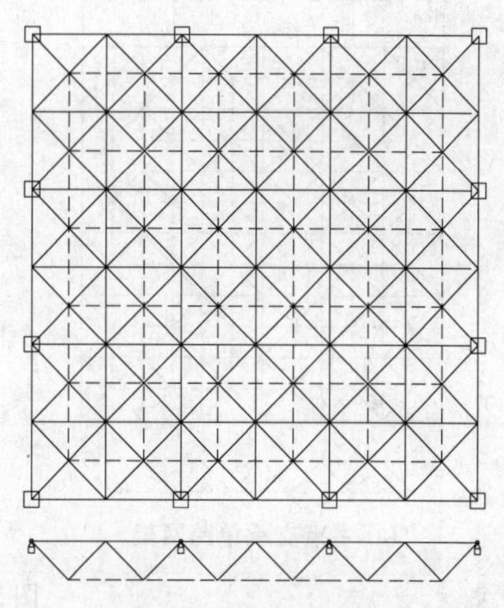

图 3-23　周边点支承

2. 三边支承或对边支承

矩形建筑平面中，考虑扩建或因工艺及建筑功能改变的要求，在网架的一边或两边不允许设置柱子时，则需将网架设计成三边支承一边自由（图 3-24）或两对边支承另两边自由（图 3-25）的形式。自由边的存在对网架内力分布和挠度均不利，故应对自由边进行处理，常用方法有两种：①将整个网架的厚度适当增高，自由边杆件的截面加大，使结构整体刚度得到改善；②在自由边局部增加网架层数，以提高自由边的刚度。

这种支承在飞机库、影剧院、工业厂房、干煤棚等建筑中应用较多。

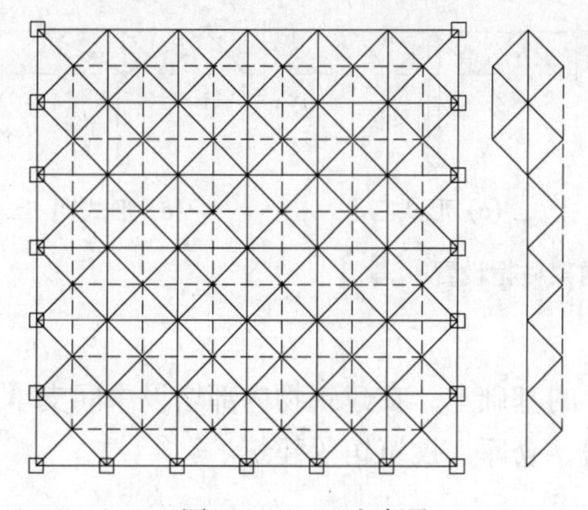

图 3-24　三边支承

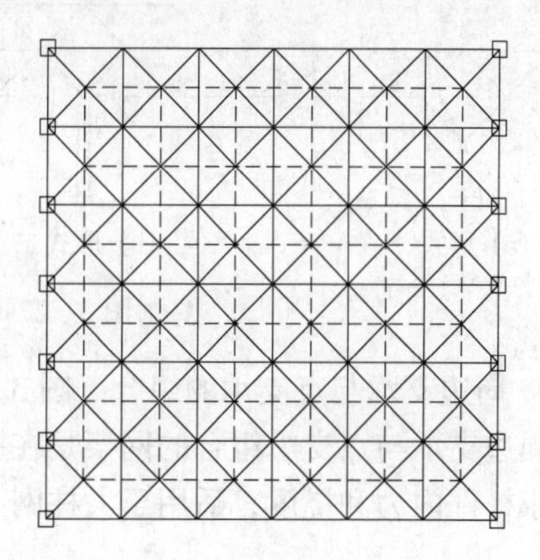

图 3-25　对边支承

3. 点支承

点支承网架应尽量设计成带有一定长度的悬挑网格，从而减小跨中弯矩和挠度，并使整个网架的内力趋于均匀。对多点支承单跨网架，其悬挑长度宜取中间跨度的 1/3（图 3-26a）；对多点支承的连续跨网架宜取中间跨度的 1/4（图 3-26b），此时悬挑根部负弯矩和跨中正弯矩近似相等，受力合理，用钢量较省。点支承网架主要适用于大中跨度体育馆、展览厅和小跨度加油站等建筑。

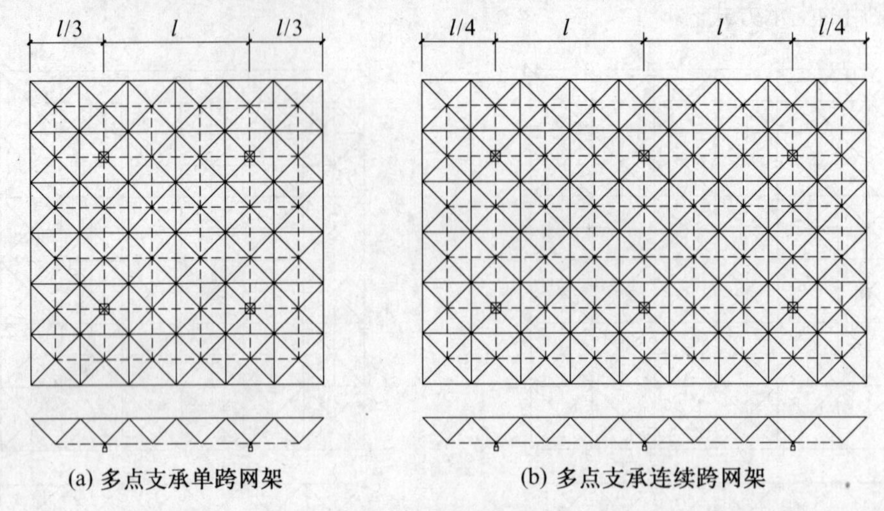

图 3-26　点支承

点支承网架与柱连接部位称为柱帽，常用的柱帽形式有以下四种。

(1) 柱帽设置于网架下弦平面之下而形成一倒锥形支座（图 3-27a），它能很快将柱顶反力扩散，但将占据部分室内空间。

(2) 柱帽设置于网架上弦平面之上形成局部加层网格区域（图 3-27b），其优点是不占室内空间，柱帽上凸部分可兼作采光天窗。

(3) 将上弦节点直接搁置于柱顶，柱帽呈伞形（图 3-27c）。

(4) 暗柱帽（图 3-27d）。因杆 12 较长，为减小计算长度，设箍抱支撑。

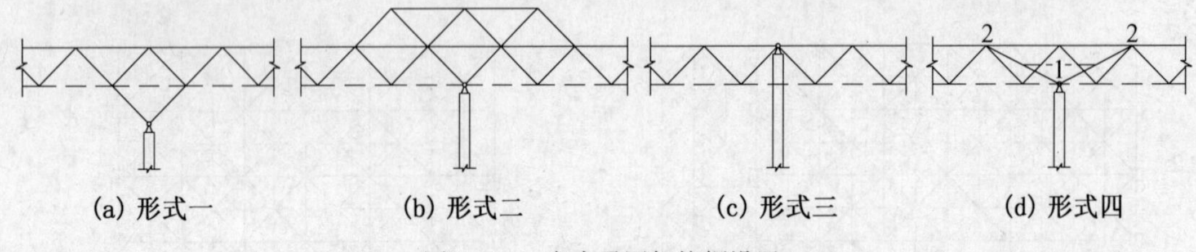

图 3-27　点支承网架柱帽设置

4. 周边支承与点支承的组合（图 3-28）

周边支承与点支承组合的网架是在周边支承的基础上，在建筑物内部增设中间支承点以减小杆件内力和挠度，适用于大柱网工业厂房、仓库、展览馆等建筑。

3.3.3　屋面排水

网架结构的屋面面积一般较大，屋面排水问题非常重要，常用以下几种方式。

1. 整个网架起坡（结构找坡）

整个网架起坡（图 3-29a）是指网架的上、下弦仍保持平行，只将整个网架在跨中抬高，适用于双坡排水。

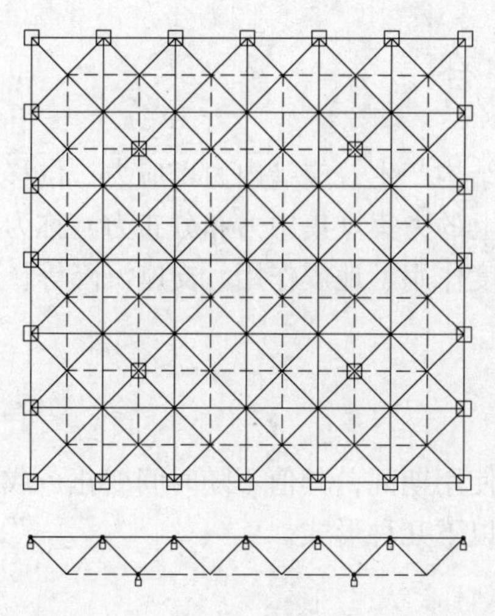

图 3－28　周边支承与点支承的组合

2. 网架变厚度（结构找坡）

与弯矩图相对应，跨中弯矩大，则在跨中增加厚度（力臂），使上弦形成坡度，而下弦仍平行于地面（图 3－29b）。由于力臂增加，可降低上、下弦杆的内力，并使其趋于均匀，但却使上弦杆及腹杆的种类增多，给制作安装带来一定困难。

3. 小立柱（博士帽）找坡（建筑找坡）

网架上弦节点加小立柱（博士帽）形成排水坡的做法（图 3－29c）比较灵活，只要改变小立柱的高度即可形成双坡、四坡或复杂的多坡排水条件。小立柱较高时，应注意小立柱自身的稳定性。地震作用下，靠细长小立柱与节点连接来传递水平力，显然不够合理。

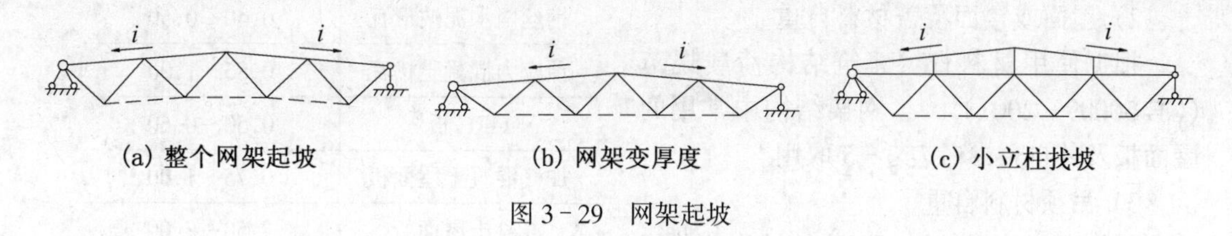

(a) 整个网架起坡　　(b) 网架变厚度　　(c) 小立柱找坡

图 3－29　网架起坡

3.3.4　容许挠度和起拱

荷载标准值作用下的网架结构节点最大挠度 f，应不超过容许挠度限值 $[f]$，即

$$f \leqslant [f] = \frac{L_2}{250}(\text{用作屋盖})\text{或}\frac{L_2}{300}(\text{用作楼盖})^{[48]} \tag{3-2}$$

式中　L_2——网架的短向跨度。

当不满足式（3－2）时，需重新调整结构刚度或通过适当起拱的方法来解决。当有起拱要求时，起拱度不大于 $L_2/300$，此时因起拱而引起的网架杆件内力变化一般不超过 5%～10%，设计时可按不起拱几何尺寸进行计算。

3.4 荷载、作用及组合

结构上的作用是指能使结构产生效应（内力、应力、位移、应变等）的各种原因的总称。通常将直接作用在结构上的力集（集中力和分布力）称为荷载，如永久荷载、可变荷载等；而间接作用一般指温度作用、地震作用、支座沉降等。

3.4.1 荷载的分类

1. 永久荷载

永久荷载主要是指结构使用期间，其值不随时间变化，或其变化值与平均值之比可忽略的荷载。永久荷载主要有以下几种形式。

1）网架自重

网架杆件一般采用钢材，其自重可由程序自动计算。钢材重力密度 $\gamma \approx 77\,kN/m^3$，双层网架自重 g_{0k}（kN/m^2）可按下列经验公式估算[48]：

$$g_{0k} = \xi \sqrt{q_w} L_2 / 200 \tag{3-3}$$

式中 q_w——除网架自重以外的屋面荷载或楼面荷载标准值，kN/m^2；

L_2——网架的短向跨度，m；

ξ——系数，对于钢管网架 $\xi = 1.0$，对于型钢网架 $\xi = 1.2$。

网架结构的节点自重一般占杆件自重的20%～25%。

2）屋面或楼面覆盖材料自重

根据使用材料查《建筑结构荷载规范（GB 50009—2001）》[2]，网架结构中常用的屋面板及其自重参考表3-5取用。

表3-5 常用屋面板及自重参考表

屋面板名称	自重标准值(kN/m^2)
石棉水泥波形瓦	0.20
加筋石棉水泥中波瓦	0.20
压型钢板	0.07～0.14
压型钢板夹心板	0.12～0.25
钢丝网水泥波形瓦	0.40～0.50
预应力混凝土槽瓦	0.85～1.00
GRC板	0.50～0.60
加气混凝土屋面板	0.75～1.00
混凝土屋面板	2.50～3.00

3）吊顶材料自重

根据实际使用材料查《建筑结构荷载规范（GB 50009—2001）》，网架结构中常用的吊顶材料自重参考表3-6。

表3-6 常用吊顶材料自重参考表

名　称	自重标准值（kN/m^2）	备　注
钢丝网抹灰吊顶	0.45	
麻刀灰板条顶棚	0.45	吊木在内，平均灰厚20 mm
沙子灰板条顶棚	0.55	吊木在内，平均灰厚25 mm
苇箔抹灰顶棚	0.48	吊木龙骨在内
松木板顶棚	0.25	吊木在内
三夹板顶棚	0.18	吊木在内

续表 3-6

名　称	自重标准值（kN/m^2）	备　注
马粪纸顶棚	0.15	吊木及盖缝条在内
木丝板吊顶棚	0.26	厚 25 mm，吊木及盖缝条在内
木丝板吊顶棚	0.29	厚 30 mm，吊木及盖缝条在内
隔声纸板顶棚	0.17	厚 10 mm，吊木及盖缝条在内
隔声纸板顶棚	0.18	厚 13 mm，吊木及盖缝条在内
隔声纸板顶棚	0.2	厚 25 mm，吊木及盖缝条在内
V 型轻钢龙骨吊顶	0.1～0.12	一层矿棉吸声板厚 15 mm，无保温层

4）设备管道自重

主要包括通风管道、风机、消防管道及可能存在的设备自重，一般可取 0.3～0.6 kN/m^2。

上述荷载中，1、2 两项必须考虑，3、4 两项根据工程实际情况而定。

2. 可变荷载

可变荷载是指在使用期间，其值随时间变化，且其变化值与平均值之比不可忽略的荷载。作用在网架上的可变荷载主要有以下几种。

1）屋面或楼面活荷载

网架屋面活荷载的大小应视不上人或上人分别确定，一般不上人屋面活荷载标准值为 0.3 kN/m^2（轻屋面）或 0.7 kN/m^2（重屋面），而上人屋面的活荷载标准值取 2.0 kN/m^2。

楼面活荷载应根据使用功能查《建筑结构荷载规范（GB 50009—2001）》，一般不小于 2.0 kN/m^2。

2）雪荷载

雪荷载标准值应按屋面水平投影面计算，其表达式：

$$s_k = \mu_r s_0 \tag{3-4}$$

式中　s_k——雪荷载标准值，kN/m^2；

μ_r——屋面积雪分布系数，网架屋面多为平屋面，可取 $\mu_r = 1.0$；

s_0——基本雪压，kN/m^2，根据不同地区查《建筑结构荷载规范（GB 50009—2001）》。

雪荷载与屋面活荷载不同时考虑，取两者的大值。

3）风荷载

网架结构应根据实际情况考虑风荷载的影响。由于网架整体刚度较好，自振周期较小，计算风荷载时，可不考虑风振系数 β_z 的影响。风荷载标准值按下式计算：

$$w_k = \mu_z \mu_s w_0 \tag{3-5}$$

式中　w_0——基本风压(kN/m^2)，按规范 50 年一遇的风压采用，但不得小于 0.3 kN/m^2；

μ_z——风压高度变化系数；

μ_s——风荷载体型系数。

w_0、μ_z、μ_s可查《建筑结构荷载规范（GB 50009—2001）》。

4）积灰荷载

工业厂房中采用网架时，应根据厂房性质考虑积灰荷载。积灰荷载大小可由工艺提出，也可参考《建筑结构荷载规范（GB 50009—2001)》采用。积灰均布荷载，仅用于屋面坡度 $\alpha \leqslant 25°$；当 $\alpha \geqslant 45°$时，可不考虑积灰荷载；当 $25° < \alpha < 45°$时，可按插值法取值。

积灰荷载应与屋面活荷载或雪荷载中的较大值同时考虑。

5）吊车荷载

工业厂房中如有吊车应考虑吊车荷载。吊车形式有两种，一种是悬挂吊车，另一种是桥式吊车。悬挂吊车直接挂在网架下弦节点上，对网架产生竖向荷载；桥式吊车在吊车梁上行走，通过柱子对网架产生水平荷载。

吊车竖向荷载标准值按下式计算：

$$F = \alpha_1 F_{max} \tag{3-6}$$

式中 α_1——竖向轮压动力系数，对悬挂吊车（包括电动葫芦）及工作级别为 A1～A5 的软钩吊车，$\alpha_1 = 1.05$；对工作级别为 A6～A8 的软钩吊车、硬钩吊车和特种吊车，$\alpha_1 = 1.1$；

F_{max}——吊车每个车轮的最大轮压。

吊车横向水平荷载标准值按下式计算：

$$T = \alpha_2 T_1 \tag{3-7}$$

式中 α_2——横向水平制动力的动力系数，对工作级别为 A1～A5 的桥式吊车 $\alpha_2 = 1.0$；对工作级别为 A6～A8 的软钩吊车，起重量 $Q = 5 \sim 20\,t$，$\alpha_2 = 4.0$，$Q = 30 \sim 275\,t$，$\alpha_2 = 3.0$；

T_1——吊车每个车轮的横向水平制动力。

(1) 软钩吊车 $Q \leqslant 10\,t$ 时, $T_1 = 0.12(Q + g)\frac{1}{n}$

$$16\,t \leqslant Q \leqslant 50\,t \text{ 时}, T_1 = 0.10(Q + g)\frac{1}{n}$$

$$Q \geqslant 75\,t \text{ 时}, T_1 = 0.08(Q + g)\frac{1}{n}$$

(2) 硬钩吊车 $T_1 = 0.20(Q + g)\frac{1}{n}$

式中 Q——吊车额定起重量；

g——小车自重；

n——吊车桥架的总轮数。

吊车纵向水平荷载标准值应按作用在一边轨道上所有刹车轮的最大轮压之和的 10% 采用，其作用点位于刹车轮与轨道的接触点，方向与轨道方向一致。对于悬挂吊车的水平荷载应由网架结构自身承受，而作用在网架上的手动吊车及电葫芦可不考虑水平荷载。

考虑多台吊车竖向荷载组合时，对于一层吊车的单跨厂房网架，参与组合的吊车台数不应多于两台；对于一层吊车的多跨厂房网架不多于四台。考虑多台吊车的水平荷载组合时，参与组合的吊车台数不应多于两台。

3.4.2 作用的分类

作用主要有两类，一类是温度作用，另一类是地震作用。

温度作用是指由于温度变化，使网架杆件产生附加温度应力，必须在计算和构造措施中加以考虑（详见 3.5.3 节）。

我国是地震多发地区，高烈度抗震设防区地震作用不能忽视。由地震作用在结构中产生的内力和变形称为地震效应。网架的地震效应大小不仅与地震波随时间的变化规律有关，还取决于网架本身的动力特性，即自振周期和阻尼（详见 3.7 节）。

3.4.3　荷载组合

网架结构应根据施工过程和使用过程中可能同时出现的荷载，按承载能力极限状态和正常使用极限状态分别进行荷载效应组合，并取各自的最不利效应组合进行设计。

1. 承载能力极限状态荷载效应组合

对于承载能力极限状态，应按荷载效应的基本组合或偶然组合进行荷载效应组合，并采用下列表达式进行设计：

$$\gamma_0 S \leqslant R \tag{3-8}$$

式中　γ_0——结构重要性系数，分别取 1.1，1.0，0.9；

S——荷载效应组合的设计值；

R——结构构件抗力的设计值。

对于基本组合，荷载效应组合的设计值 S 应从下列组合值中取最不利值确定。

(1) 由可变荷载效应控制的组合：

$$S = \gamma_G S_{Gk} + \gamma_{Q1} S_{Q1k} + \sum_{i=2}^{n} \gamma_{Qi} \Psi_{ci} S_{Qik} \tag{3-9}$$

式中　γ_G——永久荷载分项系数，按表3-7采用；

γ_{Qi}——第 i 个可变荷载的分项系数，其中 γ_{Q1} 为可变荷载 Q_1 的分项系数，按表 3-7采用；

S_{Gk}——按永久荷载标准值 G_k 计算的荷载效应值；

S_{Qik}——按可变荷载标准值 Q_{ik} 计算的荷载效应值，其中 S_{Q1k} 为可变荷载效应中起控制作用者；

Ψ_{ci}——可变荷载 Q_i 的组合值系数，按表 3-7 采用；

n——参与组合的可变荷载数。

表 3-7　各类荷载的分项系数和组合值系数

荷载类别	分项系数		可变荷载组合值系数	
永久荷载	1.2	可变荷载控制的组合		
	1.35	永久荷载控制的组合		
	1.0	对结构有利时的一般情况		
	0.9	有利且需进行倾覆、滑移或漂浮验算		
屋面活荷载	1.4	通　用	0.7	一般情况
			0.0	与雪荷载组合时
屋面积灰	1.4		0.9	一般情况
			1.0	屋面离高炉≤200 m 的建筑

续表 3-7

荷载类别	分项系数		可变荷载组合值系数	
楼面活载	1.4	一般情况	0.7	一般情况
	1.3	工业建筑楼面活载标准值＞$4\,\mathrm{kN/m^2}$	0.9	书库、档案室、贮藏室、电梯机房等
雪荷载	1.4	通　用	0.7	一般情况
			0.0	与活荷载组合时
风荷载	1.4		0.6	通用
吊车荷载	1.4		0.7	A1~A7 工作级别的软钩吊车
			0.95	硬钩吊车及 A8 的软钩吊车

(2) 由永久荷载效应控制的组合:

$$S = \gamma_G S_{Gk} + \sum_{i=1}^{n} \gamma_{Qi} \Psi_{ci} S_{Qik} \tag{3-10}$$

对于偶然组合，荷载效应组合的设计值宜按下列规定确定：偶然荷载的代表值不乘分项系数；与偶然荷载同时出现的荷载可根据观测资料和工程经验采用适当的代表值。

2. 正常使用极限状态荷载效应组合

对于正常使用极限状态，应采用荷载的标准组合，按下式进行设计：

$$S = S_{Gk} + S_{Q1k} + \sum_{i=2}^{n} \Psi_{ci} S_{Qik} \leqslant C \tag{3-11}$$

式中　C——结构或构件达到正常使用要求的规定限值，见式（3-2）；

S——荷载效应组合的标准值。

当对 S_{Q1k} 无法明显判断时，依次以各可变荷载效应为 S_{Q1k}，选其中最不利的荷载效应组合。

3. 有地震作用参与的组合

在计算地震作用效应时，需同时考虑它与其他荷载效应的组合，对构件进行抗震验算，其表达式为：

$$S = \gamma_G S_{GE} + \gamma_{Eh} S_{Ehk} + \gamma_{Ev} S_{Evk} + \gamma_w \Psi_w S_{wk} \leqslant R/\gamma_{RE} \tag{3-12}$$

式中　γ_G——重力荷载分项系数，按表 3-8 采用；

γ_{Eh}、γ_{Ev}——分别为水平、竖向地震作用分项系数，按表 3-8 采用；

γ_w——风荷载分项系数，按表 3-7 采用；

S_{GE}——重力荷载代表值效应，按表 3-9 计算；

S_{Ehk}、S_{Evk}——分别为水平、竖向地震作用标准值效应；

S_{wk}——风荷载标准值效应；

Ψ_w——风荷载组合值系数，网架结构取 0；

γ_{RE}——承载力抗震调整系数，按表 3-10 取值。

表3-8 重力荷载分项系数

<table>
<tr><td rowspan="2">重力荷载分项系数（γ_G）</td><td>1.2</td><td>一般情况</td></tr>
<tr><td>≤1.0</td><td>重力荷载效应对构件承载力有利时</td></tr>
<tr><td rowspan="2">竖向地震作用分项系数（γ_{Ev}）</td><td>1.3</td><td>只考虑竖向地震作用</td></tr>
<tr><td>0.5</td><td>与水平地震作用同时考虑</td></tr>
<tr><td rowspan="2">水平地震作用分项系数（γ_{Eh}）</td><td>1.3</td><td>只考虑水平地震作用</td></tr>
<tr><td>1.3</td><td>与竖向地震作用同时考虑</td></tr>
</table>

表3-9 重力荷载代表值计算

<table>
<tr><th>序号</th><th colspan="2">荷载种类</th><th colspan="2">组合系数</th></tr>
<tr><td>①</td><td colspan="2">结构和构配件自重</td><td colspan="2">1.0</td></tr>
<tr><td>②</td><td colspan="2">雪</td><td colspan="2">0.5</td></tr>
<tr><td>③</td><td colspan="2">屋面积灰</td><td colspan="2">0.5</td></tr>
<tr><td>④</td><td colspan="2">屋面活载</td><td colspan="2">0.0</td></tr>
<tr><td>⑤</td><td colspan="2">按实际情况考虑的楼面活载</td><td colspan="2">1.0</td></tr>
<tr><td rowspan="2">⑥</td><td rowspan="2">按等效均布荷载计算的楼面活载</td><td colspan="2">藏书库、档案室</td><td>0.8</td></tr>
<tr><td colspan="2">其他民用建筑</td><td>0.5</td></tr>
<tr><td rowspan="4">⑦</td><td rowspan="4">吊车悬吊物自重</td><td rowspan="2">硬钩吊车</td><td>计算质量时</td><td>0.3</td></tr>
<tr><td>计算重力荷载代表值效应时</td><td>1.0</td></tr>
<tr><td rowspan="2">软钩吊车</td><td>计算质量时</td><td>0.0</td></tr>
<tr><td>计算重力荷载代表值效应时</td><td>1.0</td></tr>
<tr><td colspan="3">计算重力荷载代表值效应时重力荷载代表值计算表达式</td><td colspan="2">①×1.0+②×0.5+③×0.5+⑤×1.0或⑥×0.8（或0.5）+⑦×1.0</td></tr>
<tr><td colspan="3">计算参与动力分析的质量时重力荷载代表值计算表达式</td><td colspan="2">①×1.0+②×0.5+③×0.5+⑤×1.0或⑥×0.8（或0.5）+⑦×0.3（或0.0）</td></tr>
</table>

3.5 网架结构的静力计算

网架结构为高次超静定杆系结构，经过几十年的探索与实践，陆续出现了许多基于不同计算模型的计算方法（表3-11),这些计算方法可分为三种类型，即铰接杆系计算模型、交叉梁系计算模型和平板系计算模型。

表3-10 承载力抗震调整系数

<table>
<tr><td rowspan="4">γ_{RE}</td><td>0.75</td><td>柱，梁</td></tr>
<tr><td>0.80</td><td>支撑</td></tr>
<tr><td>0.85</td><td>节点板件，连接螺栓</td></tr>
<tr><td>0.90</td><td>连接焊缝</td></tr>
</table>

表 3-11 网架结构计算方法

<table>
<tr><th>计算模型</th><th>计算方法</th><th>分析手段</th><th>适用范围</th></tr>
<tr><td rowspan="2">铰接杆系</td><td>空间桁架位移法</td><td rowspan="2">有限元法</td><td>各种类型的网架，各种支撑条件</td></tr>
<tr><td>下弦内力法</td><td>蜂窝形三角锥网架</td></tr>
<tr><td rowspan="4">交叉梁系</td><td>交叉梁系梁元法</td><td>有限元法</td><td>平面桁架系网架</td></tr>
<tr><td>交叉梁系差分法</td><td rowspan="2">差分法</td><td>平面桁架系、正放四角锥网架</td></tr>
<tr><td>正放四角锥网架差分法</td><td>正放四角锥网架</td></tr>
<tr><td>交叉梁系力法</td><td>力法</td><td>两向交叉平面桁架网架</td></tr>
<tr><td rowspan="3">平板系</td><td>假想弯矩法</td><td>差分法</td><td>斜放四角锥、棋盘形四角锥网架</td></tr>
<tr><td>拟板法</td><td rowspan="2">微分方程近似解法</td><td rowspan="2">平面桁架系、角锥体系网架</td></tr>
<tr><td>拟夹层板法</td></tr>
</table>

随着计算理论和计算机技术的发展，目前一般采用空间桁架位移法，它是以网架节点的三个线位移为未知量，所有杆件均为二力杆的铰接杆系有限元法。它适用于分析各种类型的网架，可考虑不同平面形状、不同边界条件和支承方式，承受任意荷载和作用，还可考虑网架与下部结构的共同工作。地震作用、温度变化、支座沉降和施工安装等作用均可计算。本节重点介绍此法。

3.5.1 空间桁架位移法

该法是目前杆系结构的精确计算方法,常以此作为各种简化计算方法精度比较的基础。

1. 基本假定

(1) 节点为铰接，杆件只承受轴向力，忽略节点刚度的影响；

(2) 网架位移远小于网架厚度，按小挠度理论进行计算，不考虑节点大位移的影响；

(3) 材料符合虎克定律，按弹性方法分析，不允许杆件进入塑性；

(4) 网架只承受节点荷载，如承受节间荷载时须等效转化为节点荷载。

实践证明，根据以上假定的计算结果与试验值极为接近。

2. 单元刚度矩阵

图 3-30 所示为正放四角锥网架，图中坐标为结构整体坐标系，采用右手螺旋法则，取出任一杆件 ij，建立它的单元刚度矩阵。

1) 杆件 ij 局部坐标系单元刚度矩阵

设一局部直角坐标系 $\overline{x}$、$\overline{y}$、$\overline{z}$ 轴，$\overline{x}$ 轴与杆 ij 平行，杆两端有轴向力 N_{ij}、N_{ji}，产生轴向位移 Δ_i、Δ_j（图 3-31）。从材料力学可知，轴向力 N_{ij}、N_{ji}与 Δ_i、Δ_j的关系为：

$$\left.\begin{aligned} N_{ij} &= \frac{EA}{l_{ij}}(\Delta_i - \Delta_j) \\ N_{ji} &= \frac{EA}{l_{ij}}(\Delta_j - \Delta_i) \end{aligned}\right\} \tag{3-13}$$

式中 l_{ij}——杆件 ij 的长度；

E——材料的弹性模量；

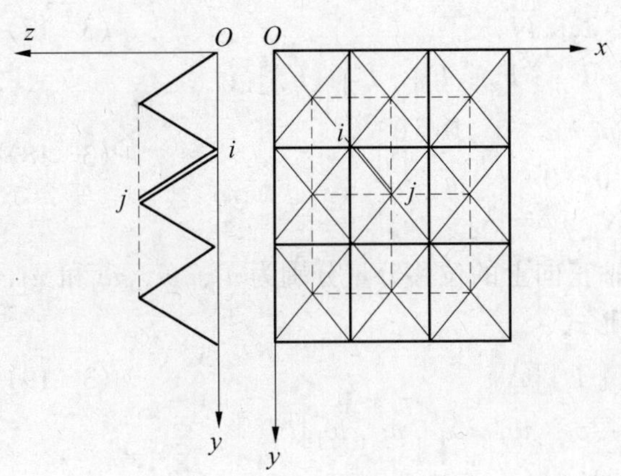

图 3-30 正放四角锥网架

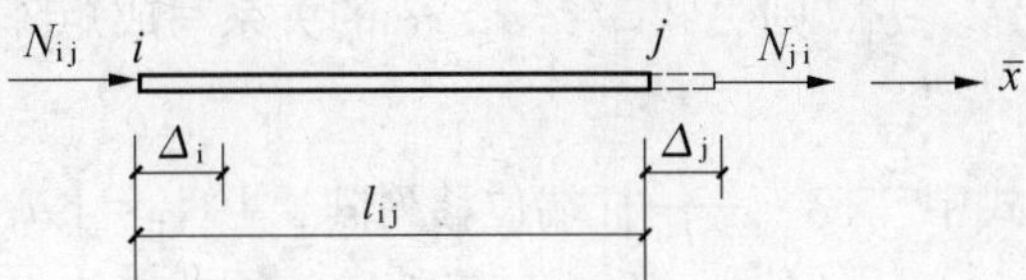

图 3-31 杆 ij 的内力和位移

A——杆件 ij 的截面面积。

写成矩阵形式：

$$\begin{bmatrix} N_{ij} \\ N_{ji} \end{bmatrix} = \frac{EA}{l_{ij}} \begin{bmatrix} 1 & -1 \\ -1 & 1 \end{bmatrix} \begin{bmatrix} \Delta_i \\ \Delta_j \end{bmatrix} \tag{3-14}$$

或简写为：

$$\{\overline{N}\} = [\overline{K}]\{\overline{\Delta}\} \tag{3-15}$$

式中 $[\overline{K}]$——杆件局部坐标系单元刚度矩阵，$[\overline{K}] = \frac{EA}{l_{ij}} \begin{bmatrix} 1 & -1 \\ -1 & 1 \end{bmatrix}$。

2）坐标转换

杆件在网架中的位置不同，各杆 $\overline{x}$ 轴方向也不同，各杆内力和位移不易叠加，应采用结构整体坐标系（图 3-32 $Oxyz$ 直角坐标系）。

设 N_{ij} 在 x、y、z 轴上的分力分别为 F_{xi}、F_{yi}、F_{zi}，$\overline{x}$ 轴与 x、y、z 轴正向的夹角分别为 α、β、γ，则：

$$\begin{cases} F_{xi} = N_{ij}\cos\alpha = N_{ij}l \\ F_{yi} = N_{ij}\cos\beta = N_{ij}m \\ F_{zi} = N_{ij}\cos\gamma = N_{ij}n \end{cases} \tag{3-16a}$$

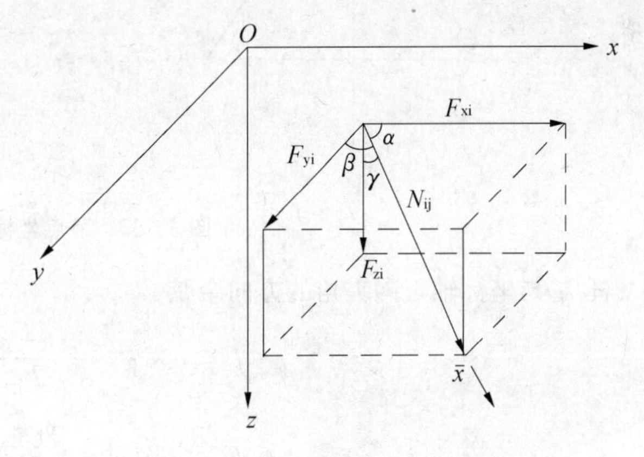

图 3-32 轴向力分力

同理，j 点 N_{ji} 在 x、y、z 轴正向上的分力 F_{xj}、F_{yj}、F_{zj} 的表达式为：

$$\begin{cases} F_{xj} = N_{ji}\cos\alpha = N_{ji}\,l \\ F_{yj} = N_{ji}\cos\beta = N_{ji}\,m \\ F_{zj} = N_{ji}\cos\gamma = N_{ji}\,n \end{cases} \tag{3-16b}$$

写成矩阵形式：

$$\{F\}=[T]\{\overline{N}\} \tag{3-17}$$

式中 $\{F\}$——杆端内力列阵，$\{F\}=[F_{xi} \quad F_{yi} \quad F_{zi} \quad F_{xj} \quad F_{yj} \quad F_{zj}]^T$；

$[T]$——坐标转换矩阵，$[T]=\begin{bmatrix} l & m & n & 0 & 0 & 0 \\ 0 & 0 & 0 & l & m & n \end{bmatrix}^T$； (3-18)

$\{\overline{N}\}$——杆端轴向力列阵，$\{\overline{N}\}=[N_{ij} \quad N_{ji}]^T$。

同样，设杆端位移 Δ_i、Δ_j在 x、y、z 轴正向上的位移分量分别为 u_i、v_i、w_i和 u_j、v_j、w_j，则 Δ 与 u、v、w 的关系写成矩阵形式：

$$\{\delta\}_{ij}=[T]\{\Delta\} \tag{3-19}$$

式中 $\{\delta\}_{ij}$——杆端位移列阵，$\{\delta\}_{ij}=[u_i \quad v_i \quad w_i \quad u_j \quad v_j \quad w_j]^T$；

$[T]$——坐标转换矩阵，同式（3-18）；

$\{\Delta\}$——杆端轴向位移列阵，$\{\Delta\}=[\Delta_i \quad \Delta_j]^T$。

3）杆件长度和夹角

从图 3-30 中杆 ij 位置，可求出 i 点的坐标（x_i，y_i，z_i），j 点的坐标（x_j，y_j，z_j）。图 3-33 所示，杆 ij 长度 l_{ij}表示为

$$l_{ij}=\sqrt{(x_j-x_i)^2+(y_j-y_i))^2+(z_j-z_i)^2} \tag{3-20}$$

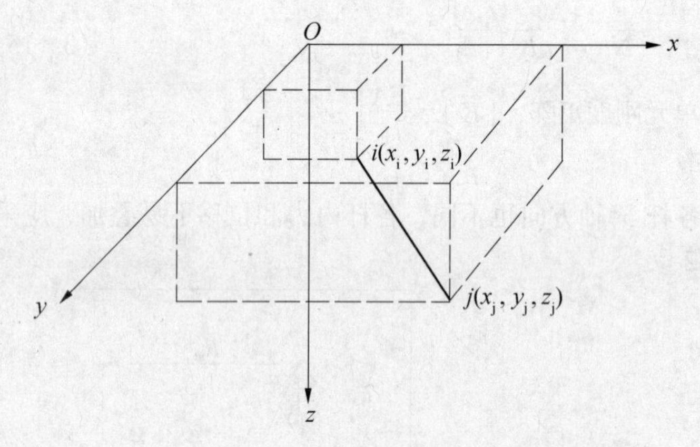

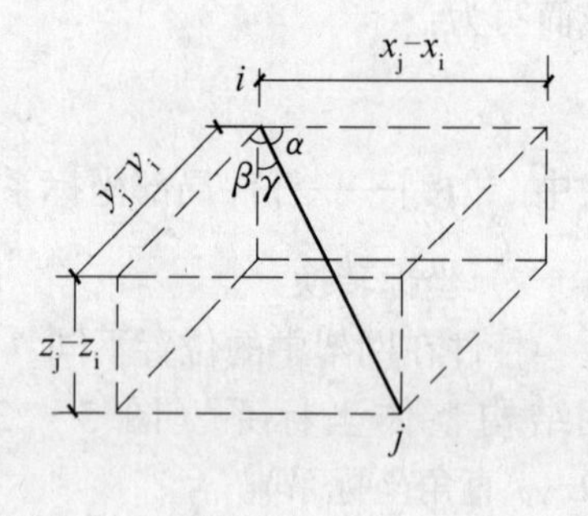

图 3-33　节点坐标

杆 ij 与坐标轴正向夹角的方向余弦

$$\left.\begin{aligned} l &= \cos\alpha = \frac{x_j-x_i}{l_{ij}} \\ m &= \cos\beta = \frac{y_j-y_i}{l_{ij}} \\ n &= \cos\gamma = \frac{z_j-z_i}{l_{ij}} \end{aligned}\right\} \tag{3-21}$$

4）杆件整体坐标系的单元刚度矩阵

将式（3-17）和式（3-19）求逆

$$\left.\begin{aligned} \{\overline{N}\} &= [T]^{-1}\{F\} \\ \{\Delta\} &= [T]^{-1}\{\delta\}_{ij} \end{aligned}\right\} \tag{3-22a}$$

将上式代入式（3-14），注意到$[T]^{-1}=[T]^{\mathrm{T}}$，得

$$\left.\begin{aligned}[T]^{\mathrm{T}}\{F\}&=[\overline{K}][T]^{\mathrm{T}}\{\delta\}_{\mathrm{ij}}\\ \{F\}&=[T][\overline{K}][T]^{\mathrm{T}}\{\delta\}_{\mathrm{ij}}\\ \{F\}&=[K]_{\mathrm{ij}}\{\delta\}_{\mathrm{ij}}\end{aligned}\right\}\tag{3-22b}$$

式中　$[K]_{\mathrm{ij}}$——杆件 ij 在整体坐标系中的单元刚度矩阵，

$$[K]_{\mathrm{ij}}=[T][\overline{K}][T]^{\mathrm{T}}=\frac{EA}{l_{\mathrm{ij}}}\begin{bmatrix}l^2 & & & & \text{对} & \\ lm & m^2 & & & & \text{称}\\ ln & mn & n^2 & & & \\ -l^2 & -lm & -ln & l^2 & & \\ -lm & -m^2 & -mn & lm & m^2 & \\ -ln & -mn & -n^2 & ln & mn & n^2\end{bmatrix}\text{。}\tag{3-23}$$

$[K]_{\mathrm{ij}}$是一个 6×6 阶矩阵，它可分为 4 个 3×3 阶子矩阵，即：

$$[K]_{\mathrm{ij}}=\begin{bmatrix}[K_{\mathrm{ii}}] & [K_{\mathrm{ij}}]\\ [K_{\mathrm{ji}}] & [K_{\mathrm{jj}}]\end{bmatrix}\tag{3-24a}$$

式中

$$[K_{\mathrm{ii}}]=[K_{\mathrm{jj}}]=-[K_{\mathrm{ij}}]=-[K_{\mathrm{ji}}]=\frac{EA}{l_{\mathrm{ij}}}\begin{bmatrix}l^2 & \text{对} & \\ lm & m^2 & \text{称}\\ ln & mn & n^2\end{bmatrix}\tag{3-24b}$$

因此，式（3-22b）改写为：

$$\begin{bmatrix}\{F_{\mathrm{i}}\}\\ \{F_{\mathrm{j}}\}\end{bmatrix}=\begin{bmatrix}[K_{\mathrm{ii}}] & [K_{\mathrm{ij}}]\\ [K_{\mathrm{ji}}] & [K_{\mathrm{jj}}]\end{bmatrix}\begin{bmatrix}\{\delta_{\mathrm{i}}\}\\ \{\delta_{\mathrm{j}}\}\end{bmatrix}\tag{3-25}$$

式中　$\{F_{\mathrm{i}}\}$，$\{F_{\mathrm{j}}\}$——杆件 ij 在 i，j 点的杆端内力列阵；

$$\{F_{\mathrm{i}}\}=[F_{\mathrm{xi}}\quad F_{\mathrm{yi}}\quad F_{\mathrm{zi}}]^{\mathrm{T}};\{F_{\mathrm{j}}\}=[F_{\mathrm{xj}}\quad F_{\mathrm{yj}}\quad F_{\mathrm{zj}}]^{\mathrm{T}}$$

$\{\delta_{\mathrm{i}}\}$，$\{\delta_{\mathrm{j}}\}$——杆件 ij 在 i，j 点的位移列阵。

$$\{\delta_{\mathrm{i}}\}=[u_{\mathrm{i}}\quad v_{\mathrm{i}}\quad w_{\mathrm{i}}]^{\mathrm{T}};\{\delta_{\mathrm{j}}\}=[u_{\mathrm{j}}\quad v_{\mathrm{j}}\quad w_{\mathrm{j}}]^{\mathrm{T}}$$

3. 结构总体刚度矩阵

建立了杆件整体坐标系的单刚矩阵之后，要进一步建立结构的总刚矩阵。在建立总刚矩阵时，应满足两个条件，即变形协调和节点内外力平衡条件。

根据这两个条件，总刚矩阵的建立可将单刚矩阵的子矩阵以行列编号，然后对号入座形成总刚。现以节点 i 为例，说明总刚与单刚的关系。图 3-34 所示，相交于节点 i 的杆件有 $i1$，$i2$，…，ij，ik，im，作用在节点 i 上的外荷载为 P_{xi}，P_{yi}，P_{zi}，写成矩阵 $[P_{\mathrm{i}}]=[P_{\mathrm{xi}}\quad P_{\mathrm{yi}}\quad P_{\mathrm{zi}}]^{\mathrm{T}}$。根据变形协调条件，节点 i 上的所有杆件的 i 端位移都相等，

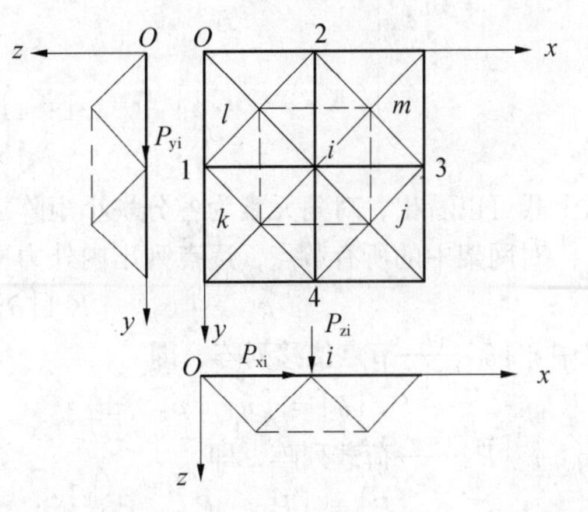

图 3-34　节点 i 的外力

即：

$$\{\delta_i^1\} = \{\delta_i^2\} = \cdots = \{\delta_i^j\} = \{\delta_i^k\} = \{\delta_i^m\} = [u_i \quad v_i \quad w_i]^T \tag{3-26}$$

式中　$\{\delta_i^m\}$——杆件 im 的 i 端位移列阵。

根据节点内外力平衡条件，汇交于节点 i 上的所有杆件 i 端的内力之和等于作用在节点 i 上的外荷载，即：

$$\{F_i^1\} + \{F_i^2\} + \cdots + \{F_i^j\} + \cdots + \{F_i^m\} = [P_i] \tag{3-27}$$

由式（3-25）可写出 i 端各杆件的内力与位移关系，即：

$i1$ 杆　$\{F_i^1\} = [K_{ii}^1]\{\delta_i\} + [K_{i1}]\{\delta_1\}$

$i2$ 杆　$\{F_i^2\} = [K_{ii}^2]\{\delta_i\} + [K_{i2}]\{\delta_2\}$

$\vdots$

ij 杆　$\{F_i^j\} = [K_{ii}^j]\{\delta_i\} + [K_{ij}]\{\delta_j\}$

$\vdots$

im 杆　$\{F_i^m\} = [K_{ii}^m]\{\delta_i\} + [K_{im}]\{\delta_m\}$

将上式代入式（3-27），整理后得：

$$([K_{ii}^1] + [K_{ii}^2] + \cdots + [K_{ii}^j] + \cdots + [K_{ii}^m])\{\delta_i\} + [K_{i1}]\{\delta_1\} + [K_{i2}]\{\delta_2\} + \cdots + [K_{ij}]\{\delta_j\} + \cdots + [K_{im}]\{\delta_m\} = \{P_i\}$$

即：

$$\sum_{k=1}^{c}[K_{ii}^k]\{\delta_i\} + [K_{i1}]\{\delta_1\} + \cdots + [K_{im}]\{\delta_m\} = \{P_i\} \tag{3-28}$$

式中　c——汇交于节点 i 的杆件数。

将式（3-28）中的子矩阵，对号入座写入总刚矩阵中，即得总刚矩阵中的 i 行元素，如下所示。

$$\begin{array}{c} \\ 1 \\ 2 \\ \vdots \\ j \\ \vdots \\ m \\ \vdots \\ i \\ \vdots \end{array} \begin{array}{c} \begin{array}{cccccccccc} 1 & 2 & \cdots & j & \cdots & m & \cdots & i & \cdots \end{array} \\ \left[\begin{array}{ccccccccc} & & & & & & & \vdots & \\ & & & & & & & \vdots & \\ & & & & & & & \vdots & \\ & & & & & & & \vdots & \\ & & & & & & & \vdots & \\ & & & & & & & \vdots & \\ & & & & & & & \vdots & \\ [K_{i1}] & [K_{i2}] & \cdots & [K_{ij}] & \cdots & [K_{im}] & \cdots & \sum[K_{ii}] & \\ & & & & & & & & \end{array}\right] \end{array} \tag{3-29}$$

从上式可以看出，对角元素为各分块小矩阵之和。

对网架中的所有节点，逐点列出内外力平衡方程，从而形成总刚方程，表达式为

$$[K]\{\delta\} = \{P\} \tag{3-30}$$

式中　$\{\delta\}$——节点位移列阵，即

$$\{\delta\} = [u_1 \quad v_1 \quad w_1 \quad \cdots \quad u_i \quad v_i \quad w_i \quad \cdots \quad u_n \quad v_n \quad w_n]^T$$

$\{P\}$——荷载列阵，即

$$\{P\} = [P_{x1} \quad P_{y1} \quad P_{z1} \quad \cdots \quad P_{xi} \quad P_{yi} \quad P_{zi} \quad \cdots \quad P_{xn} \quad P_{yn} \quad P_{zn}]^T$$

n——网架节点数；

$[K]$——结构总刚矩阵，为 $3n \times 3n$ 方阵。

4. 边界条件

总刚矩阵$[K]$是奇异矩阵，需引入边界条件以消除刚体位移，使总刚矩阵为正定矩阵。

1）各种支承情况的边界条件

网架支承有周边支承、点支承及其组合等。边界约束有固定、弹性、自由及强迫位移等四种。如何正确处理边界条件，将直接影响杆件的内力和位移。

（1）周边支承。周边支承是将网架的周边节点搁置在柱或边梁上（图3-35a）。

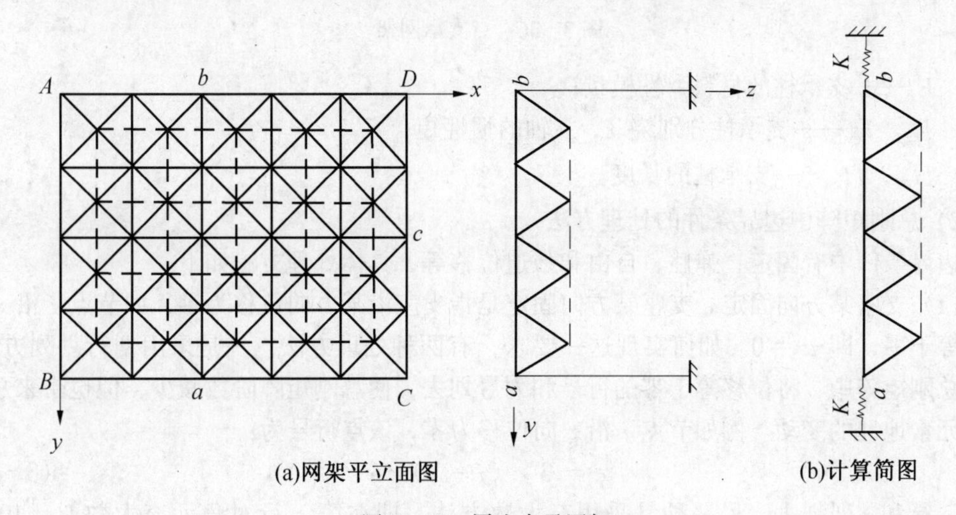

图3-35　周边支承网架

网架搁置在柱或边梁上时，可认为梁和柱的竖向刚度很大，忽略梁的竖向变形和柱子轴向变形，因此网架支座竖向位移为零。网架支座的水平变形应考虑下部结构共同工作。在网架支座的径向（a、b 点 y 向，c 点 x 向）应将下部结构作为网架的弹性约束（图3-35b）。柱子在水平位移方向的等效弹簧刚度系数

$$K_c = \frac{3E_c I_c}{H_c^3} \tag{3-31}$$

式中　E_c、I_c、H_c——分别为支承柱的材料弹性模量、截面惯性矩和柱子长度。

在网架支座的切向（a、b 点 x 向，c 点 y 向），认为是自由的。对整个网架进行内力分析时，四个角点支座（A、B、C、D 四点）水平方向边界条件应采用两向弹性约束或固定，否则会发生刚体移动。

（2）点支承。点支承是指网架搁置在独立柱上，柱与其他结构无联系（图3-36）。

点支承网架支座的边界条件应考虑下部结构的约束，即水平 x 向弹簧刚度为 K_{cx}，水平 y 向为 K_{cy}，而竖向为固定约束。

$$K_{cx} = \frac{3E_c I_{cy}}{H_{cx}^3} \tag{3-32a}$$

$$K_{cy} = \frac{3E_c I_{cx}}{H_{cy}^3} \tag{3-32b}$$

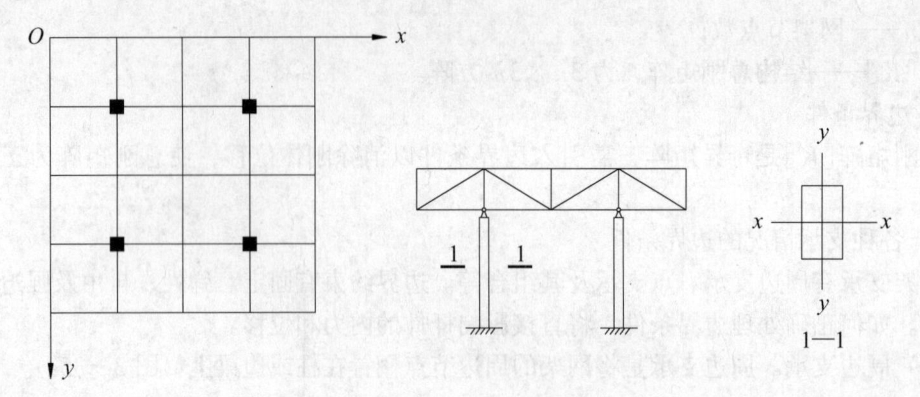

图 3-36　点支承网架

式中　E_c——支承柱的材料弹性模量；

I_{cx}，I_{cy}——支承柱分别绕 x，y 轴的惯性矩；

H_{cx}，H_{cy}——支承柱的长度。

2）总刚矩阵中边界条件的处理方法

边界条件中有固定、弹性、自由和强迫位移等，具体处理方法如下。

（1）支座某方向固定。支座某方向固定是指支座沿某方向位移为零，如节点 i 沿 z 向位移等于零，即 $w_i=0$。如何实现这一要求，有两种处理方法：一是采用划行划列方法，即在总刚矩阵中，将位移等于零的行号和列号划去，使总刚矩阵阶数减少，但也带来总刚矩阵元素地址的变动。例如节点 i 沿 z 向位移为零，该点行号为：

$$c = 3 \times (i-1)+3 \tag{3-33}$$

即将 c 行和 c 列划去。另一种是采用充大数方法，即在第 c 行对角元充大数 $R=10^8 \sim 10^{12}$，从而将 k_{cc} 改为 R。

$$\begin{array}{c} \\ \\ \\ c\text{行} \end{array}\overset{\qquad\qquad\qquad c\text{列}}{\begin{bmatrix} k_{11} & & & \\ & k_{22} & & \\ \vdots & & & \vdots \quad R \\ k_{c1} & k_{c2} & \cdots & k_{cc} \end{bmatrix}}\begin{bmatrix} u_1 \\ \vdots \\ w_i \\ \vdots \end{bmatrix} = \begin{bmatrix} P_{x1} \\ \vdots \\ P_{zi} \\ \vdots \end{bmatrix}$$

这样，第 c 行的方程为：

$$k_{c1}u_1 + k_{c2}v_1 + \cdots + Rw_i + \cdots = P_{zi} \tag{3-34}$$

上式左端各项的系数除 R 外，数值都很小，由此可得：

$$w_i = \frac{P_{zi}}{R} = 0 \tag{3-35}$$

（2）支座某方向弹性约束。支座某方向弹性约束是指沿某方向（该方向平行于整体坐标系）设有弹性支承 K_c，则在总刚矩阵对角元素的相应位置上加 K_c。如第 j 节点在 x 向有弹性约束，则相应行号为：

$$c = 3 \times (j-1)+1 \tag{3-36}$$

即将该行对角元 k_{cc} 加 K_c，如下式所示：

$$\begin{matrix} & & & c\text{列} \\ & \begin{bmatrix} k_{11} & & & \\ & k_{22} & & \\ \vdots & & & \vdots \\ \cdots & \cdots & \cdots & k_{cc}+K_c \end{bmatrix} \end{matrix} \begin{bmatrix} u_1 \\ v_1 \\ \vdots \\ u_i \\ \vdots \end{bmatrix} = \begin{bmatrix} P_{x1} \\ P_{x2} \\ \vdots \\ P_{xi} \\ \vdots \end{bmatrix}$$

（3）支座沉降的处理。设支座节点 i 发生竖向沉降 δ，即 $w_i=\delta$，则在对应行号 $c=3\times(i-1)+3$ 充大数 R，并将 c 行右端项 P_{zi} 改为 $R*\delta$，即

$$\begin{matrix} & & & c\text{列} \\ & \begin{bmatrix} k_{11} & & & \\ & k_{22} & & \\ \vdots & & & \vdots \\ \cdots & \cdots & \cdots & k_{cc}\rightarrow R \end{bmatrix} \end{matrix} \begin{bmatrix} u_1 \\ \vdots \\ w_i \\ \vdots \end{bmatrix} = \begin{bmatrix} P_{x1} \\ \vdots \\ R\times\delta \\ \vdots \end{bmatrix}$$

则 c 行的方程为

$$k_{c1}u_1+k_{c2}v_1+\cdots+Rw_i+\cdots=R\delta \tag{3-37}$$

上式项与 Rw_i 相比可忽略，故得：

$$w_i=\frac{R\delta}{R}=\delta \tag{3-38}$$

5. 杆件内力

边界条件处理后，通过对式（3-30）的求解，可得各节点的位移值。由式（3-14）和式（3-22a）可得

$$\begin{bmatrix} N_{ij} \\ N_{ji} \end{bmatrix}=\frac{EA}{l_{ij}}\begin{bmatrix} 1 & -1 \\ -1 & 1 \end{bmatrix}\begin{bmatrix} l & m & n & 0 & 0 & 0 \\ 0 & 0 & 0 & l & m & n \end{bmatrix}\begin{bmatrix} u_i \\ v_i \\ w_i \\ u_j \\ v_j \\ w_j \end{bmatrix} \tag{3-39}$$

N_{ij}、N_{ji} 代表杆件内力，两者绝对值相等，且拉为正，压为负。这里仅计算 N_{ji}，将上式展开得

$$N_{ji}=\frac{EA}{l_{ij}}[\cos\alpha\cdot(u_j-u_i)+\cos\beta\cdot(v_j-v_i)+\cos\gamma\cdot(w_j-w_i)] \tag{3-40}$$

3.5.2 算例

图3-37所示周边支承正放四角锥网架，已知 $a=4\,\text{m}$，$h=3.0\,\text{m}$，A、B 点为钢筋混凝土柱，截面 400 mm×400 mm，混凝土强度等级 C30，柱子长度 $H_c=6\,\text{m}$，网架杆件采用圆钢管，材料为 Q235，截面面积 $A=1200\,\text{mm}^2$，上、下弦分别作用均布荷载 $q=2\,\text{kN/m}^2$ 及 $8\,\text{kN/m}^2$（包括网架自重），求节点挠度和杆件内力。

解：利用对称性，取 1/8 为计算单元，A 点为三向约束，B 点沿径向考虑下部结构共同工作，弹簧刚度 K_c。

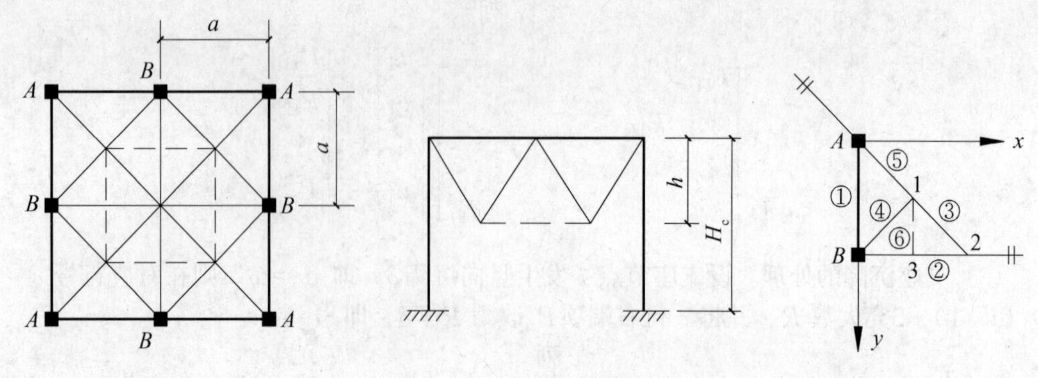

图 3－37　正放四角锥网架

1. 节点编号和杆件编号

节点坐标（x，y，z）以 m 为单位，即 $A(0,\ 0,\ 0)$；$B(0,\ 4,\ 0)$；$1(2,\ 2,\ 3)$；$2(4,\ 4,\ 0)$；$3(2,\ 4,\ 3)$

2. 计算杆件长度

$$l_{AB}=4\,\mathrm{m};l_{B2}=4\,\mathrm{m};l_{13}=2\,\mathrm{m}$$

$$l_{A1}=\sqrt{(2-0)^2+(2-0)^2+(3-0)^2}=4.123\,\mathrm{m}$$

$$l_{12}=\sqrt{(4-2)^2+(4-2)^2+(0-3)^2}=4.123\,\mathrm{m}$$

$$l_{1B}=\sqrt{(0-2)^2+(4-2)^2+(0-3)^2}=4.123\,\mathrm{m}$$

3. 建立单刚矩阵

1）AB 杆（$i=A$，$j=B$）

$$l=\cos\alpha=0;m=\cos\beta=1;n=\cos\gamma=0$$

$$C=\frac{EA}{l}=\frac{206\times10^3\times1200}{4000}\times10^{-3}=61.8\,\mathrm{kN/mm}$$

$$[k_{BB}^{A}]=[k_{AA}^{B}]=-[k_{BA}]=-[k_{AB}]=61.8\begin{bmatrix}0 & \text{对} & \\ 0 & 1 & \text{称}\\ 0 & 0 & 0\end{bmatrix}$$

2）$A1$ 杆（$i=A$，$j=1$）

$$l=\frac{2-0}{4.123}=0.4851;m=\frac{2-0}{4.123}=0.4851;n=\frac{3-0}{4.123}=0.7276$$

$$C=\frac{206\times10^3\times1200/2}{4123}\times10^{-3}=29.98\,\mathrm{kN/mm}$$

$$[k_{11}^{A}]=[k_{AA}^{1}]=-[k_{1A}]=-[k_{A1}]=29.98\begin{bmatrix}0.2353 & \text{对} & \\ 0.2353 & 0.2353 & \text{称}\\ 0.3530 & 0.3530 & 0.5294\end{bmatrix}$$

3）12 杆（$i=1$，$j=2$）

$$l=\frac{4-2}{4.123}=0.4851;m=\frac{4-2}{4.123}=0.4851;n=\frac{0-3}{4.123}=-0.7276$$

$$C=\frac{206\times10^3\times1200/2}{4123}\times10^{-3}=29.98\,\text{kN/mm}$$

$$[k_{11}^2]=[k_{22}^1]=-[k_{21}]=-[k_{12}]=29.98\begin{bmatrix}0.2353 & \text{对} & \\ 0.2353 & 0.2353 & \text{称}\\ -0.3530 & -0.3530 & 0.5294\end{bmatrix}$$

4）1*B* 杆（$i=1$，$j=B$）

$$l=\frac{0-2}{4.123}=-0.4851;m=\frac{4-2}{4.123}=0.4851;n=\frac{0-3}{4.123}=-0.7276$$

$$C=\frac{206\times10^3\times1200}{4123}\times10^{-3}=59.96\,\text{kN/mm}$$

$$[k_{11}^{\text{B}}]=[k_{\text{BB}}^1]=-[k_{1\text{B}}]=-[k_{\text{B}1}]=59.96\begin{bmatrix}0.2353 & \text{对} & \\ -0.2353 & 0.2353 & \text{称}\\ 0.3530 & -0.3530 & 0.5294\end{bmatrix}$$

5）*B*2 杆（$i=B$，$j=2$）

$$l=\frac{4-0}{4}=1;m=\frac{4-4}{4}=0;n=\frac{0-0}{4}=0$$

$$C=\frac{206\times10^3\times1200/2}{4000}\times10^{-3}=30.9\,\text{kN/mm}$$

$$[k_{\text{BB}}^2]=[k_{22}^{\text{B}}]=-[k_{2\text{B}}]=-[k_{\text{B}2}]=30.9\begin{bmatrix}1 & \text{对} & \\ 0 & 0 & \text{称}\\ 0 & 0 & 0\end{bmatrix}$$

6）杆 13（$i=1$，$j=3$）

$$l=\frac{2-2}{2}=0;m=\frac{4-2}{2}=1;n=0$$

$$C=\frac{206\times10^3\times1200}{2000}\times10^{-3}=123.6\,\text{kN/mm}$$

$$[k_{11}^3]=[k_{33}^1]=-[k_{31}]=-[k_{13}]=123.6\begin{bmatrix}0 & \text{对} & \\ 0 & 1 & \text{称}\\ 0 & 0 & 0\end{bmatrix}$$

4. 建立荷载列阵

节点 1　$P_z=(4\times4\times8)/4/2=16\,\text{kN}$

节点 2　$P_z=(4\times4\times2)/8=4\,\text{kN}$

节点 *B*　$P_z=(2\times4\times2)/2=8\,\text{kN}$

$$[P]=[0\quad0\quad16\quad0\quad0\quad4\quad0\quad0\quad8]^{\text{T}}$$

5. 建立总刚方程

由于节点 *A*，3 是三向约束，不产生位移，划去相应行和列，建立 1，2，*B* 三点总刚方程：

$$
\begin{array}{c} \\ 1 \\ \\ 2 \\ \\ B \end{array}
\begin{array}{c} \begin{array}{ccc} 1 & 2 & B \end{array} \\
\left[\begin{array}{ccc}
[k_{11}^{B}]+[k_{11}^{2}]+[k_{11}^{A}]+[k_{11}^{3}] & \text{对} & \\
[k_{21}] & [k_{22}^{1}]+[k_{22}^{B}] & \text{称} \\
[k_{B1}] & [k_{B2}] & [k_{BB}^{A}]+[k_{BB}^{1}]+[k_{BB}^{2}]
\end{array}\right]\end{array}
\left[\begin{array}{c} u_1 \\ v_1 \\ w_1 \\ u_2 \\ v_2 \\ w_2 \\ u_B \\ v_B \\ w_B \end{array}\right]
=
\left[\begin{array}{c} 0 \\ 0 \\ 16 \\ 0 \\ 0 \\ 4 \\ 0 \\ 0 \\ 8 \end{array}\right] \tag{a}
$$

$$
\begin{aligned}
[k_{11}] &= [k_{11}^{B}]+[k_{11}^{2}]+[k_{11}^{A}]+[k_{11}^{3}] \\
&= 59.96\begin{bmatrix} 0.2353 & \text{对} & \\ -0.2353 & 0.2353 & \text{称} \\ 0.3530 & -0.3530 & 0.5294 \end{bmatrix} + 29.98\begin{bmatrix} 0.2353 & \text{对} & \\ 0.2353 & 0.2353 & \text{称} \\ -0.3530 & -0.3530 & 0.5294 \end{bmatrix} + \\
&\quad 29.98\begin{bmatrix} 0.2353 & \text{对} & \\ 0.2353 & 0.2353 & \text{称} \\ 0.3530 & 0.3530 & 0.5294 \end{bmatrix} + 123.6\begin{bmatrix} 0 & \text{对} & \\ 0 & 1 & \text{称} \\ 0 & 0 & 0 \end{bmatrix} = \begin{bmatrix} 28.217 & \text{对} & \\ 0 & 151.817 & \text{称} \\ 21.166 & -21.166 & 63.486 \end{bmatrix}
\end{aligned}
$$

$$
\begin{aligned}
[k_{22}] &= [k_{22}^{1}]+[k_{22}^{B}] = 29.98\begin{bmatrix} 0.2353 & \text{对} & \\ 0.2353 & 0.2353 & \text{称} \\ -0.3530 & -0.3530 & 0.5294 \end{bmatrix} + 30.9\begin{bmatrix} 1 & \text{对} & \\ 0 & 0 & \text{称} \\ 0 & 0 & 0 \end{bmatrix} \\
&= \begin{bmatrix} 37.954 & \text{对} & \\ 7.054 & 7.054 & \text{称} \\ -10.583 & -10.583 & 15.871 \end{bmatrix}
\end{aligned}
$$

$$
\begin{aligned}
[k_{BB}] &= [k_{BB}^{A}]+[k_{BB}^{1}]+[k_{BB}^{2}] = 61.8\begin{bmatrix} 0 & \text{对} & \\ 0 & 1 & \text{称} \\ 0 & 0 & 0 \end{bmatrix} + 59.96\begin{bmatrix} 0.2353 & \text{对} & \\ -0.2353 & 0.2353 & \text{称} \\ 0.3530 & -0.3530 & 0.5294 \end{bmatrix} + \\
&\quad 30.9\begin{bmatrix} 1 & \text{对} & \\ 0 & 0 & \text{称} \\ 0 & 0 & 0 \end{bmatrix} = \begin{bmatrix} 45.009 & \text{对} & \\ -14.109 & 75.909 & \text{称} \\ 21.166 & -21.166 & 31.743 \end{bmatrix}
\end{aligned}
$$

$$
[k_{21}] = \begin{bmatrix} -7.055 & \text{对} & \\ -7.055 & -7.055 & \text{称} \\ 10.583 & 10.583 & -15.872 \end{bmatrix}
$$

$$[k_{B1}]=\begin{bmatrix}-14.109 & 对 & \\ 14.109 & -14.109 & 称 \\ -21.166 & 21.166 & -31.743\end{bmatrix}$$

$$[k_{B2}]=\begin{bmatrix}-30.9 & 对 & \\ 0 & 0 & 称 \\ 0 & 0 & 0\end{bmatrix}$$

将$[k_{11}]$，$[k_{22}]$，$[k_{BB}]$，$[k_{21}]$，$[k_{B1}]$，$[k_{B2}]$代入式（a）中，考虑到对称性，B 点的 $v_B=w_B=0$，2 点的 $u_2=v_2=0$，划去对应的行和列，整理得：

$$\begin{bmatrix}28.217 & & 对 & & \\ 0 & 151.817 & & 称 & \\ 21.166 & -21.166 & 63.486 & & \\ 10.583 & 10.583 & -15.872 & 15.871 & \\ -14.109 & 14.109 & -21.166 & 0 & 45.009\end{bmatrix}\begin{bmatrix}u_1\\ v_1\\ w_1\\ w_2\\ u_B\end{bmatrix}=\begin{bmatrix}0\\ 0\\ 16\\ 4\\ 0\end{bmatrix} \tag{b}$$

根据对称条件，1 点垂直于对称面位移为零，因此需进行斜边界条件处理，斜边界转换矩阵 R 为

$$R=\begin{bmatrix}0.707 & -0.707 & 0\\ 0.707 & 0.707 & 0\\ 0 & 0 & 1\end{bmatrix}$$

式（b）的$[K]$两端乘以$[T]=\begin{bmatrix}[R] & & \\ & 1 & \\ & & 1\end{bmatrix}$和$[T]^T=\begin{bmatrix}[R^T] & & \\ & 1 & \\ & & 1\end{bmatrix}$，

即$[T][K][T]^T$，则式（b）成为

$$\begin{bmatrix}89.990 & & 对 & & \\ -61.781 & 89.990 & & 称 & \\ 29.929 & 0 & 63.486 & & \\ 0 & 14.964 & -15.872 & 15.871 & \\ -19.950 & 0 & -21.166 & 0 & 45.009\end{bmatrix}\begin{bmatrix}u_1'\\ v_1'\\ w_1'\\ w_2\\ u_B\end{bmatrix}=\begin{bmatrix}0\\ 0\\ 16\\ 4\\ 0\end{bmatrix} \tag{c}$$

考虑到 B 点沿 x 方向下柱弹性约束作用，其弹簧刚度系数 K_c 为

$$K_c=\frac{3E_c I_c}{H_c^3}=\frac{3\times 3\times 10^4\times \frac{1}{12}\times 400^4}{6000^3}\times 10^{-3}=0.889\,\text{kN/mm}$$

B 点在对称面上，K_c应除以 2 后加在第 5 行、第 5 列的对角元上，再考虑 $u_1'=0$，划去相应行和列，式（c）可写成：

$$\begin{bmatrix}89.990 & & 对 & \\ 0 & 63.486 & & 称 \\ 14.946 & -15.872 & 15.871 & \\ 0 & -21.166 & 0 & 45.454\end{bmatrix}\begin{bmatrix}v_1'\\ w_1'\\ w_2\\ u_B\end{bmatrix}=\begin{bmatrix}0\\ 16\\ 4\\ 0\end{bmatrix}$$

由上式解得　$v_1'=-0.167222\,\text{mm}$；$w_1'=0.595963\,\text{mm}$

$$w_2 = 1.005635\,\text{mm};\quad u_B = 0.277515\,\text{mm}$$

由 $u'_1 = 0$，v'_1，w'_1 求 u_1，v_1，w_1 得

$$\begin{bmatrix} u_1 \\ v_1 \\ w_1 \end{bmatrix} = \begin{bmatrix} 0.707 & 0.707 & 0 \\ -0.707 & 0.707 & 0 \\ 0 & 0 & 1 \end{bmatrix} \begin{bmatrix} 0 \\ v'_1 \\ w'_1 \end{bmatrix}$$

解得 $u_1 = -0.118226\,\text{mm}$；$v_1 = -0.118226\,\text{mm}$；$w_1 = 0.595963\,\text{mm}$

6. 由式（3-40）求杆件内力

$$N_{AB} = 0$$

$$N_{B2} = 61.8 \times (0 - 0.277515) = -17.15\,\text{kN}$$

$$N_{31} = 123.6 \times (0 + 0.118226) = 14.61\,\text{kN}$$

$$N_{1A} = 59.96 \times [-0.4851 \times 0.118226 \times 2 + 0.7276 \times 0.595963] = 19.12\,\text{kN}$$

$$N_{B1} = 59.96 \times [-0.4851 \times (0.277515 + 0.118226) + 0.4851 \times 0.118226 - 0.7276 \times (-0.595963)] = 17.93\,\text{kN}$$

$$N_{21} = 59.96 \times [0.4851 \times 0.118226 \times 2 - 0.7276 \times 0.409672] = -11.0\,\text{kN}$$

杆件内力见图 3-38a，图 3-38b 为电算程序 Mstcad 2008 整体计算的结果，两者差别较小。

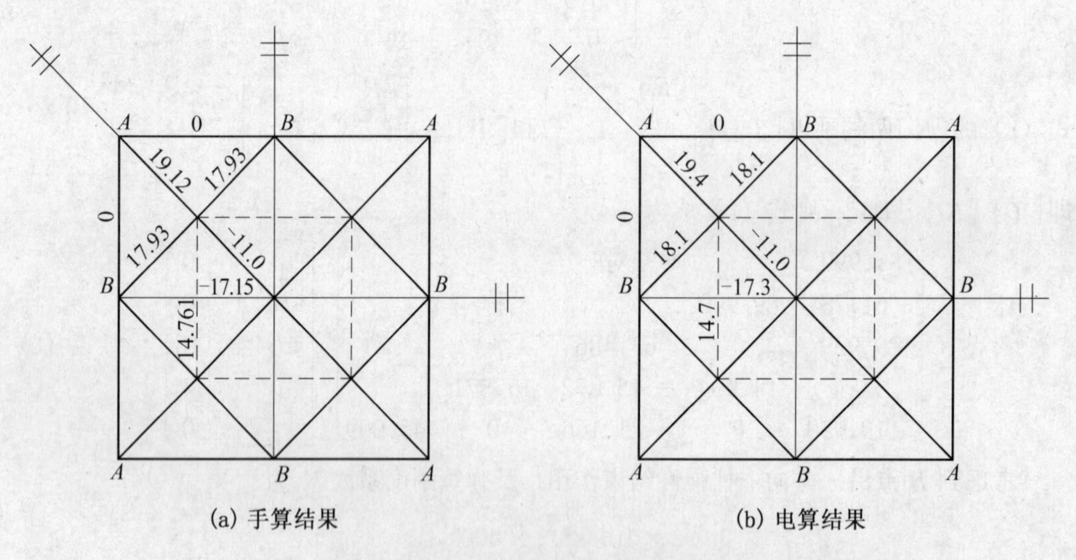

图 3-38 网架杆件内力图（kN）

3.5.3 网架结构的温度应力

网架结构是超静定结构，均匀温度场变化下，杆件不能自由热胀冷缩，从而产生温度应力。温度场变化范围是指施工安装完毕（网架支座与下部结构牢固连接）时的气温与当地常年最高或最低气温之差。温度应力的计算常采用空间桁架位移法的精确计算方法。

1. 计算方法

空间桁架位移法计算温度应力的方法适用于各种形式、各种支承条件及各种温度场变

化的网架。其基本原理是：首先将网架各节点加以约束，求出因温度变化而引起的杆件固端力和各节点的不平衡力；然后取消约束，将节点不平衡力反向作用在节点上，用空间桁架位移法求出节点不平衡力引起的杆件内力；最后将杆件固端力 N_{ij}^0 和由节点不平衡力引起的杆件内力 N_{ij}^1 叠加，即求得网架杆件的温度内力 N_{ij}^t。

1）温度变化引起的杆件固端力 N_{ij}^0

当网架所有节点均被约束时，因温度变化而引起的杆 ij 的固端力

$$N_{ij}^0 = -E\alpha\Delta tA_{ij} \tag{3-41}$$

式中　E——钢材的弹性模量；

α——钢材的线膨胀系数，$\alpha = 1.2\times10^{-5}/℃$；

Δt——温差（℃），以升温为正；

A_{ij}——杆 ij 的截面面积。

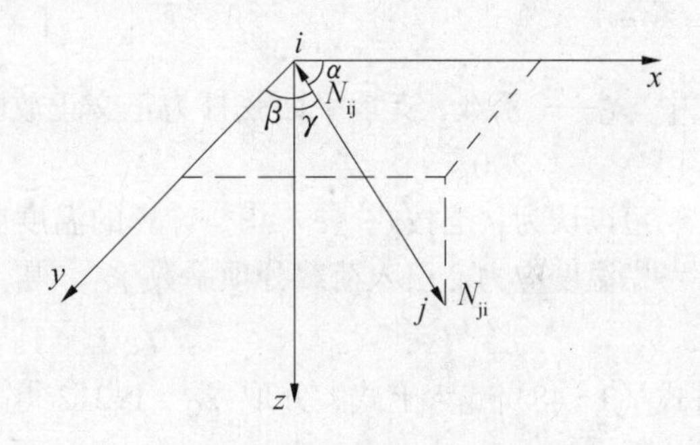

图3-39　杆端节点力

杆件对节点产生固端节点力，其大小与杆件的固端力相同，方向相反。设杆 ij 在 i 端、j 端产生的固端节点力如图3-39所示，则各分力为

$$\left.\begin{aligned} -P_{ix} = P_{jx} = E\alpha\Delta tA_{ij}\cos\alpha \\ -P_{iy} = P_{jy} = E\alpha\Delta tA_{ij}\cos\beta \\ -P_{iz} = P_{jz} = E\alpha\Delta tA_{ij}\cos\gamma \end{aligned}\right\} \tag{3-42}$$

式中　α、β、γ——杆 ij 与 x、y、z 轴正向夹角。

2）节点不平衡力引起的杆件内力 N_{ij}^1

设与节点 i 相连的杆件有 m 根，则由固端节点力引起的节点 i 不平衡力为

$$\left.\begin{aligned} P_{ix} = \sum_{k=1}^{m}(-E\alpha\Delta tA_{ik}\cos\alpha_k) \\ P_{iy} = \sum_{k=1}^{m}(-E\alpha\Delta tA_{ik}\cos\beta_k) \\ P_{iz} = \sum_{k=1}^{m}(-E\alpha\Delta tA_{ik}\cos\gamma_k) \end{aligned}\right\} \tag{3-43}$$

同理，可求得网架其他节点上的不平衡力，将各节点不平衡力反向作用于对应节点上，建立由节点不平衡力引起的结构总刚方程，并考虑边界条件的影响，求出杆 ij 由节点不平衡力引起的杆件内力

$$N_{ij}^1 = \frac{EA_{ij}}{l_{ij}}[\cos\alpha\cdot(u_j-u_i)+\cos\beta\cdot(v_j-v_i)+\cos\gamma\cdot(w_j-w_i)] \tag{3-44}$$

3）网架杆件的温度应力

网架杆件的温度内力由杆件固端力与节点不平衡力引起的杆件内力相加而得，即

$$N_{ij}^t = N_{ij}^0 + N_{ij}^1 \tag{3-45}$$

将式（3-41）和式（3-44）代入上式得

$$N_{ij}^t = EA_{ij}\left[\frac{\cos\alpha\cdot(u_j-u_i)+\cos\beta\cdot(v_j-v_i)+\cos\gamma\cdot(w_j-w_i)}{l_{ij}} - \alpha\Delta t\right] \tag{3-46}$$

温度应力

$$\sigma_{ij}^{t}=E\left[\frac{\cos\alpha\cdot(u_j-u_i)+\cos\beta\cdot(v_j-v_i)+\cos\gamma\cdot(w_j-w_i)}{l_{ij}}-\alpha\Delta t\right] \tag{3-47}$$

2. 网架不考虑温度应力的条件

网架的温度应力计算分为中间区域和边缘区域。考虑到边缘区域弦杆在外荷载作用下的内力较小，其截面大多按构造确定，因此，可以把网架中间区域支承平面弦杆的温度应力大小，作为是否考虑温度应力的依据。各种形式支承平面弦杆中间区域的温度应力可用下列公式统一表达：

$$\sigma_{tI}=-\left[1-\frac{1}{1+\dfrac{K_c L}{2\xi EA_m}}\right]\alpha\Delta tE \tag{3-48}$$

式中 ξ——系数，支承平面弦杆为正交正放时 $\xi=1.0$，正交斜放时 $\xi=\sqrt{2}$，三向时 $\xi=2.0$。

可以认为，当按式（3－48）计算的温度应力小于钢材强度设计值 f 的5%时，可不必考虑温度应力。引入荷载分项系数 γ_Q，得

$$\gamma_Q\cdot|\sigma_{tI}|\leqslant 0.05f \tag{3-49}$$

将式（3－48）代入上式，并取 $\gamma_Q=1.312$ 得

$$\left[1-\frac{1}{1+\dfrac{K_c L}{2\xi EA_m}}\right]\alpha\Delta tE\leqslant 0.038f$$

$$K_c\leqslant\frac{2\xi EA_m}{L}\left(\frac{0.038f}{\alpha\Delta tE-0.038f}\right) \tag{3-50}$$

设 u 表示柱子在单位力作用下的柱顶侧移，则

$$u=\frac{1}{K_c}=\frac{H_c^3}{3E_c I_c} \tag{3-51}$$

将式（3－50）代入上式

$$u\geqslant\frac{L}{2\xi EA_m}\left(\frac{\alpha\Delta tE}{0.038f}-1\right) \tag{3-52}$$

式中 E_c、I_c、H_c——支承结构柱的弹性模量、惯性矩和长度；

L——网架在验算方向的跨度；

A_m——支承平面弦杆截面积的算术平均值。

上式为《网架结构设计与施工规程（JGJ 7—1991）》[48]中不考虑温度作用的理论基础。此外，规程还规定，当网架结构符合下列条件之一者，可不考虑温度变化引起的内力：

（1）支座节点的构造允许网架侧移时，其侧移值应不小于式（3－52）的计算值；

（2）当周边支承的网架且验算方向跨度小于40m时，支承结构为独立柱或砖壁柱；

（3）单位力作用下，柱顶侧移大于或等于式（3－52）的计算值。

第（2）条规定是根据国内已建成的18座网架，当考虑温差 $\Delta t=\pm 30$℃时，网架跨度小于40m，又是独立柱支承，其柱顶侧移均能满足式（3－52）要求。目前国内不少工程采用板式橡胶支座以及其他各种类型的减震支座，选取适当的橡胶厚度和弹簧剪切刚

度，一般能满足第（1）条规定。

3.6　网架结构的杆件设计与节点构造

3.6.1　杆件设计

1. 杆件材料和截面形式

目前，网架杆件的材料常采用钢材。《钢结构设计规范（GB 50009—2001）》推荐使用的钢材有低碳钢（如 Q235）和低合金钢（如 Q345），其中 Q345 钢由于强度高，宜用于大跨度网架，一般网架采用 Q235 钢。这两种钢材力学性能、焊接性能均较好，材质也较稳定。

杆件的截面形式有圆钢管、方钢管、角钢及 H 型钢等。圆钢管具有回转半径大和截面特性无方向性等特点，对受压受扭有利，是目前最常用的截面形式；圆钢管截面有高频焊管及无缝钢管两种，其中高频焊管较无缝管造价低且壁薄（一般 5 mm 以下），设计时应优先采用。此外，圆管的端部封闭后，内部不易锈蚀，表面也难以积灰和积水，具有较好的防腐性能。薄壁方管具有回转半径大，两个方向回转半径相等的特点，是一种较经济截面，但节点构造复杂，目前应用还不广泛。角钢组成的 T 形截面适用于板节点连接，因工地焊接工作量大，制作复杂，采用也较少。H 型钢适用于受力较大的弦杆[60]。

2. 杆件的计算长度和容许长细比

1）计算长度

与平面桁架相比，网架节点处汇集杆件较多，节点约束作用较大。网架杆件的计算长度通过模型试验并参考平面桁架而定。网架杆件的计算长度 l_0 可按下式确定：

$$l_0 = \mu l \tag{3-53}$$

式中　l——杆件几何长度（节点中心距）；

　　μ——计算长度系数，见表 3-12。

表 3-12　杆件计算长度系数 μ

连接形式	弦　杆	腹　杆	
		支座腹杆	其他腹杆
螺栓球节点	1.0	1.0	1.0
焊接球节点	0.9	0.9	0.8
板节点	1.0	1.0	0.8

2）容许长细比

杆件的长细比不应超过容许值。对于受压杆，容许长细比主要是防止杆件过于细长易产生初弯曲，从而降低稳定承载力；对于受拉杆，容许长细比主要是保证杆件在制作、运输、安装和使用过程中有一定的刚度。《网架结构设计与施工规程（JGJ 7—1991）》[48]中规定的杆件容许长细比$[\lambda]$，见表 3-13。

表 3-13　网架杆件容许长细比[λ]

杆件总类		容许长细比
受压杆件		180
受拉杆件	一般杆件	400
	支座附近处杆件	300
	直接承受动力荷载杆件	250

3. 杆件设计

1）截面选择的原则

（1）杆件规格不宜过多，一般较小跨度网架以 2～3 种为宜，较大跨度网架以 6～7 种为宜，一般不超过 8 种。

（2）同样截面面积条件下宜选用壁薄截面，这样可获得较大的回转半径，对受压杆稳定有利。

（3）应选用市场经常供应的截面规格，常用钢管规格有 $\phi48\times3.5$，$\phi60\times3.5$，$\phi75.5\times3.75$，$\phi89\times4$，$\phi114\times4$，$\phi140\times4$，$\phi159\times5$，$\phi168\times8$，$\phi180\times8$ 等。

（4）钢管出厂一般都有负公差，选择截面时应适当留有余量。

（5）杆件最小截面不宜小于 $\phi48\times2$，较大跨度网架杆件外径不宜小于 $\phi60$。此外，为便于施焊和防腐要求，圆管的壁厚不宜太薄，一般不小于 2 mm。

（6）受拉杆一般不宜设有接头，受压杆也只容许有一个接头（设在受力较小区域），并避免接头过于集中。

2）截面计算

（1）轴心受拉

$$\sigma=\frac{N}{A_{\mathrm{n}}}\leqslant f \tag{3-54a}$$

$$\lambda=\frac{l_0}{i_{\min}}=\frac{\mu l}{i_{\min}}\leqslant[\lambda] \tag{3-54b}$$

（2）轴心受压

$$\sigma=\frac{N}{\varphi A}\leqslant f \tag{3-55a}$$

$$\lambda=\frac{l_0}{i_{\min}}=\frac{\mu l}{i_{\min}}\leqslant[\lambda] \tag{3-55b}$$

式中 N——杆件轴向力设计值；

A_{n}——杆件的净截面面积；

A——杆件的毛截面面积；

λ——杆件长细比；

$i_{\min}$——杆件的最小回转半径；

φ——稳定系数；

f——钢材强度设计值。

网架是高次超静定结构，杆件截面变化将影响杆件内力，因此截面选择应根据市场能提供的截面规格，按满应力原则选择最经济截面。

3.6.2　节点构造

网架节点的数量较多，节点用钢占整个网架杆件用钢量的 20%～25%。合理的节点设计对网架结构的安全性能、制作安装、工程进度和工程造价都有直接的影响。网架结构的节点分为内部节点和支座节点两类。节点设计和构造应符合下列原则：

(1) 受力合理，传力明确、可靠，实际节点构造与计算假定吻合；

(2) 保证各杆交汇于一点，不产生附加弯矩；

(3) 构造简单、制作和安装方便；

(4) 尽量减少用钢量。

1. 节点类型

常用网架节点按构造可分为以下几种类型：

1) 焊接空心球节点

焊接空心球由两个半球对焊而成，半球有冷压和热压两种成型方法。热压成型简单，不需要很大的压力，用得较多；冷压不仅需要很大的压力，而且对模具的磨损也较大，目前很少采用。当焊接空心球的直径较大时，为增加球体的承载力，可在两个半球的对焊处增加肋板，三者焊成整体。网架杆件通过对接焊缝与空心球相连。

2) 螺栓球节点

螺栓球节点是将网架杆件通过高强螺栓、套筒、销子（螺钉)、锥头或封板与实心钢球连接而成的一种节点形式。

3) 焊接钢板节点

焊接钢板节点是从平面桁架节点的基础上发展而成，杆件由角钢组成，杆件与节点板连接可采用角焊缝，也可采用高强螺栓。

4) 相贯节点

相贯节点是将网架腹杆（支管）的端部经机械加工成相贯面后，直接焊在弦杆（主管）壁上，也可将一个方向的弦杆焊在另一个方向弦杆的管壁上。由于省去了节点连接部件，故节省了用钢量，但装配精度要求较高。杆件可为圆钢管，亦可为方钢管。

5) 焊接钢管节点

焊接钢管节点是由空心圆柱体组成的节点，杆件直接焊在圆柱体表面上，由于杆件端部与圆柱体表面相交处为曲面，因此，杆件的加工精度要求较高。

目前国内最常用的网架节点形式是焊接空心球和螺栓球节点。

2. 焊接空心球节点设计与构造

焊接空心球节点分为加肋和不加肋两种（图 3－40），由于球体无方向性，可与任意方向的杆件相连，但节点用钢量较大，且现场焊接工作量大。

1) 焊接空心球的承载力计算

(1) 受拉承载力

空心球受拉破坏属于强度破坏。试验表明，其破坏具有冲切破坏的特征，破坏面多为

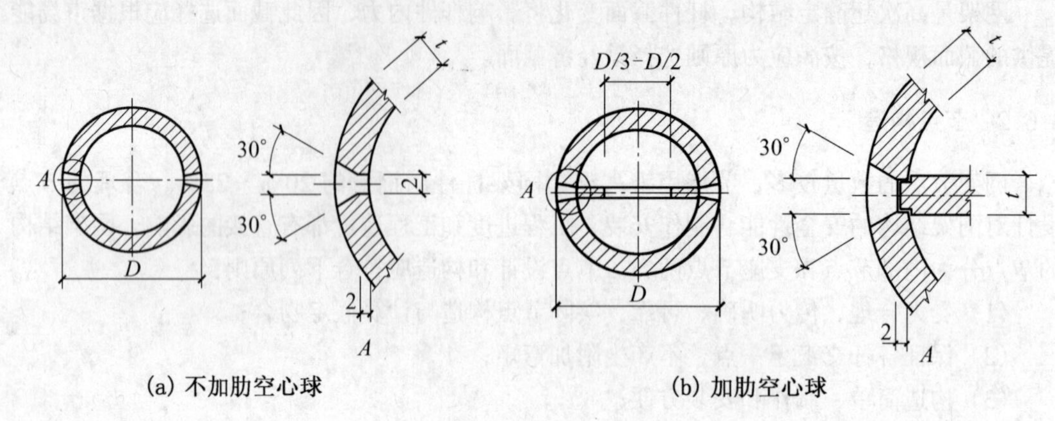

(a) 不加肋空心球　　(b) 加肋空心球

图 3-40　焊接空心球节点

球体沿杆件管壁拉出（图 3-41）。当空心球外径 $D=120\sim500\,\text{mm}$[48]（$120\sim900\,\text{mm}$[10]）时，其受拉承载力设计值按下式计算：

$$N_{\mathrm{t}} \leqslant 0.55\,\eta_{\mathrm{t}}\pi dtf^{[48]} \tag{3-56a}$$

$$N_{\mathrm{t}} \leqslant \frac{\sqrt{3}}{3}\,\eta_{\mathrm{t}}\pi dtf^{[10]} \tag{3-56b}$$

式中　N_{t}——受拉空心球的轴向拉力设计值，N；

d——钢管外径，mm；

t——空心球壁厚，mm；

f——钢材强度设计值，$\mathrm{N/mm^2}$；

η_{t}——受拉空心球加肋提高系数，不加肋时 $\eta_{\mathrm{t}}=1.0$，加肋时 $\eta_{\mathrm{t}}=1.1$。

图 3-41　空心球受拉破坏

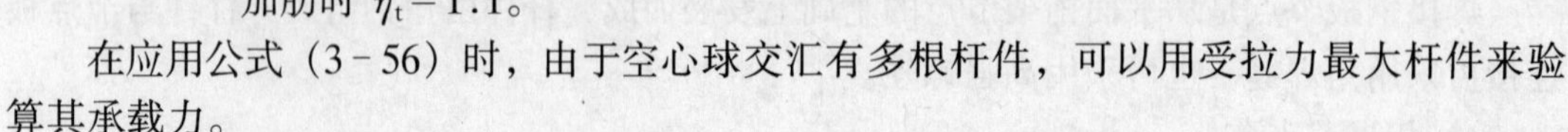

在应用公式（3-56）时，由于空心球交汇有多根杆件，可以用受拉力最大杆件来验算其承载力。

（2）受压承载力

轴向压力作用下的焊接空心球破坏属于壳体失稳问题，应采用非线性分析方法进行极限承载力的分析，计算工作量很大，难以在设计中应用。当空心球外径 $D=120\sim500\,\text{mm}$[48]（$120\sim900\,\text{mm}$[10]）时，其受压承载力设计值按下式计算：

$$N_{\mathrm{c}} \leqslant \eta_{\mathrm{c}}\left(400td - 13.3\,\frac{t^2 d^2}{D}\right)^{[48]} \tag{3-57a}$$

$$N_{\mathrm{c}} \leqslant 0.33\,\eta_{\mathrm{c}}\left(1+\frac{d}{D}\right)\pi dtf^{[10]} \tag{3-57b}$$

式中　N_{c}——受压空心球的轴向压力设计值，N；

D——空心球外径，mm；

t——空心球壁厚，mm；

d——钢管外径，mm；

f——钢材强度设计值，$\mathrm{N/mm^2}$；

η_{c}——受压空心球加肋提高系数，不加肋时 $\eta_{\mathrm{c}}=1.0$，加肋时 $\eta_{\mathrm{c}}=1.4$。

由于空心球交汇有多根杆件，可以用受压力最大的杆件来验算其承载力。经试算，式

(3 - 57a) 计算结果较式 (3 - 57b) 偏于保守。

2）焊接空心球的构造

(1) 空心球直径 D 主要根据构造要求确定。为便于施焊及母材不致过热，连接于同一球节点的各杆件之间的空隙不宜小于 10 mm（图 3 - 42），按此要求近似取：

$$\frac{D}{2}\cdot\theta\approx\frac{d_1}{2}+\frac{d_2}{2}+a$$

$$D\geqslant\frac{d_1+d_2+2a}{\theta}\tag{3-58}$$

式中　d_1、d_2——组成 θ 角的相邻两根杆件的外径，mm；

θ——汇交于球节点任意两根杆件间的夹角，rad；

a——球面上相邻杆件之间的间隙，mm，不小于 10 mm。

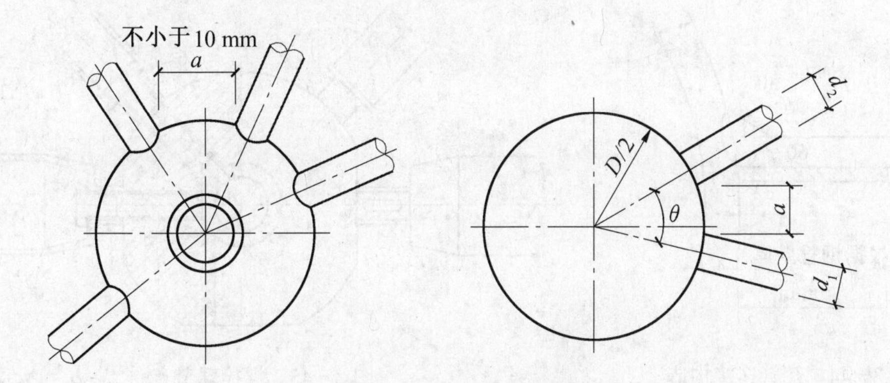

图 3 - 42　空心球外径构造图

当空心球直径过大，且汇交杆件又较多时，为减少空心球直径，允许部分腹杆与腹杆或腹杆与弦杆相汇交。汇交杆件的轴线必须通过空心球球心，汇交两杆中截面较大的杆件必须全焊在球上（当两杆截面面积相等时，取拉杆为主杆），另一杆坡口焊在主杆上，但必须保证有 3/4 截面焊在球上。如汇交杆件受力较大，可按图 3 - 43 设置加劲肋。

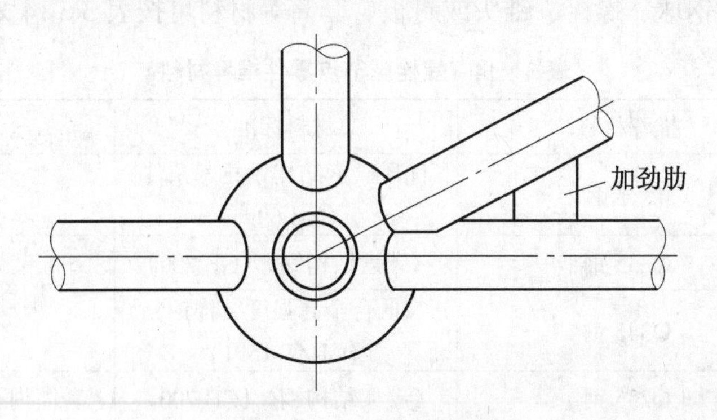

图 3 - 43　汇交杆件构造

(2) 空心球外径 D 与壁厚 t 的比值，一般可取 25～45。空心球壁厚与钢管最大壁厚的比值宜选用 1.2～2.0，空心球壁厚不宜小于 4 mm。

(3) 当空心球的外径 D 不小于 300 mm，且杆件内力较大需提高承载力时，球内可加设环肋，其厚度不应小于球壁厚，肋板宽度不小于1/4～1/3球径，内力较大的杆件应位于肋板平面内。

(4) 构造要求，空心球外径 D 一般取钢管外径 d 的2倍以上，即 $D/d \geqslant 2.0$。为提高压杆承载力，设计中常选用管径较大、管壁较薄的杆件，而管径的加大势必引起空心球外径的增大，从而可能使网架造价提高。

(5) 钢管与空心球连接，钢管应开坡口。钢管与空心球之间应留有一定空隙予以焊透，以实现焊缝与钢管等强，否则应按角焊缝计算。为保证焊缝质量，钢管端头可加套管与空心球焊接（图3-44）。

3. 螺栓球节点设计与构造

螺栓球节点由钢球、螺栓、销子（螺钉）、套筒和锥头或封板等零件组成（图3-45）。

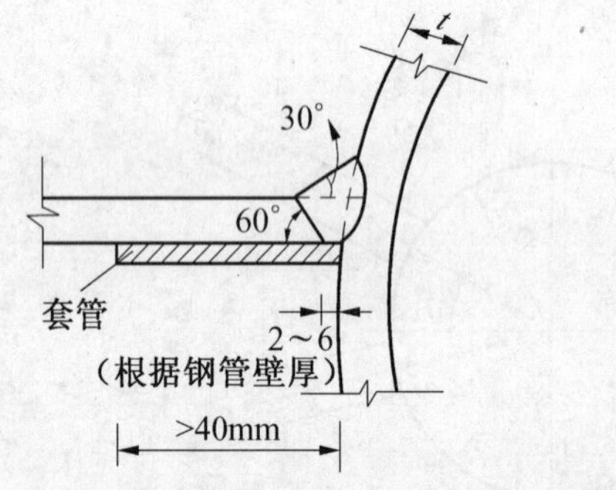

图3-44　套管连接构造

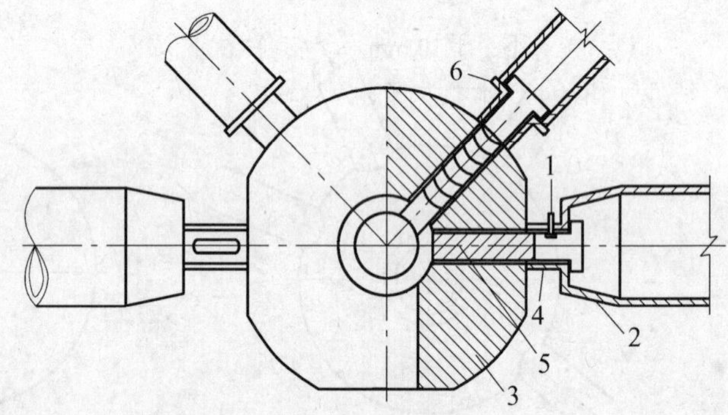

图3-45　螺栓球节点

1—销钉；2—锥头；3—螺栓球；4—套筒；5—螺栓；6—封板

螺栓球节点网架的杆件长度一般为2～3 m，包装、运输方便；现场装配，不产生焊接变形和焊接应力，节点无偏心；零件工厂生产，产品质量易保证，可减少现场工作量，加快施工速度。

1）螺栓球零件材料的选择

螺栓球节点的钢球、螺栓、锥头或封板、套筒等材料可按表3-14采用。

表3-14　螺栓球节点零件推荐材料

零件名称	推荐材料	材料标准	备　注
钢　球	45号钢	《优质碳素结构钢技术条件》(GB 699)	
锥头或封板	Q235钢	《碳素结构钢》(GB 700)	钢号宜与杆件一致
	Q345钢	《低合金高强度结构钢》(GB/T 1591)	
套　筒	Q235钢	《碳素结构钢》(GB 700)	套筒内孔径为13～34 mm
	Q345钢	《低合金高强度结构钢》(GB/T 1591)	
	45号钢	《优质碳素结构钢技术条件》(GB 699)	套筒内孔径为37～65 mm

续表 3-14

零件名称	推荐材料	材料标准	备　注
高强度螺栓或销子(螺钉)	20MnTiB，40Cr，35CrMn	《合金结构钢技术条件》(GB 3077)	螺纹规格 M12～M24
	35VB，40Cr，35CrMn		螺纹规格 M27～M36
	40Cr，35CrMn		螺纹规格 M39～M64

2）钢球直径的确定

钢球按其加工成型方法分为锻压球和铸钢球两种。铸钢球质量不易保证，故多采用锻制的钢球，其受力状态属多向受力，试验表明，不存在钢球的破损问题。

钢球的大小取决于螺栓的直径、相邻杆件的夹角和螺栓伸入球体的长度等因素，同时要求伸入球体的相邻两个螺栓不相碰。通常相邻的螺栓直径不一定相等，要使螺栓不相碰（图 3-46），则最小钢球直径 D 应满足：

$$D \geqslant \sqrt{\left(\frac{d_2}{\sin\theta} + d_1\cot\theta + 2\xi d_1\right)^2 + \eta^2 d_1^2} \tag{3-59}$$

为保证相邻两根杆件的套筒不相碰（图 3-47），则

$$D \geqslant \sqrt{\left(\frac{\eta d_2}{\sin\theta} + \eta d_1\cot\theta\right)^2 + \eta^2 d_1^2} \tag{3-60}$$

式中　D——钢球直径，mm；

θ——两个螺栓之间的最小夹角，rad；

d_1、d_2——螺栓直径，mm，$d_1 > d_2$；

ξ——螺栓拧入钢球的长度与螺栓直径的比值，一般取 $\xi = 1.1$；

η——套筒外接圆直径与螺栓直径的比值，一般取 $\eta = 1.8$。

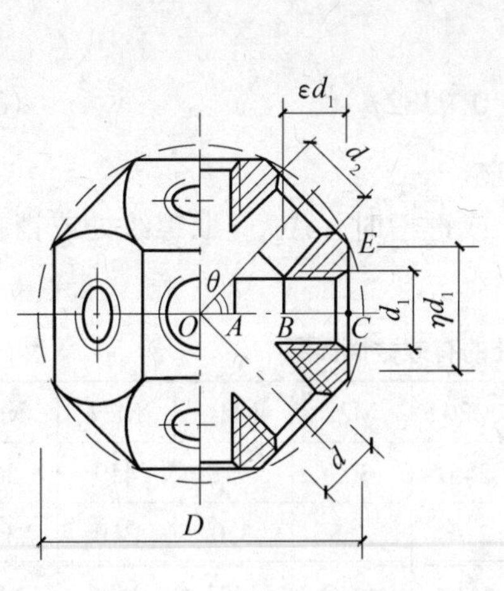

图 3-46　钢球有关参数

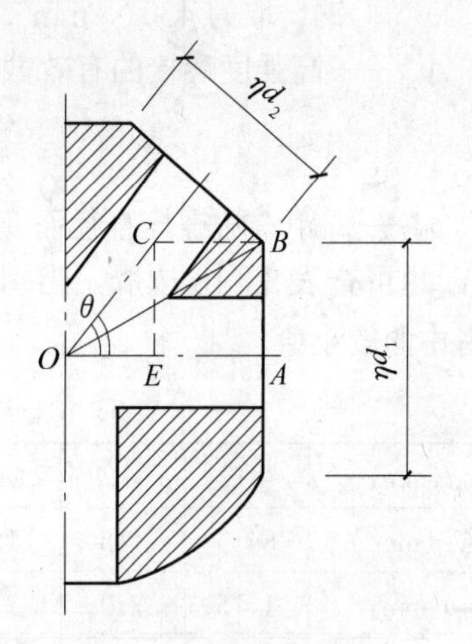

图 3-47　钢球的切削面

钢球的直径取式（3-59）和式（3-60）的较大值。然而当相邻两杆夹角 $\theta < 30°$ 时，上述两式不能保证相邻两杆不相碰，此时还需满足：

$$D \geqslant \sqrt{\left(\frac{D_2}{\sin\theta} + D_1\cot\theta\right)^2 + D_1{}^2} - \sqrt{S^2 + \left(\frac{D_1 - \eta d_1}{2}\right)^2} \tag{3-61}$$

式中　D_1、D_2——相邻两杆的圆管外径，mm，$D_1 > D_2$；

θ——相邻两杆的夹角，rad；

d_1——相应于 D_1 圆管所配螺栓的直径，mm；

η——套筒外接圆直径与螺栓直径的比值，$\eta = 1.8$；

S——套筒的长度，mm。

3）高强度螺栓受拉承载力计算

高强度螺栓在螺栓球节点中承受拉力。高强度螺栓应满足国家标准《钢结构用高强度大六角头螺栓（GB 1228—91）》规定的性能等级 8.8S 或 10.9S，并符合国家标准《普通螺纹基本尺寸（GB 196—2003）》粗牙普通螺纹的规定。螺栓材料机械性能见表 3－15。

表 3－15　螺栓材料机械性能

性能等级	抗拉强度(N/mm^2)	屈服强度(N/mm^2)	伸长率 δ_5（%）	收缩率 Ψ（%）
10.9S	1040～1240	≥940	≥10	≥42
8.8S	830～1030	≥660	≥12	≥45

每个高强度螺栓的受拉承载力设计值应按下式计算：

$$N_t^b \leqslant \Psi A_{eff} f_t^b \tag{3-62}$$

式中　N_t^b——高强度螺栓的拉力设计值，N；

Ψ——螺栓直径 d 对承载力影响系数；当 $d < 30$ mm 时，$\Psi = 1.0$，当 $d \geqslant 30$ mm 时，$\Psi = 0.93$；

f_t^b——高强度螺栓经热处理后的抗拉强度设计值；对 40Cr 钢，40B 钢与 20MnTiB 钢，取为 430 N/mm^2，对 45 号钢，取为 365 N/mm^2；

A_{eff}——高强度螺栓的有效截面面积，mm^2：

$$A_{eff} = \frac{\pi}{4}(d - 0.9382p)^2 \tag{3-63}$$

p——螺距，随螺栓直径而变化，查表 3－16。

A_{eff}也可查表 3－16 选取。当螺栓上钻有销孔或键槽时，A_{eff}应取螺纹处或销孔键槽处二者中的较小值。

表 3－16　常用螺栓在螺纹处的有效截面面积

d(mm)	M12	M14	M16	M18	M20	M22	M24	M27	M30
A_{eff}(mm^2)	84.3	115	157	192	245	303	353	459	561
p(mm)	1.75	2.0	2.0	2.5	2.5	2.5	3.0	3.0	3.5
d(mm)	M33	M36	M39	M42	M45	M48	M52	M56	M60
A_{eff}(mm^2)	694	817	976	1121	1306	1473	1758	2030	2362
p(mm)	3.5	4.0	4.0	4.5	4.5	5.0	5.0	5.5	5.5

螺栓长度 l_b由构造确定（图 3－48），即

$$l_b = \xi d + S + \delta \tag{3-64}$$

式中　ξ——螺栓拧入钢球的长度与螺栓直径的比值，$\xi = 1.1$；

d——螺栓直径；

S——套筒的长度；

δ——锥头板或封板厚度。

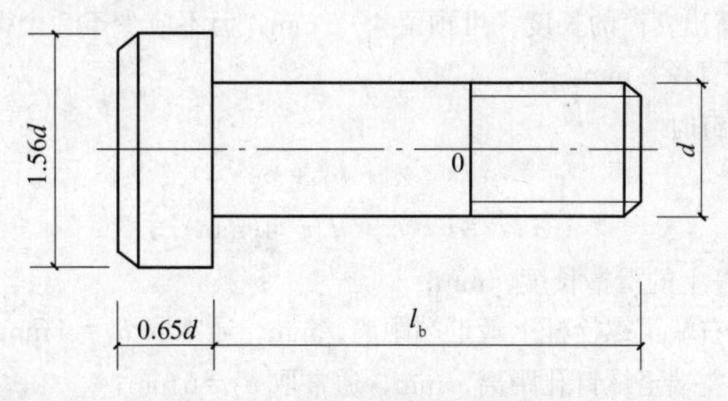

图 3－48　高强度螺栓的几何尺寸

对于受压杆件的连接螺栓，仅起构造作用，可不予验算，但也不宜太小。可按该杆内力绝对值求得螺栓直径后适当减小，建议减小幅度不多于表 3－16 中螺栓直径系列的 3 个级差。压力由套筒承担，套筒应进行承压计算，并验算其开槽处和端部有效截面的承压力。

4）套筒外形尺寸的确定

套筒是六角形的无纹螺母，主要用以拧紧螺栓和传递杆件的轴向压力。套筒外形尺寸应符合扳手开口尺寸系列，端部应保持平整，内孔径可比螺栓直径大 1 mm。套筒形式有两种，一种沿套筒长度方向设滑槽（图 3－49a）；另一种在套筒侧面设螺钉孔（图 3－49b）。滑槽宽度一般比销钉直径大 1.5～2 mm，套筒端到开槽端（或钉孔端）距离应使该处有效截面抗剪承载力不低于销钉（或螺钉）的抗剪承载力，且不小于 1.5 倍开槽孔的宽度或 6 mm。

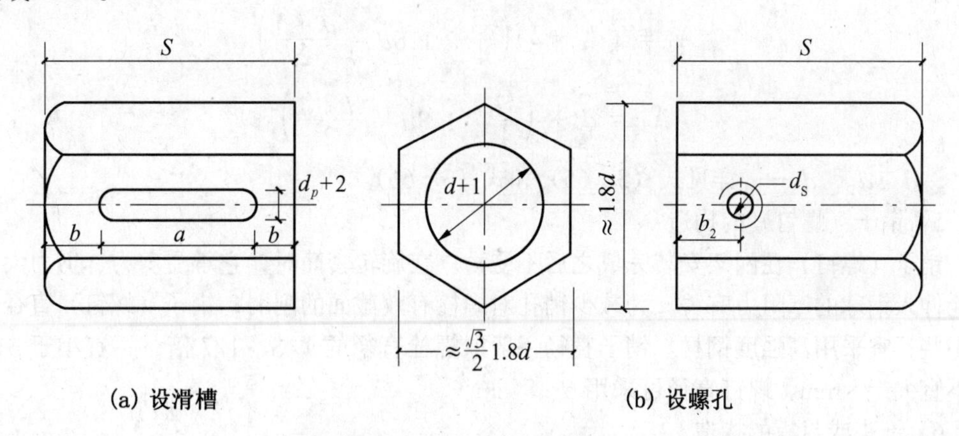

图 3－49　套筒的几何尺寸

套筒的长度 S 可按下式计算：

(1) 当采用滑槽时

$$S = a + 2b \tag{3-65a}$$

$$a = \xi d - c + d_p + 4(\text{mm}) \tag{3-65b}$$

式中 a——套筒上的滑槽长度，mm；

b——套筒端部到滑槽端部的距离，mm；

ξd——螺栓伸入钢球的长度，mm，d 为螺栓直径；

c——螺栓露出套筒的长度，可预留 4～5 mm，但不应少于 2 个螺距；

d_p——销钉直径，mm。

(2) 当采用螺钉时

$$S = a + b_1 + b_2 \tag{3-66a}$$

$$a = \xi d - c + d_s + 4(\text{mm}) \tag{3-66b}$$

式中 a——螺栓杆上的滑槽长度，mm；

b_1——套筒右端至螺栓杆上最近端距离，mm，通常取 $b_1 = 4$ mm；

b_2——套筒左端至螺钉孔距离，mm，通常取 $b_2 = 6$ mm；

d_s——紧固螺钉直径，mm。

套筒作用是将杆件轴向压力传给钢球，套筒应进行承压验算，即

$$\sigma_c = \frac{N_c}{A_n} \leqslant f \tag{3-67}$$

式中 N_c——被连接杆件的轴向压力；

A_n——套筒在开槽处或螺钉孔处的净截面面积；

f——套筒钢材的抗压强度设计值。

当套筒开槽时，$A_n = \left[\frac{3\sqrt{3}}{8}(1.8d)^2 - \frac{\pi(d+1)^2}{4}\right] - A_1$

当套筒开螺钉孔时，$A_n = \left[\frac{3\sqrt{3}}{8}(1.8d)^2 - \frac{\pi(d+1)^2}{4}\right] - A_2$

A_1、A_2为开孔面积，

$$A_1 = (d_p + 2)\left(\frac{\sqrt{3}}{4} \times 1.8d - \frac{d+1}{2}\right)$$

$$A_2 = d_s \times \left(\frac{\sqrt{3}}{4} \times 1.8d - \frac{d+1}{2}\right)$$

d，d_p，d_s——详见式（3-65）和式（3-66）。

5）销子（螺钉）的构造

销子（螺钉）在网架安装完成之后不受力。在旋转套筒时，它承受剪力，剪力大小与螺栓伸入钢球的摩阻力有关。为减少销孔对螺栓有效截面的削弱，销子（螺钉）直径尽可能小些，宜采用高强度钢材。销子直径一般取螺栓直径的 1/8～1/7 倍，不宜小于 3 mm，也不宜大于 8 mm。螺钉直径可采用 6～8 mm。

6）锥头或封板的构造

锥头或封板主要起连接钢管和螺栓的作用，承受杆件传来的轴力。

当杆件管径大于或等于 76 mm 时，宜采用锥头连接，否则采用封板连接。锥头或封

板与杆件的连接焊缝，应满足图 3 - 50 构造要求，其连接焊缝及锥头的任何截面应与连接钢管等强，焊缝宽度 b 可根据连接钢管壁厚取 2～5 mm。

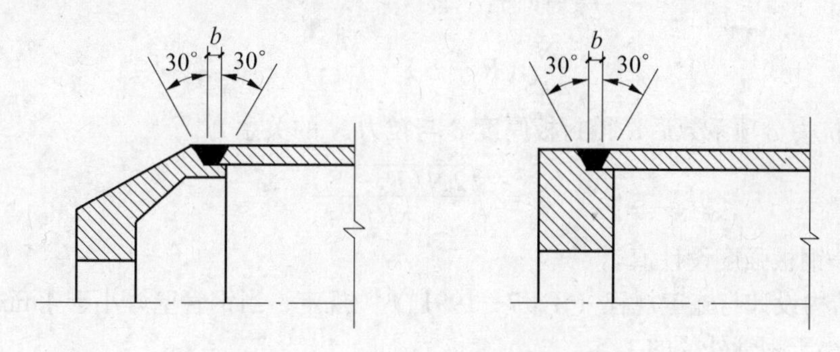

图 3 - 50　锥头或封板与杆件连接焊缝

（1）封板设计

假定封板周边固定，按塑性理论进行设计（图 3 - 51）。假定封板为一开口圆板，螺栓受力 N 通过螺头均匀地传给封板开口边，即

$$Q_0 = \frac{N}{2\pi S} \tag{3-68}$$

式中　S——螺头与封板接触面中心至封板中心的距离；

N——钢管拉力；

Q_0——单位宽度上板承受的集中力。

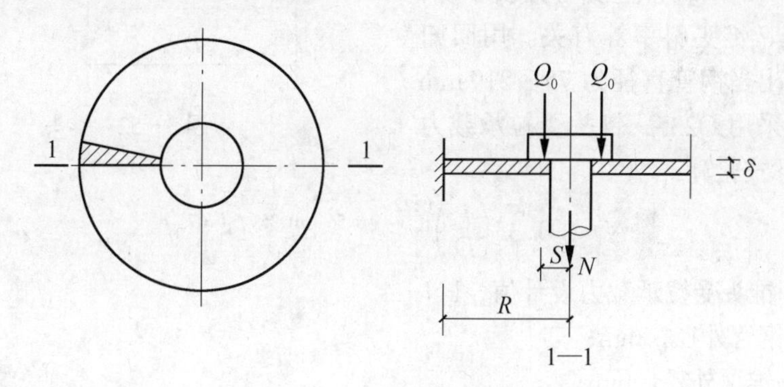

图 3 - 51　封板计算简图

封板周边径向弯矩

$$M_r = Q_0(R - S) \tag{3-69}$$

式中　R——封板的半径。

当周边径向弯矩 M_r 达到塑性铰弯矩 M_T 时，封板才失去承载力，即

$$M_r = M_T \tag{3-70}$$

式中　M_T——封板单位宽度的塑性弯矩

$$M_T = \frac{\delta^2}{4} \cdot f_y \tag{3-71}$$

式中　δ——封板厚度；

f_y——钢板强度标准值（屈服强度）。

将式（3－69）、式（3－71）代入式（3－70），得

$$Q_0(R-S)=\frac{\delta^2}{4}\cdot f_y$$

$$\frac{N}{2\pi S}(R-S)=\frac{\delta^2}{4}\cdot f_y$$

考虑了材料抗力分项系数后，得封板厚度 δ 与拉力 N 的关系为

$$\delta=\sqrt{\frac{2N(R-S)}{\pi Rf}} \tag{3-72}$$

式中　f——钢板强度设计值。

《网架结构设计与施工规程（JGJ 7—1991）》[48]规定，当钢管壁厚小于 4 mm 时，其封板厚度不宜小于钢管外径的 1/5。

（2）锥头的计算和构造

锥头（图 3－52）主要承受来自螺栓的拉力或来自套筒的压力，是杆件与螺栓（或套筒）之间的过渡零配件。由于锥头构造不尽合理，使锥顶与锥壁交界处产生严重应力集中现象，使锥头过早进入塑性。锥头是一个轴对称旋转壳体，采用非线性有限元法可求出锥头的极限承载力。理论分析表明：锥头的承载力主要与锥顶厚度、连接杆件外径、锥头斜率等有关。用回归分析方法，提出当钢管直径为 75～219 mm 时，锥头材料采用 Q235，锥头受拉承载力设计值 N_t 按下式验算：

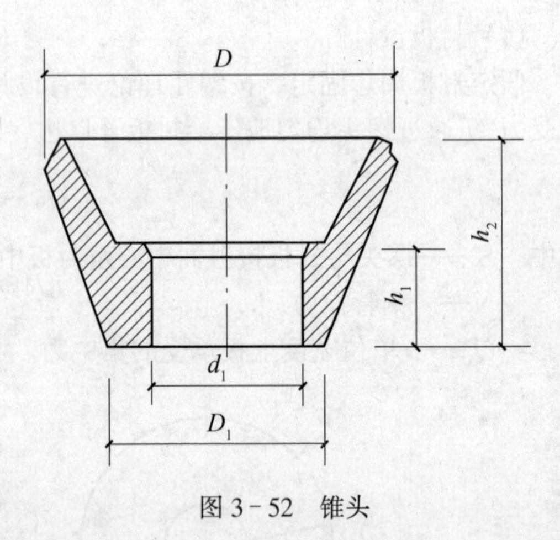

图 3－52　锥头

$$N_t \leqslant 0.33\left(\frac{k}{D}\right)^{0.22} h_1^{0.56}\, d_1^{0.35}\, D_1^{0.67}\, f \tag{3-73}$$

式中　N_t——锥头受拉承载力设计值，kN；

D——钢管外径，mm；

D_1——锥顶外径，mm；

d_1——锥头顶板孔径，mm，$d_1=d+1$；

d——螺栓直径，mm；

f——钢材强度设计值，kN/mm²；

k——锥头斜率，$k=\dfrac{D-D_1}{2h_2}$；

h_1——锥顶厚度，mm；

h_2——锥头高度，mm。

上式必须满足 $D>D_1$，且 $5\geqslant r\geqslant 2\left(r=\dfrac{1}{k}\right)$，$\dfrac{h_2}{D_1}\geqslant\dfrac{1}{5}$。封板及锥头底部厚度参考表 3－17。

表3-17　封板和锥头底部厚度

螺栓规格	封板/锥底厚度(mm)	螺栓规格	封板/锥底厚度(mm)
M12、M14	14	M36～M42	35
M16	16	M45～M52	38
M20～M24	18	M56～M60	45
M27～M33	23	M64	48

4. 支座节点的设计与构造

合理的支座节点必须受力明确、传力简捷、安全可靠，同时还应做到构造简单，制作方便，且具有较好的经济性。网架结构的支座节点应能保证安全可靠地传递支承反力，故须具有足够的强度和刚度，设计时应使支座节点的构造适应其受力特点，且应尽量符合计算假定；网架结构是高次超静定的杆件体系，支座节点的约束条件对节点位移和杆件内力影响较大；约束条件在构造和设计间的差异将直接导致杆件内力和支座反力的改变，有时还会造成杆件内力变号。

1）支座节点的形式及其适用范围

根据传递的支承反力，将支座节点分为压力支座节点和拉力支座节点两大类。

(1) 压力支座节点

网架结构在竖向荷载作用下，支座节点一般均为受压。压力支座节点可分为平板压力支座、单面弧形压力支座、双面弧形压力支座、球铰压力支座以及板式橡胶支座等。

①平板压力支座（图3-53）

不设过渡板（图3-53a）的节点构造对网架制作、拼装精度及锚栓埋设的尺寸控制要求较严。为使网架安装方便，常在预埋板与支座底板间加设一连有埋头螺栓（塞焊缝）的过渡板，安装定位后将过渡板四周与预埋板焊接，并将埋头螺栓与底板拧紧（图3-53b）。这类节点通过十字节点板及底板将支承反力传给下部结构，具有构造简单、加工方便、用钢量省等优点，是目前中小跨度网架中应用较多的一种支座形式。

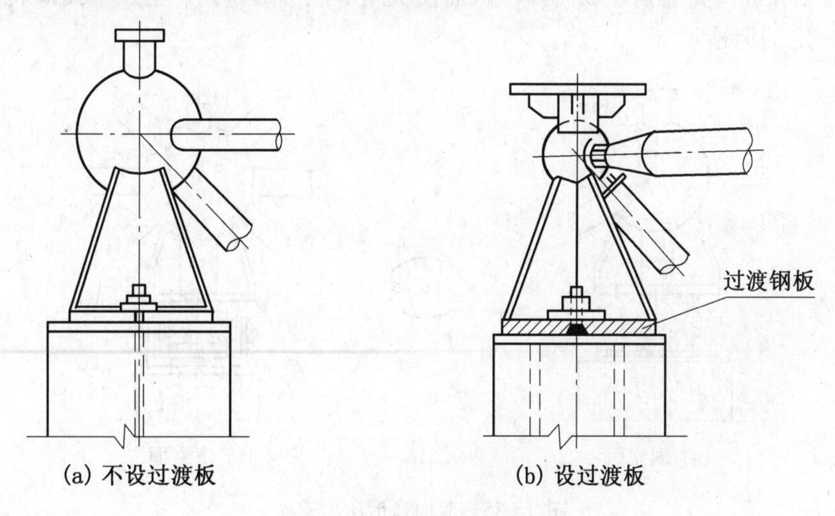

(a) 不设过渡板　　(b) 设过渡板

图3-53　平板压力支座

②单面弧形压力支座（图 3-54）

单面弧形压力支座是在平板压力支座的基础上，在支座底板与支承面顶板间设置用铸钢或厚钢板加工而成的弧形垫块，从而使支座可产生微量转动和微量移动，且支承底板下的压力分布比较均匀，但摩擦力仍较大。为使支座转动灵活，通常设 2 个锚栓，且置于弧形支座板的中心线上（图 3-54a）；当支座反力较大，支座节点体量较大，需设 4 个锚栓时，可将它们置于支座底板的四角，并在锚栓上部加设弹簧，以调节支座在弧面上的转动(图 3-54b)。为防止弹簧锈蚀，应加弹簧盒予以保护。单面弧形压力支座节点与计算简图比较接近，适用于周边支承的中、小跨度网架。

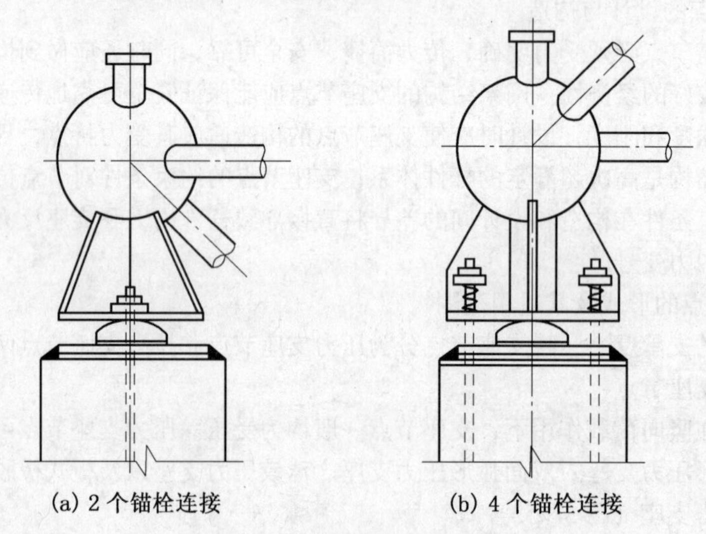

图 3-54　单面弧形压力支座

③双面弧形压力支座（图 3-55）

双面弧形压力支座是在支座底板与支承面顶板间设置一块上、下均呈弧形的铸钢件，并在其两侧，分别从支座底板与支承面顶板焊出两块带椭圆孔的梯形厚钢板，用螺栓（直径不宜小于 30mm）将它们连成整体。从而使支座节点可随铸钢件上、下弧面转动并能沿上弧面作一定的侧移。

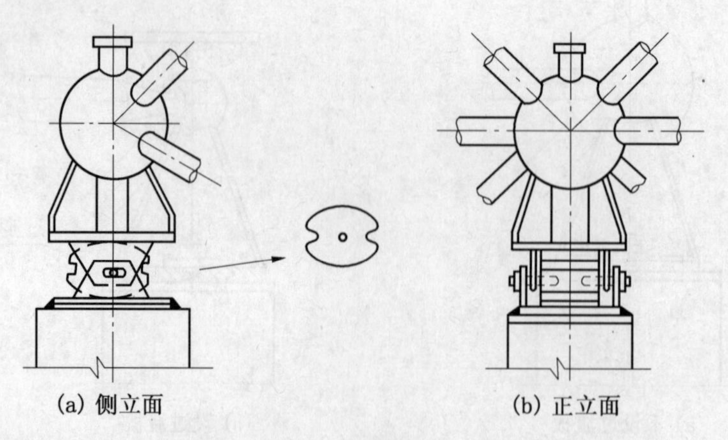

图 3-55　双面弧形压力支座

这种支座节点构造比较符合不动圆柱铰支承的假定条件，但其构造较复杂、造价较高，且只能沿一个方向转动，也不利于抗震要求。它适用于跨度大，且下部支承结构刚度较大或温度应力影响较显著的网架。

④球铰压力支座（图3-56）

球铰压力支座是由一个置于支承面上的凸形实心半球与一个连于支座底板的凹形半球相互嵌合，用4个锚栓连接而成，并在螺帽下设压力弹簧。这种节点构造可使支座沿两个水平方向自由转动，而不产生线位移，比较符合不动球铰支承的约束条件，且有利于抗震，但构造复杂。适用于四点支承及多点支承网架。

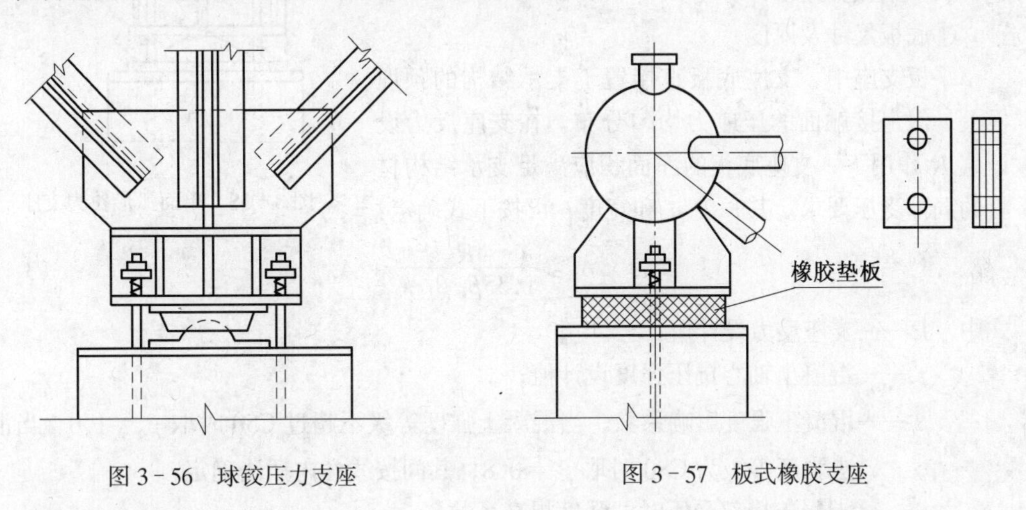

图3-56　球铰压力支座　　　　图3-57　板式橡胶支座

⑤板式橡胶支座（图3-57）

板式橡胶支座是在平板压力支座的支承底板与顶板间设置一块由多层橡胶片与薄钢板黏合、压制而成的矩（圆）形橡胶垫板，并以锚栓相连成一体。该支座不仅可使支座节点在不出现过大竖向压缩变形的情况下获得足够的承载力，而且橡胶垫板良好的弹性也可以产生较大的剪切变位，因而既可以适应支座节点的转动要求，又能适应支座节点由于温度变化、地震作用所产生的水平变位。这种支座对于减小或消除温度应力、减轻地震作用的影响以及改善下部支承结构受力状态都是有利的。与其他类型的支座相比，具有构造简单、安装方便、节省钢材、造价较低等优点。橡胶虽有老化问题，但防护处理得当也可使用相当长的年限。

(2) 拉力支座节点

常用的拉力支座节点主要有平板拉力支座节点和单面弧形拉力支座节点。它们的共同特点都是利用连接支座节点与下部支承结构的锚栓来传递拉力。

①平板拉力支座

支座拉力较小时，可采用与平板压力支座相同的构造（图3-53），但此时锚栓承受拉力。它主要适用于跨度较小的网架。

②单面弧形拉力支座

支座拉力较大，且对支座节点有转动要求时，可在单面弧形压力支座的基础上构成拉力支座节点。此时锚栓拉力较大，为减轻支座底板的负担，应设置锚栓承力架，即在锚栓

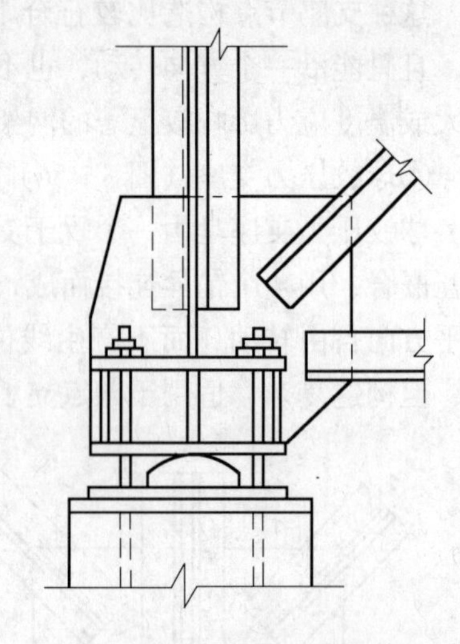

图 3-58　单面弧形拉力支座

附近的节点板上加设适当的水平钢板和竖向加劲肋(图 3-58)。它主要适用于大、中跨度的网架。拉力支座节点中，为使锚栓能有效地传递支座拉力，锚栓在支承结构中应有一定的埋置深度，且应配置双螺母。网架安装完毕后，还应将锚栓上的垫板与支座底板或锚栓承力架中的水平钢板焊牢。

2）支座节点设计

(1) 平板支座设计

①底板尺寸及厚度

平板支座中，支座底板直接置于支承结构的预埋板上，假定接触面的压应力均匀分布。在支座反力设计值 R 作用下，支座底板的净面积应满足支承结构材料的局部受压要求。其长度 a 和宽度 b 可按下式确定：

$$a \times b \geqslant \frac{R}{1.35\beta_c \beta_1 f_c} + A_0 \tag{3-74}$$

式中　R——支座反力设计值；

f_c——混凝土轴心抗压强度设计值；

β_c——混凝土强度影响系数，当混凝土强度等级不超过 C50 时取 $\beta_c = 1.0$，当混凝土强度等级为 C80 时取 $\beta_c = 0.8$，其间按线性内插法确定；

β_1——混凝土局部受压时的强度提高系数；

A_0——锚栓孔面积，按实际开孔形状确定。

底板平面面积的计算值一般很小，主要根据锚栓孔径和位置决定底板尺寸。底板宽度不宜小于 200 mm，底板长度可与宽度相同或稍长。支座底板的厚度 t 应满足底板在支承反力作用下的抗弯要求，即

$$t \geqslant \sqrt{\frac{6M_b}{f}} \tag{3-75}$$

式中　f——钢材的抗弯强度设计值；

M_b——支座底板弯矩计算值。

计算 M_b时，可将竖向十字节点板的端面视为底板的支承边，即底板是由 4 块两邻边支承的平板所组成。在均匀分布的支承反力作用下，各区格板单位宽度上的最大弯矩

$$M_b = \beta_b q c_1^2 \tag{3-76}$$

式中　q——作用在底板单位面积上的压力，$q = \dfrac{R}{ab - A_0}$；

β_b——系数，由 c_2/c_1 按表 3-18 查取；

c_1——两邻边支承板的对角线长度；

c_2——两邻边支承板内角顶点至对角线的垂直距离。

表 3-18　两邻边支承板弯矩系数表

	c_2/c_1	0.3	0.4	0.5	0.6	0.7	0.8
	$\beta_b(\times 10^{-3})$	26	42	58	72	85	92

为使柱顶压力均匀，支座底板不宜太薄，其厚度一般不小于 16～20mm。

②十字节点板及其连接计算

为避免构造偏心引起的附加弯矩，十字节点板的中心线应通过支座节点的中心，其主要作用是提高支座节点的侧向刚度，减小底板弯矩，改善底板工作状况。一般十字节点板的尺寸不受强度控制，但十字节点板的自由边可能在底板向上的压力作用下而屈曲（图 3-59）。设计时应使其临界应力不超过材料的屈服强度，对于 Q235 钢可按如下选取：

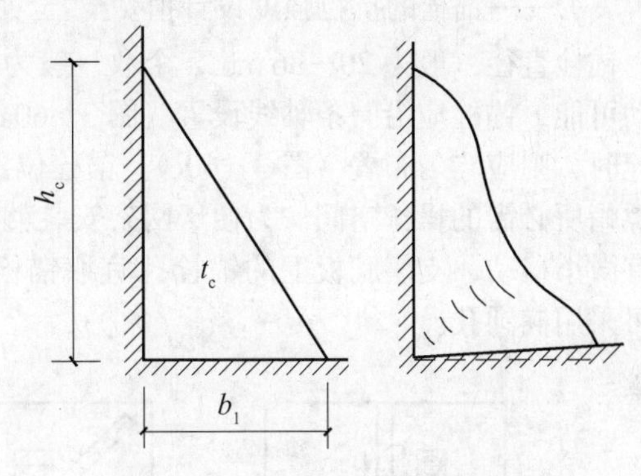

图 3-59　十字节点板的受压屈曲

当　$b_1/h_c \leqslant 1.0$ 时，$b_1/t_c \leqslant 42.8$

当　$1.0 \leqslant b_1/h_c \leqslant 2.0$ 时，$b_1/t_c \leqslant 42.8(b_1/h_c)$

十字节点板的高度取决于板间竖向焊缝长度。竖向焊缝承受板底支承压力所引起的剪力 V_c 及相应的偏心弯矩 M_c，应满足以下强度条件：

$$\sqrt{\left(\frac{V_c}{2\times 0.7h_f\,l_w}\right)^2+\left(\frac{6M_c}{2\times 0.7h_f\,l_w^2\cdot\beta_f}\right)^2}\leqslant f_f^w \tag{3-77}$$

$$V_c=\frac{R}{4}$$

$$M_c=\frac{R}{4}\cdot C$$

式中　h_f，C——竖向焊缝的焊脚尺寸及竖向焊缝与 V_c 作用点之间的距离；

t_c——十字节点板厚度；

f_f^w——角焊缝的抗拉、抗压、抗剪强度设计值；

β_f——端焊缝强度提高系数。

确定十字节点板高度时，尚应考虑网架边斜杆与支座节点竖向轴线间的交角，防止斜杆与支承柱边相碰。

③十字节点板与底板间的连接焊缝可按角焊缝计算，即

$$\sigma_f=\frac{R}{0.7h_f\sum l_w\cdot\beta_f}\leqslant f_f^w \tag{3-78}$$

式中　$\sum l_w$——十字节点板与底板连接焊缝总长。

④锚栓及弹簧的计算

对于压力支座节点，锚栓的作用是便于网架定位和防止网架在水平力作用下的移位，

一般可按构造设置；而对于拉力支座节点，锚栓则用以承受支座拉力，应按计算确定。拉力锚栓的净面积按下式计算（式中1.25是考虑锚栓群受力的不均匀分配系数）：

$$A_n \geqslant \frac{1.25R_t}{nf_t^a} \tag{3-79}$$

式中 R_t——支座拉力设计值；

A_n——1个锚栓的净截面面积；

n——锚栓个数；

f_t^a——锚栓的抗拉强度设计值。

锚栓直径一般为20～36 mm，个数一般为2～4个。当采用两个锚栓时，为使节点有转动可能，锚栓应沿一条轴线设置（图3-60a，b）。当拉力较大或因构造要求需设置4个锚栓时，则应均匀布置（图3-60c）。锚栓位置宜尽可能靠近节点板中心轴，但应保证拧动螺帽所必需的操作空间。为便于网架安装就位，并使支座节点在温度变化等因素作用下能有微小移动，支座底板上的锚栓孔宜取锚栓直径的2～2.5倍，通常采用40～60 mm，也可采用椭圆孔。

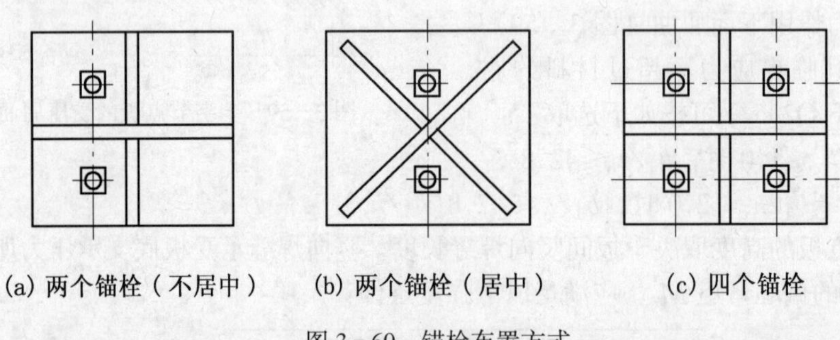

图3-60 锚栓布置方式

为防止锚栓抗拔力不足而松动，锚栓应有足够的埋置深度。对于拉力锚栓，其埋置深度宜取35倍锚栓直径，且末端应加弯钩，或按钢筋混凝土结构设计规范对预埋件的要求进行验算。

锚栓螺母的垫板下设置的弹簧，其主要作用在于调节支座在球面或弧面上的转动。弹簧一般为圆柱形螺旋压缩弹簧，它应具有适当的刚度和弹性。网架安装后，应将锚栓上的螺母适当拧紧，使弹簧预压，支座节点转动后，弹簧随之变形，一侧弹簧压缩，另侧弹簧伸长。支座节点的转角愈大，弹簧的变形愈大，因此应将弹簧的变形量控制在一定范围内。

弹簧可根据普通圆柱螺旋弹簧尺寸参数系列中给出的弹簧钢丝直径 d、弹簧平均直径 D、有效工作圈数 n 及自由高度 h_0，按构造要求选用。常用碳素钢丝的直径为3.5～8 mm，弹簧的平均直径与钢丝直径及锚栓孔径有关，一般为50～80 mm。弹簧圈数 n 为中间的工作圈数 n_1 与两端不参与工作的支承圈数 n_2 之和，一般当 $n_1 \leqslant 7$ 时，$n_2=1.5$；当 $n_1>7$ 时，$n_2=2.5$。弹簧的自由高度 h_0 应满足弹簧预压变形量及支座节点最大转角所产生的变形量需要；同时还要考虑发生最大压缩变形时，弹簧仍处于弹性工作的极限高度。一般为使弹簧稳定地工作，弹簧高度与弹簧平均直径之比应不大于2，即 $h_0/D \leqslant 2$。

（2）弧形支座设计

弧形支座板的设计与计算主要包括确定支座板的平面尺寸 a、b，厚度 t_a 和弧面半径

r 等内容。

①弧形支座板的平面尺寸必须满足局部承压的强度条件。

②确定弧形支座板厚度时，考虑到节点的支座底板与弧形支座板间接近于线接触，在支座反力作用下弧形支座板下的应力均匀分布，因此可按双悬臂梁来计算弧形支座板中央截面的弯矩（图 3-61），即

$$M_a = \left(\frac{R}{ab}\right)\cdot\frac{ab}{2}\cdot\frac{a}{4} = \frac{Ra}{8} \tag{3-80}$$

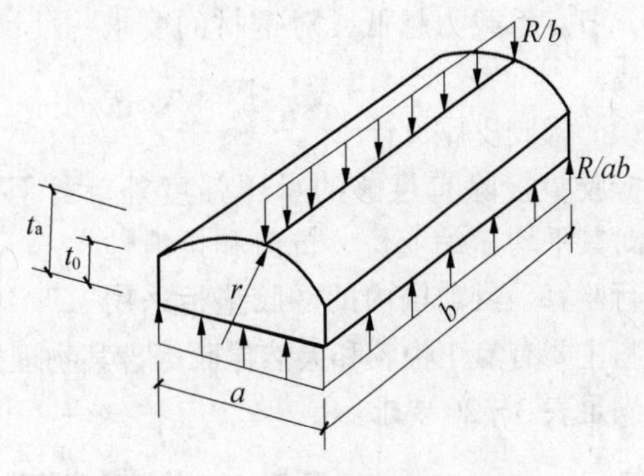

图 3-61　弧形支座板计算简图

该截面应满足强度条件

$$\sigma_{max} = \frac{M_a}{W} = \frac{\frac{Ra}{8}}{\frac{bt_a^2}{6}} = \frac{3Ra}{4bt_a^2} \leqslant f \tag{3-81}$$

弧形支座板厚度

$$t_a \geqslant \sqrt{\frac{3Ra}{4bf}} \tag{3-82}$$

式中　f——铸钢或钢材的抗弯强度设计值；

R——支座反力设计值。

③弧形支座板与支座底板间的接触应力可按赫兹公式计算，其强度条件为

$$\sigma = 0.418\sqrt{\frac{ER}{rb}} \leqslant f_{tb} \tag{3-83}$$

式中　E——铸钢或钢材的弹性模量；

r——弧形支座板的弧面半径；

f_{tb}——铸钢或钢材自由接触时的局部挤压强度设计值。

满足上式要求，按钢结构规范的计算公式

$$r \geqslant \frac{25R}{2bf} \tag{3-84}$$

弧形支座板两侧的竖直面高度 t_0 通常不小于 15 mm，双面弧形支承板可参考上述方法计算。

（3）球铰支座设计

在球铰支座中，当下支座板的凸球与上支座板的凹球二者曲率半径基本相同时，它们之间呈面接触，随着上半球体的转动而产生滑动摩擦，接触面的承压力可按有滑动的面接触来计算。当二者曲率半径不同时，则呈局部接触，借助于滚动作用而转动，摩擦较少，可按赫兹公式计算。此时最大接触应力满足下式：

$$\sigma_{max} = 0.388\left[RE^2\left(\frac{r_1 - r_2}{r_1 r_2}\right)^2\right]^{\frac{1}{3}} \leqslant f_{tb} \tag{3-85}$$

式中　r_1、r_2——上凹球与下凸球的半径，$r_1 \geqslant r_2$（图 3-62）。

当对节点转动要求不高时，可采用不同半径的球铰支座，但二者半径相差越大，节点承载力越低，对钢材的要求就越高。

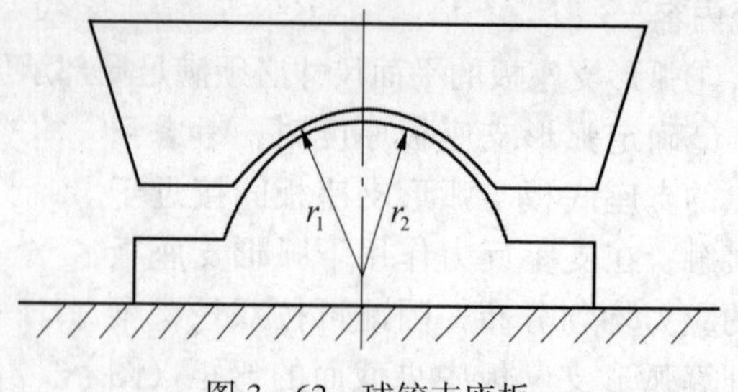

图 3-62　球铰支座板

（4）橡胶支座设计

橡胶垫板除有足够的承压强度外，还需对其平均压缩变位、抗剪和抗滑性能进行验算。目前国内的橡胶垫板采用的胶料主要有氯丁橡胶和天然橡胶等，其物理机械性能应满足表 3-19 要求，物理力学性能应满足表 3-20 要求。

表 3-19　橡胶支座胶料的物理机械性能指标

胶料类型	硬度（邵氏）	拉伸强度（N/mm^2）	扯断伸长率（%）	扯断永久变形（%）	300%定伸强度（N/mm^2）	脆性温度（℃，不低于）
氯丁橡胶	60°±5°	≥18.63	≥450	≥25	≥7.84	-25
天然橡胶	60°±5°	≥18.63	≥500	≥20	≥8.82	-40

表 3-20　橡胶支座（成品）的物理力学性能指标

容许抗压强度		极限破坏强度（N/mm^2）	抗压弹性模量 E_R（N/mm^2）	抗剪弹性模量 G_R（N/mm^2）	容许最大剪切角正切值（$\tan\alpha$）	摩擦系数 μ	
$[\sigma]_{max}$（N/mm^2）	$[\sigma]_{min}$（N/mm^2）					与钢板	与混凝土
7.84~9.80	1.96	>58.82	查表 3-21	0.98~1.47	0.7	0.2	0.3

橡胶支座的抗压弹性模量随支座形状系数而变化，可按表 3-21 采用。

表 3-21　橡胶支座抗压弹性模量 E_R 和形状系数 β 值

β	4	5	6	7	8	9	10	11	12	13	14	15
E_R（N/mm^2）	196	265	333	412	490	579	657	745	843	932	1040	1157

注：形状系数 $\beta=\dfrac{ab}{2(a+b)t_{Ri}}$；

a，b——橡胶支座的短边和长边长度；

t_{Ri}——支座中间层橡胶片的厚度。

①橡胶垫板的平面尺寸

橡胶垫板的平面尺寸主要取决于它的抗压强度，即

$$\sigma_m=\frac{R_{max}}{A}=\frac{R_{max}}{a\cdot b}\leqslant[\sigma] \tag{3-86a}$$

或

$$A\geqslant\frac{R_{max}}{[\sigma]} \tag{3-86b}$$

式中　σ_m——平均压应力；

A——垫板承压面积，$A=a\cdot b$；

a，b——橡胶垫板短边与长边的边长；

R_{max}——网架全部荷载标准值引起的最大支座反力值；

$[\sigma]$——橡胶垫板的允许抗压强度，查表3-20。

一般情况下，橡胶垫板下混凝土的局部承压强度不是控制条件，可不作验算。

②橡胶垫板的厚度

板式橡胶支座中，网架的水平变位是通过橡胶层的剪切变位来实现的。因此，支座节点在温度变化等因素作用下的最大水平位移值 u（图3-63）应不超过橡胶层的允许剪切变位 $[u]$，即

$$u \leqslant [u] = d_0 \cdot \tan\alpha \tag{3-87}$$

对于在规定硬度范围的常用橡胶材料剪切角的极限为35°，即 $\tan\alpha = 0.7$。而橡胶层总厚度 d_0，它等于上、下表层及中间各层橡胶片厚度之和（图3-64），即

$$d_0 = 2d_t + nd_i \tag{3-88}$$

式中　d_0——橡胶层总厚度；

d_t、d_i——分别为上（下）表层及中间一层橡胶片厚度；

n——中间橡胶片的层数。

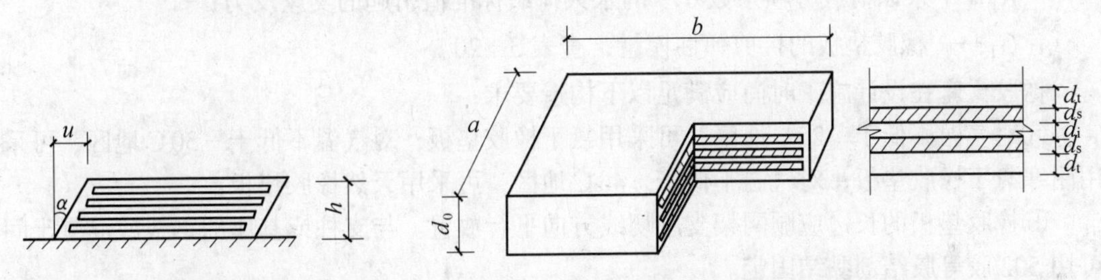

图3-63　橡胶垫板的水平变位　　　　图3-64　橡胶垫板的构造

另外，橡胶层厚度太大易造成支座失稳。因此，构造规定橡胶层厚度应不大于支座法向边长的0.2倍，则橡胶层总厚度 d_0 满足下式：

$$0.2a \geqslant d_0 \geqslant u/0.7 = 1.43u \tag{3-89}$$

橡胶层总厚度 d_0 确定后，加上各橡胶片间薄钢板的厚度之和，就可求得橡胶垫板的总厚度。

③橡胶垫板的压缩变形

橡胶支座的转动是通过橡胶垫板产生的不均匀压缩变形来实现的，当支座节点产生转角时，若橡胶垫板内侧的压缩变形为 w_1，外侧为 w_2（图3-65），如忽略薄钢板的变形，则橡胶垫板的平均压缩变形：

$$w_m = \frac{1}{2}(w_1 + w_2) = \frac{\sigma_m d_0}{E_R} \tag{3-90}$$

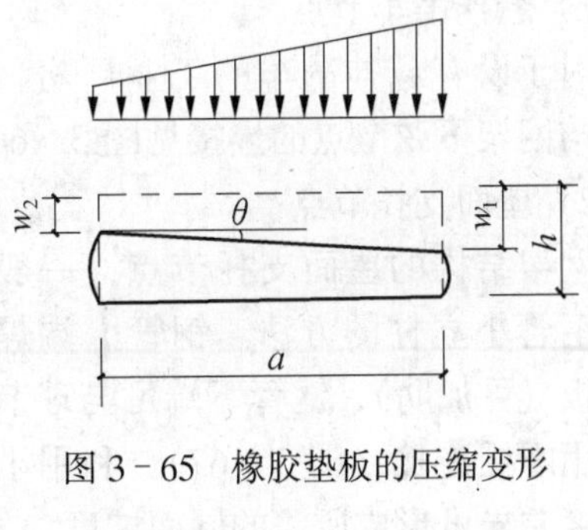

图3-65　橡胶垫板的压缩变形

支座转角 θ 值（rad）表示为：

$$\theta = \frac{1}{a}(w_1 - w_2) \tag{3-91}$$

根据以上两式，得：

$$w_2 = w_m - \frac{1}{2}\theta a \tag{3-92}$$

上式成立的条件为 $w_2 \geqslant 0$，即：

$$w_m \geqslant \frac{1}{2}\theta a \tag{3-93}$$

同时，为使橡胶垫板不出现过大的竖向压缩变形，构造规定 w_m应不超过橡胶层总厚度 d_0 的1/20。因此，橡胶垫板的平均压缩变形 w_m应按下式验算：

$$0.05d_0 \geqslant w_m \geqslant \frac{1}{2}\theta a \tag{3-94}$$

④橡胶垫板的抗滑移

橡胶垫板在水平力作用下与接触面间不产生相对滑移，此时可按下式进行抗滑移验算：

$$\mu R_g \geqslant G_R A \cdot \frac{u}{d_0} \tag{3-95}$$

式中 μ——橡胶垫板与接触面间的摩擦系数，与钢接触时取0.2，与混凝土接触时取0.3；

R_g——乘以荷载分项系数0.9的永久荷载标准值引起的支座反力；

G_R——橡胶垫板的抗剪弹性模量，查表3-20。

橡胶支座在设计施工时尚应满足以下构造要求：

ⓐ对气温不低于-25℃地区，可采用氯丁橡胶垫板；对气温不低于-30℃地区，可采用耐寒氯丁橡胶垫板；对气温不低于-40℃地区，可采用天然橡胶垫板。

ⓑ橡胶垫板的长边应顺网架支座切线方向平行放置。与支柱或基座的钢板或混凝土间可用502胶等胶结剂黏结固定。

ⓒ橡胶垫板上的螺孔直径应大于螺栓直径10 mm。

ⓓ设计时宜考虑长期使用后因橡胶老化而更换的条件。在橡胶垫板四周可涂防老化的酚醛树脂，并黏结泡沫塑料。

ⓔ橡胶垫板在安装、使用过程中，应避免与油脂等油类物质以及其他对橡胶有害的物质接触。

5. 其他类型节点

1）悬挂吊车节点

对于设有悬挂吊车的工业厂房，吊车轨道与网架下弦节点的连接见图3-66。

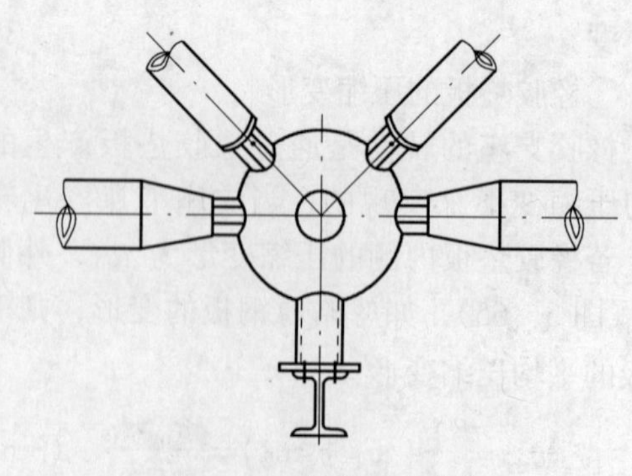

图3-66　悬挂吊车节点

2）屋面支托节点

网架结构的屋面支托节点，一般采用加设钢管小立柱的方法。钢管上端焊一块支托板（可加肋），钢管下端可与球节点焊接或用螺栓连接（图3-67）。利用小立柱的高度差异可形成所需的屋面坡度。

3）天沟和马道

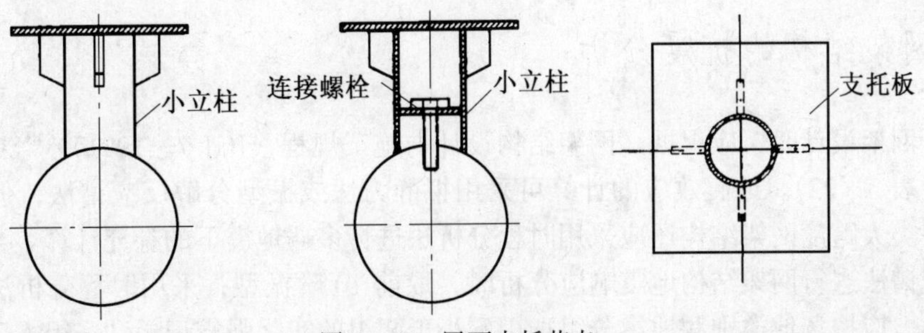

图 3－67　屋面支托节点

马道是网架上用来悬挂或检修灯具、设备的通道。由于网架杆件不能受弯，可在下弦节点上布置型钢梁，马道布置在型钢梁上（图 3－68）。如把马道直接布置在下弦杆上，则下弦杆截面和高强螺栓必须考虑横向荷载的作用。马道宽 b 一般取 600 mm，高度 h 一般取 1000 mm。

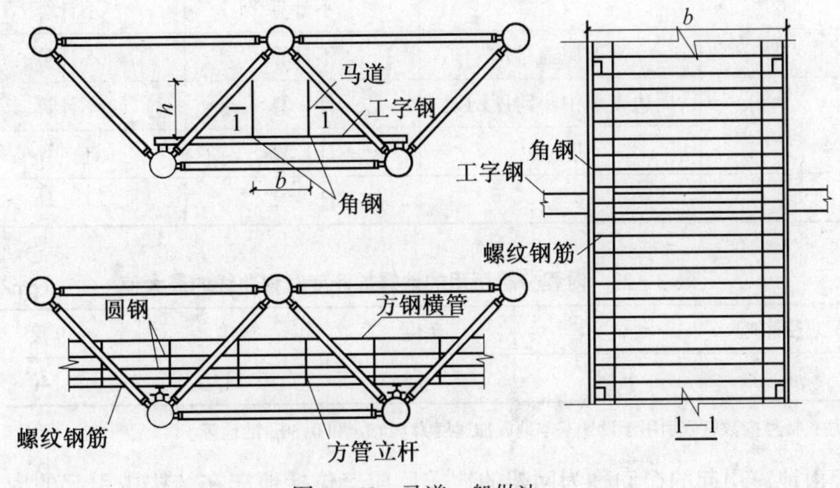

图 3－68　马道一般做法

网架结构屋面有组织排水均是通过天沟汇集后，经雨水管排出，天沟一般做法见图 3－69。天沟的尺寸由屋面面积和降水量决定。

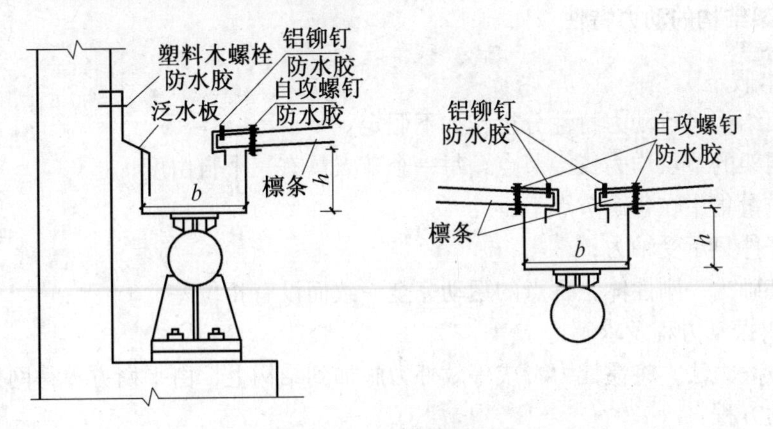

图 3－69　天沟一般做法

3.7 网架结构的抗震分析

进行网架设计时，应根据《网架结构设计与施工规程（JGJ 7—1991)》[48]对其进行抗震验算（表 3－22)。地震效应的计算可采用拟静力法或振型分解反应谱法，但对平面不规则或甲类大跨度网架结构还应采用时程分析法进行多遇地震下的补充计算。当采用振型分解反应谱法进行网架结构地震响应分析时，取前 10 阶振型；采用时程分析法（直接动力法）时，应按场地类别和地震分组选用不小于两组的实际强震记录和一组人工模拟的加速度时程曲线，加速度曲线幅值应根据与抗震设防烈度相应的多遇地震的加速度峰值进行调整，加速度时程的最大值按表 3－23 采用。

表 3－22 地震烈度与网架抗震验算

地震烈度	结构范围	竖向抗震验算	水平抗震验算
6	网架屋盖结构	不计算	不计算
7	网架屋盖结构	不计算	不计算
8	周边支承中小跨度网架	计 算	不计算
8	其 他	计 算	计 算
9		计 算	计 算

表 3－23 时程分析所用的地震加速度时程曲线的最大值 (cm/s^2)

地震影响	6 度	7 度	8 度	9 度
多遇地震	18	35（55)	70（110)	140

注：括号内数值分别用于设计基本地震加速度为 $0.15g$ 和 $0.30g$ 的地区。

网架由地震引起的振动称为网架的地震反应，包括地震在结构中引起的内力和变形。地震反应的大小不仅与外来干扰作用（地震波）的大小、频率、相位和作用时间等有关，而且还取决于网架本身的动力特性，即网架的自振周期与阻尼。

3.7.1 网架结构的动力特性

1. 基本假定

对网架结构进行动力特性分析作如下假定：

（1）网架的节点均为铰接节点，每一个节点具有三个自由度；

（2）质量集中在各个节点上；

（3）杆件只承受轴力；

（4）基础为一刚性体，各点的运动完全一致而没有相位差。

2. 自由振动方程及求解

根据拟静力法，将惯性力看成等效外力施加到结构上，由平衡方程得网架结构的无阻尼自由振动方程：

$$[M]\{\ddot{\delta}\}+[K]\{\delta\}=0 \tag{3-96}$$

式中　$[M]$——质量矩阵，是以各节点质量为对角元素的 $3n \times 3n$ 对角矩阵；

$[K]$——网架的总刚矩阵；

$\{\delta\}$——位移列阵，$\{\delta\}=[u_1 \quad v_1 \quad w_1 \quad \cdots \quad u_i \quad v_i \quad w_i \quad \cdots \quad w_n]^{\mathrm{T}}$；

$\{\ddot{\delta}\}$——加速度列阵，$\{\ddot{\delta}\}=[\ddot{u}_1 \quad \ddot{v}_1 \quad \ddot{w}_1 \quad \cdots \quad \ddot{u}_i \quad \ddot{v}_i \quad \ddot{w}_i \quad \cdots \quad \ddot{w}_n]^{\mathrm{T}}$；

n——网架节点数。

上式必须进行边界条件的处理（详见3.5节），以消除刚度矩阵的奇异性。设结构的自由振动为简谐振动：

$$\{\delta\} = \{\phi\}\sin\omega t \tag{3-97}$$

式中　ω——网架的自振频率；

$\{\phi\}$——网架结构的振幅列阵，$\{\phi\}=[\phi_1 \quad \phi_2 \quad \cdots \quad \phi_{\mathrm{m}}]^{\mathrm{T}}$；

m——经边界处理后，网架矩阵方程阶数，$m<n$。

式（3-97）对时间 t 求二次导数得$\{\ddot{\delta}\}=-\omega^2\{\phi\}\sin\omega t$，并代入式（3-96）得：

$$([K]-\omega^2[M])\{\phi\}=0 \tag{3-98}$$

要使上式有非零解，则

$$|[K]-\omega^2[M]|=0 \tag{3-99}$$

上式即是网架结构的自振频率方程，求解可得 m 个自振频率 ω_1，ω_2，…，ω_m，其中最低频率称为结构基频，将全部自振频率按从小到大的次序排列组成的向量称为频率向量，即

$$\{\omega\}=[\omega_1 \quad \omega_2 \quad \cdots \quad \omega_m]^{\mathrm{T}}$$

求得各阶频率后，就可根据其频率特征值，进而求得与之对应的特征向量，即各阶振型。网架结构的自由度较多，根据资料分析，对工程有影响的是前面几个自振频率和振型，一般取前10阶自振频率进行动力分析即可满足工程设计精度要求。

3. 网架结构的自由振动特点

网架的周期可由下式计算：

$$T_i = \frac{2\pi}{\omega_i} \ (i=1,2,\cdots,m) \tag{3-100}$$

式中　T_i——网架结构第 i 个周期；

ω_i——网架结构第 i 阶振动的圆频率。

与网架基频对应的周期称为基本周期。对于周边支承网架，基本周期在0.3～0.7s。

网架的自振频率和振型具有如下特点：

（1）网架结构的频谱非常密集，尤其在低频阶段更为显著。

（2）网架的基本周期与网架的短向跨度大小有关，跨度越大则基频越小，即基本周期越大。据统计，周边简支矩形平面网架基本周期 T_1与短向跨度 L_2间的关系近似表示为

$$T_1 = 0.1396 + \frac{12.216}{1440}L_2 \tag{3-101}$$

网架结构的基本周期 T_1与长向跨度 L_1的大小也有关，但改变的幅度不大。

（3）支座约束的强弱对网架结构基本周期略有影响；荷载（附加质量）越大，自振周期也越大。

（4）网架的振型可分为两大类，以水平振动为主的称为水平振型类，其节点水平分量

较大，竖向分量较小。以竖向振动为主的称为竖向振型类，其节点竖向分量较大，水平分量较小。一般情况下，网架以竖向振型为主。

3.7.2 网架结构的地震反应分析

1. 网架结构在地震作用下的振动方程

地震作用下，网架所有节点的振动方程（只考虑一个方向地震作用）可写为矩阵形式：

$$[M]\{\ddot{\delta}\}+[C]\{\dot{\delta}\}+[K]\{\delta\}=-[M]\ddot{\delta}_g(t) \quad (3-102)$$

式中 $[C]$——阻尼矩阵；

$\ddot{\delta}_g(t)$——地面运动加速度。

上式左边第一项表示结构相对于基础的惯性力，第二项表示阻尼力，第三项表示弹性恢复力，右端项表示地面加速度在结构中引起的惯性力。

2. 振型分解反应谱法

振型分解反应谱法求网架的地震作用效应，是目前网架地震反应分析中精度较高的分析方法之一。这种方法就是利用振型分解的概念，以单质点体系在地震作用下的反应理论为基础，先求出对应于每一个振型的最大地震作用及其相应的地震作用效应，然后将这些效应进行组合，求得网架杆件的最大地震反应。

1）振型分解

振型分解就是利用各振型之间的正交性，将互相耦联位移分解开，用多个振型的线性形式来表示。式（3-102）方程组的解由两部分组成，一部分为齐次解，即自由振动，另一部分为特解，即强迫振动。一般情况下，自由振动衰减很快，可以不计。设式(3-102)的解为：

$$\{\delta\}=\{\phi\}\{G(t)\} \quad (3-103)$$

式中 $\{\phi\}$——振型矩阵，由振型向量组成；

$\{G(t)\}$——广义坐标向量，是时间的函数。

将其代入振动方程（3-102）得：

$$[M]\{\phi\}\{\ddot{G}(t)\}+[C]\{\phi\}\{\dot{G}(t)\}+[K]\{\phi\}\{G(t)\}=-[M]\ddot{\delta}_g(t) \quad (3-104)$$

上式两端左乘以$\{\phi\}^T$，并且利用振型关于质量矩阵、刚度矩阵、阻尼矩阵的正交性，对上式进行化简，展开后可得 n 个独立的二阶微分方程，每一个微分方程可求出相应的一个振型，对于第 j 振型可写为：

$$M_j^*\ddot{G}_j(t)+C_j^*\dot{G}_j(t)+K_j^*G_j(t)=-\{\phi\}_j^T[M]\ddot{\delta}_g(t) \quad (3-105)$$

式中广义阻尼 C_j^*、广义刚度 K_j^* 和广义质量 M_j^* 有如下关系：

$$C_j^*=2\xi_j\omega_j M_j^*$$

$$K_j^*=\omega_j^2 M_j^*$$

$$M_j^*=\{\phi\}_j^T[M]\{\phi\}_j$$

将其代入上式，并两端同除以第 j 振型的广义质量矩阵得：

$$\ddot{G}_j(t)+2\xi\omega_j\dot{G}_j(t)+\omega_j^2 G_j(t)=-\gamma_j\ddot{\delta}_g(t)\ (j=1,2,\cdots,n) \tag{3-106}$$

式中　ξ——阻尼比，一般取 0.05；

γ_j——第 j 振型的振型参与系数。

$$\gamma_j=\frac{\{\phi\}_j^T[M]\{I\}}{\{\phi\}_j^T[M]\{\phi\}_j}=\frac{\sum_{i=1}^{n} m_i\phi_{ji}}{\sum_{i=1}^{n} m_i\phi_{ji}^2}$$

经过上述处理，就把多自由度的振动方程简化为一组由 n 个以广义坐标 $G_j(t)$ 为未知量的独立方程，其中每一个方程都对应一个振型，简化了多自由度弹性体系运动微分方程的求解。

式（3-106）的解为：

$$G_j(t)=-\frac{\gamma_j}{\omega_j}\int_0^t\ddot{\delta}_g(\tau)e^{-\xi_j\omega_j(t-\tau)}\sin\omega_j(t-\tau)\mathrm{d}\tau=\gamma_j\Delta_j(t) \tag{3-107}$$

式中　$\Delta_j(t)$——阻尼比和自振频率分别为 ξ_j 和 ω_j 的单自由度弹性体系的位移。此地震位移可由 Duhamel 积分求得。

2）网架的竖向地震作用

网架是多自由度弹性体系，经过振型分解后，形成 n 个单自由度振动方程(3-106)，求得特解后，即可得到引起的地震加速度，进而求得产生的地震力。

$$\ddot{\delta}_i(t)=\sum_{j=1}^{n}\gamma_j\ddot{\Delta}_j(t)\delta_{ji}$$

第 i 质点 t 时刻的竖向地震作用就等于作用在 i 质点上的惯性力。

$$F_i(t)=m_i[\ddot{\delta}_i(t)+\ddot{\delta}_g(t)]=m_i\sum_{j=1}^{n}\gamma_j\delta_{ji}[\ddot{\Delta}_j(t)+\ddot{\delta}_g(t)] \tag{3-108}$$

设

$$\alpha_j=\frac{|\ddot{\Delta}_j(t)+\ddot{\delta}_g(t)|_{max}}{g}$$

$$G_i=m_i g$$

网架在竖向地震波（z 向）作用下，第 j 振型第 i 节点地震作用最大值为：

$$F_{ji}=|F_{ji}(t)|=\alpha_{v\max}\gamma_j\delta_{ji}G_i \tag{3-109}$$

式中　$\alpha_{v\max}$——竖向地震影响系数最大值，取 $\alpha_{v\max}=0.65\alpha_j$，$\alpha_j$ 为相应于 j 振型的水平地震影响系数；

γ_j——竖向地震作用第 j 振型参与系数；

G_i——第 i 节点的重力荷载代表值。

根据振型分解法，结构任一时刻所受的地震作用为该时刻各振型地震作用之和。但任意时刻当某一振型的地震作用达到最大值时，其他各振型地震作用不一定达到最大值。因此，不能简单地利用各振型的最大地震作用效应进行叠加，应采用振型组合来确定地震作用效应。由地震作用引起网架各杆件内力，按“平方和开方”法（SRSS 法）确定，即

$$S_{EK}=\sqrt{\sum_{j=1}^{m}S_j^2} \tag{3-110}$$

式中　m——振型截取的阶数；

S_j——j 振型引起的网架杆件动内力。

3）网架的水平地震作用

水平地震作用的最大值 F_{ji}由前面可得：

$$F_{ji} = |F_{ji}(t)| = \alpha_j \gamma_j \delta_{ji} G_i \tag{3-111}$$

式中　γ_j——水平地震作用第 j 振型参与系数；其余系数同式（3-109）。

3. 时程法

时程法是一种直接积分方法，它对所得到的动力方程进行直接积分，从而求得每一瞬时结构的位移、速度和加速度。直接积分法有线性加速度法、Wilson—θ 法、Newmark—β 法等。下面主要介绍线性加速度法，而其他方法都可以看成是对线性加速度法的一种修正。

首先，假定时间 t 时刻的位移 δ_t、速度 $\dot{\delta}_t$、加速度 $\ddot{\delta}_t$都为已知，并假定在 Δt 时间内加速度按直线变化。在讨论具体算法时，可以考虑最一般的情况，即假定 t 时刻的解已经求得，关键在于求解 $t+\Delta t$ 时刻的解。依此类推，就可以求得整个求解域内的解。为简便，仅考虑单质点的线性加速度求解，其振动方程为：

$$m\ddot{\delta} + c\dot{\delta} + k\delta = -m\ddot{\delta}_g \tag{3-112}$$

由上面的假定，可以得知位移对时间的三阶导数为常数，三阶以上的导数为零，即

$$\dddot{\delta}_i = \frac{(\ddot{\delta}_{i+1} - \ddot{\delta}_i)}{\Delta t} = \frac{\Delta\ddot{\delta}}{\Delta t} = \text{常数} \tag{3-113}$$

故，质点的位移和速度分别可按泰勒级数展开为：

$$\delta_{i+1} = \delta_i + \dot{\delta}_i \Delta t + \ddot{\delta}_i \frac{\Delta t^2}{2!} + \dddot{\delta}_i \frac{\Delta t^3}{3!}$$

$$\dot{\delta}_{i+1} = \dot{\delta}_i + \ddot{\delta}_i \Delta t + \dddot{\delta}_i \frac{\Delta t^2}{2!}$$

将第一式代入第二式，并注意到 $\delta_{i+1} - \delta_i = \Delta\delta$，$\dot{\delta}_{i+1} - \dot{\delta}_i = \Delta\dot{\delta}$，则有：

$$\Delta\dot{\delta} = \frac{3}{\Delta t}\Delta\delta - 3\dot{\delta}_i - \frac{\Delta t}{2}\ddot{\delta}_i$$

$$\Delta\ddot{\delta} = \frac{6}{\Delta t^2}\Delta\delta - \frac{6}{\Delta t}\dot{\delta}_i - 3\ddot{\delta}_i$$

将 $\Delta\dot{\delta}$、$\Delta\ddot{\delta}$代入式（3-112），得：

$$m\left(\frac{6}{\Delta t^2}\Delta\delta - \frac{6}{\Delta t}\dot{\delta}_i - 3\ddot{\delta}_i\right) + c\left(\frac{3}{\Delta t}\Delta\delta - 3\dot{\delta}_i - \frac{\Delta t}{2}\ddot{\delta}_i\right) + k\Delta\delta = -m\Delta\ddot{\delta}_g \tag{3-114}$$

将上式整理可得：

$$\widetilde{K}\Delta\delta = \Delta\widetilde{F} \tag{3-115}$$

式中　$\widetilde{K} = k + \frac{6}{\Delta t^2}m + \frac{3}{\Delta t}c$；$\Delta\widetilde{F} = -m\Delta\ddot{\delta}_g + \left(m\frac{6}{\Delta t} + 3c\right)\dot{\delta}_i + \left(3m + \frac{\Delta t}{2}c\right)\ddot{\delta}_i$

由于步长 Δt 已经选定，$\dot{\delta}_i$和 $\ddot{\delta}_i$已经算出，所以位移增量 $\Delta\delta$ 可由 $\Delta\widetilde{F}$ 和 $\widetilde{K}$ 算出。算出了 $\Delta\delta$ 后，再计算 $\Delta\dot{\delta}$和 $\Delta\ddot{\delta}$，于是由下式得到 δ_{i+1}，$\dot{\delta}_{i+1}$和 $\ddot{\delta}_{i+1}$：

$$\left.\begin{aligned}\delta_{i+1} &= \delta_i + \Delta\delta \\ \dot{\delta}_{i+1} &= \dot{\delta}_i + \Delta\dot{\delta} \\ \ddot{\delta}_{i+1} &= \ddot{\delta}_i + \Delta\ddot{\delta}\end{aligned}\right\} \tag{3-116}$$

求得 $t+\Delta t$ 时刻的位移、速度、加速度后，即可得到网架杆件在 $t+\Delta t$ 时刻的地震作用效应。网架 $t+\Delta t$ 时刻的动轴力为：

$$N_{ji}^{t+\Delta t} = \frac{EA_{ij}}{l_{ij}}\left[\left(\delta_{xj}^{t+\Delta t} - \delta_{xi}^{t+\Delta t}\right)\cos\alpha + \left(\delta_{yj}^{t+\Delta t} - \delta_{yi}^{t+\Delta t}\right)\cos\beta + \left(\delta_{zj}^{t+\Delta t} - \delta_{zi}^{t+\Delta t}\right)\cos\gamma\right] \tag{3-117}$$

式中　$\delta_{xi}^{t+\Delta t}$，$\delta_{yi}^{t+\Delta t}$，$\delta_{zi}^{t+\Delta t}$分别为 $t+\Delta t$ 时刻第 i 节点的 x，y，z 方向的位移。重复以上计算过程就可以得到各个时刻网架结构的地震反应。

3.7.3　简化计算

《网架结构设计与施工规程（JGJ 7—1991）》[48]规定，对于平面复杂或重要的大跨度网架结构必须采用振型分解反应谱法和时程法两种方法进行计算。对于周边支承网架以及多点支承和周边支承相结合的网架，可采用简化计算方法进行竖向抗震计算。竖向地震作用标准值可按下式确定：

$$F_{Evki} = \pm \Psi_v G_i \tag{3-118}$$

式中　F_{Evki}————作用在网架第 i 节点上竖向地震作用标准值；

G_i——网架第 i 节点的重力荷载代表值，其中恒载取 100%，雪荷载及屋面积灰荷载取 50%；

Ψ_v——竖向地震作用系数，查表 3-24。

表 3-24　竖向地震作用系数

设防烈度	设计基本地震加速度	场地类别			悬挑长度较大
		Ⅰ类	Ⅱ类	Ⅲ、Ⅳ类	
8	0.2g	—	0.08	0.10	0.10
	0.3g	0.10	0.12	0.15	0.15
9	0.4g	0.15	0.15	0.20	0.20

将 F_{Evki}乘以荷载分项系数，作为网架总刚方程右端项，可采用空间桁架位移法进行求解。悬挑长度较大的网架屋盖结构以及用于楼层的网架结构，当设防烈度为 8 度或 9 度时，竖向地震作用标准值可分别取该结构重力荷载代表值的 10%或 20%。

第二篇

屋盖空间结构

第 4 章　屋盖空间结构简论

4.1　空间结构分类

按照力学为基础，结构理论为准则，一切建筑结构均可广义分为弯矩结构和轴力结构两大类，如表 4－1 所示。

表 4－1　建筑结构分类*

轴力结构	弯矩结构	
屋盖空间结构（大跨度）	屋盖弯矩结构（中、小跨度）	三维体空间结构
刚性结构：网壳 柔性结构：索膜 杂交结构：张弦网壳穹顶	一维：梁(Beam or Girder)，桁架(Truss)，门式框架(Gabled Frame)，张弦梁(String Beam) 二维：格栅(Grille)，平板网架，张弦梁	高层结构（Tall Structure） 高耸结构（High Rise Structure）

* 按照力学为准则、结构理论为基础进行分类。

文献［19］、［46］、［49］、［55］、［59］、［60］、［77］对空间结构的定义是："具有三维空间形体，且在荷载作用下有三维受力特性并呈空间工作的结构"。为此，若按杆件的空间矢量传力来分类，空间结构又可分为两类（表 4－1）：屋盖空间结构（图 4－1）和三维体空间结构（图 4－2）。

两类空间结构的共同点（表 4－2）是：结构工程师发挥结构选型的力学智慧，实现结构型式（力度）与建筑空间（功能、美学）相结合，达到既安全又经济，有利抗震。不同点是：屋盖空间结构的曲面厚度相对于长、宽尺寸要小得多，结构以轴向传力为主，设计难点是：结构工程师把减少结构用钢量视为结构设计水平的最高境界，从而可减小竖向地震的作用；三维体空间结构的三维几乎为同一个数量级，设计的难点是：控制水平侧移和扭转（舒适度），最有效地提高结构的抗推刚度、抗扭刚度和延性（表 4－2）。

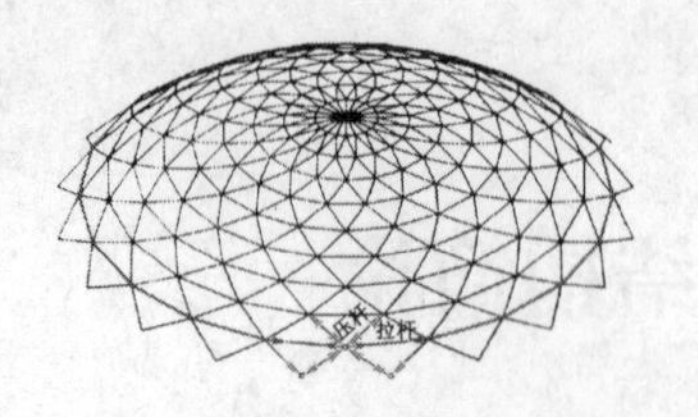

网壳

（我国规范［9］规定单层网壳直径：$D\leqslant 60\,m$）

单层网壳跨厚比：$D/h=187.2\,m/0.65\,m=288$ 倍[49][73]

日本茗古屋穹顶（1996）

（a）刚性结构

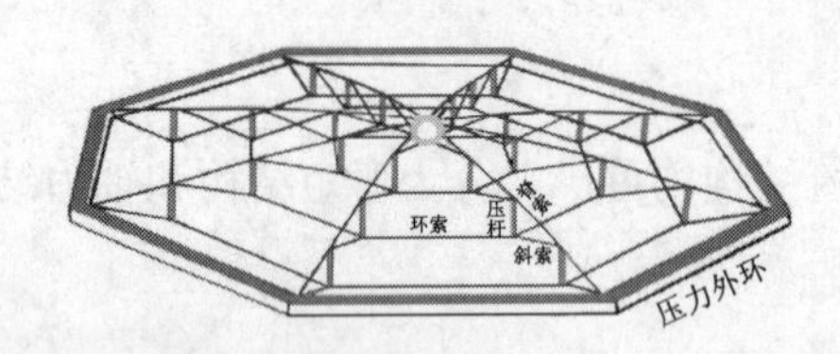

准张拉整体体系

（准 Tensile Integrity System）

简称：准 Tensegrity——连续拉、间断压

椭圆：$240.79\,m\times 192.02\,m$，（屋顶＋外环）用钢：（30[19]＋57）$kg/m^2$

第 26 届奥运会场馆（1996）

乔治亚穹顶体育馆

（b）柔性结构

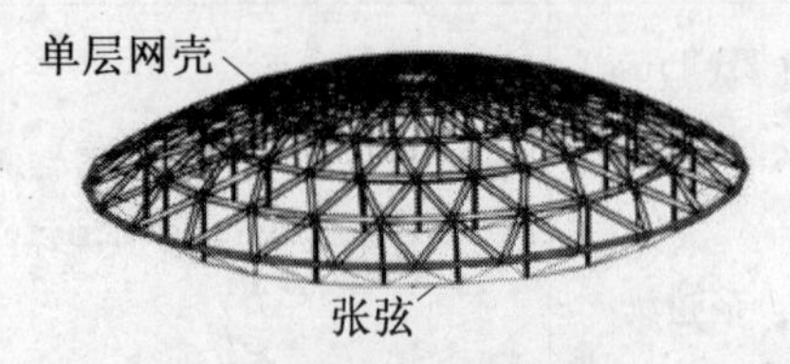

张弦网壳穹顶，即

弦支穹顶（Suspen Dome）

圆平面：$D=93\,m$，屋顶用钢：$63\,kg/m^2$

北京工业大学羽毛球馆（第 29 届奥运会，2008）

（c）杂交结构

图 4－1　轴力结构——屋盖空间结构

表 4－2　两类空间结构的共同点和不同点

<table>
<tr><th>分类
特点</th><th>屋盖空间结构（轴力结构）</th><th>三维体空间结构（弯矩结构），如高层结构*</th></tr>
<tr><td>共同点</td><td colspan="2">①正确选择结构方案——实现结构型式与建筑空间（功能、美学）相结合；
②巧妙布置构件，使空间传力路线最短（短程传力）；
③结点小型化，传力明确；
④利用现代主动、被动控制技术。</td></tr>
<tr><td>不同点</td><td>①形成有边缘构件的曲面空间状三维轴力结构；
②按照少费多用（more with less）的结构哲理：以最少的结构提供最大承载力的向量系统——实现大跨度钢结构屋盖轻量化，且有利竖向抗震</td><td>①巧选各类抗侧力结构体系，其中之一，将主要为梁-柱构件（beam－column member）传力转变为主要轴向传力（图 4－6b），提高三维体的空间抗推、抗扭刚度；
②提高结构延性（大震不倒）</td></tr>
</table>

* 高层结构在本书第三篇第 6、7、8、9 章中讲述。

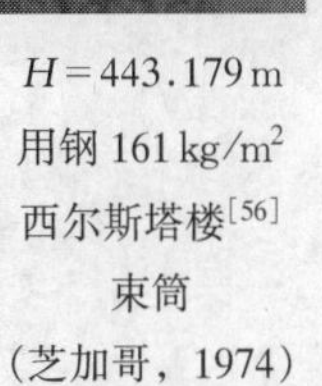

$H=443.179$ m
用钢 161 kg/m^2
西尔斯塔楼[56]
束筒
（芝加哥，1974）

$H=416.966$ m
186.6 kg/m^2
世界贸易中心[56]
框筒
（纽约，1973）

世界高层全钢结构前三名都在美国

$H=381$m
206kg/m^2
帝国大厦[56]
框架
（纽约，1931）

$H=234$ m，顶上悬臂 75 m
302 kg/m^2
巨龙运转
框架
（北京，2008）
CCTV 新楼（荷兰库哈斯）

$H=321$ m
锻铁总用量:0.85 万 t
埃菲尔铁塔
锻铁铆接桁架
（巴黎，1889）
高耸结构

（a）三维体空间结构

北京中轴线上的三个大跨度屋盖弯矩结构（第 29 届奥运会体育场馆，2008）
①鸟巢：平面桁架系结构　②水立方：空腹平板结构　③国家体育馆：二维张弦梁结构
（b）屋盖弯矩结构

图 4－2　弯矩结构

鸟巢（图4－3）系大跨度体育场，由于错误选择平面桁架系结构　　（弯矩结构），结构重力 g_k与活荷载 q_k之比：881/50＝17.6倍。这是国际公开招标国外中标工程追求大、重、怪（异）建筑设计——“无序就是艺术”的必然恶果，严重违背钢结构的三大核心价值——最轻的结构、最短的工期和最好的延性，与少（费）多（用）的结构哲理背道而驰，成为世界公认的大跨度屋盖用钢量最重的建筑奇迹。

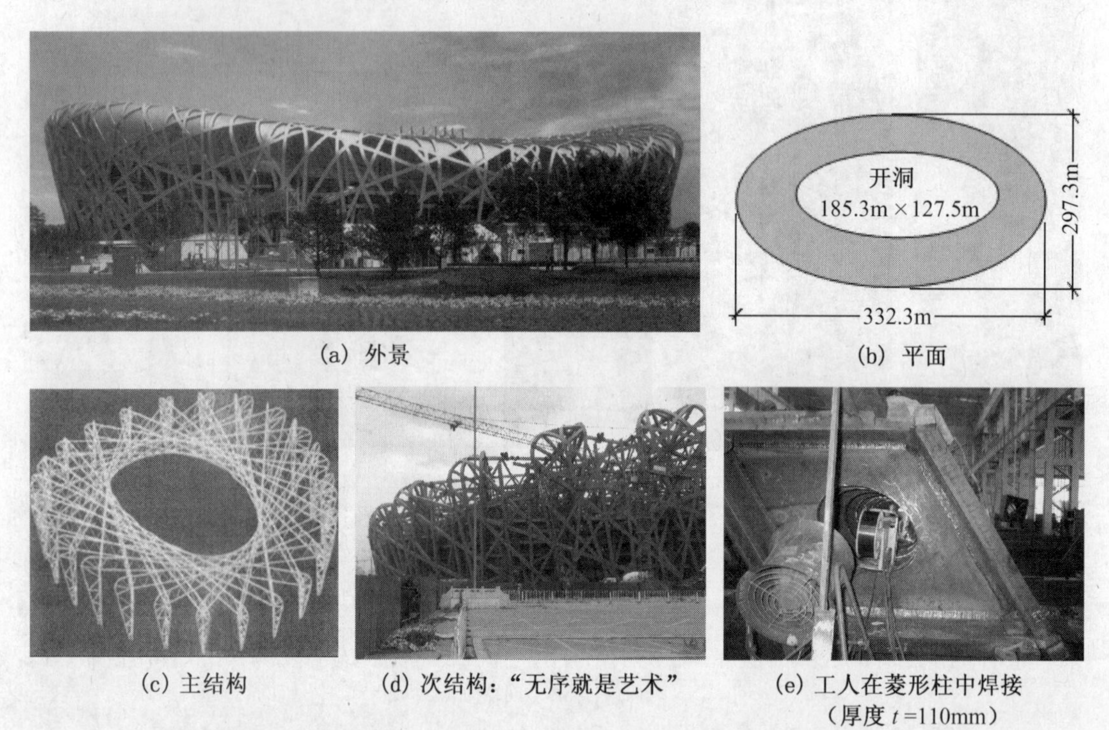

(a) 外景　(b) 平面

(c) 主结构　(d) 次结构：“无序就是艺术”　(e) 工人在菱形柱中焊接（厚度 t＝110mm）

（平面桁架系结构，设计耗钢量：4.1875万t，实际耗钢量5.21万t，即用钢量：710～881 kg/m²）

图4－3　国家体育场（鸟巢）——瑞士中标：“无序就是艺术”

水立方（图4－4）系根据L.Kelvin的“Foam”理论命题：将三维空间细分为若干小部分，要求每个部分体积相同，且接触表面积最小。这些细小部分应该是什么形状？水立方由6个14面体和2个12面体合成的基本单元体，经旋转、切割等复杂计算后成为屋盖和墙体。可想而知，钢结构网格刚结点的加工极为复杂（图4－4d），膜材ETFE用料30万 m^2，是简单问题复杂化建筑奇迹的典型代表。点评：若水立方的屋盖和墙体按平板网架设计，用高强螺栓将“泡沫”单元体安装，既可节约钢材的制造费用和工期，且便于“泡沫”折换，满足钢结构的三大核心价值。只有这样，才符合“科学发展、降低消耗、又好又快”。文献［21］认可：最“简洁”的结构往往是“最好”的结构，本人对此也有相同的观点[18]。

国家体育馆（图4－5）采用二维张弦梁结构是合理的，当跨度100m左右时，这种新型的弯矩结构是有效的，也是经济的。上海浦东国际机场一、二期工程采用张弦梁屋盖（弯矩结构）的跨度都未超过100m，说明上海的结构工程师们很了解这种结构的“跨度适用范围”，力学概念清晰。

为了加深表4－1所示结构分类——轴力结构与弯矩结构的概念理解，应特别注意将

(a) 外景

（注意：小数点后取了四位数）

(b) 平面

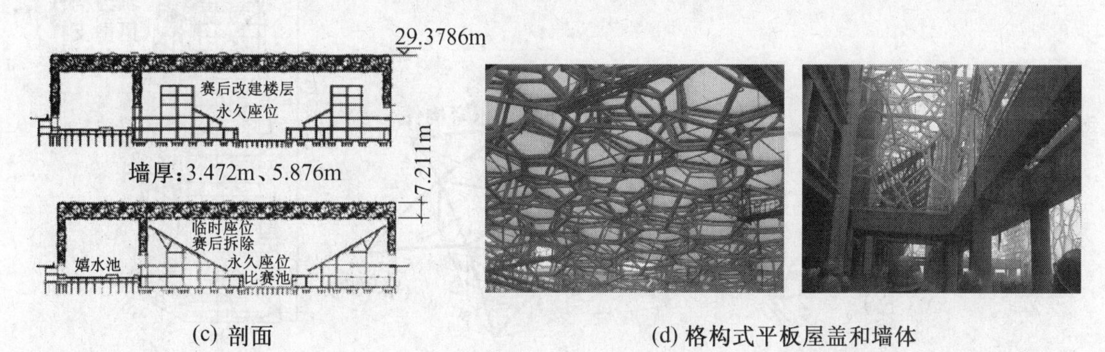

(c) 剖面　　(d) 格构式平板屋盖和墙体

空腹平板结构（网格为刚结点），比赛大厅：126 m×117 m，耗钢量：0.6 万 t，即用钢量：192.5kg/m²

图 4－4　国家游泳馆（水立方）——澳大利亚 PTW 事务所中标

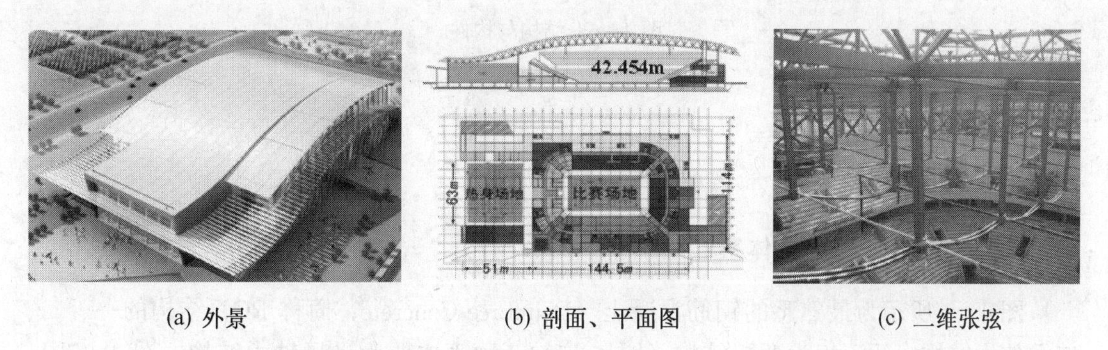

(a) 外景　　(b) 剖面、平面图　　(c) 二维张弦

图 4－5　国家体育馆（张弦梁屋盖平面：144.5 m×114 m，用钢量：121.4 kg/m²）

“结构”与“构件”严格区分开来。

图 4－6b 所示的桁架结构是由轴力构件组成内力矩抵抗外弯矩，是弯矩结构；美国汉考克中心则是由压弯构件和轴力构件组成弯矩结构等；而图 4－6a 所示的网壳结构、索网玻璃结构或弦支穹顶结构，其轴力构件未能构成内力矩，是为轴力结构。

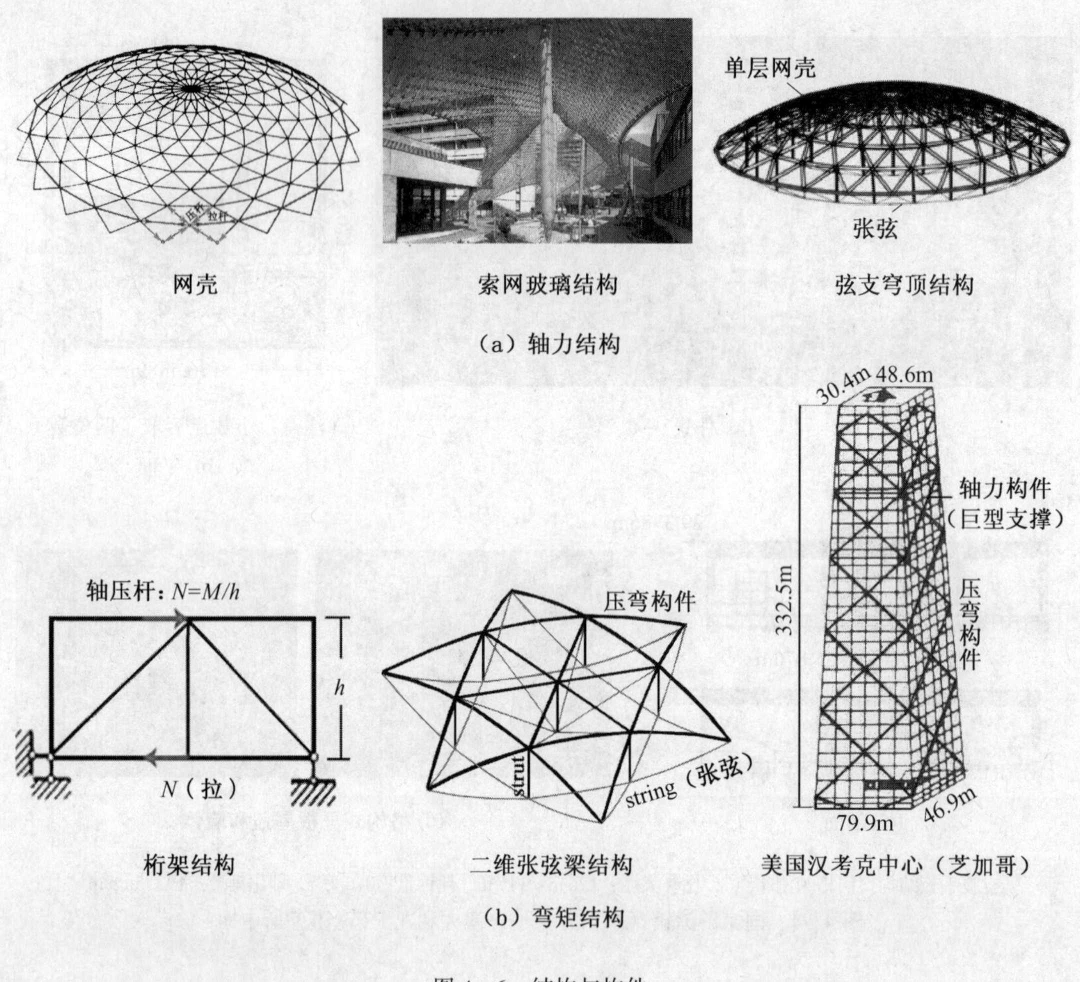

（a）轴力结构

（b）弯矩结构

图 4－6　结构与构件

4.2　屋盖空间结构

4.2.1　一、二、三维传力体系

图 4－7 所示为最熟悉的钢筋混凝土（Reinforce Concrete，简称 RC）结构的一、二、三维传力结构，梁、板为弯矩结构（图 4－7a），薄壳主要为受压轴力结构（图 4－7b）。虽然图 4－7b 扁壳的跨度为梁、板结构的 10 倍，然而，扁壳的厚度 h 仍比梁、板厚度小得多。可见，屋盖空间结构是一种由于形状而产生效益的结构，因此它又叫形效结构。

自然界中的生物为生存而斗争，创造了许许多多安全、轻巧、适用、美观的空间结构，如贝壳——薄壳结构（图 4－8a）；蜂窝——网格结构（图 4－8b）；蜘蛛网——索网结构（图 4－8c）；肥皂泡——充气结构（图 4－8d）等。因此，屋盖空间结构又被称为仿生结构 。 可想而知，若生物结构笨重之极，不减肥，如何生存？

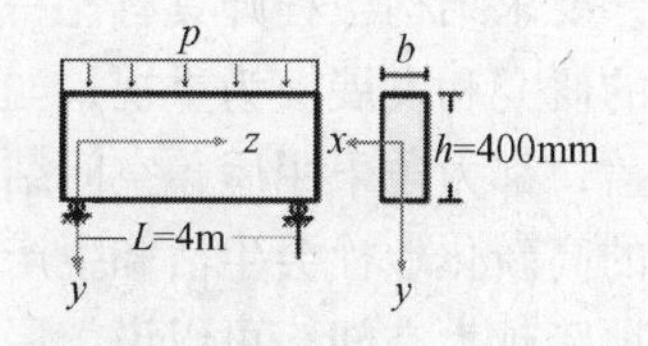

一维 RC 梁：

$h=L/10=4\text{m}/10=400\text{mm}$

$\dfrac{d^4y}{dz^4}=\dfrac{p}{EI_x}$ （EI_x —梁的抗弯刚度）

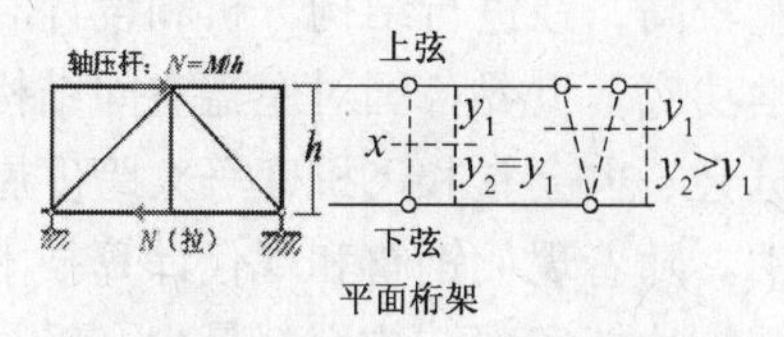

格构式梁—桁架（轴力杆件）

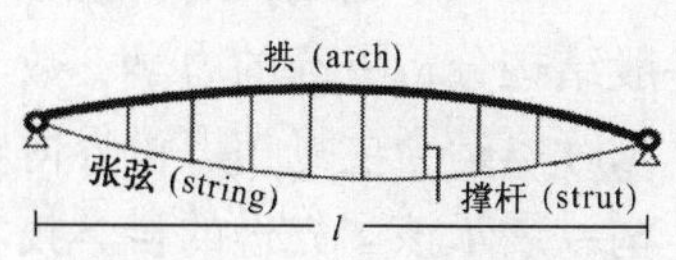

张弦梁（Beam String）

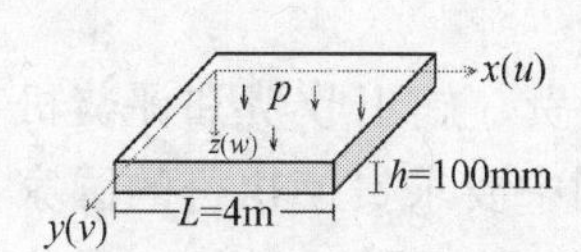

二维 RC 板：

$h=L/40=4\text{m}/40=100\text{mm}$

$\dfrac{\partial^4 w}{\partial x^4}+\dfrac{\partial^4 w}{\partial y^4}+2\dfrac{\partial^4 w}{\partial x^2\partial y^2}=\dfrac{P}{D}$ （D—板的抗弯刚度）

交叉桁架体系

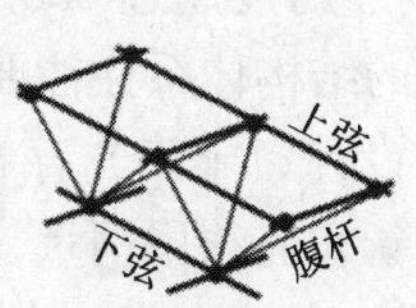

四角锥体系

格构式板—平板网架

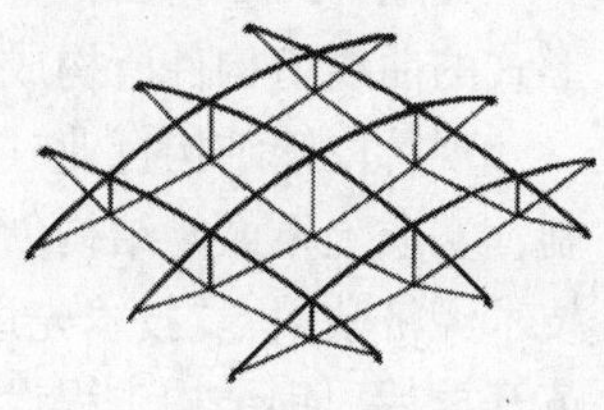

二维张弦梁

（a）弯矩结构

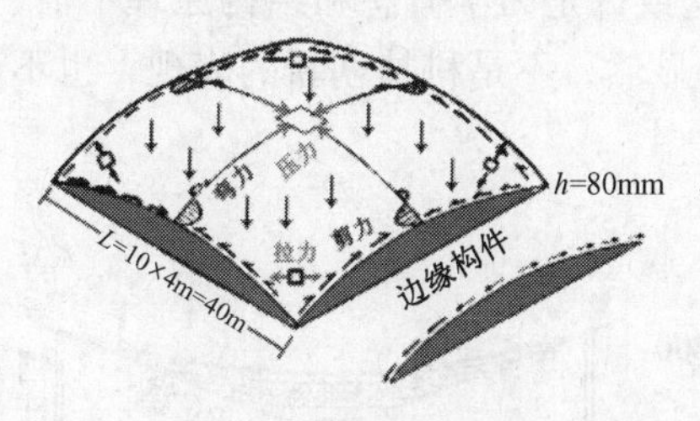

三维 RC 扁壳：荷载与内力

$h=L/500=10\times4\text{m}/500=80\text{mm}$

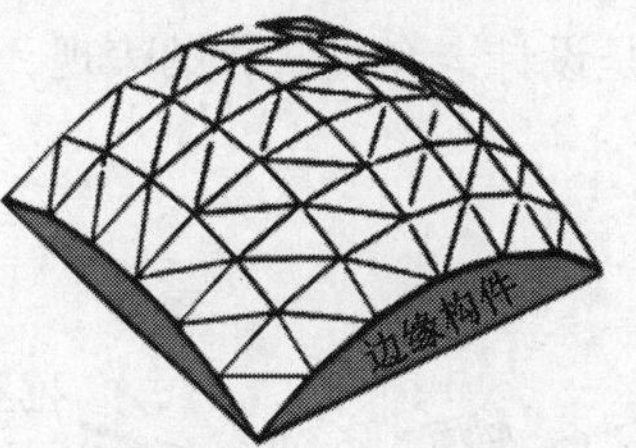

格构式壳—网壳

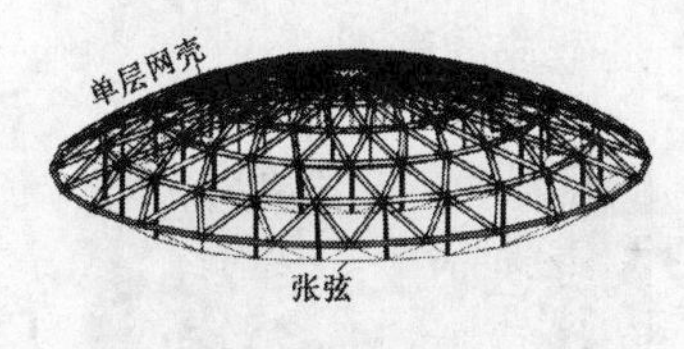

张弦网壳

（即弦支穹顶:Suspen-Dome）

（b）轴力结构——屋盖空间结构

图 4－7　一、二、三维传力结构体系

(a) 海螺、贝壳

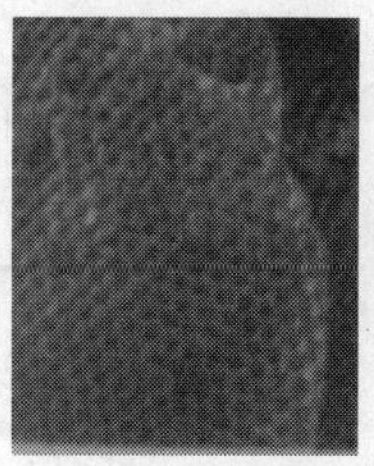

(b) 六角形蜂巢

(c) 风中蜘蛛网

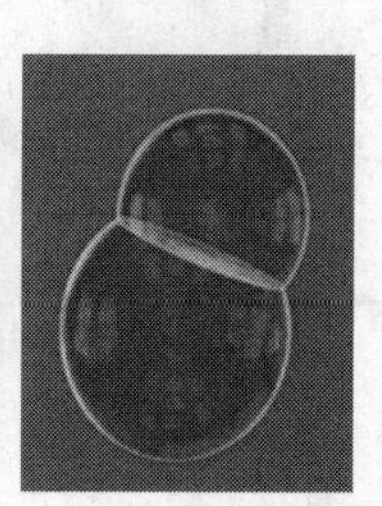

(d) 泡沫

图 4－8　生物造空间结构

由于空间结构的科技含量较高，在进行结构分析和设计时，要求结构工程师具有比一般结构分析更高的力学、数学功底。世界各国对屋盖空间结构的研究和发展极为重视，如国际奥运会主场馆、世界博览会、大会堂和飞机库等大跨度屋盖，都力争采用屋盖空间结构，展示该国先进的科学技术。随着现代钢材和现代计算技术的高新化、社会生活和生产的不断进步，唯有屋盖空间结构才能实现结构用料最少，轻盈地跨越大空间，可以说，屋盖空间结构的研究和应用水平是衡量一个国家建筑科技水平高低的重要标志之一。

图 4－9 所示 5 个屋盖空间结构，它们具有三大特点——形态学曲面空间状（有封闭边缘构件）、轴力结构、用料很经济。

文献［23］指出：“对于跨度超过 100 英尺（30.48m）的结构，用拱、悬索和薄壳等形式的曲线型构件所构成的结构体系往往要比较经济”。

现阶段钢结构行业（设计、施工）存在两个问题：①设计收费、施工收费和评奖机制，实质上不鼓励结构创新和节约用钢量，因此，规范［4］总则中要求贯彻执行的国家技术经济政策：“技术先进、经济合理、安全适用、确保质量”，也只停留在口头上；②改革开放后，钢结构工程设计任务激增，而科技人员的学术魅力（力学功底、结构理论和工程实践）和人格魅力（独立性、进取性和开放性）又不能充分发挥，最后拍板的结构方案很不合理，导致怪、重的钢结构建筑大量出现，与“科学发展”“降低消耗”“可持续发展”背道而驰。因此，在大跨度钢屋盖结构设计方案中，工程界十分偏爱采用古老而简单的梁、板式弯矩结构，且盲目追求“我的跨度比你大”，而不顾每种结构的跨度有其经济适用范围的原则，结构选型名为创新、实为怪异 。 这或许是力学概念和结构原理不清、或许是市场经济影响、或许是设计老套程式化的表现，显然，不是科技创新的表现，也不是敬业的表现。

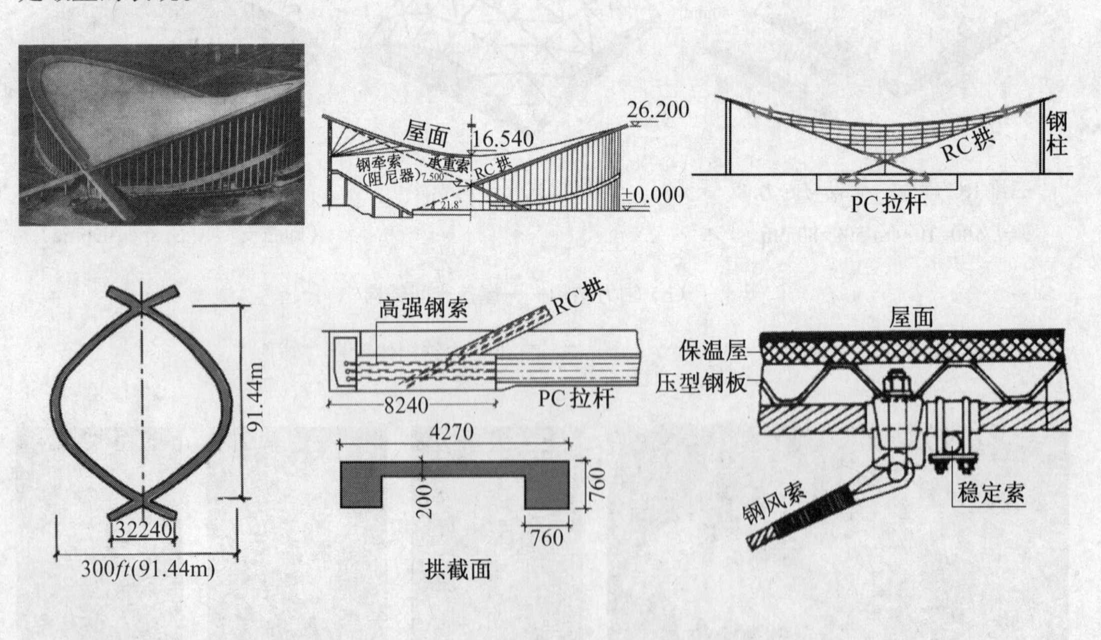

(1) 雷里斗技馆——世界公认的第一个现代索结构屋盖（美国，1953，屋顶用钢量 30 kg/m^2）

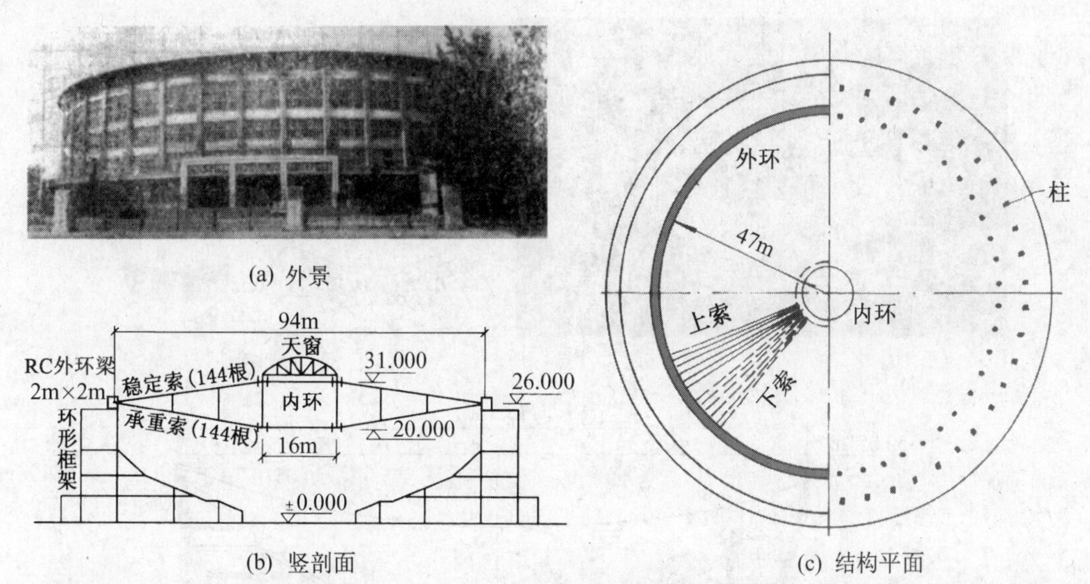

(a) 外景

(b) 竖剖面

(c) 结构平面

（车辐式双层索结构，D=94m，54.3kg/m^2（索、内外环），1961）

（2）北京工人体育馆

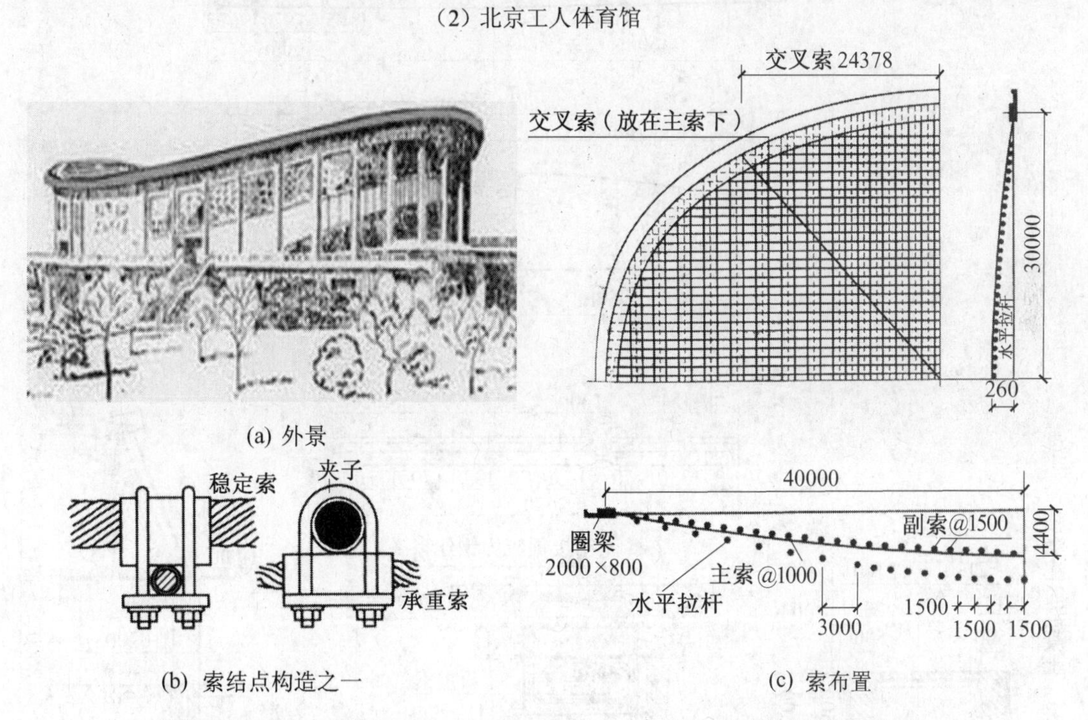

(a) 外景

(b) 索结点构造之一

(c) 索布置

（鞍形索网结构，椭圆：80 m×60 m，17.3 kg/m^2（索、外环、锚具），1967）

（3）浙江省人民体育馆

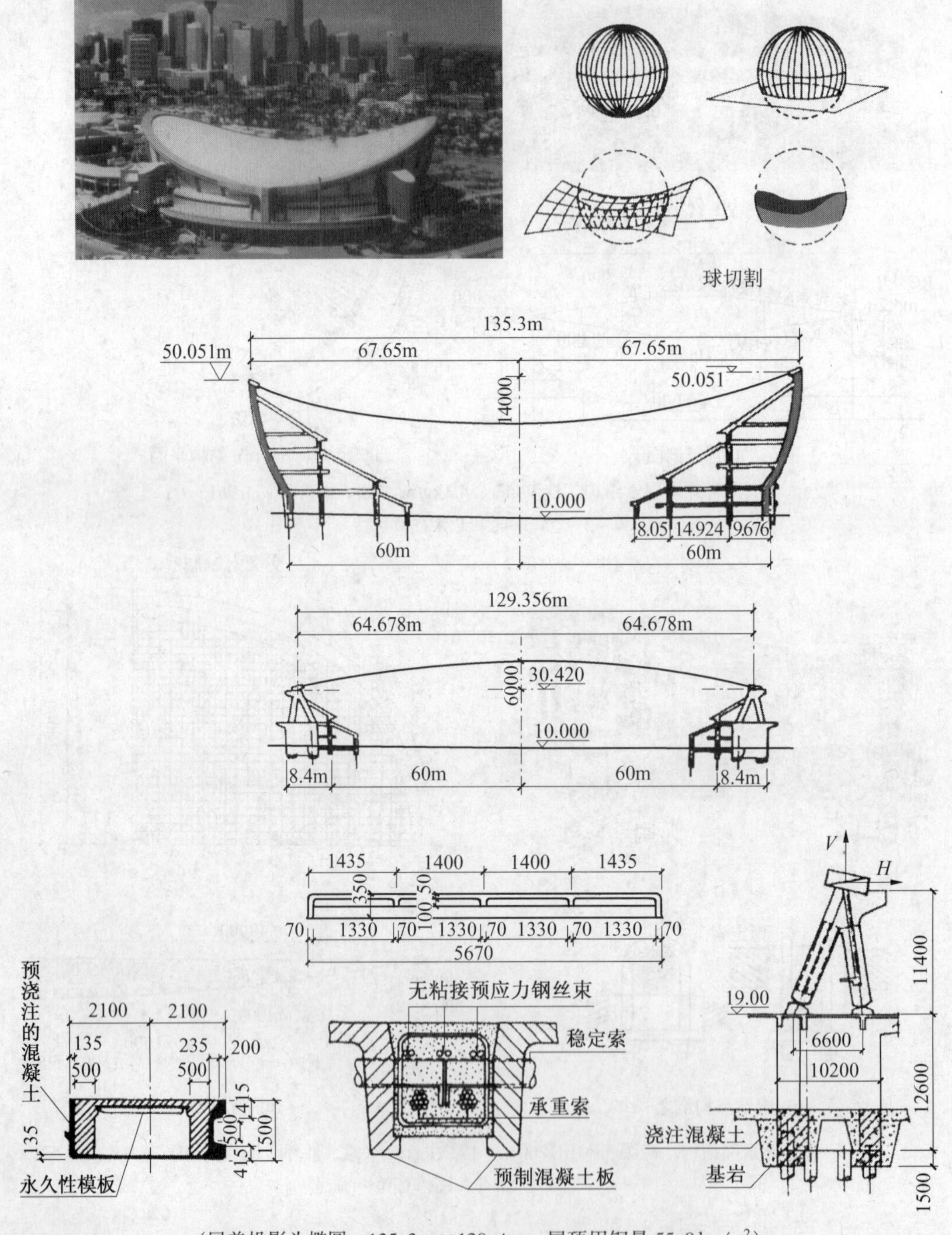

(屋盖投影为椭圆：135.3 m×129.4 m，屋顶用钢量 55.8 kg/m^2)

(4) 加拿大卡尔加里滑冰馆（第 15 届冬季奥运会主场馆，1986）

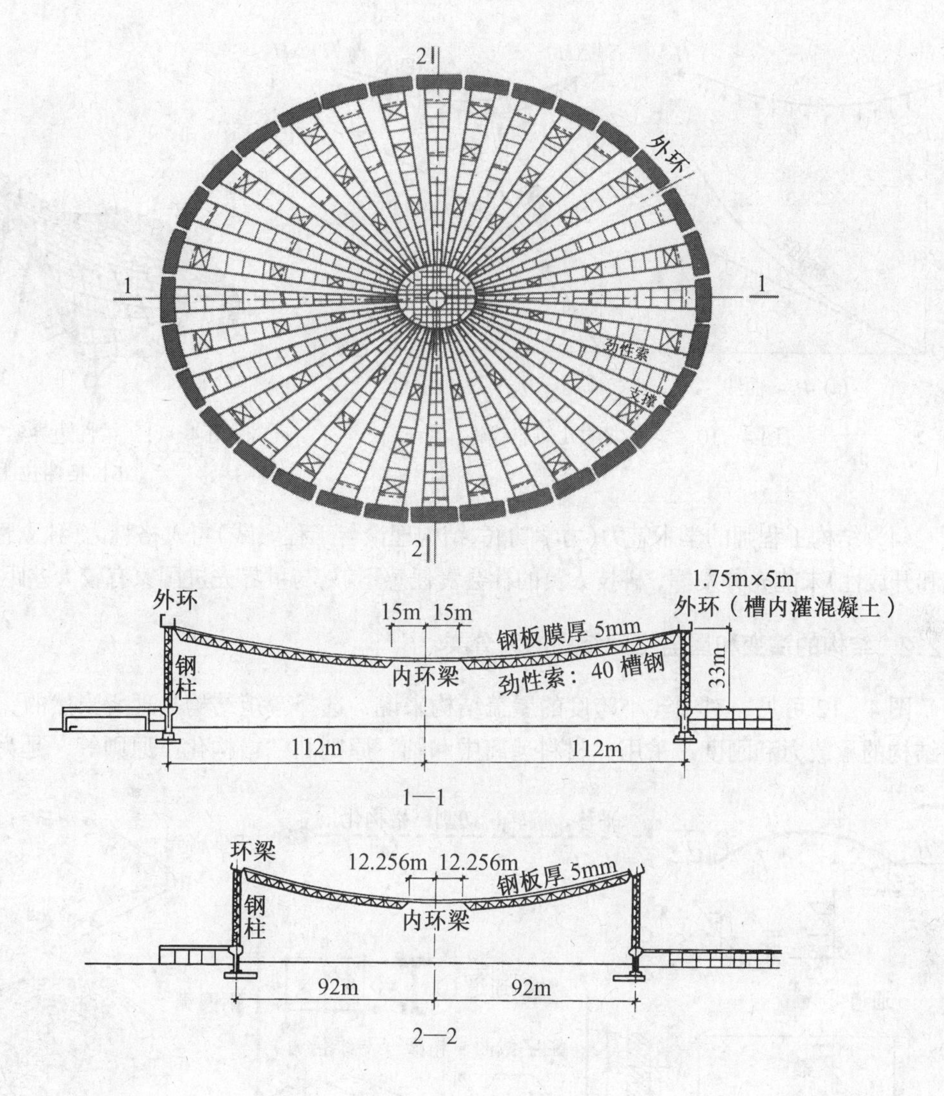

劲性索的变形协调方程：$\frac{N}{EA}l = u_r - u_l + \int_l \left[\frac{\mathrm{d}z_0}{\mathrm{d}x} \cdot \frac{\mathrm{d}w}{\mathrm{d}x} + \frac{1}{2}\left(\frac{\mathrm{d}w}{\mathrm{d}x}\right)^2\right]\mathrm{d}x - \alpha\Delta t \cdot l \quad M = EI\frac{\mathrm{d}^2 w}{\mathrm{d}x^2} - \frac{EI}{C}q$

（劲性索网结构，椭圆：224 m×183 m，60 kg/m^2）

（5）莫斯科中心体育馆（第 22 届奥运会，1980）

图 4－9　5 个屋盖空间结构——轴力结构

为何不少结构工程师不太乐意研究采用屋盖空间结构（轴力结构），具体原因有四点：

（1）对索结构来说，在局部集中荷载 P 作用下，会产生“机构性位移”（几何非线性，图 4－10）。处理柔性索边界（图 4－11），也比处理刚性边界要困难得多；

（2）大跨度钢屋盖空间结构的稳定和预应力分析是设计的难点；

（3）某些文献模棱两可的措词、误导。如《钢结构设计规范（GB 50017—2003）》第 8.6.1 条：“大跨度屋盖结构系指跨度 $L \geqslant 60$ m 的屋盖结构，可采用桁架、刚架或拱等平面结构以及网架、网壳、悬索结构和索膜结构等空间结构”；

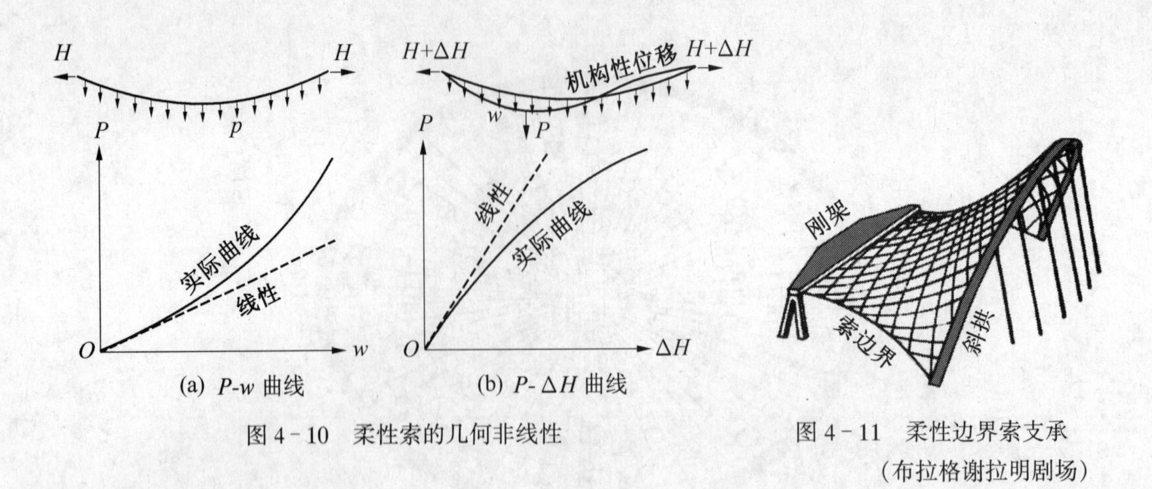

图 4－10　柔性索的几何非线性

图 4－11　柔性边界索支承
（布拉格谢拉明剧场）

(4) 结构工程师的学术魅力(力学功底、结构理论与工程实践)与人格魅力(独立性、进取性和开放性)未能充分发挥，科技人员的社会责任感不够,与世界先进国家有较大差距[18]。

4.2.2　结构的演变和屋盖空间结构的新分类

图 4－12 可见，对中、小跨度的屋盖结构来说，选择弯矩结构是理所当然的，为了提高结构的承载力和刚度，采用“材料远离中和轴”原则和“格构化”原则等，是为聪明之

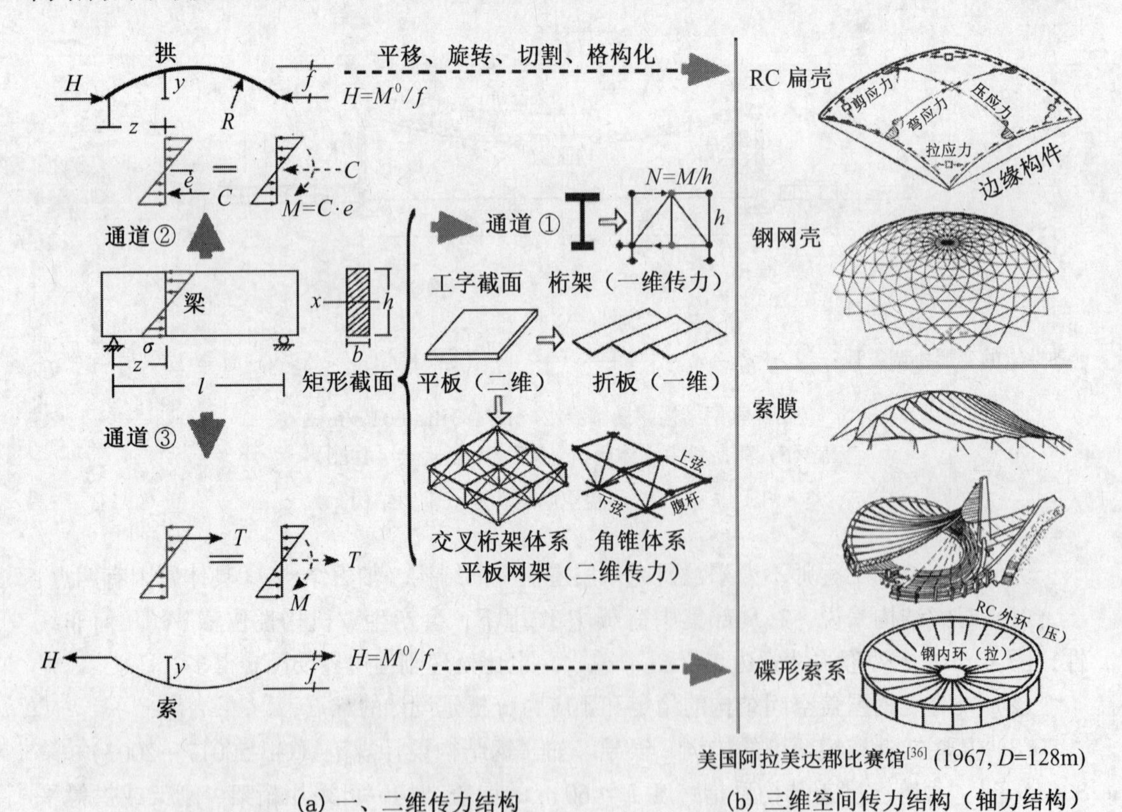

图 4－12　一、二、三维屋盖结构的演变

举，即通道 1。设计大跨度屋盖结构必须经过通道 2、3 演变，发挥结构工程师结构选型的力学智慧，选出屋盖空间结构的最优结构方案（轴力结构）。

为了提高钢屋盖的设计质量，降低设计用钢量和综合经济指标，提出屋盖空间结构的新分类（表 4－3）。

表 4－3　屋盖空间结构的新分类*

刚性屋盖空间结构	薄壳　网壳　折板　网架　格栅
柔性屋盖空间结构	索网、膜结构、准张拉体系（连续拉、间断压）
杂交屋盖空间结构	弦支穹顶　斜拉网壳

注：①一般来说，刚性屋盖空间结构的科技含量最低，柔性结构最高。

②(格构) 折板、网架、格栅结构的杆件，虽然为空间矢量传力，但它们的主要承载力仍然是抵抗外弯矩，属于弯矩结构范畴。

4.2.3　屋盖弯矩结构与屋盖空间结构（轴力结构）的用钢量比较

一般来说，一维刚性钢屋盖弯矩结构（轻屋面）的用钢量与跨度的平方成正比，当跨度 $L=100\text{m}$ 时，用钢量约 $80\ \text{kg/m}^2$。因此，当 $L=300\ \text{m}$，用钢量可高达：$(300/100)^2\times 80=720\ \text{kg/m}^2$。鸟巢方案是平面桁架系结构[62]（屋盖弯矩结构），用钢量达（710～881）kg/m^2 是预料中的事。

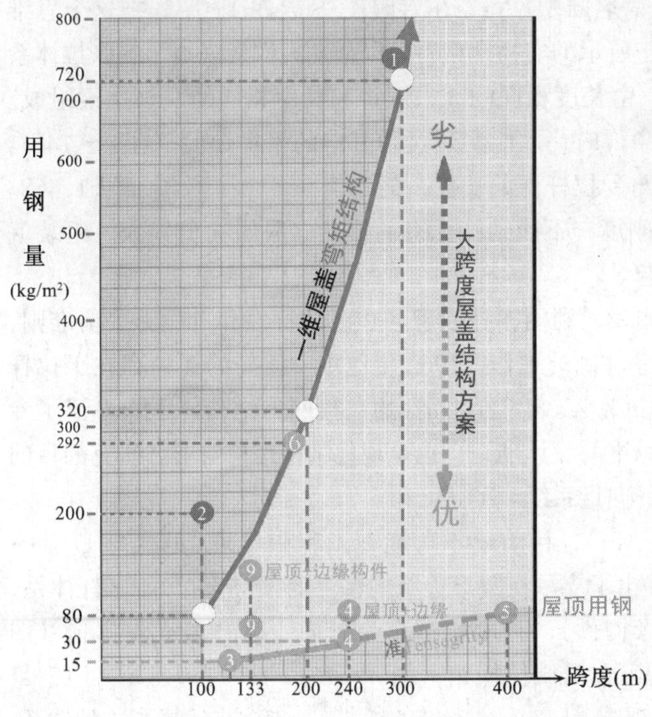

序号	工程	屋顶用钢量 (kg/m^2)
①	鸟巢　（图 4－3）椭圆平面：332.3m×297.3m	710～881
②	广东奥林匹克体育场（悬臂 52.4m）	200
③	汉城体育馆（$D=120$m）	15
④	美国乔治亚穹顶（椭圆 240.79m×192.02m）	30
⑤	理论分析：准张拉整体体系的 max $L=400$m	
⑥	国家大剧院（椭圆平面 212m×143m）	292
⑦	深圳宝安体育馆（图 4－20，$D=101.4$m）	68
⑧	湛江电厂干煤棚（图 4－28）	70.3
⑨	老山自行车馆（图 5－11，$D=133$m）	60

图 4－13　屋盖结构用钢量与跨度

柔性屋盖空间结构，如准张拉整体体系的用钢量不随 L^2 增加，而随着跨度 L 的增大，用钢量相对增加不多（比较图 4-13 中的③与④）。因此，柔性屋盖空间屋盖的跨度越大，用钢量就越经济，这就是为何先进国家在超大跨度屋盖中大量采用柔性屋盖空间结构的原因。

由图 4-13 可见：大跨度钢屋盖弯矩结构的用钢量随跨度的增大而激增；而准张拉屋盖结构，用钢量相对增加不多。作者建议，可把轻屋面的屋盖跨度 $L \geqslant 100\,m$ 定义为大跨度屋盖。因为，$L=100\,m$ 的屋盖用钢量 80 kg/m^2（图 4-13），若通过精心设计，用钢量完全可控制在 80 kg/m^{2}以下（图 4-13 序号⑦）。

4.2.4 结构哲理：少费多用

从物质的总量来讲，建筑是人类最大的一类制造物，它对自然资源的消耗或者说是破坏也是最大的，人类要对有限的物质资源进行充分合理的设计和利用。20 世纪 40 年代最伟大的美国发明家、建筑和结构大师巴克明斯特·富勒（Richard Buckminster·Fuller，图 4-14a)从宇宙各个孤立的星球都处于万有引力的一个平衡张力网中得到启发（科技战略思考)，推断出自然界中存在着一种所谓张拉整体体系，或所谓张拉集成体系，即 Tensile Integrity System，简称：“Tensegrity”，俗称“连续拉、间断压”（图 4-14)。1947—1948 年期间，富勒在黑山学院（Black Mountain College）教学期间不断重复“Tensegrity”这个词，并经常自言自语道：“自然界以连续张拉来固定互相独立的受压体，我们必须制造出这个原理的结构模型”。他的学生、著名雕塑家司奈尔森（K·Snelson)，率先把这个思维用于雕塑中（图 4-14b)。图 4-14c 所示的实物模型，可以帮助人们直观地了解张拉体系的组成方式，例如，“基本平衡体”由长度相同的 3 根压杆和长度相同的 9 根拉索组成。只有当拉、压杆件的长度满足一定条件时，才能实现这种基本的平衡单元（图 4-14c)。在这个例子中，受压杆件的长度 l_c与受拉杆件的长度 l_t的比值 $r=l_c/l_t$必须等于 1.468。如果 r 值太小，形成的体系就没有刚度，不能维持原有的形状；假如 r 值太大，组装就会发生困难，甚至不可能组装在一起。

富勒等人主要从形态学的角度出发，利用拓扑原理、非线性特性和自应力平衡准则，完成了与张拉整体有关的几何学上最基础的工作。1962 年他用“压杆的孤岛存在于拉杆的海洋中”（Islands of Compression in a Sea of Tension）的铰接网格结构体系，申请了专利。结构哲理是富勒科学发展观新思维的设计准则，也是现代结构理论与形态研究的目的——以最少的结构提供最大承载力的向量系统。

严格意义上的张拉体系（图 4-14)，目前还不可能在工程中实现。盖格（D·H·Geiger）对此进行了适当的改造，提出了支承在圆形边缘构件上的预应力拉索-压杆体系，即准 Tensegrity（“准”代表有边缘构件)，利用膜材作为屋面，称之为索膜穹顶（图 4-15),并首次在 1988 年第 24届奥运会汉城体操馆（图 4-16a，$D=119.8\,m$，用钢量 15 kg/m^2)与击剑馆中采用。美国的列维（M·Levy）和 T·F·Jing 进一步发展了这种体系，将脊索由辐射状布置改为联方索网，并成功地用于 1996 年第 26 届奥运会亚特兰大主体育馆——美国乔治亚穹顶（图 4-16b)。这种索膜穹顶的整体空间作用比盖格体系明显加强，特

(a) 富勒(R·B·Fuller)

(b) Snelson雕塑：自由之家

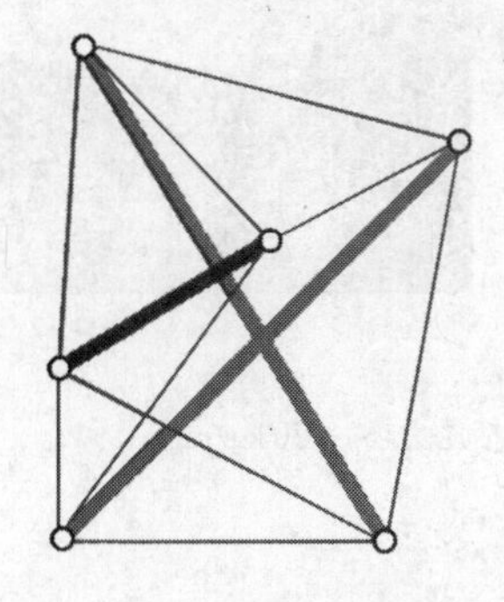

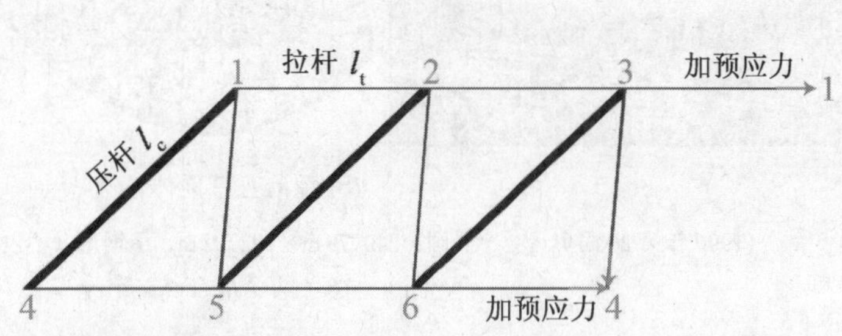

(c) 实物模型“基本平衡体”

图 4-14　张拉整体体系——连续拉、间断压

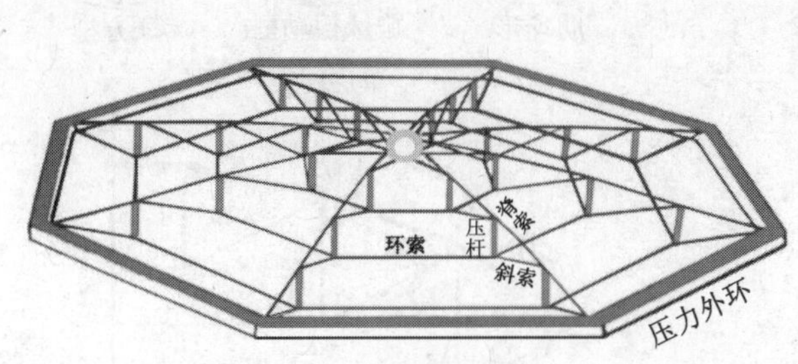

(a) 准张拉示意图

(b) 天城穹顶内景

图 4-15　准张拉整体

别在不对称荷载作用下的刚度有较大提高。初步分析，这种体系的最大跨度可达 400m。

针对乔治亚穹顶的巨大的边缘构件——预应力混凝土（Prestressed Concrete，简称 PC）压力环（图 4-17a），1993 年日本法政大学川口卫（M·Kawaguchi）教授等学者将索膜穹顶的上索系改换为单层球面网壳而形成一种新型杂交结构：张弦网壳，即弦支穹顶（图 4-17b），从图 4-17 所示的边缘构件的受力比较，弦支穹顶既大大减少了压力环的用料，又比较好地解决了单层网壳的屈曲问题。

1999 年，我国天津大学刘锡良团队对这种刚柔结合的杂交体系有很深入系统的研究，

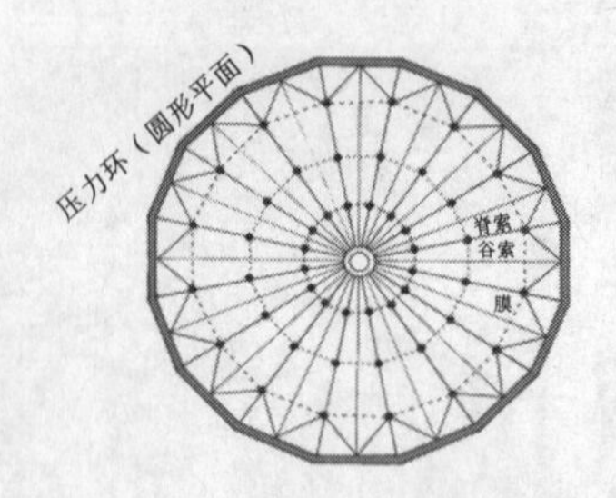

(a) 韩国汉城体操馆

（1988，第 24 届奥运会，圆形：D=119.8m，用钢量（不包括压力环）15kg/m^2）

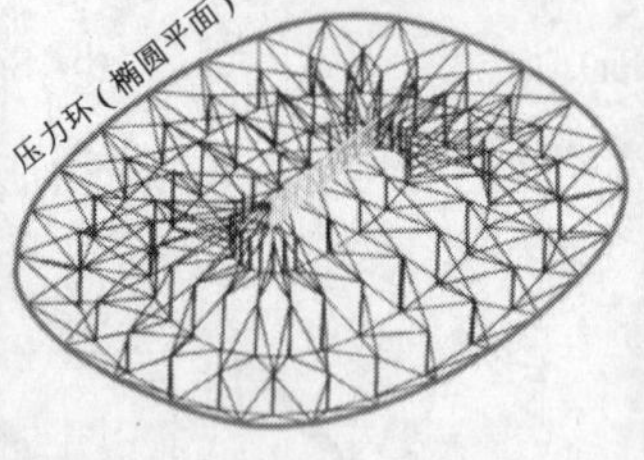

(b) 乔治亚穹顶体育馆

（1996 年第 26 届奥运会，椭圆：240.79 m×192.02 m，用钢量（不包括压力环）：30 kg/m^2）

图 4－16　两个准 Tensegrity

巨大压力环

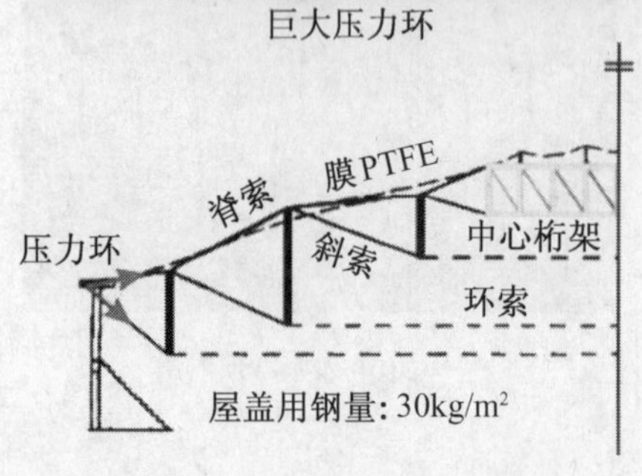

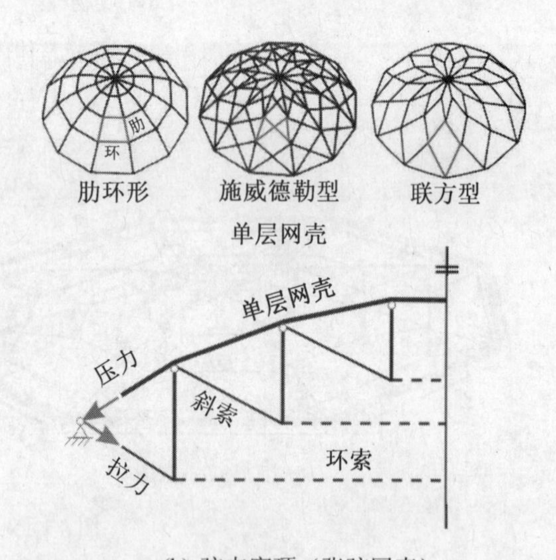

(a) 美国乔治亚穹顶（准张拉）　　(b) 弦支穹顶（张弦网壳）

图 4－17　压力环受力比较

2001 年建成我国第 1 个弦支穹顶（图 4－18）。以上可见，结构方案的创新是第 1 位的，而结构的进一步优化则是第 2 位的，它们都应以力学为准则、结构理论为基础，目的是减少结构的用钢量和降低综合造价。在此再次强调：设计是硬道理，硬“设计”就没有道理。硬道理在哪里？就是结构工程师要利用力学准则正确选择结构方案，若大跨度屋盖错选弯矩结构，所谓优化是无用的。因此，大跨度屋盖空间结构设计者的文化素质应体现在下面两步。

图 4－18　天津港保税区商务中心大堂屋顶（$D=35.4\,m$，矢高 4.6 m，2001）

第 1 步：减少大跨度屋盖悬在头上的结构用料；

第 2 步：减少边缘构件用料。

文献［21］认为：最“简洁”的结构往往是一个“最好”的结构。作者对此也有相同的观点：简明的创造性的构件布局、短捷的传力路线、小型化的结点等，才能展现现代钢结构的轻盈和魅力。

为了实现钢结构是最轻的结构，结构工程师必须发挥结构选型的力学智慧，在大跨度屋盖结构选型中，应该力争选择创新型的屋盖空间结构方案，即轴力结构方案(图 4－19)，并尽可能地采用现代控制技术，达到结构的用钢量最少、施工最精、抗震性能最优。最终实现结构工程师设计水平的最高境界：结构哲理——少费多用，即以最少的结构提供最大承载力的向量系统。

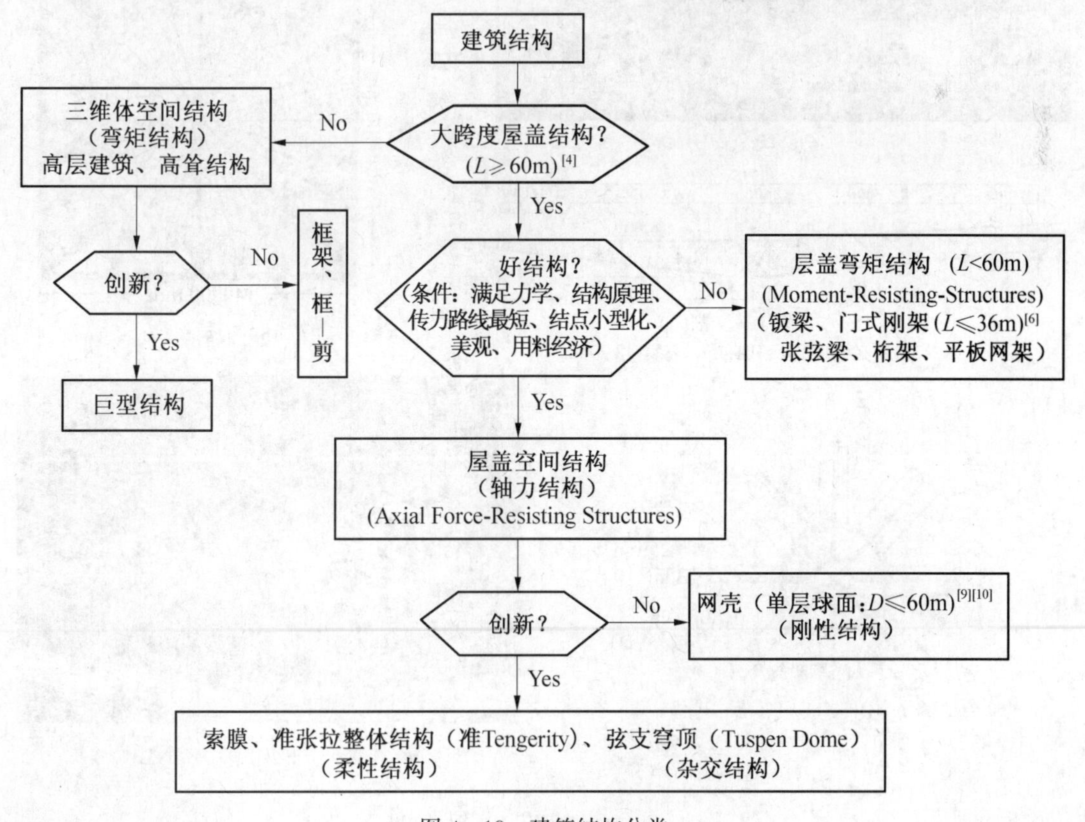

图 4－19　建筑结构分类

4.3 四、五、六观点

为了实现钢结构的三大核心价值——最轻的结构、最短的工期和最好的延性，钢结构的精心设计具有十分重要的意义。先进国家的全钢结构基本上实现了以上优点。我国全钢结构设计（含高层全钢结构）任重而道远！为此，提出钢结构设计中的四、五、六观点。

4.3.1 钢结构精心设计的四大步骤

（1）结构方案选错，优化是无用的。如举重运动员，选高个子姚明，即使精心培训，也不能夺世界举重冠军；软土地基上，选拱式结构，虽然能够建起来，但将付出人力、物力的代价；大跨度（$L>100$m），选屋盖弯矩结构，如鸟巢屋盖选弯矩结构等，都将导致笨重的结构，造成人力和物力的巨大浪费，对科技发展也极为不利。

（2）构件布局（传力路线最短，简洁美观）。

（3）截面形状（开口、闭口薄壁截面的合理应用）。

（4）结点构造（传力明确、小型化、结点最强）。

[工程实例 1] 深圳宝安体育馆

深圳宝安体育馆的建筑方案由法国中标，构件布局简洁，节点小型化，用钢量 68 kg/m^2（图 4-20c）。

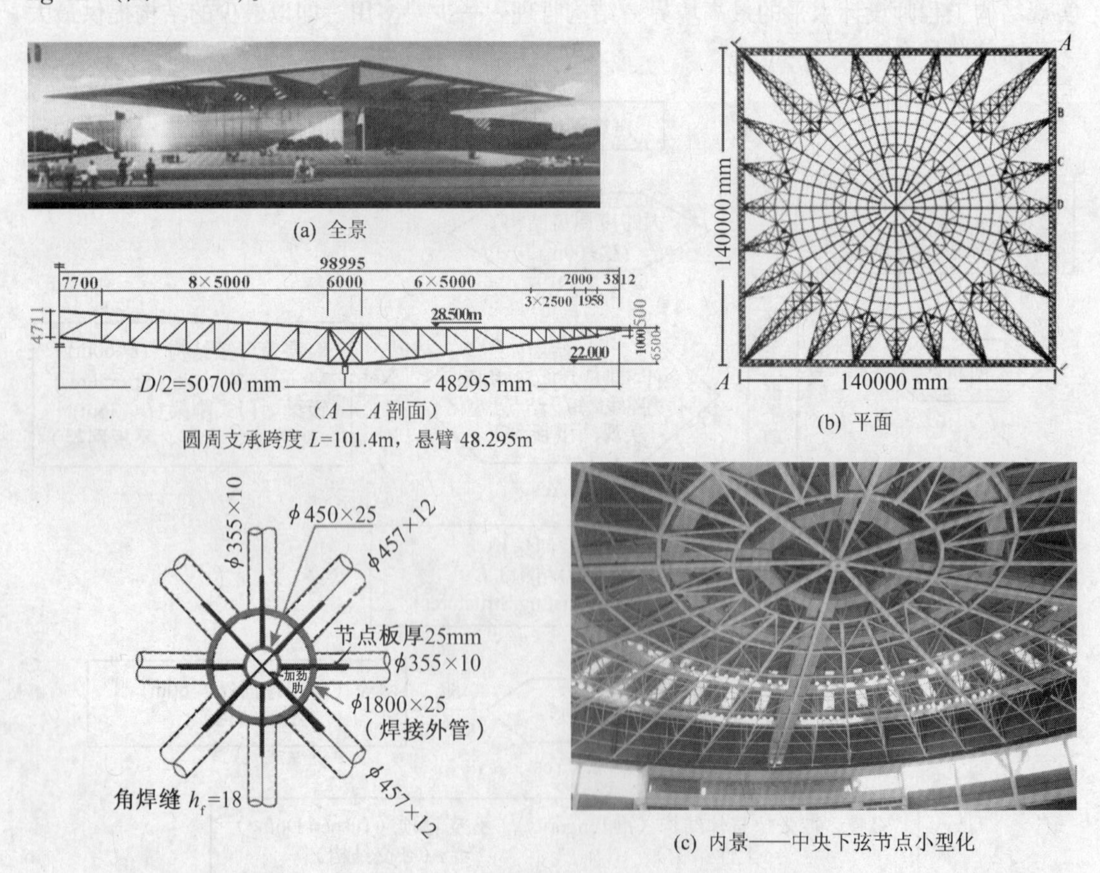

图 4-20 深圳宝安体育馆（2002）

[工程实例 2]　广东奥林匹克体育场

广东奥林匹克体育馆采用等截面 MT 径向主桁架；弦杆采用 125 mm 厚壁开口 H 形截面，主桁架悬臂 52.4 m（图 4－21c），用钢量达 200 kg/m²。通过对径向主桁架 MT 的精心设计，减小受压弦杆的应力：$\sigma = N/(\varphi A)$，即减小弦杆内力、提高轴心受压杆的整体稳定系数 ϕ 值。具体做法：

①原主桁架的截面采用等高度为 5.2 m（约为 $l/10$），而合理取值：$h=(1/7\sim1/8)$，桁架截面采用变高度：$h=3\sim7$ m；

②桁架的轴压弦杆截面原为开口型钢截面：H 570×450×125×125 改为闭口截面圆钢管，从而提高 ϕ 值；

③用弱支撑连接两片“波涛”，满足抗震的两阶段设计：“小震”时弱支撑不坏，整体刚度好；“大震”时，支撑坏，刚度降低，地震力减小，整个结构不倒；

(a) 实景——珠江的水，波涛滚滚

RT－径向次桁架
2-MT－径向主桁架
CT
2-MCT
4.8m
CT－纵向次桁架，MCT－纵向主桁架

(b) 结构平面

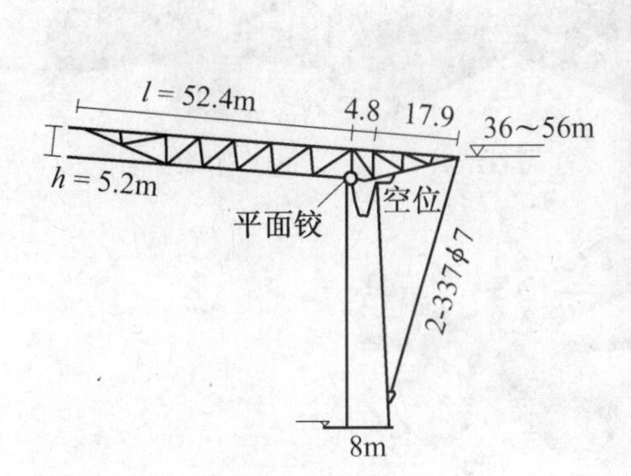

(c) MT 径向主桁架

(d) 工地吊装 120 t 的主桁架——精确对中两个支座

图 4－21　广东奥林匹克体育场

（美国 NEB 公司中标，用钢量 200 kg/m²，2002）

④拉索由 2－337ϕ7 改为 2－150ϕ7。

通过上述四点改进，用钢量由原 200 kg/m² 降低到约 80 kg/m²。

[工程实例 3]　深圳大运会主体育场

椭圆：285 m×270 m，钢管 ϕ1400×（140～200），展开面积用钢量：160 kg/m²。屋盖结构由 20 个结构单元构成（图 4－22b），单元悬挑长度为 51.9～68.4 m。构件布局极

(a) 效果图全貌——体育场、体育馆和游泳馆

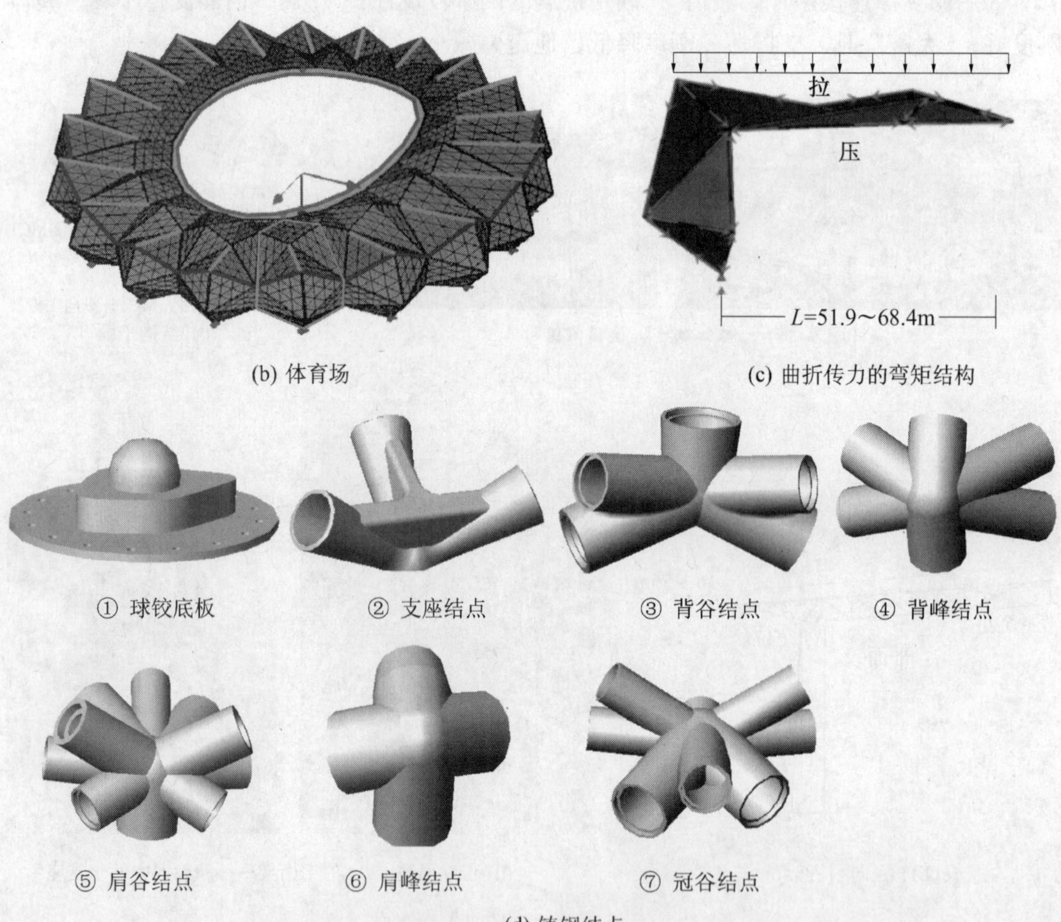

(b) 体育场　　(c) 曲折传力的弯矩结构

① 球铰底板　② 支座结点　③ 背谷结点　④ 背峰结点

⑤ 肩谷结点　⑥ 肩峰结点　⑦ 冠谷结点

(d) 铸钢结点

图 4－22　深圳大运会主体育馆——屋盖弯矩结构（德国中标，2009）

不合理，传力杂乱曲折，严重违背结构理论，屋面排水问题大（图 4－22a）。主体育场共有 7 类铸钢结点（图 4－22d），每类 20 个共 140 个，总重达 0.42 万 t。单件最重 98.6 t，球头壁厚 400 mm。

[工程实例 4]　广州歌剧院

广州歌剧院是一座极不规则的多折面格栅结构（图 4－23），钢材 Q345GJB，铸钢

(a) 效果图——**珠江双砾**

(b) 施工中

图 4－23　广州歌剧院（日本中标，2008）

GS－20MN5N。

大石头 65 个折面，投影长 135.9 m，宽 128.5 m；周边落地支点 66 个；小石头 38 个折面，长 87.6 m、宽 62 m。周边落地支点 54 个。网格大小 6 m，屋盖、幕墙一体化。

大石头格栅箱形截面：300 mm×(800～1000 mm)，刚架梁 400 mm×(1000～2005 mm)；小石头格栅 250 mm×750 mm，刚架梁 300 mm×(760～1500 mm)，板厚 10～50 mm。对照上述的网格大小和格栅箱形截面可见，截面尺寸选得实在太大。

68 个空腹异体箱形截面铸钢结点的肢腿端口壁厚 25～50 mm。最重结点 39.6 t，杆件交会多达 10 个。总用钢量 1 万 t，其中铸钢结点用料 0.11 万 t，即，大石头 588 kg/m^2，小石头 262 kg/m^2。

[**工程实例 5**]　佛山明珠体育馆

看似屋盖空间结构——网壳（图 4－24a），实为弯矩结构。投影面积 2.9324 万 m^2，耗钢 0.6908 万 t（程序）+ 0.0619 万 t（结点）= 0.7527 万 t，用钢量：0.7527 万 t/2.9324 万 m^2 = 256.7 kg/m^2。

(a) 效果图

(b) 施工中

(c) 实景

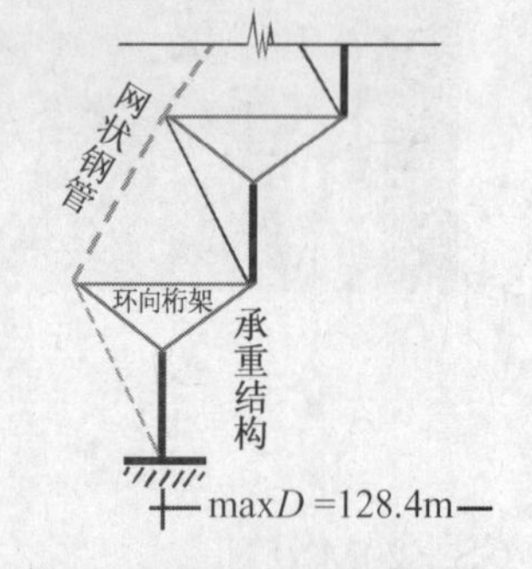

(d) 剖面（网状附在承重结构上）

图 4－24　佛山明珠体育馆

[工程实例 6]　佛山新闻中心（图 4－25）

佛山新闻中心钢结构由天幕钢箱梁 + 室内吊桥 + 预应力钢索玻璃组成。屋盖平面尺寸为 184.8 m × 184.8 m，支承在钢管砼柱（最高 35 m）和钢筋砼柱（最短 5.2 m），柱网 16.8 m × 16.8 m，最大钢箱梁跨度 33.6 m，主、次梁高度统一取 800 mm、腹板变厚度 8～12 mm，结构轻盈，用钢量仅 37.5 kg/m^2。温度应力的释放和不同弹簧支座的巧妙处理为其设计特点。

(a) 效果图

(b) 施工中

(c) 室内吊桥

(d) 吊桥钢拉索接头

(e) 预应力钢索玻璃屋顶

(f) 实景

图 4－25　佛山新闻中心（2005）

4.3.2　衡量大跨度屋盖结构优劣的五个指标

（1）材料强度充分发挥，其最高境界：结构体系拉力为主、压力为次。

(2) 支座推（拉）力 H 的合理处理。

(3) 制造、安装费用少。

(4) 跨度大。

(5) 结构的艺术作用。

[工程实例 7] 巴黎国家工业展览中心——材料强度充分发挥；支座推力 H 形成环路(合理处理)，如图 4－26 所示。

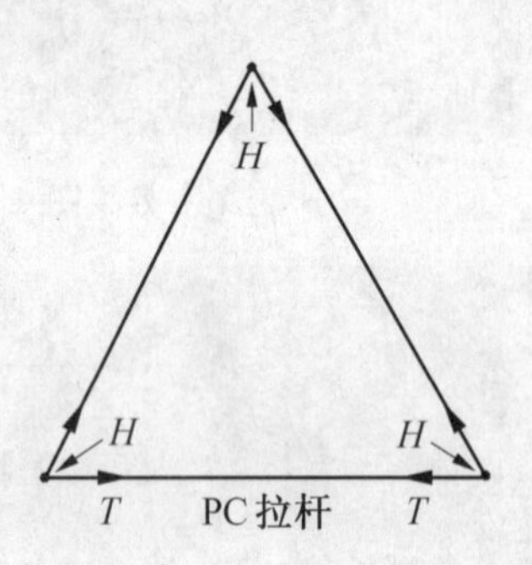

上、下两层波形 RC 壳的厚度 60mm，两层壳之间的距离 1.8m，折算混凝土厚度仅 180mm。

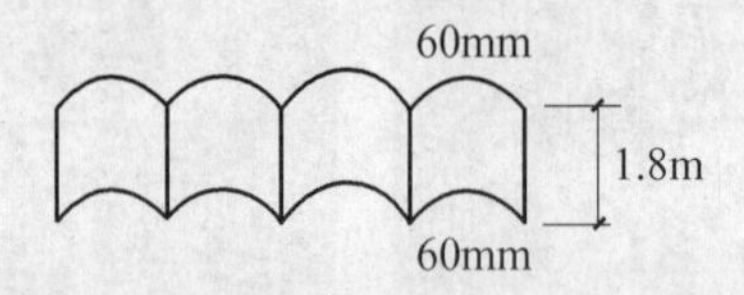

波形 RC 壳的剖面

屋盖结构跨厚比：206m/1.8m=114.4 倍

鸡蛋壳：40mm/0.4mm=100 倍

图 4－26　法国巴黎国家工业展览中心

[工程实例 8] 莫斯科奥运会游泳馆

游泳馆采用劲性索屋盖；支座推力 H 合理处理，如图 4－27 所示。

劲性索结构是以具有一定抗弯刚度的曲线形实腹或格构式构件来替代柔索的悬挂结构。悬挂的劲性索受力仍然以上、下弦杆受拉，保留了柔索能充分利用钢材强度、用料经济的优点。劲性索的变形协调方程为：

$$\frac{N}{EA}l = u_r - u_1 + \int_1\left[\frac{\mathrm{d}z_0}{\mathrm{d}x}\cdot\frac{\mathrm{d}w}{\mathrm{d}x}+\frac{1}{2}\left(\frac{\mathrm{d}w}{\mathrm{d}x}\right)^2\right]\mathrm{d}x - \alpha\Delta t\cdot l(\text{柔性索})$$

$$M = EI\frac{\mathrm{d}^2 w}{\mathrm{d}x^2} - \frac{EI}{C}q$$

由于劲性索具有一定抗弯刚度，结构的刚度和形状稳定性有了大幅度的提高。如在半跨荷载下，劲性索的最大竖向位移比相同荷载、跨度的双层索系要小 5 至 7 倍。所以劲性索结构无需施加预应力即有良好的承载力性能；同时，对支承结构的作用力减小。此外，劲性索便于取材，采用普通强度等级的型钢、圆钢或钢管均可。显然，劲性索屋盖宜采用

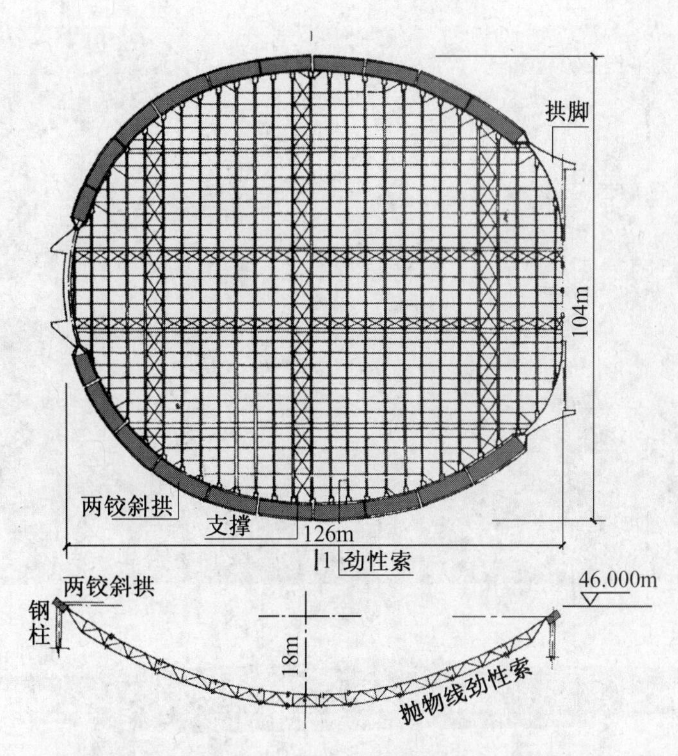

图4-27　莫斯科奥运会游泳馆的劲性悬索屋盖结构

轻质屋面材料。莫斯科奥运会游泳馆的主要承重结构为两个斜置的、跨度为120m的钢与混凝土组合截面的双铰拱，两拱在建筑物的一侧共用一个拱脚基础，推力相互抵消。劲性索的高度2.5m，上弦采用40号槽钢，下弦用20号槽钢，腹杆用100×10等边角钢。屋盖全部用钢138kg/m^2，其中，索48.8kg/m^2，拱体51.5m。

[工程实例9]　广东湛江电厂干煤棚平板网架屋盖

屋盖八面坡屋面，受力合理；为了减少安装费用采用暗柱帽（图4-28c）。屋盖平面113.4m×113.4m，四柱间距79.8m（图4-28b），上铺陶粒砼预制板，用钢量70.3kg/m^2。

湛江电厂干煤棚（图4-28），位于广东湛江调顺岛北端填海造地的海滩上，是强台风经常登陆口。因此，若采用有推力的拱形结构，基础造价太大，若采用轻层面又可能被台风吹开，因而采用钢结构精心设计的四大步骤，如表4-4所示。

表4-4　钢结构精心设计的四大步骤

结构方案（概念设计）	构件布局	截面形状	结点构造
①变高度，4点支承平板网架； ②上铺陶粒砼（重力密度：$\gamma=14.5\text{kN/m}^3$带肋三角形预制板	①正放四角锥，上弦八面坡（水）； ②网架中央区腹杆棋盘式布置，强化空间能力； ③为了节约顶升费用，采用暗柱帽	高频焊接圆钢管或无缝圆钢管	焊接空心球

(a) 全貌

(b) 实景

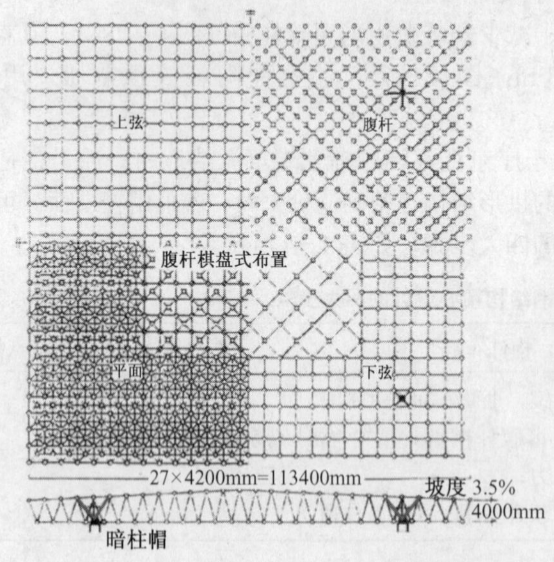

高强螺栓

暗柱帽斜杆箍夹支点
（减小斜杆的计算长度）

顶升用钢格构柱。当顶升到 1/2 柱高时，现浇成直径为 3m 的砼圆柱，再继续顶升。落水管在圆柱内边。

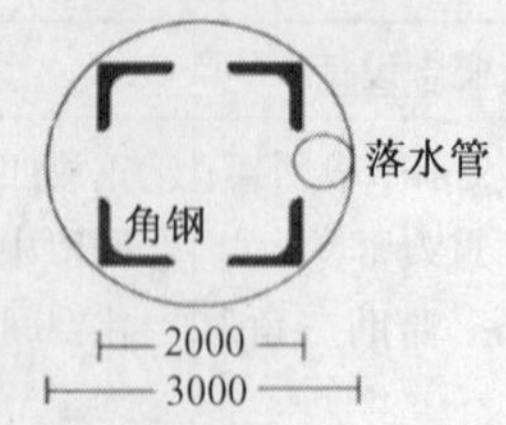

(c) 结构平面

图 4－28　湛江电厂干煤棚四柱支承网架屋盖（1995）

表 4-5　用钢量比较

巴基斯坦体育馆	深圳体育馆	湛江电厂干煤棚
铝皮轻屋面（建筑找坡）	夹心板轻屋面（四面坡水）	陶粒砼预制板（八面坡水）
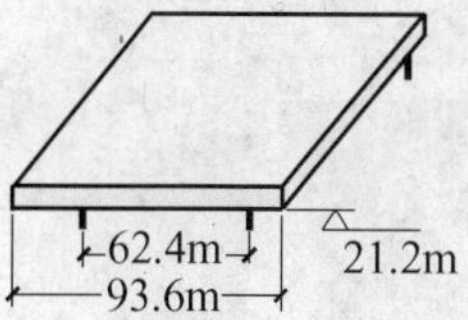 62.4m 93.6m 21.2m	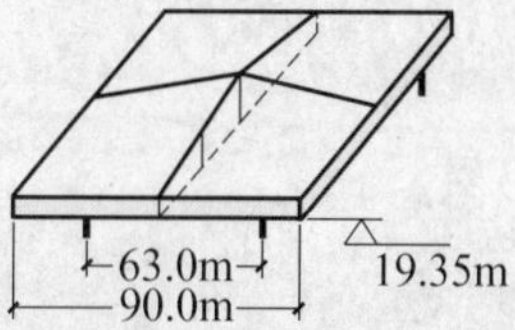 63.0m 90.0m 19.35m	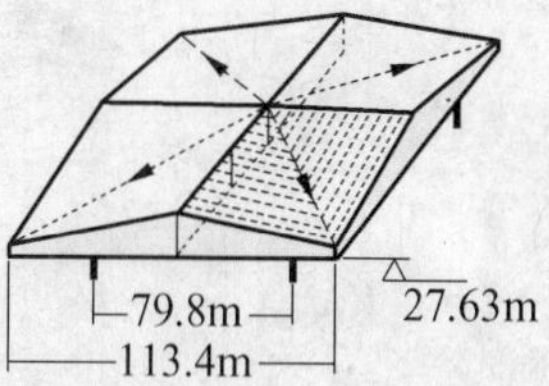 79.8m 113.4m 27.63m
明柱帽 $h=5\,\mathrm{m}$	明柱帽 $h=4\sim6\,\mathrm{m}$	暗柱帽 $h=4\sim6\,\mathrm{m}$
用钢量 61 kg/m²	57.33 kg/m²	70.3 kg/m²

文献［72］对湛江电厂干煤棚的评价是：

1996 年 9 月，湛江地区先后遭受了两次 40 多年未遇的强台风袭击，市内风速高达 57 m/s（12 级台风为 33 m/s），强风持续时间 1 h 以上，大量的建筑物受到严重破坏，但位于台风登陆口的湛江电厂干煤棚却完好无损，其陶粒砼屋面也未遭到任何破坏。

［工程实例 10］　上海浦东国际机场一期

上海机场一期采用的一维张弦梁，跨度 $\max l=82.5\,\mathrm{m}<100\,\mathrm{m}$，是张弦梁的适用跨度。据悉，上海机场二期采用连续跨张弦梁（张弦用钢棒）的跨度也未超过 100 m，说明上海的结构设计工程师对这种结构性能很了解，不盲目地参加梁式结构的“我的跨度比你大”的恶性比赛。

结构的艺术作用：把结构力度与建筑的空间艺术美有机地结合起来，即袒露具有美学价值的结构部分——自然地显示结构，达到巧夺天工的震撼效果。

一般来说，预应力损失 ΔN 取值为：钢结构 $\Delta N=(0.1\sim0.15)N$（锚具、松弛）；PC 结构 $\Delta N=0.1\%N$（板）、$\Delta N=0.3N$（梁中预应力损失有曲线摩擦、徐变等）。张弦梁支承在胎架上施加预应力 N（图 4-29c）。上海一期：$l=82.5\,\mathrm{m}$、张弦采用 241Φ5，自重 55 t。当 $N=550\,\mathrm{kN}$ 时，张弦梁脱开胎架——梁的自重由 N 平衡。为了抵消预应力损失，需再施加 $\Delta N=70\,\mathrm{kN}$。这时，$\Delta N/N=70/550=0.127$，在 0.1～0.15 之间，符合要求。

4.3.3　大跨度屋盖结构设计中的六大关系

（1）科技人员的学术魅力（力学功底、结构理论与工程实践）与人格魅力（独立性、进取性和开放性）；

（2）材料、结构（力度）、施工（质量）与建筑（艺术和装修）；

（3）弯曲结构与轴力结构；

（4）结构的强度与稳定或屈曲；

（5）结构方案创新、优化与经济（用钢量、施工艰难程度、工期等综合经济指标）；

（6）国际建筑明星与国内建筑师。

(a) 全景（自然地显示结构力度）

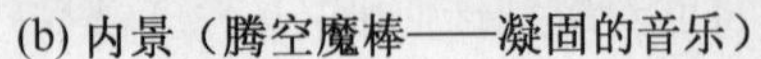

(b) 内景（腾空魔棒——凝固的音乐）

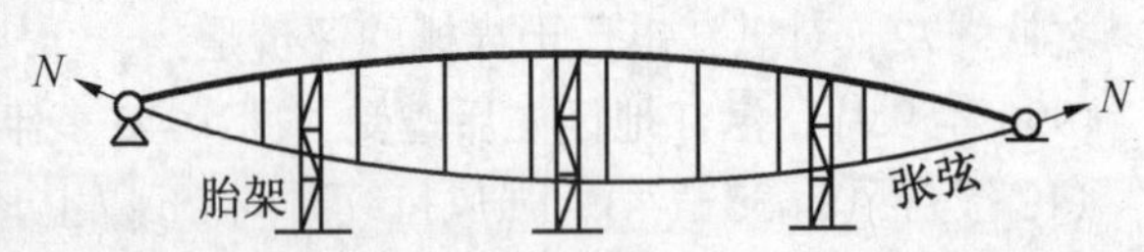

(c) 张弦施工简单

图 4－29　上海浦东机场

（法国安德鲁中标，1997，一维张弦梁结构）

4.4　薄壳

4.4.1　壳体的定义与分类

被两个几何曲面所限的物体称为壳体①，这两个曲面之间的距离称为壳体厚度 h，等分壳体各点厚度的几何曲面称为壳体的中曲面（图 4－30a）。如果已知中曲面的几何性质和 h 的变化规律，即可完全确定壳体的几何形状和全部尺寸。

壳体可分为薄壳和厚壳，现代屋盖空间结构中采用薄壳。与薄板相似，薄壳计算时的两个基本假定是：

（1）直法线假定：壳体变形前垂直于中曲面的直线变形后仍然为直线，长度不变，且与变形后的中曲面垂直。

（2）壳体层间无挤压假定：平行于中曲面的各层之间的正应力与其他应力相比可以忽略。

中曲面的几何性质主要取决于曲面上曲线的弧长与曲率（图 4－30a），通过曲面上的任意点 i 作法线 in 垂直于 i 点的切平面。通过法线 in 可作无数个平面，称为法截面（图 4－30b），它们与中曲面相交于无数的曲线，称为法截线。这些法截线在 i 点处的曲率称

① 广义来说，这个定义还不能包括壳体理论的全部范围。例如一滴水的表面以及容器中的自然水面等，均可用壳体理论来完全确定它们的变形曲面。

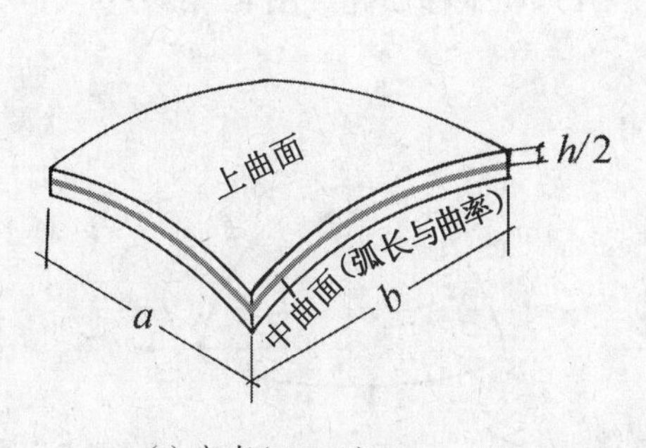

(a) 扁壳（$K>0$）

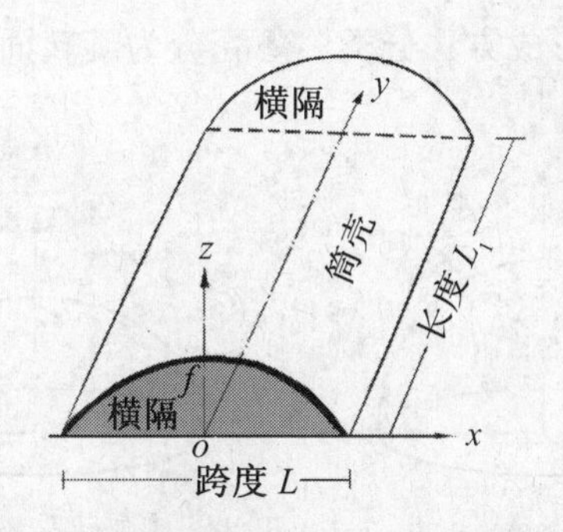

(c) 筒壳（$K=0$）圆筒壳面：$x^2+(z+R-f)^2=R^2$

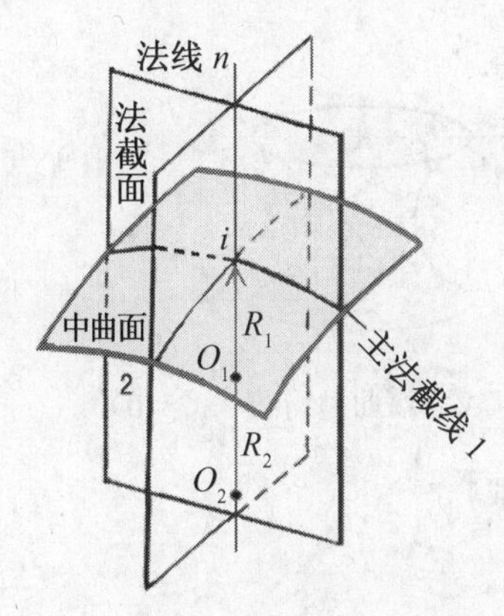

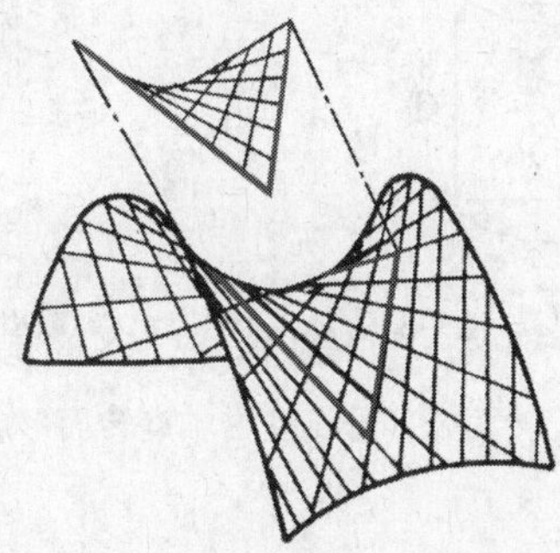

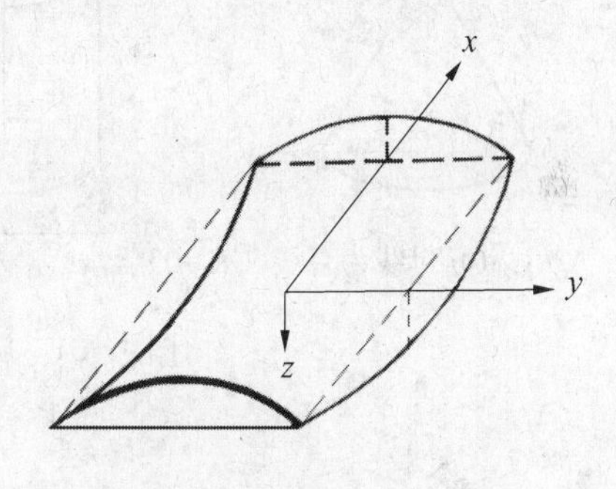

$z=y^2/R_1^2-x^2/R_2^2$

(b) 主曲率线与主曲率半径 R_1、R_2

(d) 双曲抛物面，即扭壳（双向直纹面，$K<0$）

图 4－30　薄　壳

为法曲率。在 i 点处的所有法曲率中，有两个取极值，称为 i 点的两个主曲率：一个极大值，一个极小值。对应于每一个主曲率的方向，称为中曲面在 i 点的主方向①，这两个主方向是互成正交的。设中曲面上任意点的两个主曲率半径 $R_1=O_1i$、$R_2=O_2i$，其对应的主曲率 $k_1=1/R_1$、$k_2=1/R_2$，则该点的高斯曲率 K 为：

$$K = k_1k_2 = \frac{1}{(R_1R_2)} \tag{4-1}$$

按高斯曲率 K 分类，薄壳结构有三类：①正高斯（$K>0$，图 4－30a）；②零高斯（$K=0$，图 4－30c，短筒壳（无矩理论）：$L_1/L\leqslant0.5$；中长筒壳（有矩理论）：$0.5<L_1/L<3.0$；长筒壳（梁理论）：$L_1/L\geqslant3.0$）；③负高斯（$K<0$，图 4－30d）。

理论分析表明，当 h 小于最小主曲率半径的 1/20，即 $h/R_{\min}\leqslant1/20$ 时，上述两个假定为基础的近似理论已足够精确。然而，屋盖中薄壳的 $h/R_{\min}$ 范围很大：

$$1/1000 \leqslant h/R_{\min} \leqslant 1/50 \tag{4-2}$$

① 球面上任意点的所有切线方向都是主方向。

按曲面形成方法分类，薄壳分为旋转面壳（图 4－31）和平移面壳（图 4－32）。

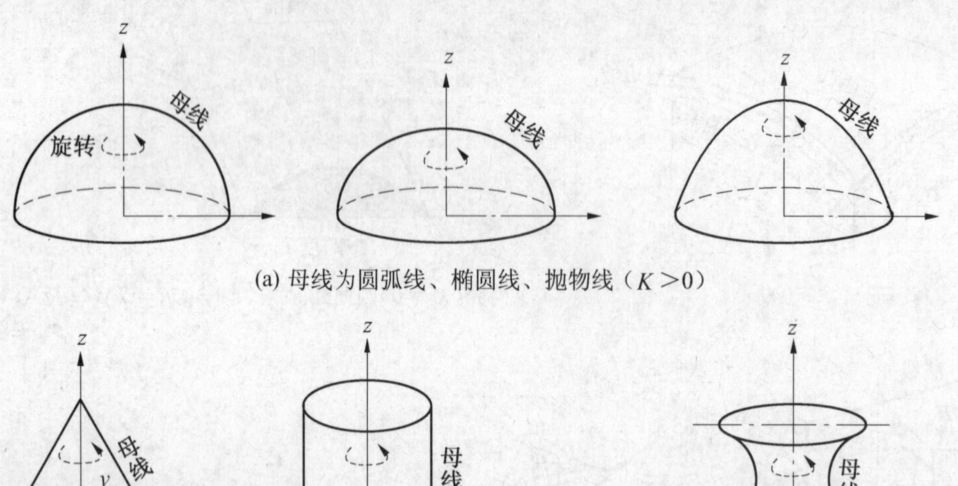

(a) 母线为圆弧线、椭圆线、抛物线（$K>0$）

(b) 母线为直线（$K=0$）$\sqrt{x^2+y^2}=(1-3/h)R$

(c) 母线为双曲抛物线（$K<0$）

图 4－31　旋转面壳（母线绕 z 轴旋转而形成）

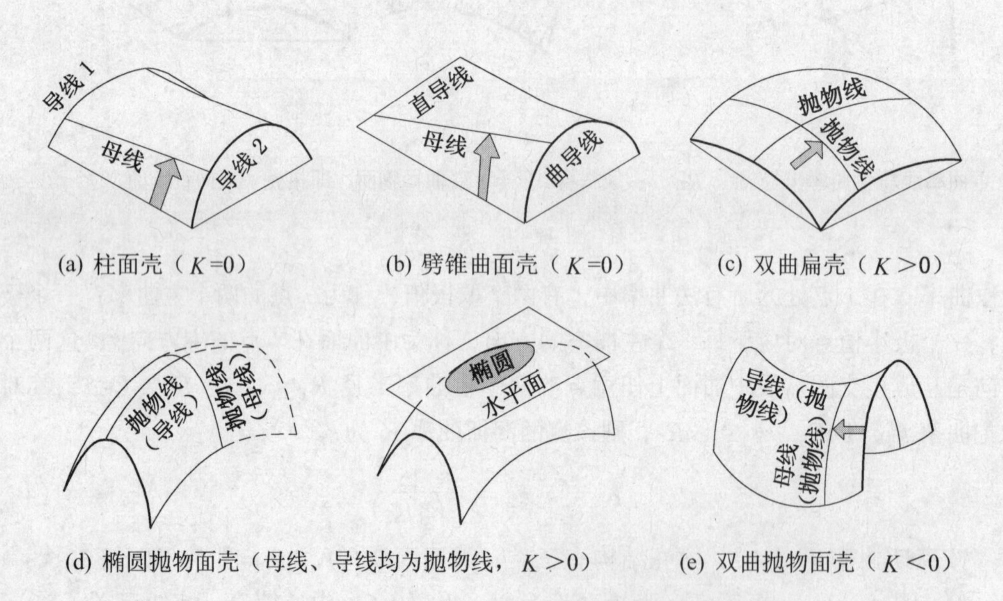

(a) 柱面壳（$K=0$）　(b) 劈锥曲面壳（$K=0$）　(c) 双曲扁壳（$K>0$）

(d) 椭圆抛物面壳（母线、导线均为抛物线，$K>0$）　(e) 双曲抛物面壳（$K<0$）

图 4－32　平移面壳（母线沿导线平移而形成）

图 4－33 所示球面壳（母线为圆弧线），其曲面方程为

$$x^2+y^2+(z+R-f)^2=R^2 \tag{4-3}$$

式中　R——圆弧线的曲率半径；

f——球面壳的矢高。

因为　$$R^2=(D/2)^2+(R-f)^2=D^2/4+R^2-2Rf+f^2$$

所以
$$R=\frac{D^2+4f^2}{8f} \tag{4-4}$$

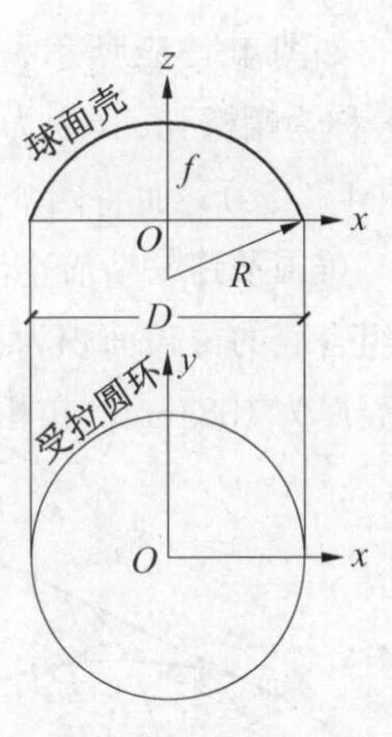

图4-33 球面壳

世界屋盖空间结构的典范——罗马小体育宫（图4-34），由意大利结构工程师奈尔威（P.L.Nervi）设计，壳体由1620块预制菱形肋壳组成，支承在36个丫形斜柱上，将壳面上的作用力传给拉力环。壳体直径 $D=61\,\text{m}$，$f=12.2\,\text{m}$，壳厚25 mm，考虑肋条网格的平均厚度也只有 $h=110\,\text{mm}$，跨厚比：$D/h=61\,\text{m}/110\,\text{mm}=555$ 倍。由式（4-4）可求曲率半径：

$$R=\frac{61^2+4\times12.2^2}{8\times12.2}=44.225\,\text{m}$$

从而可得：

$$h/R=110\,\text{mm}/44.225\,\text{m}=1/402<1/50$$

满足式（4-2）的要求。

(a) 外景（盛开的向日葵，檐边波浪起伏）

(b) 内景

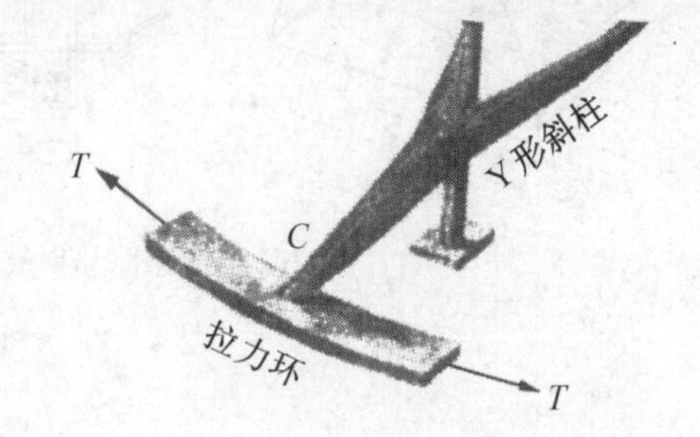

(c) 施工现场[85]

图4-34 罗马小体育宫（1975）

根据建筑平面、空间和功能的需要，通过对某种基本曲面的切割与组合，可以得到任意平面和各种美观、新颖的复杂曲面。

4.4.2 切割与组合

1. 柱面壳

如图 4－35a 所示，把一段圆柱面薄壳沿对角线切开，则可产生两种新的壳体，其中 *abe* 称为帽檐壳，*bce* 为瓜瓣壳。可将 4 个帽檐壳组成一个屋盖空间结构，其底面呈矩形（图 4－35b），而将四个瓜瓣壳又可组成另一种空间结构（图 4－35c）。

美国圣路易斯航空港候机大厅（图 4－35d）由 4 个同样大小的帽檐壳组合而成，每个组合壳的覆盖面积为 36.57 m×36.57 m，壳的檐口处向外挑出增加建筑阴影效果，该工程壳厚为 108 mm，在相贯线接缝处肋截面 bh = 457 mm × 1143 mm，以解决应力集中问题。

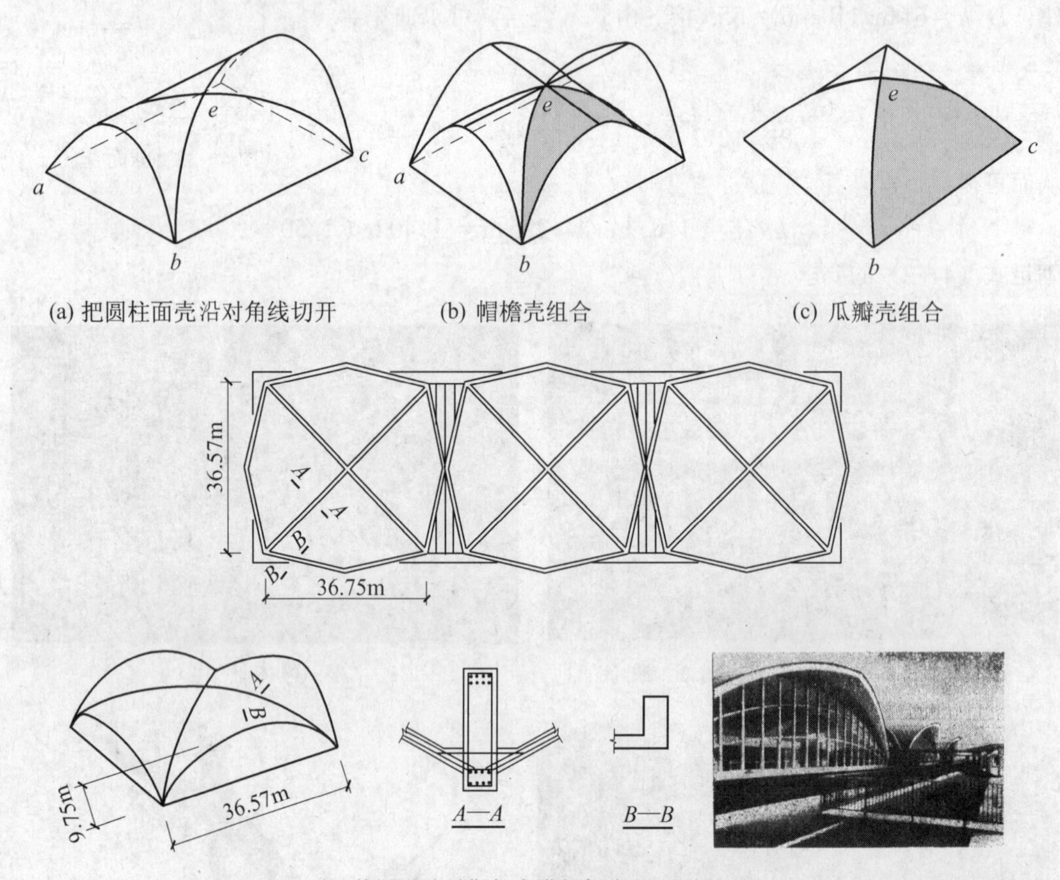

(a) 把圆柱面壳沿对角线切开　(b) 帽檐壳组合　(c) 瓜瓣壳组合

(d) 美国圣路易斯航空港候机大厅（1954）

图 4－35　柱面壳的切割与组合

2. 球面壳

球面壳属于旋转曲面壳，是双曲壳的一种。它是一种极古老而近代仍然大量应用的结构形式，由于其空间刚度大，壳体极薄而又能覆盖很大的跨度，因而可以用在大型公共建筑，如天文馆、展览馆等的屋盖中。目前世界上最大的圆顶薄壳跨度为 207 m，我国最大者为 60 m。北京天文馆是直径为 25 m 的圆顶薄壳，壳厚 60 mm。美国伊利诺大学会堂圆顶结构直径为 132 m，壳厚 90 mm。

圆顶薄壳壳面的径向和环向弯矩一般较小可略去不计。在轴向（旋转轴）对称荷载作用下，圆顶径向受压，环向上部受压，下部可能受压也可能受拉。圆顶壳面中的主要内力如图 4-44 所示。

支座环对圆顶壳面起箍的作用，圆顶通过它搁置在下部支承构件上。壳面边缘传来的推力由支座环承受，支座环的内力主要为拉力。同时支座环还要承受壳面传来的竖载。对于大跨度圆顶结构，支座环宜采用预应力混凝土（Prestressed Concrete，PC）。

美国麻省理工学院礼堂（图 4-36a），可容纳 1200 人，另外还有一个可容纳 200 名听众的小讲堂。屋顶为球面薄壳，三脚落地（图 4-36c）。薄壳曲面由 1/8 球面构成——通过球心并与水平面夹角相等的三个斜向大圆而切出的球面（图 4-36b）。球的半径 34 m。切割出来的薄壳平面为 48 m×41.5 m 的曲边三角形（图 4-36c）。薄壳的三个边为向上卷起的边梁，并通过它将壳面荷载传至三个支座（图 4-36c，支座为铰接）。壳面的边缘处厚度为 94 mm，屋顶表面用铜板覆盖。

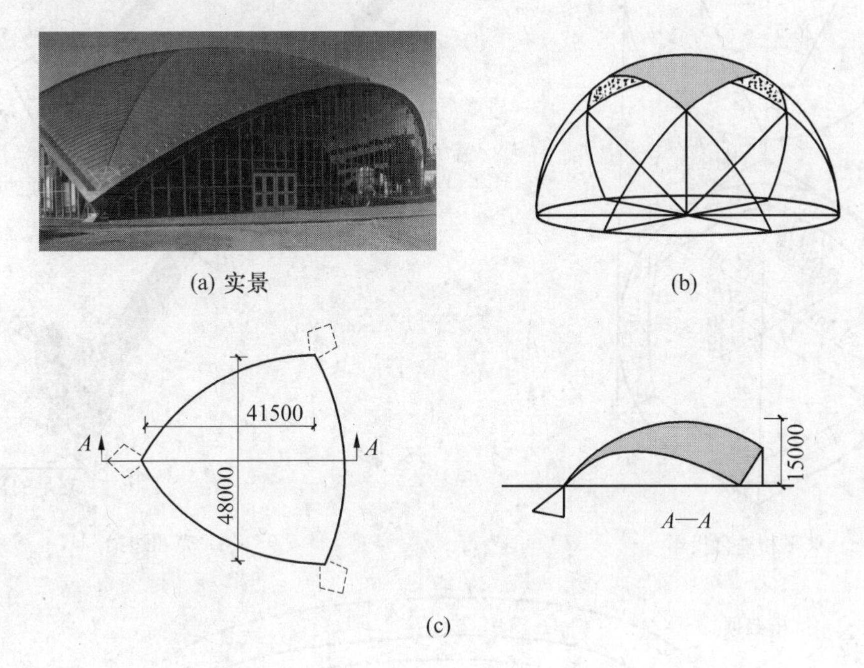

图 4-36　美国麻省理工学院礼堂（设计人沙里宁，1955）

霍希斯特染料厂游艺大厅[85]（德国法兰克福市，图 4-37），主要部分为一个球形建筑物，系正六边形割球壳（图 4-37a、c）。该大厅可供 1000～4000 名观众使用——举行音乐会、体育表演、电影放映、工厂集会等各种活动。球壳顶部有排气孔洞，并作为烟道（图 4-37b）。大厅内有很多技术设备——舞台间、吸音格栅、放映室和广播室等，并有庞大的管道系统进行空气调节，在地下室设有餐厅、厨房、联谊室、化妆室和盥洗室及技术设备用房。

球壳直径 $D=100$ m，矢高 $f=25$ m。底平面为正六边形，外接圆直径为 88.6 m（图 4-37c）。该球壳结构支承在六个点上，支承点之间的球壳边缘做成拱券形，有一个边缘桁架作为球壳切口的支承，其跨距为 43.3 m。球壳剖面如图 4-37e 所示。

壳体厚度 $h=130$ mm，每一点能承受 20 kN 的集中荷载。壳体厚度从中央到边缘不断

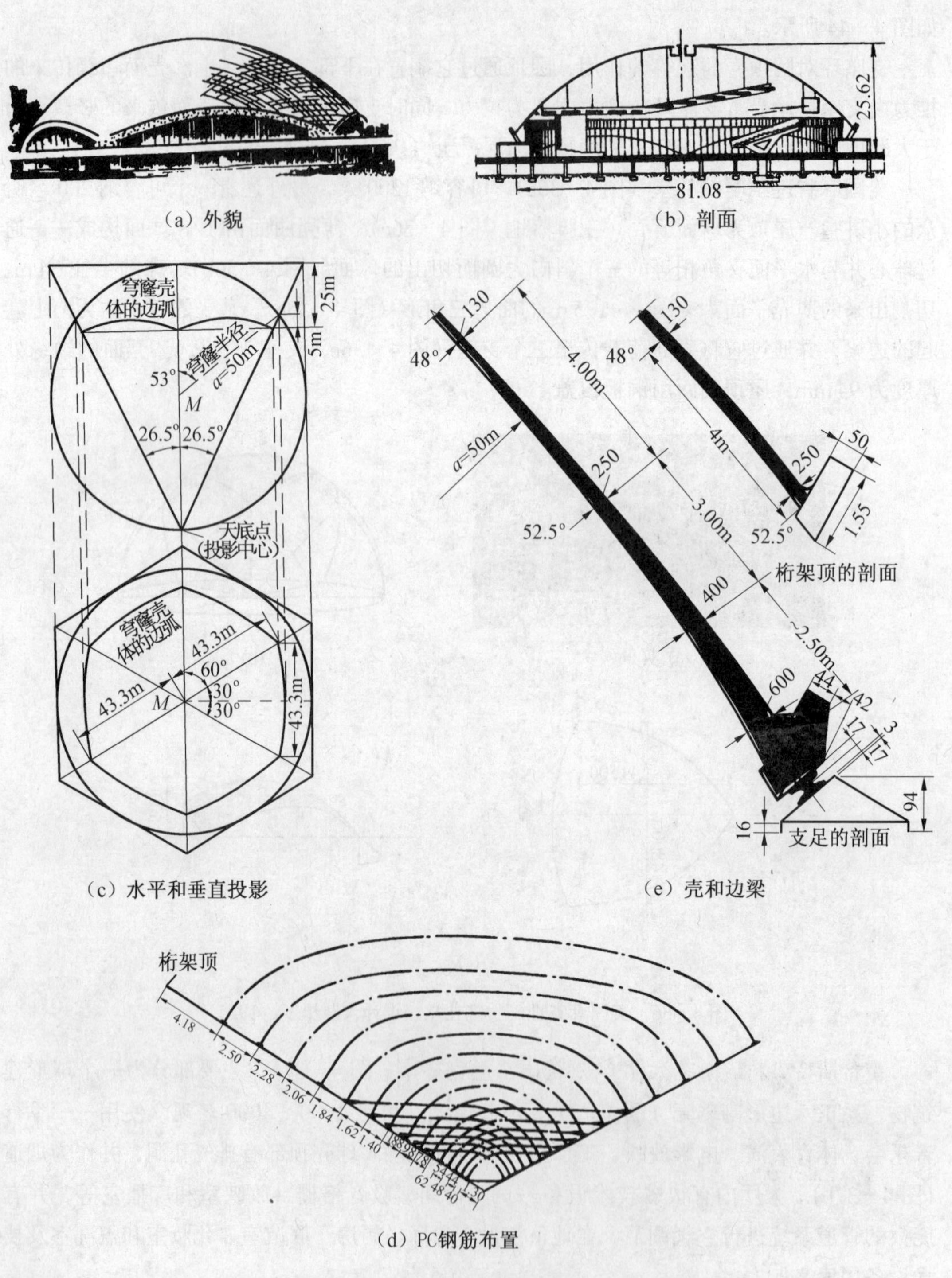

（a）外貌

（b）剖面

（c）水平和垂直投影

（e）壳和边梁

（d）PC钢筋布置

图 4－37　霍希斯特染料厂游艺大厅

地加厚，在边缘拱券最高点处厚度 250 mm，支座端厚 600 mm（图 4－37e）。在支座上部的壳体部分会产生拉应力，沿主拉应力轨迹线方向中布置了预应力钢筋（图 4－37d）。

悉尼歌剧院（图 4－38a）是一代名作。1956 年筹建，30 多个国家的 223 种方案竞标，

(a) 全景

(b) 丹麦建筑师伍重的方案

(c) 结构师阿鲁普从球体中切取曲面

(d) 由肋组成的穹券

(e) 从桥下看赛尼朗半岛上的剧院

(f) 鸟瞰

图 4－38　悉尼歌剧院（The Sydney Opear House）

独具慧眼的美国著名建筑师小沙里宁（Eero Sarrinen）从落选的方案中选出年仅 37 岁的丹麦建筑师琼·伍重(John Utzon)“滨海扬帆”雕塑造型（图 4－38b）。评委一致认为：超群创造(环境)特点。琼·伍重中奖后，携方案到英国请教著名结构工程师阿鲁普(Overarup)。阿鲁普感到方案不寻常，但又指出这群壳体的倾斜姿势产生的巨大力矩，违背力学准则。但若稍微变动倾斜，壳体就完全失去明快飘扬的特点。1963 年决定代之以预制的 Y 形、T 形预应力砼肋拼成的穹券，结构产生笨重感（图 4－38d）。1959 年基础工程仓促上马，历经沧桑。琼·伍重应付不了复杂的人事纠纷，1966 年辞去工程主持人，成为工党、自由党两党政治斗争的牺牲品。工程于 1973 年竣工，成为“杰出建筑，平庸结构”的典型。

3. 双曲扁壳

由于扁壳矢高 f 比底面尺寸小得多（图 4－39a），所以又称微弯平板。壳面的受力以薄膜内力（N_x，N_y，V_{xy}）为主，而横向弯矩(M)为次（图 4－39b）。其在壳体上的变化很规律，一般有三种受力分区（图 4－39c）。

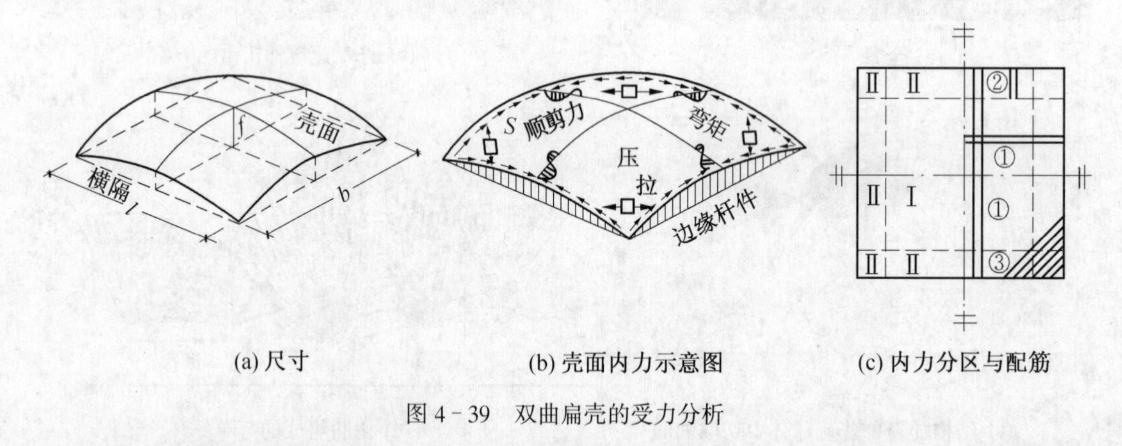

(a) 尺寸　(b) 壳面内力示意图　(c) 内力分区与配筋

图 4－39　双曲扁壳的受力分析

(1) 壳体的中间部分：该区大部分（约 80%）壳面以双向正向压力为主，顺剪力与弯矩很小。该区强度潜力大，仅需构造配筋，小跨者甚至可不配筋。一般可在该区开洞以采光或通风。

(2) 壳体的周边：该区有不大的弯矩，为了承受弯矩应放置相应的钢筋。壳体越扁、越厚，则弯矩影响越显著，承载力下降，为此矢高不能过小。壳体四边的顺剪力也很大，它是传给横隔的主要荷载。

(3) 壳体的四角：该区的顺剪力很大，产生很大的主应力。为承受主压应力，将混凝土局部加厚。为承受主拉应力，应配置 45°斜筋。

在周边区与四角区都不允许开洞。

扁壳的结构形式与其边缘构件（侧边构件，横隔）的形式关系密切。边缘构件是扁壳的重要组成部分，它可以增强壳体刚度，保证壳体形状，主要承受壳体周边传来的顺剪力 V_{xy}，因此要有较大的竖向刚度，并与壳体整体联结。其形式多样，可以采用变截面或等截面的薄腹梁、拉杆拱或拱形桁架等，也可采用空腹桁架或拱形刚架。

双曲扁壳也可以采用单波或多波。双向曲率不等时，较大曲率与较小曲率之比以及底面长边与短边之比均不宜超过 2。

4. 扭壳

双向抛物面鞍壳（扭壳）一般按无矩理论计算。

扭壳选型善变，受力合理，双向直纹，受到建筑师、结构师和施工人员的欢迎。扭壳由一根直线搭在相互倾斜且不相交的直导线上平行移动而形成（图 4－40a ），在竖向均布

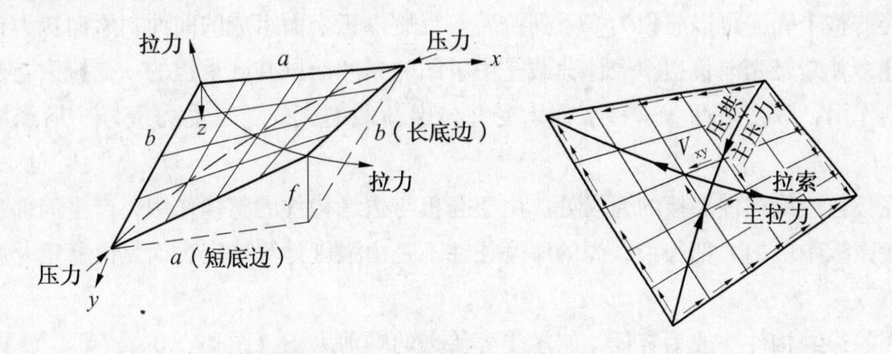

(a) 单倾：$z=\pm fxy/ab$，$f/a=1/2\sim1/4$

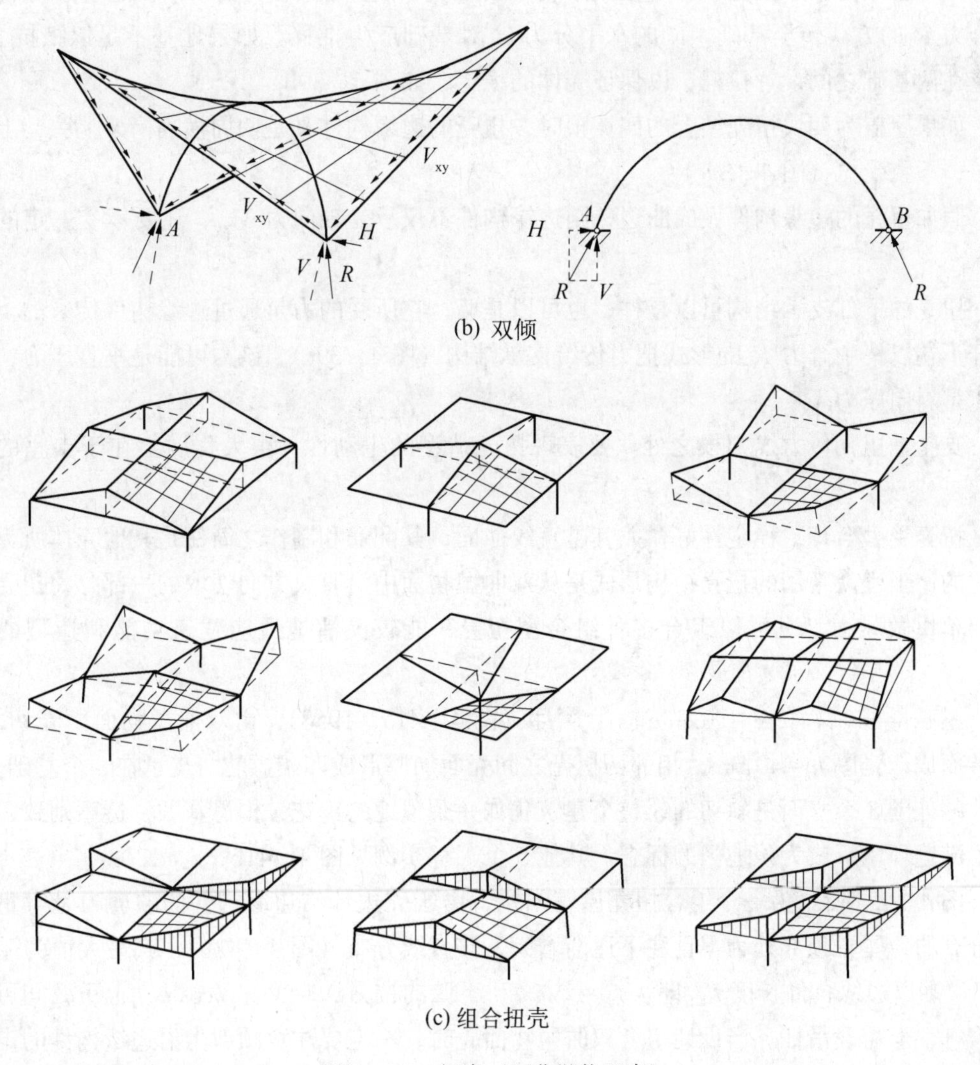

(b) 双倾

(c) 组合扭壳

图 4－40　扭壳（双曲抛物面壳）

荷载作用下，曲面内不产生法向力，只产生顺剪刀 V_{xy}。在 $V_{xy}=V_{yx}$的作用下，产生主拉力（由“拉索”承受）和主压力（由“压拱”承受），作用在与剪力成45°角的截面上。

扭壳的整个壳面可以想象为一系列拉壳与受压拱正交而组成的曲面。索向拉力把壳面向上顶住，并减轻壳向负担。壳体荷载是由下凹的索和凸拱共同承担的。受拉索与受压拱互相连锁作用，取得平衡。这种双向承受并传递荷载的壳体，是受力最好、最经济的形式。

在壳板与边缘构件邻接的壳段处，由于壳板与边缘构件的整体作用，产生局部弯矩。

一般壳板中的内力都很小，壳的厚度往往不是由强度计算确定，而是由稳定及施工条件决定。

扭壳的边缘构件一般为直杆，它承受壳传来的顺剪力 S（图 4-40a）。

如果屋顶为单个扭壳，并直接支承在 A 和 B 两个基础上，剪力 V_{xy}将通过边缘构件以合力 R 的方式传至基础。R 的水平分力 H 对基础产生推移。如果地基不足以抵抗 H，则应在两基础之间设置拉杆，以保证壳体的稳定，如图 4-39b。

如果屋盖为四块扭壳结合的四坡顶时，扭壳的边缘构件又是四周横隔桁架上弦，上弦受压，下弦受拉（图 4-39c）。

假如扭壳的边缘构件做成曲边，则边缘构件不仅承受轴向力 V_{xy}，还要承受一定的弯矩。

扭壳的下部支承结构可以是柱，也可以是墙，它所受的力是通过边缘构件传来的。两直杆下端以集中合力 R 的形式把力传给支承结构（图 4-39c)。该力可能是垂直压力，也可能是斜向压力。

支座是扭壳传力线归根之处。要表现扭壳造型的生动性，很大程度上在于支座的设计。

扭壳受力合理，稳定性好，尤其是直纹曲面，其配筋和制作之简便是其他壳体所无法相比的。工程上常用的扭壳结构形式是从双曲抛物面中沿直纹方向切取的一部分。扭壳可以用单块做屋盖，也可以组合多种组合型扭壳，能较灵活地适应建筑功能和造型的需要。

墨西哥霍奇米尔科（Xochimlco）餐厅（图 4-41a，1958)，由双曲抛物面薄壳切割、旋转而成，壳厚 $h=40\,\text{mm}$，相邻两扭壳之间壳面加厚形成四条拱肋，支承在 8 个基础上。壳体的外围 8 个立面是斜切的，整个建筑犹如一朵覆地的莲花，构思新颖，造型别致，丰富了游览环境，成为该地区的标志。其他 5 个工程实例见图 4-41b、c、d、e。

图 4-42a 所示为一个组合扭壳屋盖结构，由于壳边传给边缘构件的顺剪力是等量均匀分布的，屋脊顶部处为零且往下逐渐增大，按直线分布（图 4-42b)，其最大值为顺剪力 V_{xy}乘以边缘构件长度 l，即 $V_{max}=V_{xy}l$，下弦的拉力 $N=V_{max}\,l\cos\alpha$。上下弦间可不设腹杆，但需设吊杆。当设计组合双曲抛物面壳时，一定要注意顺剪力沿边缘构件的走向（图 4-42a)。边缘构件的设计，是保证壳面结构安全可靠的重要条件。扭壳屋盖水平推

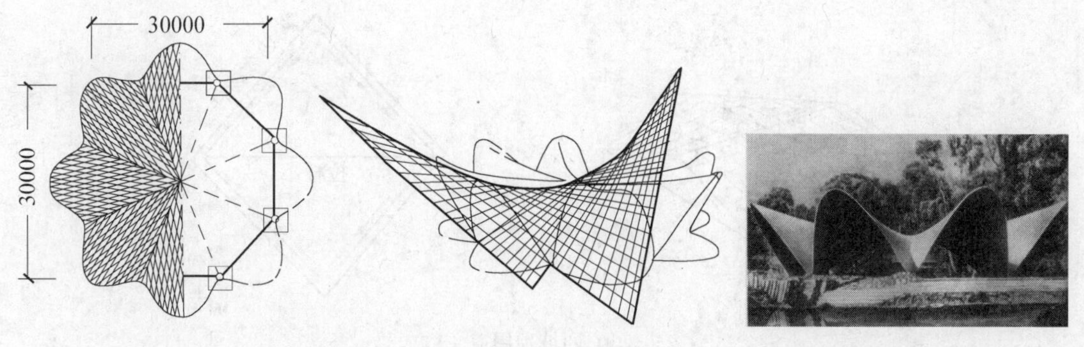

(a) 霍奇米尔科餐厅（设计者；墨西哥工程师坎迪拉——F.Candela）

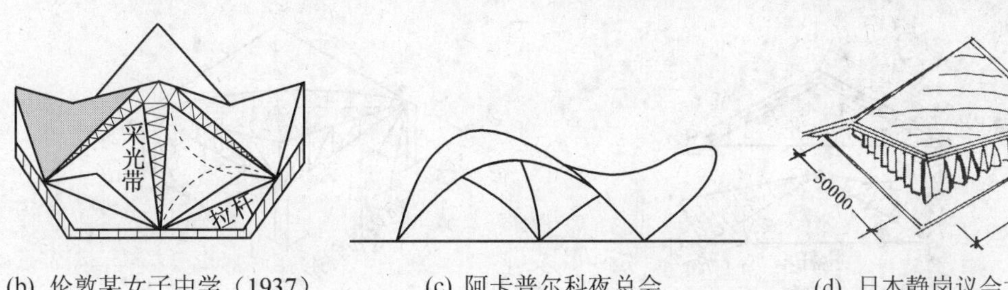

(b) 伦敦某女子中学（1937）　(c) 阿卡普尔科夜总会　(d) 日本静岗议会大厅

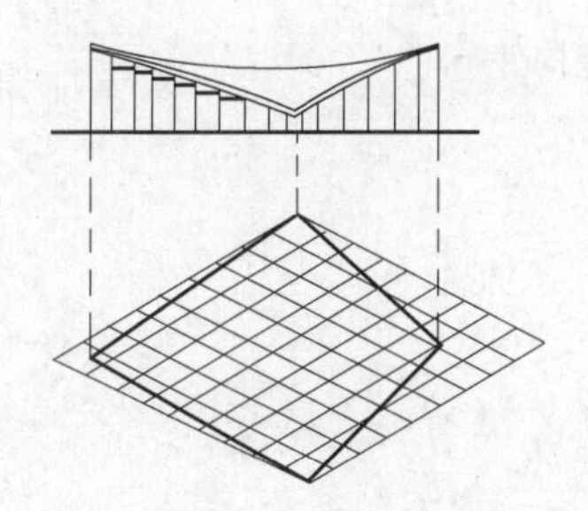

(e) 布鲁塞尔国际博览会（1958）　(f) 菲利蒲斯馆（任何平面形状的扭壳墙和屋顶）

图 4－41　6 个双曲抛物面屋盖

力的平衡见图 4－42c。

大连海港转运仓库（图 4－43）柱距为 23 m × 23.5 m，支承四个组合扭壳（图 4－42)，每个组合扭壳平面为 23 m × 23 m，由 4 块单元现浇 RC 扭壳（$a = b = 11.5$ m，$f = 3.83$ m，$f/a = 1/3$，$h = 60$ mm）组成。壳内配 ϕ8@150 的上下双层钢筋。边缘构件为现浇 RC 人字形拉杆拱。预制装配 RC 柱的截面 700 mm × 700 mm，柱顶标高 7 m。上下弦间设 5 根吊杆。

4.4.3　薄壳的内力

为了方便计算，在薄壳理论中，一般不用应力而用中曲面单位长度上的内力作为计算单位（kN/m）。对于一般的薄壳，这样的内力一共有 8 对（图 4－44a）：3 对作用于中曲面内的薄膜内力——N_x、N_y和 $V_{xy} = V_{yx}$，它们没有抵抗弯曲和扭曲的能力（图 4－44b）；

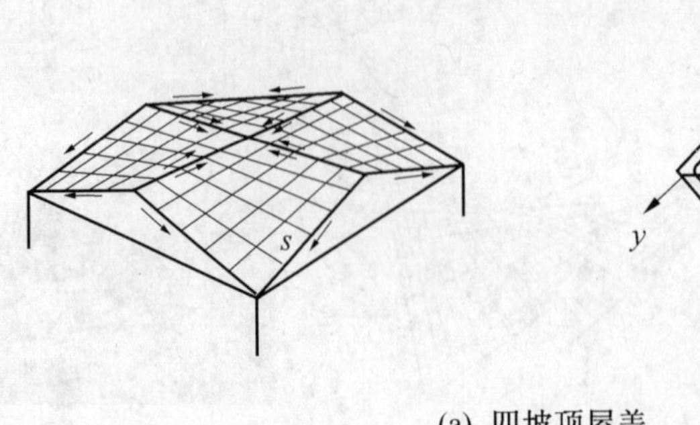

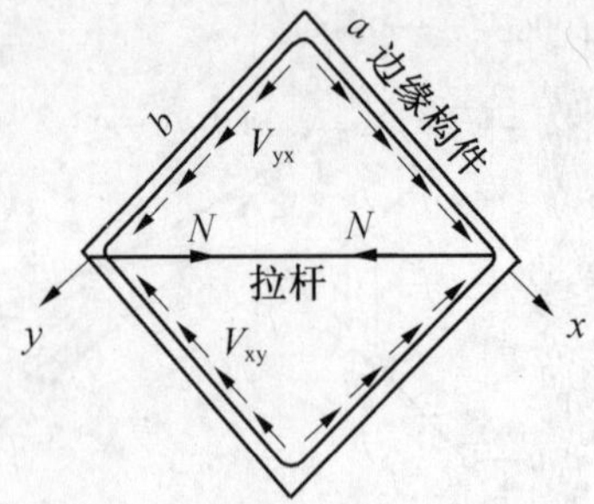

(a) 四坡顶屋盖

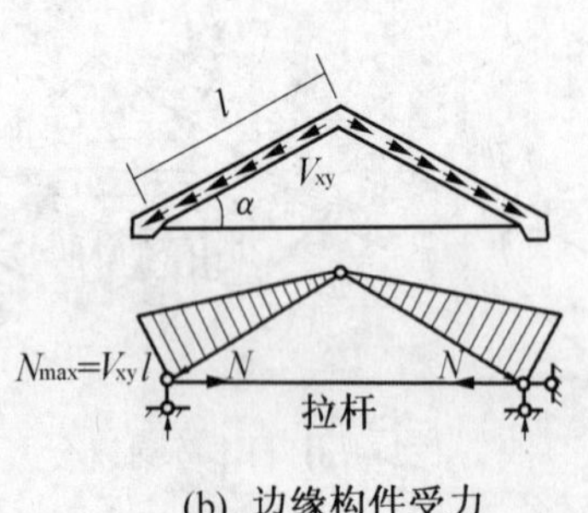

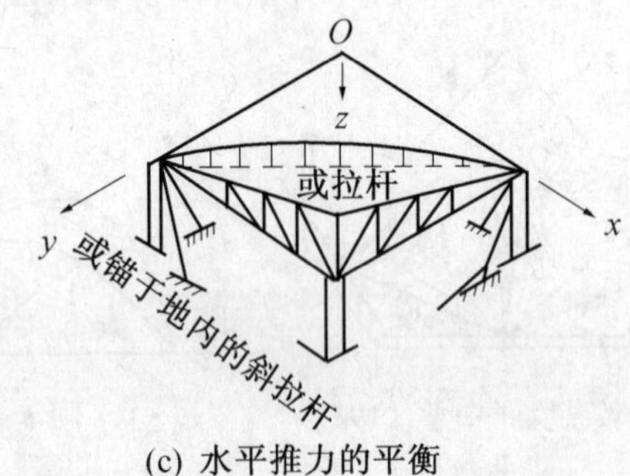

(b) 边缘构件受力　　(c) 水平推力的平衡

图 4-42　扭壳和边缘构件

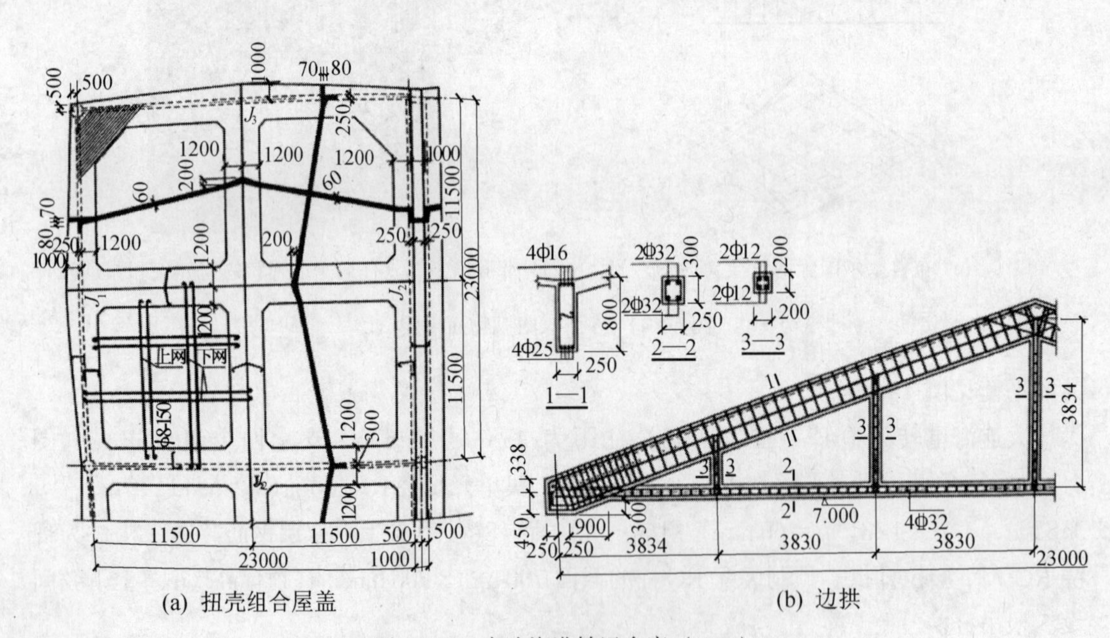

(a) 扭壳组合屋盖　　(b) 边拱

图 4-43　大连海港转运仓库（1971）

5 对作用于中曲面外的弯曲内力——V_x、V_y、M_x、M_y 和 $M_{xy}=M_{yx}$（图 4-44a），它们由中曲面的曲率和扭率的改变而产生。

理论分析表明：薄壳中只考虑薄膜内力，即薄壳按无矩理论分析。

薄壳相对于板、拱相对于梁都具有类似的优越性，但还有很大的区别，即拱的轴线只

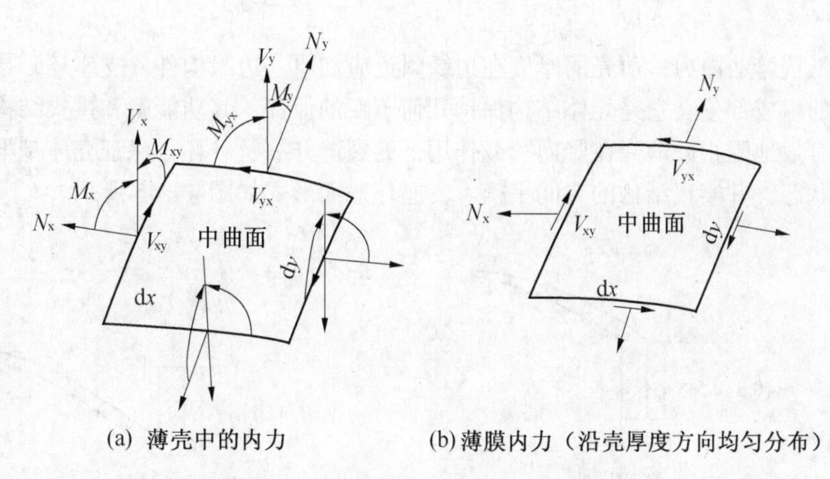

(a) 薄壳中的内力　　(b) 薄膜内力（沿壳厚度方向均匀分布）

图4-44　薄壳微元（$dxdy$）上的内力

能和一种荷载分布的压力线重合，而在另一种荷载下，就不免出现弯矩，且弯矩分布于全拱；而薄壳则能够在一定的荷载、外形以及一定的支承条件下，只以薄壳中曲面的内力来适应各种荷载分布情况，而不产生弯矩和扭矩，即使在出现弯矩的情况下，也常限于壳体的边缘范围。

薄壳无矩状态的形成，并不以厚度很小而几乎没有抗弯刚度和抗扭刚度的壳体为先决条件；只要遵守适当的条件，则在壳体中都能够形成无矩的力状态。因此，在结构设计中无矩理论可以帮助我们找到最合理的薄壳和支承形式，从而尽可能避免或减小薄壳中的弯矩。在计算已定的薄壳结构时，则可以利用无矩理论算出的薄膜内力和用有矩理论求得的弯曲内力之和作为壳体内力。

无矩理论的方程可以直接从壳体一般理论中得到。由于忽略了内力矩，导致横剪力V_x、V_y也必须忽略，即认为$V_x=V_y=M_x=M_y=M_{xy}=M_{yx}=0$。剩下的只有薄膜内力：$N_x$、$N_y$及$V_{xy}=V_{yx}$。因此，尽力避免薄壳中弯曲力的出现，是从事壳体结构设计工程师的重要任务之一。如果不能完全消除弯曲力而势必出现所谓“混合型力场”，也力求把它局限在一个小范围内（薄壳的边缘附近），且应最大限度地限制弯内力的大小。由此产生了所谓“边缘效应”或“边缘干扰”等术语，其含意是指随着分析单元远离壳体边缘，“混合型力场”将迅速衰减。

由于薄壳厚度很小，所以它的抗弯能力较差，较小的弯矩就会引起很大的内力与变形，因此在设计时应尽量使壳体不要在弯曲状态下工作。薄壳在无矩状态时，壳体整个厚度受到均力的作用，壳体的材料强度能充分发挥，外荷载的传递最合理，从而使得薄壳与平板相比有较高的承载能力，因此研究薄壳的无矩理论有着十分重要的意义。事实上，设计人员总是力图使壳体处于无矩状态，或者尽量把弯曲内力限制在某一小的数量级或限制在某一小的区域之内。

对于实际的薄壳结构，除非在某些特定的荷载和边界条件下，要使它完全处于无矩状态是不可能的。因此，在分析薄壳内力时，可将壳体沿边缘构件处切开，用弯曲内力代替边界的约束条件而作用在壳体上，并根据壳体与边缘在边界处线位移和角位移的协调条件，解出弯曲内力，再与薄膜内力叠加，这是一种弯矩理论的近似分析法——边缘效应法。

为了抵抗弯曲内力，薄壳的厚度在边缘附近应加厚。边缘构件（支座环）是薄壳结构中很重要的组成部分。它是壳体结构保持几何不变的保证，其功能就和拱式结构中的拉杆一样，能有效地阻止砼薄壳在竖向荷载作用下的裂缝开展及破坏，保证壳体基本上处于受压的工作状态，并实现结构的空间平衡。支座环截面形式如图 4－45 所示。

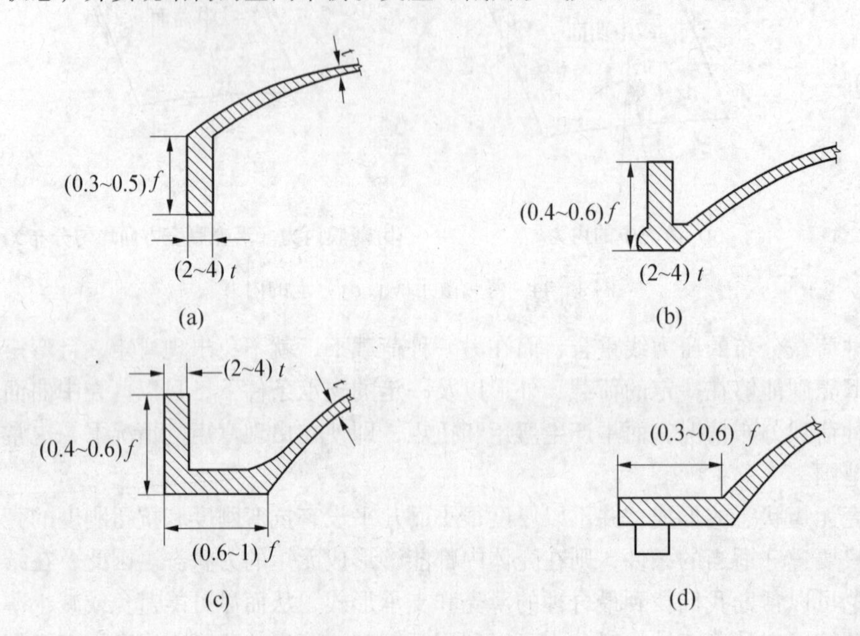

图 4－45　边缘构件

4.4.4 RC 球壳

1. 受力特点

1）RC 球壳的破坏形态

RC 球壳的破坏图形如图 4－46 所示。在壳面法向均布荷载 p 作用下，壳上部承受环向压力，下部承受环向拉力，沿经向出现多条裂缝。壳身一旦开裂，支座环内的钢筋应力增加。当荷载进一步增大，支座环的钢筋屈服，球壳即告破坏。

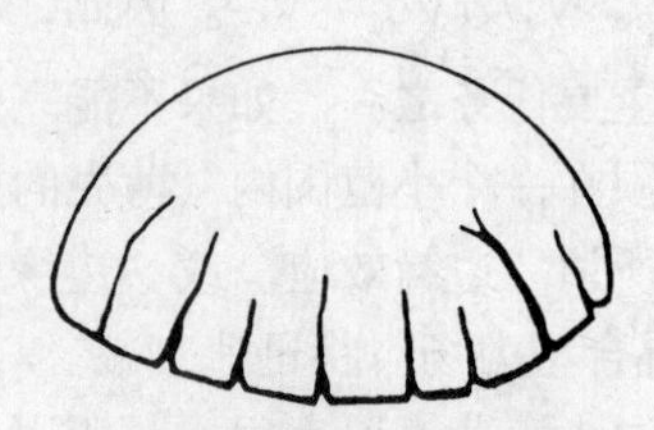

图 4－46　圆顶的破坏形式

2）球壳的薄膜内力

球壳上任意一点的位置可由经线及纬线的交点所决定（图 4－47）。由于球壳的受力问题一般均为“轴对称”问题，在同一纬线上的内力 N_2均相等，与 θ 角无关。N_2的大小符号则是变化的，在球壳上部（φ 较小时），N 为压力；在下部（φ 较大时），N_2可能受拉（图 4－47d）。

考虑 $R = a / \sin\varphi$（图 4－44a）后可得法向力的平衡方程式：

$$\frac{N_1 + N_2}{R} + p = 0 \tag{4-5}$$

式中，$p = \gamma(1 \times h)\cos\varphi$（$\gamma$ 为壳的重力密度）。

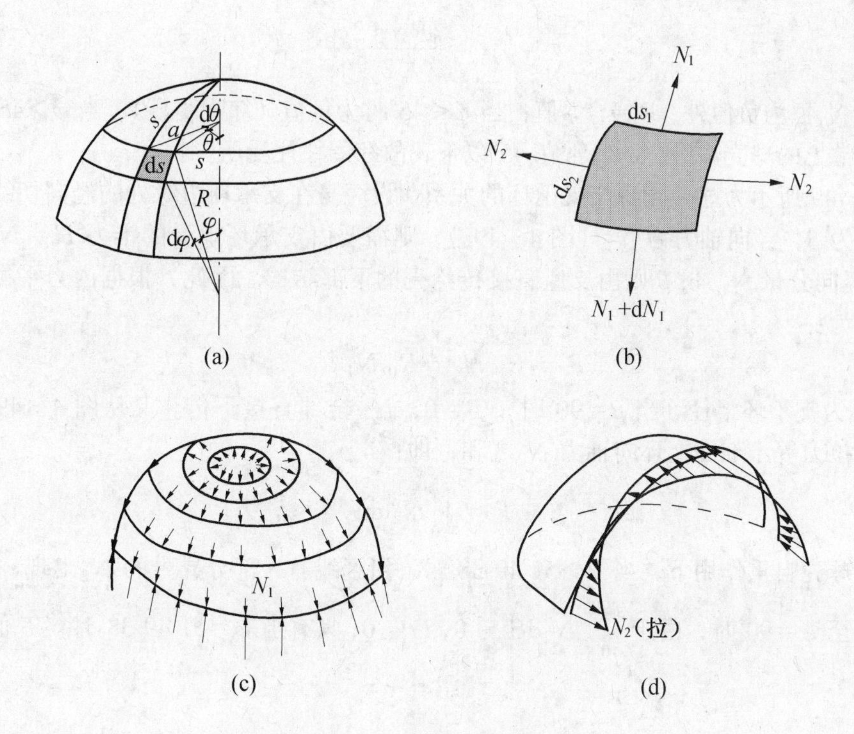

图 4-47　球的坐标及薄膜内力

薄膜内力 N_1 为：

$$N_1 = -\frac{\int_0^{\phi} \gamma h(2\pi a)R\mathrm{d}\varphi}{2\pi a \sin \varphi} = -\frac{\gamma hR}{1+\cos \varphi} \tag{4-6a}$$

将式（4-6a）代入式（4-5），并考虑 $\gamma\ (1\times h)\ \cos\varphi = p$ 后，可得：

$$N_2 = \gamma hR\left(\frac{1}{1+\cos \varphi} - \cos \varphi\right) = \frac{\gamma hR(1-\cos \varphi - \cos^2 \varphi)}{1+\cos \varphi} \tag{4-6b}$$

由式（4-6a）可见，N_1 恒为负值，即经向为压力，顶点处为 $-\gamma hR/2$，随 φ 增大 N_1 也增大。至于 N_2，当 φ 角较小时为负；当 $\varphi = 51°49'38''$ 时，$N_2 = 0$；当 φ 继续增大时，N_2 为正（图 4-48）。因此，当球壳的 $\varphi < 51°49'38''$ 时，壳面无拉力出现；$\varphi > 51°49'38''$ 时，下部纬圈受拉。另外，只有当球壳的支座为法向可动辊轴支承时，才能按薄膜状态计算，否则在壳边缘附近有弯曲内力出现。

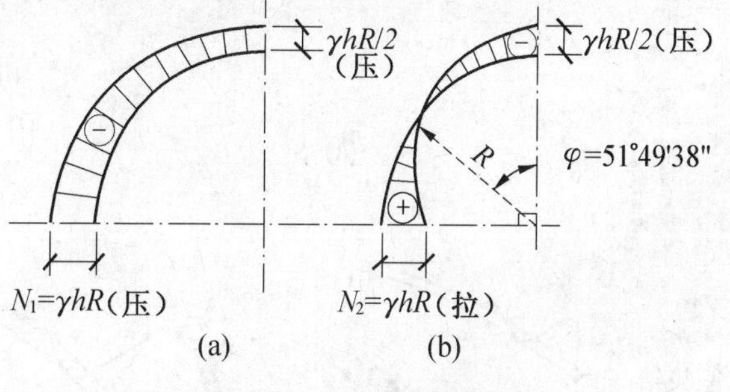

图 4-48　一般球壳受力分析

同理，可求得在竖向均布活载 p（$\mathrm{kN/m^2}$）作用下：

$$N_1 = -\frac{pR}{2} \tag{4-7a}$$

$$N_2 = -\frac{pR\cos 2\varphi}{2} \tag{4-7b}$$

这时，除 N_1恒为负值外，对于 N_2值：当 $\varphi<45°$时为负值（纬圈受压），当 $\varphi>45°$时为正值。由于常见的球壳扁平，φ 值常在 45°以下，故纬圈往往受压。

图 4-49 所示为球壳壳身与支承环的关系。设壳身在支承环边缘处的经向切线与水平线的夹角为 β，经向轴力为 N_1（图 4-49a），则需要由支承环承受的推力 $H=N_1\cos\beta$，而 N_1的竖向分量 $N_1\sin\beta$ 则由支座直接传给壳的下部结构。因此，根据内力平衡，支承环的拉力为：

$$T = R_0 H = R_0 N_1 \cos\beta \tag{4-8}$$

式中，R_0为支承环半径。当 $\beta=90°$时，$T=0$，N_1 全部直接下传。又从图 4-49b 可知，支承环的拉力等于剖面上环向轴力 N_2之和，即：

$$T = \int_0^{\varphi} N_2\,\mathrm{d}S \tag{4-9}$$

可见，在球壳自重作用下，当 $\varphi>51°49'38''$时，沿经线有一部分异号的 N_2出现，使 T 有所减少；至 $\varphi=90°$时，由于 $\int_0^{90°} N_2\mathrm{d}S=0, T=0$；只有当 $\varphi=51°49'38''$时，T 值最大。

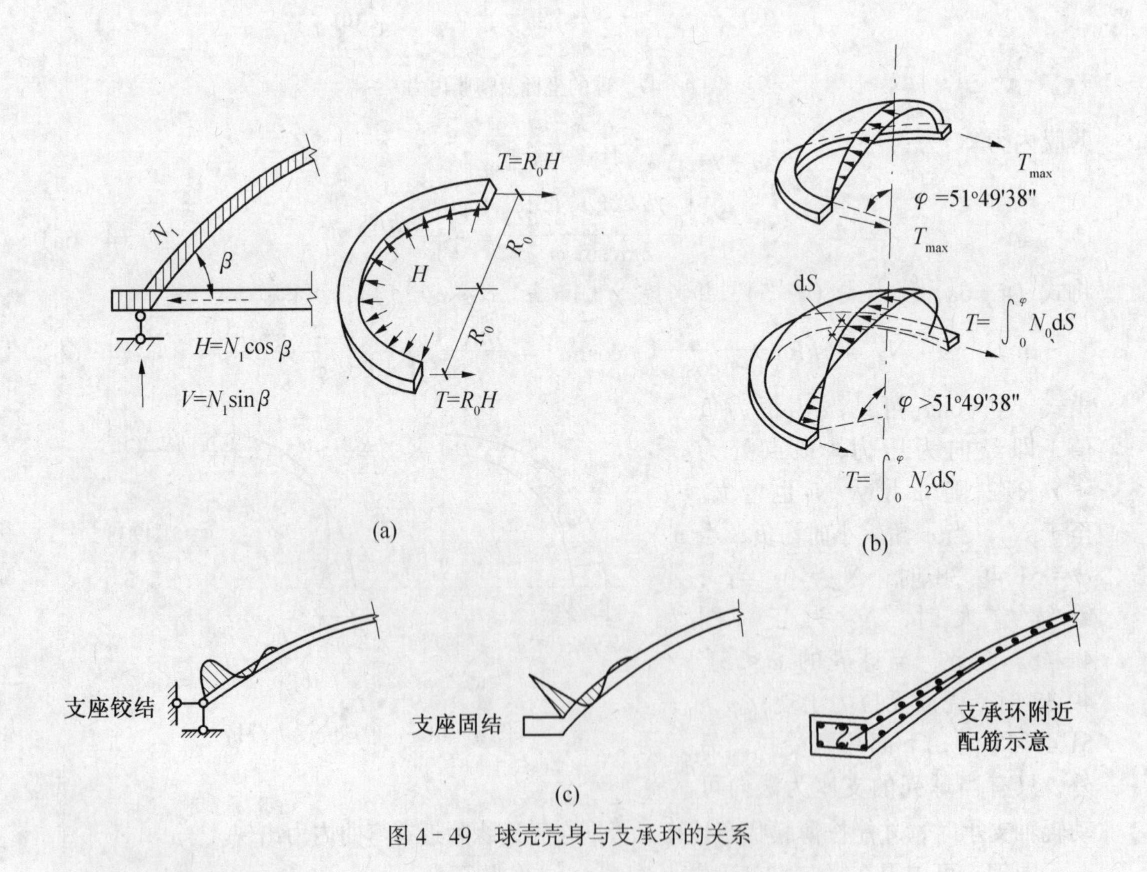

图 4-49　球壳壳身与支承环的关系

2．球壳的构造

(1) 圆顶壳的厚度一般由构造要求确定，建议可取圆顶半径的 1/600。对于现浇 RC

圆顶，壳厚不应小于 40 mm；对于装配整体式圆顶，壳厚度不应小于 30 mm。

(2) 在壳的受压区域及主拉应力小于砼抗拉强度的受拉区域内，可按不低于 0.20% 的最小配筋率配置构造钢筋，其直径不小于 4 mm，间距不超过 250 mm。在主拉应力大于砼抗拉强度的区域，应按计算配筋，主拉应力应全部由钢筋承担，钢筋间距不大于 150 mm。对于厚度不大于 60 mm 的壳体，在弯矩较小的区域内，可采用单层配筋，钢筋一般布置在板厚的中间。超过上述厚度或当壳体受有冲击及振动荷载作用时，应采用双层配筋。

(3) 由于支座环对壳板边缘变形的约束作用，壳板的边缘附近将会产生经向的局部弯矩（图 4－50）。设计时应将 RC 壳靠近边缘部分局部加厚，并配置双层钢筋。边缘加厚部分须做成曲线过渡。加厚范围一般不小于壳体直径的 1/12～1/10，增加的厚度不小于壳体中间部分的厚度。加厚区域内的钢筋直径为 4～10 mm，间距不大于 200 mm。须注意上层钢筋受拉，应保证其有足够的锚固长度。

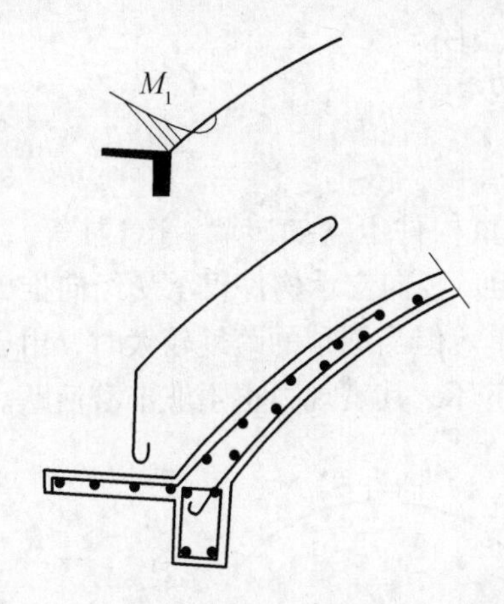

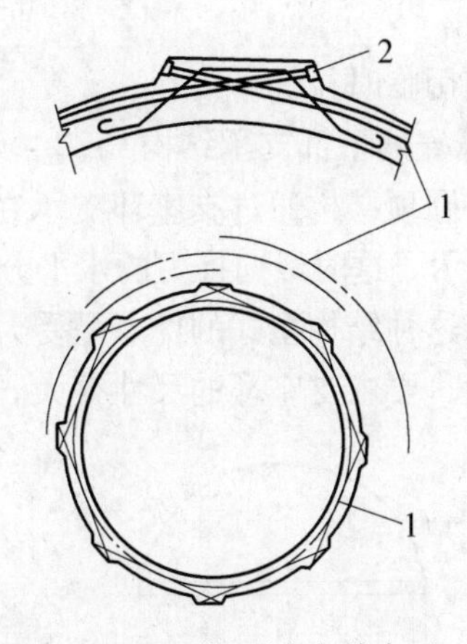

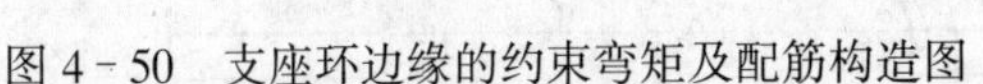
图 4－50　支座环边缘的约束弯矩及配筋构造图　　图 4－51　环梁预应力筋布置

(4) 支座环梁可为 RC 梁或为 PC 梁。当采用非预应力配筋时，其受力钢筋应采用焊接接头。对于大跨度球壳结构，支座环梁宜配置预应力钢筋，其预应力值以能使环内应力接近于壳体边缘处按薄膜理论算得的环向力为宜。如无法连续配置预应力钢筋，可将环梁分成若干弧段，分别对称施加预应力，预应力锚头设置在环梁外部突出处（图 4－51）。

(5) 当建筑上由于通风采光等要求需在壳体顶部开设孔洞时，应在孔边设内环梁。内环梁与壳体的连接分为三种情形：中心连接（图 4－52a）、内环梁向下的偏心连接（图 4－52b）和内环梁向上的偏心连接（图 4－52c）。在壳体均布荷载及沿孔边环形均布线荷载作用下，如荷载均向下，则内环梁的轴向力为压力，无需额外配置钢筋。但在孔边的壳内将产生局部的经向弯矩，应布置双层受弯钢筋。

(6) 为了方便施工，可采用装配整体式圆顶结构。这时，预制单元的划分一般可以沿经向和环向同时切割，把圆顶划分成若干块梯形带肋曲面板，各单元的边线为弧线（图 4－53a）；为方便各单元预制，也可划分成由梯形平板所组成，各单元的边线为直线（图 4－53b）；当施工吊装设备起重量较大，而壳体跨度不太大（≤30m）时，也可仅沿经向切割，把圆顶分割成若干块长扇形带肋板（图 4－53c）。在吊装过程中，必要时可在构件下

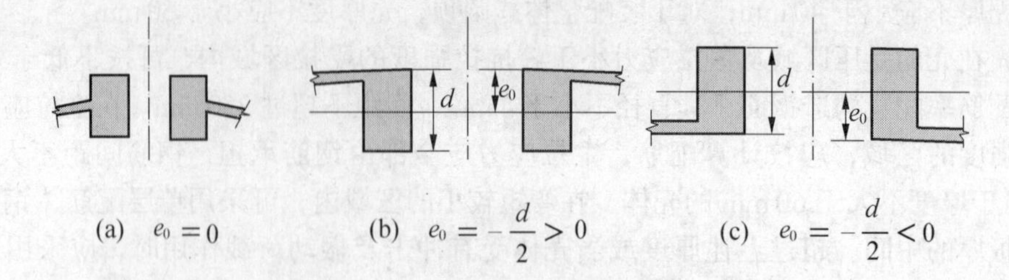

图 4－52 内环梁与壳板的连接

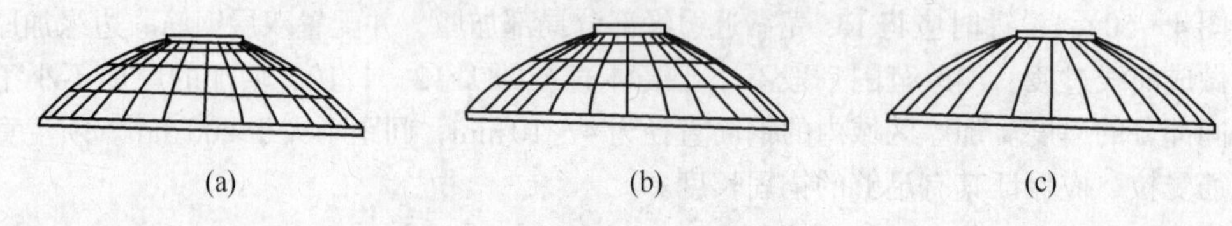

图 4－53 预制单元的划分

加设安装用临时拉杆。

3. 球壳的下部支承结构

(1) 圆顶结构通过支座环支承在房屋的竖向承重构件上（如砖墙、RC 柱等），如图 4－54a所示。这时经向推力的水平分力由支座环承担，竖向支承构件仅承受经向推力的竖向分力。这种结构型式的优点是受力明确，构造简单。但当圆顶的跨度较大时，由于经向推力很大，要求支座环的尺寸很大。同时这样的支座环，其表现力也不够丰富活跃。

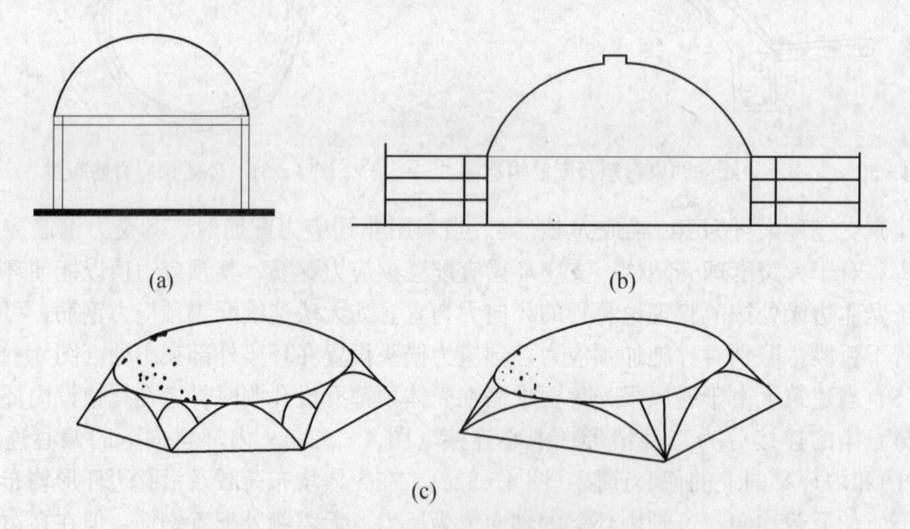

图 4－54 圆顶的支承结构

(2) 圆顶结构支承在框架上（图 4－54b）。利用圆顶下四周的围廊或圆顶周围的低层附属建筑的框架结构，把水平推力传给基础。这时，框架结构必须具有足够的刚度，以保证壳身的稳定性。

(3) 圆顶结构支承在斜柱或斜拱上（图 4－54c）。

(4) 壳体四周沿着切线方向的直线形、Y 形斜柱，把推力传给基础。这种结构方案清晰、明朗，既表现了结构的力度与作用，又极富装饰性。

(5) 圆顶结构直接落地并支承在基础上。

4.4.5 RC 双曲扁壳

1. 结构组成

双曲扁壳的形成可采用旋转式或移动式。工程上常用曲面有 3 种：①旋转式——母线为圆弧线；②移动式——母线和导线为抛物线；③移动式——母线和导线为圆弧线。

扁壳由壳身和边缘构件组成（图 4-55a）。壳身可以是光面的，也可以是带肋的。

设扁壳的短边长为 a，长边 b，壳中央曲面矢高为 f（图 4-55b）。由于扁壳的 $f/a \leqslant 1/5$，故扁壳也视为弯曲的平板。一般 $b/a \leqslant 2$。

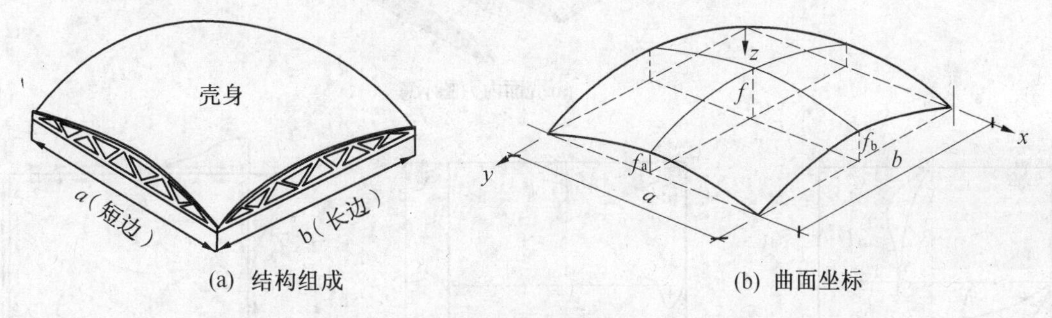

(a) 结构组成　　(b) 曲面坐标

图 4-55　扁壳

图 4-55b 所示的抛物线平移扁壳的曲面方程为：

$$z = \frac{4(x^2 - ax)f_a}{a^2} + \frac{4(y^2 - by)f_b}{b^2} \tag{4-10}$$

曲面在 x、y 方向的主曲率可近似取为：

$$k_1 = \frac{\partial^2 z}{\partial x^2} = \frac{8f_a}{a^2} \tag{4-11a}$$

$$k_2 = \frac{\partial^2 z}{\partial y^2} = \frac{8f_b}{b^2} \tag{4-11b}$$

球面壳用在圆平面上比较合适，若用在矩形平面上，数学力学计算就比较复杂，几何关系也不利于施工。对于矩形底的扁球壳，在建造时可以用圆弧移动壳来代替，而在计算时可以用椭圆抛物面平移曲面来代替。由此产生的几何上的误差，当 $f/a = 1/5$ 时，为 2%；当 $f/a \leqslant 1/10$ 时，仅为 0.5%。

边缘构件一般是带拉杆的拱或拱形桁架（图 4-55a），跨度较小时也可以用等截面或变截面的薄腹梁，当四周为多柱支承或承重墙支承时，也可用曲梁或墙上的曲线形圈梁做边缘构件。四周的边缘构件在四角交接处应有可靠构造连接，使之形成“箍”的作用，有效地约束壳身的变形。同时边缘构件在其自身平面内也应有足够的刚度，否则壳身内将产生很大的附加内力。

2. 受力特点

由于扁平，可将平板理论中的某些公式直接应用到双曲扁壳的计算中，使计算分析简化。分析结果表明，扁壳在满跨均布竖向荷载作用下的内力仍以薄膜内力为主，但在壳体边缘附近要考虑曲面外弯矩的作用（图 4－56a）。图 4－56b 所示壳身面内压力 N_x、N_y的分布图，在壳体边缘处两个方向的 $N_x = N_y = 0$；图 4－56c 为壳身曲面外弯矩的分布图，该弯矩使壳体下表面受拉，弯矩作用区宽度为 ζl，壳体矢高 f 愈高愈薄，弯矩就愈小，弯矩作用区也愈小；壳身沿四周边缘的顺剪力分布图，壳身内的顺剪力在周边处最大，而在四角处更大（图 4－56d）。

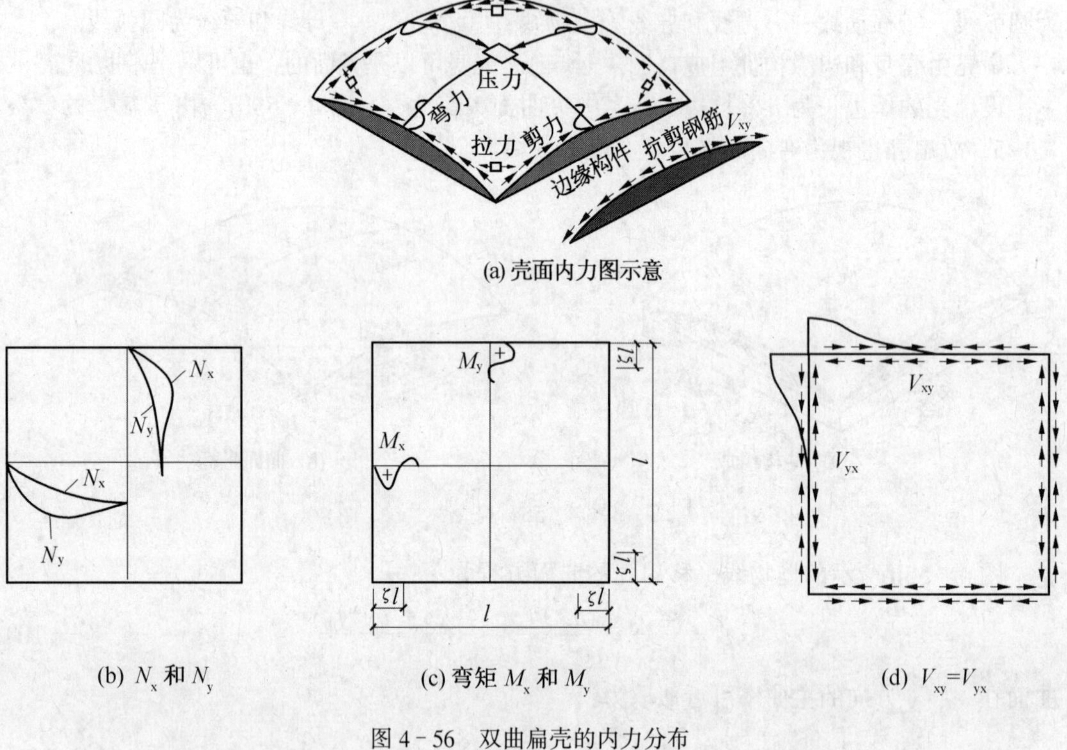

(b) N_x 和 N_y　　(c) 弯矩 M_x 和 M_y　　(d) $V_{xy}=V_{yx}$

图 4－56　双曲扁壳的内力分布

根据力的分布，可把扁壳分为三个区域（图 4－57a）：1 区为中央区，主要内力为压力，壳体配置构造钢筋，该区内可以开洞供采光通风之用；2 区为边缘区，该区正弯矩较大，需要配置双层受力钢筋（图 4－57b ）；3 区为角隅区，扭矩及顺剪力均较大，具有较

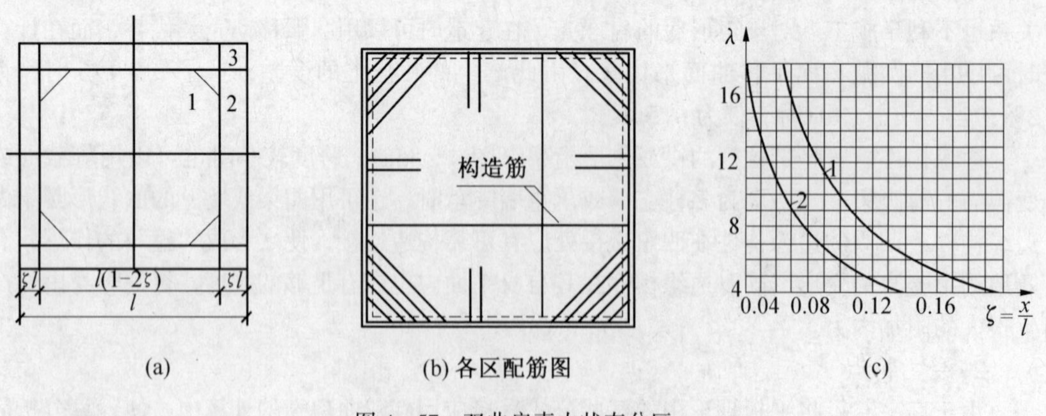

(a)　　(b) 各区配筋图　　(c)

图 4－57　双曲扁壳力状态分区

大的主拉力和主压力，是壳身的关键部位，不允许开洞。上述分区范围 ζl 可根据图 4－57c确定；对称均布荷载时用曲线 1 按 $\lambda=1.17\sqrt{\frac{f}{h}}$求 ζ；反对称荷载时用曲线 2 按 $\lambda=0.585\sqrt{\frac{f}{h}}$求 ζ。双曲扁壳边缘构件上的主要荷载是由壳边的顺剪力 $V_{xy}=V_{yx}$，设计及施工应保证壳与边缘构件有可靠的结合。

3. 构造

当双曲扁壳双向曲率不等（$k_1\neq k_2$）时，双曲扁壳允许倾斜放置，但壳体底平面的最大倾角不宜超过 10°。此时应将壳体上的荷载分成与底平面垂直和平行的两个分量。

现浇整体式双曲扁壳的边缘构件常为拱式结构，应保证其端部的可靠连接，以形成整体“箍”的作用。节点构造如图 4－58 所示。

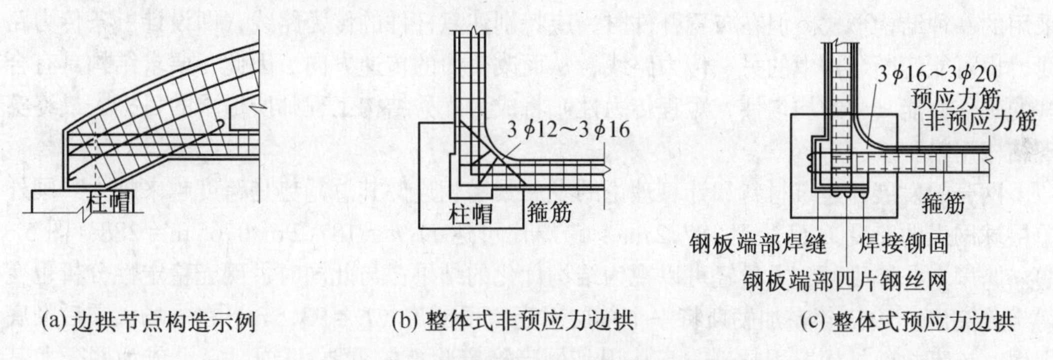

(a) 边拱节点构造示例　　(b) 整体式非预应力边拱　　(c) 整体式预应力边拱

图 4－58　双曲扁壳边缘构件的构造

北京火车站（图 4－59）中央大厅的顶盖和检票口通廊的顶盖就是采用双曲扁壳。中央大厅顶盖薄壳的平面为 35 m×35 m，矢高 $f=7$ m，$h=80$ mm。壳的中央微微隆起，四周有拱形高窗，采光充分，素雅大方，宽敞宜人。检票口通廊上也一连间隔地用了五个双曲扁壳，中间 21.5 m×21.5 m，两侧 16.5 m×16.5 m，$f=3.3$ m，$h=60$ mm。边缘构件为两铰拱。因为扁壳是间隔放置的，各个顶盖均可四面采光，使整个通廊显得宽敞明亮。

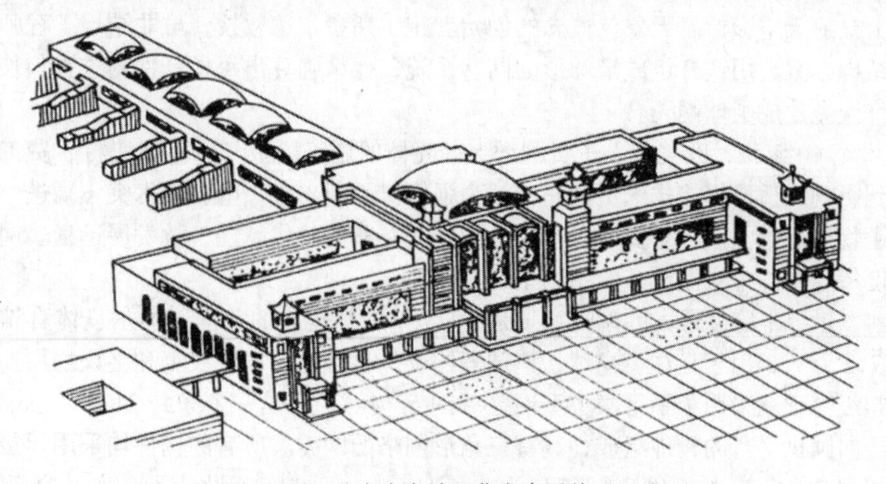

图 4－59　北京火车站双曲扁壳屋盖（1960）

第5章　网　壳

网壳——网状的壳体，是将杆件沿着壳面有规律地布置而组成的刚性屋盖空间结构，其受力特点与薄壳结构类似，以“薄壳”的薄膜内力为主要受力特征，即大部分荷载由网壳杆件的轴向力承受。由于网壳能充分发挥材料的强度，所以它可以轻巧地覆盖大的空间。不同的曲面网壳可以提供各种新颖的建筑造型和支承条件，因此也是建筑师非常乐意采用的一种结构形式。但在布置杆件时，应特别注意杆件的传力路线，即设计一条传力路线，也可能切断结构中的另一传力路线，从而改变力的传递方向。因此，要求结构具有合理的工作性能（力的均匀性、短程传力性）将成为优秀结构工程师所追求的目标，最终实现结构用料少。

网壳的发展与建筑材料和计算理论的发展紧密相连，其总趋势是跨度越来越大（国外单层球网壳的跨度 L 已达到 187.2 m），跨厚比可达 $D/h=187.2\,\text{m}/0.65\,\text{m}=288$（图 5-4）。跨度大、厚度薄、重量轻可以视为结构优化的结果；与此同时，网壳稳定性分析也变得十分突出。1963 年布加勒斯特一个单层网壳穹顶屋盖（$L=93.5\,\text{m}$）在一场大雪后彻底坍塌，该事故使结构工程师进一步认识到网壳稳定验算的重要性[29]，它已成为网壳尤其是单层网壳结构设计中的关键问题。

19 世纪末，俄国名誉院士苏霍夫于 1896 年在尼希尼诺夫高洛德市举行的展览会中，作为示范建筑而展览的筒网壳，$L=13\sim22\,\text{m}$，是用弯成曲折形的扁铁在折转处用铆钉相连构成的。之后他又设计了很多陈列馆木制筒网壳屋顶，为增强网壳的稳定性，采用了斜拉杆系统相互拉牢。

20 世纪初叶，德国蔡斯（Zeiss）工厂需建一个尽可能准确的半球形天文馆，以便在内曲面上投射天空影像。天象仪概念的创始者鲍尔斯费尔德教授，虽非结构工程师，却提出一个结构方案，用铁杆组成半球形的网状系统，他精确算出每根杆件的位置与长度，以最小容许误差建成了球网壳。

20 世纪 60 年代，欧美的人工费剧增，砼壳体的施工模板与脚手架费材、费工，壳的应用受到影响。适逢焊接技术更趋完善，高强钢材不断出现，电算技术突飞猛进，给钢网壳提供了物质基础。但最重要的因素还是网壳具有非凡的优越性，故发展迅猛。网壳已成为大跨度屋盖结构中应用最广的结构型式之一。

目前，世界上跨度最大的网壳穹顶是 1973 年 7 月建成的美国新奥尔良体育馆，可容纳观众 7.2 万人，用于足球、垒球、篮球等比赛，也可供演出、展览和会议之用。这座体育馆的超级穹顶就采用了平行联方型网壳（图 5-1a），它是一个净跨 213 m、矢高 32 m，由 6 个经向圆拱平行的构件组成，具有三角形网格的网壳。所有的构件均采用焊接弧形桁架，桁架高 2.24 m，整个网壳用钢量为 126 kg/m^2。凯威特还设计了一座休斯敦宇宙穹顶，其型式与新奥尔良超级穹顶完全一样，只是净跨稍小一点，为 200 m。

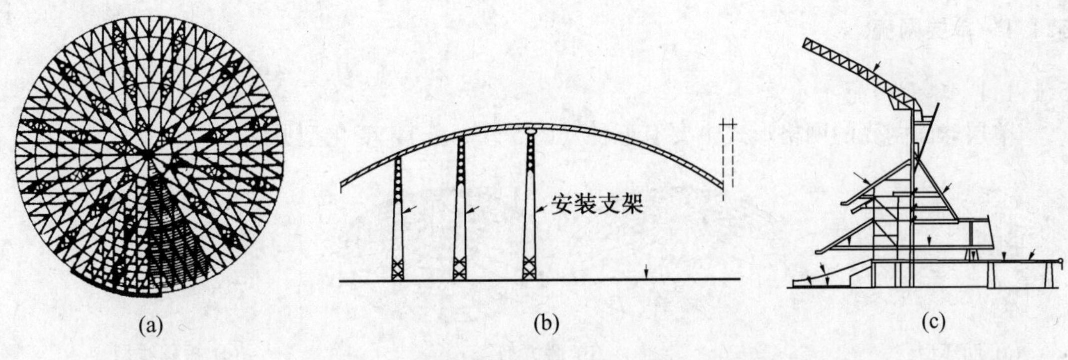

图5-1 新奥尔良体育馆（$D=213$m，1973）

网壳的跨度愈来愈大。许多著名设计师认为：球面网壳的跨度还可以更大，从理论上分析凯威特认为，他首创的平行联方型网壳的跨度可以达到427m。1959年，富勒曾提出建造一个直径达3.22km的短程线球面网壳，覆盖纽约市第23～59号街区，该网壳重约8万t，每个安装单元重5t，可利用直升机在三个月内安装完毕。种种信息表明，超大跨度建筑结构的时代即将到来，目的是把保护环境安全与建筑紧密结合起来，建设干净无污染又节能的新城市，用超大跨度的网壳覆盖，为人类提供更为舒适的空间和理想的环境。图5-2是跨度为650m的网壳穹顶构想图。日本巴组铁工所已提出“超大跨度时代已至，着眼未来的巴组式新环境空间”的设想，认为20世纪80年代是空气薄膜结构的时代，90年代是超大型穹顶建筑的时代，21世纪是为人类创造舒适、清洁、节能的新型城市的时代。具有现代设备与人工智能的封闭式城市环境，为人类提供与自然相协调的理想生活环境。

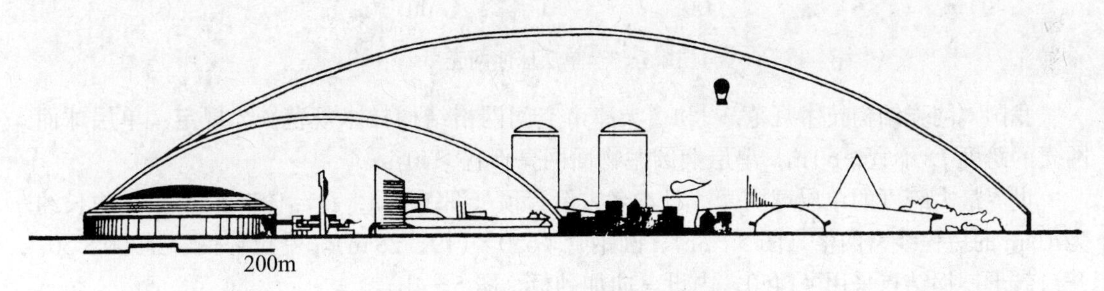

图5-2 $D=650$m的网壳穹顶蓝图

5.1 网壳类型

按曲面形式分类，网壳有单曲面——筒网壳（高斯曲率$K=0$）和双曲面——球网壳（$K>0$）和扭网壳（$K<0$）。

按杆件布置方式分类，网壳有单层网壳——结点（node）构造通常为刚接，双层网壳——结点为铰接。

5.1.1 单层网壳

5.1.1.1 球面网壳

单层球面网壳的网格形式主要有五种（图 5-3a～e），变化型见图 5-3f～i。

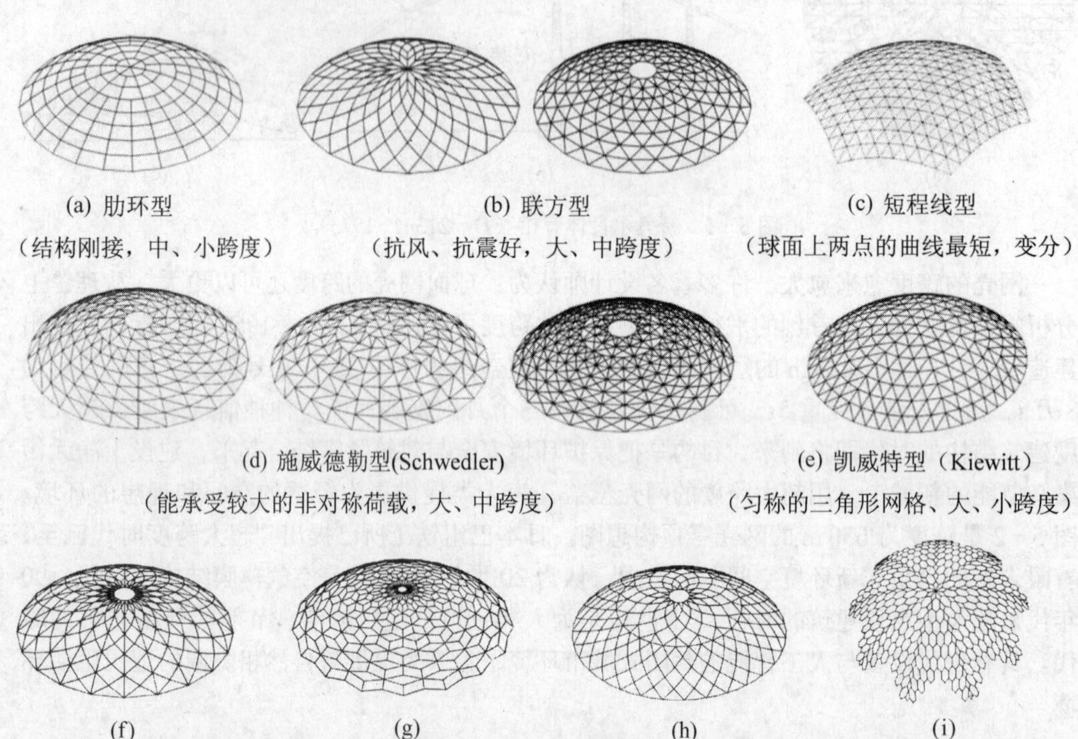

图 5-3 单层球面网壳

我国《网壳结构技术规范》[9]和《天津市空间网格结构技术规范》[10]规定：单层球面网壳的跨度 D 不宜>60 m，单层椭圆抛物面网壳不宜>40 m。

世界最大跨度的单层球网壳：日本名古屋穹顶（图 5-4a，$D=187.2$m）采用边长约为 10 m 的短程线型网格（图 5-3c），圆钢管 $\phi650\times(19\sim28\text{ m})$。受拉环钢管 $\phi900\times50$。开口鼓形铸钢结点采用 $\phi1450$，内设三向加劲板（图 5-4b）。

(a) 实景

(b) 开口鼓形铸钢结点

图 5-4 日本名古屋穹顶（1996）

5.1.1.2 单层筒网壳，即柱面网壳

柱面网壳的杆件布置方式有下列五种基本型式和四种拓展型式（图5-5）。其中图5-5c、e所示的网壳，稳定性好，刚度大，常用于跨度大、不对称荷载，如雪载较大的屋盖中。

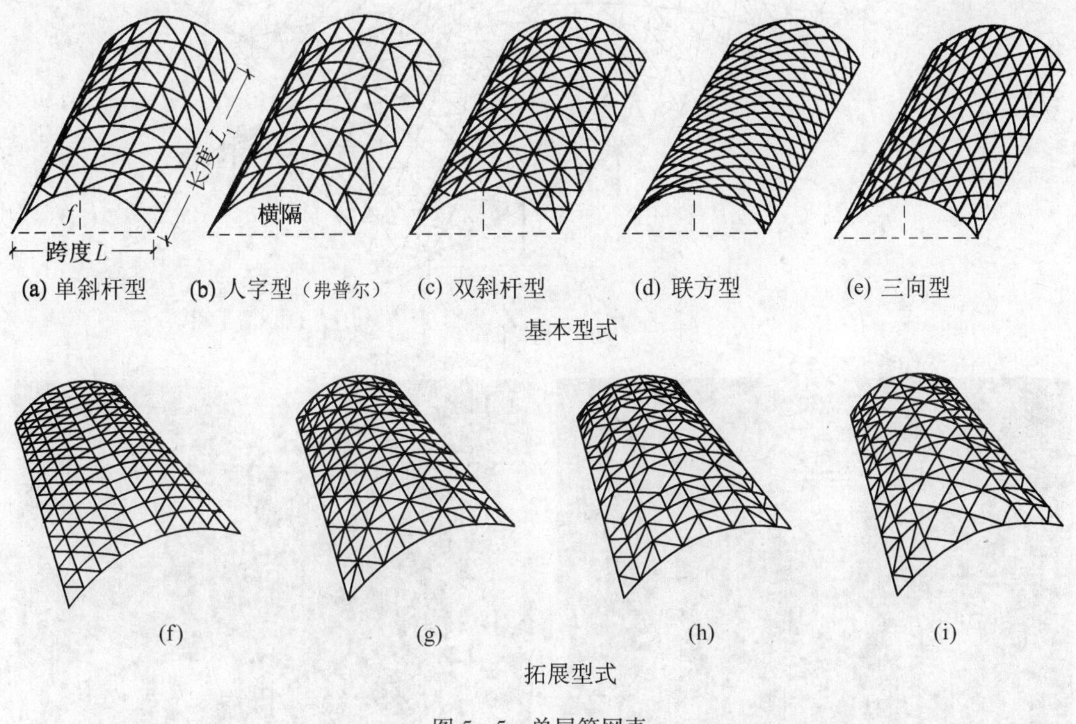

图5-5 单层筒网壳

我国《网壳结构技术规范》和《天津市空间网格结构技术规范》规定，单层圆柱面网壳:支承在两端横隔时，长度 L_1 不宜＞30 m；支承在纵向两侧时，跨度 L 不宜＞25 m。

四川成都双流国际机场航站楼的指廊和联廊，采用圆弧线单层网壳，跨度 L 分别为27 m和18 m（图5-6）。指廊用钢15 kg/m^2。

5.1.1.3 单层扭网壳

扭网壳为直纹曲面，壳面上每一点都可作根互相垂直的直线。因此，扭网壳可以采用直线杆件直接形成，采用简单的施工方法就能准确地保证杆件按壳面布置。由于扭网壳为负高斯曲壳($K<0$)，可避免其他扁壳所具有的聚焦现象，能产生良好的室内声响效果。扭壳造型轻巧活泼，适应性强，很受建筑师和业主的欢迎。

单层扭网壳杆件种类少，结点连接简单，施工方便。单层扭网壳按网格形式的不同，有正交正放网格和正交斜放网格两种（图5-7）。

图5-7a、b所示杆件沿两个直线方向设置，组成的网格为正交正放。在实际工程中，一般都在第三个方向再设置杆件，即斜杆，从而构成三角形网格。杆件沿曲面最大曲率方向设置，组成的网格为正交斜放（图5-7c)。此时，杆件受力最直接。但其中由于没有

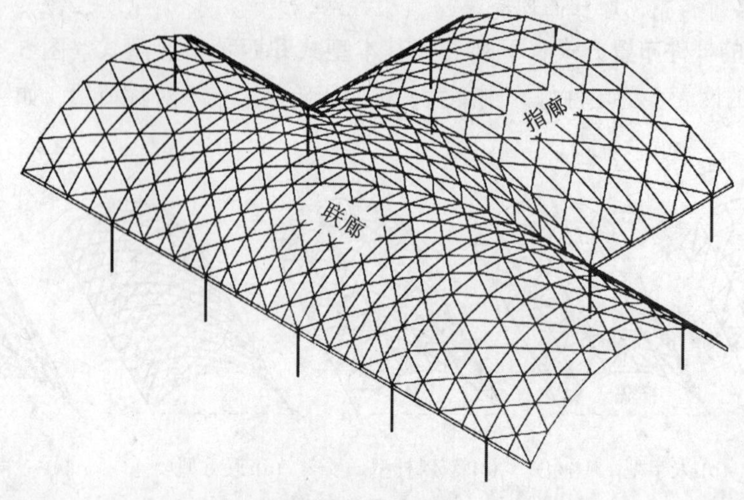

(a) 杆件布置

(b) 指廊

(c) 转角处

图 5-6　成都双流国际机场（2000）

第三方向的杆件，网壳平面内的抗剪切刚度较差，对承受非对称荷载不利。改善的办法是在第三方向全部或局部地设置直线方向的杆件如图 5-7d、e、f 所示。

单层扭网壳面内具有较好的稳定性，但在其平面外刚度较小，因此，控制扭网壳的挠度成了设计中的关键。

在扭网壳屋脊处设加强桁架，能明显地减少屋脊附近的挠度，但随着与屋脊距离的增加，加强桁架的影响则下降。由于扭网壳的最大挠度并不一定出现在屋脊处，因此，在屋脊处设桁架只能部分地解决问题。同时，边缘构件的刚度对于扭网壳的变形控制具有决定意义。分析表明，相同结构边缘构件无垂直变位（如网壳直接支承在柱顶上）比边缘构件有垂直变位的网壳挠度增大近 2 倍。在扭壳的周边，布置水平斜杆，以形成周边加强带，可提高抗侧能力。

由于扭网壳的支承脊线为直线，会产生较大的温度应力，如采用固定约束，对网壳受

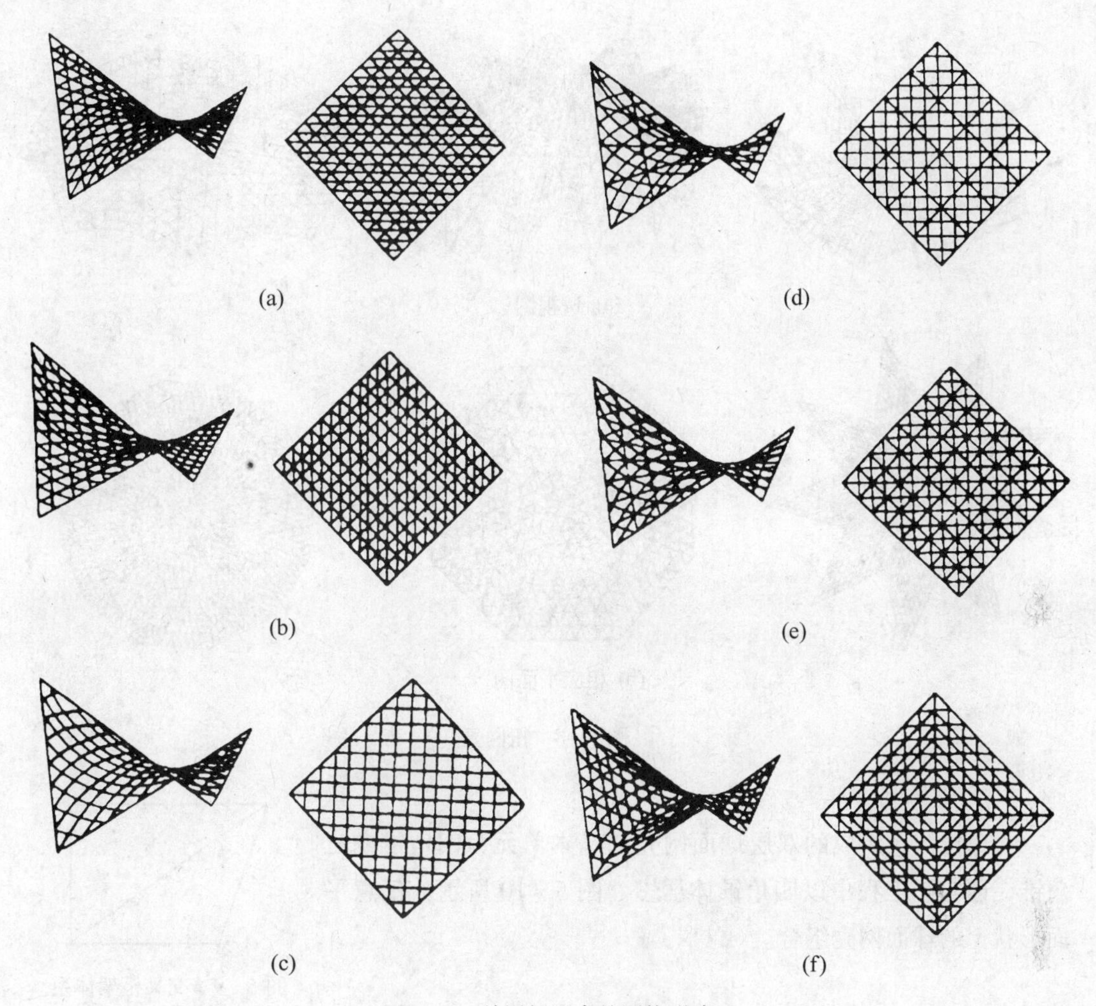

图5－7　单层扭网壳的网格形式

力不利，对于支承柱也会产生较大的水平推力，因此做成橡胶支座，有助于放松水平约束。

几种形式的扭壳如图5－8所示。

我国《网壳结构技术规范》和《天津市空间网格结构技术规范》规定：单层双曲抛物面网壳（扭网壳）不宜＞50 m。

5.1.2　双层网壳

双层网壳的形式很多，主要分交叉桁架体系和角锥体系两大类。

5.1.2.1　双层球网壳

1. 交叉桁架体系

单层球面网壳的网格形式（图5－3）均可适用于双层交叉桁架体系，只要将单层网壳中的每根杆件用网片来代替（图5－9），即可形成双层球面网壳。但要注意网片每个杆的轴线必须通过球心。

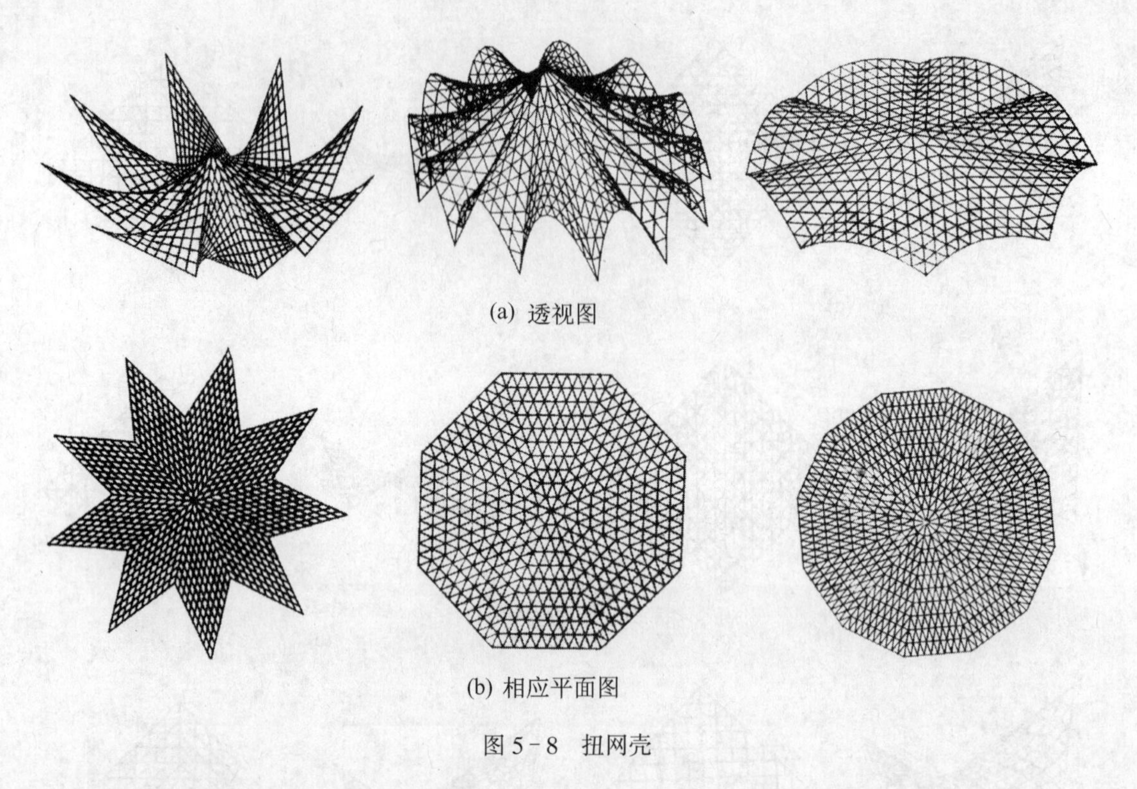
(a) 透视图

(b) 相应平面图

图 5－8　扭网壳

2. 角锥体系

由角锥体系组成的双层球面网壳的基本单元为四角锥或三角锥，而实际工程中以四角锥体居多。图 5－10 所示为任意平面形状上的球面网壳组合。

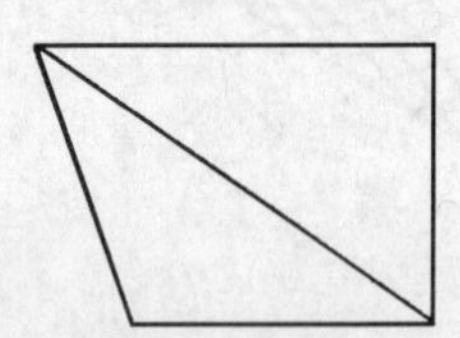
图 5－9　交叉桁架体系

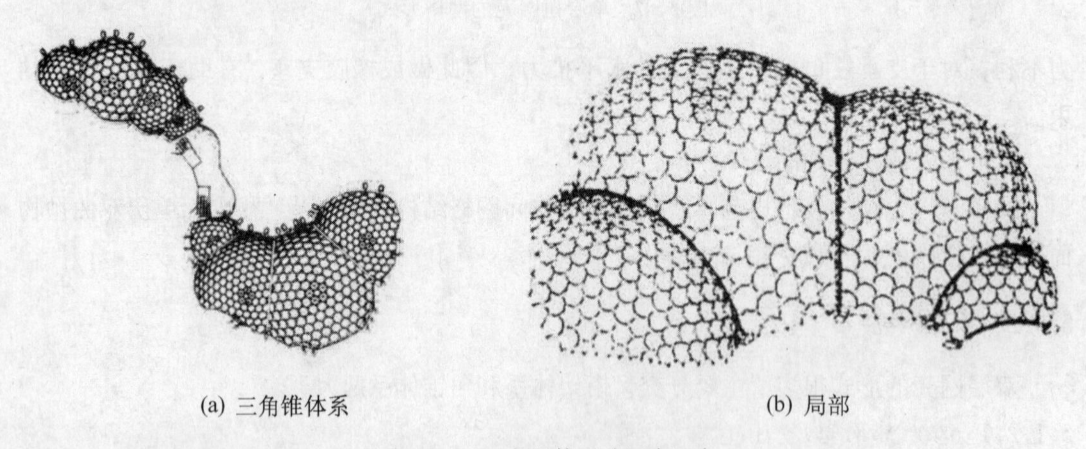
(a) 三角锥体系　　(b) 局部

图 5－10　三角锥体系球网壳组合

3. 工程实例

（1）老山自行车馆（图 5－11），2008 年北京第 29 届奥运会比赛场馆。屋盖采用四角锥体系双层球面焊接球网壳，网壳顶标高 35.29 m。屋盖系统由 24 组向外倾斜 15°、高度

(a) 室外

(b) 室内

(c) 环形桁架（四圈弦杆）

图5-11 老山自行车馆（2008，第29届奥运会）

10.35m的人字支柱（钢管 ϕ1000×18，长12m），人字支柱下端为铸钢支座（材质：GS16Mn5N——德国标准DIN17182，每套8.5t）与下部混凝土结构铰接连接。铸钢支座标高6.95m，网壳的人字柱柱顶支承跨度 $D=133.06$m，$f=14.69$m$=D/9.1$。网壳厚度 $h=2.8$m$=D/47.5$。网壳钢管和焊接球材质Q345B。钢管直径114～203mm（五种），杆长约4m；焊接球直径300～600mm（六种）。环形桁架Q345C——1圈弦杆 ϕ1200×20，其余3圈弦杆 ϕ500×16；腹杆 ϕ245×(18～12)。

由于老山自行车馆采用双层四角锥球网壳的杆件布置，从内部看杆件比较杂乱（图5-11b),若将屋盖中央区改为单层网壳，边缘区采用双层肋环型球网壳（网壳厚度 $h=$1.5～4.5m，图5-12a)，杆件布局也许更为简单、明快。图5-12b所示为施威德勒型球面网壳，它是1863年德国工程师施威德勒对肋环型网壳（图5-3a）的发展和完善。他在每个梯形网格内再用斜杆分成四个小三角形，从而，内力顺球面分布更为均匀，结构的重量进一步减轻，可以建造更大跨度的屋顶。它实际上是一种真正的网壳，故施威德勒被誉为“穹顶结构之父”。

(2) 日本大阪会堂（1970)。双层测地线穹顶3/4球面，外球直径 $D_1=30$m，内层直径 $D_2=27$m，两层间的空间可提供空调、照明及音响设备的用房。几何性质的说明，如图5-13所示。外层是全三角形网格，它是以频率8、球二十面体的第1类分割形成的(图5-13c)。结构约为四分之三球面，内层由五边、六边形及三角形组成。

(3) 加拿大蒙特利尔（Montreal）博览会美国厅（United States Pavilion，1967)

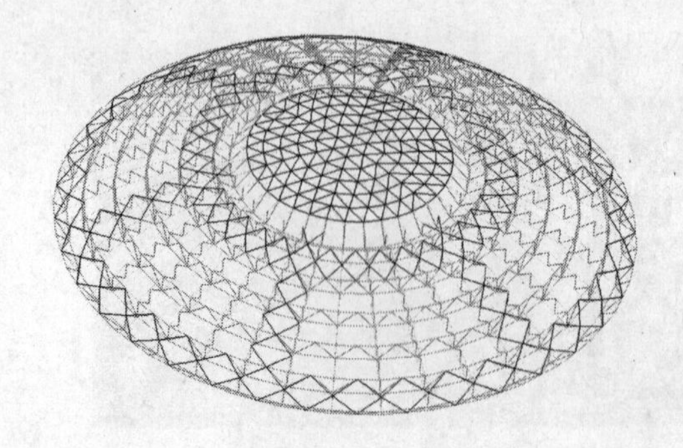

(a) 单、双层（肋环型）组合球面网壳

(b) 凯威特型单层网壳

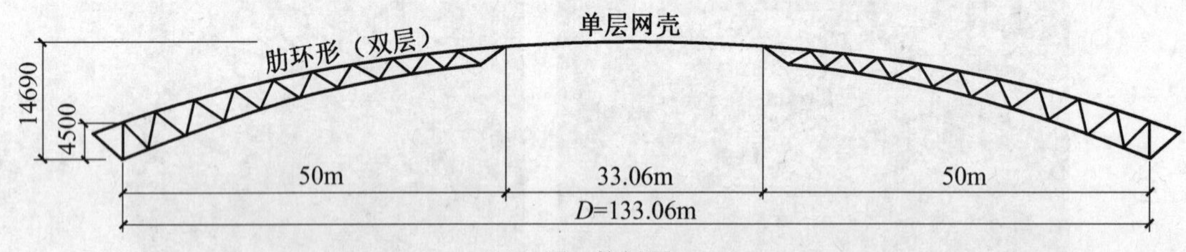

(c) 图 a 的剖面

图 5－12

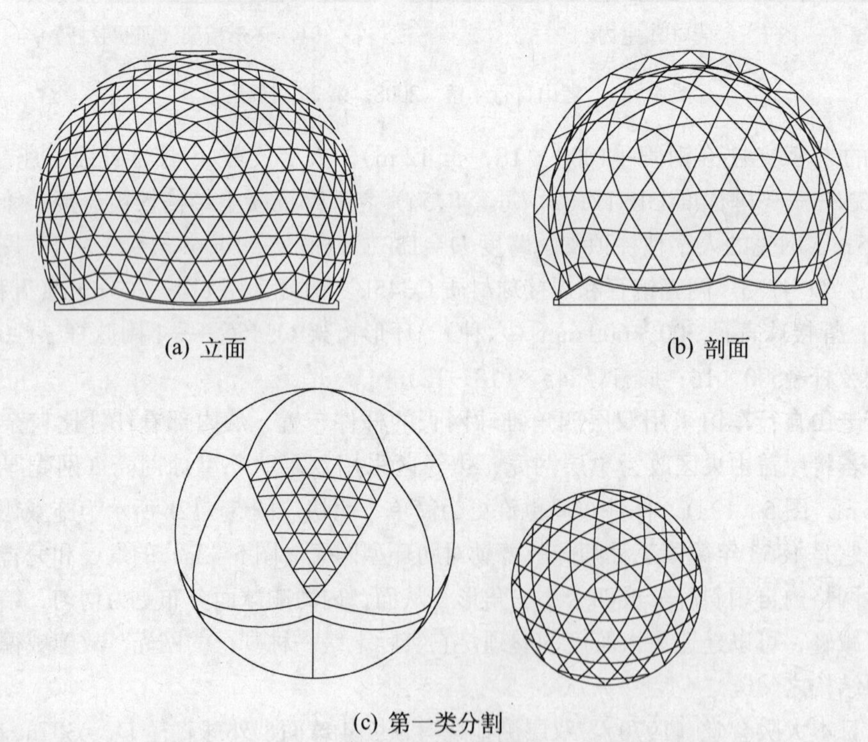

(a) 立面

(b) 剖面

(c) 第一类分割

图 5－13 日本大阪穹顶（1970）

(图 5－14)。双层网壳，四分之三球体，直径 $D=75.9$ m（249 呎）。由于外层三向网格（外层管径 $d=88.9$ mm）、内层为六边形网格（内层和斜腹杆管径 $d=73$ mm），根据结构薄膜程序分析，穹顶外层可近似承受荷载 55%～75%，内层仅 25%～45%。圆钢管杆件

(a) 外景

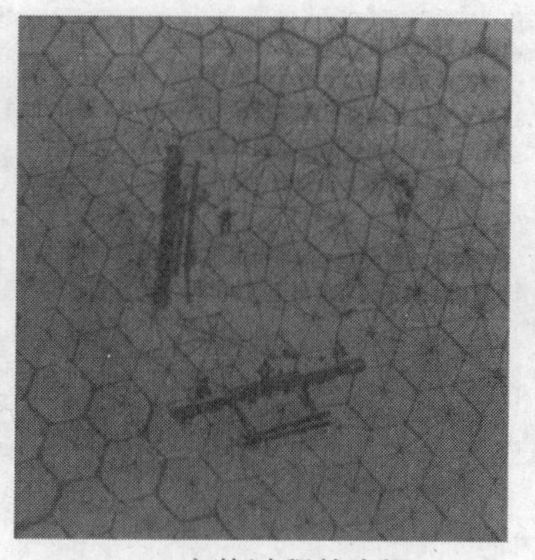
(b) 安装过程的内视

图5-14 加拿大蒙特利尔博览会美国厅

2.4万根，节点0.6万个。

（4）委内瑞拉卡拉卡斯波利特德穹顶（Poliedrode Caracas，1975）。是最大铝合金测地线穹顶，基本形状是由等距支承在4个大圆边长拱上的球面六面体——球面立方体的1/8（图5-15a）。球底直径171.9 m（564呎），支座位置直径 $D=143$ m（469呎）。穹顶中心高 $f=38$ m（126.7呎），穹顶厚度 $h=1.49$ m（4.9呎 $=D/96$）。外层网格三角形，(图5-15c）内层六边形，基本网格如图5-15b所示。工厂预制节点1981个（顶层685个，底层1296个）采用锻铝球与加劲板，杆件7636个（顶层1908，底层1840，斜腹杆3888）。杆件的初步截面由线弹性拟壳法求得，然后，用29种荷载组合采用刚度法进行动、静力分析。该穹顶在美国制造（要求精度高），组装成易拆卸的形式用船运至委内瑞拉。利用数控设备来控制“孔位”，并用特制的规尺来装配杆件，使预制误差最小，从而可以雇用没有任何空间结构安装经验的安装队在工地安装。该穹顶经受了加拉加斯(Caracas）发生的多次地震而未受到任何影响。

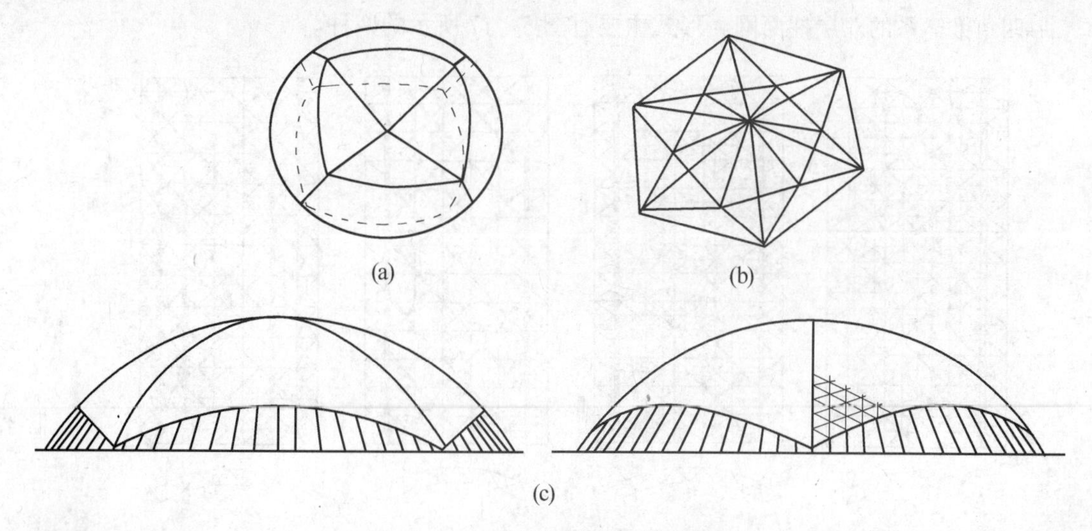

图5-15 卡拉卡斯的波里特罗穹顶

（4）日本福冈穹顶——世界最大跨度($D=222$ m)的双层球网壳开合结构(图5-16)。

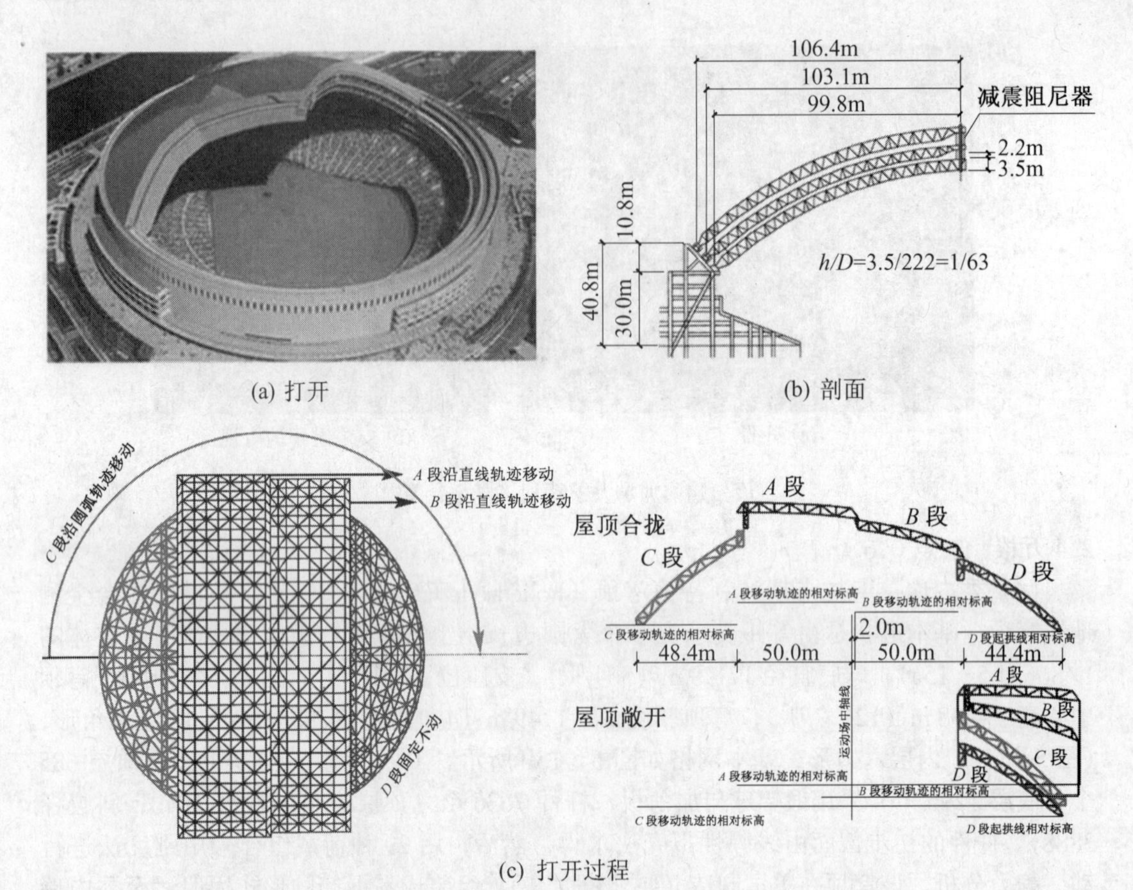

(a) 打开　　(b) 剖面

(c) 打开过程

图 5－16　日本福冈穹顶（1993）

5.1.2.2　双层筒网壳

单层柱面网壳的各种形式均可成为交叉桁架体系的双层柱面网壳。

四角锥体系的双层柱面网壳形式主要有图 5－17 所示的四种。

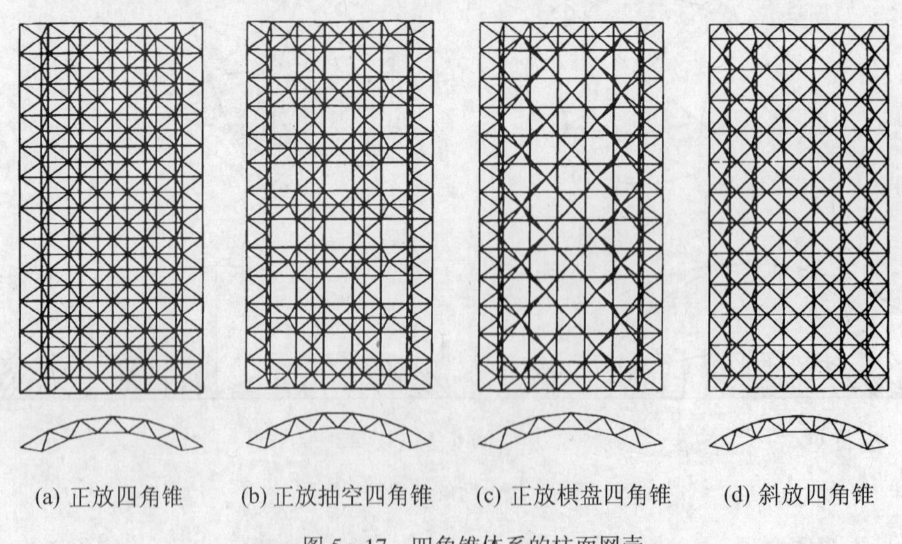

(a) 正放四角锥　(b) 正放抽空四角锥　(c) 正放棋盘四角锥　(d) 斜放四角锥

图 5－17　四角锥体系的柱面网壳

当建筑平面呈长椭圆形时，可采用柱面与球面相组合的壳面形式。即在中部为一个柱面网壳，在两端分别用四分之一球网壳，形成一个犹如半个鸡蛋的网壳结构。这种结构形式往往用于平面尺寸很大的情况，如日本的秋田体育馆，平面尺寸为 99 m×169 m，中间的柱面网壳长 70 m，两端的四分之一球壳半径为 43 m，四周以斜柱支承。由于跨度大，这类结构常常采用双层网壳结构，且一般为等厚的。

由于柱面壳部分和球壳部分具有不同的曲率和刚度，如何处理两者之间的连接和过渡是结构选型中首先要遇到的问题。一般的过渡方式有图 5－18 所示的三种方式。图 5－18a

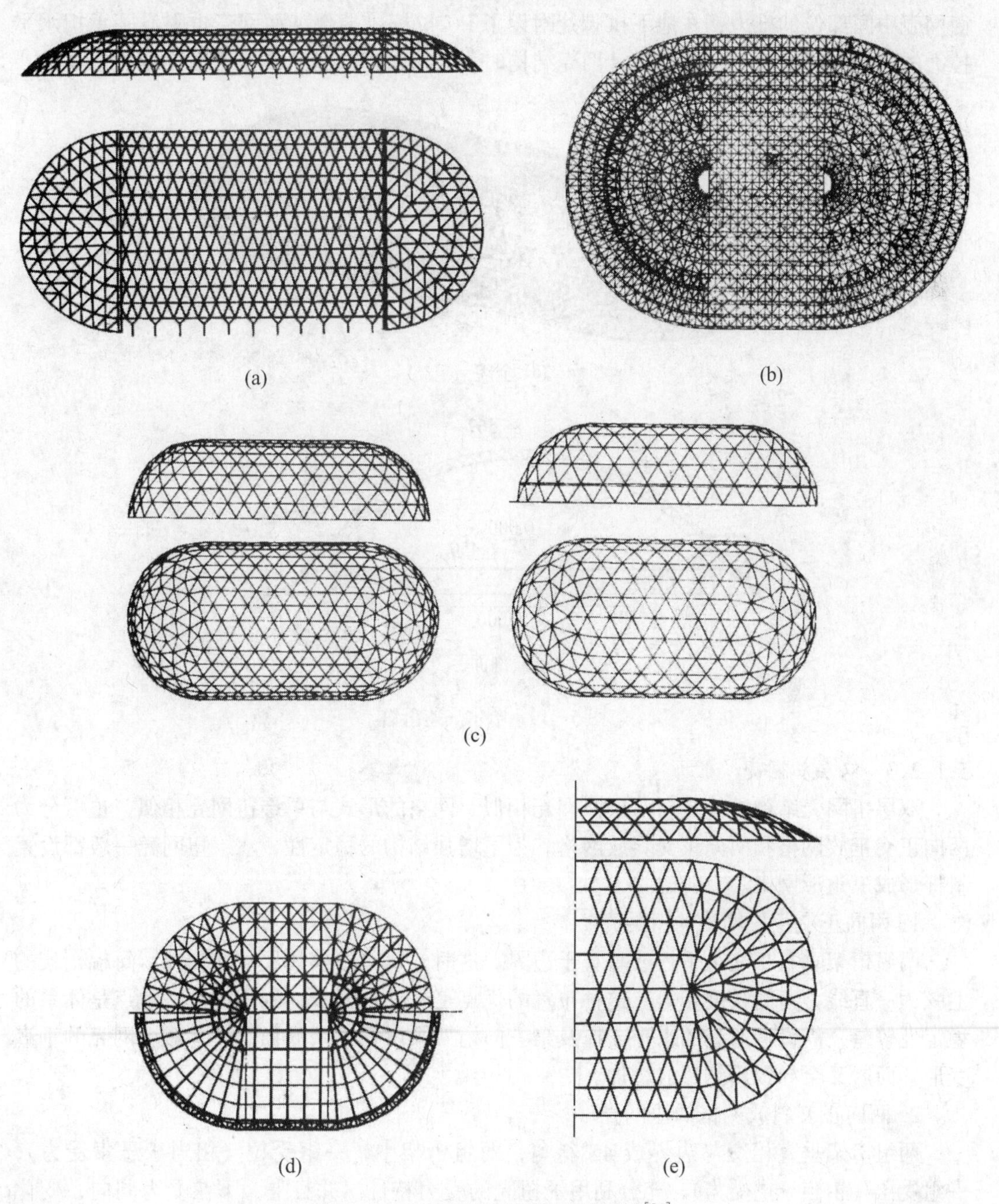

图 5－18　柱面壳与球面壳连接过渡[94]

在柱面壳与球壳之间设缝，把屋盖分为独立的三部分；图 5－18b、d 中柱面壳与球壳网格的划分相对独立，但两者通过节点连接在一起；图 5－18c、e 中柱面壳与球完整地连在一起，且两者在网格划分时采取自然过渡的方法。

哈尔滨速滑馆（图 5－19），其平面尺寸为 86.2 m×91.2 m，中间部分长为 105 m，包括下部支承框架在内，则地面标高处的轮廓尺寸达到 101.2 m×206.2 m。网壳中部的柱面壳部分采用正放四角锥体系，两端球面壳部分半径为 43 m 的半球网壳采用三角锥体系，一律采用螺栓球节点，全部采用双层网壳，网壳厚度为 2.1 m，网格尺寸为 3 m，为了平衡网壳中间部位的推力，在地下拱脚处附设了 PC 拉杆。端部球面网壳也附设了承担水平拉力的较大边缘构件。可见，设计网壳结构时，必须选用合理承担水平推力的边缘构件。

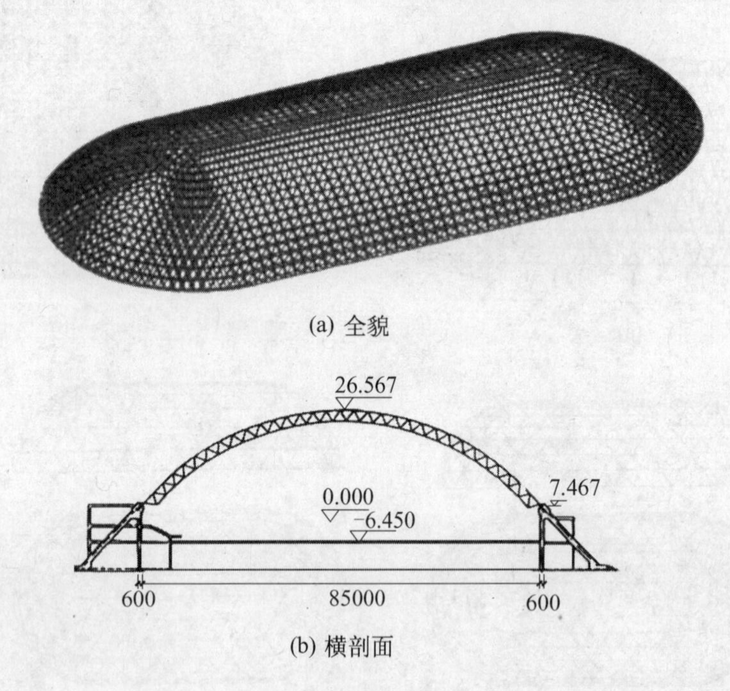

(a) 全貌

(b) 横剖面

图 5－19　哈尔滨速滑馆

5.1.2.3　双层扭网壳

双层扭网壳结构的构成与双层筒网壳相似。网格的形式与单层扭网壳相似，也可分为两向正交正放网格和两向正交斜放网格。为了增强结构的稳定性，双层扭网壳一般都设置斜杆形成三角形网格。

1. 两向正交正放网格的扭网壳

两组桁架垂直相交且平行或垂直于边界。这时，每榀桁架的尺寸均相同，每榀桁架的上弦为一直线，节间长度相等。这种布置的优点是杆件规格少，制作方便。缺点是体系的稳定性较差，需设置适当的水平支撑及第三向桁架来增强体系的稳定性并减少网壳的垂直变形，而这又会导致用钢量的增加。

2. 两向正交斜放网格的扭网壳

两组桁架垂直相交与边界成 45°斜角，两组桁架中，一组受拉（相当于悬索受力），一组受压（相当于拱受力），充分利用了扭壳的受力特性。并且上、下弦受力同向，变化均匀，形成了壳体的工作状态。这种体系的稳定性好，刚度较大，变形较小，不需设置较多的第三向桁架。但桁架杆件尺寸变化多，给施工增加了一定的难度。

图5-20为北京体育学院体育馆，屋盖结构为四块组合型扭网壳，采用了正交正放网格的双层扭网壳。建筑平面尺寸59.2m×59.2m，跨度52.2m，挑檐3.5m，四角带落地斜撑，矢高3.5m。整个结构桁架中，上、下弦等长，斜腹杆等长，竖腹杆也等长，大大简化了网壳的制作与安装。用钢量52kg/m^2。

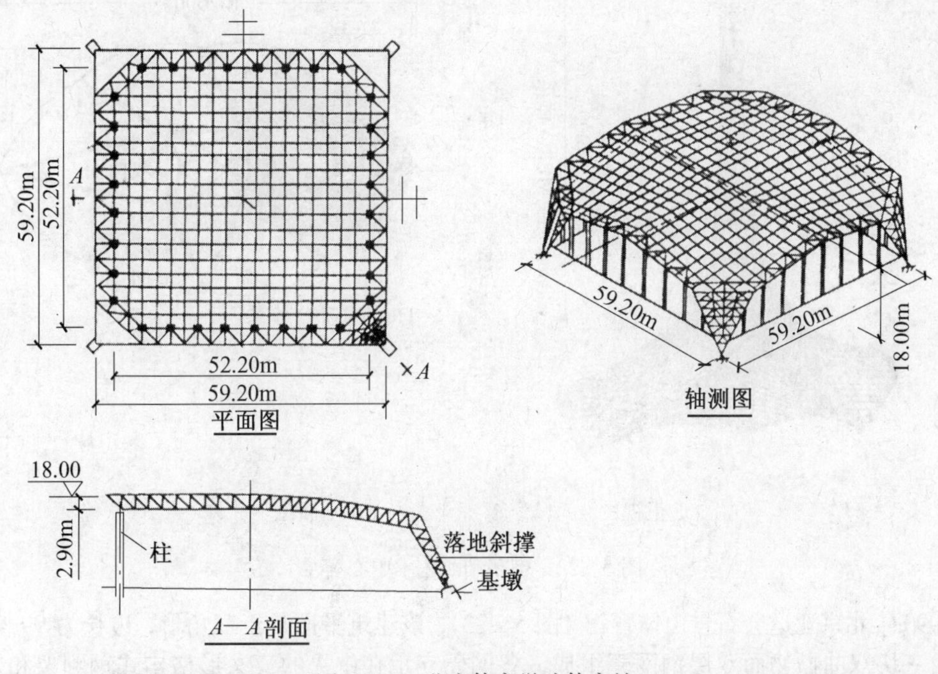

图5-20　北京体育学院体育馆

四川省德阳市体育馆（图5-21），屋盖平面为菱形，边长74.87m，对角线长105.8m，四周悬挑，两翘角部位最大悬挑长度为16.5m，其余周边悬挑长度为6.6m。

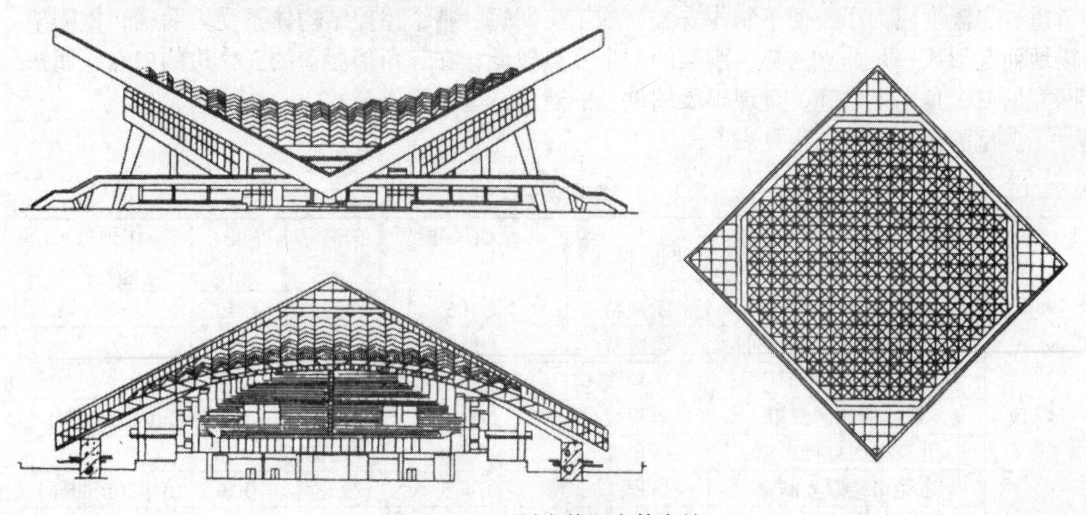

图5-21　四川省德阳市体育馆

屋盖结构为两向正交斜放网格的双层扭网壳。网壳曲面矢高 14.5 m，最高点上弦球中心标高 32.1 m，屋盖覆盖平面面积 5575.68 m^2。网壳上面铺设四棱锥形 GRC 屋面板，构成了新颖、美观、别具一格的建筑造型。

澳大利亚艺术中心的双曲抛物面网壳(图 5－22),该网壳与塔架的巧妙结合,令人叹服。

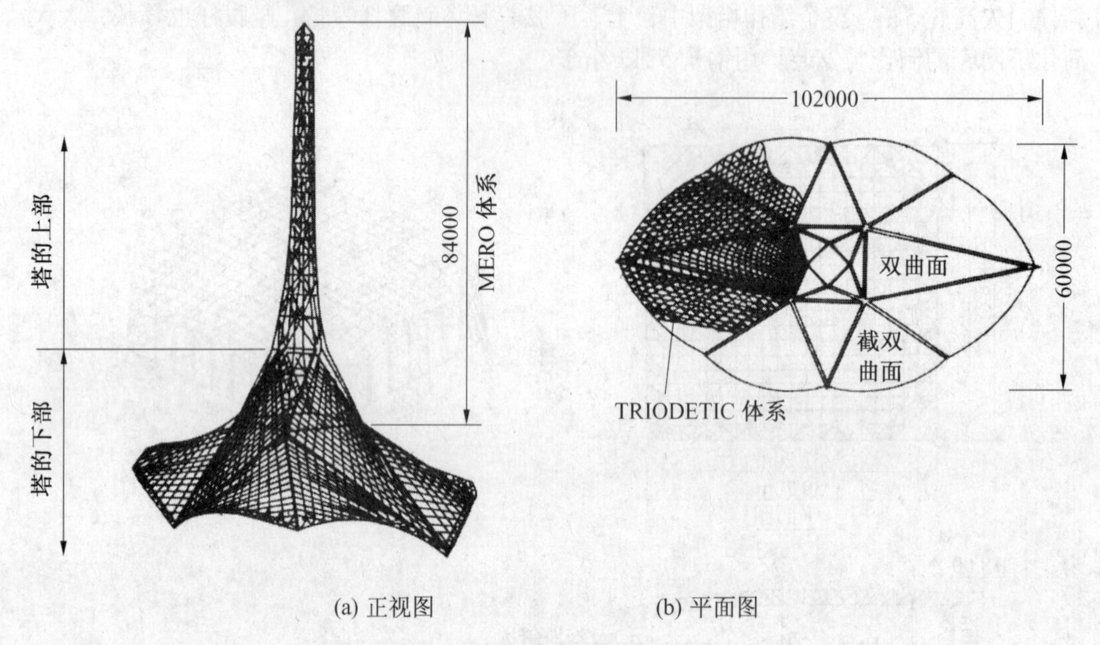

(a) 正视图　　(b) 平面图

图 5－22　维多利亚艺术中心塔

1990 年北京亚运会石景山体育馆（图 5－23)，该建筑平面是正三角形，边长为 99.7 m，屋盖由三块双曲抛物面双层钢网壳组成，各网壳支承在中央的三叉形格构式钢刚架和外缘的 RC 边梁上。每片网壳由两簇立放的直线形平行弦桁架组成基本网格，再加上第三方向（网格的对角线方向）的桁架（不再是直线形)，形成完整的网壳。网壳的厚度 $h=1.5$ m。三叉形刚架的每个叉梁由箱形截面的立体型钢桁架组成，与 RC 刚架方案比较，其优点是自重轻、温度应力小、便于制作安装、施工工期短。整个屋盖结构体系受力明确，钢刚架拔地而起形成三足鼎立之势，刚架的三个支点较低，在三角形屋盖的三个边的中点。而扭网壳的三个角向上悬翘，呈现出展翅欲飞的建筑造型。用钢量 62 kg/m^2。

典型的双层网壳工程见表 5－1。

表 5－1　双层网壳工程一览表

	工程名称	网壳型式	平面尺寸 (m)	矢高 f (m)	厚度 h (m)	用钢量 (kg/m^2)
穹顶	美国休斯敦穹顶	凯威特	D196	63.4	1.52	
	美国新奥尔良超级穹顶	凯威特	D213	83	2.24	
	加拉卡斯波利特罗穹顶	短程线	D143	38	1.5	
	瑞典地球体育馆	短程线	D110	85	2.1	30（按曲面）
	北京老山自行车馆	四角锥	D133.06	14.69	2.8	
	东莞市雄狮大酒家	短程线	D14.5	5/9 球体	0.8	10.9（按曲面）
	广州南湖乐园太空漫游馆	球面	D50	19.23	1.5	45（按曲面）

续表 5-1

	工程名称	网壳型式	平面尺寸 (m)	矢高 f (m)	厚度 h (m)	用钢量 (kg/m^2)
扁网壳	石家庄新华集贸中心	双曲扁网壳	40×40	3.13	1.7	28
柱面	天津市体育馆	柱面	52×68	8.667	1.2	54
	嘉兴电厂干煤棚	三心圆柱曲	103.8×88	37.27	3.5	65
扭面	北京体院体育馆	扭面	53.2×53.2	3.5	2.9	52
	北京石景山体育馆	扭面	三角形边长 99.7	13.34	1.5	62

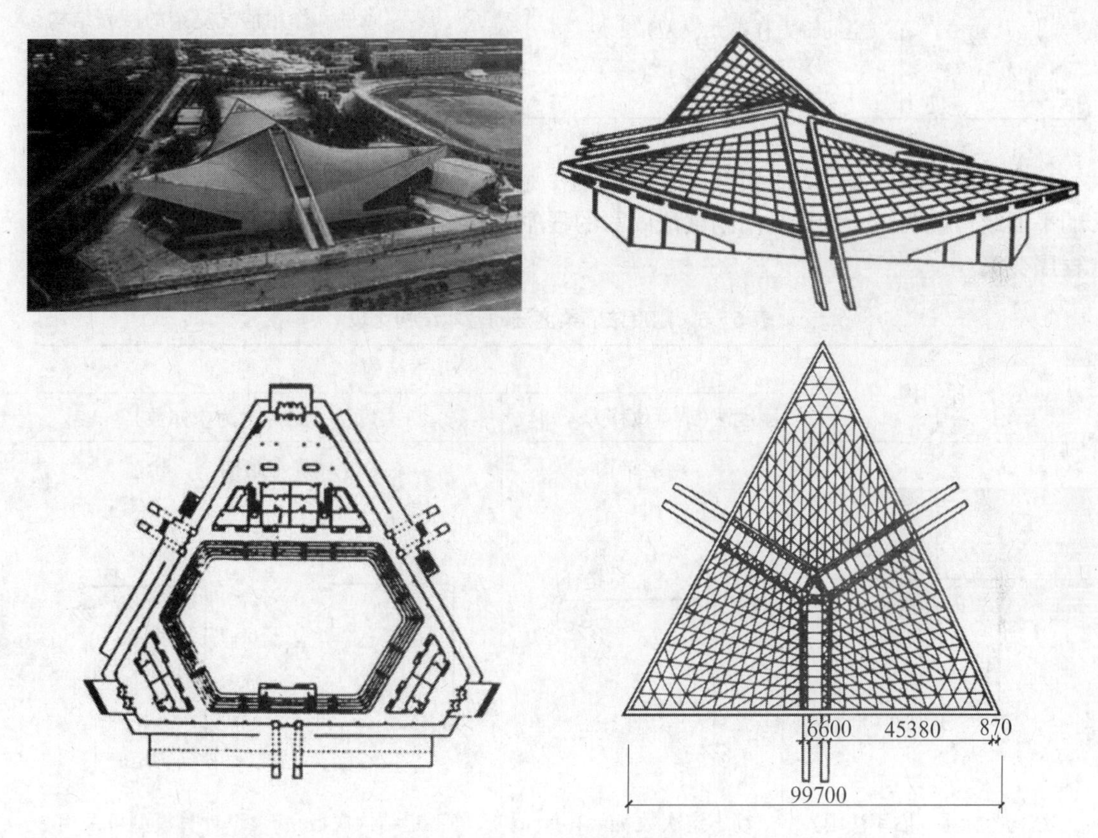

图 5-23　石景山体育馆

5.2　网壳分析方法

网壳结构分析是网壳设计过程中的重要环节。分析方法见表 5-2。

由表 5-2 可见，有限单元法作为一种结构分析的通用分析方法，它不受形状、边界条件和荷载情况的限制，但其计算分析过程必须借助计算机来完成。当前计算机的软、硬件发展迅速，各种数据的前后处理数值分析方法也日趋成熟，因此，有限元法已成为网壳结构分析的主要手段。

表 5-2　网壳分析方法

网壳层＼方法		有限单元法（离散化假定）		拟壳法（连续法假定）
		矩阵位移法（刚度法）	矩阵力法（柔度法）	
单层	结点刚接	空间刚架位移法（空间梁-柱单元模型）	通用软件中少采用	结构设计人员可利用薄壳理论中有关球面壳和柱面壳的有关知识理解网壳的受力性能，并能方便地求得网壳的内力。但对曲面形状不规则、网格不均匀、边界条件和作用情况复杂的网壳结构，等代后的光面实体壳，通常很难求出解析解
	结点铰接	空间桁架位移法（空间轴力杆单元模型）		
双　层				

为何通用软件大多数采用有限单元刚度法编写，极少采用柔度法编写？可用表 5-3 的平面结构说明之。可见，用刚度法编写的程序、求结点的未知位移才是唯一的，有利于程序交流。

表 5-3　刚度法、柔度法的基本结构比较

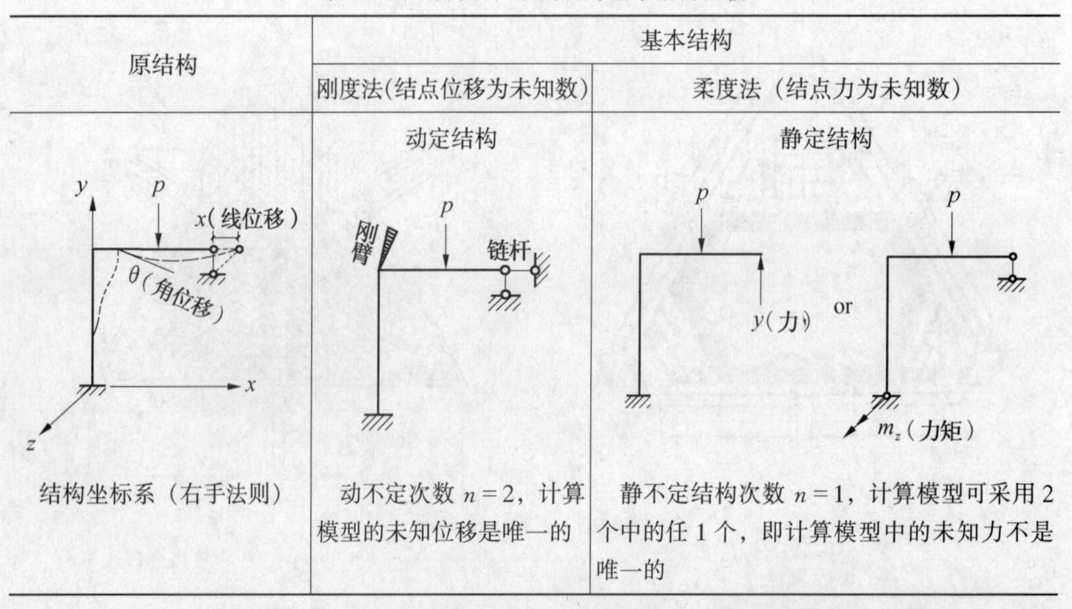

原结构	基本结构	
	刚度法（结点位移为未知数）	柔度法（结点力为未知数）
	动定结构	静定结构
结构坐标系（右手法则）	动不定次数 $n=2$，计算模型的未知位移是唯一的	静不定结构次数 $n=1$，计算模型可采用 2 个中的任 1 个，即计算模型中的未知力不是唯一的

由于电算与手算有不同的特点：手算怕繁，讨厌重复性的大量运算；电算怕乱，喜欢程序简单、精度高、通用性强的方法。因此，绝大多数通用程序采用刚度法编写，便于软件交流。空间桁架位移法已在第 4 章——平板网架中讲授，本章只讲述空间刚架位移法。

5.2.1　空间刚架位移法

用刚度法计算空间刚架的原理与平面刚架相同，只是空间刚架杆的两端各有六个位移分量，即 3 个结点线位移 $\overline{u}$、$\overline{v}$、$\overline{w}$ 和 3 个结点角位移 $\overline{\theta}_x$、$\overline{\theta}_y$、$\overline{\theta}_z$。所以，空间杆件的单元刚度矩阵为 12 阶方阵。

5.2.1.1　等截面杆的单元刚度矩阵

1. 按单元坐标系：——$\overline{x}\,\overline{y}\,\overline{z}$

图 5 - 24 所示，空间单元用（e）表示。取形心轴为 $\overline{x}$ 轴，横截面的主轴分别为坐标系的 $\overline{y}$ 轴和 $\overline{z}$ 轴，坐标系符合右手定则。这样，单元在 $\overline{x}\,\overline{y}$ 平面内的位移与在 $\overline{x}\,\overline{z}$ 平面内的位移是彼此独立的。

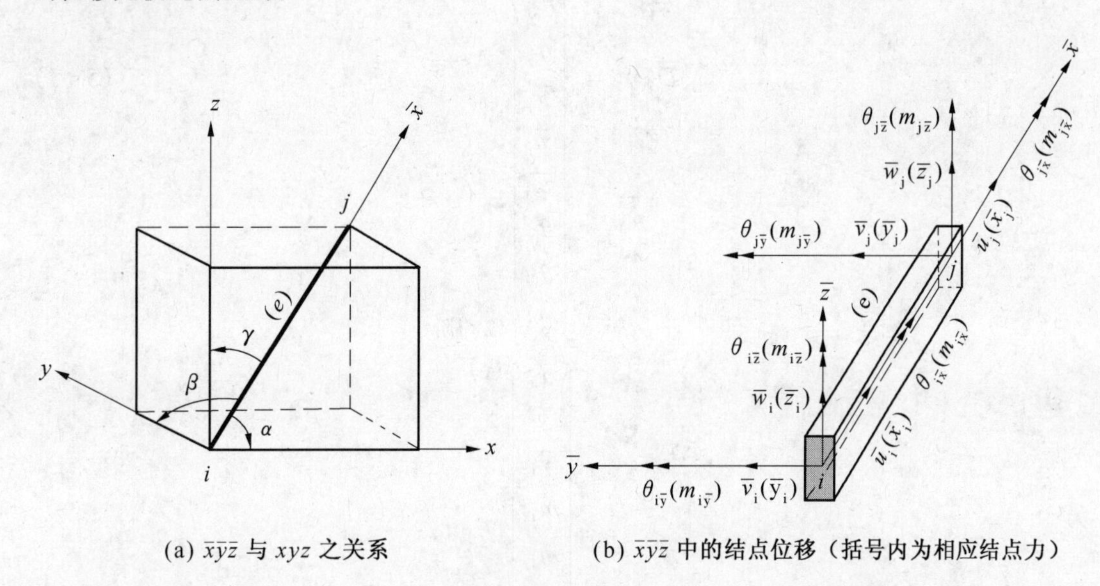

(a) $\overline{x}\overline{y}\overline{z}$ 与 xyz 之关系　　　(b) $\overline{x}\overline{y}\overline{z}$ 中的结点位移（括号内为相应结点力）

图 5 - 24

设杆的横截面面积为 A，在 $\overline{x}\,\overline{z}$ 平面内的抗弯刚度为 EI_y，线刚度为 $i_y = EI_y/l$；在 $\overline{x}\,\overline{y}$ 平面内的线刚度为 $i_z = EI_z/l$；杆绕 x 轴的抗扭刚度为 GJ/l。图 5 - 24 b 中用单箭头表示单元坐标系中的杆端线位移（括号内为相应的力）的指向，双箭头表示角位移（括号内为相应的力矩），指向由右手法则确定，图中所示的杆端位移和杆端力均为正方向。

单元的杆端力、位移编号如图 5 - 25 所示。

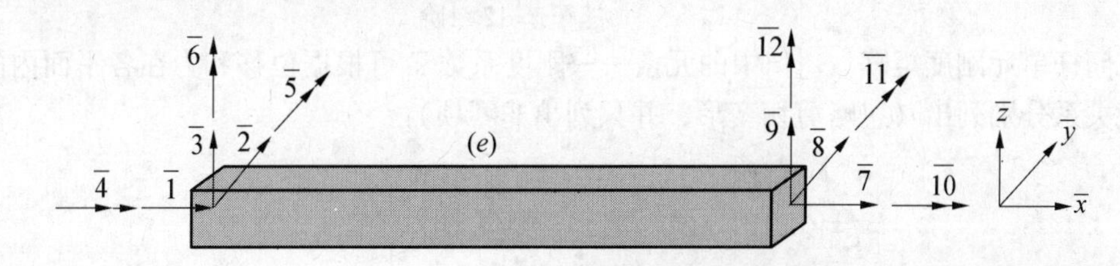

图 5 - 25　单元的杆端力、位移编号

空间杆件的杆端位移列阵 $\{\overline{D}\}^{(e)}$ 和杆端力列阵 $\{\overline{F}\}^{(e)}$ 分别为（图 5 - 24b）：

$$\{\overline{D}\}^{(e)}=\begin{bmatrix}\overline{u}_i\\ \overline{v}_i\\ \overline{w}_i\\ \theta_{i\overline{x}}\\ \theta_{i\overline{y}}\\ \theta_{i\overline{z}}\\ \overline{u}_j\\ \overline{v}_j\\ \overline{w}_j\\ \theta_{j\overline{x}}\\ \theta_{j\overline{y}}\\ \theta_{j\overline{z}}\end{bmatrix}^{(e)}_{12\times 1阶} \tag{5-1}$$

$$\{\overline{F}\}^{(e)}=\begin{bmatrix}\overline{x}_i\\ \overline{y}_i\\ \overline{z}_i\\ m_{i\overline{x}}\\ m_{i\overline{y}}\\ m_{i\overline{z}}\\ \overline{x}_j\\ \overline{y}_j\\ \overline{z}_j\\ m_{j\overline{x}}\\ m_{j\overline{y}}\\ m_{j\overline{z}}\end{bmatrix}^{(e)}_{12\times 1阶} \tag{5-2}$$

空间杆单元刚度矩阵$[\overline{S}]^{(e)}$中的元素——刚度系数$\overline{s}_{ij}$可根据位移和力在各平面内的已知刚度关系分别列出（忽略剪切变形，并只列出非零项）：

$$[\overline{S}]^{(e)}=\begin{bmatrix}\overline{s}_{11} & \overline{s}_{12} & \cdots & \overline{s}_{1.12}\\ \overline{s}_{21} & \overline{s}_{22} & \cdots & \overline{s}_{2.12}\\ \vdots & & & \vdots\\ \overline{s}_{12.1} & \overline{s}_{12.2} & \cdots & \overline{s}_{12.12}\end{bmatrix}_{12\times 12阶}$$

具体写出：$[S]^{(e)}=$

$$\begin{bmatrix} EA/l & & & & & & & & & & & \\ 0 & 12i_z/l^2 & & & & & & & & & & \\ 0 & 0 & 12i_y/l^2 & & & & & & & \text{对称} & & \\ 0 & 0 & 0 & GI_t/l & & & & & & & & \\ 0 & 0 & -6i_y/l & 0 & 4i_y & & & & & & & \\ 0 & 6i_z/l & 0 & 0 & 0 & 4i_z & & & & & & \\ -EA/l & 0 & 0 & 0 & 0 & 0 & EA/l & & & & & \\ 0 & -12i_z/l^2 & 0 & 0 & 0 & -6i_z/l & 0 & 12i_z/l^2 & & & & \\ 0 & 0 & -12i_y/l^2 & 0 & 6i_y/l & 0 & 0 & 0 & 12i_y/l^2 & & & \\ 0 & 0 & 0 & -GI_t/l & 0 & 0 & 0 & 0 & 0 & GI_t/l & & \\ 0 & 0 & -6i_y/l & 0 & 2i_y & 0 & 0 & 0 & 6i_y/l & 0 & 4i_y & \\ 0 & -6i_y/l & 0 & 0 & 0 & 2i_z & 0 & -6i_z/l & 0 & 0 & 0 & 4i_z \end{bmatrix} \tag{5-3}$$

矩阵 $[\overline{S}]^{(e)}$ 中各刚度系数 $\overline{s}_{ij}$ 的力学意义是：单元分别处于各个方向（图5－25的编号）的单位位移状态下各约束处所产生的反力，即，$\overline{s}_{ij}$ 的第2个脚标 j 代表产生单位位移，其余11个地点的位移为0时，在脚标 i 位置处产生的反力。因此，$[\overline{S}]^{(e)}$ 的第1列元素就代表 $\overline{u}_1=1$ 时，在12个位置上引起的反力，即刚度系数 s_{i1}（$i=1, 2, \cdots, 12$），如图5－26所示（图上只标出 s_{11} 和 s_{71}，其他反力＝0，未在图上标出）。

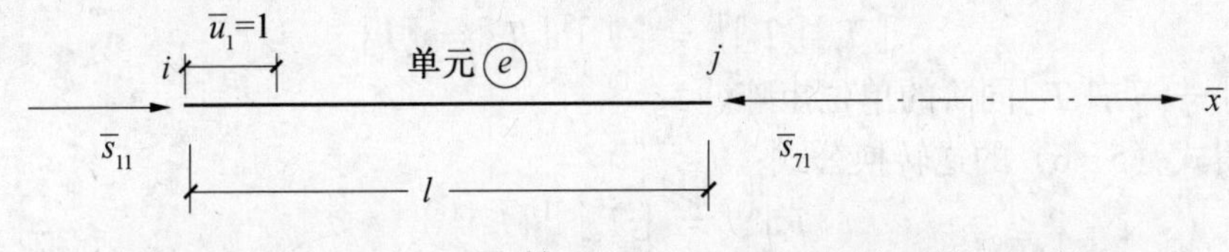

图5－26　$\overline{u}_1=1$ 时，$[\overline{S}]^{(e)}$ 第1列（$j=1$）的刚度系数 $\overline{s}_{i1}$ 平衡图

2. 按结构坐标系——xyz

为了求结构坐标系中的 $[S]^{(e)}$，先求单元的坐标转换矩阵 $[T]$。先考虑单元 e 在端点 i 的三个杆端力分量。设 $\overline{x}$ 轴与 x、y、z 轴的夹角分别为 $\overline{x}x$、$\overline{x}y$、$\overline{x}z$（图5－24a），$\overline{x}$ 轴在 xyz 坐标系中的方向余弦为：$l_{\overline{x}x}=\cos(\overline{x}\,x)$、$l_{\overline{x}y}=\cos(\overline{x}\,y)$、$l_{\overline{x}z}=\cos(\overline{x}\,z)$，将杆端力 $\overline{x}_i$、$\overline{y}_i$ 和 $\overline{z}_i$ 在 $\overline{x}$ 轴上投影，即求得杆端力 $\overline{x}_i$

$$\overline{x}_i = x_i\, l_{\overline{x}x} + y_i\, l_{\overline{x}y} + z_i\, l_{\overline{x}z}$$

同理

$$\overline{y}_i = x_i\, l_{\overline{y}x} + y_i\, l_{\overline{y}y} + z_i\, l_{\overline{y}z}$$

$$\overline{z}_i = x_i\, l_{\overline{z}x} + y_i\, l_{\overline{z}y} + z_i\, l_{\overline{z}z}$$

矩阵式：

$$\begin{bmatrix} \overline{x}_i \\ \overline{y}_i \\ \overline{z}_i \end{bmatrix} = \begin{bmatrix} l_{\overline{x}x} & l_{\overline{x}y} & l_{\overline{x}z} \\ l_{\overline{y}x} & l_{\overline{y}y} & l_{\overline{y}z} \\ l_{\overline{z}x} & l_{\overline{z}y} & l_{\overline{z}z} \end{bmatrix} \begin{bmatrix} x_i \\ y_i \\ z_i \end{bmatrix} \tag{5-4}$$

式（5－4）就是在端点 i 由结构坐标系中杆端力 x_i、y_i、z_i 推算单元坐标系中杆端力 $\overline{x}_i$、$\overline{y}_i$、$\overline{z}_i$ 时的转换关系，其中的转换矩阵

$$[t]=\begin{bmatrix} l_{\bar{x}x} & l_{\bar{x}y} & l_{\bar{x}z} \\ l_{\bar{y}x} & l_{\bar{y}y} & l_{\bar{y}z} \\ l_{\bar{z}x} & l_{\bar{z}y} & l_{\bar{z}z} \end{bmatrix} \tag{5-5}$$

同理，可由 i 端杆端力矩 m_{ix}、m_{iy}、m_{iz}推算 $m_{i\bar{x}}$、$m_{i\bar{y}}$、$m_{i\bar{z}}$。J 端 x_j、y_j、z_j 推算 $\bar{x}_j$、$\bar{y}_j$、$\bar{z}_j$，由 m_{jx}、m_{jy}、m_{jz}推算 $m_{j\bar{x}}$、$m_{j\bar{y}}$、$m_{j\bar{z}}$时，其转换矩阵也是［t］。从而：

$$\{\overline{F}\}^{(e)}=[T]\{F\}^{(e)} \tag{5-6}$$

式中

$$[T]=\begin{bmatrix} [t] & [0] & \vdots & & \\ [0] & [t] & \vdots & [0] & \\ & & \cdots & & \\ & & \vdots & [t] & [0] \\ & [0] & \vdots & [0] & [t] \end{bmatrix} \tag{5-7}$$

同理可得，单元杆端位移的转换关系：

$$\{\overline{D}\}^{(e)}=[T]\{D\}^{(e)} \tag{5-8}$$

最后可求结构坐标系的单元刚度矩阵：

$$[S]^{(e)}=[T]^{T}[\overline{S}]^{(e)}[T] \tag{5-9}$$

可以证明$[T]$为正交矩阵。因此，其逆矩阵$[T]^{-1}$就等于转置矩阵$[T]^{T}$（转置矩阵：Transposed matrix），即

$$[T]^{-1}=[T]^{T} \tag{5-10}$$

或

$$[T][T]^{T}=[T]^{T}[T]=[I] \tag{5-11}$$

式中　$[I]$——与$[T]$同阶的单位矩阵。

从而，可得式（5-6）的逆转换公式：

$$\{F\}^{(e)}=[T]^{-1}\{\overline{F}\}^{(e)} \tag{5-12}$$

5.2.1.2　空间刚架矩阵分析

空间刚架结构刚度矩阵的形成、结点荷载列阵的形成和支承条件的引入，均与平面刚架的处理方法相同。用刚度法计算空间刚架的步骤如下：

（1）信息和准备工作。

①确定坐标系，对杆和结点编号；

②输入、打印结构信息，EI、l 等；

③计算输入、打印结点的约束信息。

（2）形成单元刚度矩阵。

①形成$[\overline{S}]^{(e)}$——式（5-3）

②计算$[T]$——式（5-7）

③形成$[S]^{(e)}$——式（5-9）

（3）用刚度集成法形成结构刚度矩阵 $[S]=\sum[S]^{(e)}$。

（4）计算单元的等效结点荷载$\{P_0\}^{(e)}$。

将单元坐标系中的单元固端内力$\{\overline{F}_0\}^{(e)}$，按照$\{F\}^{(e)}=[T]^{T}\{\overline{F}\}^{(e)}$转换为结构坐标系中的固端内力$\{F_0\}^{(e)}$，再乘以$-1$，便得出

$$\{P_0\}^{(e)}=-[T]^{T}\{F_0\}^{(e)} \tag{5-13}$$

(5) 计算结构的等效结点荷载$\{P_0\}$。

$\{P_0\}$由各单元等效结点荷载列阵$\{P_0\}^{(e)}$集成。因此，与集成总刚度矩阵的做法相似，可先将$\{P_0\}$置 0，再把$\{P_0\}^{(e)}$中的两个子块按单元码与整体码的对应关系累加到$\{P_0\}$中去。最后即得$\{P_0\}$。

如果刚架的结点上还有直接作用的结点荷载$\{P_c\}$，则总结点荷载列阵为：

$$\{P\} = \{P_0\} + \{P_c\} \tag{5-14}$$

(6) 引入支承条件，形成基本方程，求出结点位移$\{D\}$。

(7) 解方程$[S]^*\{D\}=\{P\}^*$，求$\{D\}$。* 代表引入支承条件进行修改后的刚度法方程。

(8) 最后求

$$\{\overline{F}\}^{(e)} = [\overline{S}]^{(e)}\{\overline{D}\}^{(e)} + \{\overline{F}_0\}^{(e)} \tag{5-15}$$

5.3 网壳设计

5.3.1 双层网壳

双层网壳的结点一般为铰接，它的设计与平板网架基本相同，计算模型也是采用空间桁架位移法。

5.3.1.1 网格

双层网壳的网格形式与平板网架相比，种类大为减少，由于网壳有薄膜力的作用，所以网壳的上、下弦杆都可能受压，因此适用于平板网架中的上弦杆短、下弦杆长的很多形式，并不一定适用于双层网壳。

5.3.1.2 厚度

双层网壳的厚度按表 5-4 取用，一般不会出现整体失稳现象，杆件的强度也用得比较充分，这也是双层网壳比单层网壳经济的主要原因之一。

表 5-4　双层网壳的厚度

柱面网壳	$L/50 \sim L/20$
球面网壳	$L/60 \sim L/30$

5.3.1.3 容许挠度

按正常使用极限状态控制双层网壳的容许挠度。其最大挠度值$\leqslant L/400$。对于悬挑网壳，其端点的最大挠度不应超过悬挑长度的 1/200。

5.3.1.4 容许长细比

由于双层网壳中大多数上、下弦杆受压，它们对腹杆的转动约束要比网架小，因此计算长度系数 μ 值可按表 5-5。容许长细比$[\lambda]$可按表 5-6。

表 5-5　双层网壳杆件的计算长度系数 μ

节点形式	弦杆	腹杆	
		支座腹杆	其他腹杆
板	1.0	1.0	0.9
焊接球	0.9	0.9	0.9
螺栓球	1.0	1.0	1.0

表 5-6　双层网壳的$[\lambda]$

杆件类型		$[\lambda]$
压杆		180
拉杆	静截或间接动力	300
	直接动力	250

5.3.2 单层网壳

5.3.2.1 杆件与结点设计

1. 杆件设计

单层网壳的结点为铰接时，杆件为轴心受力，结点为刚接时，杆件为拉弯或压弯，后者即为梁-柱杆。轴力杆件的设计，与平板网架相同。

(1) 梁-柱杆、拉弯杆的强度验算

$$\frac{N}{A_n} \pm \frac{M_x}{\gamma_x W_{nx}} \pm \frac{M_y}{\gamma_y W_{ny}} \leqslant f \tag{5-16}$$

式中 N、M_x、M_y——作用于杆件上的轴力和两个方向的弯矩；

A_n、W_{nx}、W_{ny}——杆件的净截面面积和两个方向的净截面抵抗矩；

γ_x、γ_y——截面塑性发展系数，对圆管截面，当承受静载或间接承受动载作用时 $\gamma_x=\gamma_y=1.15$，当直接承受动载作用时 $\gamma_x=\gamma_y=1.0$。

(2) 梁-柱杆的稳定验算

杆件沿两个方向的稳定验算公式为

$$\frac{N}{\varphi_x A} + \frac{\beta_{mx} M_x}{\gamma_x W_{1x}\left(1-0.8\frac{N}{N_{Ex}}\right)} + \frac{\beta_{ty} W_y}{\varphi_{by} W_{1y}} \leqslant f \tag{5-17}$$

$$\frac{N}{\varphi_y A} + \frac{\beta_{tx} W_x}{\varphi_{bx} W_{1x}} + \frac{\beta_{my} M_y}{\gamma_y W_{1y}\left(1-0.8\frac{N}{N_{Ey}}\right)} \leqslant f \tag{5-18}$$

式中 φ_x、φ_y——杆件沿两个轴的轴心受压稳定系数；

φ_{bx}、φ_{by}——均匀弯曲的受弯构件整体稳定系数，对于箱形截面可取 $\varphi_{bx}=\varphi_{by}=1.4$；

N_{Ex}、N_{Ey}——欧拉临界力，$N_{Ex}=\pi^2 EA/\lambda_x^2$，$N_{Ey}=\pi^2 EA/\lambda_y^2$；

β_{mx}、β_{my}、β_{tx}、β_{ty}——等效弯矩系数。

(3) 刚度验算

单层网壳杆件的[λ]比双层网壳严格（表 5-7）。计算长度系数 μ 的取值见表 5-8 。

表 5-7 单层网壳的[λ]

杆件	[λ]
压杆、梁-柱	150
拉杆、拉弯杆	250

表 5-8 μ 值

屈曲方向	结点	
	焊接空心球	毂
网壳曲面内	$0.9l$	l
网壳曲面外	$1.6l$	

2. 结点设计

单层网壳的杆件采用圆管时，铰结点一般采用螺栓球结点（跨度 l<20 m 时），刚接结点一般采用焊接空心球结点（l>20m），也可采用开口鼓形铸钢结点（图 5-4b）。具体采用何种结点形式，主要由网壳结构的跨度决定。

由于单层网壳的杆端除主要承受轴向力外，尚有弯矩、扭矩及剪力作用。精确计算空心球节点在这种内力状态下的承载力比较复杂。当空心球直径 $\phi 120 \sim 900$ 时，其受压和受拉承载力设计值 N_R 为：

$$N_R = \left(0.32 + 0.6 \frac{d}{D}\right) \eta_d \pi t d f \tag{5-19}$$

式中　D——空心球的外径，mm；

d——与空心球相连的圆钢管杆件的外径，mm；

t——空心球壁厚，mm；

f——钢材的抗拉强度设计值，N/mm^2；

η_d——加肋承载力提高系数，受压空心球加肋采用 1.4，受拉空心球加肋采用 1.1。

对于单层网壳结构，空心球承受压弯或拉弯的承载力设计值 N_m 可按下式计算：

$$N_m = \eta_m N_R \tag{5-20}$$

式中　η_m——考虑空心球受压弯或拉弯作用的影响系数，可采为 0.8。

5.3.2.2　稳定，即屈曲

图 5－27a，单层网壳在屈曲前以某种变形模式与外荷载 N 平衡，当外荷载小于临界荷载 N_{cr} 时，平衡是稳定的，当 $N > N_{cr}$ 时，基本平衡状态成为不稳定的平衡，在它的附件还存在另一个平衡状态，此时一旦有微小扰动，平衡形式就会发生质变，由基本平衡状态屈曲后到达新的平衡状态，由于结构平衡路径在 A 点发生分枝，所以这种屈曲被称为分枝点屈曲，也叫质变屈曲。

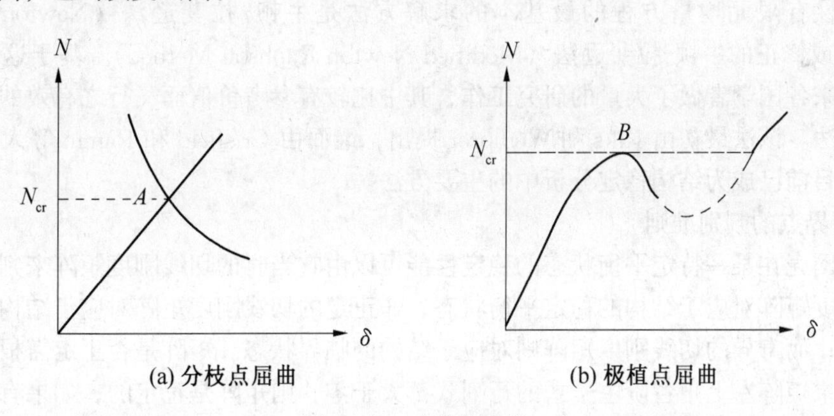

(a) 分枝点屈曲　　(b) 极植点屈曲

图 5－27　失稳的种类

如果网壳存在初始缺陷，并考虑结构的非线性性能，一般情况下结构的屈曲就不再是分枝点屈曲，而是极值点屈曲。此时结构的平衡路径不存在分枝现象，但当外荷载增大到 N_{cr} 以后，系统的平衡状态变为不稳定的平衡状态，荷载必须逐渐下降才能维持结构内外力之间的平衡，否则即使荷载保持不变，结构会发生很大位移，由于临界荷载对应的平衡路径上的 B 点表现为极值点（图 5－27b），所以这种屈曲称为极值点屈曲，也叫量变屈曲。

1. 屈曲分析

屈曲分析的目的是确定结构从稳定的平衡状态变为不稳定的平衡状态时的临界荷载及

其屈曲模态的形状。目前普遍采用的两种方法是理想结构的线性屈曲分析（特征值屈曲分析）和缺陷结构的非线性全过程分析（非线性屈曲分析）。

（1）线性化

线性屈曲分析用来预测一个理想线性结构的理论屈曲强度，优点是无须进行复杂的非线性分析，即可获得结构的临界荷载和屈曲模态，并可为非线性屈曲分析提供参考荷载值。线性屈曲分析的控制方程为

$$([K_L]+\lambda[K_\sigma])\{\Psi\}=\{0\} \tag{5-21}$$

式中 λ——特征值，即通常意义上的荷载因子；

$\{\Psi\}$——特征位移向量；

$[K_L]$——结构的小位移（即弹性）刚度矩阵；

$[K_\sigma]$——参考初应力矩阵。

（2）非线性化

为了考虑初始缺陷对结构理论屈曲强度的影响，必须对结构进行基于大挠度理论的几何非线性屈曲分析，其单元增量刚度方程（忽略高阶少量的影响）为

$$[K_T]^e\{\Delta u\}^e=\{R\}-\{r\}^e \tag{5-22}$$

式中 $[K_T]^e$——单元切线刚度矩阵，$[K_T]^e=[K_T]^e+[K_\sigma]^e$；

$\{\Delta u\}^e$——位移增量矩阵；

$\{R\}$——外力矩阵；

$\{r\}^e$——残余力矩阵。

非线性有限元增量方程的最基本的求解方法是牛顿-拉斐逊法（Newtom Raphson Method）或修正的牛顿-拉斐逊法（Modified Newton Raphson Method）。基于这个基本方法，近年来各国学者做了大量的研究工作，其中比较有参考价值而又行之有效的一种方法即等弧长法。该法最初由 Riks 和 Wemprer 提出，继而由 Crisfield 和 Ramm 等人加以改进和发展，目前已成为结构稳定分析中的主要方法。

2. 临界点的判别准则

单层网壳在某一特定平衡状态的稳定性能可以由它当时的切线刚度矩阵来判别：正定的切线刚度矩阵对应于结构的稳定平衡状态；非正定的切线刚度矩阵对应于结构的不稳定平衡状态；而奇异的切线刚度矩阵则对应于结构的临界状态。矩阵是否正定需根据定义来判别：如果矩阵左上角各阶主子式的行列式都大于零，则矩阵是正定的；如果有部分主子式的行列式小于零，则矩阵是非正定的；如果矩阵的行列式等于零，则矩阵是奇异的。

结构计算通常采用 LDL^T 分解法，每步计算都需将刚度矩阵分解为下面的形式：

$$[K_L]=[L][D][L]^T \tag{5-23}$$

其中，$[L]$是主元为 1 的下三角矩阵，$[D]$是以对角元矩阵，

$$[D]=\begin{bmatrix} D_1 & & & \cdots & \\ & D_2 & & 0 & \\ & & D_3 & \cdots & \\ \cdots & 0 & \cdots & & \\ & & & \cdots & D_n \end{bmatrix} \tag{5-24}$$

对式（5-23）取行列式

$$|K_L| = |L|\ |D|\ |L^T| = |D| = D_1 \cdot D_2 \cdot D_3 \cdot \cdots \cdot D_n \tag{5-25}$$

即切线刚度矩阵的行列式与对角矩阵的行列式相等。由矩阵的分解过程还可以知道，矩阵[K_T]和[D]的左上角各阶主子式的行列式也都是相等的。因此矩阵[K]$_T$是否正定完全可以由矩阵[D]来判别。如果矩阵[D]的所有主元都是正的，则它的左上角各阶主子式的行列式也必然大于零，这时结构的切线刚度矩阵是正定的，因此结构处于稳定的平衡状态；如果矩阵[D]的主元有小于零的，则切线刚度矩阵是非正定的，这时结构的平衡是不稳定的；从理论上来说，临界点的切线刚度矩阵是奇异的，它的行列式应该等于零，这时矩阵[D]的主元至少有一个为零。然而在实际计算中选择的加载步长正好使刚度矩阵奇异的可能性几乎是没有的，但是我们可以由矩阵[D]的主元符号变化来确定临界点的出现。

在增量计算中，每加一级荷载都可以观察矩阵[D]的主元符号变化，结构在屈曲前的平衡是稳定的，因此矩阵[D]的所有主元都大于零。假设加到第 k 级荷载时矩阵[D]的所有主元仍大于零，在 $k+1$ 级荷载矩阵[D]的主元有个别的小于零，则可以断定第 $k+1$ 级荷载已超过了临界点。为了确定临界点的类型需要比较 N_p 和 N_{k+1}的大小：如果 $N_k > N_{k+1}$，则该临界点为极值点（图5-28a）；如果 $N_k < N_{k+1}$，则还需要计算第 $k+2$ 级荷载；如果 $N_{k+1} > N_{k+2}$，则该临界点为极值点（图5-28b）；如果 $N_{k+1} < N_{k+2}$，则该临界点为分支点（图5-28c）。

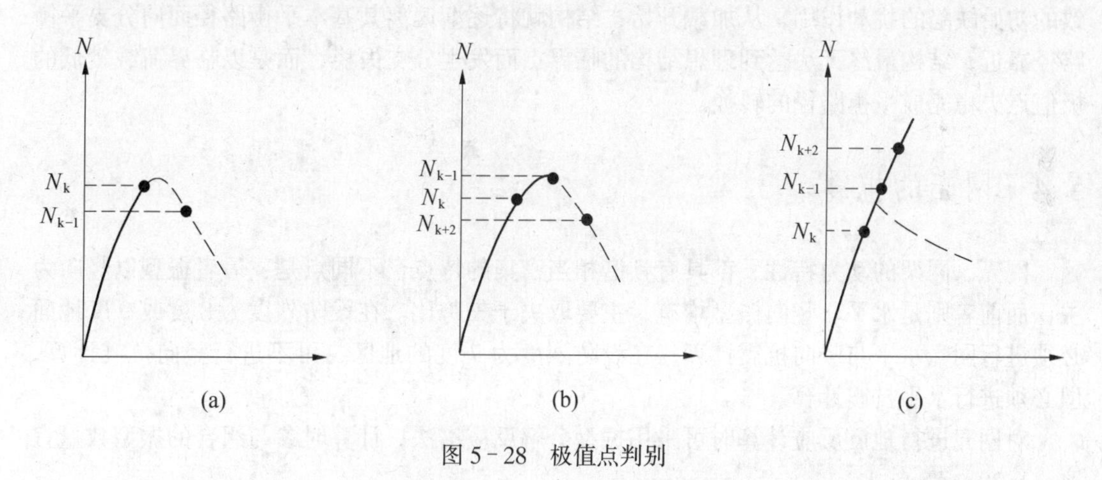

图5-28 极值点判别

3.初始缺陷的影响

对于单层网壳等缺陷敏感性结构，其临界荷载可能会因极小的初始缺陷而大大降低。结构的初始缺陷对于极值点失稳和分支点失稳的影响是不同的。如果理想结构的失稳属极值点失稳，则考虑初始缺陷以后，结构仍发生极值点失稳，但临界荷载一般情况均有不同程度的降低。对分支点失稳情况，初始缺陷可有使分支点失稳转化为极值点失稳而降低结构的临界荷载值。对单层网壳，初始缺陷主要表现为结点的几何偏差。在理论研究中，通常可以采用以下两种方法进行缺陷分析。

（1）随机缺陷模态法

该方法认为，结构的初始缺陷受各种不定因素的影响，如施工工艺、现场条件等，因此结构的初始缺陷是随机变化的。虽然其大小及分布无法预先确定，但可以假定每个结点的几何偏差近似符合正态分布，用正态随机变量模拟每个结点的几何偏差，然后对缺陷网壳进行稳定性分析，取所得临界荷载最小值作为实际结构的临界荷载。该方法能较为真实地反映实际结构的稳定性能，但由于需要对不同缺陷分布进行多次的反复计算后才能确定结构的临界荷载值，因此计算量太大。

(2) 一致缺陷模态法

初始缺陷对结构稳定性影响的程度不仅取决于缺陷的大小，还取决于缺陷的分布。结构的最低阶屈曲模态是结构屈曲时的位移倾向，是潜在的位移趋势。如果结构的初始缺陷分布恰好与结构的最低阶屈曲模态相吻合，无疑将对结构的稳定性产生最不利影响。一致缺陷模态法的基本思想就是采用对结构稳定性最不利的缺陷分布对缺陷结构进行稳定性分析，因此只需对具有与结构屈曲最低阶模态一致的初始缺陷的缺陷结构进行稳定性分析，得到的临界荷载即可用为实际结构的临界荷载。

可以认为，初始缺陷对网壳稳定性的影响本质上类似于平衡路径转换时对结构施加的人为扰动，不同之处在于初始缺陷的扰动作用是在结构一开始承受荷载时就存在的。当荷载较小时，结构变形也较小，此时结构刚度较大，初始缺陷的扰动对结构影响较小；但当荷载接近临界荷载时，结构刚度矩阵趋于奇异，即使是很小的扰动也将使结构沿扰动方向发生较大的变形，此时初始缺陷的扰动作用将十分显著。显然，采用一致缺陷模态法对缺陷结构进行稳定性分析时，如果理想结构的第一个临界点为分支点，由于与其屈曲模态一致的初始缺陷的扰动作用，从加载开始，结构就将逐渐偏离其基本平衡路径而向分支平衡路径靠近，结构最终无法达到理想结构的临界点而发生分支失稳，而是以临界荷载较低的极值点失稳完成平衡路径的转换。

5.4 网壳的抗震

网壳、网架的动力特性，都具有频谱相当密集的特点，不同点是：后者振型以竖向为主，而前者则是水平、竖向振型均有，主要取决于矢跨比。在设防烈度为 8 度或 9 度地面必须进行网壳水平与竖向抗震计算；在设防烈度为 7 度的地区，可不进行竖向抗震计算，但必须进行水平抗震计算。

对网壳进行地震反应计算时可采用振型分解反应谱法，计算时参与组合的振型数量宜取 $n=20$。

对于体型复杂或重要的大跨度网壳，还应采用时程分析法进行补充验算。应根据建筑场地类别和设计地震分组选用不少于二组的实际强震记录和一组人工模拟的加速度时程曲线，其加速时程的最大值可按表 5-9 采用。

表 5-9 时程分析所用地震加速度时程曲线的最大值 (cm/s²)

地震影响	6 度	7 度	8 度	9 度
多遇地震	18	35（55）	70（110）	140
罕遇地震	—	220（310）	400（510）	620

注：括号内数值用于设计基本地震加速度为 $0.15g$ 和 $0.30g$ 的地区。

网壳的抗震分析需分两阶段进行。

5.5　网壳的温度应力和装配应力

网壳一般都用于大跨度建筑，往往具有比较复杂的几何曲面，在结构组成上也是高次超静定结构。为了保证整体结构具有足够的刚度，支座通常设计得十分刚强，这样在温度变化时，就会在杆件、结点和支座内产生不可忽视的温度应力。另外，网壳因制作原因使杆件具有长度误差和弯曲等初始缺陷，在安装时就会产生装配应力。由于网壳是一种缺陷敏感性结构，对装配应力的反应也是极为敏感的。

5.5.1　温度应力

网壳的温度应力的计算应采用空间杆系有限元法进行。基本原理同第二章第三节，即首先将网壳各结点加以约束，根据温度场分布求出因温度变化而引起的杆件固端内力和各节点的不平衡力，然后取消约束，将节点不平衡反向作用在节点上，求出因反向作用的结点不平衡力引起的杆件内力，最后将杆件固端内力与由结点不平衡力引起的杆件内力叠加，即求得网壳杆件的温度应力。

温度应力是由于温度变形受到约束而产生的，降低温度应力的有效方法应是设法释放温度变形，其中最易实现的是将支座设计成弹性支座，但应注意支座刚度的减少会影响网壳的稳定性。

5.5.2　装配应力

装配应力往往是在安装过程中由于制作和安装等原因，使结点不能达到设计坐标位置，造成部分结点间的距离大于或小于杆件的长度，在采用强迫就位使杆件与结点连接的过程中就产生了装配应力。

由于网壳对装配应力极为敏感，一般都通过提高制作精度，选择合适安装方法以控制安装精度使网壳的结点和杆件都能较好地就位，装配应力就可减少到可以不予考虑的程度。

当需要计算装配应力时，也应采用空间杆件有限元法，采用的基本原理与计算温度应力时相仿，即将杆件长度的误差比拟为由温度引起的伸长或缩短即可。

第三篇

高层全钢结构

第 6 章　总　论

本篇讲述的高层全钢结构系指抗侧力结构采用钢结构（Steel structure，简称 S）或钢管砼（Concrete－filled Steel Tubular，简称 ST·C）结构、楼层采用钢梁＋压型钢板、现浇 RC 板的钢-砼组合（Steel－Concrete composite，简称 S－RC）结构。

高层建筑的三维和水平作用，如图 6－1 所示。

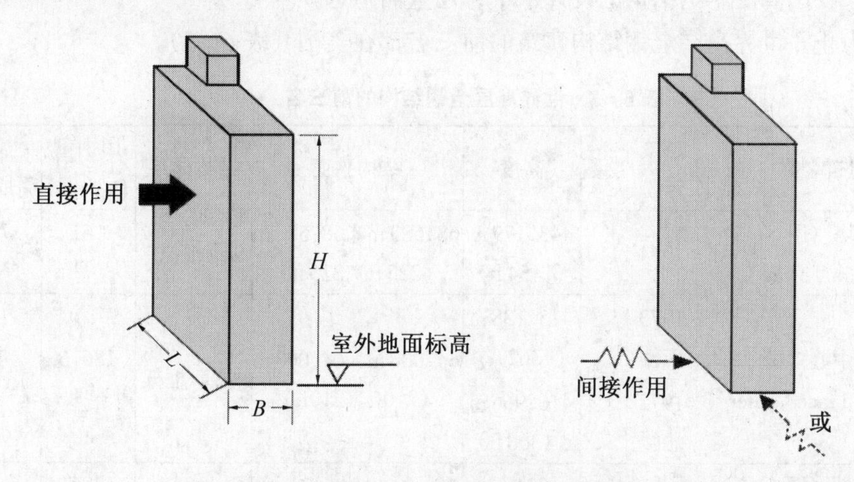

图 6－1　一般高层建筑的三维

我国《高层民用建筑钢结构技术规程（JGJ 99—1998）》[7]规定了高层全钢结构的高度限值[H]（见表 6－1）和高厚比限值[H/B]（见表 6－2）。

表 6－1　高层全钢结构的高度限值［H］　(m)

NO	结构体系	非抗震设防	抗震设防烈度		
			6、7	8	9
1	框架	110	110	90	70
2	框架-支撑（剪力墙板）	260	220	200	140
3	各类筒体*	360	300	260	180

＊文献[3]P82，在抗震设防烈度时，该项包括：筒体（框筒、筒中筒、桁架筒、束筒）和巨型框架。

表 6－2　高层全钢结构的高厚比限值［H/B］

NO	文献	结构体系	非抗震设防	抗震设防烈度		
				6、7	8	9
1	［7］P7	框架	5	5	4	3
2		框架-支撑（剪力墙板）	6	6	5	4
3		各类筒体	6.5	6	5	5
4	［3］P82	钢结构民用房屋		6.5	6.0	5.5

6.1 发展概况

高层全钢结构是近代经济发展和科学技术进步的产物。从1885年美国芝加哥建成第一幢高层全钢结构建筑——家庭保险公司大楼（$n=10$层，$H=55\,m$）。一个多世纪过去了，钢结构的三个主要优点：①最轻的结构；②最短的工期；③最好的延性，越来越突出，并导致最优的抗震性能。随着防火、防腐材料的进步，钢结构的不足之处正在减退。在地震烈度区，高层钢结构的某些重要指标：结构自重、结构系数 η、基础费用、工期等方面的综合经济效益，以及结构性能（如延性）等都比钢筋混凝土结构（Reinforced Concrete structure，简称RC）更优越。因此，先进国家大量采用钢结构，并基本上实现了以上三个优点。我国高层全钢结构的设计水平，任重而道远。

到目前为止，世界高层全钢结构建筑的前三名都在美国（表6-3）。

表6-3　世界高层全钢结构的前三名

NO	建筑名称	建成年份	层数	高度	结构平面	结构体系	用钢量（kg/m^2）	基本周期（s）
1	西尔斯塔（图6-6） Sears Tower	1974	110	443.179 m （1454 ft）	68.580 m×68.580 m （225 ft×225 ft）	9束框筒*	161 [27]P174	7.8 [42]P286
2	世界贸易中心（图6-4） World Trade Center	1973 南楼	110	415.138 m （1362 ft）	64.008 m×64.008 m （210ft×210ft）	框筒-框架	186.6 [27]P167	10 [42]P282
		1972 北楼		416.966 m （1368 ft）				
3	帝国大厦（图6-2） Empire State Building	1931	102	381 m （1250 ft）	130 m×60 m	框架-支撑	206 [56]P133	

*框筒（frame-tube structure）——由密柱（柱距＜4 m）和深梁组成的框架筒体。

帝国大厦（图6-2a），$H=1250\,ft=381\,m$，$n=102$层。从底层到85层为办公层、86～102层为观光塔（塔平面直径10 m，高61 m）。大厦底层面积130 m×60 m，在第6、25、72、81和85层分段收缩（图6-2b），85层平面为：40 m×24 m。钢结构采用铆钉（为主）和螺栓连接。

1945年7月28日9点40分大雾，一架美国B-25D型双引擎轰炸机撞进78-79层间，撞出一个约42 m^2大洞，飞机油箱爆炸，10人当场死亡，一个螺旋桨引擎横穿楼层，砸进街对面大楼里。

由于帝国大厦采用钢框架+中央支撑体系，对$H=381\,m$的全钢结构来说，结构的侧向刚度相对较弱，虽然钢框架外包了炉渣砼，实测的侧向刚度是裸露框架的4.8倍，但耗钢量仍较大，约206 kg/m^2。

1968年，美国芝加哥约翰·汉考克中心（图6-3），$H=1127\,ft=343.51\,m$，$n=100$层，第46层以上为公寓，房间进深不能太大，故大楼采用下大上小的矩形截锥体——底面尺寸265 ft×165 ft＝80.772 m×50.292 m，顶面：165 ft×100 ft＝50.292 m×30.48 m。

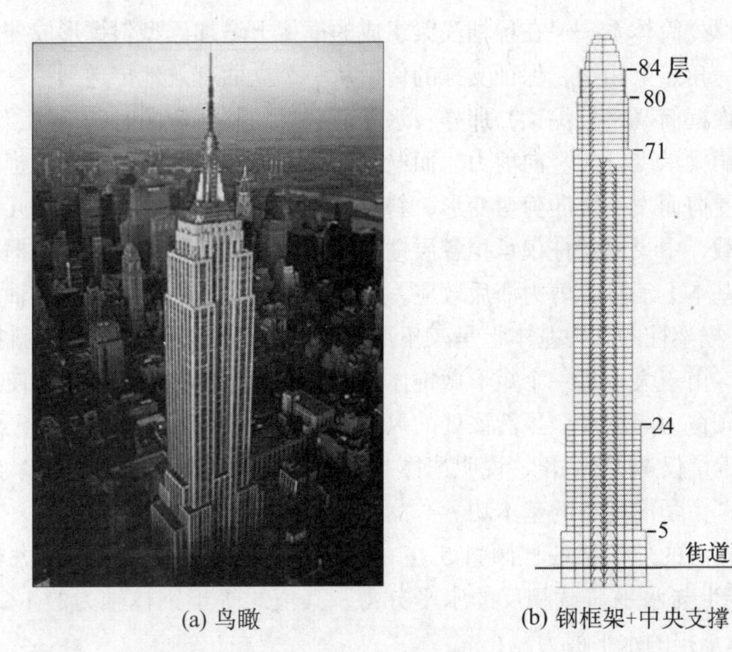

(a) 鸟瞰　　(b) 钢框架+中央支撑

图6-2 帝国大厦（钢框架+中央支撑体系，$H=381\text{m}$，纽约，1931）

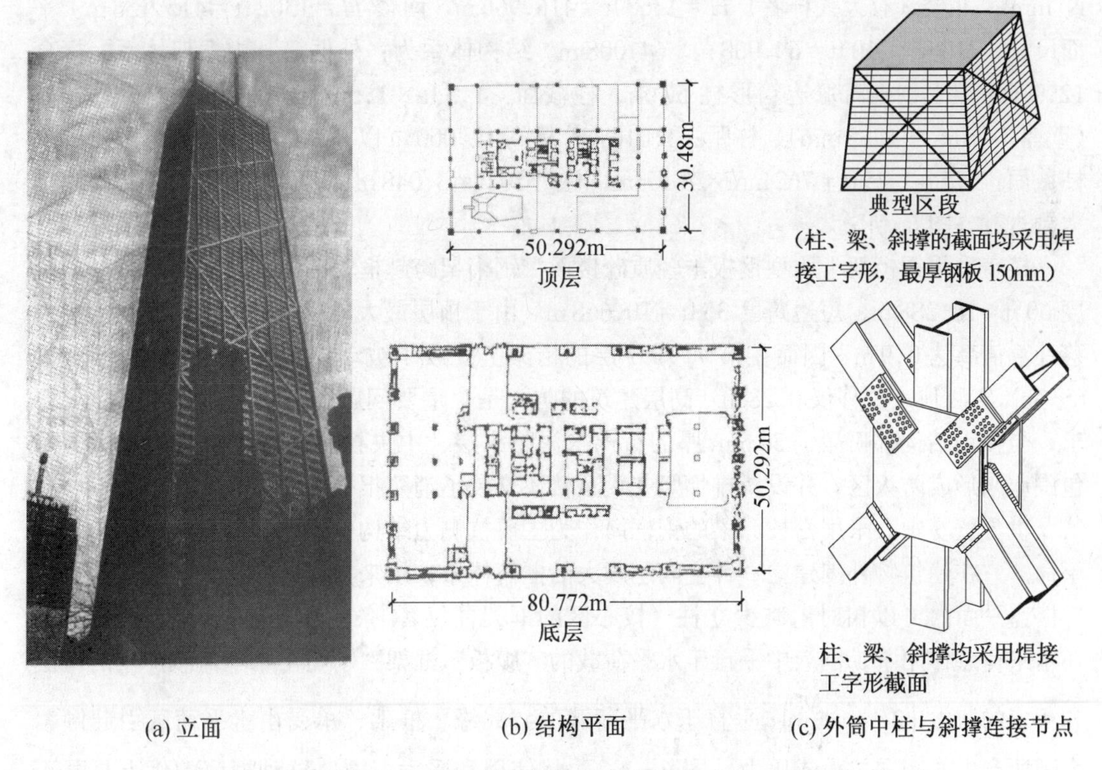

(a) 立面　　(b) 结构平面　　(c) 外筒中柱与斜撑连接节点

图6-3 汉考克中心（巨型支撑外筒体系，$H=343.51\text{m}$，芝加哥，1968）

柱间距13.2m，柱截面为焊接工字形（A-36）；最大轮廓尺寸：91.5mm×91.5mm。由于坎恩结构师（Fazhur Khan）与格莱厄姆建筑师（Bruce Graham）充分协调，采用简单而巧妙的巨型支撑外筒体系——在稀柱浅梁组成的框架上增加巨型斜撑形成外筒，各片框架中的斜撑在同一角点上相交，保证支撑的传力从一个立面有效地传递到另一个立面。巨型斜撑外筒不再像框筒（密柱深梁）那样：水平荷载下的整体弯曲时，“腹板”框架、“翼缘”框架中的窗裙梁承受巨大竖向剪力。而绝大部分剪力改由巨型斜撑来承担。由于外筒各层裙梁不再因受剪而发生竖向剪弯变形，斜撑又具有几何不变性，故外筒几乎承担了大楼的全部水平荷载，中央框架柱仅承担各层楼盖的重力荷载。从而，明显地提高了侧向刚度和抗扭刚度并基本上消除了剪力滞后效应，使外筒“翼缘”框架各钢柱的轴力基本上均匀分布，“腹板”框架柱的轴力基本上呈三角形，开创了高层全钢结构巨型斜撑抗侧力结构体系的新纪元。由于大楼是一个矩形截锥体，重心下降、挡风面积减小，使风荷载或水平地震力引起的倾覆力矩减少。虽然该处的风速较大（34 m/s），但仍能将顶点位移 u 控制 $< H/500$，用钢量仅 145 kg/m^2，说明选择一个高效的全钢结构抗侧力体系，往往成为优秀结构工程师“力学准则”的基本功。

由于汉考克中心的外框架各柱倾斜 5°左右，倾覆力矩使各柱产生的巨大轴力（压力或拉力），都将产生与水平荷载相反的水平分力，其值约等于钢柱轴力的 1/22，从而使“腹板”框架实际承担的水平剪力减小。

世界贸易中心（$n = 110$ 层，图 6－4a）。钢材的屈服强度：$f_y = 295$ N/mm^2 ~ 700 N/mm^2。北楼（有天线杆者）$H = 1368$ ft = 416.966 m，南楼 $H = 1362$ ft = 415.138 m。平面尺寸：210 ft × 210 ft = 64.008 m × 64.008 m。结构体系为：外框筒 + 内框架体系。标高 12.000 m 以上，框筒每边箱形柱 57 条，柱截面：1.5 ft × 1.5 ft = 457.2 mm × 457.2 mm（壁厚 7.5 mm～12.5 mm），柱距：1.016 m；标高 12.000 m 以下，框筒每边箱形柱 19 条，柱截面：2.5 ft × 25 ft = 762 mm × 762 mm，柱距 10 ft = 3.048 m，不设转换层，采用流线型力流过渡（图 6－4b）。

楼盖采用钢桁架 + 压型钢板 + 轻质砼楼面，钢桁架跨越框筒与核心柱区之间，长边跨度 60 ft = 18.288 m，短边跨度 35 ft = 10.668 m。由于顶层最大风压 4 kN/m^2，最大顶点位移计算值高达 0.9 m，因而在第 7～107 层的桁架上安放了被动控制装置——减振器（图 6－4e)，实测顶点位移仅 0.28 m。高层建筑的防火是个重要问题，按照当时当地的防火要求，全楼钢结构都喷涂了 30 mm 厚的石棉水泥防火层，中央核心柱区用防火墙和防火门包围起来形成防火区，并设置排烟竖井，全楼还安装了消防报警系统。

世界贸易中心采用密柱深梁的钢框筒作为主要抗侧力结构体系，当时是一种结构设计革命。它在建筑物外围建立一种空间刚度大的框筒体系，用来抵御侧向水平荷载，使得内部楼盖平面内可以相对地减少立柱（核心区的框架柱仅 44 条）和支撑，增加使用面积。在水平荷载作用下，框筒中平行于水平荷载的“腹板”框架，承受由水平荷载产生的弯矩和相应的剪力 $\left(V = \dfrac{dM}{dz}\right)$；垂直于水平荷载的“翼缘”框架，承受由水平荷载引起倾覆力矩所产生的竖向拉力或压力（图 6－4c）。从使用和受力上看，这种框筒的优点是既不会影响室内采光，又有很大的抗侧力和抗扭转刚度，而且结构型式上下统一，便于结构的工厂焊接，现场采用三层楼高的树形柱吊装单元，用高强螺栓拼装（图 6－4f），实现钢结构工期短和延性好的优点。其主要缺点是存在较严重的剪力滞后效应（图 6－4c 曲线）。

(a) 鸟瞰

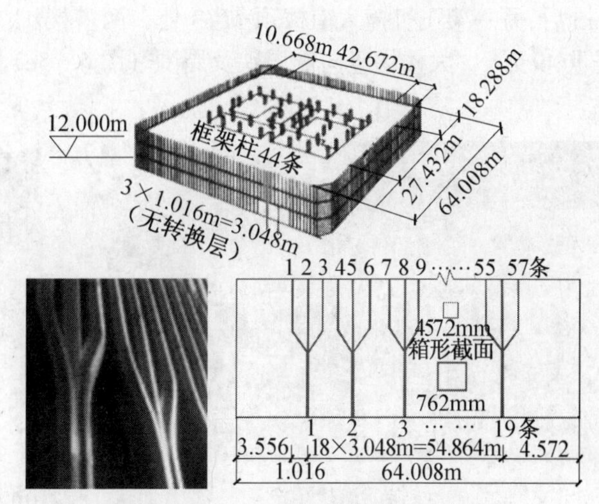

(b) 外框筒的上、下柱距变化（无转换层）

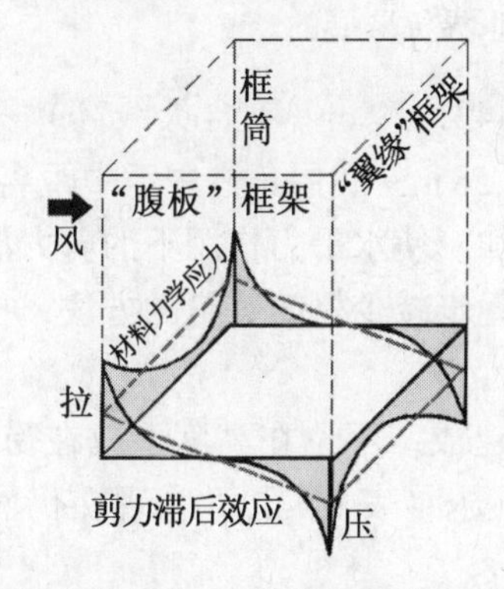

(c) 框筒底层柱的轴力：(曲线所示剪力滞后效应)

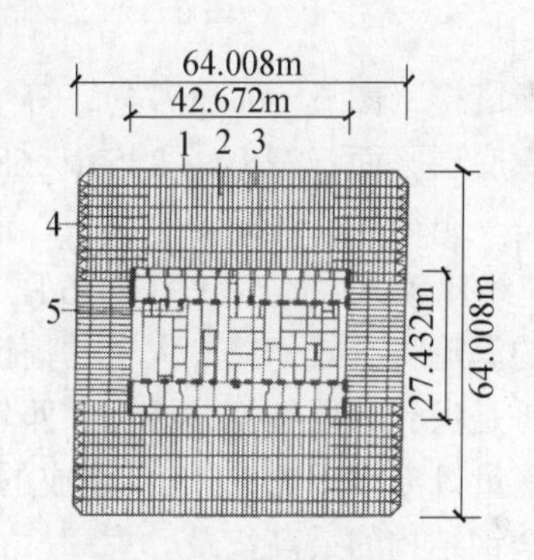

(d) 标准层结构平面

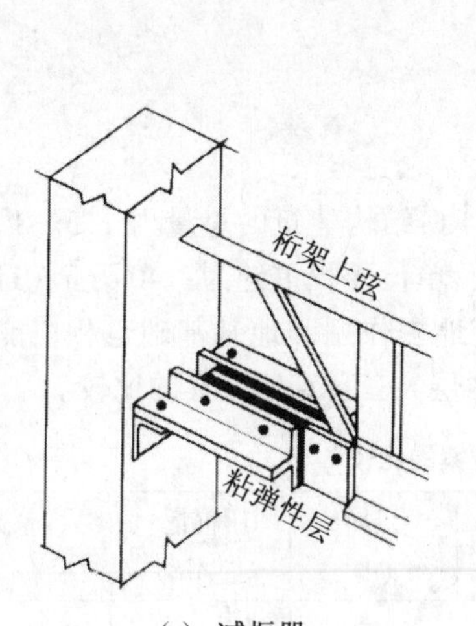

(e) 减振器

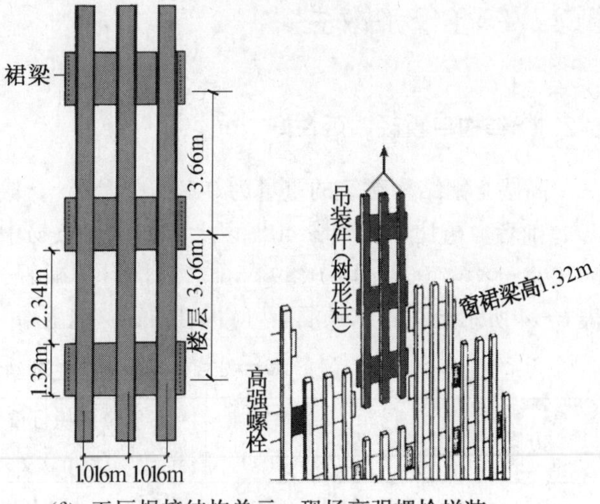

(f) 工厂焊接结构单元，现场高强螺栓拼装

图6-4　世界贸易中心（外框筒-内框架体系，纽约，1973）

2001年9月11日（恐怖日，图6-5）8点46分，恐怖分子驾驶的一架波音767客机像一颗超级“飞弹”（相当20 t TNT），击断钢柱，撞入世界贸易中心北楼顶 $H/4$ 处，

18 min 后，另一架飞机撞入南楼顶 $H/3$ 处，两塔楼 1h 后，先南后北竖向倒塌。由于每幢大楼重 40 万 t，大楼均竖向倒塌殃及周围（图 6-5c）。

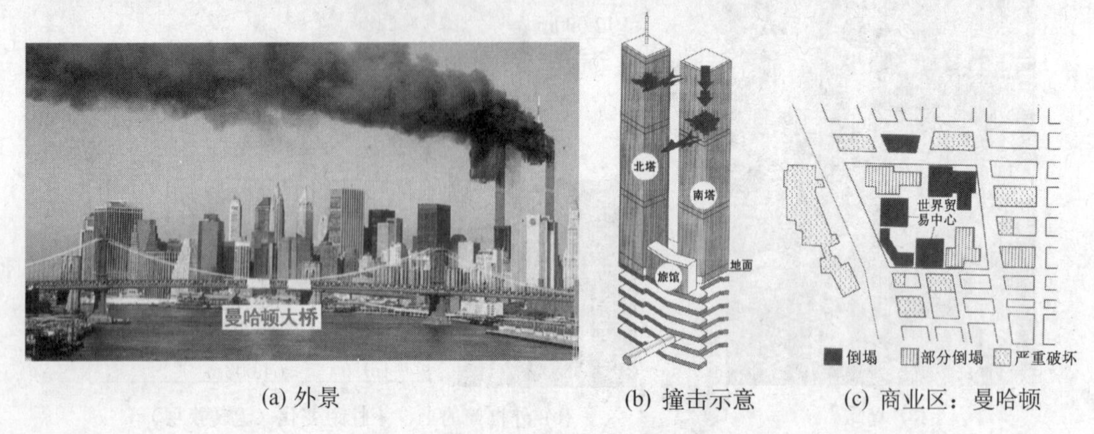

(a) 外景　　(b) 撞击示意　　(c) 商业区：曼哈顿

图 6-5　恐怖分子驾机撞击世界贸易中心

西尔斯塔楼（图 6-6，1974），H = 1454 ft = 443.179 m（不含天线高）n = 110 层，地下 3 层。底层平面：225 ft×225 ft = 68.58 m×68.58 m（底层角柱中至中距离）。由于束框筒结构是一组筒体，框筒的“腹板”框架相应增加，使水平力作用下的剪力滞后效应与图 6-4c 曲线比较大大减少（图 6-6d）。这种向上逐步减少框筒数量的方法，扰乱了大气流，产生的涡流将有效地减少大楼的摇摆振动。

芝加哥是世界高层结构的摇篮，西尔斯塔楼的建成，不论在高度上或在受力性能上，以及在用钢量等方面都比 1973 年建成的世贸中心优越（表 6-3），它现在仍然保持当今世界高层全钢结构的最高纪录。

6.2　综合经济效益

6.2.1　结构自重轻、延性好

高层全钢结构建筑的重量为 0.8～1.1 t/m²，高层 RC 结构建筑的重量为 1.5～1.8 t/m²，前者自重比后者减少 40% 以上。如世界贸易中心，单位面积重约为：40 万 t/(110×64.008 m×64.008 m) = 0.89 t/m²。结构自重减轻，使地震作用和地基基础也相应变小。表 6-4 所示上海希尔顿酒店（H = 144 m，地上 n = 43 层）三种结构方案的比较。

表 6-4　希尔顿酒店三种结构方案的比较

方案	结构类型	建筑总重 (万 t)	单位面积自重 (t/m²)		工期 (d)	用钢量 (kg/m²)	结构系数 η
①	RC	9.41	1.80	100%	473	—	9%
②*	RC+SF	6.64	1.28	71%	322	133	3.3%
③	S	5.46	1.05	58%	242	165	2.5%

* 最后决定采用方案②，即采用：RC 芯筒 + 外围钢框架（Steel Frame——RC+SF）。

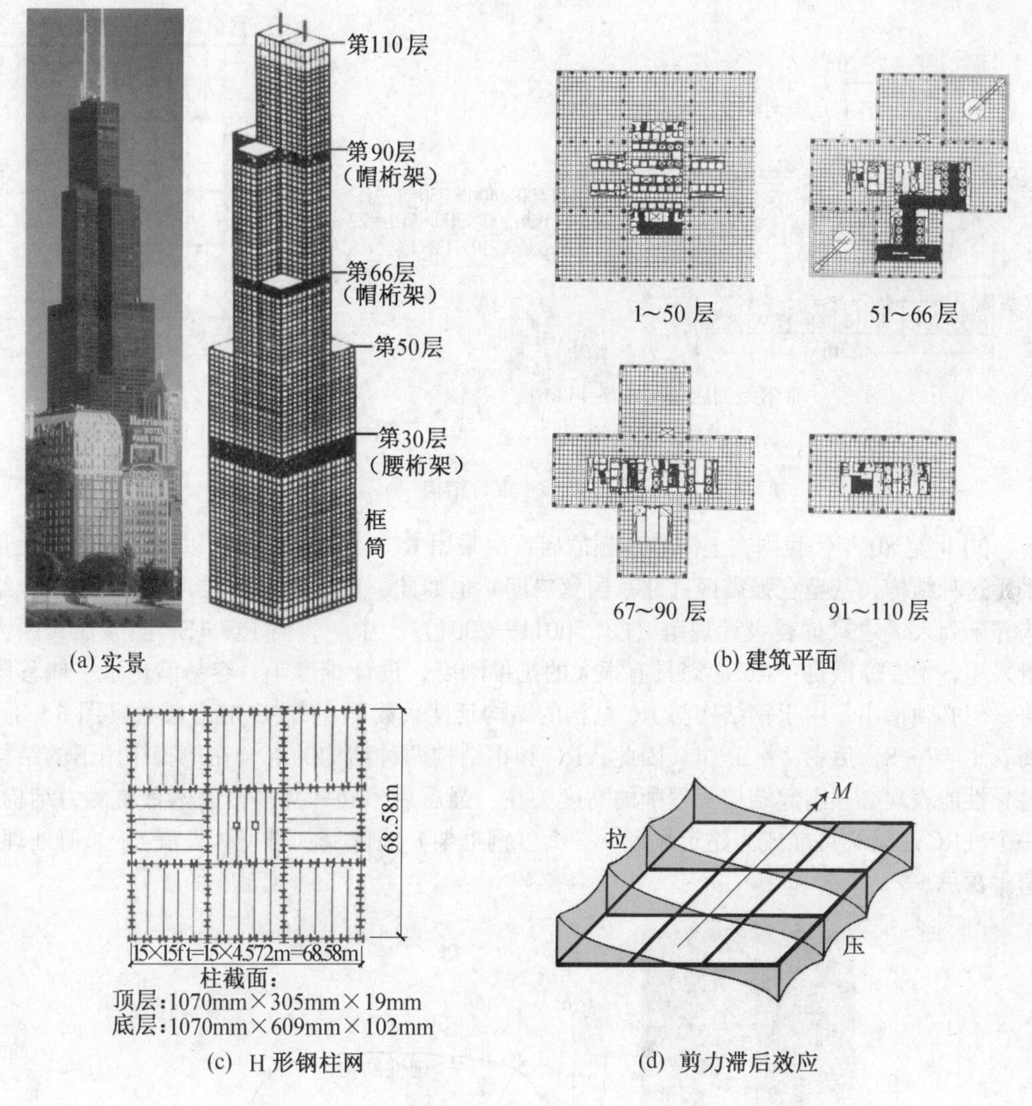

(a) 实景　(b) 建筑平面　(c) H形钢柱网　(d) 剪力滞后效应

图6-6　西尔斯塔楼（9束框筒体系，芝加哥，1974）

RC+SF代表RC芯筒+外围钢框架SF（图6-7a）、RC+SFT代表RC芯筒+外围钢框筒SFT（图6-7b）组成的混合结构。RC+SF中的RC芯筒几乎承担100%水平作用（风、地震），而钢框架主要承担竖向荷载和少量水平力，其耐震性能和抗震能力稍强于RC结构。RC+SFT中的RC芯筒可承担60%~70%的水平力，由于钢框筒具有空间矢量传力的特性，抗推刚度较大，它除了承担竖向荷载外，还将分担30%~40%的水平作用。

美国曾采用RC+SF混合结构，1964年阿拉斯加地震，结构严重破坏甚至倒塌，因此，在美国的这种混合结构主要用于非抗震区，并认为$H>150$ m（$n=45$层）时也很不经济。1992年日本神奈川县建成两幢RC+SF混合结构（$H=78$ m和$H=107$ m），并结合这两项工程开展性能研究，但并未推广。据报道，日本规定今后采用这类混合结构要经建筑中心评定和建设大臣批准，然而，至今尚未出现第三幢。

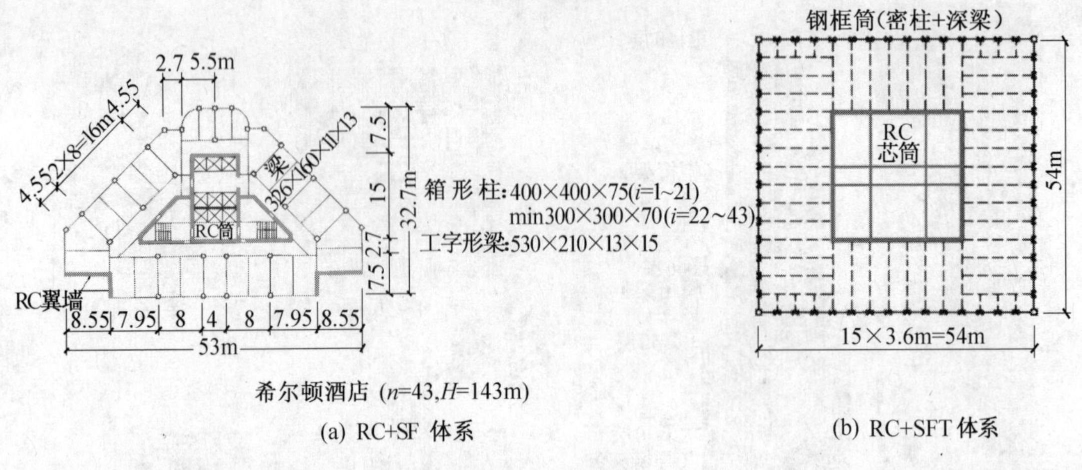

(a) RC+SF 体系　　(b) RC+SFT 体系

图 6-7　混合结构

20 世纪 80 年代我国在上海希尔顿酒店首次采用 RC+SF 混合结构以来，我国就大量采用这种结构，甚至在强震区（北京国贸二期）也如此，值得注意的是，RC+SF 混合结构并未列入《建筑抗震设计规范（GB 50011—2001）》[3]中。为何 RC+SF 能够在我国大量采用，主要原因是：RC 芯筒具有很大的抗推刚度，设计难度小，容易满足水平侧移限值。但必须指出：由于钢结构与 RC 结构的结构延性系数 $\zeta=D_u/D_y$相差较大（图 6-8），前者 $\zeta=7\sim8$，后者 $\zeta=3\sim4$。因此，RC 和钢结构两种结构的混合在地震作用下的结构差异性能表现必须引起结构工程师的高度关注：强震后，同一幢高楼的两种抗侧力结构，一个（RC 芯筒）可能成为建筑垃圾，一个（钢框架）能修复（可持续发展），如何处理，值得深思。

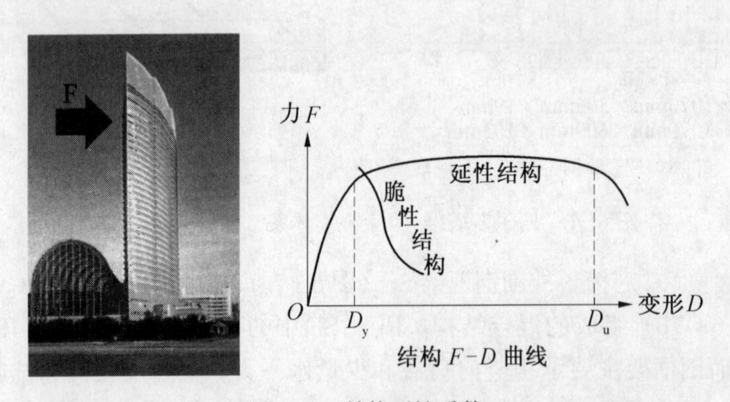

图 6-8　结构延性系数

上海浦东金茂大厦（图 6-9a）和美国芝加哥米格林-拜特勒大厦（图 6-9b），由 RC+SF 并外加 8 根钢骨混凝土巨型翼柱组成的混合结构。型钢混凝土或称钢骨混凝土（Steel-Reinforced Concrete，用 RC·S 表示），在水平作用（风或地震）下，由于这类结构体系主要由抗侧力的 RC·S 巨型翼柱和 RC 芯筒承担，钢柱贡献不大。因此，主体结构应视为 RC 结构，绝不能将它们视为钢结构。

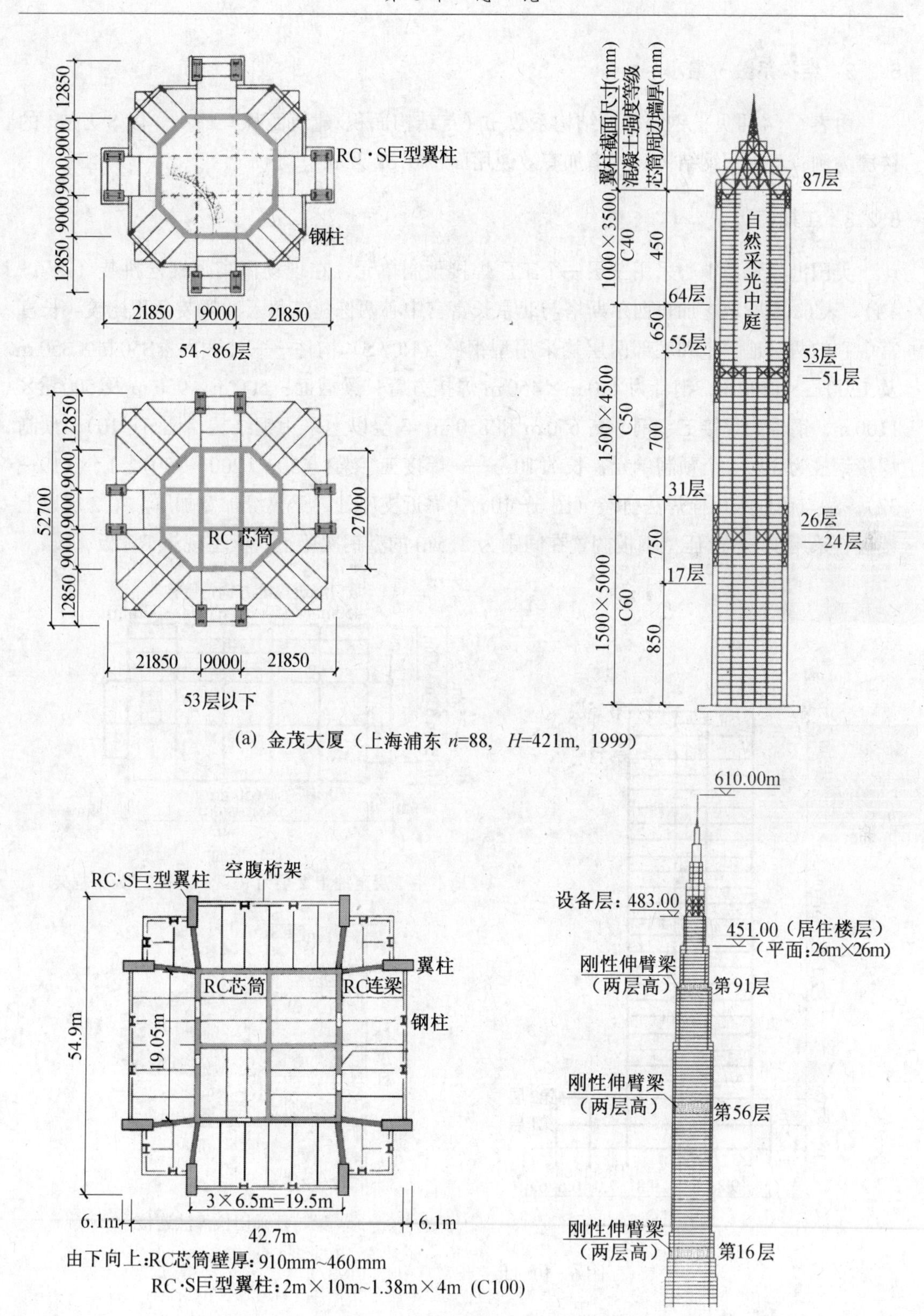

(a) 金茂大厦（上海浦东 n=88, H=421m, 1999）

(b) 米格林-拜特勒大厦（美国芝加哥，n=108, H=453m）

图6-9　RC+(SF+RC·S) 混合结构体系

6.2.2 结构系数 η 最小

由表 6-4 可见，钢结构的结构系数 η（=结构面积/建筑面积）最小。以 8 万 m^2 的楼房为例，若采用钢结构，可增加有效使用面积 0.32 万 m^2。

6.2.3 工期短

美国世界贸易中心采用三层一个工厂焊接预制单元，在现场用高强螺栓拼装（图 6-4 f)。表 6-5 所示芝加哥西尔斯塔与北京长富宫中心两栋建筑每天的拼装面积比较。长富宫中心的两层地下室和底部两层均采用型钢砼（RC·S）构件——柱截面：850 m×850 m 及 1200 m×1200 m，钢骨为 450 m×450 m 焊接方管；梁截面：500 m×950 m 及 500 m×1100 m，钢骨为焊接工字钢，高 650 m 和 850 m；3 层以上采用钢结构（图 6-10），预制焊接钢柱为 3 层 1 个预制单元，长约 10 m——焊接工字梁：650×(200～250)×12×(19～32)，梁与钢柱采用栓焊法拼装（图 6-10c），靠近支座处，梁翼缘加宽加厚。第 3 层以上楼板，采用 1.2 mm 压型钢板搁置在间距为 2.5 m 的型钢次梁上，板上现浇 RC 板 。

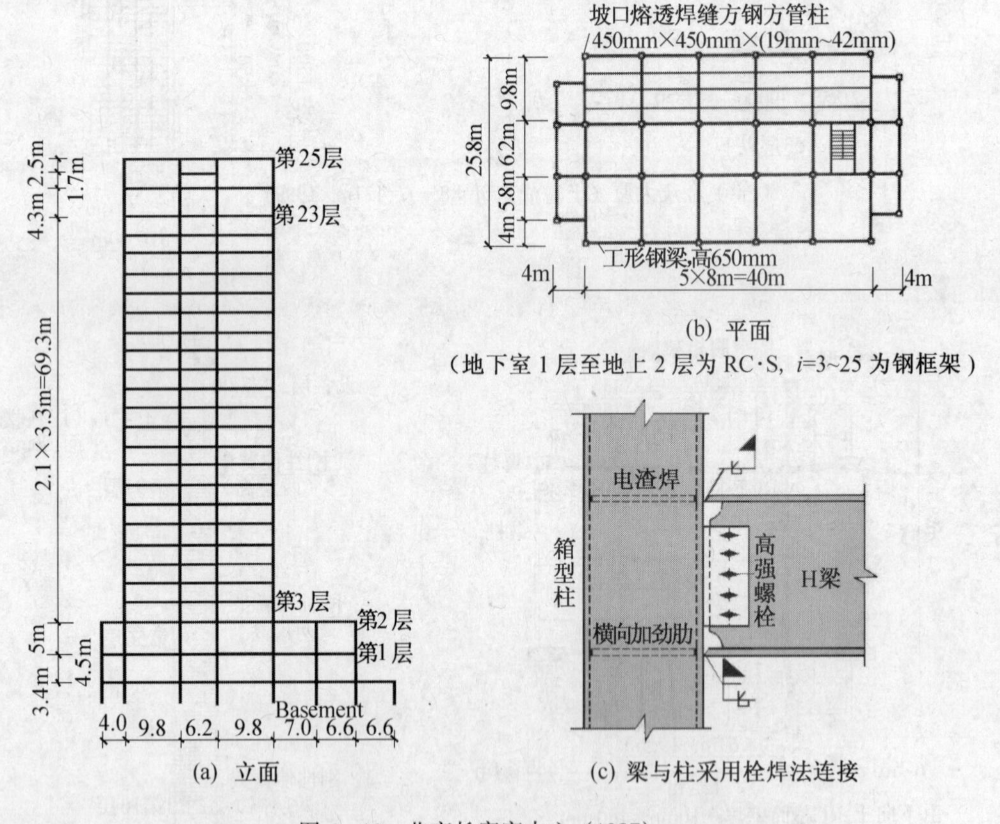

图 6-10 北京长富宫中心（1987）

表6-5　两幢大楼的工期效益比较

名称	平面	n（层数） H（m）	建筑面积 （万 m²）	用钢 （万 t）	现场拼装方式 （工期）	拼装面积 （m²/d）	基本周期 （s）
西尔斯塔 （图6-6）	68.58m×68.58m	110层 443.179m	40	7.6	全部高强螺栓拼装* （15个月）	889	7.8
长富宫中心 （图6-10）	48.00m×25.80m	26层 94.9m	5.05	0.42	栓焊法（图6-10c）：腹板用高强螺栓，翼缘坡口焊缝（9个月）	187	3.6

* 工厂焊接预制单元：高×宽=7.9m×22.5m，现场全部用高强螺栓拼装。

6.3　圆钢管砼（ST·C）构件简介

在高层全钢结构中，作者乐意推荐圆钢管混凝土（ST·C）构件——在圆钢管内灌填素混凝土形成的组合构件，有效地防止薄壁钢管的局部屈曲、提高构件的承载力。

ST·C构件的优点是：

（1）抗压承载力高：

$$N_{ST\cdot C}=(1.7\sim2.0)(N_{ST}+N_{C}) \tag{6-1}$$

式中　ST——Steel Tubular，C——Concrete。

（2）延性好。管内混凝土受到钢管的紧箍效应，延性显著提高，混凝土的破坏特征由脆性破坏转变为延性破坏，ST·C构件的极限应变比RC柱大10倍左右，且轴压比不受限制。

（3）耗能容量大。在反复水平力作用下，ST·C构件的荷载-位移滞回曲线十分丰满（图6-11），说明吸收能量多，且刚度退化现象很小。在压、弯、剪共同作用下，弯矩与曲率的关系无下降段，与钢构件的 $M-\phi$ 关系一样。可见，ST·C构件的抗震性能还优于钢构件。

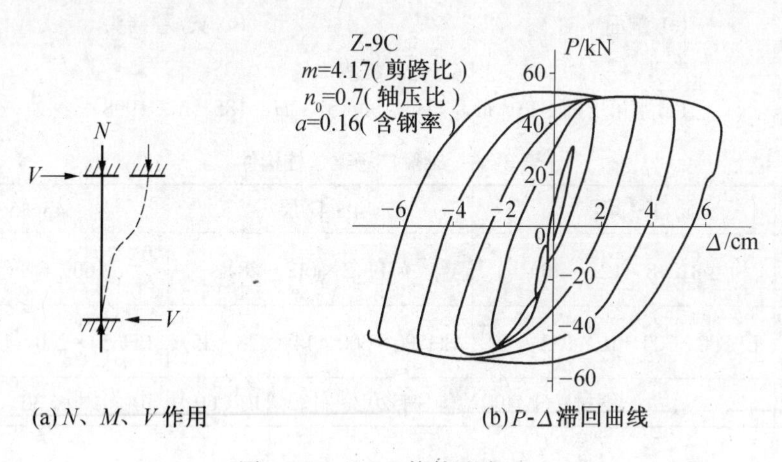

图6-11　ST·C构件试验

（4）用钢量少。与钢柱相比，ST·C柱可节约钢材50%，降低造价45%，与RC柱相比，用钢量仅有少量增加。

（5）施工简单。若在钢管下端开一个临时浇灌口，采用泵送、顶升免震高流态混凝土

(坍落度 230 mm，流动性 430 mm）的施工方法，3～4 层一泵送，若同时采用逆作法施工地下结构，施工简单，工期短。日本琦玉县雄狮广场高层住宅楼（图 6－12a），$n=55$，$H=185.5$ m，建筑面积 9.3452 万m^2（图 6－12b），每层建造工期 7.5 天，折合每天施工面积可达 226.6 m^2（对照表 6－6）。

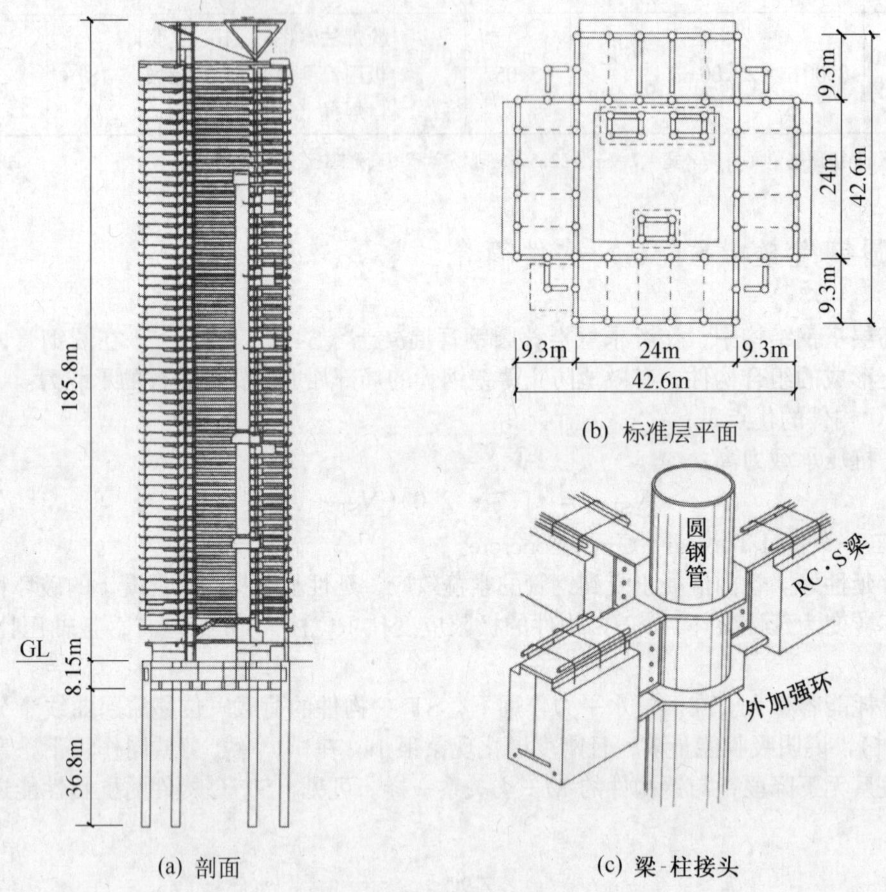

(a) 剖面　　(b) 标准层平面　　(c) 梁-柱接头

图 6－12　雄狮广场

（日本第一幢 ST·C 最高建筑，$n=55$，$H=185.5$m，1998）

表 6－6　雄狮广场梁、柱构件

层　节	1～3 层	4～42 层	43～55 层
钢管混凝土柱（ST·C 柱）	ϕ812.8×(22～40)	ϕ711.2×(12～28)	ϕ609.6×(12～22)
型钢混凝土梁（RC·S 梁）	BH800×300×16×(32～40)	BH700×300×14×(28～45)	BH650×200×12×(19～40)
材料	钢材：SM490A 和 SH520B，砼：管内 C60～C70，楼板 C30		

（6）耐火性能好。火灾时，管内比热较大的混凝土能吸收较多热量，从而使钢管的耐火极限延长。与钢结构相比，钢管混凝土结构可节约防火涂料 60％以上。

联盟广场，建筑平面采用四边为弧线的矩形平面（图 6－13）。大楼结构采用支撑芯筒-框架体系。在楼面核心的公用服务区的四个角，设置 4 根 ST·C 巨形柱，沿这 4 根巨柱的4个边，设置4片竖向支撑，围成一个支撑芯筒，作为整座大楼的主要抗侧力构件。沿楼面周边设置15根边柱（最大柱距为13.4m），边柱与周边钢梁构成周圈框架，主要承担各楼层的重力荷载；并通过各层楼盖的连接，与支撑芯筒共同组成一个完整的抗侧力结构体系。

ST·C巨柱采用圆钢管 $\phi3050\times30$，管内填灌133 N/mm²的高强混凝土。4根ST·C巨柱，承担整座大楼总重力荷载的65%左右及水平荷载倾覆力矩所引起的附加轴力的绝大部分。为了减小大风时的结构风振加速度，缓解大楼使用者的风振不适感，在大厦结构层间侧移角较大的部位，安装了16组黏弹性阻尼装置。整座大楼的结构用钢量仅58 kg/m²，有力地说明ST·C结构的有效性和经济性。

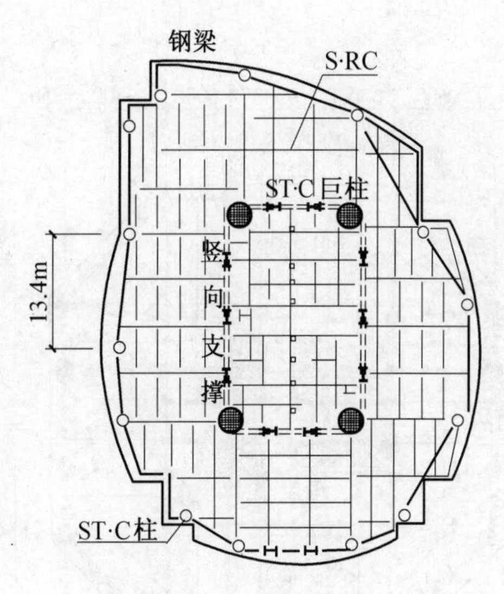

图6-13　联盟广场

（美国西雅图，$n=56$，$H=226$ m，1989）

6.4　设计特点

6.4.1　案例

深圳赛格广场大厦（1999）（图6-14a），地面以上塔楼 $n=72$ 层，$H=292$ m，裙房10层，地下4层。总建筑面积16.7万m²，7度设防。塔楼顶设置直升机停机坪。

(a) 全景

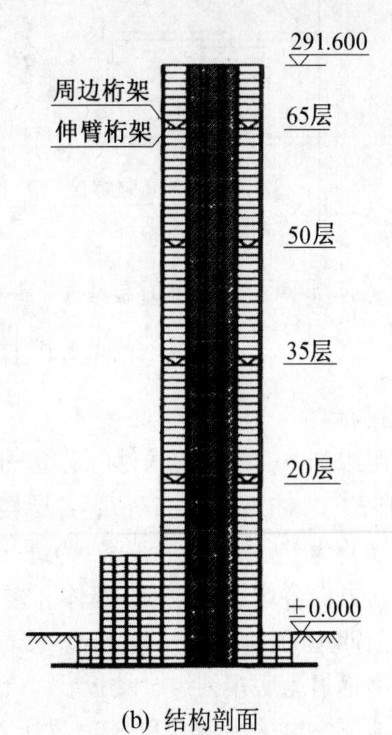

(b) 结构剖面

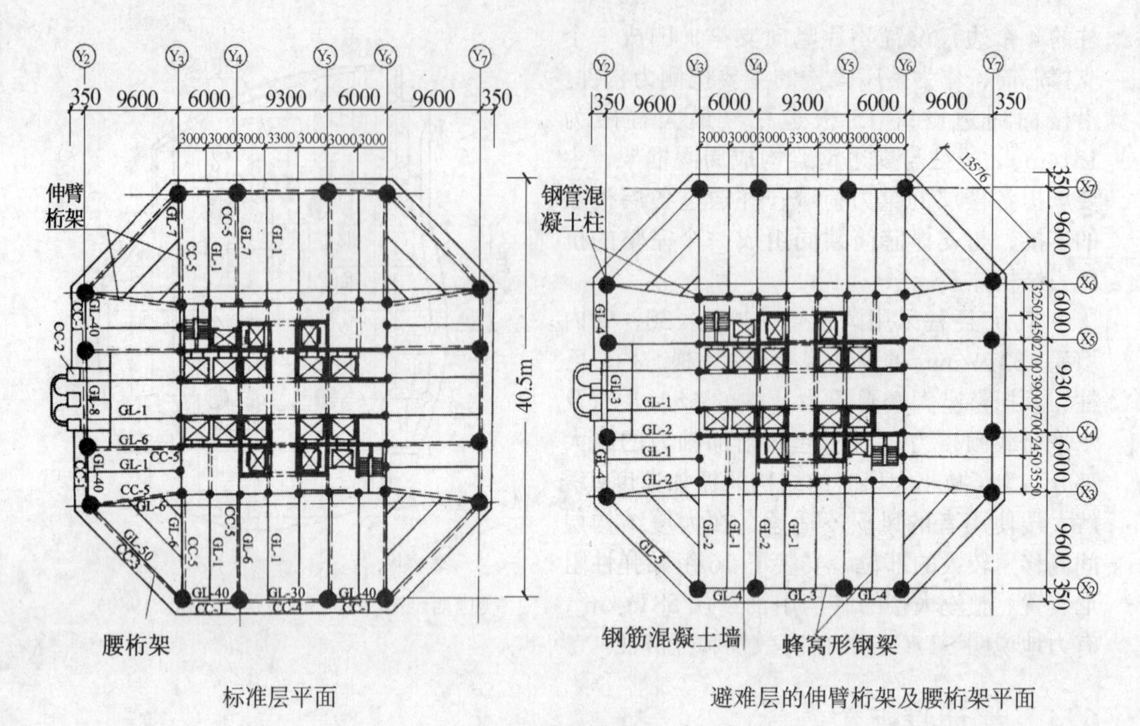

(c) 结构平面

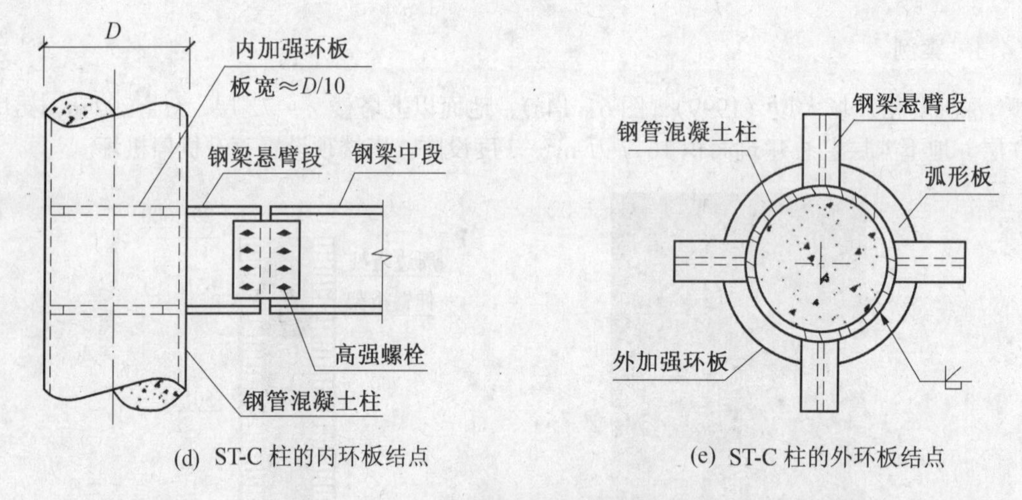

(d) ST-C 柱的内环板结点　　(e) ST-C 柱的外环板结点

图 6-14　深圳赛格广场大厦

6.4.1.1　结构体系

塔楼采用以 ST·C 柱为主构件的芯筒-框架结构体系。芯筒是由中心距为 2.45～3.9m 的 28 根密排 ST·C 柱（图 6-14e）、各层楼盖钢梁及柱间 RC 墙所组成的筒体，芯筒的平面尺寸（轴线）为 19.1m×21.3m。为进一步提高芯筒的抗推刚度和受剪承载力，在芯筒内部沿纵、横方向各增设四道 RC 墙体。楼面外圈框架由 16 根 ST·C 柱与各楼层的钢窗裙梁组成，楼面四边的柱距为 6～9.3m。楼面角部的柱距为 13.576m（图 6-14c）。各层楼盖采用以压型钢板为底模的组合楼板。

裙房及地下室也采用钢梁和 ST·C 柱，柱网尺寸为 12m×12m。

6.4.1.2 构件截面尺寸

自下而上，ST·C柱的钢管截面尺寸：塔楼芯向角柱为 $\phi1100\times22\sim\phi700\times20$，芯筒边柱为 $\phi800\times20\sim\phi700\times18$；塔楼外圈框架柱为 $\phi1700\times30\sim\phi1400\times24$；裙房为 $\phi900\times14$。钢管内灌注的混凝土强度等级自结构底部至顶部分别为C60～C40。

塔楼周边框架各楼层窗裙梁均采用焊接工字形截面，楼面四边轴线上跨度为6m和9.3m的窗裙截面为工700×200×14×10，楼面角部跨度为13.576m的窗裙梁截面尺寸为工1000×250×16×12。

塔楼楼盖钢梁跨度9.6m；裙房楼盖钢梁跨度12m。楼盖钢梁均采用孔腹式工形钢梁，其截面尺寸：塔楼为700×260×12×10和600×250×10×8；裙房为750×300×16×12和750×250×16×12。

塔楼框架柱的最大轴向压力为9万kN，若采用RC柱，方形截面达到2.4m×2.4m；改用ST·C柱之后，柱直径为1.6m，截面面积减小62%。由于柱截面尺寸的减小，整座塔楼共增加使用面积0.3万 m^2。

6.4.1.3 梁-柱结点

钢梁与ST·C柱的连接采取刚性结点，结点形式多采用内加强环板（图6-14d），并在工厂内将一段钢梁焊接在管柱上，形成悬臂梁段，在现场，先用高强螺栓将其腹板与中间段预制钢梁腹板相拼接，然后再将两者的上、下翼缘采用坡口对接焊缝加以连接（栓焊法）。塔楼的重要梁-柱结点，均采用此一内加强环式刚性结点，内环板的宽度取0.1D左右（D为ST·C柱的外直径）。

对于四面均有钢梁的不甚重要的中柱结点，为了方便管内混凝土的浇灌，采用外环板式刚性结点（图6-14e）。即在钢管外侧，于四面钢梁的上、下翼缘平面内，各加焊4块弧形钢板，形成上、下外加强环板。

图6-15所示ST·C柱“内加强环式”梁-柱结点在工厂制作完成后运抵现场和现场拼装完成后的情况。

图6-15

6.4.1.4 地下室结构和逆作业法施工

地下室全部柱子均采用ST·C柱，并采用挖孔桩基，一柱一桩，为地下结构的逆作业法施工提供了条件。桩孔直径3.8～5.5m，深35～43m。地下连续墙厚0.8m，深31～35m，双面双向配筋 $\phi25@200$ mm。

地下结构的施工程序是：

挖孔桩完成并于桩顶做好基础承台和柱杯口之后，将各柱的空钢管，从±0.000标高处插入基础杯口内，校正后，将底层地面处楼梁与钢管柱连接，组成框架。

浇筑地面楼盖组合楼板和各管柱的管内混凝土，为下一步的地上和地下结构同时施工创造条件。之后，地下挖土和地上各层楼盖拼装同时进行。

一方面接长各根管柱，连接1层楼盖钢梁，浇筑楼板；接着，进行2层、3层等各楼层的梁、柱组装和楼板施工。与此同时，从地面开始向下挖土，进行地下1层楼盖的拼装和浇灌混凝土；然后，再开挖地下2层土壤，完成地下2层楼盖；如此，再进行地下3层、4层楼盖施工，直至地下4层底板的完成。

6.4.1.5 计算结果

此工程的抗震设防烈度为7度，基本风压为 $0.7\times1.1=0.77\,\text{kN/m}^2$。采用中国建研院TAT计算程序进行结构分析，计算结果列于表6-7。

表6-7 深圳赛格广场大厦抗风、抗震计算结果

作用		基本周期	基底剪力系数	u_n		max Δu		
		T_1 (s)	V/G	u (mm)	u_e/H	Δu_i (mm)	Δu_i/h	所在楼层
风荷载	x向	—	—	250	1/1180	4.9	1/760	$i=11$层
	y向	—	—	279	1/1060	5.4	1/690	
地震	x向	6.5	0.94%	265	1/1110	5.0	1/740	
	y向	6.8	0.92%	296	1/1000	5.5	1/680	

6.4.2 结构侧移成为控制指标

在水平作用（风、地震）下（图6-16b），高层全钢结构的设计难点是：注册结构工程师如何发挥力学智慧，选择最优的抗侧力体系，控制结构位移限值（表6-8）。内力和顶点侧移计算公式由表6-9算出。

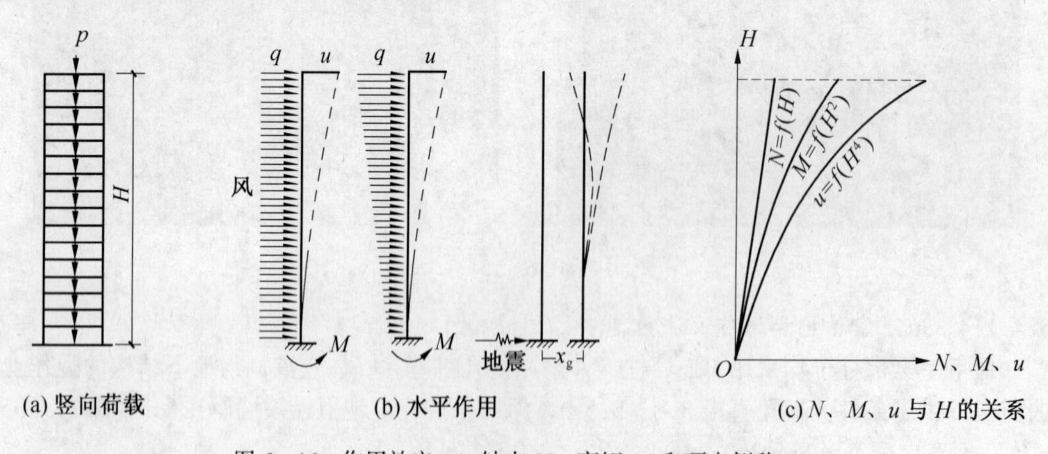

图6-16 作用效应——轴力 N、弯矩 M 和顶点侧移 u

表6-8　侧移限值[u]、[Δu]

作用	顶点侧移 [u]	层间侧移 [Δu]	
风	$H/500$[7]	$h_i/400$[7]	
地震	—	第一阶段	$h_i/250$[7]，$h_i/300$[3]
		第二阶段	$h_i/70$[7]，$h_i/50$[3]

注：h_i——楼层高度。

表6-9　内力和顶点位移计算公式

竖向荷载 p	水平荷载 q			
	均布		倒三角形	
N	M	u	M	u
PH	$\frac{qH^2}{2}$	$\frac{qH^4}{8EI}$	$\frac{qH^2}{3}$	$\frac{11qH^4}{120EI}$

由表6-8可见，u与H^4成正比，因此，随着H的增加，控制结构侧移成为关键指标，为了满足使用功能和安全，结构在水平作用下产生的侧移应控制在某一限度之内。

6.4.2.1　人体对运动的感受

1970年美国波士顿某高楼，在风压0.98 kN/m^{2}作用下，结构顶点侧移 $u<H/700$，居住者仍感到不适。说明侧移在允许范围内，并不一定能满足风振容忍度（舒适度）的要求。试验研究指出，人体感觉器官不能觉察所在位置的绝对位移和速度，只能感受到它们的相对变化。加速度是衡量人体对大楼风振感受的最好尺度。侧移 u 是结构按风荷载等效静力计算出的静位移；而结构风振加速度则取决于风荷载下的结构动位移，并与其振幅和频率两个参数密切相关。

F.K.Chang研究表明，结构在阵风作用下的振动加速度 $a>0.015g=0.015\times981$ cm/s^2$=14.715$ cm/s^{2}时，就会影响使用者的正常工作与生活（图6-17）。从关系式 $a=A(2\pi f)$可见，当高楼在阵风作用下发生振动的频率 f 为一定值时，结构振动加速度 a 与结构振幅A 成正比。

《高层民用建筑钢结构技术规程（JGJ 99—1998）》第5.5.1条规定：高层钢结构顺风向和横风向顶点最大加速度 a_w和 a_{tr}应满足下列关系式[7]：

公寓建筑：
$$a_w(\text{或 } a_{tr})\leqslant 20\text{m/s}^2 \tag{6-2}$$

公共建筑：
$$a_w(\text{或 } a_{tr})\leqslant 28\text{m/s}^2 \tag{6-3}$$

（1）顺风向顶点最大加速度

$$a_w=\xi\nu\frac{\mu_s\,\mu_r\,w_0\,A}{m_{tot}} \tag{6-4}$$

式中　μ_s——风荷载体型系数；

μ_r——重现期为10年时的调整系数0.83；

w_0——基本风压（kN/m^2），按国家标准全国基本风压分布图的规定采用[2]；

ξ、ν——分别为脉动增大系数和脉动影响系数，按《建筑结构荷载规范（GB 50009—2001）》的规定采用；

A——建筑物迎风面积，m^2；

m_{tot}——建筑物质量，t。

（2）横风向顶点最大速度

$$a_{tr}=\frac{b_r}{T_t^2}\cdot\frac{\sqrt{BL}}{\gamma_B\sqrt{\zeta_{t,cr}}} \tag{6-5}$$

$$b_r=0.205\times10^{-3}\left(\frac{\upsilon_{n,m}T_t}{\sqrt{BL}}\right)^{3.3}\quad(\text{kN/m}^3)$$

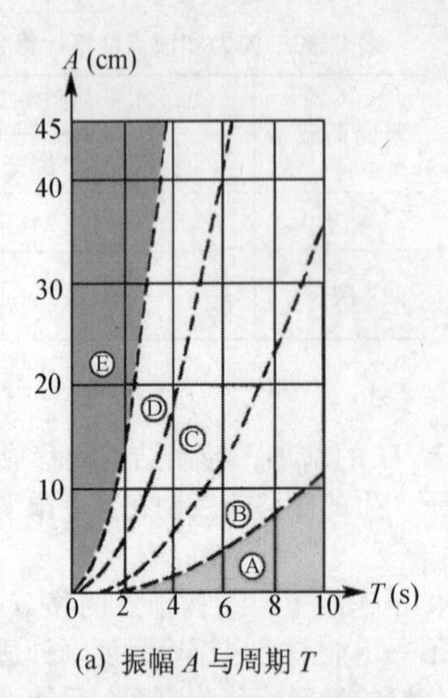

(a) 振幅 A 与周期 T

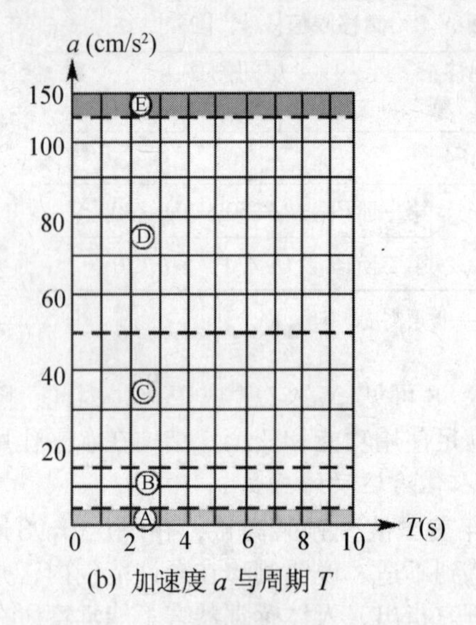

(b) 加速度 a 与周期 T

结构风振加速度 a（cm/s^2）	人体反应	
＜4.905 （0.005g）	Ⓐ	无感觉
4.905≤a＜14.715 （0.015g）	Ⓑ	有感觉
14.715≤a＜49.05 （0.050g）	Ⓒ	烦躁
49.05≤a＜147.15 （0.150g）	Ⓓ	非常烦躁
≥147.15	Ⓔ	无法忍受

(c) F.K.Chang 建议的人体风振分级标准

图 6－17 人体风振反应

式中 $\upsilon_{n,m}$——建筑物顶点平均风速（m/s^2），$\upsilon_{n,m}=40\sqrt{\mu_s\mu_z w_0}$；

μ_z——风压高度变化系数；

γ_B——建筑物所受的平均密度重力，kN/m^3；

$\zeta_{t,cr}$——建筑物横风向的临界阻尼比值；

T_t——建筑物横风向第一自振周期，s；

B、L——分别为建筑物平面的宽度和长度，m。

6.4.2.2 过大的侧向变形会使围护墙开裂或损坏

6.4.2.3 悬臂结构的一阶弯矩（结构力学）

$M_1=Q(H-z)$，如图 6－18a 所示，而高楼的过大水平侧移（图 6－18b）会产生二阶弯矩 $M_2=Q(H-z)+P(\Delta+d)=M_1+P\Delta+Pd$，其中 $P\Delta$ 为二阶效应，即通常所说的 $P-\Delta$ 效应，Pd 为梁柱效应，一般可忽略不计。

研究表明：要近似考虑柱的二阶效应，可以把乘积 $P\Psi$ 作为附加的水平力，然后按一阶理论计算。常规结构的二阶效应不会很大，但当轴力很大和侧移刚度很小时，二阶效应甚至会超过一阶内力。如图 6－18c 框架柱的截面 a；一阶弯矩 $M_{a1}=10\times5=50$ kN·m、二阶弯矩 $M_{a2}=125$ kN·m。

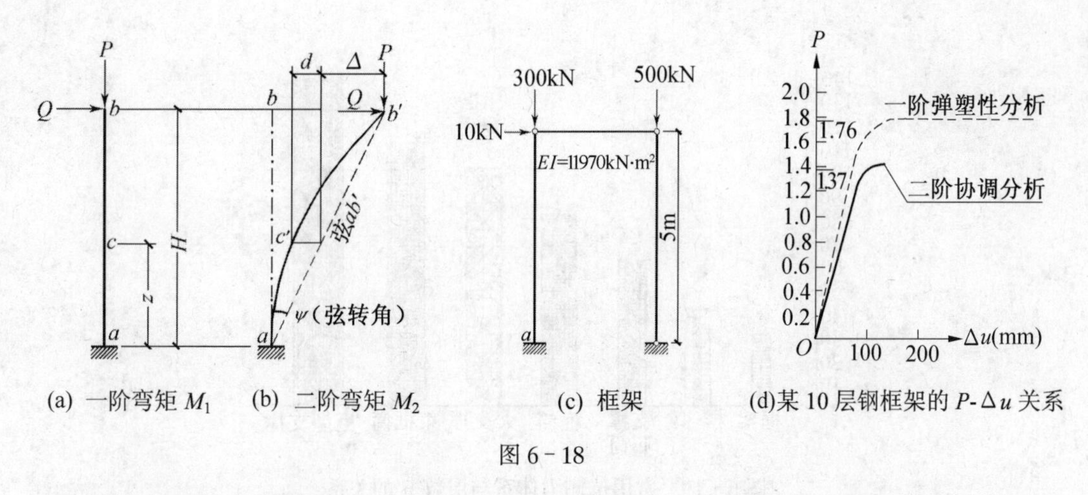

(a) 一阶弯矩 M_1　(b) 二阶弯矩 M_2　(c) 框架　(d)某 10 层钢框架的 P-Δu 关系

图 6－18

(1)《钢结构设计规范(GB 50017—2003)》第 3.2.8 条规定：当结构在地震作用下的重力附加弯矩$\left(\sum N \cdot \Delta u\right)$大于初始弯矩$\left(\sum H \cdot h\right)$之比，即$\dfrac{\sum N \cdot \Delta u}{\sum H \cdot h} > 10\%$时，应采用假想水平荷载直接法计入重力二阶效应的影响，此时，应在每层柱顶附加假想水平力

$$H_{iT} = \alpha_y Q_i \sqrt{0.2 + 1/n} / 250$$

式中　Q_i——第 i 楼层的重力荷载设计值；

n——框架总层数，当$\sqrt{0.2+1/n}>1$时，取为1；

α_y——钢材强度影响系数：$\alpha_y = 1$(Q234)、$\alpha_y = 1.1$(Q345)、$\alpha_y = 1.25$(Q420)。

重力附加弯矩是指任一楼层以上全部重力荷载与该楼层地震层间侧移的乘积，初始弯矩是指该楼层地震剪力与层高的乘积；《高层民用建筑钢结构技术规程(JGJ 99—1998)》第 5.2.11 条也规定：对于无支撑的结构和 $\Delta u/h_i > 1/1000$ 的有支撑的结构，应能反映二阶效应的方法验算结构的整体稳定性。

(2) 一组算例分析结果指出：$P-\Delta$ 效应将使高层钢框架的极限承载力降低 10%～40%。图 6－18d 为某 10 层钢框架的荷载-侧移曲线(虚线代表未考虑 $P-\Delta$ 效应的一阶弹塑性分析结果，实线表示考虑了 $P-\Delta$ 效应的分析结果)。

在满足建筑空间(功能、美学)的前提下，结构师应努力激发结构选型的力学智慧，正确选择结构方案，　最有效地提高结构的抗侧移刚度、抗扭刚度和延性。结构体系的经济性也主要取决于抗侧力体系的有效性。随着高度 H 的增加，结构体系的选择必将变化(图 6－19)。因此，为了实现结构抗侧力刚度最佳、用钢量合理，结构体系的创新必将成为高层全钢结构设计成败的关键。

6.4.3　框架结点域的剪切变形必须重视

框架结点腹板较薄，在水平作用下，结点域将产生较大剪切变形(图 6－20a)，从而使框架侧移增大。图 6－20b、c 所示某 10 层三跨钢框架的计算结果，其中，虚线表示结点域为刚性，实线考虑了结点域变形。可以看出，考虑结点域变形，误差可达 15%。

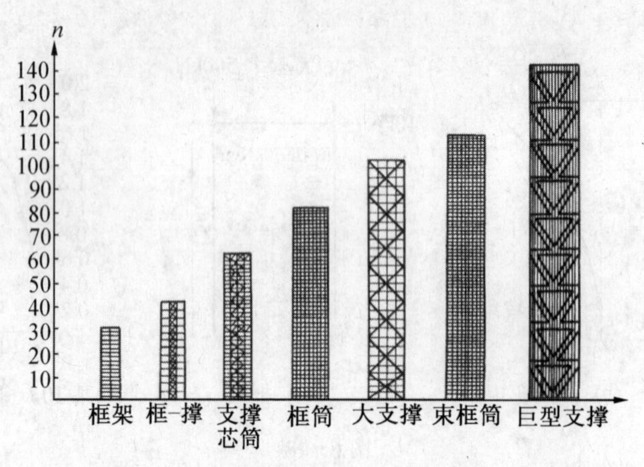

图 6-19　常用抗侧力体系与层数 n 的关系

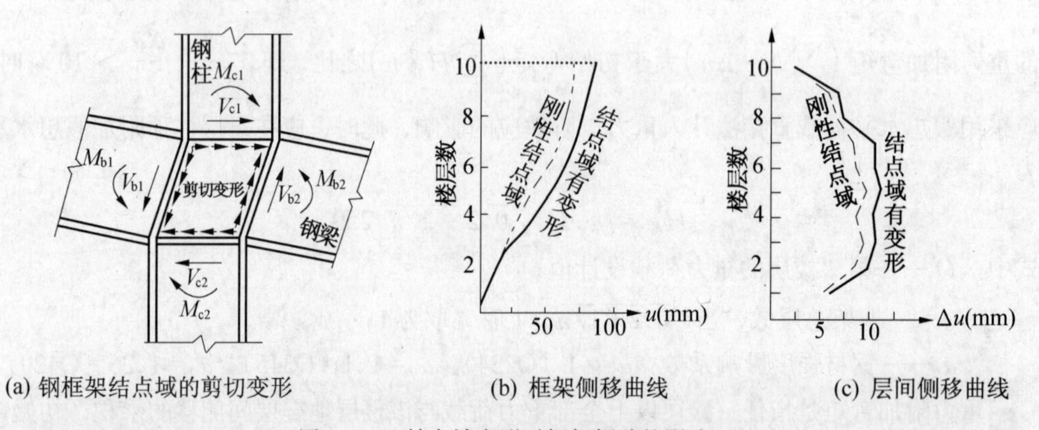

(a) 钢框架结点域的剪切变形　(b) 框架侧移曲线　(c) 层间侧移曲线

图 6-20　结点域变形对框架侧移的影响

《网架结构设计与施工规程（JGJ 7—1991)》采用有限元法分析结果：考虑结点域剪切变形后，框架梁、柱弯矩均有增加，侧移增加更显著：顶层绝对侧移量增大 8.8%；层间侧移分别增大 1.2%（第 1 层)、9.7%（第 2 层）和 25.7%（顶层)。可见，在分析高层钢框架时，结点域剪切变形必须重视。

6.4.4　减轻结构自重具有重要意义

高层全钢结构设计要求尽可能采用轻质、高强且性能良好的材料，一方面减小重力荷载，从而减小 $P-\Delta$ 效应和基础压力；另一方面因地震力的大小直接与质量有关，减小质量有助于降低结构的动力反应。

6.4.5　防锈处理必须到位

高层钢结构中的所有钢结构构件均应进行防锈涂装处理。必须强调，涂装前的除锈非常重要。除锈方法和等级如表 6-10 所示。

表6-10　钢结构除锈方法和除锈等级

除锈方法	喷（抛）射除锈			手工和动力工具除锈		酸性除锈	火烤除锈
除锈等级	一段	较彻底	彻底	较彻底	彻底	彻底除尽氧化蚀皮和锈皮	
	Sa2	Sa2·5	Sa3	Sa2·5	Sa3	Be一级	F1一级

注：①当材料和零件采用化学除锈方法时，应选用具备除锈的磷化、纯化两个以上功能的处理液，其质量应符合《多功能钢铁表面处理液通用技术条件》的规定；

②高层钢结构中，常用除锈等级为Sa2·5。

除锈后的钢材表面，不应有焊渣、灰尘、油渍、水和毛刺等。各种底漆或防锈漆要求最低的除锈等级见表6-11。

表6-11　各种底漆或防锈漆要求最低的除锈等级

涂料品种	除锈等级
油性酚醛、醇酸等底漆或防锈漆	St2
高氯化聚乙烯、氯化橡胶、氯磺化聚乙烯、环氧树脂、聚氨酯等底漆或防锈漆	Sa2
无机富锌、有机硅、过氯乙烯等底漆	Sa2·5

涂装时环境温度宜在5～38℃之间，相对湿度应≤85%。涂装时构件表面不应有结露；涂装后4h内不应被雨淋。涂装后的构件表面不应误涂、漏涂、脱皮和返锈等。涂层应均匀、无皱皮、流坠、针眼和气泡等。

防火涂料涂装工程应在钢结构安装工程检验批和钢结构普通涂料涂装检验批的施工质量验收合格后进行。

6.4.6　高层全钢结构的发展趋势

随着城市人口的增加，楼房高度不断增长，结构承受的水平、竖向荷载和倾覆力矩越来越大。在确保高楼具有足够的承压、抗风、抗震可靠度的前提下，为了进一步节约材料、降低造价，设计概念在不断发展，结构构件在不断更新。

高层结构是一个悬臂体，抗侧移的有效性决定结构性能的优劣。表6-12列出几种抗侧力结构的截面惯性矩比较，可见，必须遵循结构材料周边化原理，这也是高层结构发展的总趋势。

表 6－12　高层建筑抗侧力结构截面惯性矩的比较

截面	说明	截面
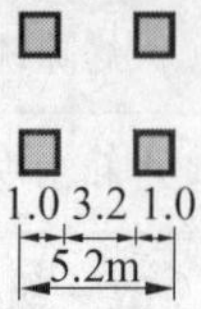 1.0 3.2 1.0 5.2m	Case 1：4 根角柱 $I_1=4(1^4/12)=4/12=1\ I_1$	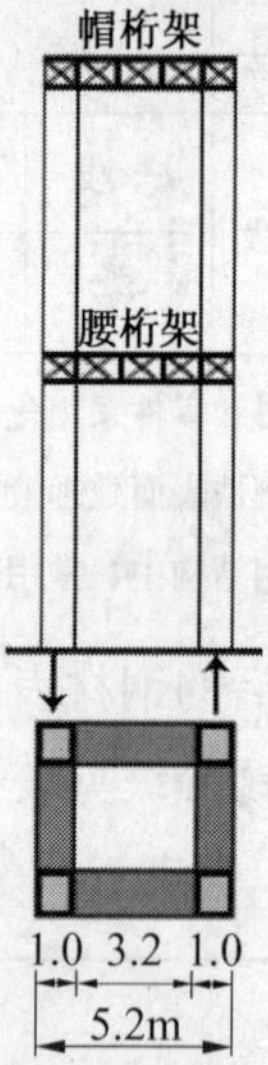 帽桁架 腰桁架
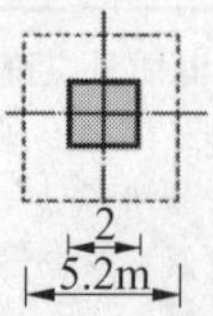 2 5.2m	Case 2：中央 1 根大柱 $I_2=2^4/12=16/12=4\ I_1$	
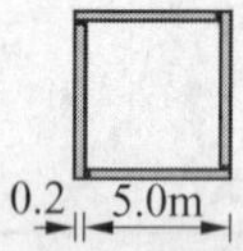 0.2 5.0m	Case 3：周边剪力墙 $I_3=2(0.2\times5^3/12)=50/12=12.5\ I_1$	1.0 3.2 1.0 5.2m
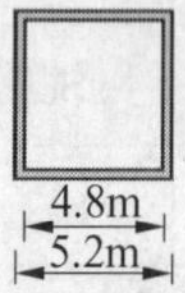 4.8m 5.2m	Case 4：外筒 $I_4=(5.2^4-4.8^4)/12=200.32/12=50.08\ I_1$	Case 5：角柱用桁架相连 $I_5=4(1^4/12+1^2\times2.1^2)$ $=215.68/12=53.92\ I_1$

6.4.6.1　材料高强轻型化

（1）高强度、高性能

1972—1973 年建成的美国世界贸易中心（图 6－4），钢材屈服强度已达 $f_y=720\ N/mm^2$。砼已达 C135，重力密度 $\gamma=18\ kN/m^3$。

（2）轻质墙板

在深厚软弱土地区，减轻自重可以大幅度地减少基础造价；在地震区，减轻自重能有效地降低地震力。

6.4.6.2　筒体化

美国世界贸易中心（$H=413\ m$）采用由密柱深梁组成的框筒结构，用钢量 186.6 kg/m^2，自振周期 $T=10\ s$（表 6－3），缺点是剪力滞后效应很突出（图 6－4c）。一年后(1974)，芝加哥建成希尔斯塔（$H=443.179\ m$），采用框筒束（9 筒），剪力滞后效应大减（图 6－6d），用钢量仅 161 kg/m^2，自振周期只有 $T=7.8\ s$，说明刚度增加了。

6.4.6.3　支撑大型化

框筒体系由密柱（柱距＜4 m）和深梁组成，若改为稀柱框架，并与巨型斜支撑相结合而形成的巨撑外筒体系，如美国芝汉考克中心（图 6－3），基本上消除框筒固有的剪力滞后效应，并有更强的抗推刚度和更大的抗倾多能力。

6.4.6.4　巨柱周边化

高层建筑在阵风作用下，当顺风向或横风向加速度达到一定量值时，使用者就会有头晕等不适感，若再伴有扭转振动，不适感就会加重。因此，就抵抗倾覆力矩和抵抗扭转振动而言，周边巨柱离中和轴越远，贡献越有效。

6.4.6.5　体形圆锥化

对超高层建筑来说，整体稳定性是个关键。《高层民用建筑钢结构技术规程（JGJ 99—1998)》规定立面收进尺寸的比例为 $L_1/L<0.75$（图6-21)。

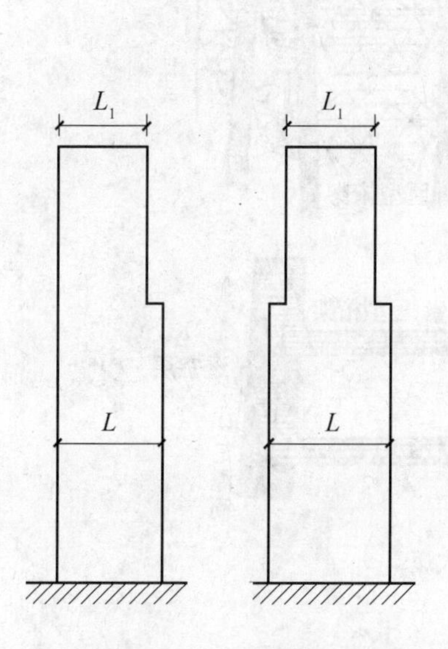

图6-21　立面收进

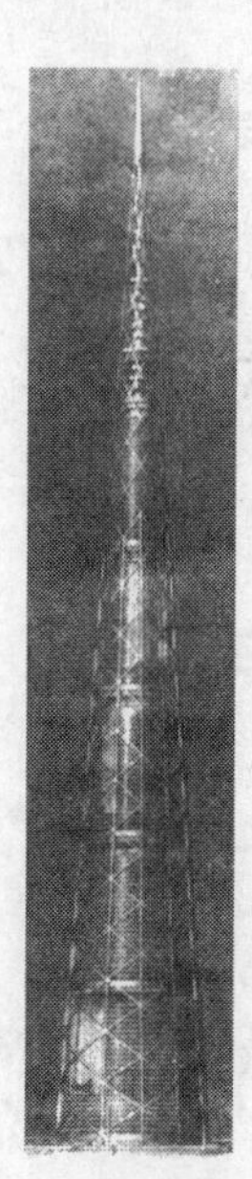

图6-22　日本米兰留塔楼

图6-23　美国 Grand Central Terminal 大楼

风荷载和地震作用沿高楼高度分布均呈倒三角形。高楼采用圆锥状体形，不仅因圆形平面使风压值减小40%以上，而且因上小下大的立面，减小了楼房上半部受风面积，降低了楼房质心高度，从而使风或地震的合力作用点下降，也就减小了楼房的“实效高宽比”，有利于结构的整体稳定。圆锥形或截头圆锥形高楼，其向内倾斜的外柱的轴压力和轴拉力的水平分力，还可部分抵消水平荷载产生的楼层水平剪力。

6.4.6.6　动力反应智能化

采取加大结构抗推刚度的办法，来控制高楼在台风或强震作用下的侧移和振动加速度，固然有效，但采用附加阻尼装置之类的主动、被动控制装置，来削减高楼振动加速度的峰值，则更经济、更有效。

实验和实践证明，在高楼中安装调频质量阻尼器后，当大风作用下高楼的振动加速度超过0.003g时，阻尼器自动开启，高楼的振动加速度随之减小50%左右。

日本东京市拟建的“动力智能大厦-200”，它是一座集办公、旅馆、公寓以及商业、文化体育为一体的综合性特高楼房（图6-25)，地下7层，地上 $n=200$ 层，$H=800$ m，总建筑面积为150万 m^2。该大楼由12个单元体组合而成，每个单元体是一个直径50 m、$H=200$ m 的筒形建筑（图6-25b、c)。这种联体式建筑具有如下优点：①商业、办公、旅馆、居住可以自由布置；②可以提供空中花园；③火灾等紧急情况，可以移居其他单元体；④良好的天然采光和广阔的视野。

该大楼的主体结构采用由支撑框筒作柱、桁架作梁所组成的巨型框架体系。此一空间巨型框架每隔50层（200 m）设置一道巨型梁，整个框架是由12根巨型柱和11根巨型梁

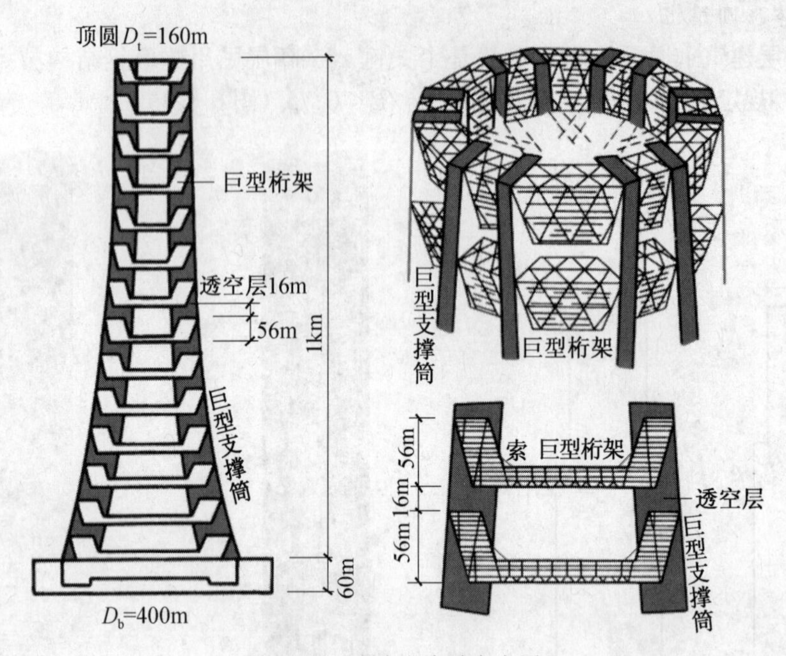

图 6-24　日本空中城市大厦

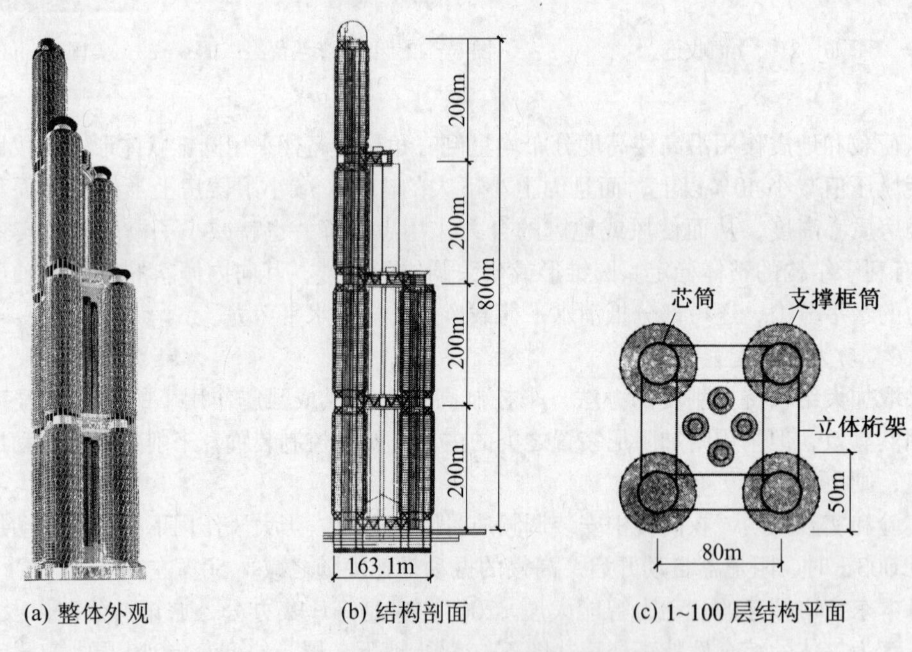

(a) 整体外观　　(b) 结构剖面　　(c) 1~100 层结构平面

图 6-25　动力智能大厦-200

构成，每段柱是一个直径为 50 m、$H=200$ m 的支撑框筒。在平面布置上，1～100 层有 4 个支撑框筒布置在方形平面的 4 个角，两个方面的中心距均为 80 m（图 6-25c）；101～150 层有 3 个支撑框筒布置在三角形平面的 3 个角；151～200 层为一个支撑框筒；整个空间巨型框架的概貌如图 6-25a 所示。

这个联体式建筑的巨型空间框架具有以下优点：①圆柱形支撑框筒具有最小的风荷载

体型系数；②巨型梁处的透空层进一步减小风压值；③结构的高宽比值较小，其值为6.2；④对任何方面的水平荷载，都具有较大的抗推刚度和抗倾覆能力；⑤双向斜杆式的圆柱形支撑框筒，各杆件受力均匀；⑥支撑框筒采用ST·C立柱，具有很大的受压承载力。整个结构的竖剖面如图6-25b所示。

为了进一步减小台风和地震作用下的结构侧移和风振加速度，在结构上安装了主动控制系统，该系统由传感器、质量驱动装置、可调刚度体系和计算机所组成。当台风或地震作用时，安装在房屋内外的各个传感器，把收到的结构振动讯号传给计算机，经过计算机的分析和判断，启动安装在结构各个部位的地震反应控制装置来调整建筑的重心以保持平衡，从而避免结构强烈振动和较大侧移的发生。根据对比计算结果，安装主动控制系统后，结构地震侧移得以削减40%左右。

第7章　材料、作用、体型与抗侧力体系

7.1　材料

7.1.1　结构钢与铸钢

结构钢与铸钢的物理性能指标按表7-1所列数值采用。

表7-1　钢材和钢铸件的物理性能指标

弹性模量 E（kN/mm^2）	剪变模量 G（kN/mm^2）	线膨胀系数 α（$^{-1}$℃）	重力密度 γ（kN/m^3）
206	79	12×10^{-6}	7850

7.1.1.1　结构钢

为保证高层钢结构抗侧力体系的承载力和防止钢结构的脆性破坏，应根据结构的重要性、荷载特征、连接方法、工作环境以及构件所处部位等不同情况，选择钢的牌号和材质。并应保证屈服强度 f_y、强度极限 f_u、强屈比 $f_u/f_y\geqslant1.2$、伸长率 $\delta_5\geqslant20\%$、夏氏冲击（功）韧性值 C_v、冷弯试验 $\varphi=180°$ 等以及硫（S）、磷（P）的含量限值。对焊接结构还应满足碳（C）的含量限值。当钢板厚度≥40 mm时，并承受沿板厚方向的拉力作用时，应按国家标准的规定，附加钢板厚度方向（Z向）性能级别（表7-4）。

根据《钢结构设计规范》《高层民用建筑钢结构技术规程》的规定，结构钢的强度指标、化学成分等按表7-1～表7-7采用。

钢板厚度方向性能级别及其断面收缩率 Ψ_z，以及钢熔炼分析的硫含量（S）应符合表7-4的规定。Ψ_z 按下式计算：

$$\Psi_z=\frac{A_0-A}{A_0}\times100 \tag{7-1}$$

式中　A_0——试件原始横截面面积：$A_0=\pi d_0^2/4$；

A——试件断裂后的最小横截面面积：$A=\frac{\pi}{4}\left(\frac{d_1+d_2}{2}\right)^2$。其中 d_1、d_2 分别表示横截面两个互相垂直的直径测量值，若断面为椭圆形，则 d_1、d_2 表示椭圆的轴直径。

表7-2　建筑钢结构用钢

钢　号	质量等级 / 脱氧方法		A	B	C	D	E
				温度（20℃）	（0℃）	（-20℃）	（-40℃）
			$\varphi=180^\circ$	$\varphi=180^\circ$和 $C_v\geqslant27J$			
Q235（原3号钢）	沸腾钢F			√	√	√	
	镇静钢	半b		√	√	√	
		Z		√	√	√	
		特殊TZ		√	√	√	
Q345（原16Mn）	镇静钢		$\varphi=180^\circ$	$\varphi=180^\circ$和 $C_v=34J$			
				√	√	√	√

①表中打“√”者为高层建筑钢结构用钢板；钢由氧气转炉或电炉冶炼；钢板牌号表示，如Q345GJZ15C，其中，Q——汉语拼音字母，读“屈”（屈服强度）；345——$f_y=345\ N/mm^2$；GJ——汉语拼音字母读“高”层“建”筑；Z15——钢板厚度方向的性能级别（分三级：Z15、Z25和Z35）；C——质量等级（分五级：A、B、C、D、E）。Q390钢的伸长率$\delta_5<20\%$，不宜用于高层建筑钢结构。

②碳素结构钢Q235和低合金高强度结构钢Q345、Q420、Q460，应分别符合国家标准：《碳素结构钢（GB/T 700—1988）和《低合金高强度结构钢（GB/T 1591—1994）》的规定。

③C_v的单位是J（Joule）1J=1 N·m。

表7-3　钢的牌号及化学成分

牌号		质量等级	厚度（mm）	C	Si	Mn	P	S	V	Nb	Ti	AlS
				化学成分（%）								
Q235GJ	F	C	6～100	≤0.20	≤0.35	0.60～1.20	≤0.025	≤0.015	—	—	—	≥0.015
		D		≤0.18								
		E										
	Z	C	>16～100	≤0.20	≤0.35		≤0.020	见表8-4	—	—	—	≥0.015
		D		≤0.18								
		E										
Q345GJ	F	C	6～100	≤0.20	≤0.55	≤1.60	≤0.025	≤0.015	0.02～0.15	0.015～0.060	0.01～0.10	≥0.015
		D		≤0.18								
		E										
	Z	C	>16～100	≤0.20	≤0.55		≤0.020	见表8-4				≥0.015
		D		≤0.18								
		E										

表7-4　Ψ_z值和S值

钢板厚度方向（Z向）性能级别	Ψ_z值（%）		含硫量（%）
	3个试样平均值	单个试样值	
Z15	≥15	≥10	≤0.010
Z25	≥25	≥15	≤0.007
Z35	≥35	≥25	≤0.005

根据《预应力钢结构技术规程》[8]第 5.1.2 条规定：各钢牌号所有质量等级钢板的碳当量 C_{eq}或焊接裂纹敏感性指标 P_{cm}应符合表 7－5 的相应规定。采用熔炼分析法按式（7－2）或式（7－3）计算。一般以计算 C_{eq}值交货，除非另有协议规定。

$$C_{ep}（\%）=C+Mn/6+Si/24+Ni/40+Cr/5+Mo/4+V/14 \quad (7-2)$$

$$P_{cm}（\%）=C+Si/30+Mn/20+Cu/20+Ni/60+Cr/20+Mo/15+V/10+5B \quad (7-3)$$

表 7－5　C_{eq}和 P_{cm}值

<table>
<tr><th rowspan="2">牌　号</th><th rowspan="2">交货状态</th><th colspan="2">C_{eq}（%）</th><th colspan="2">P_{cm}（%）</th></tr>
<tr><th>≤50 mm</th><th>>50～100 mm</th><th>≤50 mm</th><th>>50～100 mm</th></tr>
<tr><td>Q235GJ
Q235GJZ</td><td rowspan="2">热轧或正火</td><td colspan="2">≤0.36</td><td colspan="2">≤0.26</td></tr>
<tr><td rowspan="2">Q345GJ
Q345GJZ</td><td>≤0.42</td><td>≤0.44</td><td colspan="2">≤0.29</td></tr>
<tr><td>TMCP</td><td>≤0.38</td><td>≤0.40</td><td>≤0.24</td><td>≤0.26</td></tr>
</table>

注：TMCP 代表温度－形变控制轧制，钢材交货状态应在合同中注明，否则由供方选择。

高层建筑钢结构所采用的国产钢材的强度设计值，按表 7－6 取值。

表 7－6　国产型钢强度设计值　（N/mm²）

<table>
<tr><th colspan="3">钢　材</th><th rowspan="2">强度极限 f_u</th><th rowspan="2">屈服强度（强度标准值）f_y</th><th colspan="3">强度设计值</th></tr>
<tr><th>牌号</th><th>组别</th><th>厚度或直径（mm）</th><th>抗拉、抗压和抗弯 f</th><th>抗剪 f_v</th><th>端面承压（刨平顶紧）f_{ce}</th></tr>
<tr><td rowspan="4">Q235</td><td>一组</td><td>≤16</td><td rowspan="4">375</td><td>235</td><td>215</td><td>125</td><td rowspan="4">320</td></tr>
<tr><td>二组</td><td>>16～40</td><td>225</td><td>205</td><td>120</td></tr>
<tr><td>三组</td><td>>40～60</td><td>215</td><td>200</td><td>115</td></tr>
<tr><td>四组</td><td>>60～100</td><td>205</td><td>190</td><td>110</td></tr>
<tr><td rowspan="4">Q345</td><td>一组</td><td>≤16</td><td rowspan="4">470</td><td>345</td><td>315</td><td>185</td><td rowspan="4">410</td></tr>
<tr><td>二组</td><td>>16～35</td><td>325</td><td>300</td><td>175</td></tr>
<tr><td>三组</td><td>>35～50</td><td>295</td><td>270</td><td>155</td></tr>
<tr><td>四组</td><td>>50～100</td><td>275</td><td>250</td><td>145</td></tr>
<tr><td rowspan="4">Q420</td><td>一组</td><td>≤16</td><td rowspan="4"></td><td></td><td>380</td><td>220</td><td rowspan="4">440</td></tr>
<tr><td>二组</td><td>>16～35</td><td></td><td>360</td><td>210</td></tr>
<tr><td>三组</td><td>>35～50</td><td></td><td>340</td><td>195</td></tr>
<tr><td>四组</td><td>>50～100</td><td></td><td>325</td><td>185</td></tr>
</table>

7.1.1.2　铸钢

焊接结构用铸钢的性能见表 7－7～表 7－12。

表 7-7　可焊铸钢件的强度设计值　(N/mm^2)

钢　　号	抗拉、抗压和抗弯 f	抗剪 f_v	端面承压（刨平顶紧）f_{ce}
ZG230-450H	180	105	290
ZG275-485H	215	125	315
G17Mn5QT	185	105	290
G20Mn5N	235	135	310
G20Mn5QT	235	135	325

表 7-8　化学成分（上限值）（质量分数%）

铸钢牌号	C≤	Si≤	Mn≤	S≤	P≤	残余元素					
						Ni	Cr	Cu	Mo	V	总和
ZG200-400H	0.20	0.50	0.80	0.04	0.04	0.30	0.30	0.30	0.15	0.05	0.80
ZG230-450H	0.20	0.50	1.20	0.04	0.04	0.30	0.30	0.30	0.15	0.05	0.80
ZG275-485H	0.25	0.50	1.20	0.04	0.04	0.30	0.30	0.30	0.15	0.05	0.80

注：C 的质量分数每降低 0.01%，允许 Mn 质量分数上限增加 0.04%，但 Mn 总质量分数增加不得超过 0.20%。

表 7-9　碳当量（质量分数%）

铸钢牌号	碳当量≤
ZG200-400H	0.38
ZG230-450H	0.42
ZG275-485H	0.46

注：碳当量 CE 应根据铸钢的化学成分（质量分数%）按公式 $CE = C + Mn/6 + (Cr + Mo + V)/5 + (Ni + Cu)/15$ 计算。

表 7-10　力学性能（室温）

铸钢牌号	拉伸性能				冲击韧性	
	f_y或 $f_{0.2}$	f_u	δ_5	Ψ_z	夏氏(Charpy)	梅氏(Mesneger)
	MPa		%		C_v (J)	α_u (J/cm^2)
	≥				≥	
ZG200-400H	200	400	25	40	30	59
ZG230-450H	230	450	22	35	25	44
ZG275-485H	275	485	20	35	22	34

注：①表中各力学性能指标适用于厚度不超过 100mm 的铸件；当铸件壁厚超过 100mm 时，表中规定的屈服强度仅供设计使用；

②当需从经过热处理的铸件或从代表铸件的大型试块上取样时，其性能指标由供需双方商定。

表 7-11 化学成分 (%)

铸钢钢种		C	Si≤	Mn	P≤	S≤	Ni≤
牌号	材料号						
G17Mn5	1.1131	0.15~0.20	0.60	1.00~1.60	0.020	0.020	—
G20Mn5	1.6220	0.17~0.23					0.8

注：①铸钢厚度 $t<28\,mm$ 时，可允许 S 含量不大于 0.03%；

②非经订货方同意，不得随意添加本表中未规定的化学元素。

表 7-12 力学性能

铸钢钢种		热处理条件			铸件壁厚 (mm)	室温下			冲击功值	
牌号	材料号	状态与代号	正火或奥氏体化（℃）	回火（℃）		$f_{0.2}$ (MPa)	f_u (MPa)	伸长率 δ_5 （%）	温度（℃）	C_v (J)
G17Mn5	1.1131	调质 QT	920~980* **	600~700	$t\leqslant50$	240	450~600	24	室温 -40	70 27
G20Mn5	1.6220	正火 N	900~980*	—	$t\leqslant30$	300	480~620	20	室温 -30	50 27
G20Mn5	1.6220	调质 QT	900~980**	610~660	$t\leqslant100$	300	500~650	22	室温 -40	60 27

注：①热处理条件栏内的温度值仅为资料性数据；

②本表对冲击功列出了室温与负温两种值，由买方按使用要求选用其中的一种，当无约定时，按保证室温冲击功指标供货；

③N 为正火处理的代号，QT 表示淬火（空冷或水冷）加回火；

④*为空冷；**为水冷。

7.1.2.3 国内外钢材比较

（1）世界主要国家钢结构规范中所规定的钢种、钢号及力学性能各项指标见表 7-13。

表 7-13 世界主要国家钢种、钢号及力学性能比较

国名	标准号	钢号	力学性能			
			f_y (N/mm^2)	f_u (N/mm^2)	δ_5	$\varphi=180°$ 试件厚度
美国	ASTM (1975)	A36	245	401~549	23	1.0a~1.5a
		A242	343	≥490	21	1.0a~1.5a
		A440	343	≥491	21	1.0a~1.5a
		A441	343	≥494	21	1.0a~1.5a
		A572	686	>84~911	14	1.5a~3.0a
英国	BS4360 (1972)	40B-C	230	400~480	25	1.25a
		43A-C	245	430~510	22	1.5a
		50A-D	355	490~620	20	1.5a
		55C-E	450	550~700	19	2.0a

续表 7-13

国名	标准号	钢号	力学性能			
			f_y (N/mm²)	f_u (N/mm²)	δ_5	$\varphi=180°$ 试件厚度
法国	NFA 305-501-77	E24（37）	235	360～440	24	1.5a
		E26（A37）	255	410～490	21	1.5a～2.0a
		E30（A47）	275	460～560	21	2.0a～2.5a
		E36（A52）	355	510～610	20	2.5a～3.0a
德国	DIN17100（1970）	St37	235	362～441	25	1.0a
		St42	255	412～490	22	2.0a
		St50	353	510～558	22	2.0a
		St70	363	686～833	10	—
日本	JIS3106（1975）	SM41	245	401～510	24	1.0a
		SM50	323	490～608	22	1.5a
		SM53	363	520～637	19	1.5a
		SM58	460	568～715	20	1.5a
		SS41	245	401～510	26	1.5a
		SS50	284	490～608	19	2.0a
		SS55	401	≥540	17	2.0a
苏联	ГОСТ380—75	СТ3КН	235	362～460	27	0.5a
		$СТ3_{Ⅱ}$е	245	382～480	26	0.5a
		$СТ3_{Ⅱ}$rе	245	382～490	26	0.5a
	ГОСТ9281—73	14Г2	333	＞460	21	2.0a
		15ХСН	342	＞530	19	2.0a
		10ХСН	392	＞530	19	2.0a
		12Н2МФА10	686	＞833	12	2.0a
欧洲建议	FURONORM 25—72	Fe360	235	＞363	24	1.5a
		Fe430	274	＞431	22	1.5a
		Fe510	353	＞516	20	2.0a
中国	GB 700—88	Q235-A～D	235	375～460	26	纵 1.0a 横 1.5a
	GB 1591—88	16Mn	345	510～660	22	2.0a～3.0a
		15 MnV	390	530～680	18	3.0a

注：①表中所列钢号系各国最经常使用的主要钢材。

②表中钢号的化学成分和力学性能详见各国钢材标准。

③表中所列国外钢号和我国的相应强度级别钢号的化学成分和力学性能比较相似，可以按相应的我国钢号予以使用。

④表中列出的钢号，其加工和焊接等性能比较相似，一般可以互换采用。

⑤除表中所列的主要国家外，加拿大等美洲国家基本采用美国 ASTM 标准，罗马尼亚等东欧国家基本采用苏联 ГОСТ 标准，西欧等国大多采用德国 DIN 标准。

（2）美国、日本、俄罗斯、英国部分钢材的抗拉强度对比见表 7－14。

表 7－14　美、日、俄、英国部分钢材的抗拉强度比较

<table>
<tr><th>国　名</th><th>钢材品种</th><th>厚度（mm）</th><th>屈服强度（N/mm²）</th><th>抗拉强度（N/mm²）</th></tr>
<tr><td rowspan="2">美国</td><td>ASTM　A36</td><td></td><td>250</td><td>400～550</td></tr>
<tr><td>ASTM　A529/50</td><td></td><td>345</td><td>485～610</td></tr>
<tr><td rowspan="18">日本</td><td rowspan="2">SN400A</td><td>≥6，≤40</td><td>≥235</td><td rowspan="10">400～510</td></tr>
<tr><td>>40</td><td>≥215</td></tr>
<tr><td rowspan="3">SN400B</td><td>≥6，<12</td><td>≥235</td></tr>
<tr><td>≥12，≤40</td><td>235～355</td></tr>
<tr><td>>40</td><td>215～335</td></tr>
<tr><td rowspan="2">SN400C</td><td>≥16，≤40</td><td>235～355</td></tr>
<tr><td>>40</td><td>215～335</td></tr>
<tr><td rowspan="3">SS400</td><td>≤16</td><td>≥245</td></tr>
<tr><td>>16，≤40</td><td>≥235</td></tr>
<tr><td>>40</td><td>≥215</td></tr>
<tr><td rowspan="3">SN490B</td><td>≥6，<12</td><td>≥325</td><td rowspan="5">430～610</td></tr>
<tr><td>≥12，≤40</td><td>325～445</td></tr>
<tr><td>>40</td><td>295～415</td></tr>
<tr><td rowspan="2">SN490C</td><td>≥16，≤40</td><td>325～445</td></tr>
<tr><td>>40</td><td>295～415</td></tr>
<tr><td rowspan="3">SM490A、B、C</td><td>≤16</td><td>≥325</td><td rowspan="3">490～610</td></tr>
<tr><td>>16，≤40</td><td>≥315</td></tr>
<tr><td>>40</td><td>≥295</td></tr>
<tr><td rowspan="5">俄罗斯</td><td rowspan="2">（ГОСТ27772—88）
C235</td><td>4～20</td><td>235</td><td rowspan="2">360</td></tr>
<tr><td>≥20～40</td><td>225</td></tr>
<tr><td rowspan="3">（ГОСТ27772—88）
C345</td><td>4～10</td><td>345</td><td>490</td></tr>
<tr><td>10～20</td><td>325</td><td>470</td></tr>
<tr><td>20～40</td><td>305</td><td>460</td></tr>
</table>

续表 7－14

国　名	钢材品种	厚度（mm）	屈服强度（N/mm^2）	抗拉强度（N/mm^2）
英国	（BS4360：1986）40	≤16	235	340～500
		＞16～40	225	
		＞40～63	215	
		＞63～100	205	340～500
	（BS4360：1986）50	≥16	355	490～640
		＞16～40	345	
		＞40～63	340	
		＞63～100	325	

（3）中国、日本、美国厚钢板力学性能参数、指标对比见表 7－15。

表 7－15　中、日、美厚钢板力学性能对比

钢材牌号		厚度（mm）	力学性能 f_y（N/mm^2）	f_u（N/mm^2）	δ_s（%）	冷弯（$\varphi=180°$）	C_v（J）	f_u/f_y ≥
中国	GB1591 Q345C Q345D	50～100	≥275	470～630	22	$d=3a$	≥34（0℃、－20℃）	—
	YB－4104 Q345C GJ Q345D GJ Q345CGJZ Q345DGJZ	50～100（Z15、Z25、Z35）	≥325～435	490～610				1.25
日本	JISG3106 SM490A SM490B	40～100	≥295	490～610	23	—	≥27	—
	JJSG313b SN490B SM490C	40～100	≥295	490～610		Z25/Z15		1.25
美国	A572	不分厚度	≥345	≥450	21	协议	协议	—

7.1.2　连接材料

7.1.2.1　焊接

手工焊接用焊条的质量，应符合现行国家标准《碳钢焊条（GB 5117）》或《低合金钢焊条（GB 5118）》的规定。选用的焊条型号应与主体金属相匹配。自动焊接或半自动焊接采用的焊丝和焊剂，应与主体金属强度相适应，焊丝应符合现行国家标准《熔化焊用钢丝（GB/T 14957）》或《气体保护焊用钢丝（GB/T 14958）》的规定。焊缝的设计强度值按我国行业标准[7]和国家标准[4]采用（表 7-16）。

表 7-16　焊缝强度设计值　（N/mm^2）

焊接方法和焊条型号	构件钢材		对接焊缝极限抗拉强度 f_u	对接焊缝强度设计值				角焊缝强度设计值
	牌号	厚度或直径（mm）		抗压 f_c^w	抗拉和抗弯 f_t^w 焊缝质量等级		抗剪 f_v^w	抗拉、抗压和抗剪 f_f^w
					一级、二级	三级		
自动焊、半自动焊和 E43××型焊条的手工焊	Q235 钢	≤16	min 375	215	215	185	125	160
		>16～40		205	205	175	120	
		>40～60		200	200	170	115	
		>60～100		190	190	160	110	
自动焊、半自动焊和 E50××型焊条的手工焊	Q345 钢	≤16	min 470	315	315	270	185	200
		>16～35		300	300	255	175	
		>35～50		270	270	230	155	
		>50～100		250	250	210	145	
自动焊、半自动焊和 E55××型焊条的手工焊	Q420 钢	≤16		380		320	220	220
		>16～35		360		305	210	
		>35～50		340		290	195	
		>50～100		325		275	185	

7.1.2.2　螺栓连接

钢结构螺栓连接的材料应符合表 7-17～表 7-20 的要求。高强度螺栓的形式如图 7-1 所示。

表 7-17　螺栓分类

级　别			国家标准
普通螺栓	精制	A 级（8.8S） B 级（8.8S）	《六角头螺栓——A 级和 B 级（GB 5782）》
	粗制	C 级（4.6S、4.8S）	《六角头螺栓——C 级（GB 5780）》
高强螺栓	大六角头	8.8S 10.9S	《钢结构高强度大六角头螺栓、大六角螺母、垫圈与技术条件（GB/T 1228～1231）》
	扭剪型	10.9S	《钢结构用扭剪型高强度螺栓连接副（GB 3632～3633）》

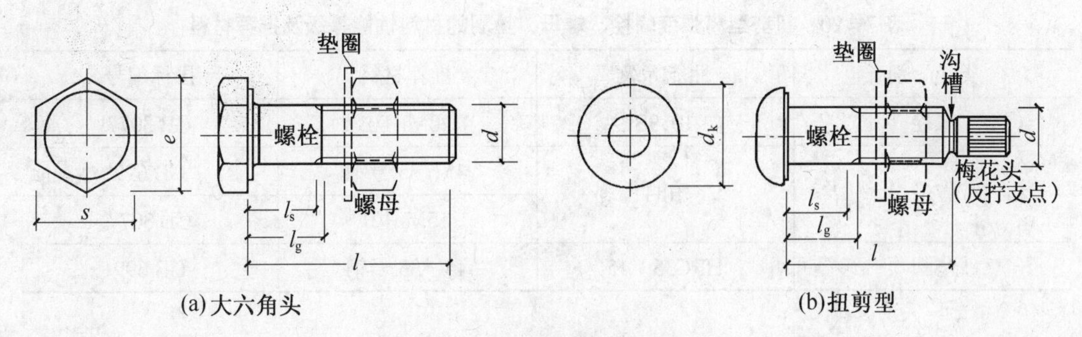

图 7－1　高强度螺栓的形式

表 7－18　螺栓连接的强度设计值　（N/mm^2）

螺栓性能等级、锚栓和构件钢材的牌号		普通螺栓 C级螺栓 抗拉 f_t^b	普通螺栓 C级螺栓 抗剪 f_v^b	普通螺栓 C级螺栓 承压 f_c^b	普通螺栓 A级、B级螺栓 抗拉 f_t^b	普通螺栓 A级、B级螺栓 抗剪 f_v^b	普通螺栓 A级、B级螺栓 承压 f_c^b	锚栓 抗拉 f_t^a	承压型连接高强度螺栓 抗剪 f_v^b	承压型连接高强度螺栓 承压 f_c^b
普通螺栓	4.6 级、4.8 级	170	140	—	—	—	—	—	—	—
	5.6 级	—	—	—	210	190	—	—	—	—
	8.8 级	—	—	—	400	320	—	—	—	—
锚栓	Q235 钢	—	—	—	—	—	—	140	—	—
	Q345 钢	—	—	—	—	—	—	180	—	—
承压型连接高强度螺栓	8.8 级	—	—	—	—	—	—	—	250	—
	10.9 级	—	—	—	—	—	—	—	310	—
构件	Q235 钢	—	—	305	—	—	405	—	—	470
	Q345 钢	—	—	385	—	—	510	—	—	590
	Q390 钢	—	—	400	—	—	530	—	—	615
	Q420 钢	—	—	425	—	—	560	—	—	655

注：①A 级螺栓用于 $d \leqslant 24$mm 和 $l \leqslant 10d$ 或 $l \leqslant 150$mm（按较小值）的螺栓；B 级螺栓用于 $d > 24$mm 或 $l > 10d$ 或 $l > 150$mm（按较小值）的螺栓。d 为公称直径，l 为螺杆公称长度。

②A、B 级螺栓孔的精度和孔壁表面粗糙度，C 级螺栓孔的允许偏差和孔壁表面粗糙度，均应符合现行国家标准的要求。

表 7－19　螺栓的机械性能指标

性能等级	抗拉强度 f_u (N/mm^2)	屈服强度 $f_y = f_{0.2}$ (N/mm^2) ≥	δ (%) ≥	Ψ_z (%) ≥
10.9S	1040～1240	940	10	42
8.8S	830～1030	660	12	45

表 7-20 扭剪型高强度螺栓、螺母、垫圈的材料性能等级及推荐材料

类　别	性能等级	推荐材料	国标编号
螺栓	10.9S	20MnTiB	GB 3077
螺母	10H	45、35 号钢	GB 699
		15MnVB	GB 3077
垫圈	HRC35～45	45、35 号钢	GB 699

表 7-21 扭剪型高强度螺栓的机械性能指标

f_u (N/mm²)		$f_y=f_{0.2}$ (N/mm²)	δ_5 (%)	Ψ_z (%)	α_k (J/cm²)
max 1240	min 1040	min 940	min 10	min 42	min 59

表 7-22 大六角头高强度螺栓、螺母、垫圈的材料性能等级和推荐材料

类　别	性能等级	推荐材料	国标编号	适用规格
螺栓	10.9S	20MnTiB	GB 3077	≤M24
		35VB		≤M30
	8.8S	40B	GB 3077	≤M24
		45 号钢	GB 699	≤M22
		35 号钢	GB 699	≤M20
螺母	10H	45、35 号钢	GB 699	
		15MnVB	GB 36077	
	8H	35 号钢	GB 699	
垫圈	HRC35～45	45、35 号钢	GB 699	

7.1.2.3 锚栓连接

锚栓通常用作钢柱柱脚与钢筋混凝土基础之间的锚固连接件，主要承受柱脚的拔力。外露式柱脚的锚栓通常采用双螺母。锚栓因其直径较大，一般采用未经加工的圆钢制成。

锚栓宜采用现行国家标准《碳素结构钢（GB 700—1988）》规定的 Q235 钢或《低合金高强度结构钢（GB/T 1591—1994）》规定的 Q345 钢。

7.1.2.4 圆柱头栓钉

圆柱头栓钉以前称为焊钉，它是一个带圆柱头的实心钢杆。它需要用专用焊机焊接，并配置焊接瓷环。

1. 规格及尺寸

（1）国家标准《圆柱头焊钉（GB/T 10433—2002）》规定了公称直径为 6～22 mm 共七种规格的圆柱头焊钉（栓钉）。

（2）高层建筑钢结构及组合楼盖中常用的栓钉有直径为 16 mm、19 mm、22 mm 三种，其长度不应小于 4 倍直径。

(3) 圆柱头栓钉的标准外形尺寸见图 7－2 和表 7－23。

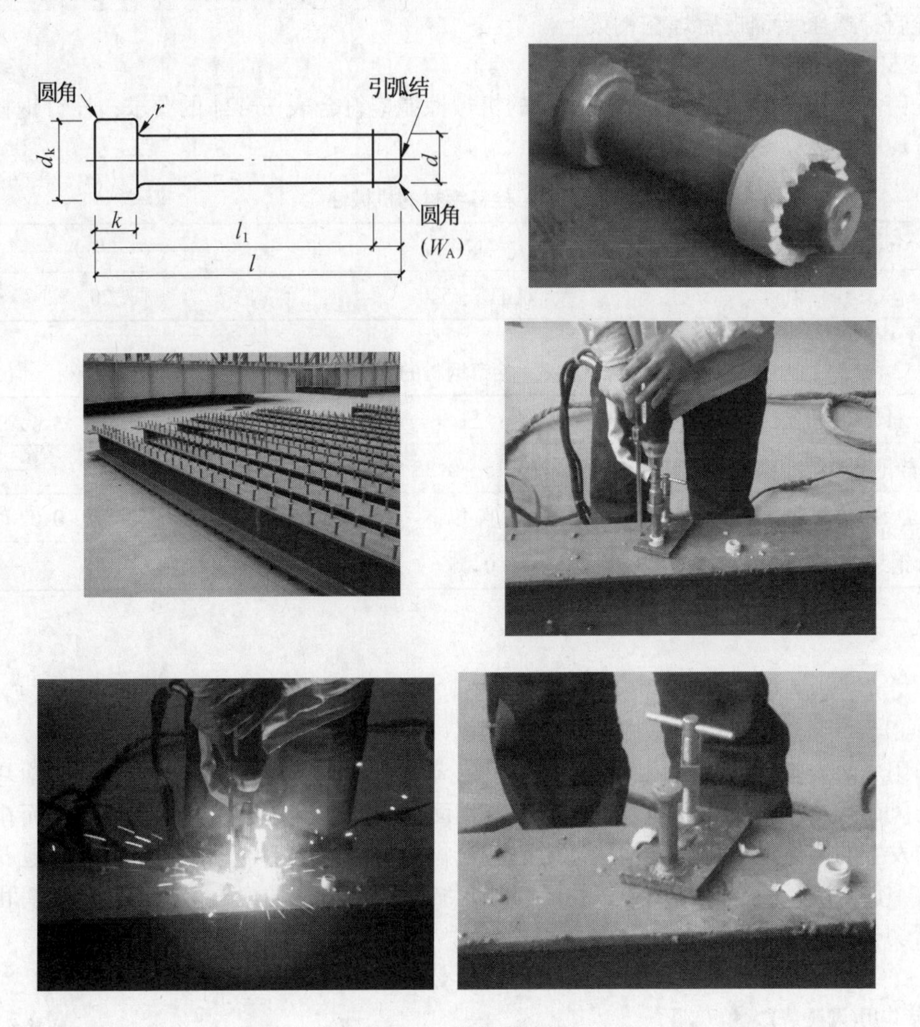

图 7－2　圆柱头栓钉

表 7－23　圆柱头栓钉的规格及尺寸　(mm)

公称直径	13	16	19	22
栓钉杆直径 d	13	16	19	22
大头直径 d_k	22	29	32	35
大头厚度 min k	10	10	12	12
熔化长度 W_A	4	5	5	6
公称(熔后)长度 l_1	80、100、120		80、100、120、130、150、170、200	

注：l_1＝200 mm 仅用于 ϕ22 栓钉。

2. 用途

(1) 圆柱头栓钉适用于各类钢结构的抗剪件、埋设件和锚固件。

(2) 圆柱头栓钉与钢梁焊接时，应在所焊的母材上设置焊接瓷环，以保证焊接质量。

焊接瓷环根据焊接条件分为下列两种类型：B1 型——栓钉直接焊在钢梁、钢柱上；B2 型——栓钉穿透压型钢板后焊在钢梁上。

3. 材料质量

栓钉宜选用镇静钢制作；栓钉钢材的机械性能应符合表 7-24 的要求；栓钉钢材的化学成分应符合表 7-25 的要求。

表 7-24　栓钉钢材的机械性能

f_y（N/mm^2）	f_u（N/mm^2）	δ_5（%）
≥240	410～520	≥20

表 7-25　栓钉钢材的化学成分　　（%）

材　料	C	Mn	Si	S	P	Al
硅镇静钢	0.08～0.28	0.3～0.9	0.15～0.35	0.05 以下	0.04 以下	—
铝镇静钢	0.08～0.2	0.3～0.9	0.10 以下	0.05 以下	0.04 以下	0.02 以下
DL 钢	0.09～0.17	0.25～0.55	0.05	0.04 以下	0.04 以下	—

7.2　作用

作用分两大类：直接作用和间接作用。前者即荷载，后者包括地震、温度和地基沉降等。如风荷载是直接作用在建筑物的表面，楼面活荷载直接作用在楼盖上等等；而在地球地壳中发生的构造地震，则是间接地引起建筑物产生强迫振动（图 7-3）。可见地震力的大小，不仅取决于一次地震的震级，还与建筑结构的动力特性——结构的自振周期和阻尼比 ξ 密切相关。

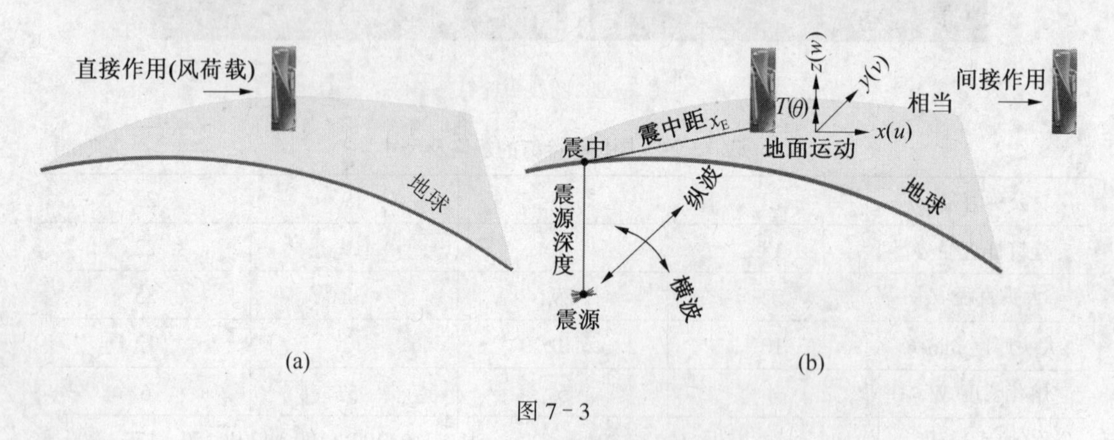

图 7-3

表 7-26　高层建筑结构的主要作用

直接作用（荷载）		间接作用
恒载	活荷载	
结构和非结构构件自重、设备	楼面、屋面、雪、风	地震、温度、地基沉降

7.2.1　风荷载

7.2.1.1　风的特点

风是空气的大范围流动，从气压高的地方向气压低的地方流动的结果。通常把空气的水平运动称为“风”，把竖向运动称为“流”。与建筑物密切相关的是靠近地面的流动风，一般简称近地风。风的强度通常用风速来表达。为了不同的使用目的，其表达方式又可分为“范围风速”和“工程风速”，工程上采用后者表达之。工程抗风计算需要的是所在场地的风速确定值，即某一规定年限内可能遭遇的最大风速，应按照数理统计方法确定。

大量的强风实测数据表明，近地风的风速时程曲线（图 7－4）中，其瞬时风速 v_t 由两部分组成：平均风速 $\overline{v}$ 和阵风风速 v_f。

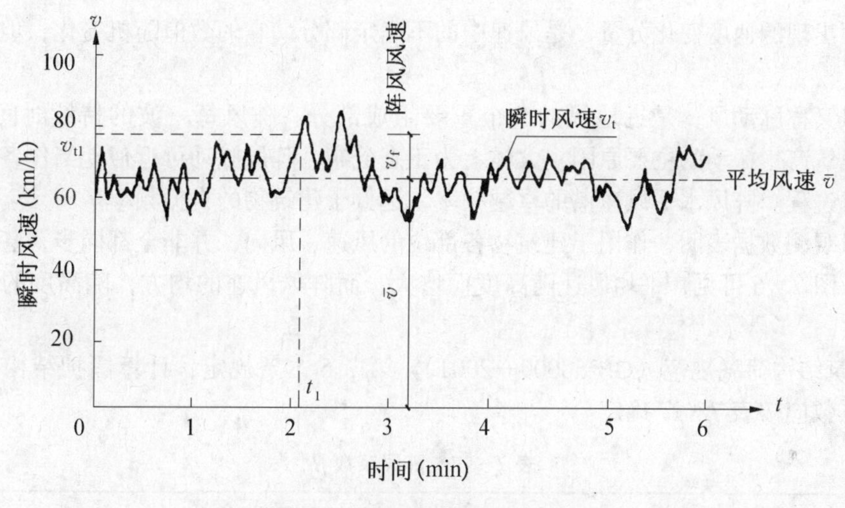

图 7－4　强风的风速时程曲线

1. 平均风

平均风速是瞬时风速时程曲线中的长周期部分，其周期常在 10min 以上。即在较长时段内，某一位置上瞬时风速的平均值几乎是不变的，因此，平均风速又称为平均风。

由于近地风受建筑物的阻碍和摩擦，接近地面的风速大幅度地减小；随着离开地表高度的增大，风速逐渐加大，到达一定高度（梯度风高度）后，气流不再受到地表摩擦的影响，风速恢复到常量，称为梯度风速（图 7－5），即气流按照气压梯度自由流动时所达到的速度。梯度风高度依地面的粗糙程度而不同，一般为 300～450 m。

平均风速的数值，随着平均时距的长短而变化，一般而言，时距愈长，数值愈小。某一地区平均风速的极大值，每隔一定年限重复出现，这个间隔时间称为重现期。重现期的取值愈长，平均风速值就愈大。工程设计所采用的重现期，一般取 50 年或 100 年，视建筑物的高度和重要性而定。

风速的年最大值 x 采用极值 Ⅰ 型的概率分布，其分布函数应按《建筑结构荷载规范(GB 50009—2001)》附录的公式 D3.1.1 计算。

2. 阵风

阵风风速是瞬时风速中的短周期部分，其周期仅 1～2s。它是瞬时风速中以平均风速

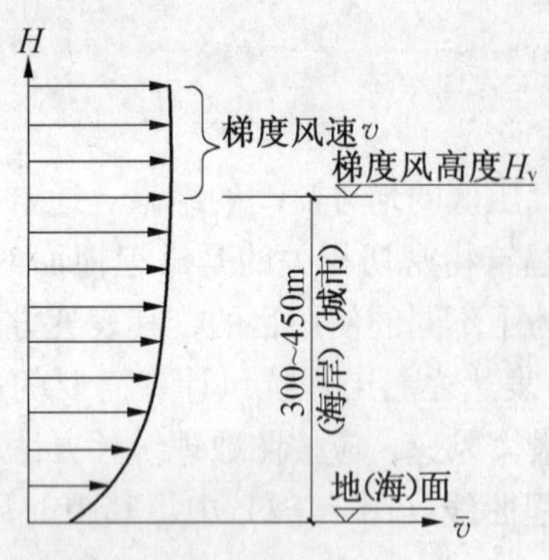

图7-5　平均风速的高度分布规律（风剖面）

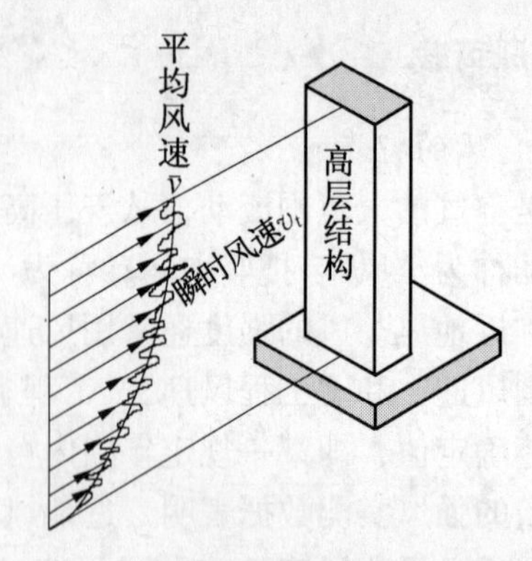

图7-6　作用于高楼的平均风和阵风

为基准而出现的速度变化分量，是风速中的不确定部分，它的数值随机变化，但其平均值等于零。

阵风又称脉动风，是近地风的一个重要组成部分。阵风每一波的持续时间约为1s，是高层建筑产生振动的主要原因。大体上为正态分布，阵风脉动可近似地当作各态历经的平稳随机过程。阵风水平风速谱的卓越频率，远低于建筑物的自振频率。

强风观测数据表明，作用于建筑物各部位的风速、风向，并非全都同步，甚至是完全无关的。图7-6可见，平均风速随高度而增大，而阵风风速的均方，随高度的变化并不明显。

《建筑结构荷载规范（GB 50009—2001)》第7.5.1条规定：计算围护结构风荷载时的阵风系数应按表7-27确定。

表7-27　阵风系数 β_{gz}

离地面高度（m）	地面粗糙度类别			
	A	B	C	D
5	1.69	1.88	2.30	3.21
10	1.63	1.78	2.10	2.76
15	1.60	1.72	1.99	2.54
20	1.58	1.69	1.92	2.39
30	1.54	1.64	1.83	2.21
40	1.52	1.60	1.77	2.09
50	1.51	1.58	1.73	2.01
60	1.49	1.56	1.69	1.94
70	1.48	1.54	1.66	1.89
80	1.47	1.53	1.64	1.85
90	1.47	1.52	1.62	1.81
100	1.46	1.51	1.60	1.78

续表 7-27

离地面高度(m)	地面粗糙度类别			
	A	B	C	D
150	1.43	1.47	1.54	1.67
200	1.42	1.44	1.50	1.60
250	1.40	1.42	1.46	1.55
300	1.39	1.41	1.44	1.51

3. 风对高层建筑的危害

由于现代材料的高强轻质化，高层全钢结构的结构重量与刚度在不断减小，因此，风对建筑物的破坏作用，长周期的平均风速的数值要比短周期最大瞬时风速更为关键。如 1966 年 8 月 26 日天津塘沽，虽然瞬时风速高达 48.7 m/s，而 10 min 内的平均风速仅 15 m/s,没有造成风灾；而 1967 年 7 月 15 日，瞬时风速为 37.8 m/s，平均风速达 21 m/s，却造成比较严重的风灾。

高层建筑在强风作用下的风压（图 7-7a），可简化为三种力：顺风力、横风力和扭力矩（图 7-6b）。

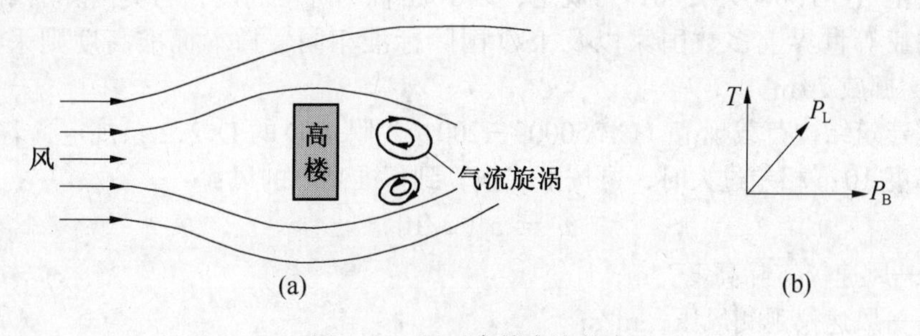

图 7-7　风对高楼产生的力

调查表明，高层建筑使用者可感觉的运动和不适感的风振加速度，多发生在横风向。原因是强风吹过矩形高层建筑时，在高层建筑横风面产生不对称的气流旋涡，旋涡依次从两侧脱落，使高层建筑产生左、右交替作用的横风向冲击力（图 7-8），其频率约等于顺风向冲击频率的 0.5 倍。

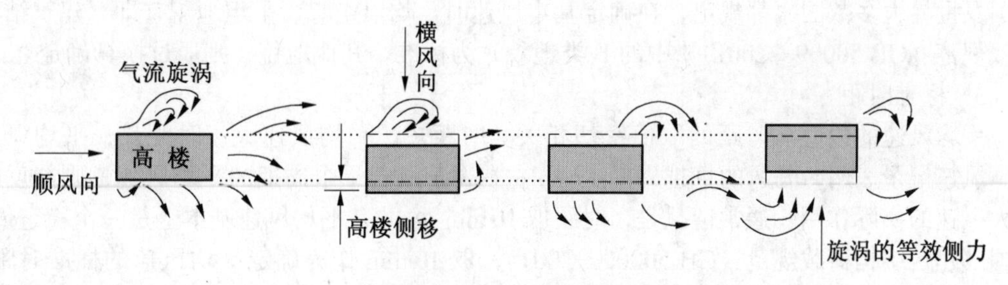

图 7-8　旋涡脱落引起的高楼横风向振动

高度 $H=200\sim400$ m 的全钢结构，自振周期仅 5～10 s，强风平均风速的持续时间可长达10min，从而，风对高层结构的作用可视为静力。而阵风的持续时间1～2s，它对结构的作用则为动力，是引起结构顺风向振动的主要因素。由于阵风是一种随机荷载，它对结构的动力效应分析，必须借助随机振动理论和概率统计方法。

风洞试验表明，建筑物表面的风压分布是不均匀的，并形成三个风压区：迎风面的正压力区（1区）、横风面角部的负压力区（2区）和背风面的负压力区（3区），如图7-9所示。

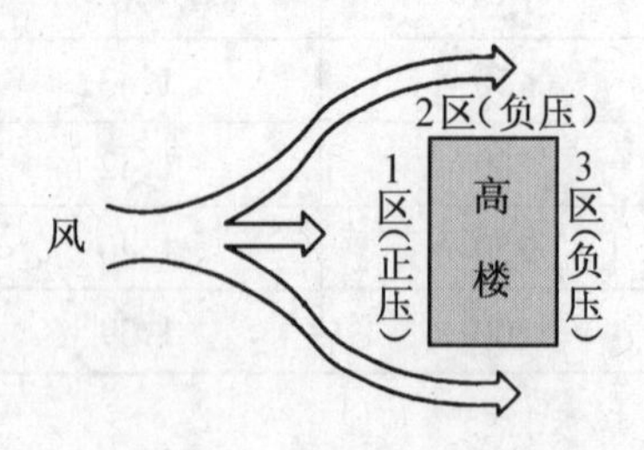

图7-9　周边风压的分布

实测数据指出：迎风面角部的正压力远大于中间部位、最大的负压力位于横风面的角部以及迎风面正压力的波动大于背风面负压力的波动等。

高层建筑围护结构的振动周期一般为0.02～0.2s，远小于平均风速和阵风风速的波动周期，因此，围护结构及其部件的抗风设计，风可视为静荷载。

4．基本风速 v_0

风速随高度、时距、地貌、周围环境等因素而变。

1）标准高度

我国气象台站风速仪的安装高度8～12m，为便于直接引用而不必换算，我国《建筑结构荷载规范（GB 50009—2001）》规定，以10m高为标准高度，与美国、加拿大、俄罗斯、澳大利亚等世界上多数国家以及ISO国际标准相同，日本标准高度则采用离地面15m，巴西、挪威20m。

根据《建筑结构荷载规范（GB 50009—2001）》附录D的D.2.2条规定，若风速仪高度与标准高度10m相差过大时，可按下式换算到标准高度的风：

$$v = v_z(z/10)^{\alpha} \tag{7-4}$$

式中　z——风速仪实际高度，m；

v_z——风速仪观测风压，m/s；

α——空旷平坦地区地面粗糙指数，取 $\alpha = 0.16$。

2）标准地貌

某一高度处的平均风速与所在地的地面粗糙度有关。地面愈粗糙，风能的消耗就愈多，平均风速也就愈小。

目前，风速仪均安装在气象台站，而台站多远离城市，位于空旷、平坦地区。因此，我国及世界大多数国家都规定，在确定基本风速时，均以空旷、平坦地貌（即《建筑结构荷载规范（GB 50009—2001）》中的B类地貌）为标准。其他地貌，则通过换算确定之。

3）标准时距

平均风速的数值与时距的取值密切相关。时距短，平均风速大；时距长，平均风速小。风速记录表明，阵风的卓越周期1min左右，若取若干个周期的平均风速，则能反映较大风速的实际作用。通常情况是，时距取10min至1h，平均风速基本上是一个稳定值。我国《建筑结构荷载规范（GB 50009—2001）》取10min作为确定平均风速的标准时距。由于历史原因，各国对标准时距的取值并不一致。例如，东欧国家取2min；加拿大取1h。表7-28列出时距为 t 的平均风速 $\overline{v}_t$ 与时距为10min平均风速 v_{10} 的统计比值 $\eta = \overline{v}_t / v_{10}$，供换算时采用。

表 7-28　不同时距平均风速的统计

风速时距 t（min）	1h	10min	5min	2min	1min	30s	20s	10s	5s	瞬时
η	0.94	1	1.07	1.16	1.20	1.26	1.28	1.35	1.39	1.50

4）统计样本

最大风速样本的取法影响平均风速的数值。若以日最大风速或月最大风速为样本，则一年有 365 个或 12 个样本，一年中极大风速那一天的风速，在整个数列中仅占 1/365 或 1/12 的权，降低了一年中极大风速所起的重要作用，使所得结果偏低。最大风速有它的自然周期，每年季节性地重复一次，所以，采取年最大风速作为统计样本比较合适。

5）重现期

气象观测数据表明，极大风速是每隔一定时期再次出现，这个间隔时期称为重现期。气象工程通常采用重现期来确定统计对象的基准值。因为最大风速的样本以年的最大风速为标准，所以，重现期也以年为单位。设重现期为 n_t年，则 $1/n_t$为超过设计最大风速的概率；不超过该设计最大风速的概率，即保证率 ω_0 为

$$\omega_0 = 1 - 1/n_t \tag{7-5}$$

重现期 n_t愈长，保证率 ω_0就愈高。《建筑结构荷载规范（GB 50009—2001）》规定：对一般结构或高层的围护结构，重现期取 50 年（50 年一遇）；对于高层承重结构，重现期为 100 年。

6）最大风速的线型

进行概率计算时，对于最大风速的统计曲线函数，我国《建筑结构荷载规范（GB 50009—2001）》采用极值Ⅰ型来描述。

5. 基本风压

1）计算公式

当气流以一定的速度向前运动，对高层建筑产生高压气幕。基本风压 w_0（kN/m²）可采用贝努利公式计算：

$$w_0 = \frac{1}{2}\rho v_0^2 \approx \left(\frac{1}{1600} \sim \frac{1}{1800}\right) v_0^2 \tag{7-6}$$

式中　v_0——基本风速（m/s），取当地比较空旷平坦地面上、离地面 10m 高度处统计所得的 50 年一遇的 10 min 平均最大风速；

ρ——空气的质量密度：$\rho = 0.00125 e^{-0.0001z}$（t/m³）；

z——所在地点的海拔高度（m），按《建筑结构荷载规范（GB 50009—2001）》附录 D 的附表 D.4 取值。

2）取值

基本风压随各地气象条件而异。对于高层全钢结构、高耸结构以及对风荷载比较敏感的细柔结构，基本风压应适当提高。对于《建筑结构荷载规范（GB 50009—2001）》中全国风压分布图未给出基本风压值的城市或建设地点，其基本风压值可根据当地"年最大风速"资料，按基本风压定义，通过统计分析确定。分析时，应按照《建筑结构荷载规范（GB 50009—2001）》附录 D 的规定，考虑样本数量的影响。

3）不同重现期的风压换算

由于建筑物重要性的不同，《建筑结构荷载规范（GB 50009—2001）》对其基本风压

所规定的重现期也就不同。根据我国各地的风压资料，不同重现期的基本风压的比值，可按下式计算：

$$\mu_r = 0.363(\log n_t) + 0.463 \tag{7-7}$$

式中　n_t——对基本风压所规定的重现期。

若以重现期 $n_t = 50$ 年为标准，不同重现期风压比值 μ_r的数值如表 7-29 所示。

表 7-29　不同重现期的风压比值 μ_r

T_0	100 年	50 年	30 年	20 年	10 年	5 年
μ_r	1.10	1	0.93	0.87	0.77	0.66

7.2.1.2　风荷载标准值

对于主要抗侧力结构的抗风计算，风荷载标准值有两种表达方式：平均风压加阵风（脉动风）导致结构风振的等效风压；平均风压乘以风振系数。

结构风振计算，一般以第一振型为主，因而《建筑结构荷载规范（GB 50009—2001)》采用比较简单的后一种表达式，综合考虑风速随时间、空间变异性及结构阻尼特性等因素，采用风振系数 β_z来反映结构在风荷载作用下的顺风向动力响应。风向垂直于建筑物表面上的风荷载标准值 w_k，应按《高层民用建筑钢结构技术规程（JGJ 99—1998)》[7]第 4.2.1 条计算：

$$w_k = \beta_z \mu_s \mu_z (\zeta w_0) \tag{7-8}$$

式中　w_0——基本风压（kN/m^2），以当地比较空旷平坦地面上，离地面 10 m 高处，统计所得的30 年一遇的 10 min 平均最大风速 v_0（m/s）为标准，按 $w_0 = v_0^2/1600$确定的风压值；

ζ——系数。高层建筑 $\zeta = 1.1$，1.2；

μ_z——风压高度变化系数；

μ_s——风荷载体型系数；

β_z——高度 z 处的风振系数。

1. μ_z值

平均风速沿建筑高度的变化规律，称为风速剖面，简称风剖面。在大气边界层内，风速随建筑高度而增大的规律和“梯度风高度”（图 7-5)，均取决于地面粗糙类别。一般情况下，“梯度风高度”风速不再受到地面粗糙度的影响，即“梯度风速”。

《建筑结构荷载规范（GB 50009—2001)》规定：将地面粗糙度分为 A、B、C、D 四类（表 7-30)。

表 7-30　地面粗糙度类别

地貌类别	地表特征
A	近海海面和海岛、海岸、湖岸及沙漠地区
B	田野、乡村、丛林、丘陵以及房屋比较稀疏的乡镇和城市郊区
C	有密集建筑群的城市市区
D	有密集建筑群且房屋较高的城市市区

对于平坦或稍有起伏的地形，风压高度变化系数 μ_z，应根据地面粗糙度类别，按《建筑结构荷载规范（GB 50009—2001)》第 7.2.2 条取值（表 7-31)。

表7-31　μ_z值

离地面或海平面高度(m)	地面粗糙度类别			
	A	B	C	D
5	1.17	1.00	0.74	0.62
10	1.38	1.00	0.74	0.62
15	1.52	1.14	0.74	0.62
20	1.63	1.25	0.84	0.62
30	1.80	1.42	1.00	0.62
40	1.92	1.56	1.13	0.73
50	2.03	1.67	1.25	0.84
60	2.12	1.77	1.35	0.93
70	2.20	1.86	1.45	1.02
80	2.27	1.95	1.54	1.11
90	2.34	2.02	1.62	1.19
100	2.40	2.09	1.70	1.27
150	2.54	2.38	2.03	1.61
200	2.83	2.61	2.30	1.92
250	2.99	2.80	2.54	2.19
300	3.12	2.97	2.75	2.45
350	3.12	3.12	2.94	2.68
400	3.12	3.12	3.12	2.91
≥450	3.12	3.12	3.12	3.12

对于山峰和山坡，其顶部 B 处的修正系数可按公式（7-9）采用：

$$\eta = \left[1 + \kappa\tan\alpha\left(1 - \frac{z}{2.5h_m}\right)\right]^2 \tag{7-9}$$

式中　$\tan\alpha$——山峰或山坡在迎风面一侧的坡度；当 $\tan\alpha > 0.3$ 时，取 $\tan\alpha = 0.3$；

κ——系数，对山峰取3.2，对山坡取1.4；

h_m——山顶或山坡全高，m；

z——建筑物计算位置离建筑物地面的高度（m）；当 $z > 2.5h_m$时，取 $z = 2.5h_m$。

对于山峰和山坡的其他地形，可按图7-10所示，取 A、C 处的修正系数 η 为1，AB 间和 BC 间的修正系数 η 按线性插值确定。

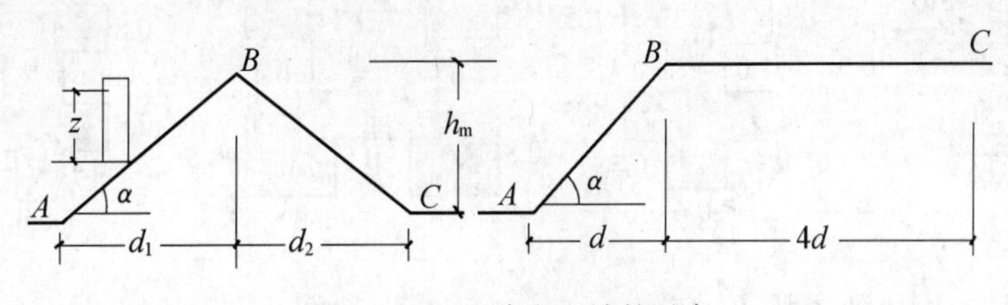

图7　10　山峰和山坡的示意

2. μ_s值

高层建筑的风载体型系数 μ_s可按下列规定采用：

（1）单个高层建筑的 μ_s值，可按图7-11规定采用（详见《高层民用建筑钢结构技术规程（JGJ 99—1998）》附录一）。

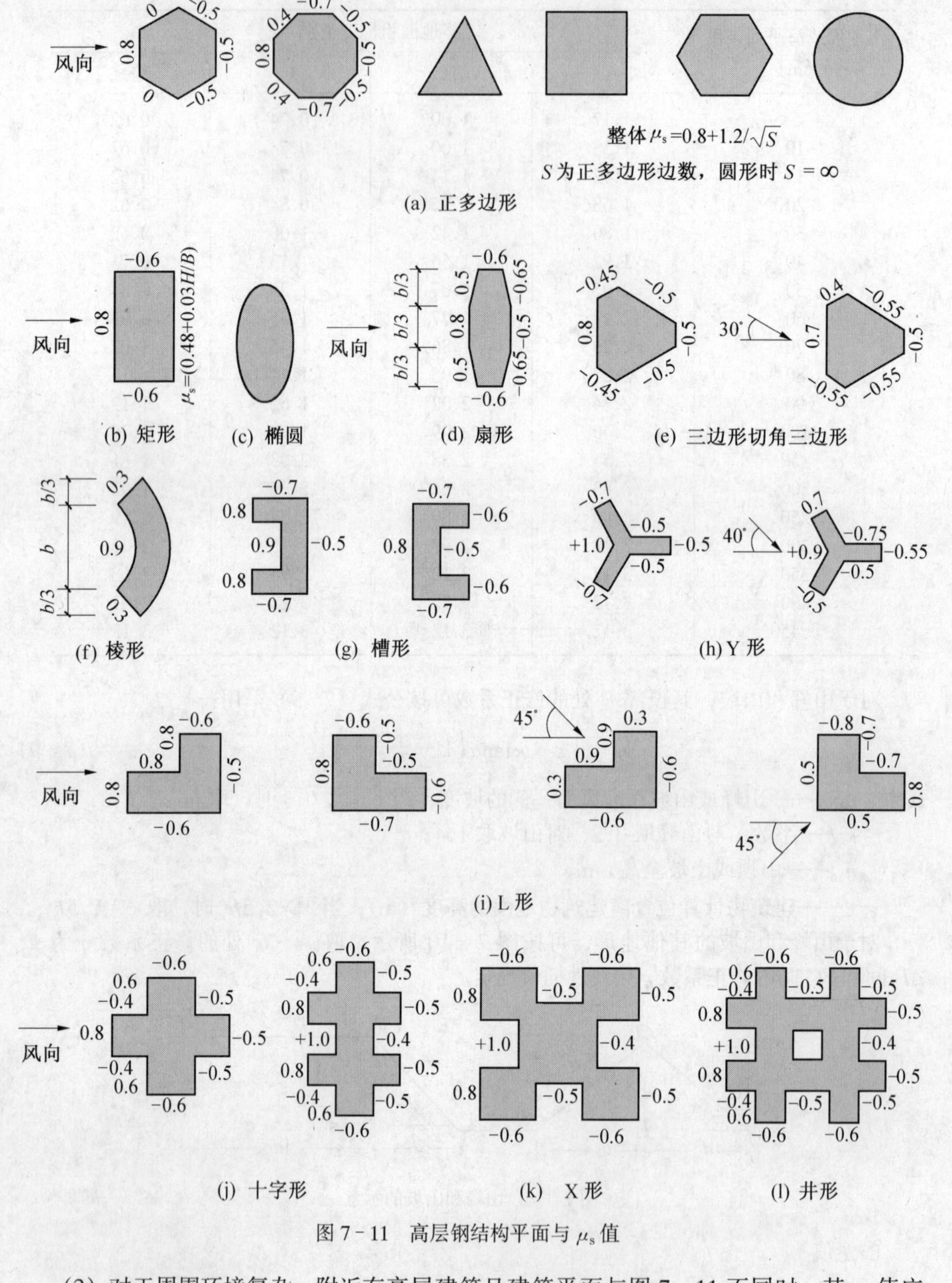

图 7-11 高层钢结构平面与 μ_s 值

（2）对于周围环境复杂，附近有高层建筑且建筑平面与图 7-11 不同时，其 μ_s值应根据风洞试验确定。

3. β_z值

《建筑结构荷载规范（GB 50009—2001）》第 7.4.2 条规定：对于高度 $H>30$ m、高宽比 $H/B>1.5$ 且可忽略扭转振动影响的高层建筑，均可仅考虑第一振型的影响，结构的风振系数 β_z按式（7－10）来计算。

$$\beta_z = 1 + \frac{\xi\gamma\varphi_z}{\mu_z} \tag{7-10}$$

式中　ξ——脉动增大系数；

γ——脉动影响系数；

φ_z——振型系数；

μ_z——风压高度变化系数（表 7－31）。

1）脉动增大系数 ξ 值（表 7－32）

表 7－32　ξ 值

$\omega_0\ T_1^2$（kNs²/m²）	0.01	0.02	0.04	0.06	0.08	0.10	0.20	0.40	0.60
钢结构	1.47	1.57	1.69	1.77	1.83	1.88	2.04	2.24	2.36
有填充墙的房屋钢结构	1.26	1.32	1.39	1.44	1.47	1.50	1.61	1.73	1.81
$\omega_0\ T_1^2$（kNs²/m²）	0.80	1.00	2.00	4.00	6.00	8.00	10.00	20.00	30.00
钢结构	2.46	2.53	2.80	3.09	3.28	3.42	3.54	3.91	4.14
有填充墙的房屋钢结构	1.88	1.93	2.10	2.30	2.43	2.52	2.60	2.85	3.01

2）γ 值

若高层建筑的外形、质量沿高度比较均匀。当结构迎风面宽度较大时，应考虑宽度方向风压、空间相关性的情况，γ 值按表 7－33 采用。

表 7－33　γ 值

H/B	粗糙度类别	总高度 H（m）							
		≤30	50	100	150	200	250	300	350
≤0.5	A	0.44	0.42	0.33	0.27	0.24	0.21	0.19	0.17
	B	0.42	0.41	0.33	0.28	0.25	0.22	0.20	0.18
	C	0.40	0.40	0.34	0.29	0.27	0.23	0.22	0.20
	D	0.36	0.37	0.34	0.30	0.27	0.25	0.24	0.22
1.0	A	0.48	0.47	0.41	0.35	0.31	0.27	0.26	0.24
	B	0.46	0.46	0.42	0.36	0.36	0.29	0.27	0.26
	C	0.43	0.44	0.42	0.37	0.34	0.31	0.29	0.28
	D	0.39	0.42	0.42	0.38	0.36	0.33	0.32	0.31
2.0	A	0.50	0.51	0.46	0.42	0.38	0.35	0.33	0.31
	B	0.48	0.50	0.47	0.42	0.40	0.36	0.35	0.33
	C	0.45	0.49	0.48	0.44	0.42	0.38	0.38	0.36
	D	0.41	0.46	0.48	0.46	0.46	0.44	0.42	0.39

续表 7－33

H/B	粗糙度类别	总高度 H（m）							
		≤30	50	100	150	200	250	300	350
3.0	A	0.53	0.51	0.49	0.42	0.41	0.38	0.38	0.36
	B	0.51	0.50	0.49	0.46	0.43	0.40	0.40	0.38
	C	0.48	0.49	0.49	0.48	0.46	0.43	0.43	0.41
	D	0.43	0.46	0.49	0.49	0.48	0.47	0.46	0.45
5.0	A	0.52	0.53	0.51	0.49	0.46	0.44	0.42	0.39
	B	0.50	0.53	0.52	0.50	0.48	0.45	0.44	0.42
	C	0.47	0.50	0.52	0.52	0.50	0.48	0.47	0.45
	D	0.43	0.48	0.52	0.53	0.53	0.52	0.51	0.50
8.0	A	0.53	0.54	0.53	0.51	0.48	0.46	0.43	0.42
	B	0.51	0.53	0.54	0.52	0.50	0.49	0.46	0.44
	C	0.48	0.51	0.54	0.53	0.52	0.52	0.50	0.48
	D	0.43	0.48	0.54	0.53	0.55	0.55	0.54	0.53

3）振型系数 φ_z应根据结构动力计算确定

对于沿高度比较规则、均匀的高层建筑，φ_z值可近似按公式（7－11）计算和表 7－34 采用。

$$\varphi_z = \tan\left[\frac{\pi}{4}(z/H)^{0.7}\right] \tag{7-11}$$

表 7－34　φ_z值

相对高度 z/H	振　型　序　号			
	1	2	3	4
0.1	0.02	－0.09	0.22	－0.38
0.2	0.08	－0.30	0.58	－0.73
0.3	0.17	－0.50	0.70	－0.40
0.4	0.27	－0.68	0.46	0.33
0.5	0.38	－0.63	－0.03	0.68
0.6	0.45	－0.48	－0.49	0.29
0.7	0.67	－0.18	－0.63	－0.47
0.8	0.74	0.17	－0.34	－0.62
0.9	0.86	0.58	0.27	－0.02
1.0	1.00	1.00	1.00	1.00

注：对结构的顺风向响应，可仅考虑第一振型；对结构的横风向共振响应，有时需验算第 1～4 振型的频率，因此表中列出前 4 个振型的值 φ。

7.2.1.3　阵风系数 β_{gz}

计算围护结构风荷载时的 β_{gz}值，应按《建筑结构荷载规范（GB 50009—2001）》第 7.5.1 条确定（表 7－35）。

表 7-35　β_{gz}值

离地面高度(m)	地面粗糙度类别			
	A	B	C	D
5	1.69	1.88	2.30	3.21
10	1.63	1.78	2.10	2.76
15	1.60	1.72	1.99	2.54
20	1.58	1.69	1.92	2.39
30	1.54	1.64	1.83	2.21
40	1.52	1.60	1.77	2.09
50	1.51	1.58	1.73	2.01
60	1.49	1.56	1.69	1.94
70	1.48	1.54	1.66	1.89
80	1.47	1.53	1.64	1.85
90	1.47	1.52	1.62	1.81
100	1.46	1.51	1.60	1.78
150	1.43	1.47	1.54	1.67
200	1.42	1.44	1.50	1.60
250	1.40	1.42	1.46	1.55
300	1.39	1.41	1.44	1.51

7.2.1.4　横风向风振

(1) 对圆形截面的结构，应根据雷诺数 Re 的不同情况按下述规定进行横风向风振（旋涡脱落）的校核：

①雷诺数 Re 可按下列公式确定：

$$\mathrm{Re} = 69000 v_z D \tag{7-12}$$

式中　v_z——计算高度 z 处的风速，m/s；

D——结构截面的直径，m。

②当 $\mathrm{Re}<0.3\times10^6$ 时（亚临界的微风共振），应按下式控制结构顶部风速 v_H不超过临界风速 v_{cr}，v_{cr}和 v_H可按下列公式确定：

$$v_{cr} = \frac{D}{T_1 St} \tag{7-13}$$

$$v_H = \sqrt{\frac{2000\gamma_w \mu_H w_0}{\rho}} \tag{7-14}$$

式中　T_1——结构基本自振周期；

St——斯脱罗哈数，对圆截面结构取 0.2；

γ_w——风荷载分项系数，取 1.4；

μ_H——结构顶点风压高度变化系数；

w_0——基本风压，kN/m^2；

ρ——空气的质量密度，kg/m^3。

当结构顶部风速超过 v_{cr}时，可在构造上采取防振措施，或控制结构的临界风速 v_{cr}不小于 15 m/s。

③$Re \geqslant 3.5 \times 10^6$ 且结构顶部风速大于 v_{cr}时（跨临界的强风共振），应按下面第 2 条考虑横风向风荷载引起的荷载效应。

④当结构沿高度截面缩小时（倾斜度≤0.02），可近似取 2/3 结构高度处的风速和直径。

（2）跨临界强风共振引起在 z 高处振型 j 的等效风荷载可由下列公式确定：

$$w_{czj} = |\lambda_j| v_{cr}^2 \varphi_{zj}/12800\ \zeta_j \ (kN/m^2) \tag{7-15}$$

式中 λ_j——计算系数，按表 7-36 确定；

φ_{zj}——在 z 高处结构的 j 振型系数，由计算确定或参考《建筑结构荷载规范（GB 50009—2001）》的附录 F；

ζ_j——第 j 振型的阻尼比；对第 1 振型，房屋钢结构取 0.02，对高振型的阻尼比，若无实测资料，可近似按第 1 振型的值取用。

表 7-36 中的 H_1 为临界风速起始点高度，可按下式确定：

$$H_1 = H \times \left(\frac{v_{cr}}{v_H}\right)^{1/\alpha} \tag{7-16}$$

式中 α——地面粗糙度指数，对 A、B、C 和 D 四类分别取 0.12、0.16、0.22 和 0.30；

v_H——结构顶部风速，m/s。

表 7-36 λ_j计算用表

结构类型	振型序号	H_1/H										
		0	0.1	0.2	0.3	0.4	0.5	0.6	0.7	0.8	0.9	1.0
高层建筑	1	1.56	1.56	1.54	1.49	1.41	1.28	1.12	0.91	0.65	0.35	0
	2	0.73	0.72	0.63	0.45	0.19	-0.11	-0.36	-0.52	-0.53	-0.36	0

（3）校核横风向风振时，风的荷载总效应可将横风向风荷载效应 S_C与顺风向风荷载效应 S_A按下式组合后确定：

$$S = \sqrt{S_C^2 + S_A^2} \tag{7-17}$$

（4）对非圆形截面的结构，横风向风振的等效风荷载宜通过空气弹性模型的风洞试验确定；也可参考有关资料确定。

7.2.2 地震作用

7.2.2.1 地震概述

地球是一个椭球体，平均半径约 0.64 万 km。通过地震学研究，推测地球内部构造主要由性质互不相同的三部分组成（图 7-12a），各部分的重力密度，温度及压力随深度的增加而增大。在各种地震中，破坏性最大、次数最多的是由地质构造作用所产生的构造地震。所谓构造地震，就是地球在运动和发展过程中的能量作用（如地幔对流、转速的变化等等），使地壳和地幔上部的岩层在这些巨大的能量作用下产生很大的应力。当日积月累的地应力超过某处岩层的极限应变（超过 $0.1\times10^{-3}\sim0.2\times10^{-3}$）时，岩石遭到破坏，产生错动断裂，所积累的应变能将转化成波动能，并以地震波的形式向四周扩散，地震波到达地面后引起地面运动，这就是构造地震。1906 年 4 月 18 日，美国旧金山圣安德烈斯断层上 435 km 长的一段，突然发生错动，最大水平错距达 6.4 m，它是近代构造地震的典型例子。

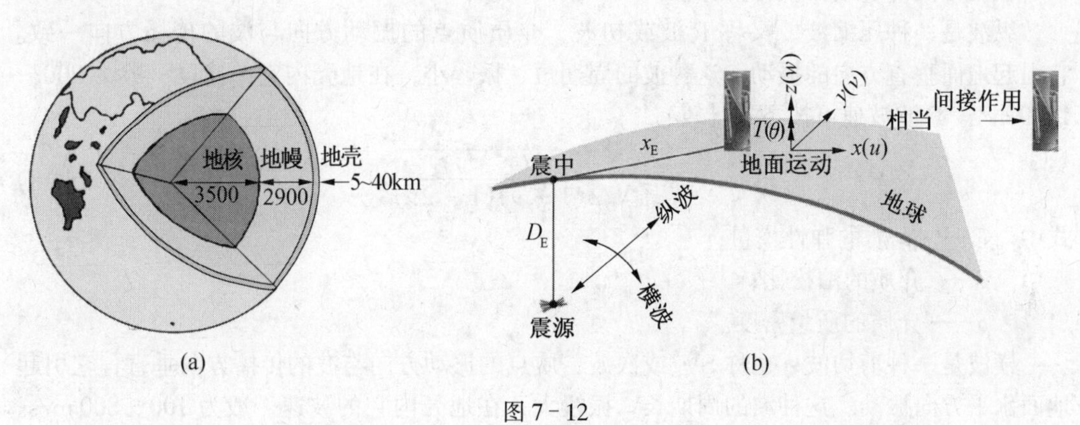

图 7－12

断层产生剧烈的相对运动的地方，叫震源。震源正上方的地面位置叫做震中，建筑物距震中的距离叫震中距 x_E（图 7－12b），图中，D_E表示震源深度。一般来说，浅源地震 $D_E<60$ km，中源地震 $D_E=60\sim300$ km，深源地震 $D_E>300$ km。我国绝大部分地震属浅源地震，通常 $D_E=10\sim40$ km，深震仅出现于吉林和黑龙江的个别地区，$D=400\sim600$ km。

由于我国的西南地区和台湾省等地处于世界两大地震带上（图 7－13），地震次数相当频繁。

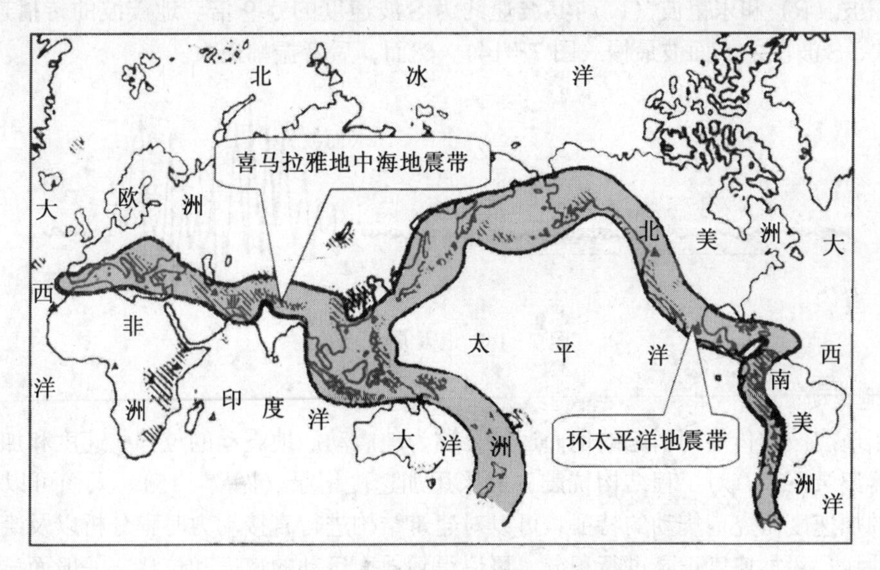

图 7－13　世界主要两大地震带分布

除构造地震外，还有由火山爆发、溶洞塌陷、水库蓄水、核爆炸等原因引起的地震。由于它们影响小，不作为工程抗震研究的重点。

1. 地震波

当震源岩层发生断裂、错动时，岩层所积累的变形能突然释放，它以波的形式从震源向四周传播，这种波称为地震波。地震波按其在地壳中传播的位置不同，分为体波和面波。

在地球内部传播的波称为体波——纵波和横波。

纵波是一种压缩波，又称 P 波或初波，介质质点的振动方向与波的传播方向一致。它引起地面垂直方向的振动，这种波的周期短、振幅小，在地壳内它的速度一般为 200～1400 m/s。P 波波速可按下式计算：

$$v_P = \sqrt{\frac{E(1-\nu)}{\rho(1+\nu)(1-2\nu)}} \tag{7-18}$$

式中　E——介质的弹性模量；

ν——介质的泊松比；

ρ——介质的质量密度。

横波是一种剪切波，也称 S 波或次波，质点的振动方向与波的传播方向垂直，它引起地面水平方向振动。这种波的周期长，振幔大，在地壳内它的波速一般为 100～800 m/s。S 波波速按下式计算：

$$v_S = \sqrt{\frac{E}{2\rho(1+\nu)}} = \sqrt{\frac{G}{\rho}} \tag{7-19}$$

式中　G——介质的剪切模量。

当取 $\nu = 1/4$ 时，由式（7-18）、式（7-19）可得：

$$v_P = \sqrt{3}v_S \tag{7-20}$$

在地球表面传播的波称为面波，它是体波经地层界面多次反射、折射形成的次生波——瑞雷波（R）和乐甫波（L）。其波速约为 S 波速度的 0.9 倍。地震波的传播速度是：P 波最快、S 波次之、面波最慢（图 7-14）。然而，后者振幅最大。

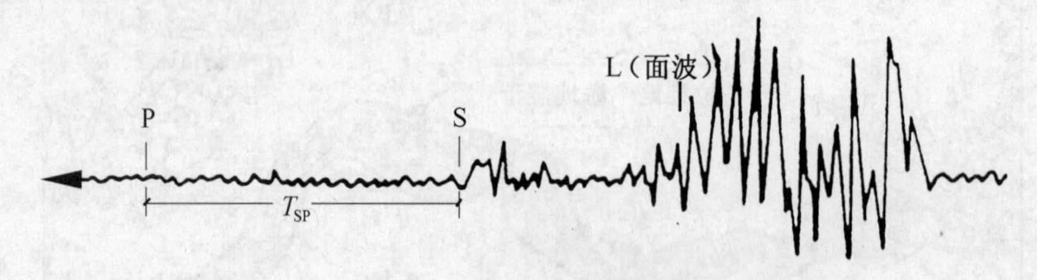

图 7-14　地震波纪录图

2. 地震动

由于地震波的传播而引起的地面运动，称为地震动。地震动的位移、速度和加速度可以用仪器记录下来，对工程结构抗震一般采用加速度记录（图 7-15）。人们可以根据强震记录的加速度研究地震动的特征，可以对建筑结构进行直接动力时程分析以及绘制地震反应谱曲线；对加速度记录进行积分，可以得到地面运动的速度和位移。一般而言，一点处的地震动在空间具有6个方向的分量（3个平动分量和3个转动分量，图7－16b只绘出一个转动分量，即扭转）。目前，一般只能获得平动分量的记录。

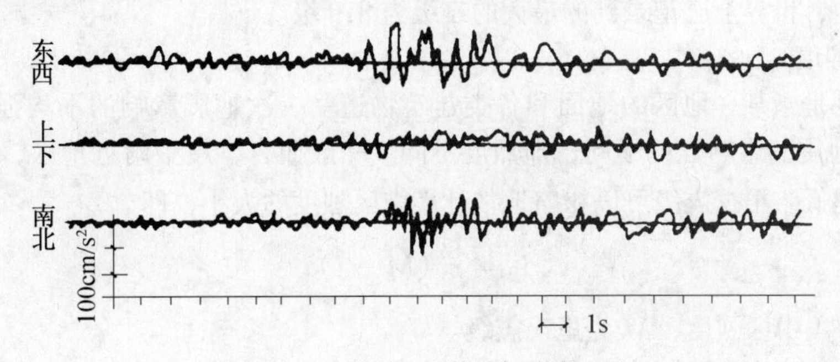

图7－15　地震地面运动加速度纪录

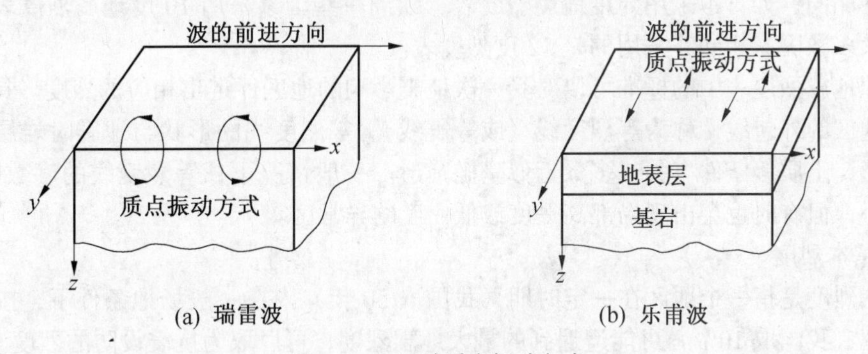

图7－16　面波质点振动方式

实际上，地震动是多种地震波综合作用的结果。因此，地震动的记录信号是不规则的。通过分析，可以采用几个有限的要素来反映不规则的地震波。例如，通过最大振幅，可以定量反映地震动的强度特性；通过对地震记录的频谱分析，可以揭示地震动的周期分布特征；通过对强震持续时间的定义和测量，可以考察地震动循环作用程度的强弱。地震动的峰值（最大振幅 max$A$）、频谱和持续时间，通常称为地震动的三要素。工程结构的地震破坏，与地震动的三要素密切相关。

3. 地震震级

地震震级是指一次地震释放能量的多少（地震强度大小的指标）。一次地震只有一个震级。1935年里希特（Richter）首先提出震级的定义：震级大小是利用伍德-安德生（Wood－Anderson）式标准地震仪（周期0.8s，阻尼系数0.8、放大倍数2800的地震仪），在 $x_E=100$ km处记录的最大地面位移（振幅）A 的常用对数值 $M=\lg A$。目前我国仍采用里氏震级 M，但考虑了震中距 $x_E<100$ km的影响，即按下式计算：

$$M = \lg A + R(\Delta) \tag{7-21}$$

式中　A——地震记录图上量得的以 μm（10^{-6} m）为单位的最大水平位移；

$R(\Delta)$——随震中距 x_E 而变化的起算函数。若 $x_E=100$ km，$R(\Delta)=0$。

若记录到 $x_E=100$ km 的 $A=10\text{mm}=10^4\ \mu\text{m}$，则由式（7－20）$M=\lg A+0=\lg 10^4=4\lg 10=4$ 级。震级 M 与地震释放的能量 E（10^{-7}J）之间的关系：

$$\lg E = 1.5M + 11.8 \tag{7-22}$$

式（7－22）表明，震级 M 每增加一级，地震所释放的能量 E 约增加31.6倍。2～4级的地震，称为有感地震；5级以上的地震为破坏性地震；7级以上的地震就是强烈地震或大震。目前，世界上已记录到的最大的震级为8.9级。

4. 地震烈度

地震烈度是指某一地区的地面和各类建筑物遭受一次地震影响的平均强弱程度。随 x_E 的不同，地震的影响程度不同，即烈度不同。一般而言，震中附近地区，烈度高；x_E 越远，烈度越低。根据震级可以粗略地估计震中区烈度的大小，即

$$I_0 = \frac{3}{2}(M - 1) \tag{7-23}$$

式中 I_0——震中区烈度，M 为里氏震级。

为评定地震烈度，需要建立一个标准，这个标准称为地震烈度表。世界各国的地震烈度表不尽相同，如日本采用8度地震烈度表，欧洲一些国家采用10度地震烈度表，我国与世界大多数国家相同，采用的是12度烈度表。

按照地震烈度表中的标准可以对受一次地震影响的地区评定出相应的烈度。具有相同烈度的地区的外包线，称为等烈度线（或等震线）。等烈度线的形状与地震时岩层断裂取向、地形、土质等条件有关，多数近似呈椭圆形。一般情况下，等烈度线的度数随 x_E 增大而减小，但有时也会出现局部高一度或低一度的异常区。

5. 基本烈度

基本烈度是指一个地区在一定时期（我国取50年）内在一般场地条件下，按一定的超越概率（我国取10%）可能遭遇到的最大地震烈度，可以取为抗震设防的烈度。

目前，我国已将国土划分为不同基本烈度覆盖的区域，这一工作称为地震区划。随着研究工作的不断深入，地震区划将给出相应的地震动参数，如地震动的幅值等。

7.2.2.2 单自由度体系水平地震反应分析

工程上某些建筑结构可以简化为单质点体系，如图7－17所示的水塔，质量大部分集中在塔顶水箱处，可按一个单自由度体系进行地震反应分析。此时，将柱视为一无质量但有刚度的弹性杆，形成一个单质点弹性体系计算简图。若忽略杆的轴向变形，当体系水平振动时，质点只有一个自由度，故为单自由度体系。

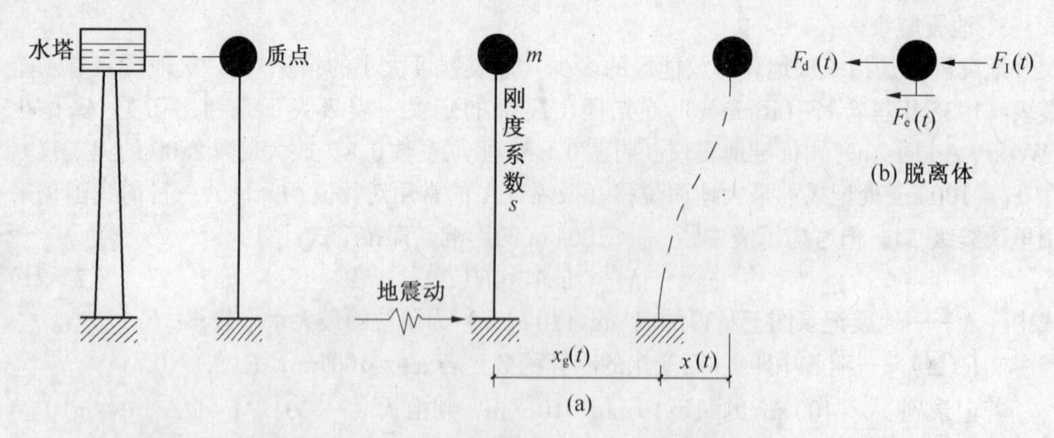

图7－17 水塔及其计算简图　　图7－18 水平地震作用下单自由体系的振动

1. 运动方程的建立

为了研究单质点弹性体系的水平地震反应，可根据结构的计算简图建立体系在水平地震作用下的运动方程（动力平衡方程）。图7-18体系具有集中质量 m，由刚度系数 s 的弹性直杆支承。设震时地面水平运动的位移为 $x_g(t)$，质点相对地面的水平位移为 $x(t)$，它们皆为时间 t 的函数，则质点的相对速度为 $\dot{x}(t)$、加速度为 $\ddot{x}(t)$。取质点为隔离体，其上作用有三种力，即质点惯性力 F_I、阻尼力 F_d和弹性恢复力 F_e。

惯性力是质点的质量 m 与绝对加速度 $[\ddot{x}_g(t)+\ddot{x}(t)]$ 的乘积，但方向与质点加速度方向相反：

$$F_I(t)=-m[\ddot{x}_g(t)+\ddot{x}(t)] \tag{a}$$

阻尼力是造成结构震动衰减的力，它由结构材料内摩擦、结点连接件摩擦、周围介质等对结构运动的阻碍作用。工程中通常采用黏滞阻尼理论进行计算，即假定阻尼力与质点的相对速度 $\dot{x}(t)$ 成正比，而方向相反：

$$F_d(t)=-d\dot{x}(t) \tag{b}$$

式中 d——阻尼系数。

弹性（恢复）力是使质点从振动位置恢复到平衡位置的力，它由弹性支承杆水平方向的变形而引起，其大小与质点的相对位移 $x(t)$ 成正比，但方向相反：

$$F_e(t)=-sx(t) \tag{c}$$

式中 s——弹性支承杆的侧移刚度系数，即质点产生单位水平位移时在质点上所需施加的水平力。

根据达朗贝尔原理，在任一时刻 t，质点在惯性力、阻尼力及弹性恢复力三者作用下保持动力平衡：

$$F_I(t)+F_d(t)+F_e(t)=0 \tag{d}$$

将式(a)、式(b)、式(c) 代入式(d)，并整理得

$$m\ddot{x}(t)+d\dot{x}(t)+sx(t)=-m\ddot{x}_g(t) \tag{e}$$

为便于求解方程，将式(e) 两边同除以 m，并引入参数 ω、ζ 后，可得

$$\ddot{x}(t)+2\zeta\omega\dot{x}(t)+\omega^2x(t)=-\ddot{x}_g(t) \tag{7-24}$$

式中 ω——结构振动圆频率，$\omega=\sqrt{s/m}$； (f)

ζ——结构的阻尼比，$\zeta=\dfrac{d}{2m\omega}$。 (g)

式（7-24）就是单自由度体系的有阻尼的运动方程，是一个常系数二阶非齐次线性微分方程。

2. 运动方程的求解

式（7-24）的通解为齐次解和特解之和。齐次解代表体系的自由振动反应，特解代表体系在地震作用下的强迫振动反应，从而：

单自由度体系的地震反应 = 自由振动反应 + 强迫振动反应 (h)

1）方程的齐次解——自由振动反应

令式（7-24）右端项为零，可求体系的有阻尼自由振动反应，即

$$\ddot{x}(t)+2\zeta\omega\dot{x}(t)+\omega^2 x(t)=0 \tag{7-25}$$

由特征方程的解可知，当$\zeta>1$时，为过阻尼状态，体系不振动；当$\zeta<1$时，为欠阻尼状态，体系产生振动；当$\zeta=1$为临界阻尼状态，此时，体系也不发生振动。因此，由结构动力学可解得欠阻尼状态下的自由振动位移反应为

$$x(t)=\mathrm{e}^{-\zeta\omega t}\left[x_0\cos\omega_{\mathrm{d}}t+\frac{\dot{x}_0+\zeta\omega x_0}{\omega_{\mathrm{d}}}\sin\omega_{\mathrm{d}}t\right] \tag{i}$$

式中　x_0、$\dot{x}_0$——分别为$t=0$时的初位移和初速度；

ω_{d}——有阻尼体系的自由振动频率，$\omega_{\mathrm{d}}=\omega\sqrt{1-\zeta^2}$。

当$\zeta=0$时，为无阻尼状态，体系的自由振动为简谐振动：

$$x(t)=x_0\cos\omega t+\frac{\dot{x}_0}{\omega_{\mathrm{d}}}\sin\omega t \tag{j}$$

体系的振动周期为

$$T=2\pi/\omega=2\pi\sqrt{m/s} \tag{7-26}$$

由于m和s是结构体系固有的，因此，无阻尼体系自振频率ω和周期T也是体系固有的，故将ω、T称为固有频率、固有周期。ω_{d}为体系有阻尼的自振频率，一般建筑结构的阻尼很小，其范围为$\zeta=0.01\sim0.1$。《建筑抗震设计规范（GB 50011—2001）》[3]第8.2.2条规定：钢结构在多遇地震下的阻尼比$\zeta=0.035$（$n<12$）和$\zeta=0.02$（$n\geqslant12$）；在罕遇地震下$\zeta=0.05$。

2）方程的特解——强迫振动反应

式（7-24）中$\ddot{x}_{\mathrm{g}}(t)$为地面水平地震动加速度，工程设计取实测地震加速度记录。

由于地震动的随机性，强迫振动反应不可能求出解析表达式，只能利用数值积分求出数值解。在动力学中，有阻尼强迫振动位移反应由杜哈梅积分给出

$$x(t)=-\frac{1}{\omega_{\mathrm{d}}}\int_0^t\ddot{x}_{\mathrm{g}}(\tau)\mathrm{e}^{-\zeta\omega(t-\tau)}\sin\omega_{\mathrm{d}}(t-\tau)\mathrm{d}\tau \tag{7-27}$$

一般建筑的水平地震位移反应可取：

$$x(t)=-\frac{1}{\omega}\int_0^t\ddot{x}_{\mathrm{g}}(\tau)\mathrm{e}^{-\zeta\omega(t-\tau)}\sin\omega(t-\tau)\mathrm{d}\tau \tag{7-28}$$

3）方程的通解

将式（i）与式（7-27）取和，即为式（7-24）的通解（式（h））。当结构体系初位移和初速度为零时，体系自由振动反应为零；当结构体系初位移或初速度为零时，由于体系有阻尼，体系的自由振动也会很快衰减，因此，仅取强迫振动反应作为单自由度体系水平地震位移反应。

3. 水平的地震作用

水平地震作用就是地震时结构质点上受到的水平方向的最大惯性力，即

$$F=_{\max}F_{\mathrm{I}}=m\left|\ddot{x}_{\mathrm{g}}(t)+\ddot{x}(t)\right|_{\max}=\left|sx(t)+d\dot{x}(t)\right|_{\max} \tag{7-29}$$

式中　d——阻尼系数。

在结构抗震设计中，建筑物的阻尼力很小，另外，惯性力最大时的加速度最大，而速

度最小（$\dot{x}\to0$）。从而，为简化计算，式（7－29）变成：$F=|sx(t)|_{\max}$，其中的 s 由式（f）确定：$s=m\omega^2$，则最大惯性力

$$F\approx|sx(t)|_{\max}=|m\omega^2 x(t)|_{\max}$$

$$=m\omega\left|\int_0^t \ddot{x}_g(\tau)e^{-\zeta\omega(t-\tau)}\sin\omega(t-\tau)d\tau\right|_{\max}=mS_a \quad (7-30)$$

式中　S_a——质点振动加速度最大绝对值。

4. 地震反应谱

地震反应谱是指单自由度体系最大地震反应与体系自振周期 T 之间的关系曲线，根据地震反应内容的不同，可分为位移反应谱、速度反应谱及加速度反应谱。在结构抗震设计中，通常采用地震加速度反应谱，简称地震反应谱 $S_a(T)$。由式（7－26）：$T=2\pi/\omega$，从而，可得地震的反应谱曲线方程：

$$S_a(T)=|\ddot{x}_g(t)+\ddot{x}(t)|_{\max}=\omega\left|\int_0^t \ddot{x}_g(\tau)e^{-\zeta\omega(t-\tau)}\sin\omega(t-\tau)d\tau\right|_{\max}$$

$$=\frac{2\pi}{T}\left|\int_0^t \ddot{x}_g(\tau)e^{-\zeta\omega(t-\tau)}\sin\frac{2\pi}{T}(t-\tau)d\tau\right|_{\max} \quad (7-31)$$

5. 地震作用计算的设计反应谱

由式（7－31）可见，地震反应谱与阻尼比 ζ、地震动的振幅、频谱有关。由于地震的随机性，不同的地震记录，地震反应谱不同，即使在同一地点、同一烈度，每次的地震记录也不一样，地震反应谱也不同。所以，不能用某一次的地震反应谱作为设计地震反应谱。为满足一般建筑的抗震设计要求，应根据大量强震记录计算出每条记录的反应谱曲线，以此作为设计反应谱曲线。

为方便计算，将式（7－30）作如下变换：

$$F=mS_a(T)=mg\frac{|\ddot{x}_g(t)|_{\max}}{g}\cdot\frac{S_a(T)}{|\ddot{x}_g(t)|_{\max}}=G_E k\beta=\alpha G_E \quad (7-32)$$

式中　G_E——体系质点的重力荷载代表值；

α——地震影响系数；

k——地震系数；

β——动力系数；

g——重力加速度，$g=980\,cm/s^2$；

$|\ddot{x}_g(t)|_{\max}$——地面运动加速度最大绝对值，即《建筑抗震设计规范》中的所谓设计基本地动加速度——50 年设计基准期超越概率 10%的地震加速度的设计取值。

1）地震系数 k

$$k=|\ddot{x}_g(t)|_{\max}/g \quad (7-33)$$

通过 k 可将地震动振幅对地震反应谱的影响分离出来。一般来说，地面运动加速度峰值越大，地震烈度越高，即 k 与地震烈度之间有一定的对应关系。大量统计分析表明，烈度每增加一度，k 值大致增加一倍。我国规范中采用的 k 与抗震设防烈度的对应关系见

表7-37。

表7-37　抗震设防烈度与 k 值

抗震设防烈度	6	7	8	9
k	0.05	0.10（0.15）	0.20（0.30）	0.40

注：括号中数值对应设计基本地震加速度为0.15g 和0.30g 地区的建筑，应分别按抗震设防烈度7度和8度的要求进行抗震设计。

2）动力系数 β

$$\beta = S_a(T) / |\ddot{x}_g(t)|_{max} \tag{7-34}$$

将式（7-31）代入上式：

$$\beta = \frac{2\pi}{T} \cdot \frac{1}{|\ddot{x}_g(t)|_{max}} \left| \int_0^t \ddot{x}_g(\tau) e^{-\zeta\omega(t-\tau)} \sin\frac{2\pi}{T}(t-\tau) d\tau \right|_{max} \tag{7-35}$$

可见，影响 β 的主要因素有：①地面运动加速度 $\ddot{x}_g(t)$ 的特征；②结构体系的自振周期 T；③结构阻尼比 ζ。实质上是规则化的地震反应谱。因为当 $|\ddot{x}_g(t)|_{max}$ 增大或减小，地震反应也相应增大或减小。因此，其值与地震烈度无关。可利用不同烈度的地震记录进行计算和统计，得出 β 的变化规律。当地面运动加速度记录 $\ddot{x}_g(t)$ 和 ζ 给定时，对每一给定的周期 T，可按式（7-35）计算出相应的 β 值，从而可以得到 $\beta-T$ 关系曲线，这条曲线称为动力系数反应谱曲线。实质上，β 谱曲线是一种加速度反应谱曲线。它也反应了地震时地面运动的频谱特性，对不同自振周期的建筑结构有不同的地震动力作用效用。研究表明，阻尼比 ζ、场地条件、震级 M、震中距 x_E 等对 β 谱曲线的特性形状都有影响。图7-19是根据1940年EI-Centro地震地面加速度记录绘制的 β 谱曲线。可见，当 ζ 值减小，β 值增大；不同的 ζ 对应不同的谱曲线，当 T 接近场地特征周期（卓越周期）T_g 时，均为最大峰值（共振）；当 $T < T_g$ 时，β 值随 T 值的增大而增加，当 $T > T_g$ 时，β 值随 T 值的增大而减小，并趋于平缓。

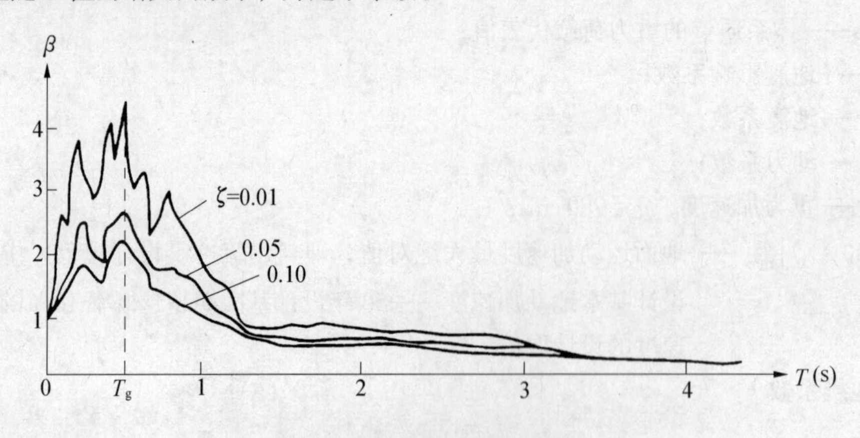

图7-19　ζ 值对谱曲线的影响

图7-20为不同场地土条件下的 β 谱曲线。对于土质松软的场地，β 谱曲线的峰值对应于较长周期，而对于土质坚硬的场地，则对应较短 T 值。

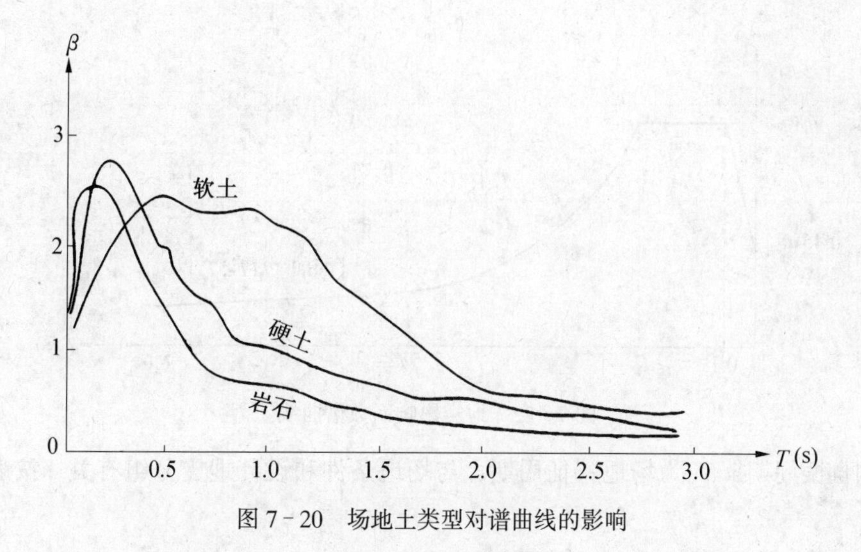

图7-20　场地土类型对谱曲线的影响

图7-21为相同地震烈度下、x_E不同的β谱曲线，x_E大时β谱曲线的峰值位置对应较长周期，x_E小时对应较短周期。因此，在同等烈度下，x_E较远地区的高柔结构受到的地震破坏更严重，而刚性结构的破坏情况则相反。

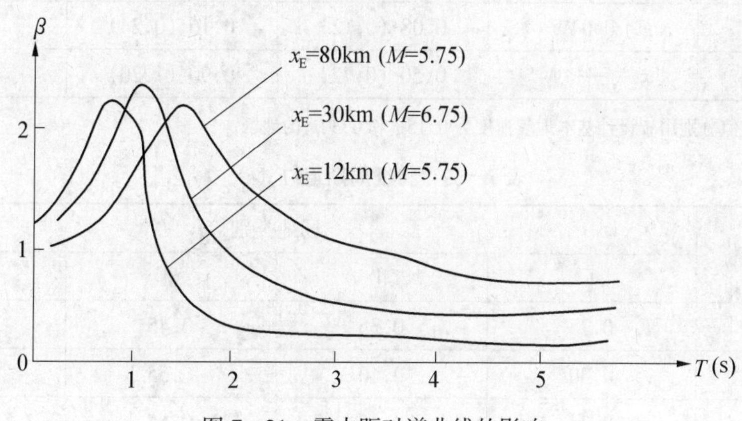

图7-21　震中距对谱曲线的影响

3）地震影响系数α及设计反应谱

由式（7-32）可见：$\alpha=k\beta$，又由表7-37：不同抗震设防烈度下k值为一具体数值，因此，α的物理含义与β相同。从而，便可得到计算地震作用的设计反应谱$\alpha-T$曲线。

地震的随机性使每次的地震加速度记录的反应谱曲线各不相同。因此，为了满足房屋建筑的抗震设计要求，将大量强震记录按场地、x_E进行分类，并考虑ζ的影响，然后对每种分类进行统计分析，求出平均β谱曲线，然后根据$\alpha=k\beta$关系，将β谱曲线转换为α谱曲线，作为抗震设计用标准反应谱曲线。《建筑抗震设计规范》中采用的设计反应谱$\alpha-T$曲线就是根据上述方法得出的，如图7-22所示。

图7-22中的α曲线由4部分构成：①直线上升段（$0\leqslant T<0.1$）；②直线水平段（$0.1\leqslant T\leqslant T_g$）；③曲线下降段（$T_g<T\leqslant 5T_g$）；④直线下降段（$5T_g<T<6.0$）。

α曲线中各参数的含义分别是：α_{max}为水平地震影响系数最大值，按表7-38采用；

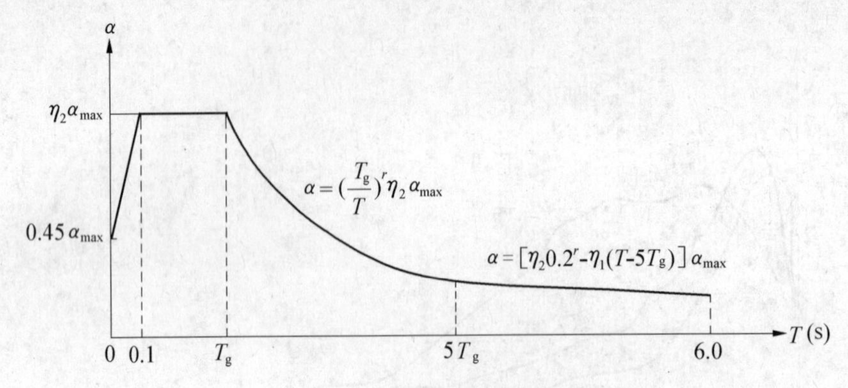

图 7－22　地震影响系数谱曲线

T 为结构自振周期；T_g为场地特征周期，与场地条件和设计地震分组有关，按表 7－39 采用。

表 7－38　水平地震影响系数最大值 α_{max}

地震影响	设防烈度			
	6 度	7 度	8 度	9 度
多遇地震	0.04	0.08（0.12）	0.16（0.24）	0.32
罕遇地震	—	0.50（0.72）	0.90（1.20）	1.40

注：括号中数值分别用于设计基本地震速度为 $0.15g$ 和 $0.30g$ 的地区。

表 7－39　特征周期值 T_g(s)

设计地震分组	场地类别			
	Ⅰ	Ⅱ	Ⅲ	Ⅳ
第一组	0.25	0.35	0.45	0.65
第二组	0.30	0.40	0.55	0.75
第三组	0.35	0.45	0.65	0.90

注：计算 8 度、9 度罕遇地震作用时，特征周期应增加 0.05s。

表 7－38 中的 α_{max}值，由结构阻尼比 $\zeta=0.05$ 求得（由 $\alpha=k\beta$，可得 $\alpha_{max}=k\beta_{max}$。根据统计分析表明，在相同 ζ 情况下，动力系数 β_{max}的离散性不大。为简化计算，《建筑抗震设计规范（GB 50011—2001）》中取 $\beta_{max}=2.25$，对应 $\zeta=0.05$），当结构自振周期 $T=0$ 时，结构为刚体，此时，$\alpha\approx0.45\alpha_{max}$。阻尼调整系数 η_2，按下式计算：

$$\eta_2=1+\frac{0.05-\zeta}{0.06+1.7\zeta}\geqslant0.55 \tag{7-36}$$

式中　ζ——结构阻尼比。《建筑抗震设计规范（GB 50011—2001）》规定：多遇地震下的 $\zeta=0.35$（$n<12$ 层），$\zeta=0.02$（$n\geqslant12$ 层）；在罕遇地震下 $\zeta=0.05$。

直线下降段斜率调整系数 η_1，按下式计算：

$$\eta_1=0.02+\frac{(0.05-\zeta)}{8}\geqslant0 \tag{7-37}$$

曲线下降段的衰减指数 γ，按下式计算：

$$\gamma = 0.9 + \frac{0.05 - \zeta}{0.5 + 5\zeta} \tag{7-38}$$

4）每层的重力荷载代表值 G_{Ei}

建筑物某质点 G_{Ei}值的确定，应根据结构计算简图中划定的计算范围，取计算范围内的结构和构件的永久荷载标准值和各可变荷载组合值之和。各可变荷载的组合值系数按表7-40采用。地震时，结构上的可变荷载往往达不到标准值水平，计算重力荷载代表值时可以将其折减。每层的重力荷载代表值按下式确定：

$$G_{Ei} = G_{ki} + \sum C_{Ei} Q_{ki} \tag{7-39}$$

式中　G_{Ei}——每层质点重力荷载代表值；

G_{ki}——结构或构件的永久荷载标准值；

Q_{ki}——楼层第 i 个可变荷载标准值；

C_{Ei}——第 i 个可变荷载的组合值系数，按表7-40采用。

表7-40　可变荷载组合值系数 C_{Ei}

可变荷载种类		组合值系数
雪荷载		0.5
屋面积灰荷载		0.5
屋面活荷载		不计入
按实际情况计算的楼面活荷载		1.0
按等效均布荷载计算的楼面活荷载	藏书库、档案库	0.8
	其他民用建筑	0.5
吊车悬吊物重力	硬钩吊车	0.3
	软钩吊车	不计入

6.地震作用的计算方法

根据抗震设计反应谱就可以比较容易地确定结构上所受的地震作用，计算步骤如下：

(1）根据计算简图确定结构的 G_E值和 T；

(2）根据结构所在地区的设防烈度、场地类别及设计地震分组，按表7-38和表7-39确定反应谱的 α_{max}和 T_g；

(3）根据 T，按图7-22确定 α；

(4）按式（7-32）计算出水平地震作用 F 值。

7.2.2.3　水平地震作用的计算效应验算

《高层民用建筑钢结构技术规程（JGJ 99—1998)》第5.3.1条规定：高层建筑钢结构的抗震设计，应采用两阶段设计法（图7-23)。第一阶段为多遇地震作用下的弹性分析，验算构件的承载力和稳定以及结构的层间侧移 Δu；第二阶段为罕遇地震下的弹塑性分析，验算结构的层间侧移和层间侧移延性比。

1.第一阶段抗震设计

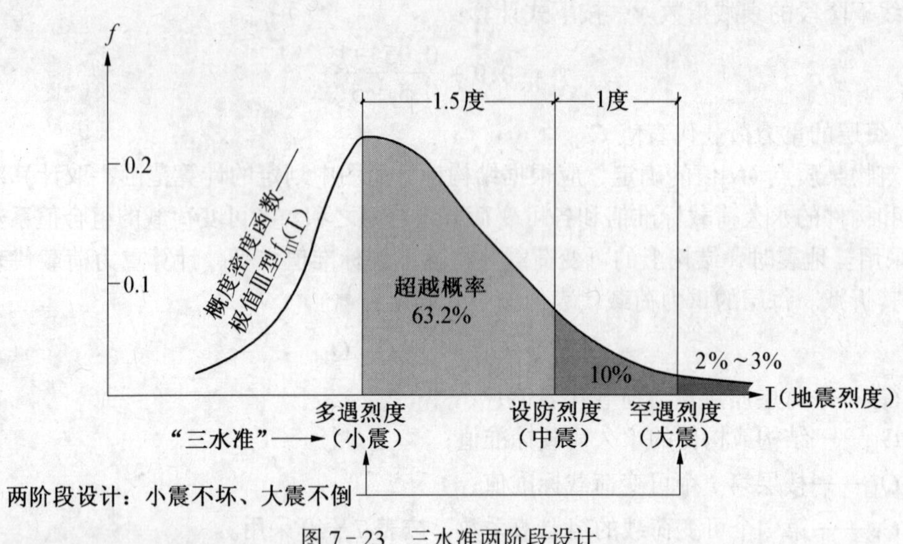

图 7－23　三水准两阶段设计

可采用下列方法计算地震作用效应：

（1）$H \leqslant 40\,\text{m}$，以剪切变形为主，且质量和刚度沿高度分布比较均匀的结构，可采用底部剪力法；

（2）$H > 60\,\text{m}$，应采用振型分解反应谱法；

（3）平面或竖向特别不规则的建筑，宜采用时程分析法作补充计算（表 7－41）。

表 7－41　采用弹性时程分析的房屋高度范围

烈度、场地类别	房屋高度范围（m）
8 度Ⅰ、Ⅱ类场地和 7 度	＞100
8 度Ⅲ、Ⅳ类场地	＞80
9 度	＞60

《建筑抗震设计规范（GB 50011—2001）》第 3.4.1 条（强制性条文）规定：建筑设计应符合抗震概念设计的要求，不应采用严重不规则的设计方案。

2. 底部剪力法

底部剪力法是一种近似方法，通常采用手算，其思路是：首先计算出作用于结构总的地震作用，即底部的剪力，然后将总的地震作用按照一定规律分配到各个质点上，从而得到各个质点的水平地震作用。最后按结构力学方法计算出各层地震剪力及位移。主要优点是不需要进行烦琐的频率和振型分解计算。

由《建筑抗震设计规范（GB 50011—2001）》第 5.2.1 条规定：采用底部剪力法时，各楼层可仅取一个自由度，结构的水平地震作用标准值 F_{Ek} 按式（7－40）计算：

$$F_{\text{Ek}} = \alpha_1 G_{\text{eq}} \tag{7-40}$$

质点 i 的水平地震作用标准值 F_{i}，由下式确定：

$$F_{\text{i}} = \frac{G_{\text{i}} H_{\text{i}}}{\sum_{j=1}^{n} G_{\text{j}} H_{\text{j}}} F_{\text{Ek}}(1 - \delta_{\text{n}}) \tag{7-41}$$

$$(i = 1,2,\cdots,n)$$

$$\Delta F_n = \delta_n F_{Ek} \quad (7-42)$$

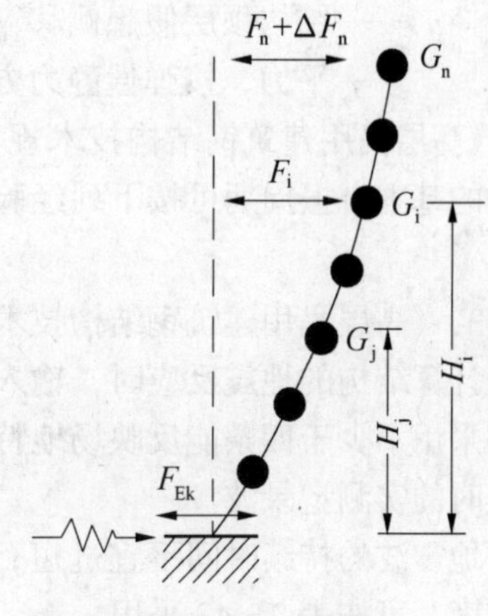

图7-24　计算简图

式中　α_1——相应于结构基本自振周期 T_1 的水平地震影响系数值；

G_{eq}——结构等效总重力荷载，多质点可取总重力荷载代表值的85%，即 $G_{eq}=0.85\sum_{i=1}^{n}G_{Ei}$；

G_i、G_j——分别为集中于质点 i、j 的重力荷载代表值；

H_i、H_j——分别为质点 i、j 的计算高度；

δ_n——当 $T_1>1.4T_g$ 时，高阶振型的贡献不能忽视，《建筑抗震设计规范（GB 50011—2001）》考虑的一个顶部附加地震作用系数（表7-42）；

ΔF_n——考虑高振型贡献的顶部附加水平地震作用。

表7-42　顶部附加地震作用系数

T_g (s)	结构基本自振周期 T_1	
	$>1.4T_g$	$\leqslant 1.4T_g$
$\leqslant 0.35$	$0.08T_1+0.07$	0.0
$<0.35\sim0.55$	$0.08\ T_1+0.01$	
>0.55	$0.08\ T_1-0.02$	

震害表明，突出屋面部分的质量和刚度与下层相比突然变小，振幅急剧增大，这一现象称为鞭梢效应。当采用底部剪力法时，应作如下修正：

屋面突出部分的地震作用效应宜乘以增大系数3，此增大部分不应往下传递，但与该突出部分相连的构件应予计入。

当采用振型分解法时，突出屋面部分可作为一个质点（图7-25）。

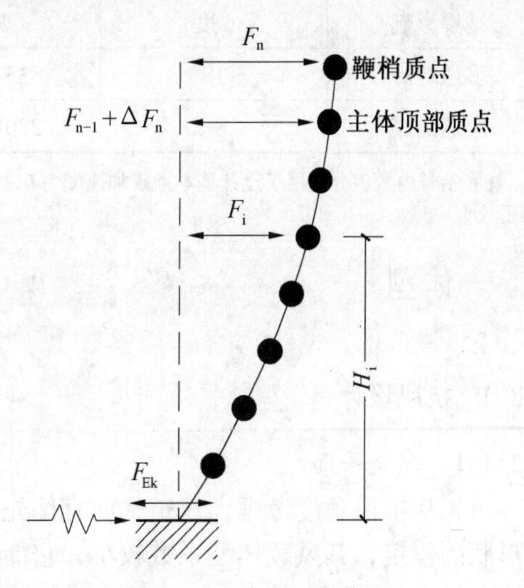

图7-25　水平地震作用

《高层民用建筑钢结构技术规程（JGJ 99—1998）》第4.3.6条规定：钢结构的计算周期，应采用按主体结构弹性刚度计算所得的周期乘以考虑非结构构件影响的修正系数，$\xi_T=0.90$。

对于重量及刚度沿高度分布比较均匀的结构，基本自振周期可用顶点位移法近似计算：

$$T_1 = 1.7\xi_T\sqrt{u_n} \quad (7-43a)$$

式中　u_n——结构顶层假想侧移（m），即假想将结构各层的重力荷载作为楼层的集中水平力，按弹性静力方法计算所得到的顶层侧移值。

《高层民用建筑钢结构技术规程（JGJ 99—1998）》第 4.3.8 条规定：在初步计算时，结构的基本自振周期可按下列经验公式估算：

$$T_1 = 0.1n \tag{7-43b}$$

3.《高层民用建筑钢结构技术规程（JGJ 99—1998）》第 4.3.13 条规定：采用时程分析法计算结构的地震反应时，输入地震波的选择应符合下列要求：

采用不少于四条能反映场地特性的地震加速度波，其中宜包括一条本地区历史上发生地震时的实测记录波。

地震波的持续时间不宜过短，宜取 10～20s 或更长。第 4.3.14 条输入地震波的峰值加速度，可按表 7-43 采用。

表 7-43　地震加速度峰值　(cm/s^2)

设防烈度	7	8	9
第一阶段设计	35	70	140
第二阶段设计	220	400	620

《建筑抗震设计规范（GB 50011—2001）》第 5.1.2 条规定：采用时程分析法时，应按建筑场地类别和设计地震分组选用不少于二组的实际强震记录和一组人工模拟的加速度时程曲线，其平均地震影响系数曲线应与振型分解反应谱法所采用的地震影响系数曲线在统计意义上相符，其加速度时程的最大值可按表 7-44 采用。弹性时程分析时，每条时程曲线计算所得结构底部剪力不应小于振型分解反应谱法计算结果的 65%，多条时程曲线计算所得结构底部剪力的平均值不应小于振型分解反应谱法计算结果的 80%。

表 7-44　时程分析所用地震加速度时程曲线的最大值　(cm/s^2)

地震影响	6 度	7 度	8 度	9 度
多遇地震	18	35（55）	70（110）	140
罕遇地震	—	220（310）	400（510）	620

注：括号内数值分别用于设计基本地震加速度为 $0.15g$ 和 $0.30g$ 的地区。

7.3　体型

7.3.1　抗风设计

7.3.1.1　建筑平面

（1）从抗风角度考虑，建筑平面宜优先选用圆形、椭圆形等流线型平面形状。该类平面形状的建筑，其风载体型系数较小，它能显著降低风对高层建筑的作用，可取得较好的经济效果。

圆形、椭圆形等流线型平面与矩形平面比较，风载体型系数 μ_s 约减小 30%。由于圆形平面的对称性，当风速的冲角 α 发生任何改变时，都不会引起侧向力数值的改变。因此，采用圆形平面的高层建筑，在大风作用下不会发生驰振现象。

(2) 平面形状不对称的高层建筑，在风荷载作用下易发生扭转振动。实践经验证明：一幢高层建筑，在大风作用下即使是发生轻微的扭转振动，也会使居住者感到不适。因此，建筑平面应尽量选择圆形、椭圆形、方形、矩形、正多边形等双轴对称的平面形状。

实际工程中常采用矩形、方形甚至三角形等建筑平面，但在其平面的转角处，常取圆角或平角（切角）的处理方法，以便减小建筑的 μ_s值、降低框筒或束筒体系角柱的峰值应力。德国法兰克福商业银行新大楼就采用了这种处理方式。

在进行结构布置时，应结合建筑平面、立面形状，使各楼层的抗推刚度（侧移刚度）中心与风荷载的合力中心接近重合，并位于同一竖直线上，以避免房屋的扭转振动。

7.3.1.2　建筑立面

(1) 强风地区的高楼，宜采用上小下大的锥形或截锥形立面（图7-26a、b)。优点是：缩小的较大风荷载值的受风面积，使风荷载产生的倾覆力矩大幅度减小；从上到下，楼房的抗推刚度和抗倾覆能力增长较快，与风荷载水平剪力和倾覆力矩的示意图情况相适应；楼房周边向内倾斜的竖向构件轴力的水平分力，可部分抵消各楼层的风荷载水平剪力。

(2) 立面可设大洞或透空层。对于位于台风地区的层数很多、体量较大的高层建筑，可结合建筑布局和功能要求，在楼房的中、上部，设置贯通房屋的大洞，或每隔若干层设置一个透空层（图7-26c、d)，则可显著减小作用于楼房的风荷载。

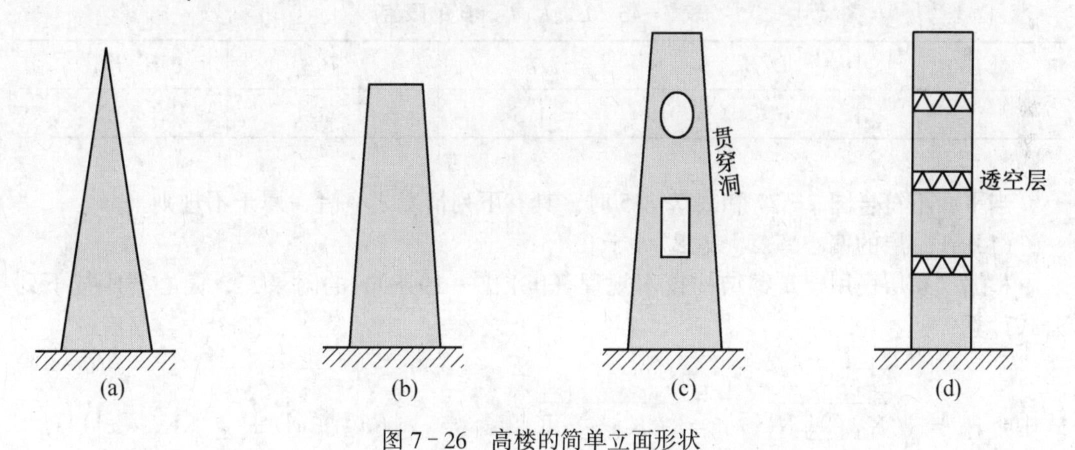

图7-26　高楼的简单立面形状

7.3.2　抗震设计

《建筑抗震设计规范 (GB 50011—2001)》第3.4.1条强制性条文明确规定：“建筑设计应符合抗震概念设计的要求，不应采用严重不规则的设计方案。”

7.3.2.1　建筑平面

对于抗震设防的高层建筑钢结构，水平地震作用的分布取决于质量分布。为使各楼层水平地震作用沿平面分布对称、均匀，避免引起结构的扭转振动，其平面应尽可能采用双轴对称的简单规则平面。但由于城市规划对街景的要求，或由于建筑场地形状的限制，高层建筑不可能千篇一律地采用简单、单调的平面形状，而不得不采用其他较为复杂的平面。为了避免地震时发生较强烈的扭转振动以及水平地震作用沿平面的不均匀分布，《高层民用建筑钢结构技术规程（JGJ 99—1998）》第3.2.1条规定，对抗震设防的高层建筑钢结构，其常用的平面尺寸关系应符合图7－27和表7－45的要求。当钢框筒结构采用矩形平面时，其长宽比宜≤1.5，否则，宜采用多束筒结构。

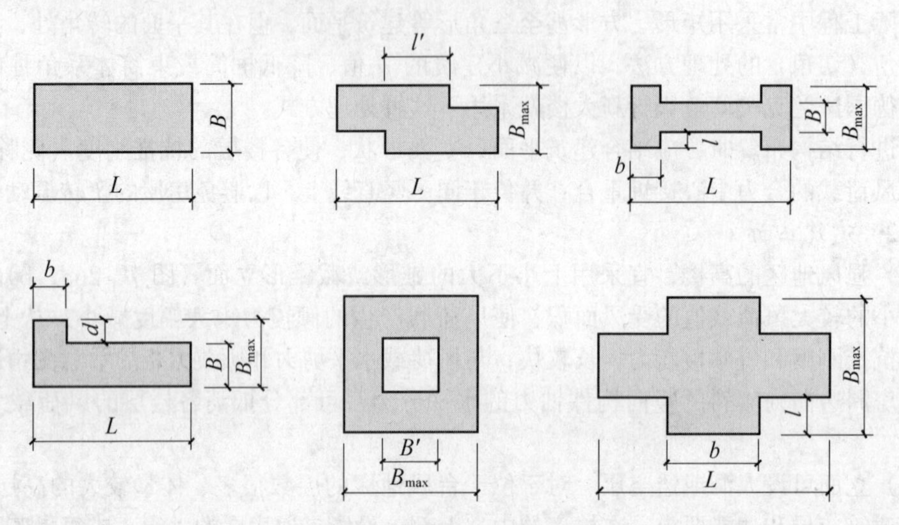

图7－27　平面尺寸图示

表7－45　L，l，l'，B'的限值

L/B	L/B_{max}	l/b	l'/B_{max}	B'/B_{max}
≤5	≤4	≤1.5	≥1	≤0.5

当平面不符合图7－27和表7－45时，具有下列情况之一者，属于不规则平面。

(1) 任一层的偏心率Σ_x或Σ_y大于0.15；

根据《高层民用建筑钢结构技术规程（JGJ 99—1998）》的附录二，偏心率应按下列公式计算：

$$\Sigma_x = e_y/r_{ex} \quad \Sigma_y = e_x/r_{ey} \tag{7-44}$$

式中　$r_{ex} = \sqrt{K_T/\sum K_x}, r_{ey} = \sqrt{K_T/\sum K_y}, K_T = \sum(K_x \cdot y^2) + \sum(K_y \cdot x^2)$

Σ_x、Σ_y——分别为所计算楼层在x和y方向的偏心率；

e_x、e_y——分别为x和y方向水平作用合力线到结构刚心的距离；

r_{ex}、r_{ey}——分别为x和y方向的弹性半径；

$\sum K_x$、$\sum K_y$——分别为计算楼层各抗侧力结构在x和y方向的侧向刚度之和；

K_T——所计算楼层的扭转刚度；

x、y——以刚心为原点的抗侧力结构坐标。

(2) 结构平面形状有凹角，凹角的伸出部分在一个方向的长度，超过该方向建筑总尺寸的25%。

(3) 楼面不连续或刚度突变，包括开洞面积超过该层总面积的50%。

(4) 抗水平力构件既不平行、又不对称于抗侧力体系的两个互相垂直的主轴。

属于上述情况第 (1)、(4) 项者应计算结构扭转的影响，属于第 (3) 项者应采用相应的计算模型，属于第 (2) 项者应采用相应的构造措施。

7.3.2.2　建筑立面

抗震设防的高层建筑钢结构，宜采用竖向规则的结构。在竖向位置上具有下列情况之一者，为竖向不规则结构：

(1) 楼层刚度小于其相邻上层刚度的 70%，且连续三层总的刚度降低超过 50%；

(2) 相邻楼层质量之比超过 1.5 (建筑为轻屋盖时，顶层除外)；

(3) 立面收进尺寸的比例为 $L_1/L<0.75$(图 7-28)；

(4) 竖向抗侧力构件不连续；

(5) 任一楼层抗侧力构件的总受剪承载力，小于其相邻上层的 80%。

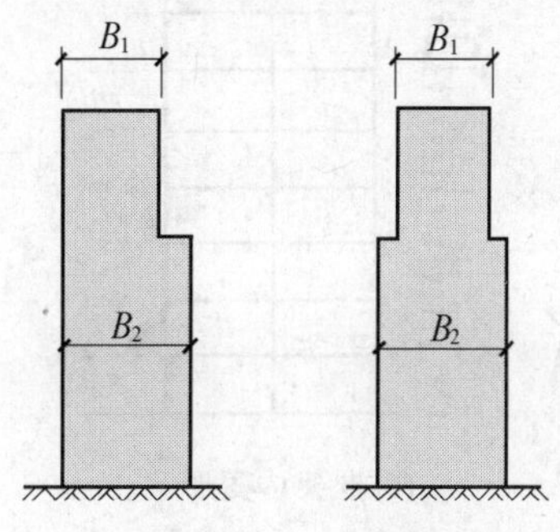

图 7-28　立面收进

7.3.3　房屋高度与高宽比

7.3.3.1　高度限值

高层全钢结构的高度限值见表 7-1。

7.3.3.2　高宽比限值

高层全钢结构的高宽比限值见表 7-2。

7.3.4　变形缝的设置

变形缝包括伸缩缝 (温度缝)、防震缝和沉降缝。《高层民用建筑钢结构技术规程 (JGJ 99—1998)》规定：高层建筑钢结构不宜设置防震缝，薄弱部位应采取措施提高抗震能力。也不宜设置结构伸缩缝，当必须设置时，抗震设防的伸缩缝应满足防震缝的要求。

7.3.4.1　沉降缝

为了保证高层建筑钢结构的整体性，在其主体结构内不应设置沉降缝。当主楼与裙房之间必须设置沉降缝时，其缝宽应满足防震缝的要求，同时，应采用粗砂等松散材料将沉降缝地面以下部分填实，以确保主楼基础四周的可靠侧向约束。

7.4　抗侧力体系

《高层民用建筑钢结构技术规程 (JGJ 99—1998)》第 5.2.1 条规定："框架体系、框架-支撑体系和框筒体系等，其内力和位移均可采用有限单元刚度法计算。筒体结构可按位移相等原则转化为连续的竖向悬臂筒体，采用薄壁杆件理论、有限条法等进行计算。"

7.4.1　框架体系

7.4.1.1　纯框架

框架体系由纵、横向梁与柱构成。一般框架柱与框架梁为刚性连接。

框架的优点是：建筑平面布置灵活，构造简单，构件易于标准化和定型化，便于工地高强螺栓拼装。对于层数 $i\leqslant30$ 层的高层结构而言，框架体系是一种比较经济合理、运用广泛的结构体系。

由于框架结构的抗侧力刚度较小，水平作用（风或地震）下的侧移较大，应避免引起非结构性构件的破坏。

水平作用下的框架侧移 u_i 由两部分组成：框架整体剪切变形产生的侧移 u_i^V 和框架整体弯曲变形产生的侧移 u_i^N（图 7-29），前者约占85%，后者只占15%。可见，在水平作用下的框架结构变形为剪切型。

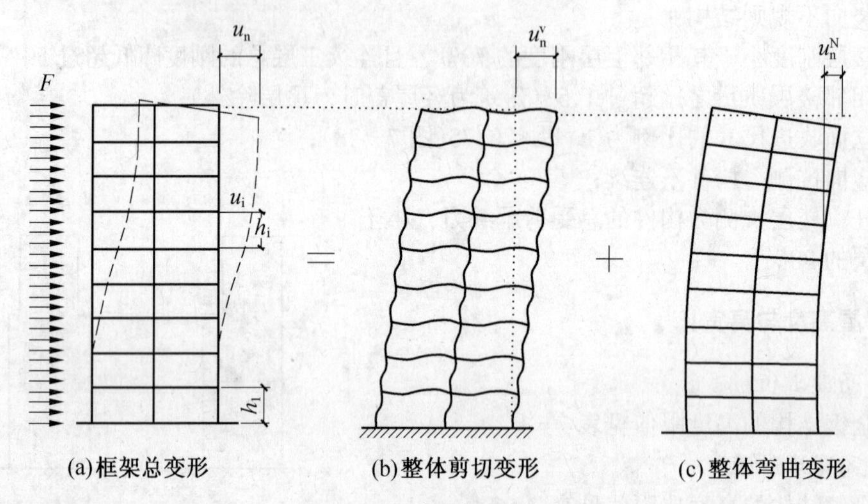

图 7-29　水平作用下的侧移

由于框架侧移刚度由梁、柱的抗弯刚度来提供，抗侧力承载力相对较弱，因此，框架体系的适用层数 $i \leqslant 30$ 层，设计框架结构时，一般应重视 $P-\Delta$ 效应和梁柱结点域的变形。

工程实例如图 7-30、图 7-31 和图 7-32 所示。

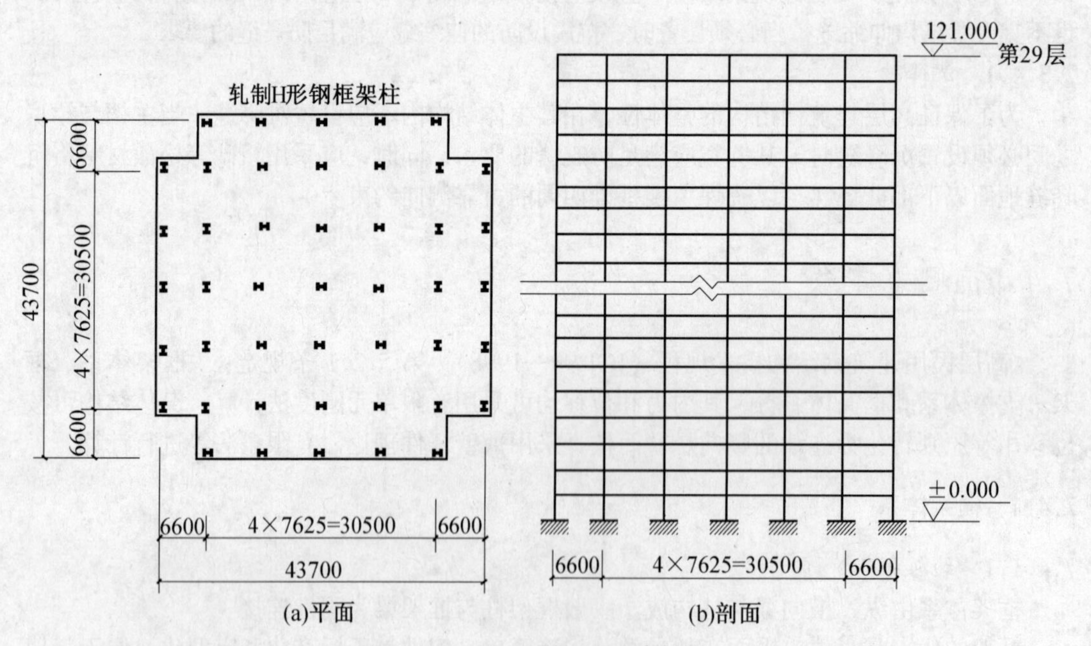

图 7-30　第一印第安纳广场大厦

（美国休斯敦，$n=29$ 层，$H=121\,m$，地震动峰值加速度 $0.2g$，基本风速 145 km/h）

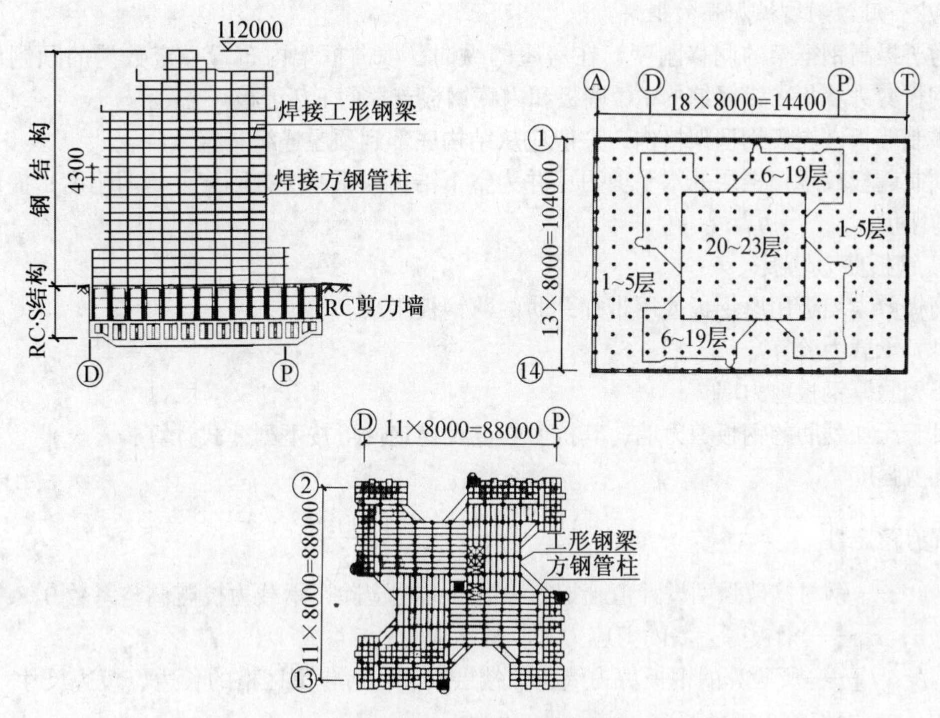

图7-31　台北荣民医院大楼

（$n=23$层，$H=112$m，5层裙楼。钢板最大厚度50mm。RC·S地下结构，型钢芯柱采用H形或十字形截面。纵向、横向结构的基本自振周期分别为2.78s、2.83s）

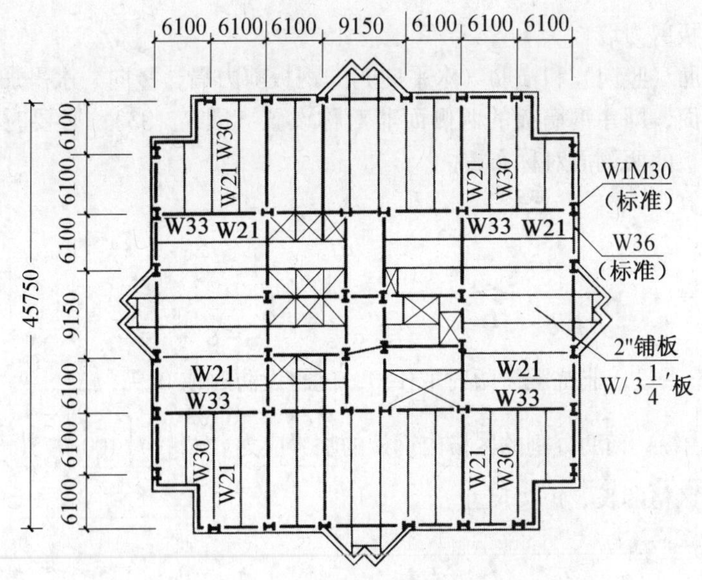

图7-32　福克斯广场大厦

（美国洛杉矶，$n=35$层，美国地震烈度区划图中的2区，地震动峰值加速度$0.2g$，压型刚板上现浇83mm轻质混凝土）

7.4.1.2　用预制墙板加强的框架

为了提高钢框架的侧移刚度，在房屋的纵向、横向框架内布置一定数量的预制墙板——钢板剪力墙板、带竖缝的RC墙板和内藏钢板支撑的RC墙板。

预制墙板嵌置于钢框架格内，一般应从结构底部到顶屋连续布置。

预制墙板仅承担楼层的水平剪力，并为整个结构体系的抗推刚度（侧向刚度）提供部分抗剪刚度。

1. 钢板剪力墙板

钢板剪力墙板用厚钢板或用带加劲肋的薄钢板组成。

(1) 承载力验算

①无肋厚钢板剪力墙

对于无加劲肋的钢板剪力墙，其抗剪强度及稳定性可按下列公式计算：

抗剪强度

$$\tau \leqslant f_{\mathrm{v}} \tag{7-45}$$

抗剪稳定性

$$\tau \leqslant \tau_{\mathrm{cr}}\left[123+\frac{93}{(l_1/l_2)^2}\right]\left(\frac{100t}{l_2}\right)^2 \tag{7-46}$$

式中　f_{v}——钢材抗剪强度设计值，抗震设防的结构应除以承载力抗震调整系数0.8；

τ、τ_{cr}——钢板剪力墙的剪应力和临界剪应力；

l_1、l_2——所验算的钢板剪力墙所在楼层梁和柱所包围区格的长边、短边尺寸；

t——钢板剪力墙的厚度。

对非抗震设防的钢板剪力墙，当有充分根据时可利用其屈曲后强度；在利用钢板剪力墙的屈曲后强度时，钢板屈曲后的张力应能传递至框架梁和柱，且设计梁和柱截面时应计入张力场效应。

②有肋薄钢板剪力墙

对于设有纵肋（竖向）和横肋（水平向）的钢板剪力墙，竖向、水平加劲肋可分别设置于钢墙板的两面，即在钢墙板的两侧面非对称设置（图7-33）；必要时，竖向、水平加劲肋可在钢墙板的两侧面对称布置。

抗剪强度验算：

$$\tau \leqslant \alpha f_{\mathrm{v}} \tag{7-47}$$

局部屈曲验算：

$$\tau \leqslant \alpha \tau_{\mathrm{cr,p}} \tag{7-48}$$

式中　α——调整系数，非抗震设防时取1.0，抗震设防时取0.9；

$\tau_{\mathrm{cr,p}}$——由纵、横肋分割的区格内钢板的临界应力。$\tau_{\mathrm{cr,p}}=\left[100+75\left(\frac{c_2}{c_1}\right)^2\right]\left(\frac{100t}{c_2}\right)^2$

其中：c_1、c_2为区格的长、短边尺寸。

整体屈曲验算：

$$\tau_{\mathrm{crt}}=\frac{3.5\pi^2}{h_{\mathrm{t}}^2}D_1^{1/4}\cdot D_2^{3/4}\geqslant \tau_{\mathrm{cr,p}} \tag{7-49}$$

式中　τ_{crt}——钢板剪力墙的整体临界应力；

D_1、D_2——两个方向加劲肋提供的单位宽度弯曲刚度：$D_1=EI_1/c_1$，$D_2=EI_2/c_2$。

(2) 楼层倾斜率计算

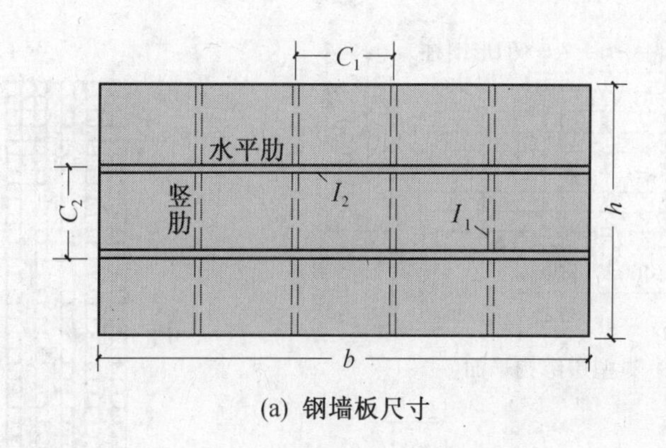

(a) 钢墙板尺寸

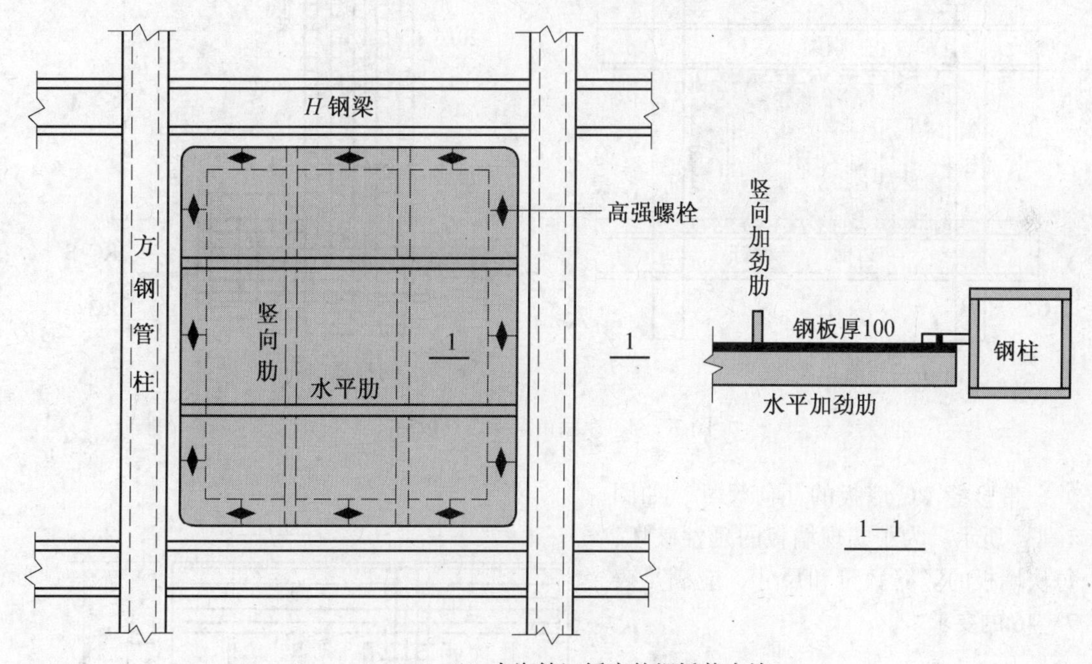

(b) 上海锦江饭店的钢板剪力墙

图 7 - 33　纵、横肋加强的薄墙板

采用钢板剪力墙的钢框架结构，其楼层倾斜率可按下式计算：

$$\gamma = \frac{\tau}{G} + \frac{e_c}{b} \tag{7-50}$$

式中　e_c——在水平力作用下剪力墙两边的框架柱轴向伸长和压缩之和；

b——设有钢板剪力墙的开间宽度。

2. 带竖缝的 RC 墙板

(1) 设计要点

带竖缝的 RC 墙板（图 7 - 34）只承担水平作用产生的剪力，不考虑承受框架竖向荷载产生的压力。设计这种墙板不仅要考虑强度，还要进行变形验算。RC 墙板的承载力以一个缝间墙及其相应范围内的水平带状实体为验算对象，为了确保这类墙板的延性，墙板的弯曲屈服承载力和弯曲极限承载力，应不能超过抗剪承载力。

(2) 墙板几何尺寸

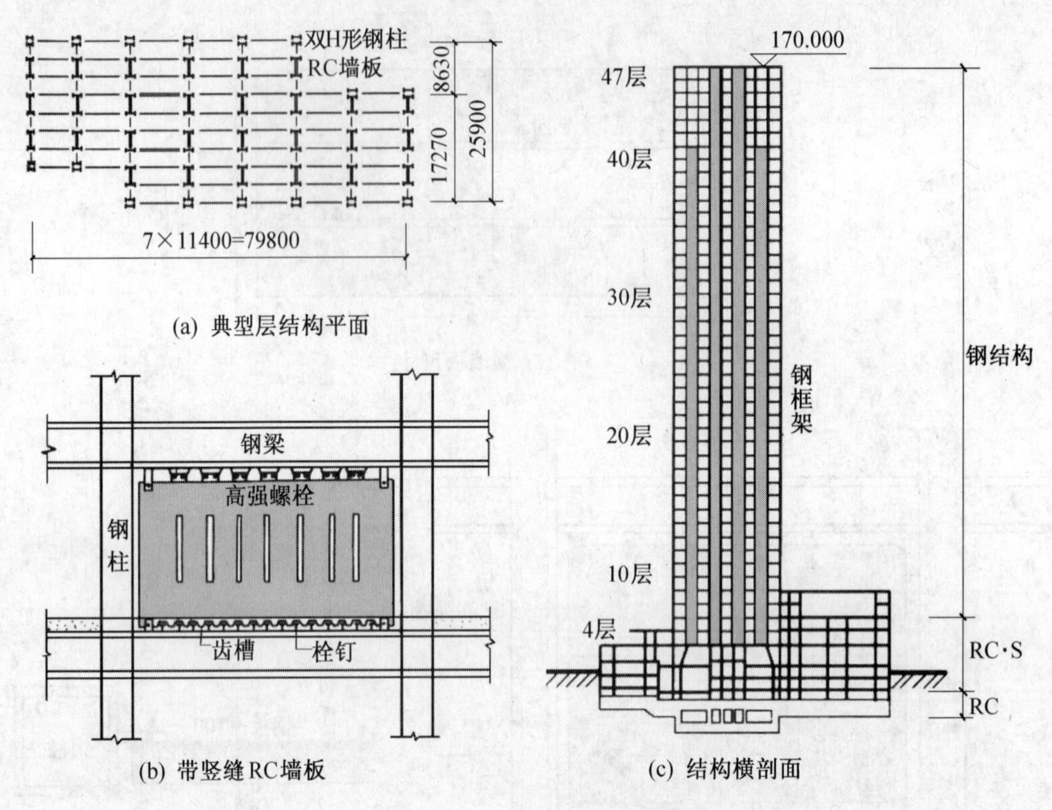

图 7-34　东京市京王广场饭店

带竖缝 RC 墙板的几何尺寸，如图 7-35 所示。为了实现墙板的延性破坏，每块墙板的竖缝数量和尺寸，应满足表 7-46 的要求。

表 7-46

上、下实体墙带的高度 h_{sol}	缝向墙	
	h_1	h_1/l_1
$\geqslant l_1$	$\leqslant 0.45$	1.7~2.5

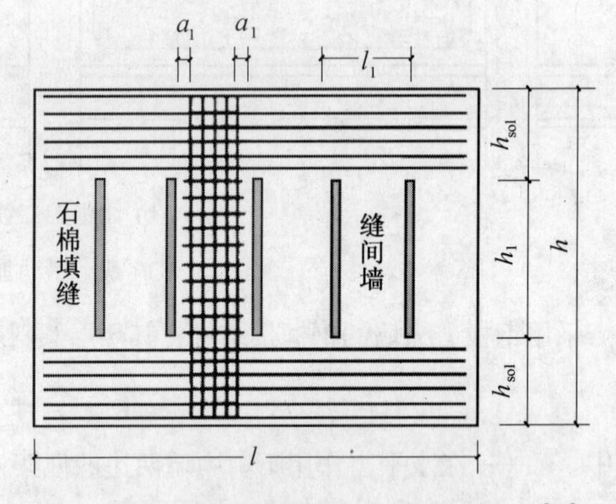

图 7-35　带竖缝混凝土剪力墙的几何尺寸[45]

为使墙板的水平配筋合理、带竖缝 RC 墙板的厚度，可按下列公式确定：

$$t \geqslant \frac{F_v}{\omega \rho_{sh} l f_{shy}} \tag{7-51}$$

式中　F_v——墙板的总水平剪力设计值；

ρ_{sh}——墙板水平横向钢筋配筋率，初步设计时可取 $\rho_{sh}=0.6\%$；

f_{shy}——水平横向钢筋的抗拉强度设计值；

ω——墙板开裂后，竖向约束力对墙板横向（水平）承载力的影响系数：

$$\omega \leqslant \frac{2}{1+\dfrac{0.4 I_{os} l}{t l_1^2 h_1} \times \dfrac{1}{\rho_2}} \leqslant 1.5;$$

ρ_2——箍筋的配筋系数，$\rho_2 = \rho_{sh} f_{shy} / f_{cm}$；

f_{cm}——混凝土弯曲抗压强度设计值；

I_{os}——单肢缝间墙折算惯性矩，可近似取 $I_{os} = 1.08 I$；

I——单肢缝间墙的水平截面惯性矩，$I = t l_1^3 / 12$。

（3）墙板的计算和配筋原则

墙板的承载力计算——以一个缝间墙及其相应范围内的实体墙作为计算对象。

缝间墙两侧的竖向钢筋，按对称配筋大偏心受压构件计算确定。

（4）构造

①墙板材料

墙板混凝土采用C20～C30。

墙板的竖缝宜采用延性好、易滑动的耐火材料（如两片石棉板）作为填充材料。

②墙板的连接

墙板的两侧边与框架柱之间，应留有一定的空隙（图7-34c）。

墙板的上端采用高强度螺栓与框架梁连接；墙板的下端除临时连接措施外，全长均应埋于现浇混凝土楼板内，并通过楼板底面齿槽与钢梁顶面的焊接螺栓以实现可靠连接；墙板四角还应采取充分可靠的措施与框架梁连接。

③墙板配筋

墙板竖缝两端的上、下带状实体墙中应配置横向主筋（水平钢筋），其数量不应低于缝间墙一侧纵向（竖向）钢筋用量。

墙板中水平（横向）钢筋的配筋率，应符合下列要求：

当 $\eta_v V_1 / V_{y_1} < 1$ 时

$$\rho_{sh} \leqslant \frac{A_{sh}}{ts} \quad \text{而且要求} \quad \rho_{sh} \leqslant 0.65 \frac{V_{y1}}{t f_{shyk}} \tag{7-52}$$

当 $1 \leqslant \eta_v V_1 / V_{y_1} \leqslant 1.2$ 时

$$\rho_{sh} = \frac{A_{sh}}{ts} \quad \text{而且要求} \quad \rho_{sh} \leqslant 0.60 \frac{V_{u_1}}{t l_1 f_{shyk}} \tag{7-53}$$

式中　s——横向（水平）钢筋间距；

A_{sh}——同一高度处横向（水平）钢筋总截面积；

V_{y_1}、V_{u_1}——缝间墙纵筋（竖向钢筋）屈服时的抗剪承载力和缝间墙弯压破坏时的抗剪承载力。

3. 内藏钢板支撑的RC墙板

内藏钢支撑的RC墙板由钢板支撑、外包RC组成（图7-36）。

（1）设计要点

内藏钢板支撑RC墙板仅在内藏钢板支撑的节点处与钢框架相连，外包RC墙板周边

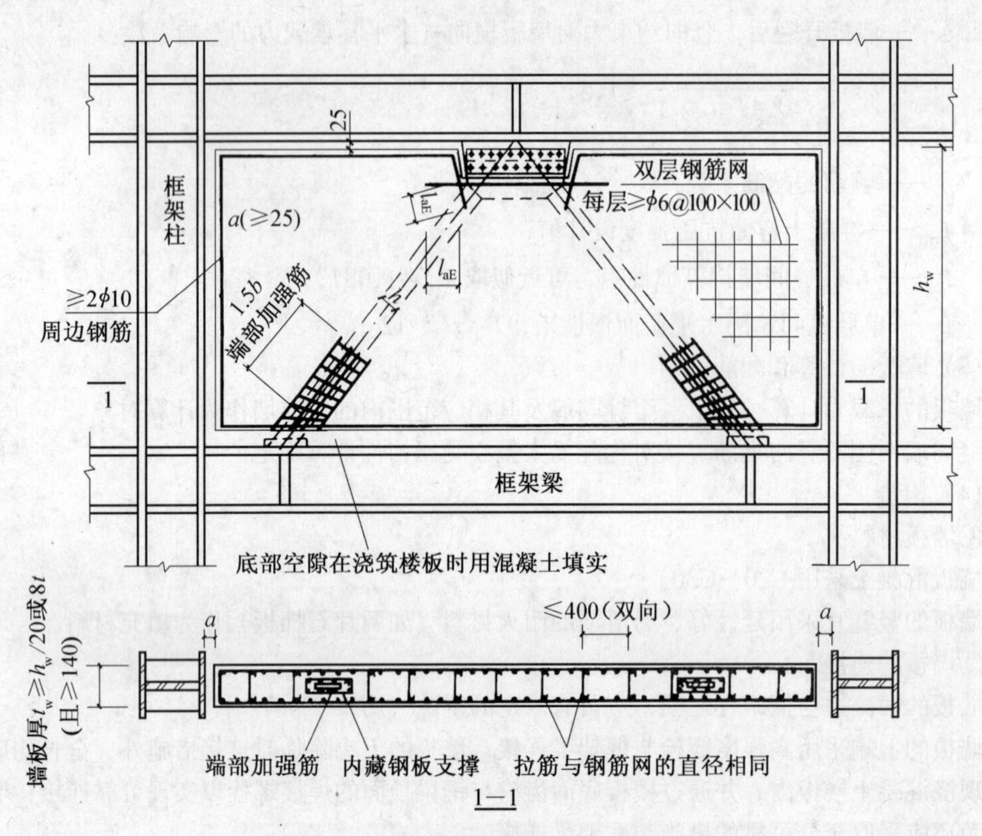

图 7-36　内藏钢板支撑的 RC 墙板的构造

与框架梁、柱间应留有间隙。以避免强震时出现像一般现浇 RC 墙板那样在结构变形初期就发生脆性破坏的不利情况，从而提高了墙板与钢框架同步工作的程度，增加了整体结构的延性，以吸收更多的地震能量。

内藏钢板支撑依其与框架的连接方式，在高烈度地区，宜采用偏心支撑。

内藏钢板支撑的形式可采用 X 形支撑、人字形支撑、V 形支撑或单斜杆支撑等。

内藏钢板支撑斜杆的截面形式一般为矩形板，其净截面面积应根据所承受的剪力按强度条件确定。由于钢板支撑外包 RC，它能有效地防止钢板支撑斜杆的侧向屈曲。

(2) 强度验算

①钢板支撑的受剪承载力

内藏钢板支撑的受剪承载力 V，可按下式计算：

$$V = nA_{br} f\cos\theta \tag{7-54}$$

式中 n——支撑斜杆数，单斜杆支撑（$n=1$）；人字形支撑、V 形支撑和 X 形支撑（$n=2$）；

θ——支撑斜杆的倾角；

A_{br}——支撑斜杆的截面面积；

f——支撑钢材的抗拉、抗压强度设计值。

②RC 墙板的承载力

内藏钢板支撑的 RC 墙板截面尺寸，应满足下式要求：

$$V \leqslant 0.1 f_c d_w l_w \tag{7-55}$$

式中　V——设计荷载下墙板所承受的水平剪力；

d_w、l_w——RC墙板厚度及长度；

f_c——墙板混凝土的轴心抗压强度设计值。

③支撑连接强度

内藏钢板支撑的RC墙板与钢框架连接节点的极限承载力，应不小于钢板支撑屈服承载力的1.2倍，以避免在大震作用下，连接节点先于支撑杆件受破坏。

(3) 刚度计算

①支撑钢板屈服前

内藏钢板支撑RC墙板的侧移刚度 K_1，可近似地按下式计算：

$$K_1 = 0.8(A_s + md_w^2/\alpha_E)E_s \tag{7-56}$$

式中　E_s——钢材弹性模量；

α_E——钢与混凝土弹性模量之比，$\alpha_E = E_s/E_c$；

d_w——墙板厚度；

m——墙板有效宽度系数，单斜杆支撑为1.08，人字支撑及X形支撑为1.77。

②支撑钢板屈服后

内藏钢板支撑的RC墙板的侧移刚度 K_2，可近似取：

$$K_2 = 0.1K_1 \tag{7-57}$$

(4) 构造

①钢板支撑

内藏钢板支撑的斜杆宜采用与框架结构相同的钢材。

支撑斜杆的钢板厚度 $t \geqslant 16\,\text{mm}$，适当选用较小的宽厚比。一般支撑斜杆的钢板宽厚比以15左右为宜。

混凝土墙板对支撑斜杆端部的侧向约束较小，为了提高钢板支撑斜杆端部的抗屈曲能力，可在支撑板端部长度等于其宽度的范围内，沿支撑方向设置构造加劲肋。

支撑斜杆端部的节点构造，应力求截面变化平缓，传力均匀，以避免应力集中。

在支撑钢板端部1.5倍宽度范围内不得焊接钢筋、钢板或采用任何有利于提高局部黏结力的措施。

当平卧浇捣混凝土时，应采取措施避免钢板自重引起支撑的初始弯曲。

②RC墙板

墙板的混凝土强度等级应不小于C20。

墙板的厚度不应小于各项要求：$d_w \geqslant 140\,\text{mm}$，$d_w \geqslant h_w/20$，$d_w \geqslant 8t$。

RC墙板内应双面设置钢筋网，每层钢筋网的双向最小配筋率 ρ_{min} 均为0.4%，且不应少于 $\phi 6@100\,\text{mm} \times 100\,\text{mm}$；双层钢筋网之间应适当设置横向连系钢筋，一般不宜少于 $\phi 6@400\,\text{mm} \times 400\,\text{mm}$；在钢板支撑斜杆端部、墙板边缘处，双层钢筋网之间的横向连系钢筋还应加密；墙板四周宜设置不小于 $2\phi 10\,\text{mm}$ 的周边钢筋；钢筋网的保护层厚度 c 不应小于15 mm（图7-37）。

在钢板支撑端部离墙板边缘1.5倍支撑钢板宽度的范围内，应在混凝土板中设置加强构造钢筋。加强构造钢筋可从下列几中形式中选用：加密钢箍的钢筋骨架（图 7－37a）；麻花形钢筋（图 7－37b）；螺旋形钢箍。

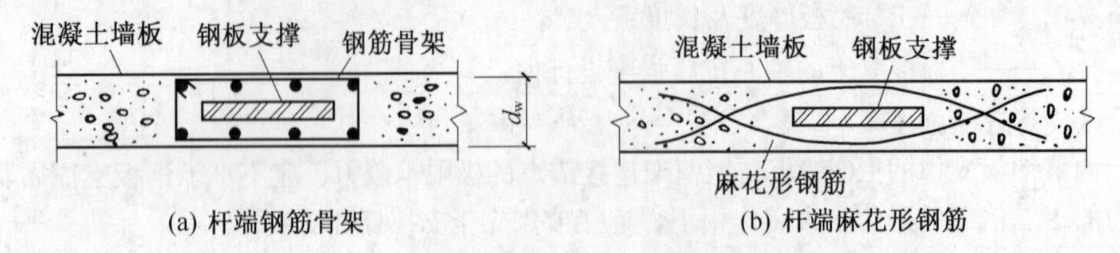

图 7－37　钢板支撑斜杆的加强构造钢筋

当混凝土墙板厚度 d_w 与支撑钢板的厚度相比较小时，为了提高墙板对支撑的侧向约束，也可沿钢板支撑斜杆全长在墙板内设置带状钢筋骨架（图 7－37a）。

当支撑钢板端部与墙板边缘不垂直时，应注意使支撑钢板端部的加强构造钢筋（箍筋）在靠近墙板边缘附近与墙板边缘平行布置，然后逐步过渡到与支撑斜杆垂直（图 7－38a），以避免钢板支撑的端部形成钢筋空白区（图 7－38b），无力控制支撑钢板端部失稳。

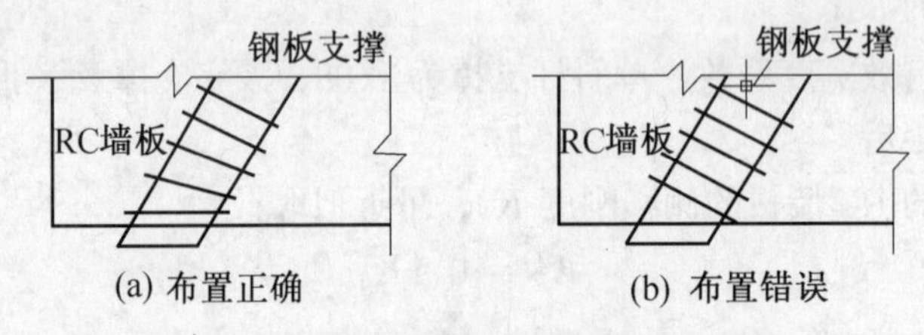

图 7－38　钢板支撑斜杆端部的箍筋布置

③墙板与框架的连接

内藏钢板支撑剪力墙仅在节点处（支撑斜杆端部）与框架结构相连。

墙板上部宜用节点板和高强度螺栓与上框架梁下翼缘处的连接板在施工现场连接，支撑钢板的下端与下框架梁的上翼缘连接件之间在现场应采用全熔透坡口焊接连接（图 7－18）。

用高强度螺栓连接时，每个节点的高强度螺栓不宜少于 4 个，螺栓布置应符合现行《钢结构设计规范（GB 50017—2003)》的要求。

剪力墙板与四周梁、柱之间均宜留 25 mm 的空隙。

剪力墙板与框架柱的间隙 a，还应满足下列要求：

$$2[u] \leqslant a \leqslant 4[u] \tag{7-58}$$

式中　$[u]$——荷载标准值下框架的层间侧移容许值。

剪力墙墙板下端的缝隙，在浇筑楼板时，应该用混凝土填实；剪力墙墙板上部与上框架梁之间的间隙以及两侧与框架柱之间的间隙，宜用隔音的弹性绝缘材料填充，并用轻型金属架及耐火板材覆盖。

7.4.2　框架-支撑体系

以框架体系为基础，沿房屋的纵向、横向布置一定数量的、基本对称的竖向支撑，所形成的结构体系，可简称为框-撑体系（图 7－39）。

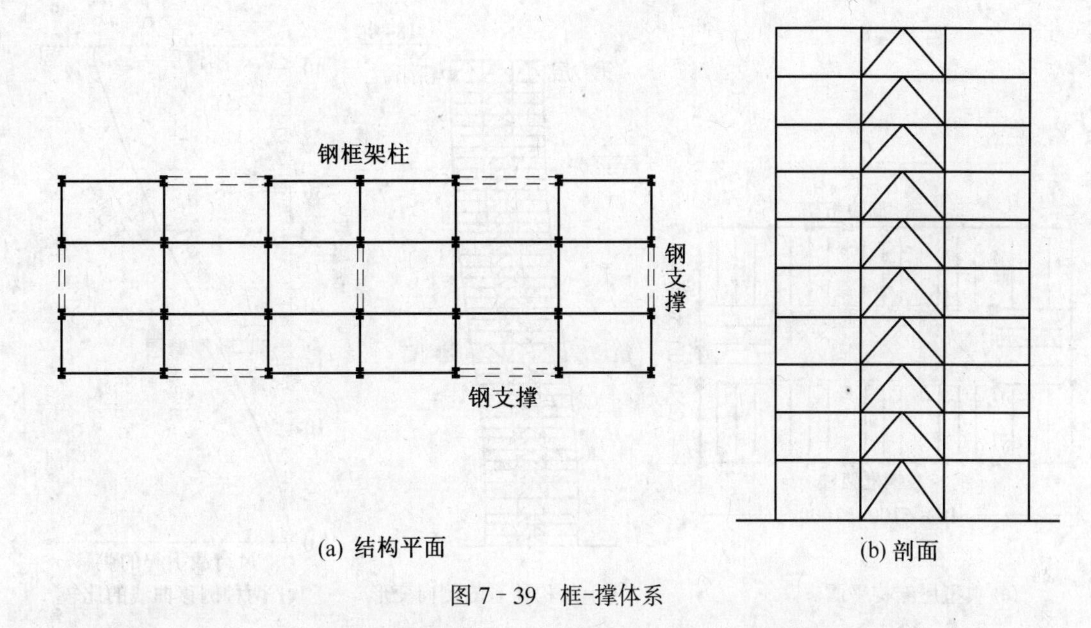

(a) 结构平面　　(b) 剖面

图7-39　框-撑体系

在水平作用下，竖向支撑的变形属弯曲型（图7-40），而框架的变形为剪切型。从而，总框架、总支撑，并通过水平刚性楼板协同工作（图7-41a）。该框-撑体系的模型和变形曲线如图7-41b所示。

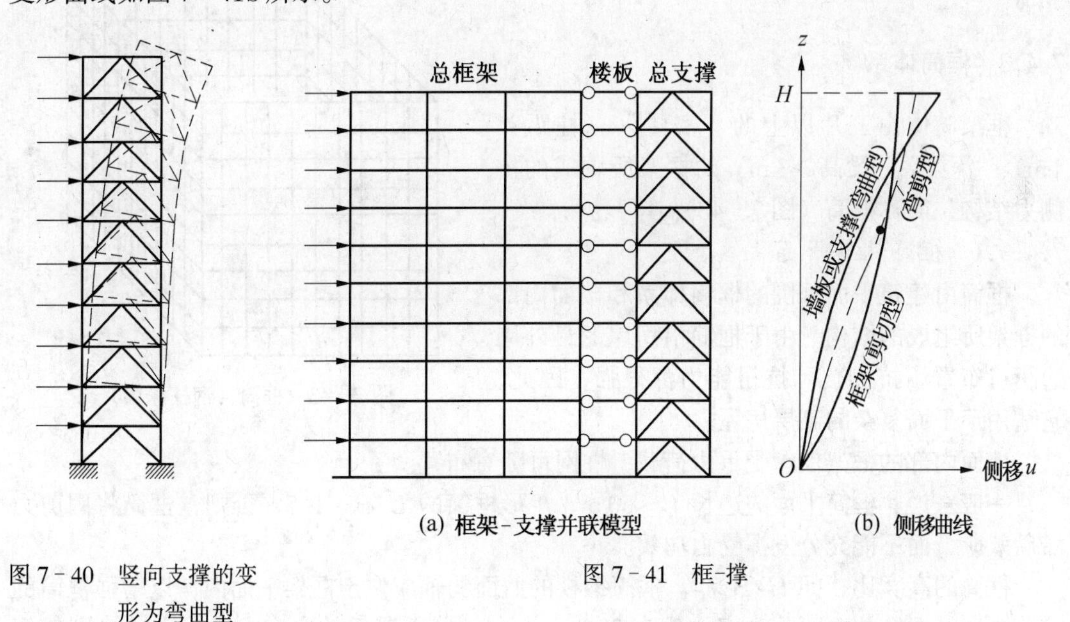

(a) 框架-支撑并联模型　　(b) 侧移曲线

图7-40　竖向支撑的变形为弯曲型

图7-41　框-撑

若将竖向支撑集中布置在房屋的中央核心区，并在房屋纵、横向的竖向支撑平面内布置刚性伸臂桁架，在同一高度位置设置周边桁架，使外围框架柱均参与整体抗弯工作，既提高了整个结构的侧向刚度，又能减少核心区所承担的倾覆力矩。

图7-42a所示美国Milwaukee市的第一威斯康星中心，地上 $n=42$ 层，高 $H=184\,\mathrm{m}$，用钢量 $117\,\mathrm{kg/m^2}$。在水平荷载作用下，整体变形和侧移曲线如图7-42b、c所示。

从图7-42可知，由于增设了刚臂，在刚臂层，其结构侧移曲线出现了反向弯曲，减

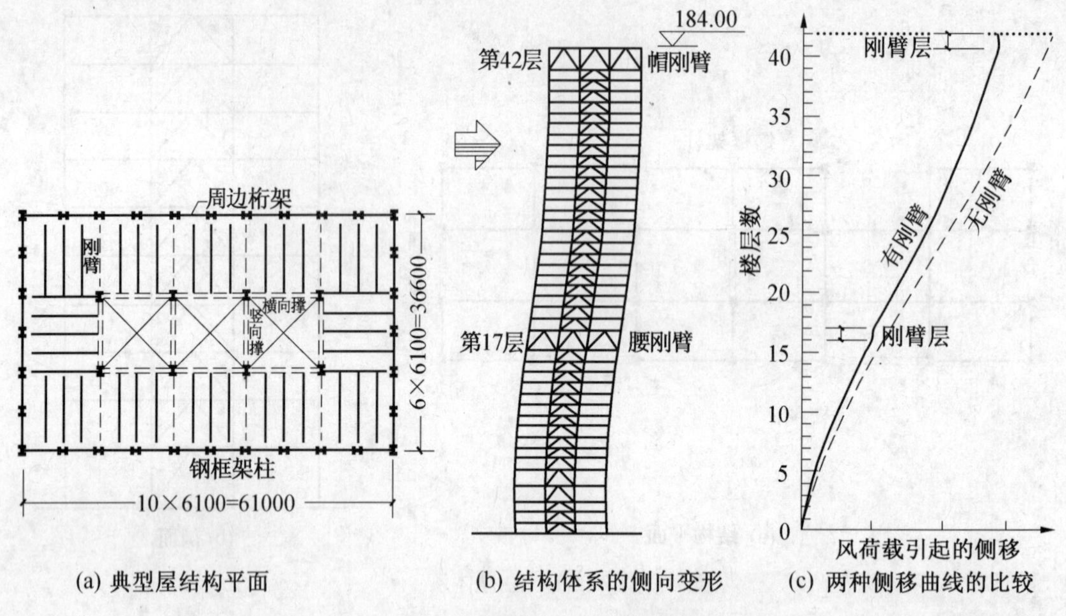

(a) 典型屋结构平面　(b) 结构体系的侧向变形　(c) 两种侧移曲线的比较

图 7-42　美国第一威斯康星中心

缓了结构的侧向位移，其结构顶点的侧移减小约30%。

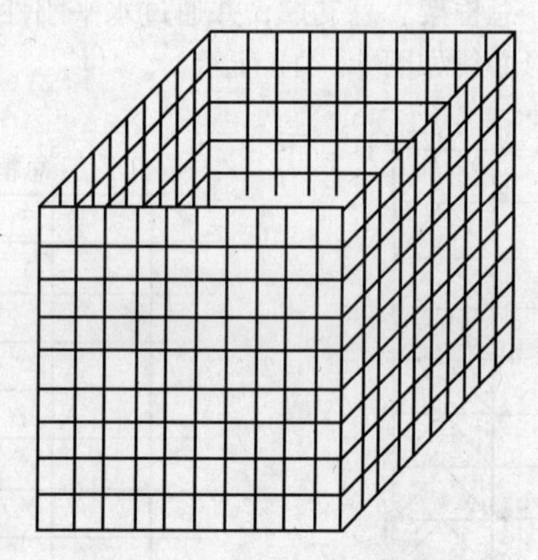

图 7-43　框筒（密柱深梁）

7.4.3　框筒体系

框架筒体由三片以上的“密柱”（柱距＜4 m）、“深梁”（梁高＞1 m）的框架所围成的抗侧力结构，简称框筒（图 7-43）。

7.4.3.1　框筒-框架体系

框筒由建筑平面外围的框筒体系和楼面内部的框架所组成的结构。由于框筒沿房屋的最外周边闭口布置，抗侧覆和抗扭能力都很强，因此，它适用于平面复杂的高层房屋。

楼面内部的框架仅承受重力荷载，柱网可随意布置。

一般来说，框筒平面的边长 $L \leqslant 50$ m，矩形框筒的 $L/B \leqslant 1.5$，否则，框筒将因剪力滞后效应，而不能充分发挥受力功效。

框筒的高宽比，即 $H/B > 4$。框筒钢柱的截面弱轴应位于框架平面内，以增强框筒的抗剪刚度。框筒的立面开洞率一般为 30%。太大，剪力滞后效应太严重。太小，则耗钢多，不经济。

美国芝加哥市标准石油公司大楼（图 7-44a 平面），地上 $n=82$ 层，$H=342$ m，地下 5 层，基础深标高 -17 m。

对于钢板厚＜32 mm 的人字形截面柱，在开口处的板端加焊等边小角钢(图 7-44b)。

立面开洞率 28%。为了加快施工进度，工厂焊接单元为三层楼高、长 11.58 m，用工地高强螺栓拼装。整座大楼的平均用钢量仅为 161 kg/m^2。

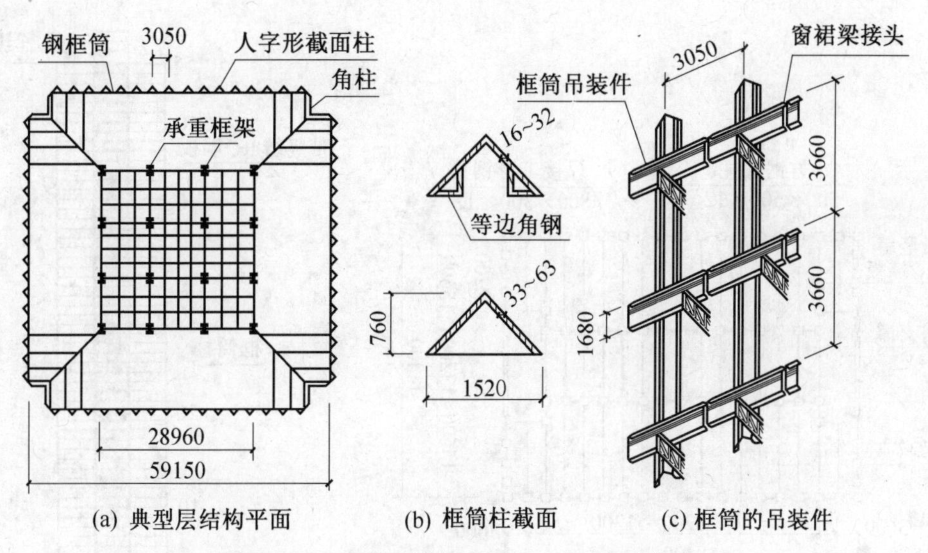

(a) 典型层结构平面　(b) 框筒柱截面　(c) 框筒的吊装件

图7-44　芝加哥市标准石油公司的框筒体系

框筒体系的另一个实例为美国世界贸易中心（图6-4）。

7.4.3.2　筒中筒体系

由两个以上的圆心框筒所组成的抗侧力体系，内、外筒形成筒中筒体系，简称筒中筒。

筒中筒体系利用房屋中心服务性面积的可封闭性，将承重框架换成内框筒。

内框筒也可采用框架嵌置墙板或在内框筒的某些开向增设竖向支撑，以提高整体结构的刚度。

当房屋的长宽比 $L/B>1.5$ 时，为了改善外框筒的剪力滞后效应，提高外框筒的整体抗弯能力，可沿房屋的短边方向每15层左右设置一道刚性伸臂桁架（刚臂），与外框筒的长边钢柱相连。

水平作用下的框筒，水平剪力主要靠两片“腹板框架”承担，倾覆力矩则由“腹板框架”和“翼缘框架”共同承担（图6-4c），筒中筒属于弯剪型抗侧力体系。嵌置于框架内的墙板，属于剪切型构件，具有较强的受剪承载力。刚臂加强内、外筒连接，有效地减少外筒的剪力滞后效应。筒中筒体系比框筒体系更强，可在高烈度地震区采用。

工程实例：日本东京新宿区的三井大厦（图7-45）。地上 $n=55$ 层，$H=223.7\,\mathrm{m}$，$H/B=4.7$。地下3层，RC箱形基础埋深标高 $-16.7\,\mathrm{m}$。地下3层至地上1层采用RC·S柱，2层以上为钢柱。钢柱截面 500 mm×500 mm 焊接方钢管（壁厚12～15 mm）。

新宿三井大厦位于8—9度地震区，内框筒设置带竖缝的RC墙板，以增强抗推刚度和延性，较大幅度地减小外框筒的水平地震剪力，致使外框筒的竖向剪力减小。内、外框筒的框架梁均采用焊接工字钢：800 mm×300 mm×12 mm。大厦的横向基本周期为5.1 s。

日本东京阳光大厦是一座高层全钢结构办公楼（图7-46），位于8—9度地震区。地上 $n=60$ 层（典型层高 $h_i=3.65\,\mathrm{m}$），$H=200\,\mathrm{m}$，$H/B=5.2$。RC箱形基础埋置于标准

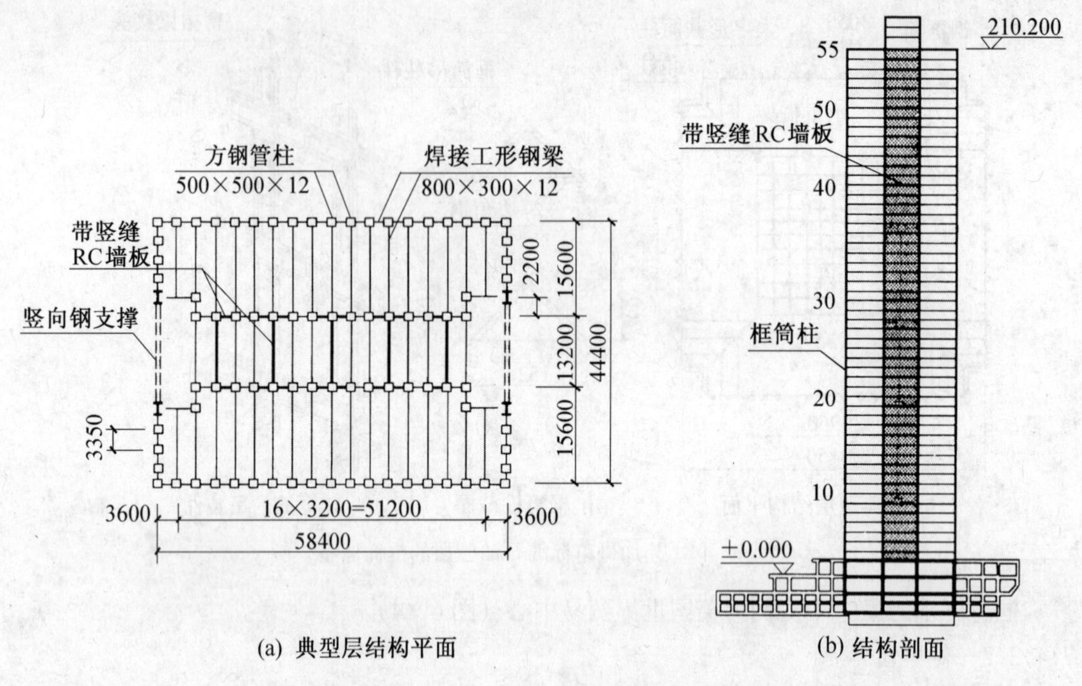

图 7-45 新宿三井大厦的筒中筒结构体系

贯入函数 $N>50$ 的薄沙砾层上，其下 $N=40\sim50$ 为坚实固结淤泥层。基础埋深标高 −23.3 m。

主楼——地下 2 层至地上 3 层，采用钢框架和现浇 RC 剪力墙所组成的框-墙体系；地面 4 层以上，则采用内、外钢框筒和核心区带竖缝 RC 墙板（板厚 120 mm、150 mm 两种）的筒中筒体系。

由于 $L/B=71.2\,\text{m}/43.6\,\text{m}=1.63>1.5$，且长边 71.2 m>45 m，剪力滞后效应严重。为了提高框筒长边参与外框筒空向工作的贡献，特准房屋横向的楼盖钢梁与内、外框筒钢柱的连接采用刚接，使外框筒长边的钢柱与墙板框架连为一体，形成整体抗弯。

阳光大厦的地震反应分析如下：

①动力分析时采用弯剪型“层模型”，结构阻尼比取 2%。采用下列 4 条地震波作为时程分析时的地震输入：EI Centro，1940（NS）；Taft，1952（EW）；东京 101，1956（NS）；仙台 501，1962（NS）。

②弹性分析时，峰值加速度取 250 cm/s^2；此时，要求钢梁和钢柱均仍处在弹性范围内，结构层间侧移角小于 1/180。结构的纵、横向基本周期分别为 4.6 s 和 6.0 s。

③弹塑性分析时，峰值加速度取 400 cm/s^2；允许结构进入塑性阶段，但不出现过大的变形。

④按等效静力计算，横向水平地震剪力在外框筒腹板框架（即房屋两端框架）、内筒钢框架和带竖缝钢筋混凝土墙板约承担水平剪力的 30%，钢框架约承担 70%。

⑤从图 7-46 中的几条曲线可以看出：增设带竖缝的钢筋混凝土墙板后，外框筒所承担的横向水平地震剪力，下降到总剪力的 30%左右。

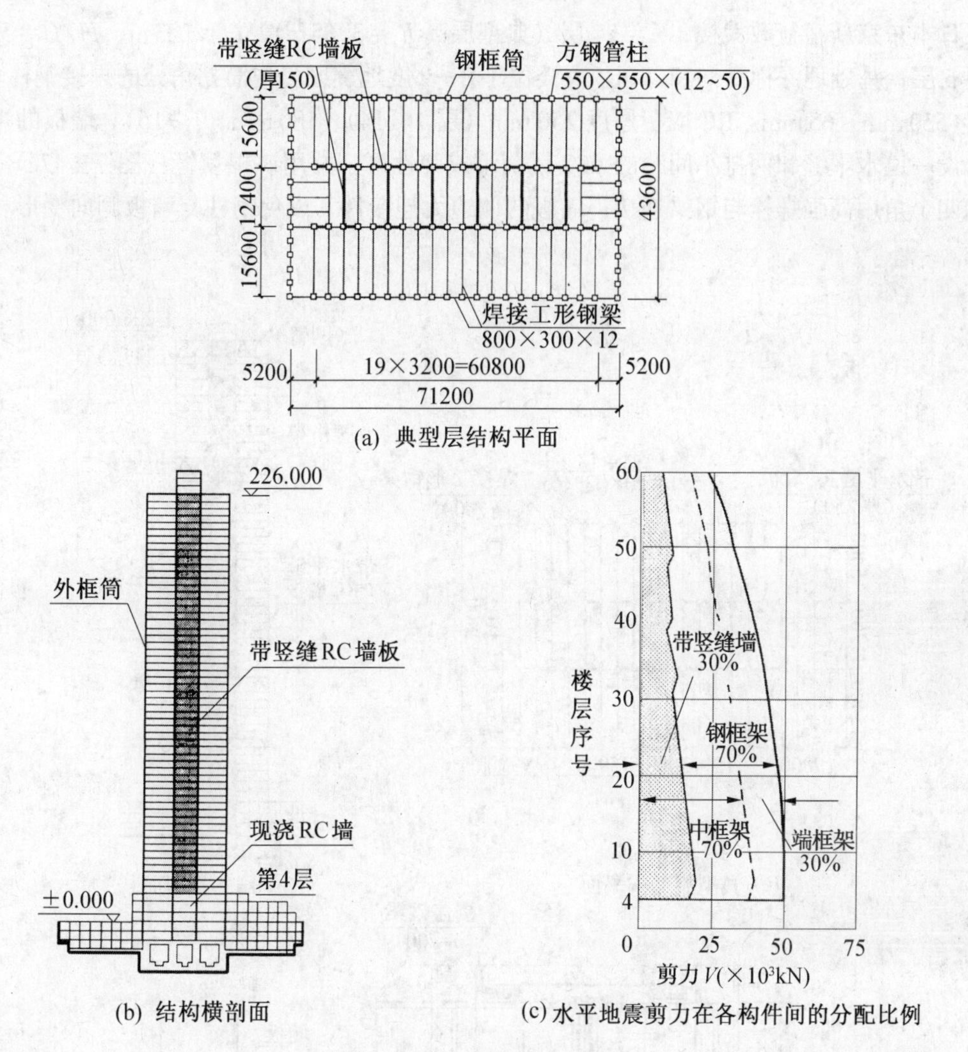

(a) 典型层结构平面

(b) 结构横剖面

(c) 水平地震剪力在各构件间的分配比例

图 7－46　东京阳光大厦

⑥动力分析结果：以峰值加速度分别取 250 cm/s² 和 400 cm/s² 的四条地震波，作为结构的地震输入，进行结构动力反应分析的计算结果，列于表 7－47。

⑦从表 7－47 所列数值可以看出，两种情况下的结构变形数值不大，满足设计要求。

表 7－47　60 层阳光大厦横向动力反应分析结果

输入地震波	峰值加速度			
	$a_{max}=250\ cm/s^2$		$a_{max}=400\ cm/s^2$	
	最大层间侧移角	所在楼层	最大层间侧移角	所在楼层
EI Centro（NS）	1/340	第 49 层	1/220	第 49 层
Taft（EW）	1/350	第 51 层	1/220	第 51 层
东京 101（NS）	1/330	第 41 层	1/210	第 41 层
仙台 501（NS）	1/360	第 33 层	1/230	第 33 层

日本东京新宿行政大楼，$n=54$ 层（典型层高 $h_i=3.65$m），$H=223$m，$H/B=5.3$。地下 5 层，基础埋深标高 −27.5m。大楼位于 8—9 度地震区。内筒拐角处的焊接钢柱 750 mm×550 mm×65 mm。RC 墙板厚度 250 mm（层 $i\leqslant14$）、180 mm（$i\geqslant15$）。墙板的半高处，设一道水平缝和两排小间距的 ϕ32 钢销组成弹性区，并用矿棉填缝（图 7-47c）。墙面的四个角用高强螺栓与钢梁连接；墙板的侧边无连接件，以免钢柱与墙板侧向变形相互干扰。

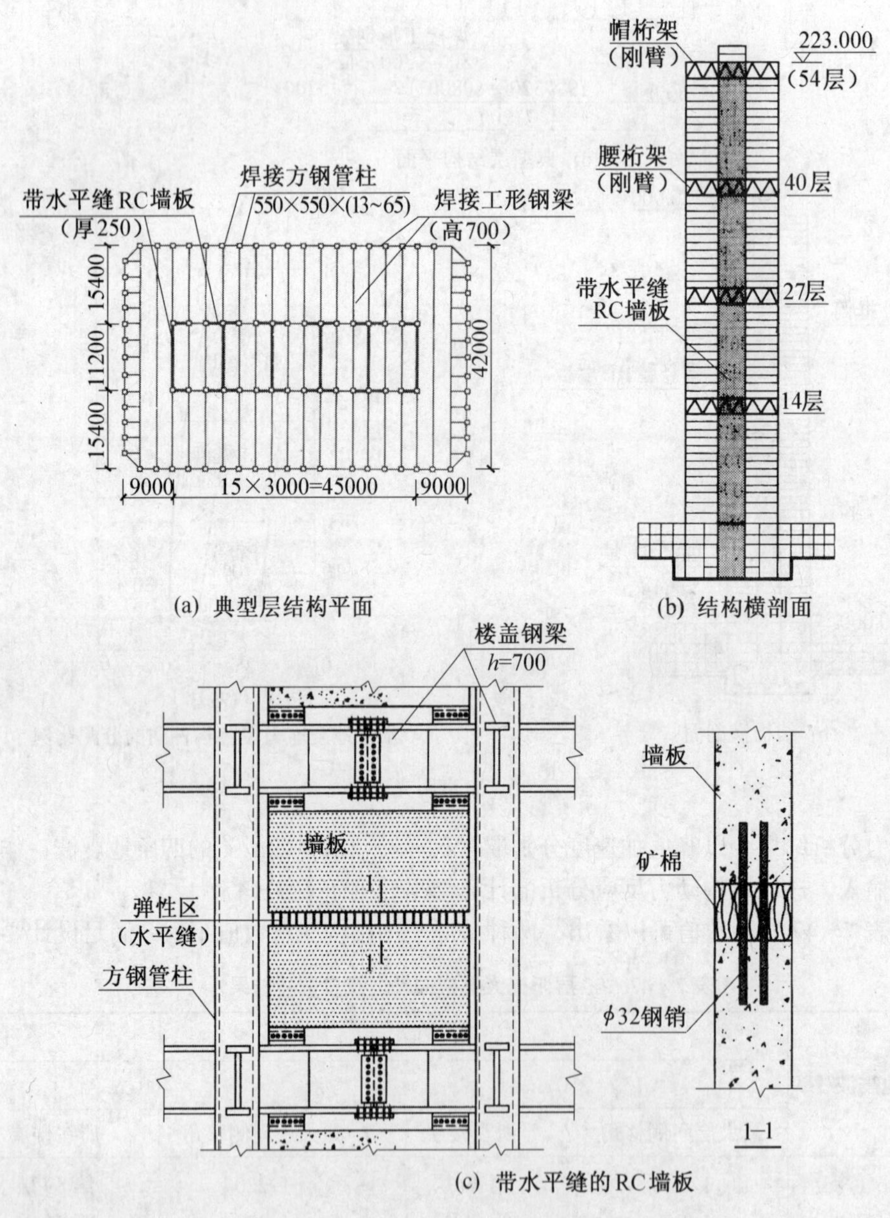

图 7-47　东京新宿行政大楼（1979）

几项结构措施：

①为便于钢构件制作和安装，钢梁和钢柱的板厚不宜>100 mm；

②框筒平面转角处采取小切角（图7-47a），削减角柱高峰应力；

③刚臂的效果见表7-48。

表7-48　刚臂效果

刚臂设置情况	无刚臂	顶部一道刚臂	四道刚臂
结构顶点侧移（m）	1.82	1.64	0.92
顶点侧移角 Δ/h	1/123	1/146	1/242
相对值	100%	90%	51%

新宿行政大厦型钢用量：131 kg/m²，钢筋：46.4 kg/m²[26]。

7.4.3.3　束（框）筒体系

将两个以上框筒连成一体，内部设置承重框架的结构体系，称为束筒体系（图7-48）。束筒的任一框筒单元，可以根据各层楼面面积的实际需要，可在任意高度处中止，但中止层的周边应设置一圈桁架，形成刚性环梁（图6-6美国西尔斯塔）。为了减小束筒的剪力滞后效应，也可在顶层以及每隔20～30层的设备层或避难层，沿束筒的各榀内、外框架，设置整个楼层高度的桁架，形成刚性环梁。

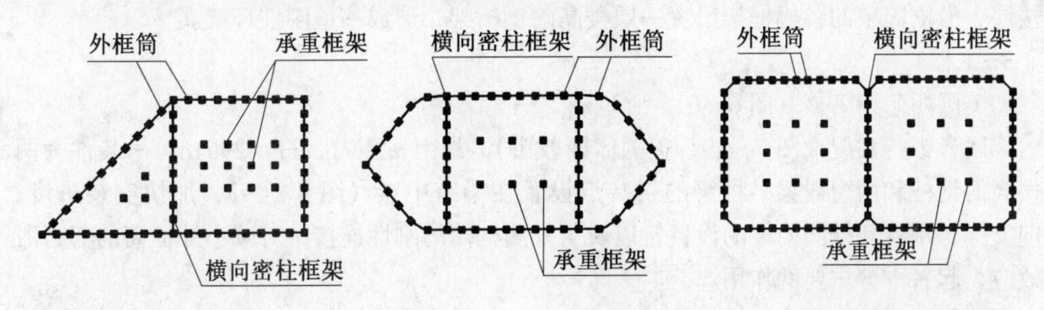

(a) 美国克劳柯中心大楼（n=57）　(b) 旧金山354号大厦　(c) 新西兰雷蒙·凯塞公司

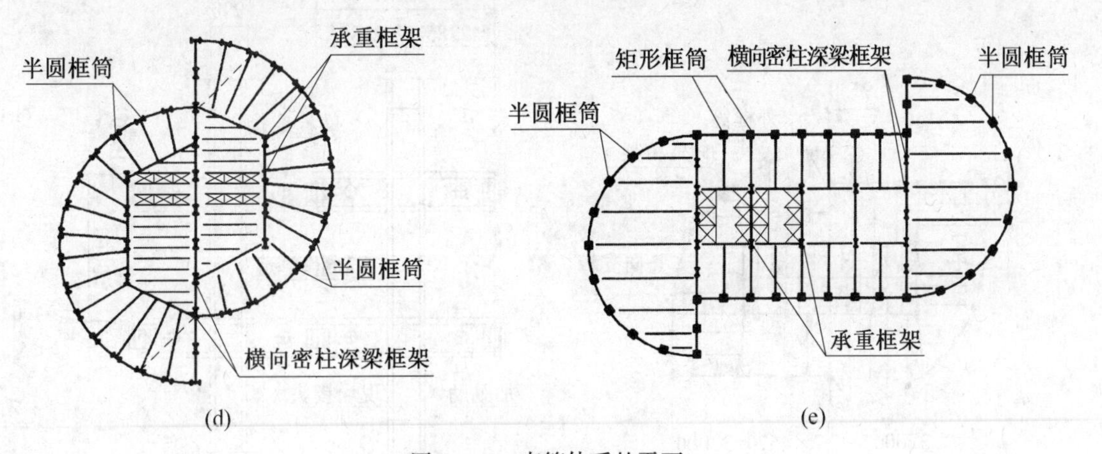

(d)　(e)

图7-48　束筒体系的平面

1. 受力特点

①水平作用下的束筒，水平剪力由平行于剪力方向的各榀内、外“腹板框架”承担，倾覆力矩则由各榀“腹板框架”和“翼缘框架”共同承担；

②束筒各个框筒单元内部的框架柱，仅承担楼面范围内的竖向荷载。除抗震设防烈度为9度的高层钢结构房屋需要考虑竖向地震作用外，通常情况下，竖向荷载仅是重力荷载；

③倾覆力矩使束筒腹板框架、翼缘框架的各层窗裙梁中产生竖向剪力，若窗裙梁截面高度较小而产生较大竖向剪弯变形时，将导致束筒的剪力滞后效应，使各框架柱的轴力呈曲线分布，而不再与各根钢柱到束筒水平截面中和轴的距离成正比（图6-4c）。

2. 设计要点

①束筒中每个子筒的边长不应超过45 m；

②采用束筒体系的楼房，房屋的高宽比不应小于4；

③窗裙应采用实腹式工形梁，截面高度一般取0.9～1.5 m；

④框筒柱若采用具有强、弱轴的H形、矩形截面钢柱时，应将柱的强轴方向（H形柱的腹板方向）置于所在框架平面内（图6-6c）。

⑤外圈框筒内部的纵、横向腹板框架，部分或全部采用竖向支撑代换时，该支撑应具有同等的抗推刚度和水平承载力。

⑥束筒中的某个或某几个子筒，在楼房某中间楼层中止时，应于各该子框筒顶层的所在楼层，沿框筒束的各榀框架设置一层楼高的钢桁架，形成一道刚性环梁。

3. 工程实例

①美国西尔斯塔楼（图6-6）

②联合银行大厦（图7-49，美国休斯敦市），地上 $n=71$，$H=296$ m。吊装件为两层楼高的钢柱和两窗裙梁，将梁的拼装点设置在梁跨中点（图7-49），加快安装进度。竖向支撑、刚臂和外圈桁架的设置，以及与外圈框筒的刚性连接，对减小外框筒的剪力滞后效应，起着十分重要的作用。

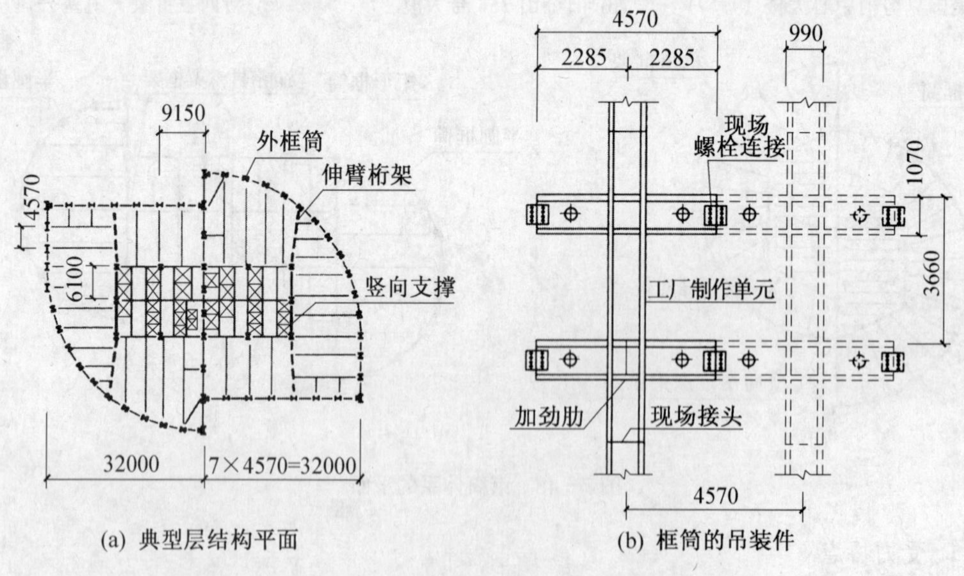

(a) 典型层结构平面　　(b) 框筒的吊装件

图7-49　联合银行大厦（美国休斯敦市，$n=75$，1983）

③4号艾伦中心（图7-50），地上 $n=51$，$H=212\text{m}$。

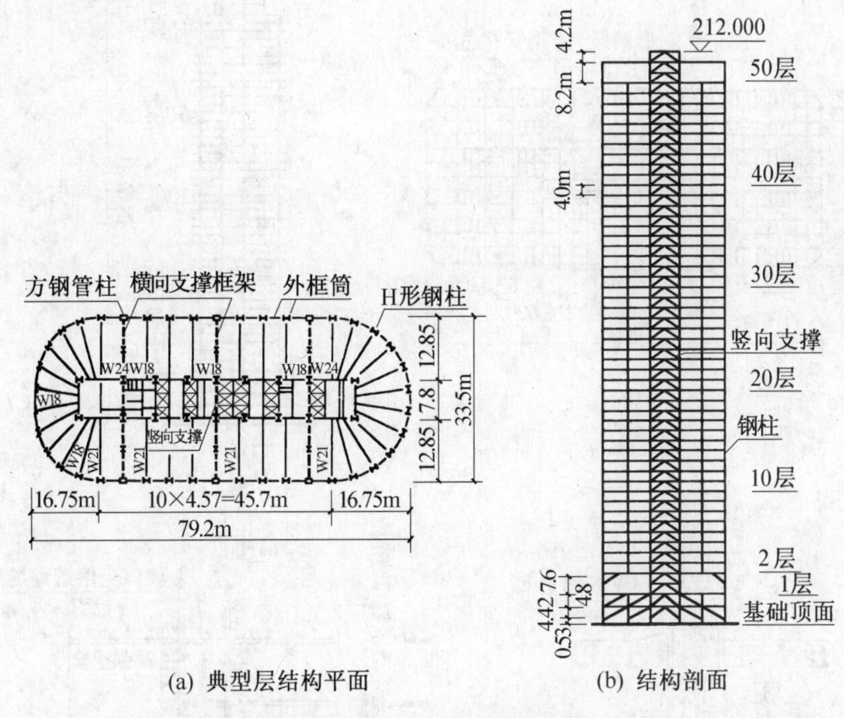

(a) 典型层结构平面　　(b) 结构剖面

图7-50　4号艾伦中心（美国休斯敦市，1984）

④新宿1-Land塔楼，地上 $n=44$，$H=190\text{m}$（图7-51b）。梁柱结点，采用栓焊混合连接。塔楼采用天然地基（砾石层），基础埋深标高-27m地质时最大压力为600kPa。塔楼基本周期：$T=4.75\text{s}$（横向）、$T=4.56\text{s}$（纵向）。

7.4.3.4　支撑外筒体系

支撑外框筒是在稀柱浅梁框架的立面上增加巨形支撑。支撑外筒体的柱距>4.5m，窗裙梁的截面高度也较矮，通过增设支撑二力杆，简单而巧妙地消除剪力滞后效应。

工程实例：

(1) 汉考克中心是幢集办公、公寓、商场和停车场于一体的多功能建筑物（图6-3）。

(2) 第一国际广场大厦（图7-52），地上 $n=56$，$H=216\text{m}$，每个立面设置一榀两个节点的X形巨型支撑，每个节点跨越28层，节点高度106.68m（图7-52b）。

支撑框筒的所有梁、柱和支撑斜杆，均采用W14热轧型钢（同一种截面高度具有多种板厚和截面面积），仅结构底部少量杆件采用焊接组合截面。底层钢柱采用焊接H形截面533mm×584mm，地下定角柱焊接方管截面610mm×610mm。用于连接斜杆、柱和梁的结点板：3m×3.65m（宽×高），最大厚度152mm。

斜杆在工厂制作成4层楼高的吊装单元。工地组装时，一端采用全熔透焊缝与结点板连接，另一端采用高强螺栓与结点板连接，前者可减少结点板用料、后者可调节杆件的安装误差。

在支撑框筒的转角，两个面上的支撑斜杆交汇处，设置角部结点板组件，组件由四块

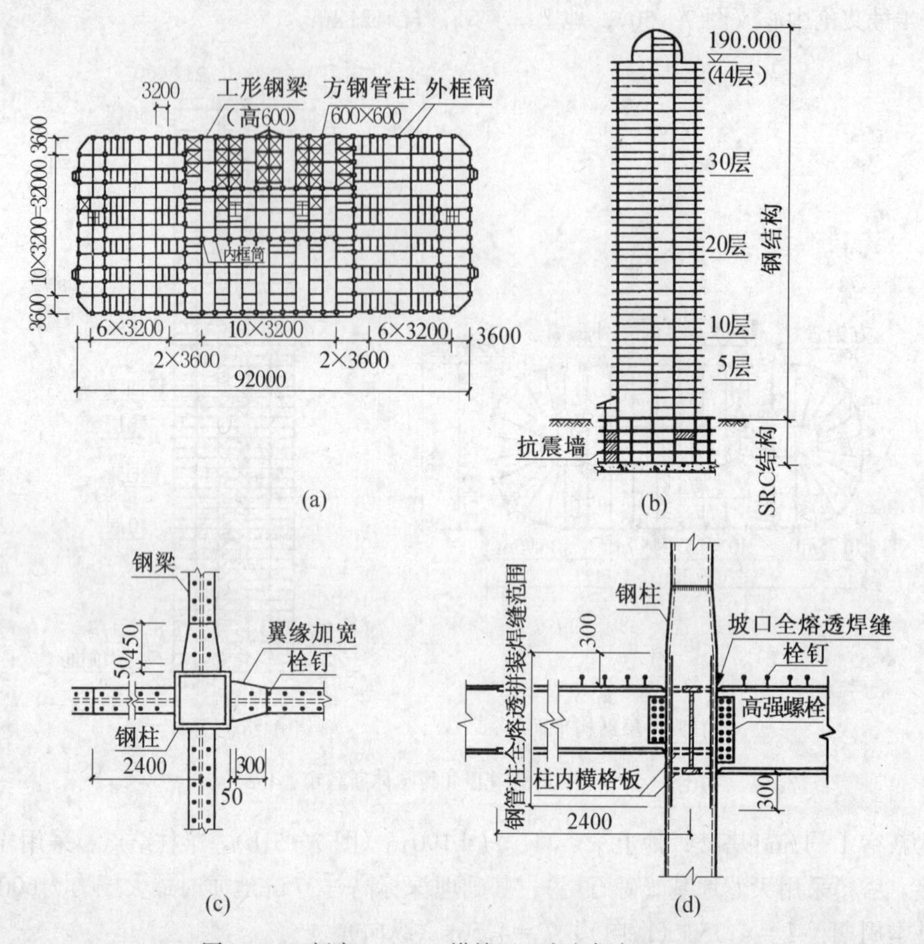

图 7-51　新宿 1-Land 塔楼（日本京都市，1995）

钢板组成，每个方向 2 块。4 块钢板用电渣焊连接，并用后热处理，消除焊接应力。

7.4.4　巨型框架体系

巨型框架体系以巨型框架为主体，配以局部小框架所组成的结构体系。

7.4.4.1　巨型框架依其杆件形式可划分为以下三种基本类型

（1）支撑型。巨型框架的“柱”，是由四片竖向支撑围成的小尺度支撑筒；巨型框架的“梁”，是由两榀竖向桁架和两榀水平桁架围成的立体桁架（图 7-53a）。

（2）斜杆型。此类巨型框架，“梁”和“柱”均是由四片斜格式多重腹杆桁架所围成的立体杆件（图 7-53b）。

（3）框筒型。巨型框架的“柱”，是由密柱深梁围成的小尺度框筒；“梁”则是采用由两榀竖向桁架和两榀水平桁架所围成的立体桁架（图 7-53c）。

7.4.4.2　结构受力特点

（1）作用于楼房上的水平荷载所产生的水平剪力和倾覆力矩，全部由巨型框架承担。

（2）在局部范围内设置的小框架，仅承担所辖范围的楼层重力荷载。

（3）巨型框架的“梁”和“柱”，还要承受侧力在框架各节间引起的杆端弯矩。

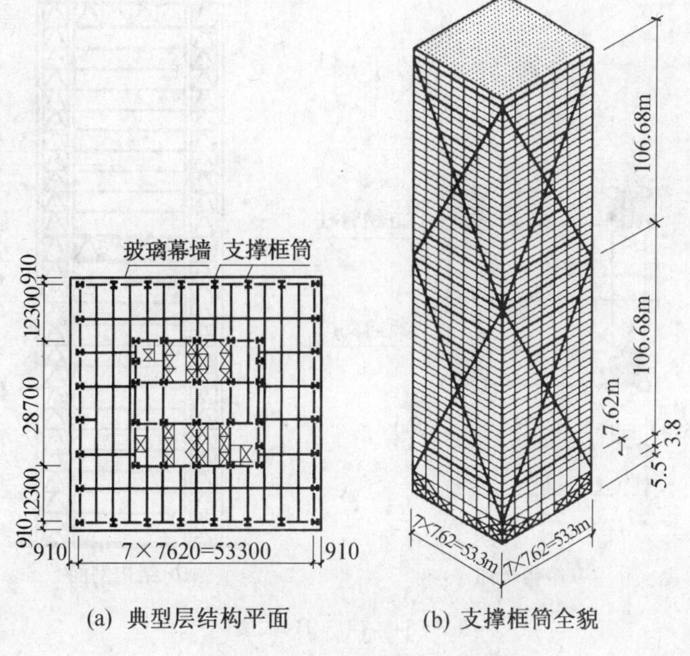

(a) 典型层结构平面　(b) 支撑框筒全貌

图 7 - 52　第一国际广场大厦

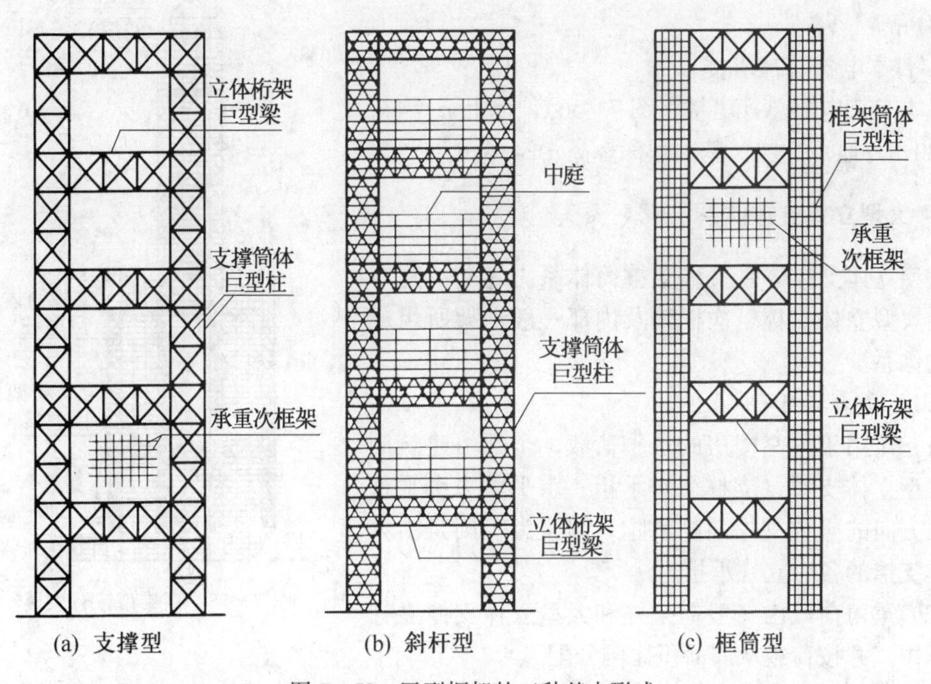

(a) 支撑型　(b) 斜杆型　(c) 框筒型

图 7 - 53　巨型框架的三种基本形式

7.4.4.3　工程实例

1. 神户 TC 大厦

日本神户的 TC 大厦是一座高层办公楼（图 7 - 54），地上 $n=25$，$H=103$ m。

2. 高雄市银行大厦

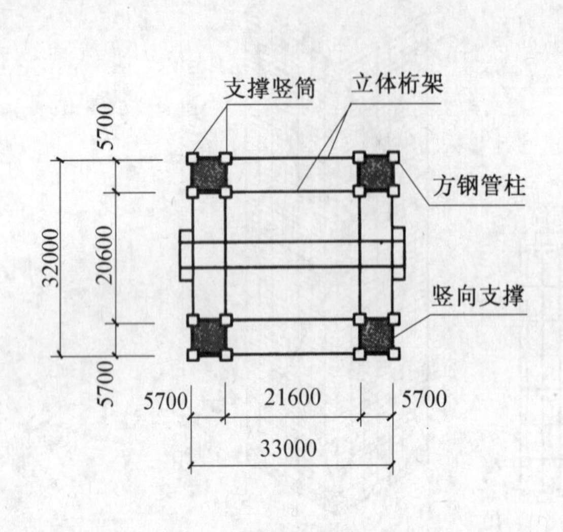

(a) 结构平面

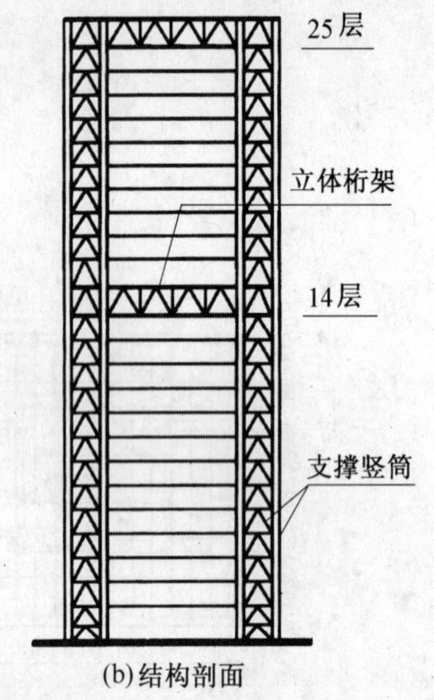

(b) 结构剖面

图 7-54　神户 TC 大厦

台湾省高雄市银行大厦（图 7-55），地上 $n=82$，$H=331\,\text{m}$。

3. 日本电器总社塔楼

日本东京电器总社塔楼（图 7-56），地上 $n=43$，$H=180\,\text{m}$。地下 3 层，基础埋深标高 $-24.4\,\text{m}$。

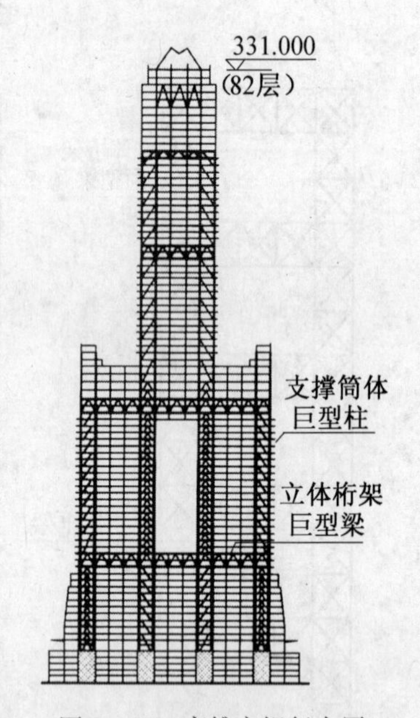

图 7-55　高雄市银行大厦

7.4.5　大型立体支撑体系

大型立体支撑体系又称支撑筒体系。它是由建筑外围的大型立体支撑、次框架及内部一般框架所组成的结构体系。

7.4.5.1　受力状态

（1）作用于整座楼房的水平荷载，全部由建筑周边的大型立体支撑（支撑筒）承担，水平剪力由平行于荷载方向的竖向支撑斜杆承担，倾覆力矩则是由大型立体支撑的各个立柱承担。

（2）重力荷载由一般框架柱和大型立体支撑立柱共同承担，并按荷载从属面积比例分配。

（3）若能在楼房内部设置用以承担各层楼面重力荷载的次一级空间支撑，并将重力荷载分段直接传递至外圈大型立体支撑角部的立柱，将进一步提高外圈大型立体支撑低抗倾覆力矩的能力。

7.4.5.2　工程实例

美国洛杉矶市第一洲际世界中心，地上 $n=77$，$H=338\,\text{m}$（图 7-57）。设计地震动

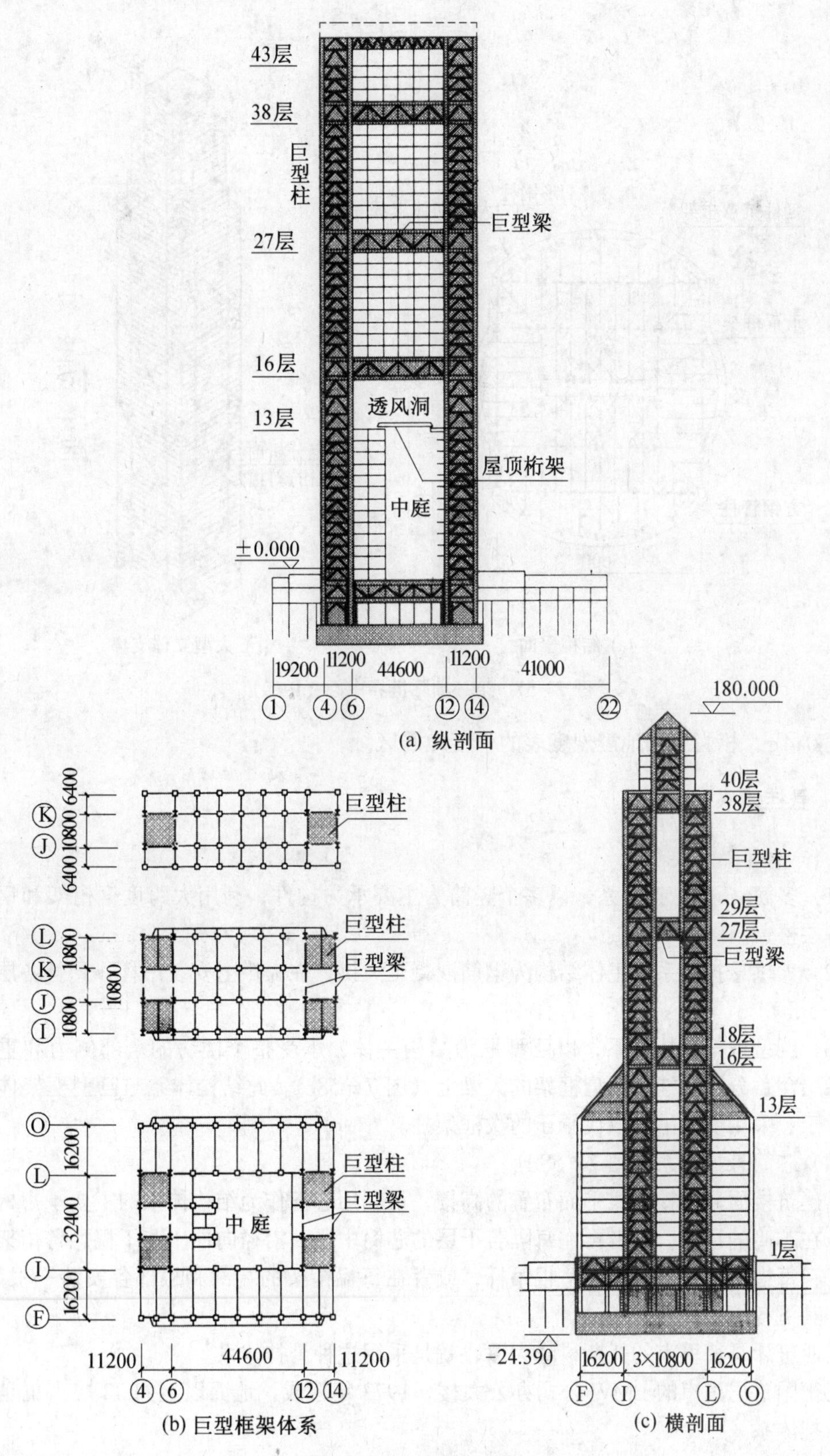

图 7-56　电器总社塔楼（日本，1990）

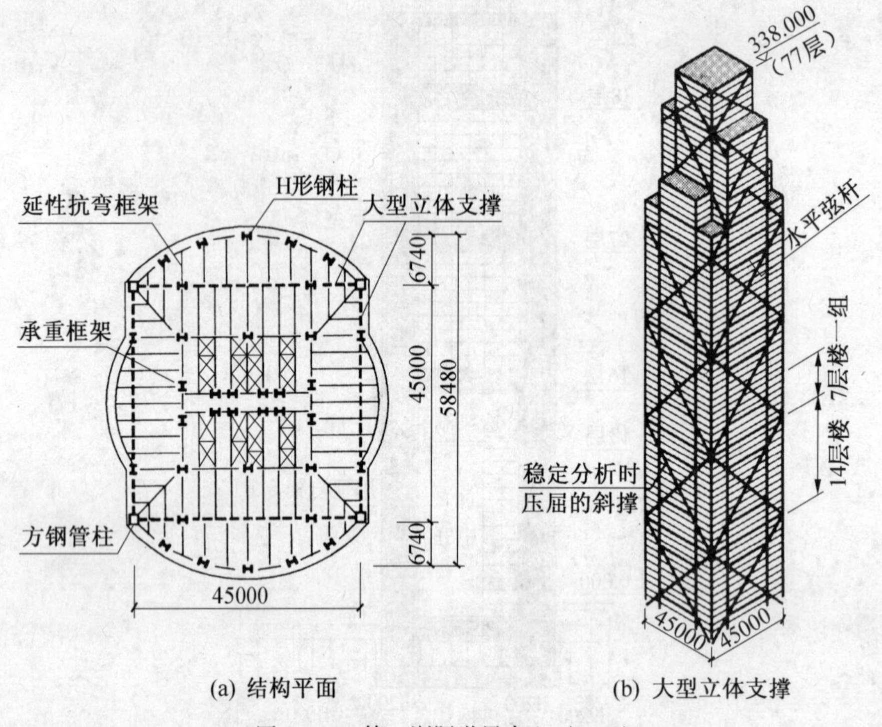

(a) 结构平面　(b) 大型立体支撑

图 7－57　第一洲际世界中心（1989）

加速度 $0.4g$，相当我国地震烈度表的 9 度地震区。

7.4.6　悬挂体系

7.4.6.1　立体结构类型

（1）多筒-桁架悬挂体系，以多个竖筒为主要承力构件，利用大跨度钢桁架和钢吊杆悬挂各层楼盖（图 7－58a）。

（2）大拱悬挂体系，主体结构为钢筋混凝土大拱，在大拱上安装吊杆，悬挂各层楼盖（图 7－58b）。

（3）巨型框架悬挂体系，以巨型框为结构主体，承受整个楼房的全部侧力和重力荷载，各层楼盖分段悬挂在巨型框架的大梁上（图 7－58c）。此结构体系与巨型框架体系的区别在于：采用受拉吊杆取代承压的次框架柱。

（4）芯筒悬挂体系（图 7－58d）

①建筑楼面采取核心式平面布置的高楼，可利用芯筒作为结构体系的主要承力构件。

②在芯筒的顶部，或者再在每隔若干层的芯筒中段，沿径向伸出若干榀悬臂桁架。

③在每榀桁架的端部安装一根吊杆，或者在每榀桁架的端部和根部各安装一根吊杆，以悬挂其下各楼层的楼盖。

④西班牙马德里市的托斯科隆大厦，就是采用这种悬挂体系。

⑤德国慕尼黑市的 BMW 公司办公大楼，1972 年建成，地面以上共 22 层，也是采用芯筒悬挂体系。

（5）钢构架悬挂体系（图 7－58e）

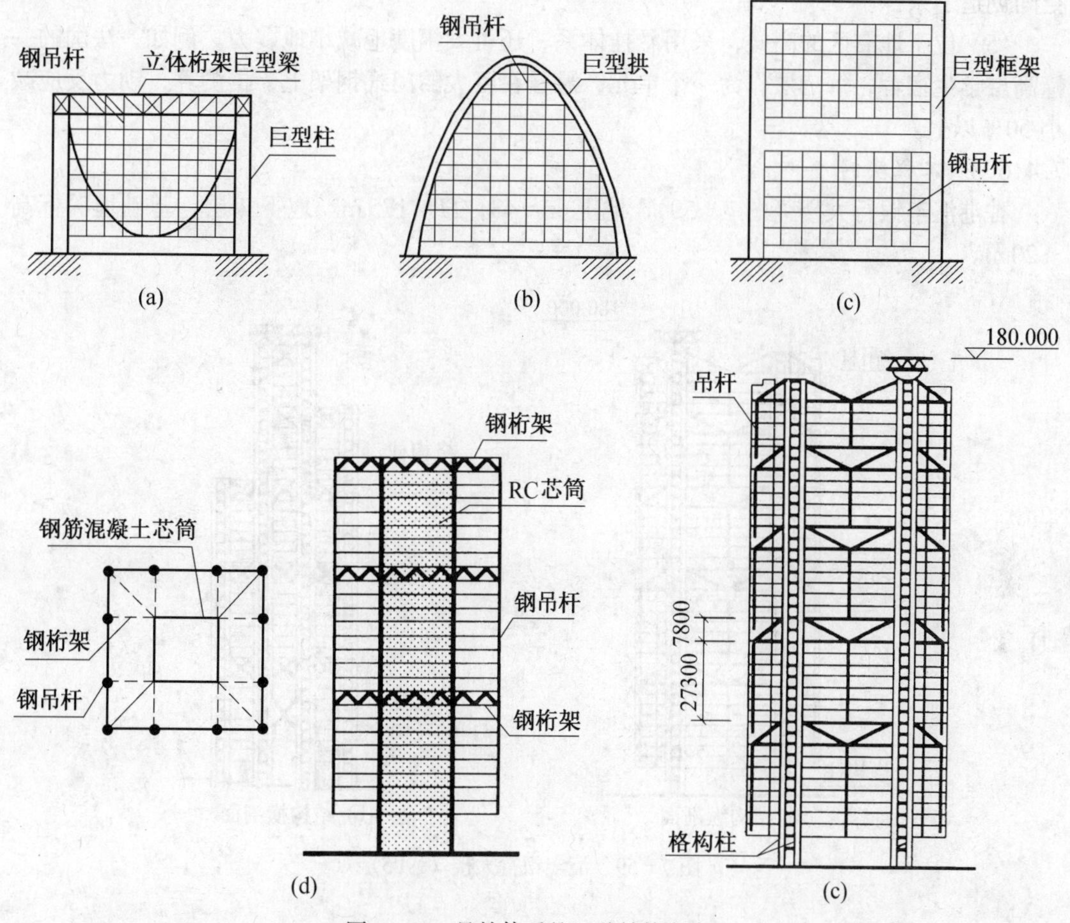

图 7－58　悬挂体系的四种结构方案

①香港汇丰银行大楼，1985 年建成，地面以上 43 层，高 175 m，采用钢构架悬挂体系。

②悬挂体系的主构件，由 8 根“格构柱”和 5 道纵、横向桁架梁所组成，各道桁架梁之间的 4～7 层楼盖，通过吊杆悬挂在上一层的桁架梁上。

7.4.6.2　结构特征

（1）悬挂体系是指采用吊杆将高楼的各层楼盖悬挂在主构架上，或分段悬挂到主构架的各道横梁或悬臂上，所形成的结构体系。

（2）主构架承担高楼的全部水平荷载和竖向荷载，并将它直接传至基础；吊杆则仅承担其所辖范围内若干楼层的重力荷载，各楼层的风力或地震力则通过柔性连接传至主构架。

（3）钢材是匀质材料，具有很高的而且几乎相等的抗拉和抗压强度。然而，长细比稍大的受压钢杆件，就会因侧向失稳而不能充分发挥钢材的抗压强度，受拉钢杆件因无失稳问题而能充分发挥材料的高强度。悬挂体系正好实现了这一设计概念而成为一种经济、高效的结构体系。

（4）悬挂体系中，除主构架落地外，其余部分均可不落地，为实现建筑底层的全开敞空间创造了条件。

(5) 位于地震区的高楼，采用悬挂体系，还可大幅度地减小地震力。例如，法国的一幢高层学生宿舍，每三层作为一个单元，悬挂在巨大的门式钢架上，据测算，动力反应减小50%以上。

7.4.6.3　工程实例

香港汇丰银行大楼（图7-59），地上 $n=43$，$H=175\,\text{m}$。地下4层，基础埋深标高 $-20\,\text{m}$。

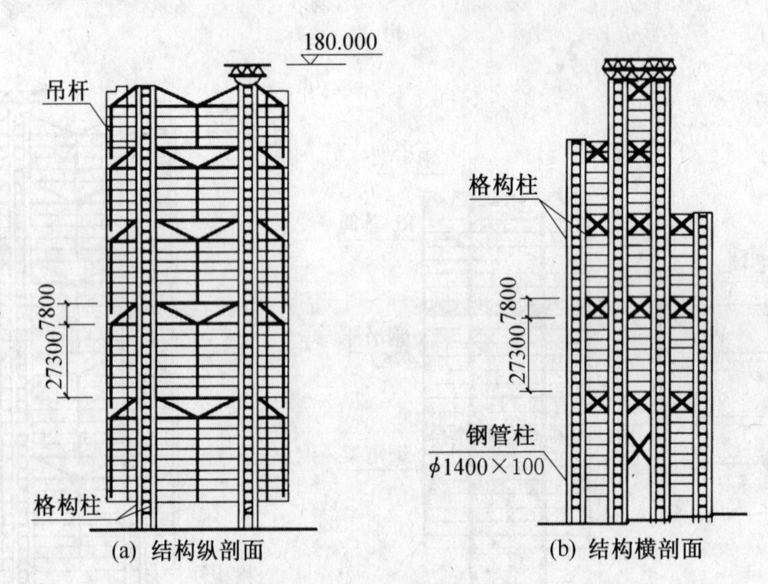

图7-59　汇丰银行大楼（1985）

7.4.7　承力幕墙体系

承力（抗剪）幕墙结构体系，又称受力蒙皮结构，它是由建筑周边的钢板框筒与楼面内部的一般钢框架所组成的结构体系。

7.4.7.1　结构受力状态

(1) 作用于大楼的水平荷载全部由建筑外圈的钢板框筒承担；大楼的竖向荷载则由钢板框筒的钢柱和楼面内部的一般框架共同承担，并按它们的荷载从属面积比例分担。

(2) 作用于钢板框筒的水平荷载，其水平剪力以及倾覆力矩引起的竖向剪力由幕墙钢板承担，倾覆力矩引起轴向压力和轴向拉力由钢柱承担。框架梁一般仅承担所在楼层的重力荷载。

(3) 幕墙钢板与框筒柱的连接节点，需要承担外框筒在水平荷载倾覆力矩作用下产生的竖向剪力。

7.4.7.2　工程实例

美国匹次堡市于1983年建成的梅隆银行中心，地上 $n=54$，$H=222\,\text{m}$。外貌、结构平面和钢墙板如图7-60所示。

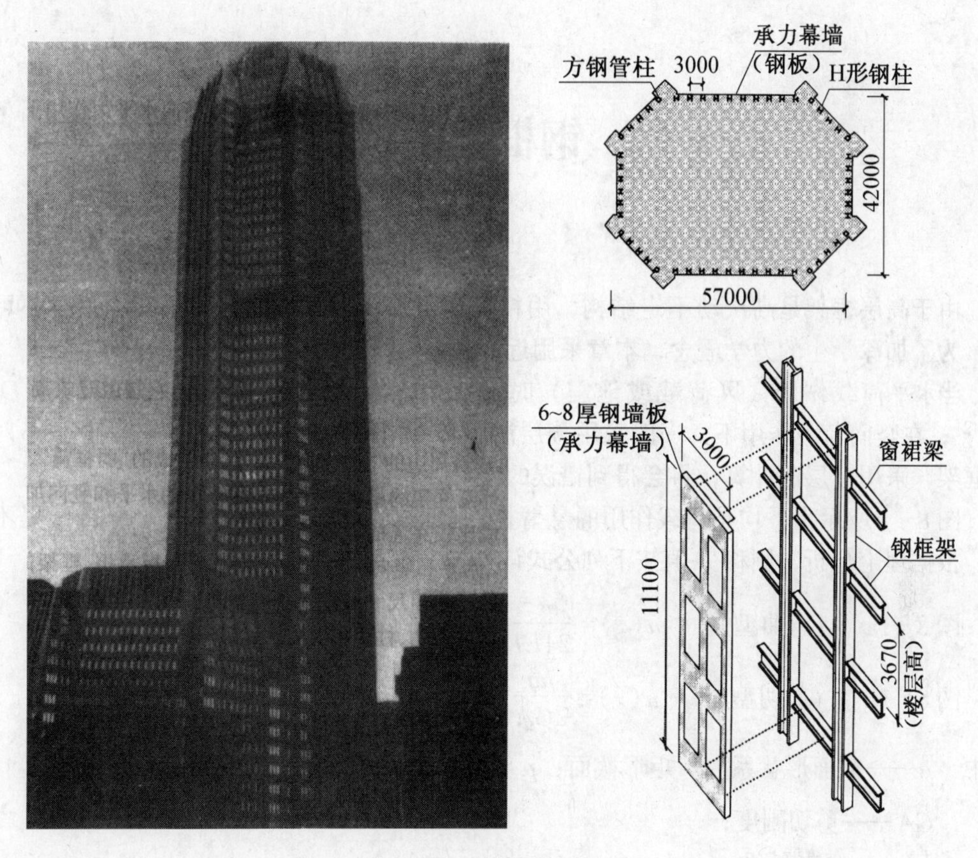
承力幕墙
（钢板）
方钢管柱
3000
H形钢柱
42000
57000
6~8厚钢墙板
（承力幕墙）
3000
窗裙梁
钢框架
11100
3670
（楼层高）

图 7－60　梅隆银行中心

第8章　钢框架的近似计算

由于高层框架是高次动不定结构，用精确的位移法手算框架的位移和内力是不可能的。为了加深学生的力学概念，本章采用近似法手算高层框架。

当水平荷载作用（风荷载或地震）时，手算框架的近似解法有反弯点法和 D 值法[42]；在竖向荷载作用下，一般采用分层法。必须指出，对于结构或竖向荷载很不对称的框架，采用分层法计算，将会得到错误的结果，通常应采用迭代法求解。

图 8-1 所示水平均布荷载作用的悬臂构件，弯矩、剪力引起的水平侧移曲线是不同的。根据理论分析，侧移 u 值按下列公式计算：

图 8-1a　（弯曲型）： $u(z)=\dfrac{qz^2}{24EI}(z^2+4Hz+6H^2)$　　(8-1a)

图 8-1b　（剪切型）： $u(z)=\dfrac{\mu q}{2GA}(2Hz-z^2)$　　(8-1b)

式中　μ——截面形状系数。矩形截面：$\mu=1.2$，一般截面：$\mu=\dfrac{A}{I^2}\int_{\mathrm{A}}(S_{\mathrm{x}}/b)^2\,\mathrm{d}A$；

GA——剪切刚度；

EI——弯曲刚度。

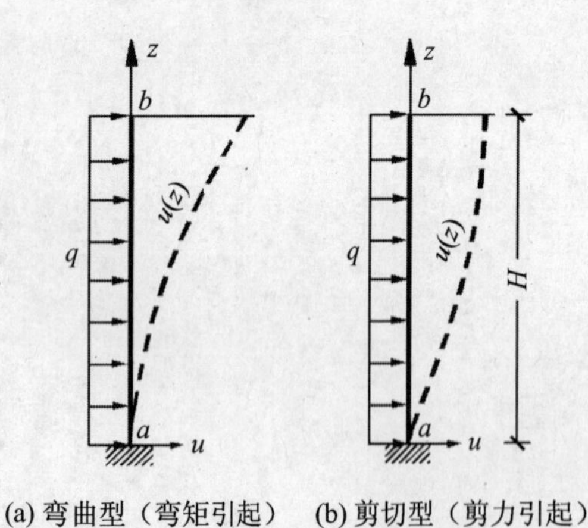

(a) 弯曲型（弯矩引起）　(b) 剪切型（剪力引起）

图 8-1　悬臂构件的侧移变形

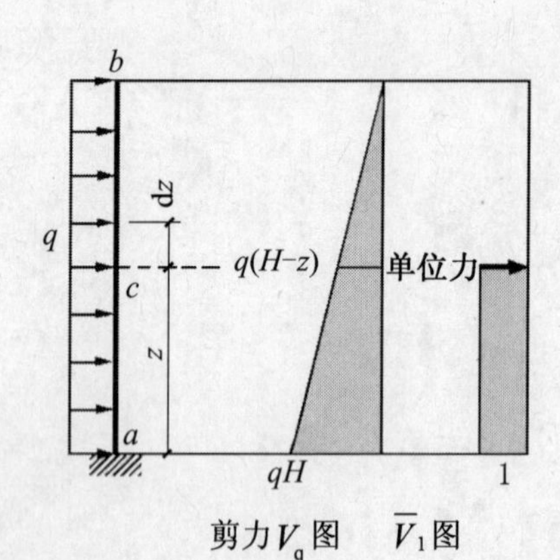

剪力 V_{q} 图　$\overline{V}_1$ 图

图 8-2　用单位荷载法推导式（8-1b）

式（8-1b）可由单位荷载法推出（图 8-2）：

$$u(z)=\int_{\mathrm{a}}^{\mathrm{b}}\frac{\mu V_{\mathrm{q}}\overline{V}_1}{GA}\mathrm{d}z$$

$$=\int_{\mathrm{a}}^{\mathrm{c}}\frac{\mu V_{\mathrm{q}}\overline{V}_1}{GA}\mathrm{d}z+\int_{\mathrm{c}}^{\mathrm{b}}\frac{\mu V_{\mathrm{q}}\overline{V}_1}{GA}\mathrm{d}z$$

$$= \frac{\mu}{GA}\left\{\frac{[q(H-z)+qH]z}{2}\times 1\right\}+0$$

$$= \frac{\mu q}{2GA}(2Hz-z^2) \tag{8-1b}$$

图 8－3a 所示三层框架。若在第 2 层反弯点处截开（图 8－3b），柱剪力 V_{ik}：V_{21}、V_{22}可合成框架截面的第 2 层层间剪力 V_2（虚线），同理，柱轴力 N_{ik}：N_{21}、N_{22}可合成框架截面的第 2 层层间弯矩 M_2（虚线）。可见，剪切型变形只考虑梁－柱反弯点处剪力 V_{21}、V_{22}引起的变形，未考虑轴力 N_{21}、N_{22}引起的变形（相当于弯矩 M_2 引起的变形），故框架结构的变形为“剪切型”。

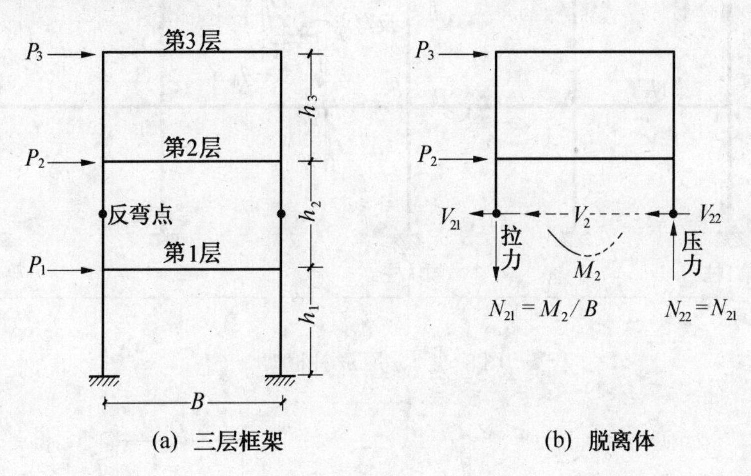

(a) 三层框架　　(b) 脱离体

图 8－3

8.1　水平力作用下的框架内力

在水平力的作用下，框架中的第 i 层第 k 柱结点 a（图 8－4），将同时产生层间相对水平线位移 δ_{ik}和角位移 φ_{ik}，这里，$i=1, 2, \cdots, n$；$k=1, 2, \cdots, m$。图中的 V_{ik}表示第 i 层第 k 柱的剪力，第 i 层框架柱的总剪力，可由第 i 层反弯点以上脱离体的平衡条件求得：

$$V_i = \sum_{i=1}^{n} P_i \tag{8-2}$$

8.1.1　反弯点法

对于层数不多的框架，荷载产生的轴力较小，梁的线刚度 $i^b = EI^b/l_k$ 比柱（column）的线刚度 $i^c - EI^c/h_i$大得多。计算表明，当梁、柱线刚度之比 $\xi = i^b/i^c \geqslant 3$ 时，结点角位移都很小，因此，反弯点法采取两个假定：

8.1.1.1　假定 1：在求 V_{ik}时，认为 $\varphi_{ik}=0$，即视 $i^b=\infty$。

根据“结构力学”，柱端同时产生 u 和 φ 时（图 8－5a），柱剪力为：

$$V = \frac{12i^c}{h^2}u - \frac{12i^c}{h}\varphi$$

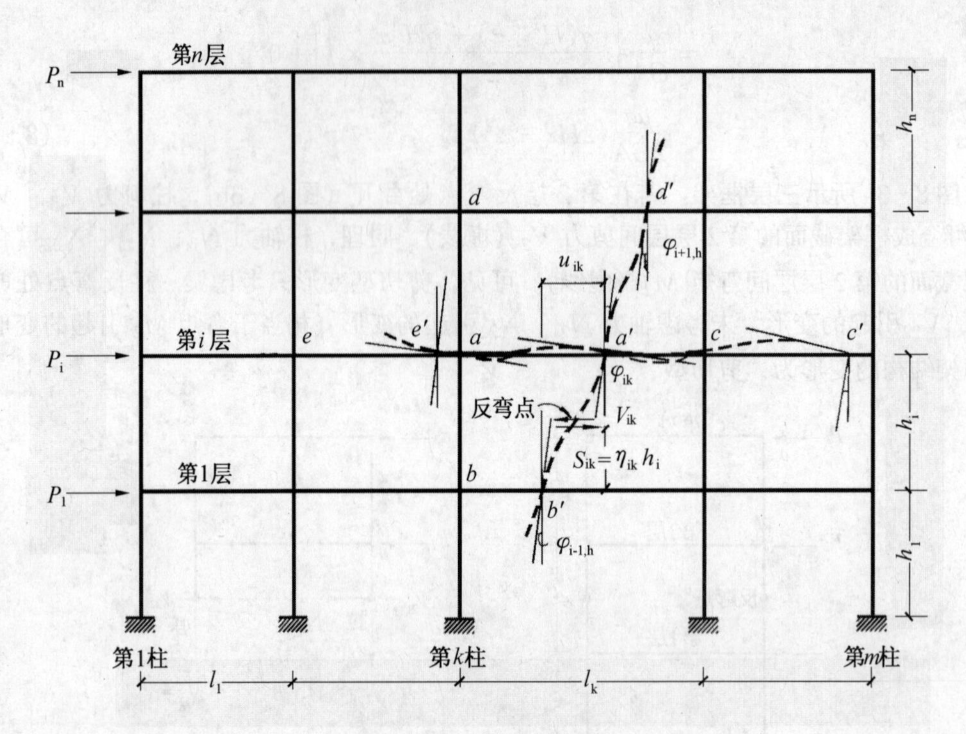

图 8-4　n 层 m 柱框架

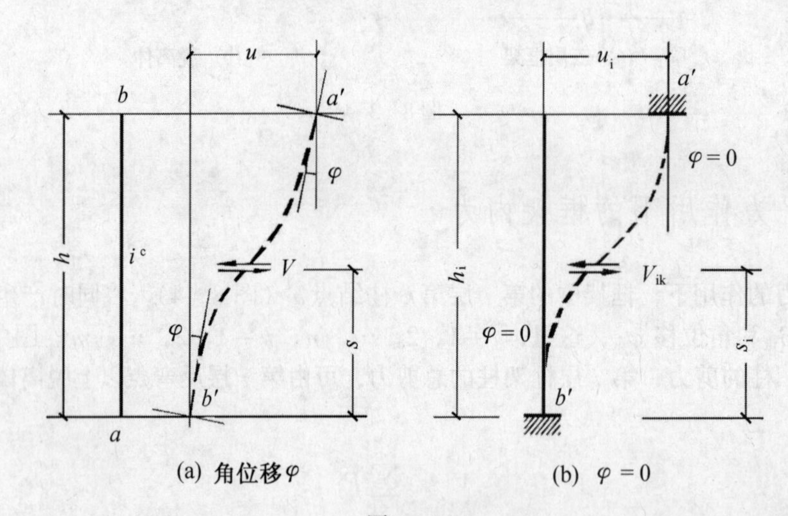

(a) 角位移φ　　(b) $\varphi=0$

图 8-5

当 $\varphi=0$ 时（两端固定），上式变成：

$$V = V^F = \frac{12i^c}{h^2}u = ru \tag{a}$$

式中　r——柱的侧移刚度系数，它表示固端柱的两端产生相对单位水平线位移（$u=1$）时，在柱端所需施加的水平力：$r=12i^c/h^2$。对于第 i 层第k 柱（图 8-5b）：

$$V_{ik} = r_{ik}u_i \tag{b}$$

$$r_{ik} = 12i_{ik}^c/h_i^2 \tag{8-3}$$

根据第 i 层各柱的剪力 V_{ik}之和等于框架第 i 层的剪力 V_i，即

$$V_{i} = \sum_{k=1}^{m} V_{ik} = \sum_{k=1}^{m} r_{ik} u_{i}$$

从而

$$u_{i} = V_{i} \Big/ \sum_{k=1}^{m} r_{ik} = V_{i}/r_{i} \tag{8-4}$$

将式（8－4）代入式（b）：

$$V_{ik} = \frac{r_{ik}}{r_{i}} V_{i} = \mu_{ik} V_{i} \tag{8-5}$$

式中　μ_{ik}——柱剪力分配系数　　　$\mu_{ik} = r_{ik}/r_{i}$　　　(8－6a)

r_{i}——第 i 层柱的侧移刚度系数之和。

当同层各柱的柱高相等时　　　$\mu_{ik} = i_{ik}^{c}/i_{i}^{c}$　　　(8－6b)

8.1.1.2　假定 2：在确定各楼层柱的反弯点位置：$s_{ik} = \eta_{i} h_{i}$ 时（图 8－4），假定所有结点的角位移 φ_{ik} 均相等，即 $\varphi_{ik} = \varphi$，可得 $s_{ik} = s_{i}$；从而

$$(i = 1): \quad s_{i} = 2h_{i}/3 \tag{8-7a}$$

$$(i = 2,3,\cdots,n): \quad s_{i} = h_{i}/2 \tag{8-7b}$$

由式（8－5）和式（8－7）分别算出 V_{ik} 和 s_{i} 后，柱端弯矩按下式计算（图 8－6）：

$$柱上端: \quad M_{ab} = V_{ik}(h_{i} - s_{i}) \tag{8-8a}$$

$$柱下端: \quad M_{ba} = V_{ik} s_{i} \tag{8-8b}$$

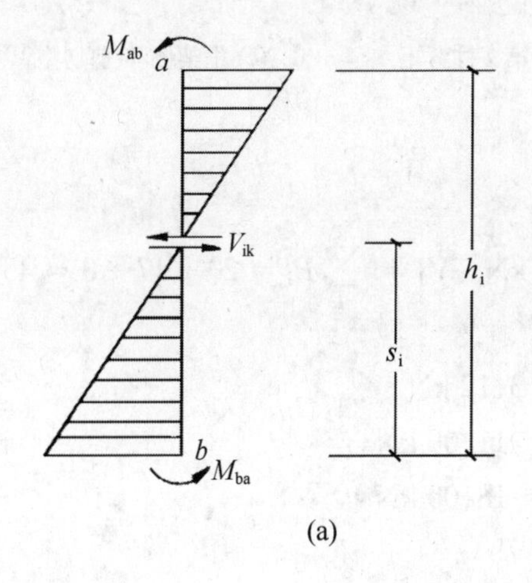

(a)

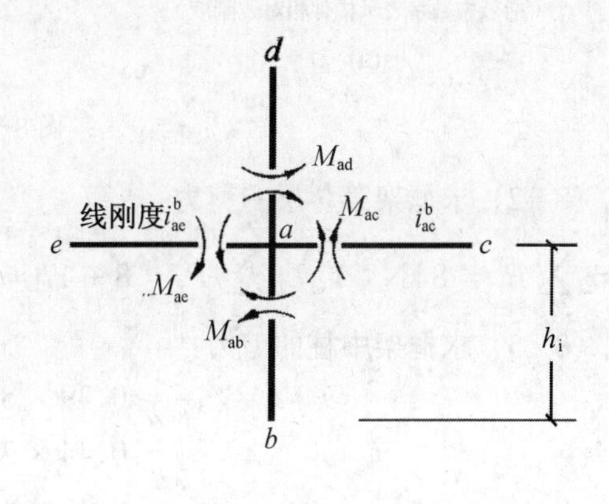

(b) 对照图 8-4

图 8－6

梁端弯矩为（图 8－6b）：

$$M_{ac} = \frac{i_{ac}^{b}}{i_{ac}^{b} + i_{ae}^{b}} (M_{ab} + M_{ad}) \tag{8-9a}$$

$$M_{ae} = \frac{i_{ac}^{b}}{i_{ac}^{b} + i_{ae}^{b}} (M_{ab} + M_{ad}) \tag{8-9b}$$

【例 8－1】　用反弯点法求图 8－7a 所示框架第 2 柱（$k=2$）的各层柱端弯矩和第 1 层梁的梁端弯矩 M_{54}、M_{56}。

【解】　为了应用式（8－6b），应将第 3 层第 2 柱（中柱）的线刚度作如下变换：

$$i_{ik}^* = i_{32}^* = (h_3/h_3^*)^2\, i_{32} = (4/4.5)^2 \times 2 = 1.58$$

从而，由式（8－6b）求第2柱（$k=2$）各层的剪力分配系数 μ_{ik}：

$$i = 3: \quad \mu_{32} = 1.58/(1.5 + 1.58 + 1) = 0.39$$

$$i = 2: \quad \mu_{22} = 4/(3 + 4 + 2) = 0.44$$

$$i = 1: \quad \mu_{12} = 6/(5 + 6 + 4) = 0.40$$

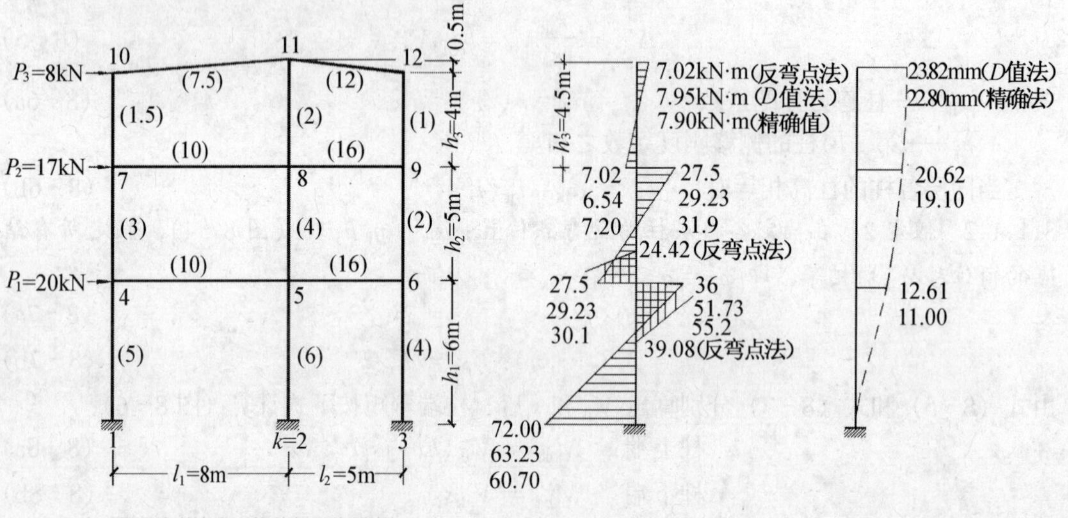

图8－7

由式（8－2）求框架第 i 层的剪力：

$$V_3 = \sum_3^3 P_i = 8\text{ kN} \quad V_2 = \sum_2^3 P_i = 8 + 17 = 25\text{ kN} \quad V_1 = \sum_1^3 P_i = 20 + 17 + 8 = 45\text{ kN}$$

由式（8－5）求框架中柱的剪力：

$$V_{32} = 0.39 \times 8 = 3.12\text{ kN}$$

$$V_{22} = 0.44 \times 25 = 11.00\text{ kN}$$

$$V_{12} = 0.40 \times 45 = 18.00\text{ kN}$$

把式（8－7）代入式（8－8）求柱端弯矩（图8－7b）：

$$M_{11,8} = M_{8,11} = 3.12 \times \frac{4.5}{2} = 7.02\text{ kN·m}$$

$$M_{8,5} = M_{5,8} = 11.00 \times \frac{5}{2} = 27.5\text{ kN·m}$$

$$M_{5,2} = 18.00 \times \frac{1}{3} \times 6 = 36\text{ kN·m}$$

$$M_{2,5} = 18.00 \times \frac{2}{3} \times 6 = 72\text{ kN·m}$$

由式（8－9）求第2柱（$k=2$）第1层（$i=1$）梁的弯矩（图8－7b）：

$$M_{5,4} = \frac{10}{10 + 16}(27.5 + 36) = 24.42\text{ kN·m}$$

$$M_{5,6} = \frac{16}{10 + 16}(27.5 + 36) = 39.08\ \text{kN·m}$$

8.1.2　D 值法

柱的截面随框架层数的增加而增大，致使 $\xi = i^b/i^c < 3$，甚至小于 1。为此，在分析水平力作用下的高层框架时，必须考虑各层柱上、下两端结点角位移的差异。

1933 年，日本武藤清（Kiyoshi Muto）教授针对高层框架的上述变形特点，提出用 D 值法分析之[42]。D 值法只有 1 个假定，即同层各结点的角位移相等：$\varphi_{ik} = \varphi_i$，图 8 - 4 说明框架梁的反弯点在梁跨的中央。由于柱子的上下端角位移不等，必须对侧移刚度系数 γ_{ik} 和反弯点位置 s_i 进行修正。

8.1.2.1　基本概念

由“结构力学”知，图 8 - 8a 所示单层框架的柱顶侧移为：

$$u_1 = \left(\frac{4 + 6\xi}{1 + 6\xi}\right)\frac{h_1^2}{12 i^c} V_{11}$$

式中　$\xi = i^b/i^c$

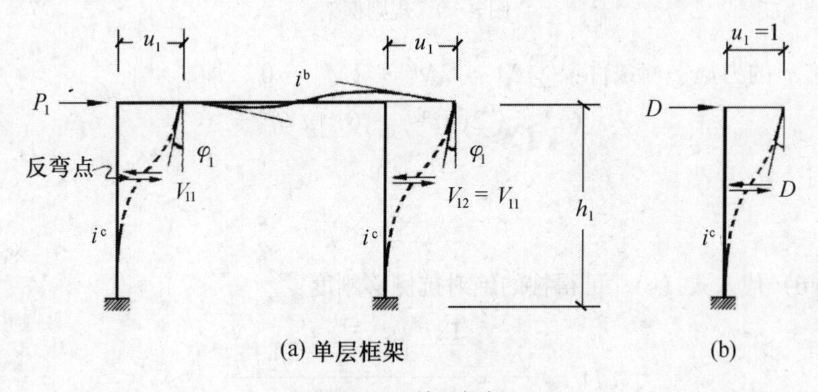

图 8 - 8　单层框架

从而，框架柱两端产生相对单位侧移时所需的水平力，即柱的绝对抗侧移刚度（图 8 - 8b）：

$$D_{11} = \frac{V_{11}}{u_1} = \left(\frac{1 + 6\xi}{4 + 6\xi}\right)\frac{12 i^c}{h_1^2} = \alpha_1\ V_{11}^F$$

式中　V_{11}^F——固端柱的两端产生相对单位水平线位移，即 $u_1 = 1$ 时（图 8 - 5b），固端柱的剪力，称为固端柱的抗侧移刚度：$V_{11}^F = 12 i^c / h_1^2$；

α_1——柱两端角位移的影响系数，$\alpha_1 = \dfrac{1 + 6\xi}{4 + 6\xi}$。在文献［42］中，武藤清称 α_1 为 Shear Distribution Coefficient，中文翻译为 D 值。

8.1.2.2　规则框架柱的侧移刚度

所谓规则框架，即各楼层高 h、梁跨 l 以及 i^b i^c 分别全相等的多、高层框架。

1. 一般柱（$i = 2, 3, \cdots, n$）

对于规则框架，可仿图 8 - 4 绘出梁柱的变形图，并可假定各结点的角位移 φ 和各柱的 u/h 相等（图 8 - 9a），由此，可写出所有梁、柱的端弯矩和柱的剪力值如下：

$$M^{b} = 6i^{b}\varphi \tag{a}$$

$$M^{c} = 6i^{c}\varphi - 6i^{c}u/h \tag{b}$$

$$V^{c} = \frac{12i^{c}}{h}\left(\frac{u}{h} - \varphi\right) \tag{c}$$

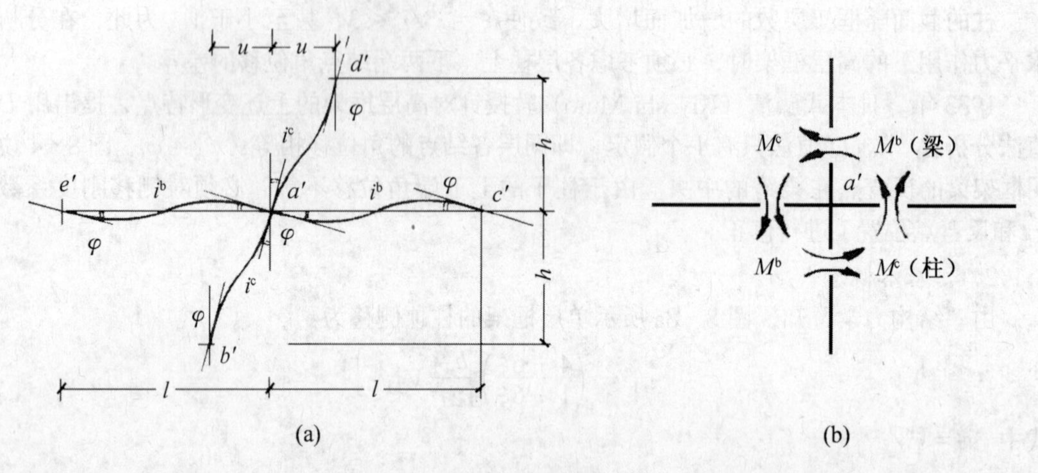

图 8-9　规则框架

由结点 a'的力矩平衡条件：$\sum M = 2M^{b} + 2M^{c} = 0$，即

$$2 \times 6i^{b}\varphi + 2(6i^{c}\varphi - 6i^{c}u/h) = 0$$

可得

$$\varphi = \frac{i^{c}}{i^{c} + i^{b}} \times \frac{u}{h} \tag{d}$$

将式（d）代入式（c），可得柱的绝对抗侧移刚度：

$$D = \frac{V^{c}}{u} = \frac{\dfrac{12i^{c}}{h}\left(1 - \dfrac{i^{c}}{i^{c} + i^{b}}\right)\dfrac{u}{h}}{u}$$

令 $\gamma = \dfrac{4i^{b}}{2i^{c}} = \dfrac{2i^{b}}{i^{c}}$，可得：

$$D = \frac{\gamma}{2 + \gamma} \times \frac{12i^{c}}{h^{2}} = \alpha V^{F}$$

对于第 i 层第 k 柱：

$$D_{ik} = \frac{\gamma_{i}}{2 + \gamma_{i}} \times \frac{12i_{ik}^{c}}{h_{i}^{2}} = \alpha_{i}V_{ik}^{F} \quad (i = 2,3,\cdots,n) \tag{8-10a}$$

相对抗侧移刚度：

$$D_{ik}^{*} = \alpha_{i} \times i_{ik}^{c} \tag{8-10b}$$

式中　$\alpha_{i} = \dfrac{\gamma_{i}}{2 + \gamma_{i}}$　（$i = 2，3，\cdots，n$）　(8-11a)

$$\gamma_{i} = \frac{4i^{b}}{2i_{ik}^{c}} \tag{e}$$

当上、下、左、右构件的线刚度不等时（图 8-10），γ_{i}值可近似取为：

$$\text{中柱(图 8-10a)}：\gamma_i = \frac{\frac{i_1^b + i_2^b}{2} + \frac{i_3^b + i_4^b}{2}}{i^c} = \frac{i_1^b + i_2^b + i_3^b + i_4^b}{2i^c} \tag{f}$$

$$\text{边柱(图 8-10b)}：\gamma_i = \frac{i_2^b + i_4^b}{2i^c} \tag{g}$$

式 (f)、(g) 的通式是：

$$\gamma_i = \frac{\sum i^b}{2i^c} \quad (i = 2,3,\cdots,n) \tag{8-11b}$$

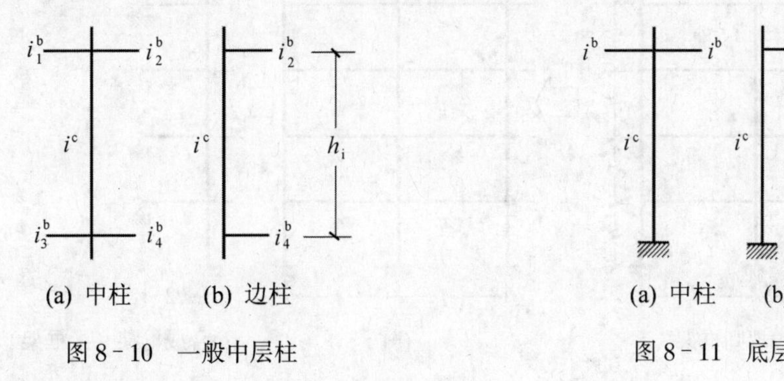

图 8-10　一般中层柱　　　　图 8-11　底层柱

2. 底层柱（图 8-11，$i=1$）

柱侧移刚度仍按式（8-10）计算，但 α_i、γ_i为：

$$\alpha_i = \frac{0.5 + \gamma_i}{2 + \gamma_i} \quad (i = 1) \tag{8-12a}$$

$$\gamma_i = \sum i^b / i^c \quad (i = 1) \tag{8-12b}$$

3. 小结（表 8-1）

表 8-1　系数 α_i、γ_i

层　数	系　数		注
	γ_i	α_i	
$i=2,3,\cdots,n$	$\frac{\sum i^b}{2i^c}$	$\frac{\gamma_i}{2+\gamma_i}$	式（8-11）
$i=1$	$\frac{\sum i^b}{i^c}$	$\frac{0.5+\gamma_i}{2+\gamma_i}$	式（8-12）

《高层民用建筑钢结构技术规范》[7]第 5.1.3 条规定，当进行框架弹性分析时，压型钢板组合楼盖中梁的惯性矩宜取：

$$I^b = kI_s \tag{8-13}$$

式中　I_s——钢梁的惯性矩；

　　　k——系数。两侧有楼板时，$k=1.5$；一侧有楼板时，$k=1.2$。

8.1.2.3　柱子反弯点的高度比 $\eta_{ik} = s_{ik}/h_i$（图 8-4）

由于框架柱上、下两端的角位移不相等，柱的反弯点高度比 η_{ik}不再是一个定值［式（8-7）中的 s_{ik}是定值］。η_i值的大小主要与下面三个因素有关[38]：

(1) 柱子所在的楼层位置；

(2) 上、下梁的相对线刚度比；

(3) 上、下层层高的变化。

1. 标准反弯点高度比 $\eta_0 = s_0 / h_i$（楼层位置的影响）

承受水平力作用的规则框架（图 8－12a），最后可把它简化成合成框架计算。

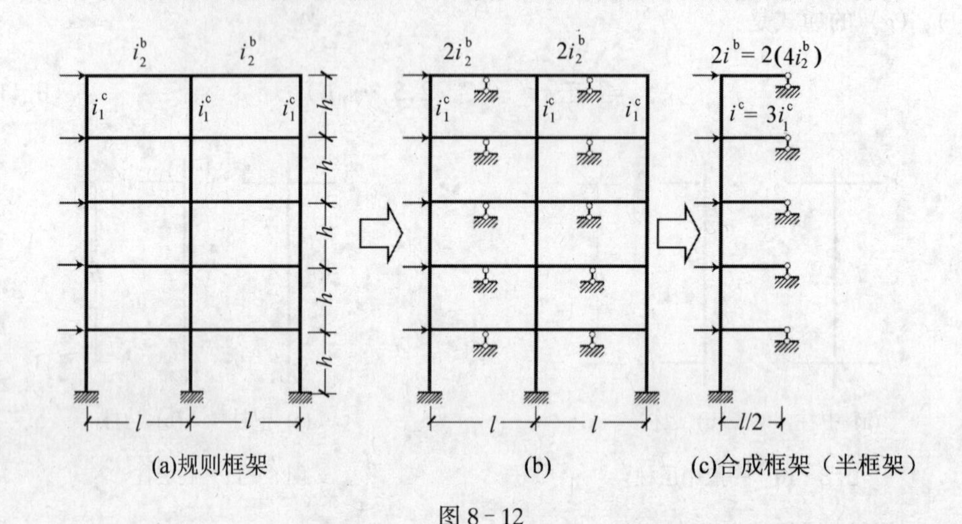

图 8－12

对于均布水平力作用下的合成框架（图 8－13a），可采用力法求内力。基本结构如图 8－13b 所示，待求的基本未知量是各柱下端截面的弯矩 M_i。由于各层剪力 V_i是静定已知的，故一旦求出 M_i，就可确定各层柱的反弯点位置 $s_{0i} = M_i / V_i$。

荷载弯矩图 M_p 和单位弯矩图 $\overline{M}_{i-1}$、$\overline{M}_i$、$\overline{M}_{i+1}$，分别如图 8－13c、d、e、f 所示。力法方程中的柔度系数和常数项，可用图乘法求得，显然，仅 $f_{i,i-1}$，$f_{i,i}$，$f_{i,i+1}$和 $\Delta_{i\,p}$不为零

$$f_{i,i-1} = f_{i,i+1} = -\frac{\left(\frac{1}{2} \times 1 \times \frac{1}{2}\right)\left(\frac{2}{3} \times 1\right)}{EI^b} = -\frac{1}{6EI^b} = -\frac{1}{6i^b}$$

$$f_{i,i} = -\frac{2\left(\frac{1}{2} \times 1 \times \frac{1}{2}\right)\left(\frac{2}{3} \times 1\right)}{EI^b} + \frac{(1 \times h)(1)}{EI^c} = \frac{1}{3i^b} + \frac{1}{i^c}$$

$$\Delta_{i,p} = -\frac{\left[\frac{1}{2}(n-i+1)Ph \times \frac{l}{2}\right]\left(\frac{2}{3} \times 1\right)}{EI^b} + \frac{\left[\frac{1}{2}(n-i+2)Ph \times \frac{l}{2}\right]\left(\frac{2}{3} \times 1\right)}{EI^b} - \frac{\left[\frac{1}{2}(n-i+1)Ph \times h\right] \times 1}{EI^c} = -\left[\frac{1}{6i^b} - \frac{1}{2i^c}(n-i+1)\right]Ph$$

$$(i = 1, 2, \cdots, n)$$

代入力法方程：

$$f_{i,i-1} M_{i-1} + f_{i,i} M_i + f_{i,i+1} M_{i+1} + \Delta_{i,p} = 0$$

整理后可得图 8－13a 所示 n 层规则框架的 n 个变形协调方程：

$i = 1$:　　$-(1 + 6\gamma_i)M_1 + M_2 = -(1 + 3\gamma_i)nPh$　　(8－14a)

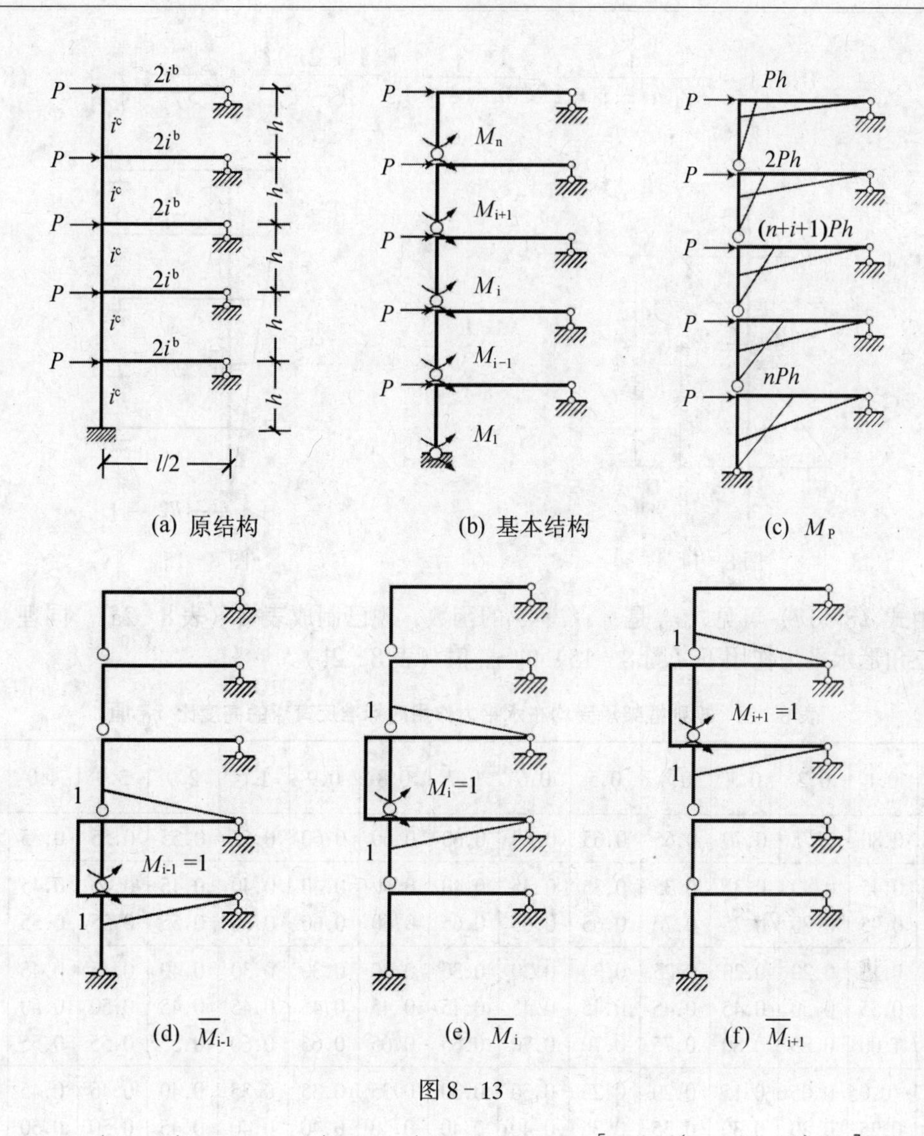

(a) 原结构　(b) 基本结构　(c) M_P

(d) $\overline{M}_{i-1}$　(e) $\overline{M}_i$　(f) $\overline{M}_{i+1}$

图 8-13

$$i = 2 \sim (n-1):\quad M_{i-1} - (2+6\gamma_i)M_i + M_{i+1} = [-3\gamma_i(n-i+1)Ph] \tag{8-14b}$$

$$i = n:\quad M_{n-1} - (2+6\gamma_i)M_n = (1-3\gamma_i)Ph \tag{8-14c}$$

式中　γ_i——由表 8-1 求得。

解式（8-14），可得柱的下端弯矩：

$$M_i = 0.5\left[\left(-\frac{1}{3\gamma_i} + n - i + 1\right) + \frac{(1+2n)\zeta^i}{1-\zeta} + \frac{\zeta^{n-i+1}}{3\gamma_i}\right]Ph$$

由于第 i 层的剪力为常数：$V_i=(n-i+1)P$，上式变成：

$$M_i = 0.5\left\{1 - \frac{1}{3\gamma_i(n-i+1)} + \frac{1}{n-i+1}\left[\frac{(1+2n)\zeta^i}{1-\zeta} + \frac{\zeta^{n-i+1}}{3\gamma_i}\right]\right\}V_i\,h \tag{8-15}$$

式中　$\zeta = 1+3\gamma_i - \sqrt{(1+3\gamma_2)^2-1}$　(8-16)

从而，第 i 层标准反弯点高度比（图 8-14）

$$\eta_{0i} = \frac{s_{0i}}{h_i} = \frac{M_i}{V_i\,h_i} =$$

$$0.5\left\{1-\frac{1}{3\gamma_{i}\,n-i+1}+\frac{1}{n-i+1}\left[\frac{(1+2n)\zeta^{i}}{1-\zeta}+\frac{\zeta^{n-i+1}}{3\gamma_{i}}\right]\right\} \tag{8-17}$$

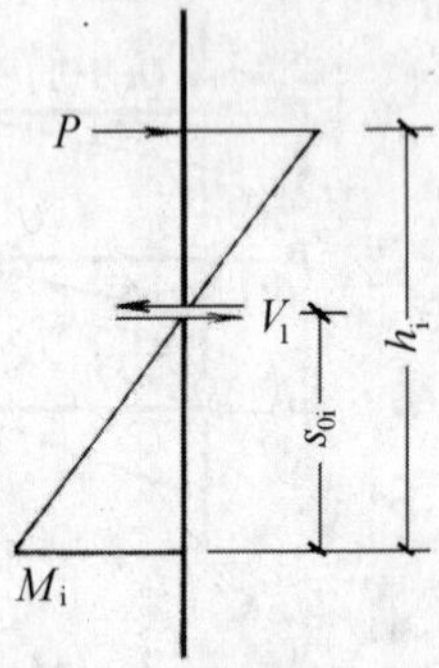

图 8－14

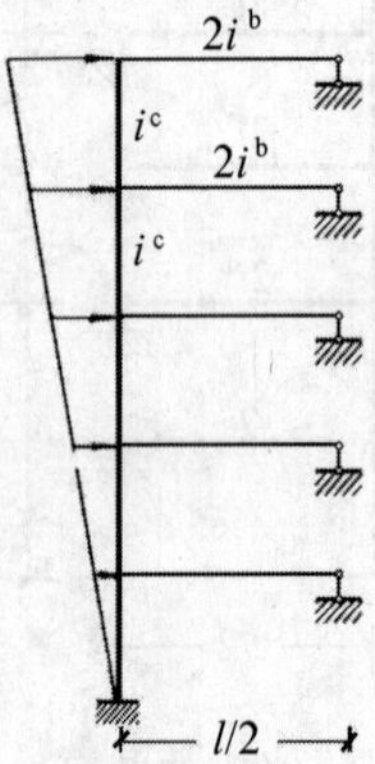

图 8－15

由式（8－17）可见，η_0 是 n、i、γ_i的函数，现已制成表格（表 8－2a）。同理，可导出倒三角形水平力作用下（图 8－15）的 η_0 值（表 8－2b）。

表 8－2a　规则框架承受均布水平力作用时标准反弯点的高度比 η_0 值

n	i \ γ_i	0.1	0.2	0.3	0.4	0.5	0.6	0.7	0.8	0.9	1.0	2.0	3.0	4.0	5.0
1	1	0.80	0.75	0.70	0.65	0.65	0.60	0.60	0.60	0.60	0.55	0.55	0.55	0.55	0.55
2	2	0.45	0.40	0.35	0.35	0.35	0.35	0.40	0.40	0.40	0.40	0.45	0.45	0.45	0.45
	1	0.95	0.80	0.75	0.70	0.65	0.65	0.65	0.60	0.60	0.60	0.55	0.55	0.55	0.50
3	3	0.15	0.20	0.20	0.25	0.30	0.30	0.30	0.30	0.30	0.30	0.40	0.45	0.45	0.45
	2	0.55	0.50	0.45	0.45	0.45	0.45	0.45	0.45	0.45	0.45	0.45	0.50	0.50	0.50
	1	1.00	0.85	0.80	0.75	0.70	0.70	0.65	0.65	0.65	0.60	0.55	0.55	0.55	0.55
4	4	−0.05	0.05	0.15	0.20	0.25	0.30	0.30	0.35	0.35	0.35	0.40	0.45	0.45	0.45
	3	0.25	0.30	0.30	0.35	0.35	0.40	0.40	0.40	0.40	0.40	0.45	0.50	0.50	0.50
	2	0.65	0.55	0.50	0.50	0.45	0.45	0.45	0.45	0.45	0.45	0.50	0.50	0.50	0.50
	1	1.10	0.90	0.80	0.75	0.70	0.70	0.65	0.65	0.65	0.65	0.55	0.55	0.55	0.55
5	5	−0.20	0.00	0.15	0.20	0.25	0.30	0.30	0.30	0.35	0.35	0.40	0.45	0.45	0.45
	4	0.10	0.20	0.25	0.30	0.35	0.35	0.40	0.40	0.40	0.40	0.45	0.45	0.50	0.50
	3	0.40	0.40	0.40	0.40	0.40	0.45	0.45	0.45	0.45	0.45	0.50	0.50	0.50	0.50
	2	0.65	0.55	0.50	0.50	0.50	0.50	0.50	0.50	0.50	0.50	0.50	0.50	0.50	0.50
	1	1.20	0.95	0.80	0.75	0.75	0.70	0.70	0.65	0.65	0.65	0.55	0.55	0.55	0.55
6	6	−0.30	0.00	0.10	0.20	0.25	0.25	0.30	0.30	0.30	0.30	0.40	0.45	0.45	0.45
	5	0.00	0.20	0.25	0.30	0.35	0.35	0.40	0.40	0.40	0.40	0.45	0.45	0.50	0.50
	4	0.20	0.30	0.35	0.35	0.40	0.40	0.40	0.45	0.45	0.45	0.45	0.45	0.50	0.50
	3	0.40	0.40	0.40	0.45	0.45	0.45	0.45	0.45	0.45	0.45	0.50	0.50	0.50	0.50
	2	0.70	0.60	0.55	0.50	0.50	0.50	0.50	0.50	0.50	0.50	0.50	0.50	0.50	0.50
	1	1.20	0.95	0.85	0.80	0.75	0.75	0.70	0.65	0.65	0.65	0.55	0.55	0.55	0.55

续表8-2a

n	i \ γ_i	0.1	0.2	0.3	0.4	0.5	0.6	0.7	0.8	0.9	1.0	2.0	3.0	4.0	5.0
7	7	−0.35	−0.05	0.10	0.20	0.20	0.25	0.30	0.30	0.35	0.35	0.40	0.45	0.45	0.45
	6	0.10	0.15	0.25	0.30	0.50	0.35	0.35	0.40	0.40	0.40	0.45	0.45	0.50	0.50
	5	0.10	0.25	0.30	0.35	0.40	0.40	0.40	0.45	0.45	0.45	0.45	0.50	0.50	0.50
	4	0.30	0.35	0.40	0.40	0.40	0.45	0.45	0.45	0.45	0.45	0.50	0.50	0.50	0.50
	3	0.50	0.45	0.45	0.45	0.45	0.45	0.45	0.45	0.45	0.45	0.50	0.50	0.50	0.50
	2	0.75	0.60	0.55	0.50	0.50	0.50	0.50	0.50	0.50	0.50	0.50	0.50	0.50	0.50
	1	1.20	0.95	0.85	0.80	0.75	0.70	0.70	0.65	0.65	0.65	0.55	0.55	0.55	0.55
8	8	−0.35	−0.15	0.10	0.15	0.25	0.25	0.30	0.30	0.35	0.35	0.40	0.45	0.45	0.45
	7	−0.10	0.15	0.25	0.30	0.35	0.35	0.40	0.40	0.40	0.40	0.45	0.50	0.50	0.50
	6	0.05	0.25	0.30	0.35	0.40	0.40	0.40	0.45	0.45	0.45	0.45	0.50	0.50	0.50
	5	0.20	0.30	0.35	0.40	0.40	0.45	0.45	0.45	0.45	0.45	0.50	0.50	0.50	0.50
	4	0.35	0.40	0.40	0.45	0.45	0.45	0.45	0.45	0.45	0.45	0.50	0.50	0.50	0.50
	3	0.50	0.45	0.45	0.45	0.45	0.45	0.45	0.45	0.50	0.50	0.50	0.50	0.50	0.50
	2	0.75	0.60	0.55	0.55	0.50	0.50	0.50	0.50	0.50	0.50	0.50	0.50	0.50	0.50
	1	1.20	1.00	0.85	0.80	0.75	0.70	0.70	0.65	0.65	0.65	0.55	0.55	0.55	0.55
9	9	−0.40	−0.05	0.10	0.20	0.25	0.25	0.30	0.30	0.35	0.35	0.45	0.45	0.45	0.45
	8	−0.15	0.15	0.20	0.30	0.35	0.35	0.35	0.40	0.40	0.40	0.45	0.45	0.50	0.50
	7	0.05	0.25	0.30	0.35	0.40	0.40	0.40	0.45	0.45	0.45	0.45	0.50	0.50	0.50
	6	0.15	0.30	0.35	0.40	0.40	0.45	0.45	0.45	0.45	0.45	0.50	0.50	0.50	0.50
	5	0.25	0.35	0.40	0.40	0.45	0.45	0.45	0.45	0.45	0.45	0.50	0.50	0.50	0.50
	4	0.40	0.40	0.40	0.45	0.45	0.45	0.45	0.45	0.45	0.45	0.50	0.50	0.50	0.50
	3	0.55	0.45	0.45	0.45	0.45	0.45	0.45	0.45	0.50	0.50	0.50	0.50	0.50	0.50
	2	0.80	0.65	0.55	0.55	0.50	0.50	0.50	0.50	0.50	0.50	0.50	0.50	0.50	0.50
	1	1.20	1.00	0.85	0.80	0.75	0.70	0.70	0.65	0.65	0.65	0.55	0.55	0.55	0.55
10	10	−0.40	−0.05	0.10	0.20	0.25	0.30	0.30	0.30	0.35	0.35	0.40	0.45	0.45	0.45
	9	−0.15	0.15	0.25	0.30	0.35	0.35	0.40	0.40	0.40	0.40	0.45	0.45	0.50	0.50
	8	0.00	0.25	0.30	0.35	0.40	0.40	0.40	0.45	0.45	0.45	0.45	0.50	0.50	0.50
	7	0.10	0.30	0.35	0.40	0.40	0.45	0.45	0.45	0.45	0.45	0.50	0.50	0.50	0.50
	6	0.20	0.35	0.40	0.40	0.45	0.45	0.45	0.45	0.45	0.45	0.50	0.50	0.50	0.50
	5	0.30	0.40	0.40	0.45	0.45	0.45	0.45	0.45	0.45	0.50	0.50	0.50	0.50	0.50
	4	0.40	0.40	0.45	0.45	0.45	0.45	0.45	0.45	0.45	0.50	0.50	0.50	0.50	0.50
	3	0.55	0.50	0.45	0.45	0.45	0.50	0.50	0.50	0.50	0.50	0.50	0.50	0.50	0.50
	2	0.80	0.65	0.55	0.55	0.55	0.50	0.50	0.50	0.50	0.50	0.50	0.50	0.50	0.50
	1	1.30	1.00	0.85	0.80	0.75	0.70	0.70	0.65	0.65	0.65	0.60	0.55	0.55	0.55

续表 8-2a

n	i \ γ_i	0.1	0.2	0.3	0.4	0.5	0.6	0.7	0.8	0.9	1.0	2.0	3.0	4.0	5.0
11	11	−0.40	0.05	0.10	0.20	0.25	0.30	0.30	0.30	0.35	0.35	0.40	0.45	0.45	0.45
	10	−0.15	0.15	0.25	0.30	0.35	0.35	0.40	0.40	0.40	0.40	0.45	0.45	0.50	0.50
	9	0.00	0.25	0.30	0.35	0.40	0.40	0.40	0.45	0.45	0.45	0.45	0.50	0.50	0.50
	8	0.10	0.30	0.35	0.40	0.40	0.45	0.45	0.45	0.45	0.45	0.50	0.50	0.50	0.50
	7	0.20	0.35	0.40	0.45	0.45	0.45	0.45	0.45	0.45	0.45	0.50	0.50	0.50	0.50
	6	0.25	0.35	0.40	0.45	0.45	0.45	0.45	0.45	0.45	0.45	0.50	0.50	0.50	0.50
	5	0.35	0.40	0.40	0.45	0.45	0.45	0.45	0.45	0.45	0.50	0.50	0.50	0.50	0.50
	4	0.40	0.40	0.45	0.45	0.45	0.45	0.45	0.50	0.50	0.50	0.50	0.50	0.50	0.50
	3	0.55	0.50	0.50	0.50	0.50	0.50	0.50	0.50	0.50	0.50	0.50	0.50	0.50	0.50
	2	0.80	0.65	0.60	0.55	0.55	0.50	0.50	0.50	0.50	0.50	0.50	0.50	0.50	0.50
	1	1.30	1.00	0.85	0.80	0.75	0.70	0.70	0.65	0.65	0.65	0.60	0.55	0.55	0.55
12以上	↓1	−0.40	−0.05	0.10	0.20	0.25	0.30	0.30	0.30	0.35	0.35	0.40	0.45	0.45	0.45
	2	−0.15	0.15	0.25	0.30	0.35	0.35	0.40	0.40	0.40	0.40	0.45	0.45	0.50	0.50
	3	0.00	0.25	0.30	0.35	0.40	0.40	0.40	0.45	0.45	0.45	0.50	0.50	0.50	0.50
	4	0.10	0.30	0.35	0.40	0.40	0.45	0.45	0.45	0.45	0.45	0.50	0.50	0.50	0.50
	5	0.20	0.35	0.40	0.40	0.45	0.45	0.45	0.45	0.45	0.45	0.50	0.50	0.50	0.50
	6	0.25	0.35	0.40	0.45	0.45	0.45	0.45	0.45	0.45	0.45	0.50	0.50	0.50	0.50
	7	0.30	0.40	0.40	0.45	0.45	0.45	0.45	0.45	0.50	0.50	0.50	0.50	0.50	0.50
	8	0.35	0.40	0.45	0.45	0.45	0.45	0.45	0.50	0.50	0.50	0.50	0.50	0.50	0.50
	中间	0.40	0.40	0.45	0.45	0.45	0.45	0.50	0.50	0.50	0.50	0.50	0.50	0.50	0.50
	4	0.45	0.45	0.45	0.45	0.50	0.50	0.50	0.50	0.50	0.50	0.50	0.50	0.50	0.50
	3	0.60	0.50	0.50	0.50	0.50	0.50	0.50	0.50	0.50	0.50	0.50	0.50	0.50	0.50
	2	0.80	0.65	0.60	0.55	0.55	0.50	0.50	0.50	0.50	0.50	0.50	0.50	0.50	0.50
	↑1	1.30	1.00	0.85	0.80	0.75	0.70	0.70	0.65	0.65	0.65	0.55	0.55	0.55	0.55

表 8-2b 规则框架承受倒三角形分布水平力作用时标准反弯点的高度比 η_0值

n	i \ γ_i	0.1	0.2	0.3	0.4	0.5	0.6	0.7	0.8	0.9	1.0	2.0	3.0	4.0	5.0
1	1	0.80	0.75	0.70	0.65	0.65	0.60	0.60	0.60	0.60	0.55	0.55	0.55	0.55	0.55
2	2	0.50	0.45	0.40	0.40	0.40	0.40	0.40	0.40	0.40	0.45	0.45	0.45	0.45	0.50
	1	1.00	0.85	0.75	0.70	0.70	0.65	0.65	0.65	0.60	0.60	0.55	0.55	0.55	0.55
3	3	0.25	0.25	0.25	0.30	0.30	0.35	0.35	0.35	0.40	0.40	0.45	0.45	0.45	0.50
	2	0.60	0.50	0.50	0.50	0.50	0.45	0.45	0.45	0.45	0.45	0.50	0.50	0.50	0.50
	1	1.15	0.90	0.80	0.75	0.75	0.70	0.70	0.65	0.65	0.65	0.60	0.55	0.55	0.55
4	4	0.10	0.15	0.20	0.25	0.30	0.30	0.35	0.35	0.35	0.40	0.45	0.45	0.45	0.45
	3	0.35	0.35	0.35	0.40	0.40	0.40	0.40	0.45	0.45	0.45	0.45	0.50	0.50	0.50
	2	0.70	0.60	0.55	0.50	0.50	0.50	0.50	0.50	0.50	0.50	0.50	0.50	0.50	0.50
	1	1.20	0.95	0.85	0.80	0.75	0.70	0.70	0.70	0.65	0.65	0.55	0.55	0.55	0.55

续表 8-2b

n	i \ γ_i	0.1	0.2	0.3	0.4	0.5	0.6	0.7	0.8	0.9	1.0	2.0	3.0	4.0	5.0
5	5	−0.5	0.10	0.20	0.25	0.30	0.30	0.35	0.35	0.35	0.35	0.40	0.45	0.45	0.45
	4	0.20	0.25	0.35	0.35	0.40	0.40	0.40	0.40	0.40	0.45	0.45	0.50	0.50	0.50
	3	0.45	0.40	0.45	0.45	0.45	0.45	0.45	0.45	0.45	0.45	0.50	0.50	0.50	0.50
	2	0.75	0.60	0.55	0.55	0.50	0.50	0.50	0.50	0.50	0.50	0.50	0.50	0.50	0.50
	1	1.30	1.00	0.85	0.80	0.75	0.70	0.70	0.65	0.65	0.65	0.65	0.55	0.55	0.55
6	6	−0.15	0.05	0.15	0.20	0.25	0.30	0.30	0.35	0.35	0.35	0.40	0.45	0.45	0.45
	5	0.10	0.25	0.30	0.35	0.35	0.40	0.40	0.40	0.45	0.45	0.45	0.50	0.50	0.50
	4	0.30	0.35	0.40	0.40	0.45	0.45	0.45	0.45	0.45	0.45	0.50	0.50	0.50	0.50
	3	0.50	0.45	0.45	0.45	0.45	0.45	0.45	0.45	0.45	0.50	0.50	0.50	0.50	0.50
	2	0.80	0.65	0.55	0.55	0.55	0.50	0.50	0.50	0.50	0.50	0.50	0.50	0.50	0.50
	1	1.30	1.00	0.85	0.80	0.75	0.70	0.70	0.65	0.65	0.65	0.60	0.55	0.55	0.55
7	7	−0.20	0.05	0.15	0.20	0.25	0.30	0.30	0.35	0.35	0.35	0.45	0.45	0.45	0.45
	6	0.05	0.20	0.30	0.35	0.35	0.40	0.40	0.40	0.40	0.45	0.45	0.50	0.50	0.50
	5	0.20	0.30	0.35	0.40	0.40	0.45	0.45	0.45	0.45	0.45	0.50	0.50	0.50	0.50
	4	0.35	0.40	0.40	0.45	0.45	0.45	0.45	0.45	0.45	0.45	0.50	0.50	0.50	0.50
	3	0.55	0.50	0.50	0.50	0.50	0.50	0.50	0.50	0.50	0.50	0.50	0.50	0.50	0.50
	2	0.80	0.65	0.60	0.55	0.55	0.55	0.50	0.50	0.50	0.50	0.50	0.50	0.50	0.50
	1	1.30	1.00	0.90	0.80	0.75	0.70	0.70	0.70	0.65	0.65	0.60	0.55	0.55	0.55
8	8	−0.20	0.05	0.15	0.20	0.25	0.30	0.30	0.35	0.35	0.35	0.45	0.45	0.45	0.45
	7	0.00	0.20	0.30	0.35	0.35	0.40	0.40	0.40	0.40	0.45	0.45	0.50	0.50	0.50
	6	0.15	0.30	0.35	0.40	0.40	0.45	0.45	0.45	0.45	0.45	0.50	0.50	0.50	0.50
	5	0.30	0.40	0.40	0.45	0.45	0.45	0.45	0.45	0.45	0.45	0.50	0.50	0.50	0.50
	4	0.40	0.45	0.45	0.45	0.45	0.45	0.45	0.50	0.50	0.50	0.50	0.50	0.50	0.50
	3	0.60	0.50	0.50	0.50	0.50	0.50	0.50	0.50	0.50	0.50	0.50	0.50	0.50	0.50
	2	0.85	0.65	0.60	0.55	0.55	0.55	0.50	0.50	0.50	0.50	0.50	0.50	0.50	0.50
	1	1.30	1.00	0.90	0.80	0.75	0.70	0.70	0.70	0.65	0.65	0.60	0.55	0.55	0.55
9	9	−0.25	0.00	0.15	0.20	0.25	0.30	0.30	0.35	0.35	0.40	0.45	0.45	0.45	0.45
	8	0.00	0.20	0.30	0.35	0.35	0.40	0.40	0.40	0.40	0.45	0.45	0.50	0.50	0.50
	7	0.15	0.30	0.35	0.40	0.40	0.45	0.45	0.45	0.45	0.45	0.50	0.50	0.50	0.50
	6	0.25	0.35	0.40	0.40	0.45	0.45	0.45	0.45	0.45	0.50	0.50	0.50	0.50	0.50
	5	0.35	0.40	0.45	0.45	0.45	0.45	0.45	0.45	0.50	0.50	0.50	0.50	0.50	0.50
	4	0.45	0.45	0.45	0.45	0.45	0.50	0.50	0.50	0.50	0.50	0.50	0.50	0.50	0.50
	3	0.60	0.50	0.50	0.50	0.50	0.50	0.50	0.50	0.50	0.50	0.50	0.50	0.50	0.50
	2	0.85	0.65	0.60	0.55	0.55	0.55	0.55	0.50	0.50	0.50	0.50	0.50	0.50	0.50
	1	1.35	1.00	0.90	0.80	0.75	0.75	0.70	0.70	0.65	0.65	0.60	0.55	0.55	0.55

续表 8-2b

n	i \ γ_i	0.1	0.2	0.3	0.4	0.5	0.6	0.7	0.8	0.9	1.0	2.0	3.0	4.0	5.0
10	10	-0.25	0.00	0.15	0.20	0.25	0.30	0.30	0.35	0.35	0.40	0.45	0.45	0.45	0.45
	9	-0.10	0.20	0.30	0.35	0.35	0.40	0.40	0.40	0.40	0.45	0.45	0.50	0.50	0.50
	8	0.10	0.30	0.35	0.40	0.40	0.40	0.45	0.45	0.45	0.45	0.50	0.50	0.50	0.50
	7	0.20	0.35	0.40	0.40	0.45	0.45	0.45	0.45	0.45	0.50	0.50	0.50	0.50	0.50
	6	0.30	0.40	0.40	0.45	0.45	0.45	0.45	0.45	0.45	0.50	0.50	0.50	0.50	0.50
	5	0.40	0.45	0.45	0.45	0.45	0.45	0.45	0.50	0.50	0.50	0.50	0.50	0.50	0.50
	4	0.50	0.45	0.45	0.45	0.50	0.50	0.50	0.50	0.50	0.50	0.50	0.50	0.50	0.50
	3	0.60	0.55	0.50	0.50	0.50	0.50	0.50	0.50	0.50	0.50	0.50	0.50	0.50	0.50
	2	0.85	0.65	0.60	0.55	0.55	0.55	0.55	0.50	0.50	0.50	0.50	0.50	0.50	0.50
	1	1.35	1.00	0.90	0.80	0.75	0.75	0.70	0.70	0.65	0.65	0.60	0.55	0.55	0.55
11	11	-0.25	0.00	0.15	0.20	0.25	0.30	0.30	0.30	0.35	0.35	0.45	0.45	0.45	0.45
	10	-0.05	0.20	0.25	0.30	0.35	0.40	0.40	0.40	0.40	0.45	0.45	0.50	0.50	0.50
	9	0.10	0.30	0.35	0.40	0.40	0.40	0.45	0.45	0.45	0.45	0.50	0.50	0.50	0.50
	8	0.20	0.35	0.40	0.40	0.45	0.45	0.45	0.45	0.45	0.45	0.50	0.50	0.50	0.50
	7	0.25	0.40	0.40	0.45	0.45	0.45	0.45	0.45	0.45	0.50	0.50	0.50	0.50	0.50
	6	0.35	0.40	0.45	0.45	0.45	0.45	0.45	0.50	0.50	0.50	0.50	0.50	0.50	0.50
	5	0.40	0.45	0.45	0.45	0.45	0.50	0.50	0.50	0.50	0.50	0.50	0.50	0.50	0.50
	4	0.50	0.50	0.50	0.50	0.50	0.50	0.50	0.50	0.50	0.50	0.50	0.50	0.50	0.50
	3	0.65	0.55	0.50	0.50	0.50	0.50	0.50	0.50	0.50	0.50	0.50	0.50	0.50	0.50
	2	0.85	0.65	0.60	0.55	0.55	0.55	0.55	0.50	0.50	0.50	0.50	0.50	0.50	0.50
	1	1.35	1.05	0.90	0.80	0.75	0.75	0.70	0.70	0.65	0.65	0.60	0.55	0.55	0.55
12以上	↓1	-0.30	0.00	0.15	0.20	0.25	0.30	0.30	0.30	0.35	0.35	0.40	0.45	0.45	0.45
	2	-0.10	0.20	0.25	0.30	0.35	0.40	0.40	0.40	0.40	0.40	0.45	0.45	0.45	0.50
	3	0.05	0.25	0.35	0.40	0.40	0.40	0.45	0.45	0.45	0.45	0.45	0.50	0.50	0.50
	4	0.15	0.30	0.40	0.40	0.45	0.45	0.45	0.45	0.45	0.45	0.45	0.50	0.50	0.50
	5	0.25	0.35	0.50	0.45	0.45	0.45	0.45	0.45	0.45	0.45	0.50	0.50	0.50	0.50
	6	0.30	0.40	0.50	0.45	0.45	0.45	0.45	0.50	0.50	0.50	0.50	0.50	0.50	0.50
	7	0.35	0.40	0.55	0.45	0.45	0.45	0.50	0.50	0.50	0.50	0.50	0.50	0.50	0.50
	8	0.35	0.45	0.55	0.45	0.50	0.50	0.50	0.50	0.50	0.50	0.50	0.50	0.50	0.50
	中间	0.45	0.45	0.55	0.45	0.50	0.50	0.50	0.50	0.50	0.50	0.50	0.50	0.50	0.50
	4	0.55	0.50	0.50	0.50	0.50	0.50	0.50	0.50	0.50	0.50	0.50	0.50	0.50	0.50
	3	0.65	0.55	0.50	0.50	0.50	0.50	0.50	0.50	0.50	0.50	0.50	0.50	0.50	0.50
	2	0.70	0.70	0.60	0.55	0.55	0.55	0.55	0.50	0.50	0.50	0.50	0.50	0.50	0.50
	↑1	1.35	1.05	0.90	0.80	0.75	0.70	0.70	0.70	0.65	0.65	0.60	0.55	0.55	0.55

2．上、下层梁刚度变化时反弯点高度比的修正值 η_1

假定 η_1 值按图 8-16 所示各层柱承受等剪力的条件下求得。修正方法是在标准反弯点处 s_0 向上或向下移动 $s_{1i}=\eta_1\ h_i$。η_1 值随 β_1 和 γ_i 两个参数而定（表 8-3）。当 $\beta_1>1$ 时，可用 β_1 值的倒数查表 8-3，此时，取 η_1 负号，即修正点在标准反弯点之下。

表 8-3　上下层横梁线刚度比对 η_0 的修正值 η_1

β_3 \ γ_i	0.1	0.2	0.3	0.4	0.5	0.6	0.7	0.8	0.9	1.0	2.0	3.0	4.0	5.0
0.4	0.55	0.40	0.30	0.25	0.20	0.20	0.20	0.15	0.15	0.15	0.05	0.05	0.05	0.05
0.5	0.45	0.30	0.20	0.20	0.15	0.15	0.15	0.10	0.10	0.10	0.05	0.05	0.05	0.05
0.6	0.30	0.20	0.15	0.15	0.10	0.10	0.10	0.10	0.05	0.05	0.05	0.05	0	0
0.7	0.20	0.15	0.10	0.10	0.10	0.10	0.05	0.05	0.05	0.05	0.05	0	0	0
0.8	0.15	0.10	0.05	0.05	0.05	0.05	0.05	0.05	0.05	0	0	0	0	0
0.9	0.05	0.05	0.05	0.05	0	0	0	0	0	0	0	0	0	0
1.0	0	0	0	0	0	0	0	0	0	0	0	0	0	0

注：β_1——上、下梁线刚度之比。对于底层柱，不考虑 β_3 值的影响。

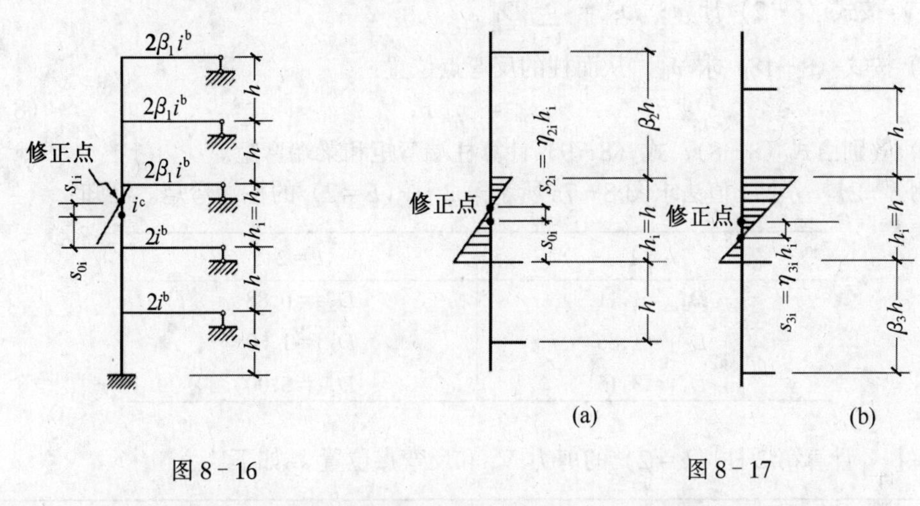

图 8-16　　　　图 8-17

3. 上、下层层高变化时的修正值 η_2（图 8-17a）和 η_3（图 8-17b）

η_2 和 η_3 值由表 8-4 查出，它们也是按各层柱承受等剪力的条件下求得的。

表 8-4　上、下层层高变化对 η_0 的修正值 η_2 和 η_3

β_2	β_3 \ γ_i	0.1	0.2	0.3	0.4	0.5	0.6	0.7	0.8	0.9	1.0	2.0	3.0	4.0	5.0
2.0		0.25	0.15	0.15	0.10	0.10	0.10	0.10	0.10	0.05	0.05	0.05	0.05	0.00	0.00
1.8		0.20	0.15	0.10	0.10	0.10	0.05	0.05	0.05	0.05	0.05	0.05	0.00	0.00	0.00
1.6	0.4	0.15	0.10	0.10	0.05	0.05	0.05	0.05	0.05	0.05	0.05	0.00	0.00	0.00	0.00
1.4	0.6	0.10	0.05	0.05	0.05	0.05	0.05	0.05	0.05	0.05	0.00	0.00	0.00	0.00	0.00
1.2	0.8	0.05	0.05	0.05	0.00	0.00	0.00	0.00	0.00	0.00	0.00	0.00	0.00	0.00	0.00
1.0	1.0	0.00	0.00	0.00	0.00	0.00	0.00	0.00	0.00	0.00	0.00	0.00	0.00	0.00	0.00
0.8	1.2	−0.05	−0.05	−0.05	0.00	0.00	0.00	0.00	0.00	0.00	0.00	0.00	0.00	0.00	0.00
0.6	1.4	−0.10	−0.05	−0.05	−0.05	−0.05	−0.05	−0.05	−0.05	−0.05	0.00	0.00	0.00	0.00	0.00
0.4	1.6	−0.15	−0.10	−0.10	−0.05	−0.05	−0.05	−0.05	−0.05	−0.05	−0.05	0.00	0.00	0.00	0.00
	1.8	−0.20	−0.15	−0.10	−0.10	−0.10	−0.05	−0.05	−0.05	−0.05	−0.05	−0.05	0.00	0.00	0.00
	2.0	0.25	−0.15	−0.15	−0.10	−0.10	−0.10	−0.10	−0.10	−0.05	−0.05	−0.05	−0.05	0.00	0.00

注：表中“-”号表示修正点在标准反弯点之下；当 $\beta_2 = 0$ 时，不考虑 η_{2i} 值。

综上所述，各层柱反弯点高度比 η_i为：

$$\eta_{ik} = \eta_0 + \eta_1 + \eta_2 + \eta_3 = \sum_{j=0}^{3} \eta_j \tag{8-18}$$

4.D 值法的计算步骤

（1）分别按表 8-1 计算 α_i，并代入式（8-10）求 D_{ik}或 D_{ik}^*；

（2）仿式（8-5）求各柱剪力：

$$V_{ik} = \frac{D_{ik}}{D_i} V_i \tag{8-19a}$$

或

$$V_{ik} = \frac{D_{ik}^*}{D_i^*} V_i \tag{8-19b}$$

式中，V_i 按式（8-2）计算；$D_i^* = \sum_{k=1}^{m} D_{ik}^*$。

（3）按式（8-18）求 η_{ik}，从而柱的反弯点位置：

$$s_{ik} = \eta_{ik} h_i \tag{8-20}$$

（4）分别由式（8-8）、式（8-9）计算柱端弯矩和梁端弯矩。

【例 8-2】 用 D 值法求图 8-7a 所示第 2 柱（$k=2$）的柱端弯矩。已知：

$k=1$	$k=2$
$D_{31}^*=1.11$	$D_{33}^*=0.88$
$D_{21}^*=1.86$	$D_{23}^*=1.60$
$D_{11}^*=3.15$	$D_{13}^*=3.00$

【解】 计算第 2 柱（$k=2$）的剪力 V_{i2}和反弯点位置 s_{i2}如下：

层第i	$k=2$	
	V_{ik}值	s_{ik}值
3	由式(8-11b)：$\gamma_3=(7.5+12+10+16)/(2\times2)=11.38$ 由式(8-11a)：$\alpha_3=11.38/(2+11.38)=0.85$ $\alpha_3^*=(4/4.5)^2\times0.85=0.67$ 由式(8-10b)：$D_{32}^*=0.67\times2=1.34$ 由式(8-19b)：$V_{32}=1.34\times8/(1.11+1.34+0.88)$ $=3.22\,\text{kN}$	由 $\gamma_3=11.38$ 查表 8-2a：$\eta_0=0.45$ 因为 $\beta_1=(7.5+12)/(10+16)$ $=0.67$ 查表 8-3：$\eta_1=0$ 因 $\beta_1=0$，由表 8-4 注：$\eta_2=0$ 因 $\beta_3=5/4.5=1.11$，查表 8-4：$\eta_3=0$ 由式(8-18)：$\eta_{32}=0.45+0+0+0=0.45$ 由式(8-20)：$s_{32}=0.45\times4.5=2.03\,\text{m}$
2	$\gamma_2=(10+16+10+16)/(2\times4)=6.5$ $\alpha_2=6.5/(2+6.5)=0.76$ $D'_{22}=0.76\times4=3.04$ $V_{22}=3.04(8+17)/(1.86+3.04+1.6)=11.69\,\text{kN}$	$\eta_0=0.50$，$\eta_1=0$，$\eta_2=0$，$\eta_3=0$ → $\eta_{22}=0.50$ $s_{22}=0.50\times5=2.50\,\text{m}$

续上表

层第i	k=2	
	V_{ik}值	s_{ik}值
1	由式(8-12b)：$\gamma_1=(10+16)/6=4.33$ 由式(8-12a)：$\alpha_1=(0.5+4.33)/(2+4.33)=0.76$ $D'_{12}=0.76\times6=4.56$ $V_{12}=4.56(8+17+20)/(3.15+4.56+3)$ $=19.16\ \text{kN}$	$\eta_0=0.55$ $\eta_1=0$ $\eta_2=0$ η_3(不考虑) $\eta_{12}=0.55$ $s_{12}=0.55\times6=3.30\ \text{m}$

从而，第2柱（$k=2$）的各层柱端弯矩由式（8-8b）计算：

$k=3\quad M_{8,11}=3.22\times2.03=6.54\ \text{kN·m},\quad M_{11,8}=3.22(4.5-2.03)=7.95\ \text{kN·m}$

$k=2\quad M_{5,8}=11.69\times2.5=29.23\ \text{kN·m},\quad M_{8,5}=11.69(5-2.5)=29.23\ \text{kN·m}$

$k=1\quad M_{2,5}=19.16\times3.3=63.23\ \text{kN·m},\quad M_{5,2}=19.16(6-3.3)=51.73\ \text{kN·m}$

习题 8-1　用D值法求图8-7a第3柱（$k=3$）的柱端弯矩；并根据例8-2的结果，求框架梁的弯矩$M_{8,7}$、$M_{8,9}$。

8.2　水平力作用下框架侧移

侧移控制包括两个内容：顶点最大侧移值u_n和层间相对侧移值Δu_i。若前者过大，将影响使用；若后者过大，将会使填充墙开裂。

框架侧移是由梁柱弯曲（图8-18a）和由柱轴向受力（图8-18b）两部分所引起的侧移之和，即

$$u_i=u_i^V+u_i^N\quad(i=1,2,\cdots,n)\tag{8-21}$$

式中　u_i^V、u_i^N——分别由剪力、轴力引起的侧移。

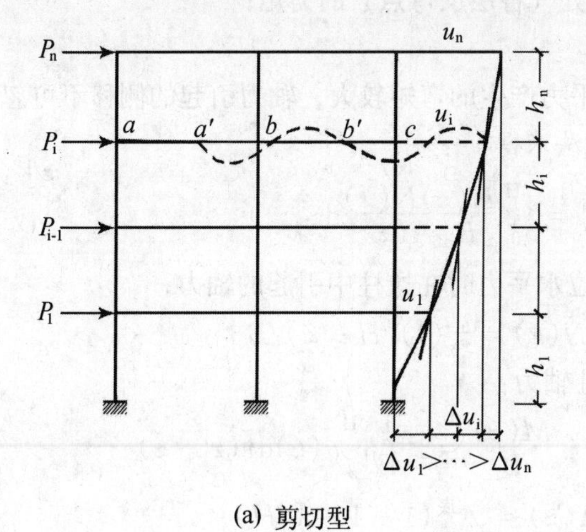

(a) 剪切型

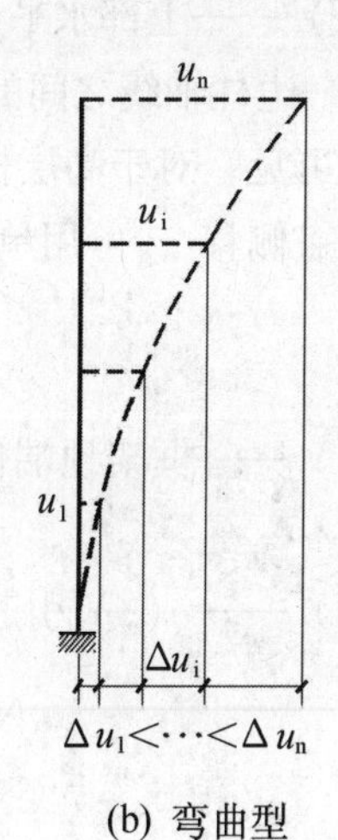

(b) 弯曲型

图8-18

8.2.1 梁柱弯曲产生的侧移

图 8-18a 所示，框架侧移曲线呈剪切型（由框架剪力引起），侧移后的框架外形犹如一悬臂杆产生的剪切变形（图 8-1b）。利用前面的 D 值，可计算框架各层的绝对侧移：

$$u_{\mathrm{i}}^{\mathrm{V}} = \sum_{1}^{i} \Delta u_{\mathrm{i}}^{\mathrm{V}} \quad (i = 1,2,\cdots,n) \tag{8-22}$$

式中 $\Delta u_{\mathrm{i}}^{\mathrm{V}}$——第 i 层的相对侧移。

$$\Delta u_{\mathrm{i}}^{\mathrm{V}} = \frac{V_{\mathrm{ik}}}{D_{\mathrm{ik}}} \tag{8-23a}$$

或

$$\Delta u_{\mathrm{i}}^{\mathrm{V}} = \frac{V_{\mathrm{i}}}{D_{\mathrm{i}}} \tag{8-23b}$$

【例 8-3】 借用例 8-2 的结果，求图 8-7a 框架的侧移。

【解】

$$u_1^{\mathrm{V}} = \Delta u_1^{\mathrm{V}} = \frac{19.16}{4.56 \times 12/6^2} = 12.61$$

$$u_2^{\mathrm{V}} = u_1^{\mathrm{V}} + \Delta u_2^{\mathrm{V}} = 12.61 + \frac{11.69}{3.04 \times 12/5^2} = 20.62$$

$$u_3^{\mathrm{V}} = u_2^{\mathrm{V}} + \Delta u_3^{\mathrm{V}} = 20.62 + \frac{3.22}{1.34 \times 12/4^2} = 23.82$$

侧移曲线见图 8-7c。由图可见，剪力 V_{ik}引起的框架侧移曲线呈剪切型。

8.2.2 柱轴向变形产生的侧移

水平力作用下的框架（图 8-19），边柱轴力（一拉一压）较大，中柱轴力较小或为0。从而，边柱的轴力可由下式近似求得：

$$N(z) = \pm M(z)/B \tag{8-24}$$

式中 $M(z)$ ——上部水平力对 z 处（各层反弯点）的力矩；

B——边柱轴线之间的距离。

由上式可见，对于高层框架水平力产生的弯矩较大，轴力引起的侧移不可忽略。

框架顶点侧移 $u_{\mathrm{n}}^{\mathrm{N}}$可用单位荷载法求得：

$$u_{\mathrm{n}}^{\mathrm{N}} = \int_0^{\mathrm{H}} \frac{\overline{N}(z)N(z)}{E_{\mathrm{h}}A(z)}\mathrm{d}z \tag{a}$$

式中 $\overline{N}(z)$ ——框架顶端作用单位水平力时在边柱中引起的轴力；

$$\overline{N}(z) = \pm (1)(H - z)/B \tag{b}$$

$N(z)$ ——$q(z)$ 引起的边柱轴力：

$$N(z) = \pm \frac{M(z)}{B} = \pm \frac{1}{B}\int_z^{\mathrm{H}} q(z)\mathrm{d}\tau(\tau - z) \tag{c}$$

$$A(z) = A^{底}(1 - 1 - \lambda/H) \tag{d}$$

λ——顶层与底层边柱截面面积之比：

$$\lambda = A^{顶}/A^{底} \tag{e}$$

将式（b）、式（c）、式（d）代入式（a）：

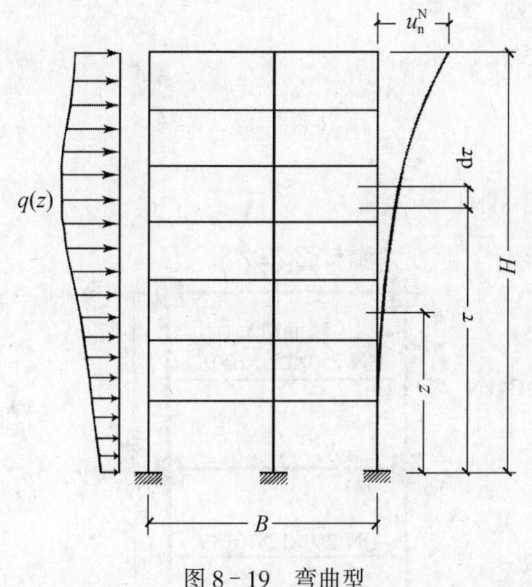

图 8-19　弯曲型

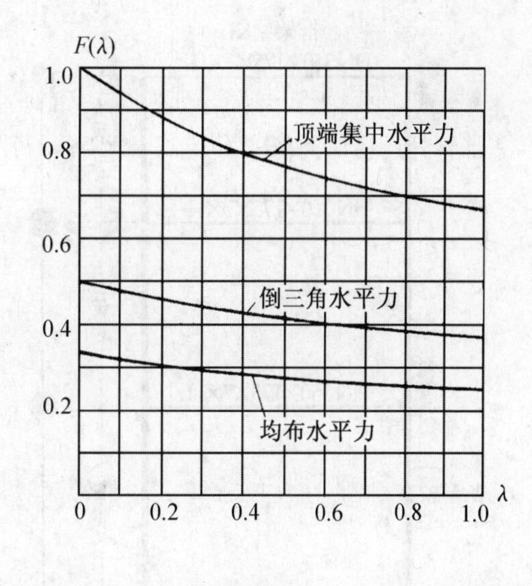

图 8-20

$$u_n^N = \frac{1}{E_h B^2 A^{底}} \int_0^H \frac{H-z}{\left(1-\frac{1-\lambda}{H}z\right)} \int_z^H q(z)(\tau - z)\mathrm{d}\tau \mathrm{d}z$$

均布水平力时，$q(z)$ = 常数 = q，上式变成：

$$u_n^N = \frac{q}{E_h B^2 A^{底}} \int_0^H \frac{H-z}{\left(1-\frac{1-\lambda}{H}z\right)} \int_z^H (\tau - z)\mathrm{d}\tau \mathrm{d}z$$

$$= \frac{q}{2E_h B^2 A^{底}} \int_0^H \frac{(H-z)^3}{\left(1-\frac{1-\lambda}{H}z\right)} \mathrm{d}z \tag{f}$$

上式积分项内之值与 λ 有关，经过整理简化，并考虑到三种水平力的影响，式(f)可写成：

$$u_n^N = \frac{V_0 H^3}{EB^2 A^{底}} F(\lambda) \tag{8-25}$$

式中　$F(\lambda)$ ——由图 8-20 查得；

V_0——作用在房屋上的水平力之和：$V_0 = qH$。

【例 8-4】　某三层抗震房屋采用钢框架体系（图 8-21）。已知：框架钢材 Q235（$E=206\times10^6$ kN/m^2），屋盖和楼板用第 3 代压型钢板上现浇混凝土（板厚 $h=110$ mm，C25：重力密度 24 kN/m^3），框架钢梁上砌轻质墙体（重力密度 16 kN/m^3），用近似公式（7-43a）求结构体系的自振周期 T_1。

【解】　按式（7-39）计算体系各层质点的重力荷载代表值，如图 8-21 所示。框架柱：□250×8，$I^c = 7566.92\ \mathrm{cm}^4 = 75.6692\times10^{-6}\ \mathrm{m}^4$。

线刚度：　第 1 层　$i_1^c = 206\times10^6\times75.6692\times10^{-6}/5 = 3117.571$ kN·m

第 2 层　$i_2^c = 206\times75.6692/4 = 3896.964$ kN·m

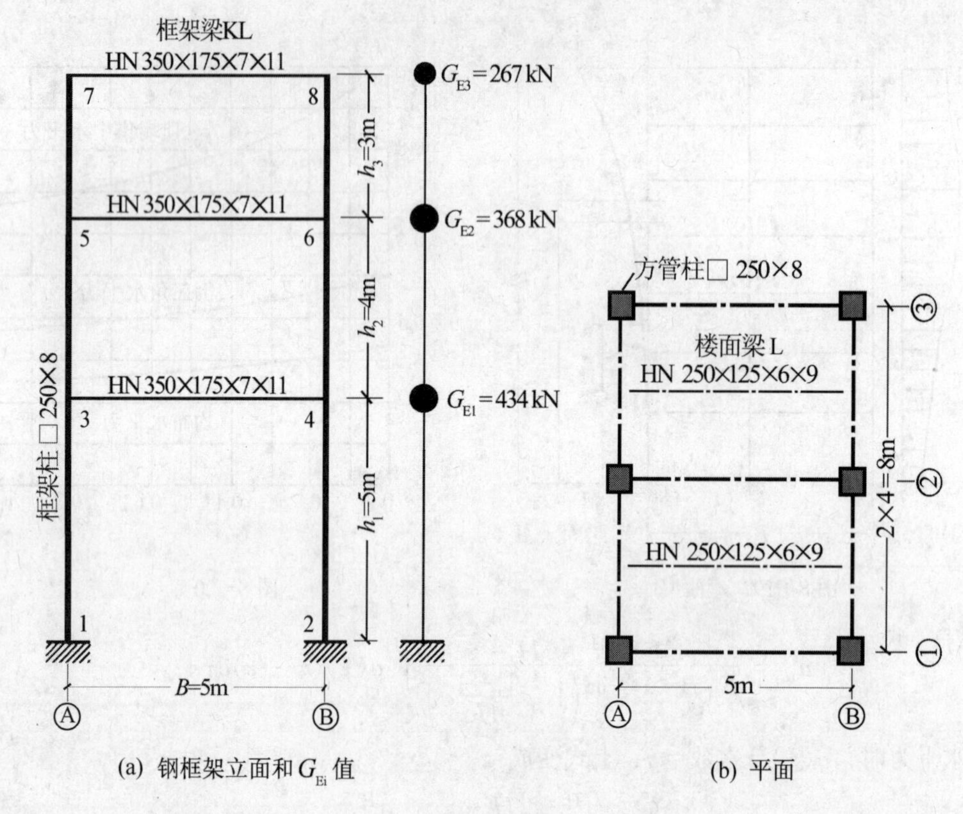

(a) 钢框架立面和 G_{Ei} 值　　　　(b) 平面

图 8-21

第 3 层　$i_3^c = 3896.964 \times 4/3 = 5195.952$ kN·m

框架梁　　HN350×175×7×11，$I_s = 13700\ \text{cm}^4 = 137 \times 10^{-6}\ \text{m}^4$

由式（8-13）：$I^b = 1.5I_s = 1.5 \times 137 \times 10^{-6} = 205.5 \times 10^{-6}\ \text{m}^4$（两侧有楼板）

$I^b = 1.2I_s = 164.4 \times 10^{-6}\ \text{m}^4$（一侧有楼板）

相应的框架梁的线刚度：$i^b = 206 \times 10^6 \times 205.5 \times 10^{-6}/5 = 8466.6$ kN·m

$i^b = 6773.280$ kN·m

系数 γ_i 和 α_i 由表 8-1 计算：

$$i=3 \quad \gamma_3 = \frac{2 \times 8467}{2 \times 5195.952} = 1.63,\ \alpha_3 = \frac{\gamma_i}{2+\gamma_i} = \frac{1.63}{2+1.63} = 0.449$$

$$\gamma_3 = \frac{2 \times 6773}{2 \times 5195.952} = 1.30,\ \alpha_3 = \frac{1.3}{2+1.3} = 0.394$$

$$i=2 \quad \gamma_2 = \frac{2 \times 8467}{2 \times 3896.964} = 2.173,\ \alpha_2 = \frac{2.173}{2+2.173} = 0.521$$

$$\gamma_2 = \frac{2 \times 6773}{2 \times 3896.964} = 1.738,\ \alpha_2 = \frac{1.738}{2+1.738} = 0.465$$

$$i=1 \quad \gamma_1 = \frac{8467}{3117.571} = 2.716,\quad \alpha_1 = \frac{0.5+2.716}{2+2.716} = 0.682$$

$$\gamma_1 = \frac{6773}{3117.571} = 2.173,\quad \alpha_1 = \frac{0.5+2.173}{2+2.173} = 0.641$$

i	h_i (m)	$I^b=kI_s$ (10^{-6} m^4)		$i^b=EI^b/B$ (10^3 kN·m)	$i^c=EI^c/h_i$ (kN·m)	$\beta_i=12i^c/h_i^2$ (10^3 kN/m)	γ_i	α_i	单柱：$D_{is}=\alpha_i\beta_i$ (10^3 kN/m)
3	3	$k=1.5$	205.500	8.467	5195.952	6.928	1.63	0.449	3.111
		$k=1.2$	164.400	6.773			1.30	0.394	2.730
2	4	$k=1.5$	205.500	8.467	3896.964	2.923	2.173	0.521	1.523
		$k=1.2$	164.400	6.773			1.738	0.465	1.359
1	5	$k=1.5$	205.500	8.467	3117.571	1.496	2.716	0.682	1.020
		$k=1.2$	164.400	6.773			2.173	0.641	0.959

$$i=3 \quad \beta_3=\frac{12\times5195.952}{3^2}=6927.936\ \text{kN/m}=6928\times10^3\ \text{kN/m}$$

$$i=2 \quad \beta_2=\frac{12\times3896.964}{4^2}=2922.723\ \text{kN/m}=2.923\times10^3\ \text{kN/m}$$

$$i=1 \quad \beta_1=\frac{12\times3117.571}{5^2}=1496.434\ \text{kN/m}=1.496\times10^3\ \text{kN/m}$$

i	G_{Ei} (kN)	$\sum G_{Ei}$ (kN)	层间刚度 D_i (10^3 kN/m)	层间位移 $\Delta u_{Ti}=\sum G_{Ei}/D_i$ (m)	假想楼层位移 $u_{Ti}=\sum\Delta u_{Ti}$ (m)
3	267	267	17.122	0.016	0.273
2	368	635	8.482	0.075	0.257
1	434	1069	5.876	0.182	0.182

$$D_3=(2\times3.111+4\times2.730\times10^3)=17.122\times10^3\ \text{kN/m}$$

$$D_2=(2\times1.523+4\times1.359\times10^3)=8.482\times10^3\ \text{kN/m}$$

$$D_1=(2\times1.020+4\times0.959\times10^3)=5.876\times10^3\ \text{kN/m}$$

由顶点位移法近似公式（7－43a）求基本自振周期：

$$T_1=1.7\xi_T\sqrt{u_n}$$

$$=1.7\times0.9\sqrt{0.273}=0.8\ \text{s}$$

习题 8－2　已知设防烈度 8 度，Ⅱ类场地土，求图 8－21 体系的顶点侧移 u_n和中框架第 2 层柱的端弯矩 M_{35}^c、M_{53}^c。

8.3　竖向荷载作用下的框架内力

竖向荷载作用下，框架（图 8－22a）的侧移较小，计算内力时，通常按无侧移框架处理（图 8－22b，图上圆括号中的数值代表框架梁、柱的相对线刚度），即假定框架各结点只产生角位移。这种框架的进一步简化计算是采用分层法，即将 n 层框架分为 n 个单层无侧移敞口框架单元（图 8－22c），每个单元只承受所在层的竖向荷载，用弯矩分配法分析之。

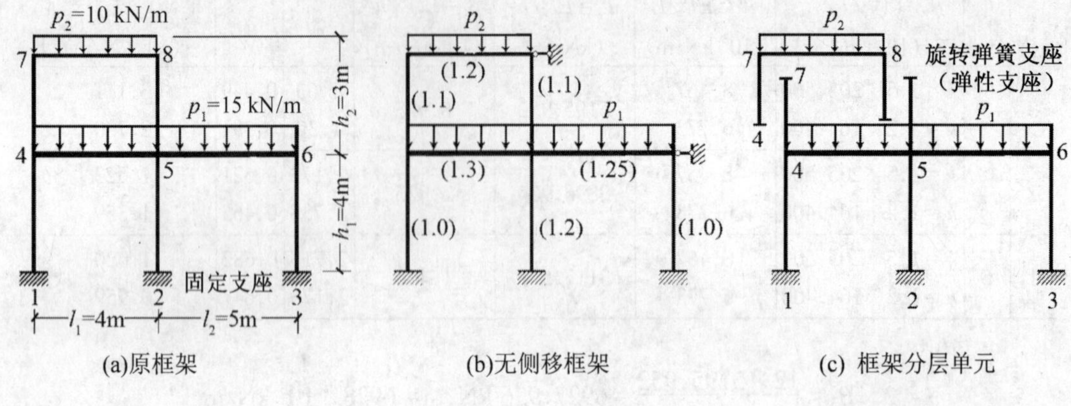

图 8－22　框架分层

8.3.1　弯矩分配法引例

由建筑力学知，杆件的刚度调整系数 α_s和弯矩传递系数 α_d列于表 8－5。

表 8－5

系数＼杆远端	固定铰支座	旋转弹簧支座	固定支座
α_s	3/4＝0.75	0.9	1
α_d	0	1/3	1/2

弯矩分配法举例：假定各杆抗弯刚度均为 EI，对于图 8－23a 所示框架，可计算交于结点 b 各杆的弯矩分配系数为：

$$\mu_{ba}=0 \quad (\text{因放松结点 } b \text{ 时,悬臂杆 } ab \text{ 毫无抵抗能力})$$

$$\mu_{bd}=1.125/(1.0+1.125)=0.53$$

$$\mu_{bc}=1.0/(1.0+1.125)=0.47$$

固端弯矩：

$$M_{ba}^{F}=\frac{p_1\ l_0^2}{2}+P_1\ l_0=\frac{10\times1^2}{2}+10\times1=15\,\mathrm{kN\cdot m}$$

$$M_{bc}^{F}=-\left[\frac{p_1\ l_1^2}{12}+\frac{p_2\ l_1^2}{12}\left(1-\frac{2c}{l_1^2}+\frac{c^3}{l_1^3}\right)+\frac{P_2\ ab^2}{l_1^2}\right]$$

$$=-\left[\frac{10\times6^2}{12}+\frac{20\times6^2}{12}\left(1-\frac{2\times1}{6^2}+\frac{1^3}{6^3}\right)+\frac{30\times2\times4^2}{6^2}\right]$$

$$=-[30+56.9+26.7]=-113.6\,\mathrm{kN\cdot m}$$

$$M_{cb}^{F}=+\left[30+56.9+\frac{30\times2^2\times4}{6^2}\right]=+100.2\,\mathrm{kN\cdot m}$$

弯矩的分配和传递见图 8－23b；最后弯矩图如图 8－23c 所示。

为了简化分层单元（图 8－22c）的计算（符合力学原则），可对框架分层单元各柱远

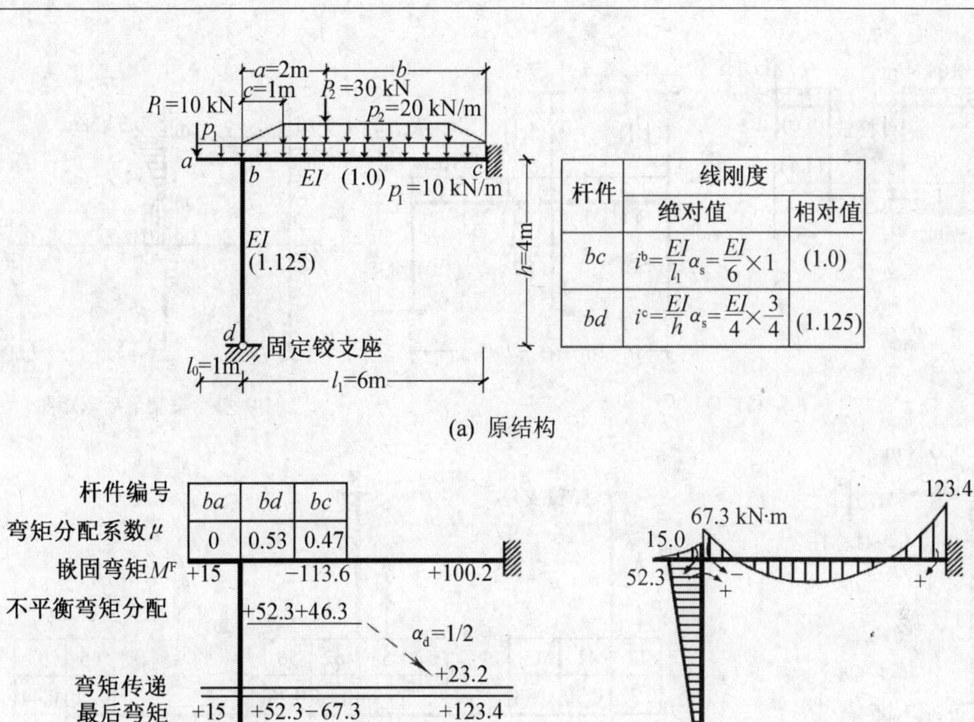

(a) 原结构

(b) 弯矩分配和传递　　　　(c) M 图

图 8-23　求框架弯矩图

端为旋转弹簧支座，采取 $\alpha_s=1$（刚度不调）和柱的 $\alpha_d=0$（弯矩不传），笔者把这种实用的简捷计算，称为柱子不调不传法。

8.3.2　柱子的不调不传法

取图 8-22c 为例，其柱的相对线刚度不调（图 8-24a）。从而，可计算各杆端的分配系数：

图 8-24a 左图：$\mu_{74}=1.1/(1.1+0.6)=0.65$；

图 8-24a 右图：$\mu_{47}=1.1/(1.1+1.3+1.0)=1.1/3.4=0.32$；

$\mu_{41}=1.0/3.4=0.30$；

$\mu_{45}=1.3/3.4=0.38$。

图 8-24b 表示框架分层单元的弯矩分配、传递计算，其中第 2 层的杆端弯矩 $M_{74}=0.65\times31.3=20.3\,\text{kN·m}$。整个框架弯矩图如图 8-24c 所示。

固端弯矩：

$$M^F_{87}=-M^F_{78}=+p_2\,l_1^2/12=+10\times4^2/12=+13.3\,\text{kN·m}$$

$$M^F_{54}=-M^F_{45}=+p_1\,l_1^2/12=+15\times4^2/12=+20.0\,\text{kN·m}$$

$$M^F_{65}=-M^F_{56}=+p_1\,l_2^2/12=+15\times5^2/12=+31.3\,\text{kN·m}$$

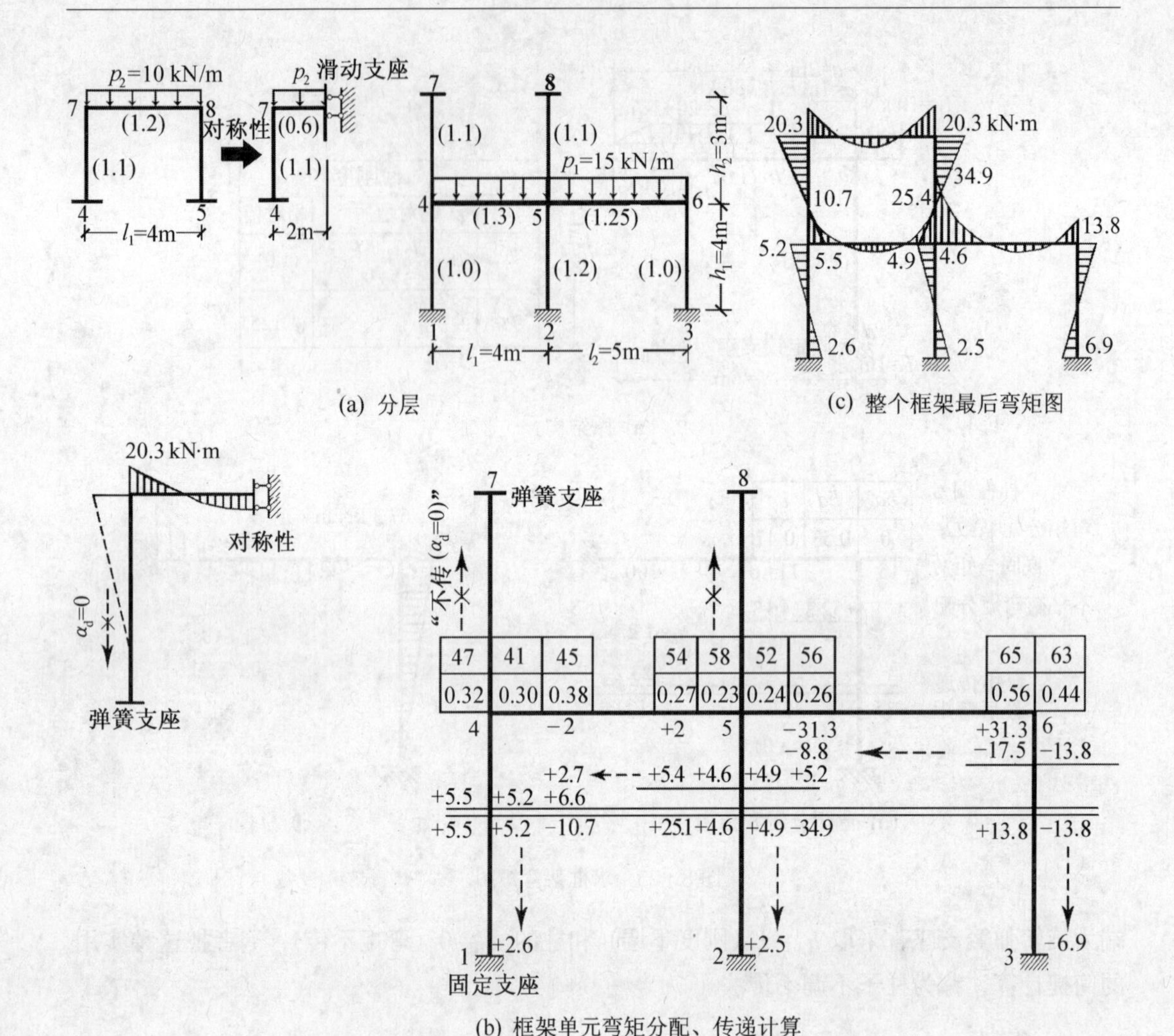

由第 2 层框架单元弯矩分配计算可得：$M_{74}=0.65\times31.3=20.3\,\text{kN·m}$

图 8-24　柱子的不调不传法

必须指出，当框架具有如下情况之一者，用分层计算的误差太大，不能满足工程精度。

①杆的线刚度：$i^b < i^c$时；

② 单跨单边外廊式框架（图 8-25）。

为了提高上述两种情况的计算精度，笔者建议：对于情况①，可取五层（由第 1 层、中间三层和顶屋（第 n 层）组成）进行弯矩分配计算；对于情况②，建议采用卡尼法分析之。

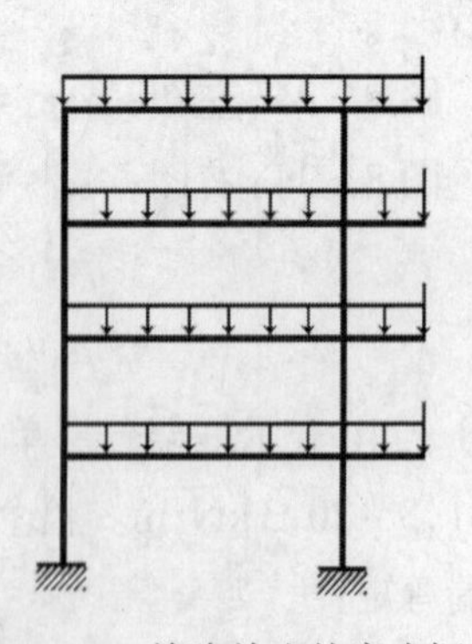

图 8-25　单跨单边外廊式框架

第 9 章　构件与结点的设计

9.1　构件设计与构造

9.1.1　框架梁

在高层建筑钢结构中，无论框架梁或仅承受重力荷载的梁，其受力状态均为单向受弯。一般采用双轴对称的轧制或焊接工字形截面。对跨度较大或受荷很大，而高度又受到限制的部位，可采用抗弯和抗扭性能较好的箱形截面梁。有些设计，考虑钢梁和混凝土楼板的共同工作，形成组合梁，可采用上小下大的翼缘不对称工字形截面，受力更为合理。

由于楼板与钢梁连接在一起，当进行高层建筑钢结构的弹性分析时，宜考虑现浇钢筋混凝土楼板与钢梁的共同工作，此时应保证楼板与钢梁间有可靠的连接。当进行弹塑性分析时，楼板可能严重开裂，不宜考虑楼板与钢梁的共同工作。

9.1.1.1　强度

梁均为在平面内受弯的实腹构件，其强度的计算包括抗弯强度和抗剪强度。

梁的抗弯强度按单向弯曲计算：

$$\frac{M_x}{\gamma_x W_{nx}} \leqslant f \tag{9-1}$$

式中　M_x——所计算构件范围内对 x 轴的最大弯矩设计值；

W_{nx}——梁对 x 轴的净截面模量；

γ_x——截面塑性发展系数，抗震设计时取 $\gamma_x = 1.0$；

f——钢材强度设计值，抗震设计时应除以承载力的抗震调整系数 γ_{RE}。

高层钢结构中的托柱梁，因柱的不连续在支承柱处造成受力状态集中，在地震作用下，由于倾覆力矩的作用，使该处出现较高的应力集中。因此，在多遇地震作用下，计算托柱梁的承载力时，其内力应乘以不小于 1.5 倍的增大系数。9 度抗震设防时不应采用梁托柱的结构形式。

梁的抗剪强度按下式计算：

$$\tau = \frac{VS}{I_x t_w} \leqslant f_v \tag{9-2}$$

框架梁端部腹板受切割削弱时，尚应按下式计算梁端部截面的抗剪强度：

$$\tau = \frac{V}{A_{wn}} \leqslant f_v \tag{9-3}$$

式中　V——计算截面沿腹板平面作用的剪力；

S——计算剪应力处以上毛截面对中和轴的面积矩；

I_x——梁对 x 轴的毛截面惯性矩；

t_w——梁腹板厚度；

A_{wn}——扣除扇形切角和螺栓孔后的腹板受剪面积；

f_v——钢材抗剪强度设计值，抗震设计时应除以承载力的抗震调整系数 γ_{RE}。

9.1.1.2 整体稳定

框架梁的整体稳定通常通过刚性铺板或侧向支撑体系加以保证，使其不需计算。铺板起阻止梁的失稳作用应满足两个条件：一是铺板在自身平面内有相当大的刚度，二是铺板与梁有可靠的连接。钢筋混凝土楼板及在压型钢板上现浇混凝土的楼板，都可视为刚性铺板。单纯由压型钢板做成的铺板，对梁的侧向弯曲和扭转的约束作用不如现浇混凝土楼板。压型钢板主要靠剪切刚度起约束作用。压型钢板在平面内的剪切刚度符合如下要求时，方可视为刚性铺板。

$$K \geqslant \left(EI_w \frac{\pi^2}{l_1^2} + GI_t + EI_y \frac{\pi^2}{l_1^2} \cdot \frac{h^2}{4}\right)\frac{70}{h^2} \tag{9-4}$$

式中 $K=\dfrac{V}{\gamma}$——压型钢板每个波槽都与梁相连时板面内的抗剪刚度，可由试验确定；

I_w、I_t、I_y——梁的翘曲常数、自由扭转常数和绕弱轴的惯性矩；

l_1、h——梁的自由长度和高度。

梁设有侧向支撑体系，并符合《钢结构设计规范（GB 50017—2003）》[4]规定的受压翼缘自由长度与其宽度之比的限值时，可不计算整体稳定。按7度及以上抗震设防的高层建筑，梁受压翼缘在支撑连接点间的长度与其宽度之比，应符合《钢结构设计规范（GB 50017—2003）》关于塑性设计时的长细比要求。在罕遇地震作用下可能出现塑性铰处，梁的上下翼缘均应设置支承点。

当不能满足刚性铺板条件，或梁的侧向支撑体系不足时，应按下式计算梁的整体稳定：

$$\frac{M_x}{\varphi_b W_x} \leqslant f \tag{9-5}$$

式中 W_x——梁受压翼缘的毛截面模量；

φ_b——梁的整体稳定系数，按《钢结构设计规范（GB 50017—2003）》的规定确定。当梁在端部仅以腹板与柱（或主梁）相连时，φ_b（或当 $\varphi_b>0.6$ 时的 φ_b'）应乘以降低系数0.85；

f——钢材强度设计值，抗震设计时应除以承载力的抗震调整系数 γ_{RE}。

9.1.1.3 板件宽厚比

在钢梁设计中，除了承载力和整体稳定问题外，为了保证梁的安全承载，还必须考虑梁的局部稳定问题。板件的局部失稳会降低构件的承载力。防止板件失稳的有效方法是限制它的宽厚比。不超过12层的框架结构，按6度设防和非抗震设计时，对板件宽厚比未提出特殊要求，可按《钢结构设计规范（GB 50017—2003）》的规定确定。抗震设计时，可以允许框架出现塑性铰。因此，抗震结构对板件的宽厚比有更严格的限制，以保证塑性变形能充分发展。框架梁板件宽厚比的限值见表9-1。

表 9 - 1　框架梁板件宽厚比限值

板件名称		抗震设防烈度			
		6 度	7 度	8 度	9 度
不超过12层	工字形截面和箱形截面翼缘外伸部分	—	11	10	9
	箱形截面翼缘在两腹板间的部分	—	36	32	30
	工字形截面和箱形截面腹板 $N/(Af)<0.37$	—	$85-120\dfrac{N}{Af}$	$80-110\dfrac{N}{Af}$	$72-100\dfrac{N}{Af}$
	$N/(Af)\geqslant0.37$		40	39	35
超过12层	工字形截面和箱形截面翼缘外伸部分	11	10	9	9
	箱形截面翼缘在两腹板间的部分	36	32	30	30
	工字形截面和箱形截面腹板	$85-120\dfrac{N}{Af}$	$80-110\dfrac{N}{Af}$	$72-100\dfrac{N}{Af}$	$72-100\dfrac{N}{Af}$

注：①N 为梁的轴向力，A 为梁的截面面积，f 为梁的钢材强度设计值；

②表列值适用于 $f_y=235\,\mathrm{N/mm^2}$ 的 Q235 钢；当钢材为其他牌号时，应乘以 $\sqrt{235/f_y}$。

9.1.2　框架柱

框架柱一般都是梁-柱构件，宜采用双轴对称截面，常用的截面形式有焊接、箱形工字形、H 形钢、圆管等。箱形截面柱与梁的连接较简单，沿两个主轴方向的刚度可以相等，受力性能较好，但加工量较大。H 形钢具有截面经济合理、加工量少以及便于连接等优点。轧制型钢虽然比较经济，但其规格尺寸有时不能满足框架柱的承载力要求，这时需要采用焊接工字形截面。

9.1.2.1　承载力计算

框架柱在压力和弯矩的作用下，双轴对称的实腹式工字形截面和箱形截面框架柱，其强度及稳定计算公式如下：

强度计算

$$\frac{N}{A_n}+\frac{M_x}{\gamma_x W_{nx}}+\frac{M_y}{\gamma_y W_{ny}}\leqslant f \tag{9-6}$$

强轴平面内稳定

$$\frac{N}{\varphi_x A}+\frac{\beta_{mx} M_x}{\gamma_x W_x\left(1-0.8\dfrac{N}{N'_{Ex}}\right)}+\eta\frac{\beta_{ty} M_y}{\varphi_{by} W_y}\leqslant f \tag{9-7}$$

弱轴平面内稳定

$$\frac{N}{\varphi_y A}+\eta\frac{\beta_{tx} M_x}{\varphi_{bx} W_x}+\frac{\beta_{my} M_y}{\gamma_y W_y\left(1-0.8\dfrac{N}{N'_{Ey}}\right)}\leqslant f \tag{9-8}$$

式中　φ_x、φ_y——对强轴 $x—x$ 和弱轴 $y—y$ 的轴心受压构件稳定系数；

φ_{bx}、φ_{by}——均匀弯曲的受弯构件整体稳定系数；

M_x、M_y——所计算构件段范围内对强轴和弱轴的最大弯矩；

N'_{Ex}、N'_{Ey}——参数，$N'_{Ex}=\pi^2 EA/(1.1\lambda_x^2)$，$N'_{Ey}=\pi^2 EA/(1.1\lambda_y^2)$；

W_x、W_y——对强轴和弱轴的毛截面模量；

β_{mx}、β_{my}——等效弯矩系数，应按《钢结构设计规范（GB 50017—2003）》第 5.2.2 条弯矩作用平面内稳定计算的有关规定采用；

β_{tx}、β_{ty}——等效弯矩系数，应按《钢结构设计规范（GB 50017—2003）》第 5.2.2

条弯矩作用平面外稳定计算的有关规定采用；

γ_x、γ_y——对强轴和弱轴的截面塑性发展系数；

N——所计算构件范围内的最大轴力；

f——钢材强度设计值，抗震设计时应除以承载力的抗震调整系数 γ_{RE}。

对于承托钢筋混凝土抗震墙及转换层下的框架柱，在进行多遇地震作用下构件承载力验算时，由地震作用产生的内力应乘以增大系数 1.5。

9.1.2.2 计算长度

在验算框架柱的稳定性时，通常采用计算长度法，即用柱的计算长度代替实际长度来考虑与柱相连构件的约束影响。等截面框架柱在框架平面内的计算长度等于该层柱的高度乘以计算长度系数 μ。框架分无支撑纯框架和有支撑框架，其中有支撑框架根据抗侧刚度的大小，分为强支撑框架和弱支撑框架。等截面框架柱在框架平面内的计算长度系数 μ，按下列规定确定。

1. 无支撑纯框架

(1) 当采用一阶弹性分析方法计算内力时，框架柱的计算长度系数 μ 按《钢结构设计规范（GB 50017—2003)》附录 D 表 D-2 有侧移框架柱的计算长度系数确定，μ 值大于 1.0。

(2) 当采用二阶弹性分析方法计算内力且在每层柱顶附加考虑公式（9-9）的假想水平力 H_{ni}时，框架柱的计算长度系数 $\mu=1.0$。

$$H_{ni}=\frac{\alpha_y Q_i}{250}\sqrt{0.2+\frac{1}{n_s}} \tag{9-9}$$

式中 Q_i——第 i 楼层的总重力荷载设计值；

n_s——框架总层数，当$\sqrt{0.2+1/n_s}>1$时，取此根号值为 1.0；

α_y——钢材强度影响系数，其值：Q235 钢为 1.0；Q345 钢为 1.1；Q390 钢为 1.2；Q420 钢为 1.25。

(3) 在重力和风荷载或多遇地震作用组合下，若无支撑纯框架体系的层间位移小于 $0.001h$（h 为楼层层高）时，侧移的影响可以忽略，可按无侧移框架柱确定计算长度系数 μ。

2. 有支撑框架

(1) 强支撑框架

当支撑结构（支撑桁架、剪力墙、电梯井等）的侧移刚度（产生单位侧倾角的水平力）S_d 满足公式（9-10）的要求时，为强支撑框架，框架柱的计算长度系数 μ 按《钢结构设计规范（GB 50017—2003)》附录 D 表 D-1 无侧移框架柱的计算长度系数确定，μ 值小于 1.0。

$$S_d\geqslant 3\left(1.2\sum N_{bi}-\sum N_{0i}\right) \tag{9-10}$$

式中 $\sum N_{bi}$、$\sum N_{0i}$——第 i 层层间所有框架柱用无侧移框架柱和有侧移框架柱计算长度系数算得的轴压杆稳定承载力之和。

(2) 弱支撑框架

当支撑结构的侧移刚度 S_d 不满足公式（9-10）的要求时，为弱支撑框架，框架柱的

轴心压杆稳定系数 φ 按公式（9-11）计算。

$$\varphi = \varphi_0 + (\varphi_1 - \varphi_0)\frac{S_d}{3\left(1.2\sum N_{bi} - \sum N_{0i}\right)} \tag{9-11}$$

式中　φ_1、φ_0——分别是框架柱用无侧移框架柱和有侧移框架柱计算长度系数算得的轴心压杆整体稳定系数。

有侧移框架柱和无侧移框架柱的计算长度系数 μ，亦可按下列近似公式计算：

有侧移时
$$\mu = \sqrt{\frac{1.6 + 4(K_1 + K_2) + 7.5K_1 K_2}{K_1 + K_2 + 7.5K_1 K_2}} \tag{9-12}$$

无侧移时
$$\mu = \frac{3 + 1.4(K_1 + K_2) + 0.64K_1 K_2}{3 + 2(K_1 + K_2) + 1.28K_1 K_2} \tag{9-13}$$

式中　K_1、K_2——分别为交于柱上、下端的横梁线刚度之和与柱线刚度之和的比值。

9.1.2.3　强柱弱梁要求

抗震设防的框架应满足强柱弱梁的设计要求，使塑性铰出现在梁端而不是出现在柱端。在框架任一节点处，柱截面的塑性抵抗矩和梁截面的塑性抵抗矩宜满足下式的要求：

$$\sum W_{pc}(f_{yc} - N/A_c) \geqslant \eta \sum W_{pb} f_{yb} \tag{9-14}$$

式中　W_{pc}、W_{pb}——计算平面内交汇于节点的柱和梁的截面塑性抵抗矩；

f_{yc}、f_{yb}——柱和梁钢材的屈服强度；

N——按多遇地震作用组合得出的柱轴力；

A_c——框架柱的截面面积；

η——强柱系数，超过 6 层的钢框架，6 度Ⅳ类场地和 7 度时可取 1.0，8 度时可取 1.05，9 度时可取 1.15。

当柱所在楼层的受剪承载力比上一层的受剪承载力高出 25%，或柱轴向力设计值与柱全截面面积和钢材抗拉强度设计值乘积的比值不超过 0.4，或柱作为轴心受压构件在 2 倍地震作用下稳定性仍得到保证时，则无需满足式（9-14）的要求。

在罕遇地震下，允许以下式限制柱的轴压比来代替式（9-14）。

$$N \leqslant 0.6A_c f \tag{9-15}$$

式中　f——柱钢材的抗压强度设计值，应除以承载力抗震调整系数 γ_{RE}。

9.1.2.4　梁柱结点域的腹板厚度

在柱与梁连接处，应在与梁上下翼缘相对应位置设置柱加劲肋，使之与柱翼缘相包围处形成柱节点域。抗震设计时，工字形截面柱和箱形截面柱腹板在节点域范围的厚度，首先应满足下式要求：

$$t_w \geqslant (h_b + h_c)/90 \tag{9-16}$$

式中　t_w——柱在节点域的腹板厚度；

h_b、h_c——梁腹板高度和柱腹板高度。

节点域柱腹板的厚度不宜太厚，也不应太薄。腹板太厚会使节点域延性较差，耗能能力降低；腹板太薄会使节点域有较大的剪切变形，从而使框架的侧向位移过大。在周边弯矩和剪力的作用下，节点域的屈服承载力应符合下式要求：

$$\frac{\alpha(M_{pb1} + M_{pb2})}{V_p} \leqslant \frac{4}{3} f_v \tag{9-17}$$

工字形截面柱和箱形截面柱节点域腹板的抗剪强度，按下式验算：

$$\frac{M_{b1}+M_{b2}}{V_p} \leqslant \frac{4}{3} f_v \tag{9-18}$$

式中 α——系数，按6度Ⅳ类场地和7度设防的结构可取0.6，按8、9度设防的结构可取0.7；

M_{pb1}、M_{pb2}——节点域两侧梁的全塑性受弯承载力；

M_{b1}、M_{b2}——节点域两侧梁的弯矩设计值；

f_v——钢材的抗剪强度设计值，抗震设计时应除以承载力的抗震调整系数 γ_{RE}；

V_p——节点域体积，工字形截面柱为 $V_p = h_b h_c t_w$；箱形截面柱为 $V_p = 1.8 h_b h_c t_w$。

9.1.2.5 板件宽厚比

按6度设防和非抗震设计的框架柱，不会出现塑性铰，板件宽厚比可按《钢结构设计规范（GB 50017—2003）》第五章的规定确定。按7度和7度以上抗震设防的框架柱，其板件的宽厚比限值应较非抗震设计时更为严格，应满足表9-2的要求。

表9-2 框架柱板件宽厚比限值

板件名称		抗震设防烈度			
		6度	7度	8度	9度
不超过12层	工字形截面翼缘外伸部分	—	13	12	11
	箱形截面壁板	—	40	36	36
	工字形截面腹板	—	52	48	44
超过12层	工字形截面翼缘外伸部分	13	11	10	9
	箱形截面壁板	39	37	35	33
	工字形截面腹板	43	43	43	43

注：表列值适用于 $f_y = 235\ \mathrm{N/mm^2}$ 的Q235钢；当钢材为其他牌号时，应乘以 $\sqrt{235/f_y}$。

9.1.2.6 框架柱的长细比

设计框架柱截面时，除验算柱是否有足够的承载力和稳定性外，还需控制柱的长细比。一般来说，柱的长细比越大，延性就越差，并容易发生框架整体失稳。框架柱的长细比应满足表9-3的要求。

表9-3 框架柱的长细比限值

烈 度	6度	7度	8度	9度
不超过12层	120	120	120	100
超过12层	120	80	60	60

注：表列值适用于 $f_y = 235\ \mathrm{N/mm^2}$ 的Q235钢；当钢材为其他牌号时，应乘以 $\sqrt{235/f_y}$。

9.1.3 钢框架的抗震构造

9.1.3.1 框架柱的长细比

柱的轴压比与长细比越大，弯曲变形能力越小。为保障钢框架在地震作用下的变形能力，需对框架柱的轴压比及长细比进行限制。

我国规范目前对框架柱的轴压比没有提出要求，建议按重力荷载代表值作用下框架柱的地震组合轴力设计值计算的轴压比不大于0.7。

框架柱的长细比应符合表9－3的要求。

9.1.3.2　梁、柱板件宽厚比

板件宽厚比越大，越容易发生局部屈曲。随着构件板件宽厚比的增大，构件在反复荷载下的承载能力和耗能能力都将降低。按7度和7度以上抗震设防的结构，柱的板件宽厚比应考虑按塑性发展加以限制，不过不需要像梁的板件宽厚比限值那样严格，因为柱即使出现了塑性铰，也不至于有较大的转动。梁、柱板件宽厚比应符合表9－1、表9－2的要求。

9.1.3.3　梁与柱的连接构造

在抗震设防的结构中，框架梁与柱的连接构造可参见8.5.2节。

9.1.4　中心支撑的设计与构造

框架结构依靠梁柱受弯承受荷载，其侧向刚度较小。随着建筑物高度的增加，在风荷载或地震作用下，框架结构的抗侧刚度难以满足设计要求，如只是增大梁柱截面，则结构会失去经济合理性。此时可在框架结构中布置支撑构成中心支撑框架结构。它的特点是框架与支撑系统共同工作，竖向支撑桁架承担大部分水平剪力。框架-支撑体系一般适用于40～60层的高层建筑。

9.1.4.1　类型

带有中心支撑的钢框架是高层钢结构的主要结构形式之一。中心支撑体系包括十字交叉支撑、单斜杆支撑、人字形或V形支撑、K形支撑，如图9－1所示。

中心支撑框架宜采用交叉支撑，也可采用人字形支撑或单斜杆支撑，不宜采用K形支撑。K形支撑体系的交点位于柱上，在地震作用下可能因受压斜杆失稳或受拉斜杆屈服而引起较大的侧向变形，使柱发生屈曲甚至倒塌，故不应在抗震结构中采用。

当采用只能受拉的单斜杆体系时，应同时设不同倾斜方向的两组单斜杆，如图9－2所示，以防止支撑屈曲后，使结构水平位移向一侧发展，且每层中不同方向单斜杆的截面面积在水平方向的投影面积之差不得大于10%。

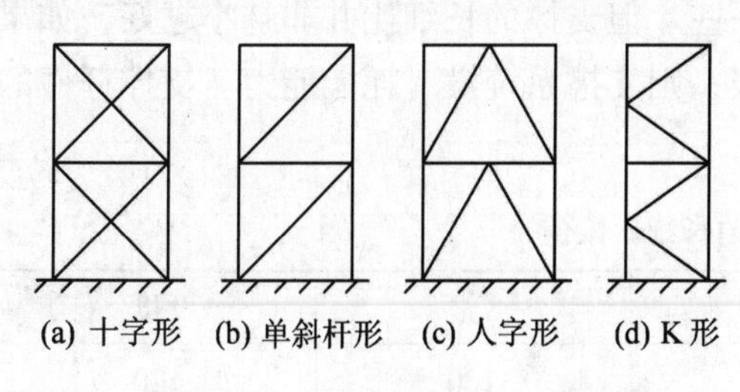

图9－1　中心支撑的常用形式

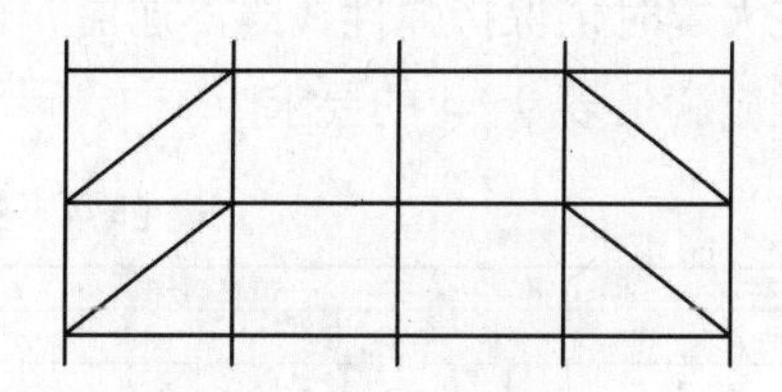

图9－2　单斜杆支撑的布置

9.1.4.2　设计

支撑常用的截面形式有：单角钢、双角钢、单槽钢、双槽钢、H形钢和焊接H形钢。

支撑宜采用双轴对称截面，$n>12$ 层的框架，宜采用轧制 H 形钢，两端与框架刚性连接。$n\leqslant 12$ 层的框架，可采用单轴对称截面，如双角钢组成的 T 形截面，这种截面形式具有连接方便的优点，但应采取防止杆件扭转屈曲的构造措施。

1. 内力

支撑杆件的内力计算应考虑楼层安装的初始倾斜和有关构件变形对支撑内力的影响，具体计算过程可见第五章 5.5 节。

在多遇地震效应组合作用下，人字形支撑和 V 形支撑的斜杆内力应乘以增大系数 1.5，十字交叉支撑和单斜杆支撑的斜杆内力应乘以增大系数 1.3，以提高支撑斜杆的承载能力，使其在多遇地震作用下保持弹性。

2. 受压承载力验算

在循环往复荷载作用下，支撑斜杆反复受压、受拉，且受压屈曲后变形增长很大，转而受拉时不能完全拉直，这就造成再次受压时承载力降低，即出现退化现象，长细比越大，退化现象越严重。这种现象需要在计算支撑斜杆时予以考虑。

在多遇地震作用效应组合下，支撑斜杆的受压承载力按下列公式验算：

$$\frac{N}{\varphi A_{br}}\leqslant \eta f \tag{9-19}$$

$$\eta=\frac{1}{1+0.35\lambda_n} \tag{9-20}$$

$$\lambda_n=\frac{\lambda}{\pi}\sqrt{\frac{f_y}{E}} \tag{9-21}$$

式中 η——受循环荷载时的设计强度降低系数；

λ_n——支撑斜杆的正则化长细比；

f——钢材强度设计值，抗震设计时应除以承载力的抗震调整系数 γ_{RE}。

按 8 度及 8 度以上抗震设防的高层钢结构，可以采用带有消能装置的中心支撑体系。此时，支撑斜杆的承载力应为消能装置滑动或屈服时承载力的 1.5 倍。

3. 长细比

支撑杆件在轴向往复荷载作用下，抗拉和抗压承载力均有不同程度的降低，在弹塑性屈曲后，支撑杆件的抗压承载能力退化更为严重。支撑杆件的长细比是影响其耗能性能的主要因素，长细比较小的杆件的耗能性能更好一些。但支撑的长细比并非越小越好，如果支撑在大震时仍保持弹性，既不屈曲，也不屈服，则支撑系统没有耗能能力。支撑杆件的长细比应满足表 9-4 的要求。

表 9-4 支撑杆件的长细比限值

烈度		6、7 度	8 度	9 度
$n\leqslant 12$ 层	按压杆设计	150	120	120
	按拉杆设计	200	150	150
>12 层		120	90	60

注：表列值适用于 $f_y=235\ \mathrm{N/mm^2}$ 的 Q235 钢；当钢材为其他牌号时，应乘以 $\sqrt{235/f_y}$。

两端与梁柱节点固接的支撑杆件，在其平面内的计算长度可取为由节点内缘算起的支撑杆件全长的一半。

4. 板件宽厚比

板件局部失稳影响支撑斜杆的承载力和耗能能力，其宽厚比需要加以限制。板件宽厚比取得比塑性设计要求更小一些，对支撑抗震有利。支撑杆件的板件宽厚比应满足表9-5的要求。

表9-5 支撑杆件板件宽厚比限值

板件名称	≤12层			>12层			
	7度	8度	9度	6度	7度	8度	9度
翼缘外伸部分	13	11	9	9	8	8	7
工字形截面腹板	33	30	27	25	23	23	21
箱形截面腹板	31	28	25	23	21	21	19
圆管外径与壁厚比				42	40	40	38

注：表列值适用于 $f_y=235\,N/mm^2$ 的Q235钢；当钢材为其他牌号时，应乘以 $\sqrt{235/f_y}$。

与支撑一起组成支撑系统的横梁、柱及其连接，应具有承受支撑斜杆传来内力的能力。中心支撑框架采用人字形支撑或V形支撑时，需考虑支撑斜杆受压屈曲后产生的特殊问题。人字形支撑在受压斜杆屈曲时，楼板要下陷，V形支撑在受压斜杆屈曲时，楼板要上隆。为了防止这种情况出现，与人字形支撑、V形支撑相交的横梁，在柱间的支撑连接处应保持连续。横梁设计除应考虑设计内力外，还应按中间无支座的简支梁验算楼面荷载作用下的承载力，但在横梁支撑处可考虑支撑受压屈曲提供的与楼面荷载方向相反的反力作用，该反力可取受压支撑屈曲压力竖向分量的30%。

9.1.4.3 中心支撑钢框架的抗震构造措施

1. 支撑杆件的要求

在地震作用下，支撑杆件可能会经历反复的压曲、拉直作用，导致焊缝出现裂纹，因此支撑宜采用轧制H形钢，而较少采用焊接截面。若采用焊接H形截面作支撑构件时，在8、9度区，其翼缘与腹板的连接宜采用全焊透连接焊缝。

为使支撑杆件具有一定的耗能能力，中心支撑杆件的长细比应满足表9-4的要求。此外，当支撑为填板连接的双肢组合构件时，肢件在填板间的长细比不应大于构件最大长细比的一半，且不应大于40。

为限制支撑板件的局部屈曲对支撑承载力及耗能能力的影响，支撑板件的宽厚比应满足表9-5的要求。

2. 框架的要求

中心支撑框架结构的框架部分的抗震构造措施要求可与纯框架结构的抗震构造措施要求一致。但当房屋高度不高于100 m且框架部分承担的地震作用不大于结构底部总地震剪力的25%时，8、9度区的抗震构造措施可按框架结构降低一度的相应要求采用。

9.1.5 偏心支撑框架结构的设计与构造

偏心支撑框架是指支撑偏离梁柱节点的钢结构框架，其设计思想是，在罕遇地震作用下通过消能梁段的屈服消减地震能量，以达到保护其他结构构件不破坏和防止结构整体倒塌的目的。

抗弯框架具有良好的延性和耗能能力，但结构较柔，弹性刚度较差；中心支撑框架在弹性阶段刚度大，但延性和耗能能力小，支撑受压屈曲后易使结构丧失承载力而破坏。偏心支撑框架比起中心支撑框架和普通抗弯框架，有相对较小的侧向位移和更均匀的层间位移分布。偏心支撑框架的自重比抗弯框架轻25%～30%，比中心支撑框架轻18%～20%。

9.1.5.1 基本性能

偏心支撑框架中的支撑斜杆，应至少在一端与梁连接（不在柱节点处），另一端可连接在梁与柱相交处，或在偏离另一支撑的连接点与梁连接，并在支撑与柱之间或在支撑与支撑之间形成消能梁段，如图9－3所示。

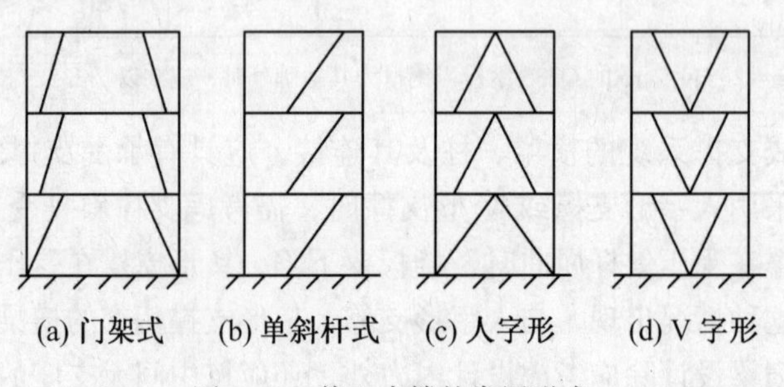

图9－3 偏心支撑的常用形式

偏心支撑框架的设计原则是强柱、强支撑和弱消能梁段，即在大震时消能梁段屈服形成塑性铰，具有稳定的滞回性能，即使消能梁段进入应变硬化阶段，柱、支撑和其他梁段仍保持弹性。偏心支撑框架弹性阶段的刚度接近于中心支撑框架，弹塑性阶段的延性和耗能能力接近于抗弯框架，是一种性能良好的抗震结构。

高层钢结构采用偏心支撑框架时，顶层可不设消能梁段，因为顶层地震作用较小，能满足承载力要求的支撑不会屈曲。在设置偏心支撑的框架跨，当首层的弹性承载力为其余各层承载力的1.5倍及以上时，首层可采用中心支撑。

9.1.5.2 消能梁段的设计

1. 消能梁段的承载力

偏心支撑框架的抗震设计应保证在罕遇地震下结构屈服发生在消能梁段上，而消能梁段的屈服形式有两种：一种是剪切屈服型，另一种是弯曲屈服型。消能梁段的净长 a 符合下列公式者为剪切屈服型，不符合者为弯曲屈服型。

消能梁段的塑性受剪承载力 V_p 和塑性受弯承载力 M_p 分别按下列公式计算：

当 $\rho(A_w/A)<0.3$ 时

$$a \leqslant 1.6\frac{M_p}{V_p} \tag{9-22}$$

当 $\rho(A_w/A)\geqslant 0.3$ 时

$$a \leqslant \left(1.15 - 0.5\rho\frac{A_w}{A}\right)1.6\frac{M_p}{V_p} \tag{9-23}$$

$$V_p = 0.58 f_y h_0 t_w \tag{9-24}$$

$$M_p = W_p f_y \tag{9-25}$$

式中　V_p——消能梁段的塑性受剪承载力；

M_p——消能梁段的塑性受弯承载力；

h_0——消能梁段腹板计算高度；

t_w——消能梁段腹板厚度；

W_p——消能梁段截面的塑性抵抗矩；

A——消能梁段截面面积；

A_w——消能梁段腹板截面面积。

抗震设计时，消能梁段宜设计成剪切屈服型。试验和分析表明，剪切屈服型消能梁段的偏心支撑框架的刚度和承载力较大，延性和耗能性能较好。当消能梁段与柱连接时，或在多遇地震作用下的组合轴力设计值 $N>0.16Af$ 时，不应设计成弯曲屈服型。

偏心支撑框架消能梁段的受剪承载力可按下列公式计算：

当 $N\leqslant 0.15Af$ 时

$$V \leqslant \varphi V_p/\gamma_{RE} \tag{9-26}$$

$V_p=0.58A_w f_y$或 $V_p=2M_p/a$，取较小值。

当 $N>0.15Af$ 时

$$V \leqslant \varphi V_{pc}/\gamma_{RE} \tag{9-27}$$

$V_{pc}=0.58A_w f_y\sqrt{1-\left(\dfrac{N}{Af}\right)^2}$或 $V_{pc}=2.4\dfrac{M_p}{a}\left(1-\dfrac{N}{Af}\right)$，取较小值。

式中　V、N——消能梁段的剪力设计值和轴力设计值；

φ——系数，可取0.9；

V_{pc}——消能梁段计入轴力影响的受剪承载力；

a——消能梁段的长度；

γ_{RE}——消能梁段承载力抗震调整系数，取0.85。

2. 消能梁段的板件宽厚比

偏心支撑框架主要依靠消能梁段的塑性变形来耗散地震能量，故对消能梁段的塑性变形能力要求较高。一般钢材的塑性变形能力与其屈服强度成反比，因此消能梁段所采用的钢材的屈服强度不能太高，应不大于345 MPa。

为保障消能梁段在反复荷载作用下具有稳定的塑性变形能力，消能梁段的腹板不得加焊贴板以提高其强度，也不得在腹板上开洞。

消能梁段和与其同在一跨的框架梁，板件宽厚比应符合表9-6的要求。

表 9-6 偏心支撑框架梁板件宽厚比限值

板件名称		宽厚比限值
翼缘外伸部分		8
腹板	当 $N/Af \leqslant 0.14$ 时	$90[1-1.65N/(Af)]$
	当 $N/Af > 0.14$ 时	$33[2.3-N/(Af)]$

注：表列值适用于 $f_y = 235\ \mathrm{N/mm^2}$ 的 Q235 钢；当钢材为其他牌号时，应乘以 $\sqrt{235/f_y}$。

9.1.6 斜杆的设计

为实现强柱、强支撑、弱消能梁段的要求，偏心支撑框架构件（支撑、梁、柱）的内力设计值，应根据消能梁段达到受剪承载力时的构件内力乘以增大系数，其值见表 9-7。

表 9-7 偏心支撑框架构件内力增大系数

构件名称	8 度及以下	9 度
偏心支撑斜杆	1.4	1.5
与消能梁段相连的框架梁	1.5	1.6
与消能梁段相连的框架柱	1.5	1.6

偏心支撑斜杆的轴向力设计值 N_{br} 取下列两式中的较小者：

$$N_{br} = \eta \frac{V_p}{V} N_{br,com} \tag{9-28a}$$

$$N_{br} = \eta \frac{M_p}{M} N_{br,com} \tag{9-28b}$$

式中 V、M——消能梁段的剪力设计值和弯矩设计值；

η——偏心支撑斜杆的内力增大系数，可按表 9-7 取值；

$N_{br,com}$——在竖向荷载和水平荷载最不利组合作用下的支撑轴力。

偏心支撑斜杆的强度按下式计算：

$$\frac{N_{br}}{\varphi A_{br}} \leqslant f \tag{9-29}$$

式中 A_{br}——偏心支撑斜杆的截面面积；

φ——由支撑长细比确定的轴心受压杆件稳定系数；

f——钢材强度设计值，抗震设计时应除以承载力的抗震调整系数 γ_{RE}。

偏心支撑宜用于 $n \geqslant 12$ 层的钢结构。偏心支撑斜杆的长细比与中心支撑杆件一样，需满足表 9-4 的要求。偏心支撑杆件的板件宽厚比不应超过轴心受压构件按弹性设计时的宽厚比限值。

9.1.7 偏心支撑钢框架抗震构造

9.1.7.1 消能梁段的长度

抗震设计时，消能梁段宜设计成剪切屈服型，其净长 a 应满足式(9-22)和式(9-23)

的要求。

9.1.7.2　消能梁段的材料及板件宽厚比

为使消能梁段具有良好的耗能能力，消能梁段的屈服强度不应大于 345 MPa。消能梁段和与其同在一跨的框架梁，板件宽厚比应符合表 9－6 的要求。

9.1.7.3　消能梁段加劲肋的设置

为保证在塑性变形过程中消能梁段的腹板不发生局部屈曲，应按下列规定在梁腹板两侧设置加劲肋，如图 9－4 所示。

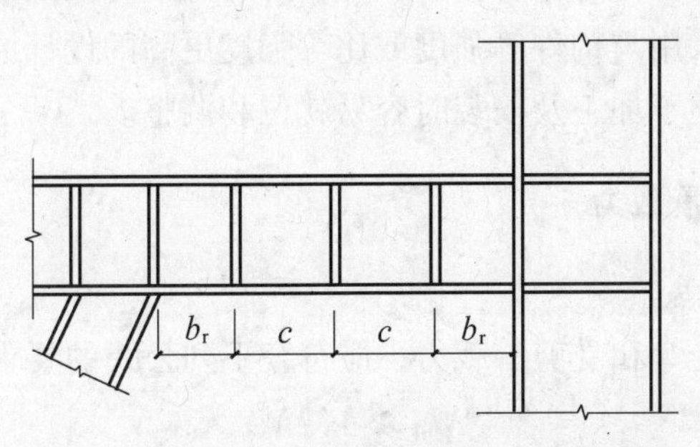

图 9－4　偏心支撑框架消能梁段加劲肋的布置

（1）在与偏心支撑连接处应设加劲肋。

（2）在距消能梁段端部 b_f 处，应设加劲肋。b_f 为消能梁段翼缘宽度。

（3）在消能梁段中部应设加劲肋，加劲肋间距 c 应根据消能梁段长度 a 确定：

当 $a \leqslant 1.6M_p/V_p$ 时，最大间距 $c = 30t_w - (h_0/5)$；

当 $a \geqslant 2.6M_p/V_p$ 时，最大间距 $c = 52t_w - (h_0/5)$。

当 a 介于以上两者之间时，最大间距用线性插值确定。其中，t_w、h_0 分别为消能梁段的腹板厚度与高度。

消能梁段加劲肋的宽度不得小于 $0.5b_f - t_w$，厚度不得小于 t_w 或 10 mm。加劲肋应采用角焊缝与消能梁段腹板和翼缘焊接，加劲肋与消能梁段腹板的焊缝应能承受大小为 $A_{st} f_y$ 的力，与翼缘的焊缝应能承受大小为 $A_{st} f_y/4$ 的力。其中 A_{st} 为加劲肋的截面面积，f_y 为加劲肋的屈服强度。

9.1.7.4　消能梁段与柱的连接

为防止消能梁段与柱的连接破坏，而使消能梁段不能充分发挥塑性变形耗能作用，消能梁段与柱的连接应符合下列要求：

（1）消能梁段与柱翼缘之间应采用坡口全熔透对接焊缝连接，消能梁段腹板与柱之间应采用角焊缝连接。角焊缝的承载力不得小于消能梁段腹板的轴向承载力、受剪承载力和受弯承载力。

（2）消能梁段与柱腹板连接时，消能梁段翼缘与连接板间应采用坡口全熔透焊缝连接，消能梁段腹板与柱之间应采用角焊缝连接。角焊缝的承载力不得小于消能梁段腹板的轴向承载力、受剪承载力和受弯承载力。

9.2　结点设计与构造

世界震害实录分析表明，许多钢结构都是由于结点首先破坏而导致建筑物整体破坏的。结点设计不仅对结构安全有重要的影响，而且直接影响钢结构的制作、安装及造价。高层钢结构结点的受力状况比较复杂，构造要求相当严格，结点设计是整个设计工作的重要环节。

结点设计应遵循以下原则：

结点受力明确，减少应力集中，避免材料三向受力；

结点连接设计应采用强连接弱构件的原则，不致因连接较弱而使结构破坏；

结点连接应按地震组合内力进行弹性设计，并对连接的极限承载力进行验算；

构件的拼接一般应采用与构件等强度或比等强度更高的设计原则；

简化结点构造，以便于加工及安装时容易就位和调整。

9.2.1 结点连接的极限承载力

9.2.1.1 梁与柱连接结点

梁与柱连接的极限受弯和受剪承载力，应符合下列公式的要求：

$$M_u \geqslant 1.2M_p \quad (9-30)$$

$$V_u \geqslant 1.3(2M_p/l_n),\text{且 } V_u \geqslant 0.58h_w t_w f_y \quad (9-31)$$

式中 M_u——梁上下翼缘全熔透坡口焊缝的极限受弯承载力；

V_u——梁腹板连接的极限受剪承载力；

M_p——梁（梁贯通时为柱）的全塑性受弯承载力；

l_n——梁的净跨（梁贯通时取该楼层柱的净高）；

h_w、t_w——梁腹板的高度和厚度；

f_y——钢材屈服强度。

梁、柱构件有轴力时的全塑性受弯承载力 M_p 由 M_{pc}代替，并应符合下列规定：

1. 工字形截面（绕强轴）和箱形截面

当 $N/N_y \leqslant 0.13$ 时，

$$M_{pc} = M_p \quad (9-32)$$

当 $N/N_y > 0.13$ 时，

$$M_{pc} = 1.15(1 - N/N_y)M_p \quad (9-33)$$

2. 工字形截面（绕弱轴）

当 $N/N_y \leqslant A_w/A$ 时，

$$M_{pc} = M_p \quad (9-34)$$

当 $N/N_y > A_w/A$ 时，

$$M_{pc} = \{1 - [(N - A_w f_y)/(N_y - A_w f_y)]^2\} M_p \quad (9-35)$$

式中 N_y——构件轴向屈服承载力，取 $N_y = A_n f_y$。

9.2.1.2 抗侧力支撑连接结点

支撑与框架的连接及支撑拼接的极限承载力，应符合下式要求：

$$N_{ubr} \geqslant 1.2A_n f_y \quad (9-36)$$

式中　N_{ubr}——螺栓连接和节点板连接在支撑轴线方向的极限承载力；

A_n——支撑截面的净面积；

f_y——支撑钢材的屈服强度。

9.2.1.3　梁、柱拼接的极限承载力

梁、柱构件拼接的极限承载力应符合下列要求：

$$V_u \geqslant 0.58 h_w t_w f_y \tag{9-37}$$

无轴向力时

$$M_u \geqslant 1.2 M_p \tag{9-38}$$

有轴向力时

$$M_u \geqslant 1.2 M_{pc} \tag{9-39}$$

式中　M_u、V_u——构件拼接的极限受弯、受剪承载力；

h_w、t_w——拼接构件截面腹板的高度和厚度；

f_y——被拼接构件的钢材屈服强度。

9.2.2　梁与柱的连接

根据受力变形特征，钢结构梁与柱的连接可分为三类：①刚性连接，能承受弯矩与剪力；②铰接连接，不能承受弯矩，仅能承受剪力；③半刚性连接，能承受剪力与一定的弯矩。对于刚性连接，梁上下翼缘均应与柱相连；铰接连接仅梁腹板或一侧梁翼缘与柱相连。而半刚性连接结构的分析与设计方法目前还不完善，因此在实际工程中还很少采用。

9.2.2.1　刚性连接

梁与柱的刚性连接应具有足够的刚度，可以承受设计要求的弯矩，所连接的梁柱之间不发生相对转动，连接的极限承载力不低于被连接构件的屈服承载力。凡是需要抵抗水平力的框架，主梁和柱的连接均应采用刚性连接形式。

梁与柱刚性连接的构造形式有三种，如图 9-5 所示。

全焊接节点，梁的上、下翼缘用全熔透坡口焊缝，腹板用角焊缝与柱翼缘连接（图 9-5a)；栓焊混合节点，梁的上、下翼缘用全熔透坡口焊缝与柱翼缘连接，腹板用高强度螺栓与柱翼缘上的节点板连接（图 9-5b)，是目前多高层钢结构梁与柱连接最常用的构造形式；全栓接节点，梁翼缘和腹板借助 T 形连接件用高强度螺栓与柱翼缘连接（图 9-5c)，虽然安装比较方便，但结点刚性不如前两种连接形式好，一般只适用于非地震区的多层框架。

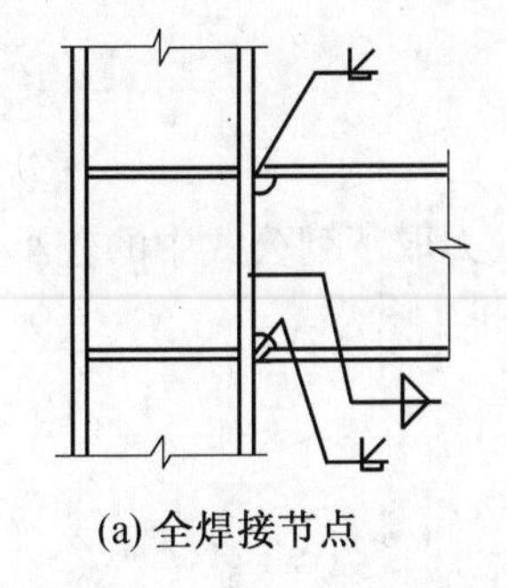

(a) 全焊接节点

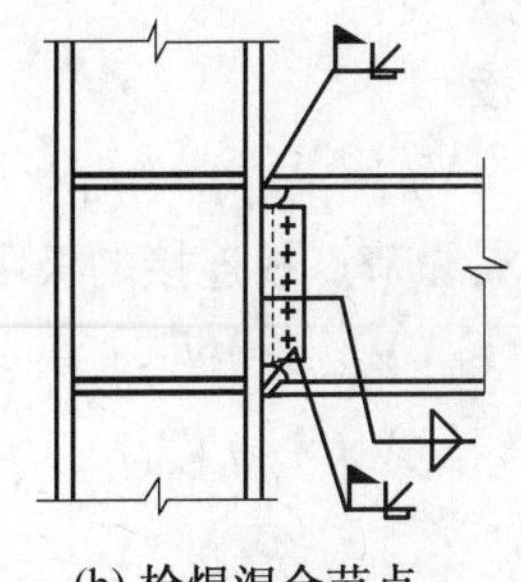

(b) 栓焊混合节点

(c) 全栓接节点

图 9-5　梁与柱刚性连接

梁与柱的连接节点计算时，主要验算以下内容：

梁与柱的连接承载力，在弹性阶段验算其连接强度，在弹塑性阶段验算其极限承载力；

在梁翼缘的压力和拉力作用下，分别验算柱腹板的受压承载力和柱翼缘板的刚度；

节点域的抗剪承载力。

1. 梁与柱连接的承载力

梁与柱连接验算时，可采用由翼缘承受弯矩和腹板承受剪力的近似计算方法。

1）梁与柱连接的强度

①梁与柱全焊接连接。当梁与柱采用全焊接节点连接时，梁翼缘与柱翼缘对接焊缝的抗拉强度为：

$$\sigma = \frac{M}{b_f t_f (h - t_f)} \leqslant f_t^w \tag{9-40}$$

梁腹板角焊缝的抗剪强度为：

$$\tau = \frac{V}{2 l_w h_e} \leqslant f_f^w \tag{9-41}$$

式中 M、V——梁端弯矩设计值和剪力设计值；

f_t^w——对接焊缝抗拉强度设计值；

f_f^w——角焊缝抗剪强度设计值；

h_e——角焊缝的有效厚度。

②梁与柱栓焊混合连接。梁柱的栓焊连接中梁翼缘与柱腹板的连接强度仍采用公式(9-40)，梁腹板高强度螺栓的抗剪承载力为：

$$N_v^b = \frac{V}{n} \leqslant 0.9[N_v^b] \tag{9-42}$$

式中 n——梁腹板高强度螺栓的数目；

$[N_v^b]$——一个高强度螺栓抗剪承载力的设计值。

0.9 为考虑焊接热影响对高强度螺栓预拉力损失的系数。

2）梁与柱连接的极限承载力

梁翼缘受弯

$$M_u = A_f (h - t_f) f_u \tag{9-43}$$

梁腹板受剪

①梁腹板用角焊缝与柱翼缘连接

$$V_u = 0.58 A_f^w f_u \tag{9-44}$$

②梁腹板采用高强度螺栓与柱翼缘节点板连接的极限承载力取下列公式中的较小值：

$$V_u = n N_{vu}^b \tag{9-45}$$

$$V_u = n N_{cu}^b \tag{9-46}$$

式中 A_f——梁翼缘的截面面积；

t_f——梁翼缘的厚度；

A_f^w——焊缝的受力面积；

f_u——钢材的抗拉强度最小值；

N_{vu}^b、N_{cu}^b——一个高强度螺栓的极限受剪承载力和极限承压承载力；

n——高强度螺栓的数量。

以上计算出的极限受弯承载力和受剪承载力均应满足式（9-30）、式（9-31）的要求。

2. 柱腹板的局部抗压承载力和柱翼缘板的刚度

由于刚性节点对梁端转动的约束，梁的上下翼缘对柱作用有两个集中力：一个是拉力，一个是压力。在此集中力作用下，可能会引起两类破坏。

第一类破坏：梁受压翼缘的压力使柱腹板发生屈曲破坏。

第二类破坏：梁受拉翼缘的拉力使柱翼缘与腹板处的焊缝拉开，导致柱翼缘产生局部的过大变形。

对于第一种情况，假定梁受压翼缘屈服时传来的压力 $N = A_{fb} f_b$ 以1:2.5的角度均匀地扩散到 k_c 线或腹板角焊缝的边缘，如图9-6所示，柱腹板局部受压的有效宽度为 $b_c = t_{fb} + 5k_c$，其中 t_{fb} 为梁翼缘的厚度，k_c 为柱翼缘外侧至腹板圆角根部或角焊缝焊趾的距离。如果梁受压翼缘屈曲时，柱腹板仍保持稳定，则柱腹板厚度 t_{wc} 应同时满足下列公式的要求：

$$t_{wc} \geqslant \frac{A_{fb} f_b}{b_e f_c} \tag{9-47a}$$

$$t_{wc} \geqslant \frac{h_c}{30}\sqrt{\frac{f_{yc}}{235}} \tag{9-47b}$$

式中　t_{wc}——柱腹板的厚度；

A_{fb}——梁受压翼缘的截面面积；

h_c——柱腹板的高度；

f_b——梁钢材强度设计值；

f_c——柱钢材强度设计值；

f_{yc}——柱钢材屈服强度。

对于第二种情况，在梁受拉翼缘的作用下，柱翼缘可能会受拉挠曲，在腹板附近产生应力集中，从而破坏柱翼缘和腹板的连接焊缝。因此，根据等强度原则，柱翼缘的厚度应满足：

$$t_{fc} \geqslant 0.4\frac{f_b}{f_c}\sqrt{A_b} \tag{9-48}$$

若式（9-47）、式（9-48）有一项不能满足，则需要在梁翼缘处设置柱的水平加劲肋，如图9-7所示，加劲肋的总面积 A_s 应满足下式要求：

$$A_s \geqslant (A_{fb} - t_{wc} b_e)\frac{f_b}{f_c} \tag{9-49}$$

为防止加劲肋受压屈曲，要求其宽厚比限值为 $b_s/t_s \leqslant 9\sqrt{235/f_y}$，其中，$b_s$、$t_s$ 分别为加劲肋的宽度和厚度。

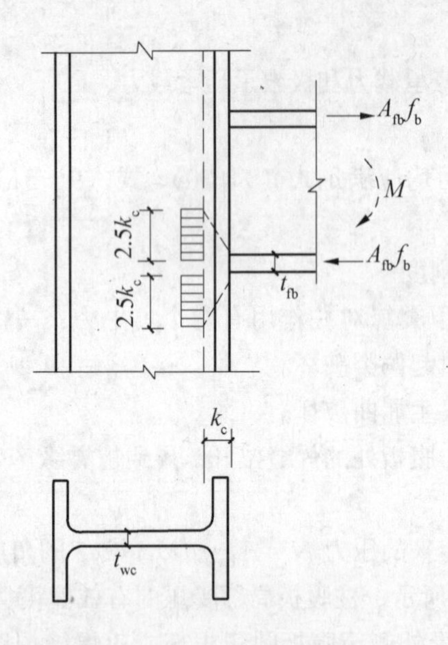

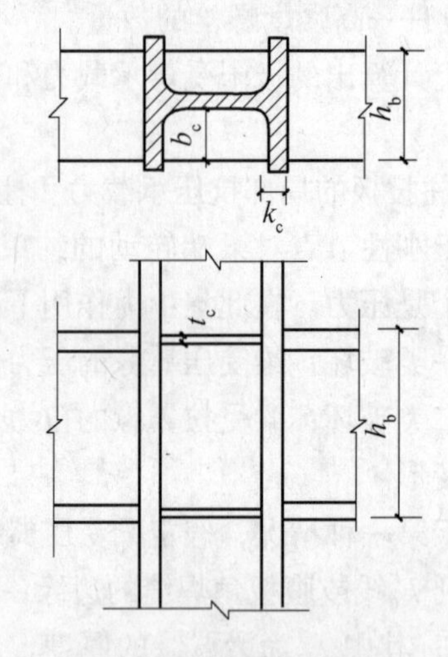

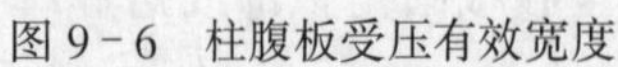

图 9-6　柱腹板受压有效宽度　　　　图 9-7　柱水平加劲肋

高层钢结构梁与柱连接的刚性结点，均应在梁翼缘的对应位置设置柱的水平加劲肋（或隔板）来传递梁翼缘传来的集中力。对抗震设防的结构，水平加劲肋的厚度不应小于梁翼缘的厚度，非抗震设防的结构，除满足传递梁翼缘的集中力外，其厚度不得小于梁翼缘厚度的1/2。水平加劲肋的宽度应符合传力、构造和板件宽厚比的要求。

H形钢或工字形截面柱的水平加劲肋与柱的连接如图 9-8 所示，水平加劲肋用熔透的T形对接焊缝与柱翼缘连接，与腹板可采用角焊缝连接。在柱的圆角部分，加劲肋需开切角。为便于绕焊和避免荷载作用时的应力集中，水平加劲肋应从翼缘边缘后退10 mm。

箱形柱的水平加劲隔板与柱翼缘的连接，宜采用熔透的T形对接焊缝；对无法施焊的手工电弧焊的焊缝，宜采用熔化嘴电渣焊，如图 9-9 所示。

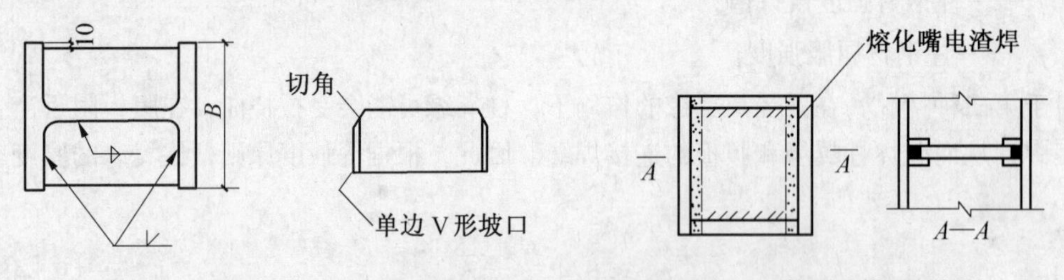

图 9-8　工字形柱水平加劲肋焊接　　　　图 9-9　箱形柱横隔板焊接

当柱两侧梁的高度不等时，在对应每个梁翼缘的位置均应设置水平加劲肋，如图 9-10 所示，考虑焊接的方便，水平加劲肋间距 e 不宜小于 150 mm，并不小于加劲肋的宽度；当不能满足此要求时，需调整梁端高度，可将截面高度较小的梁端部高度局部加大，腋部翼缘的坡度不大于 1∶3；也可采用斜加劲肋，加劲肋的倾斜度同样不大于 1∶3。

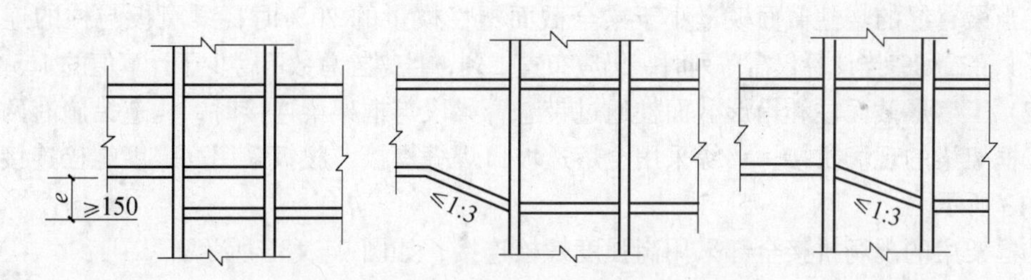

图 9－10　柱两侧梁高不等时的水平加劲肋

3．梁柱结点域的抗剪承载力

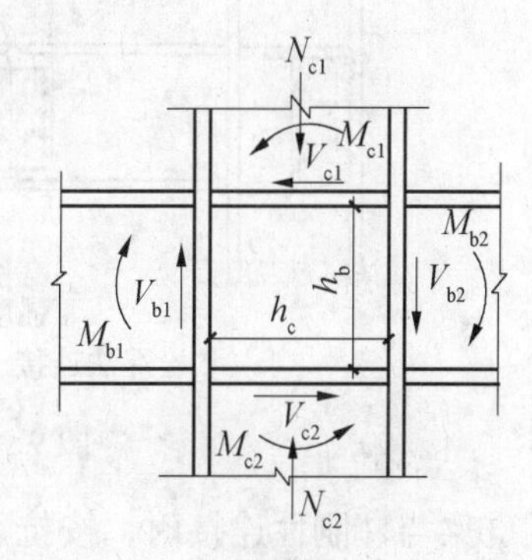

图 9－11　节点域处的剪力和弯矩

在刚性连接的梁柱节点处，由上下水平加劲肋与柱翼缘所包围的节点域，在相当大的剪力作用下，板域有可能首先屈服，这对框架的整体性能有较大的影响。图 9－11 是作用于节点域处的剪力和弯矩。节点域的屈服承载力和抗剪强度应分别满足式（9－47）和式（9－48）的要求。

当节点域体积 V_p不能满足要求时，应采用加厚节点域处的柱腹板厚度的方法予以加强，其他的加强措施在构造上比较麻烦，在多层和高层钢结构中不推荐使用。

4．梁与柱刚性连接的构造

（1）框架梁与工字形截面柱和箱形截面柱刚性连接的构造见图 9－12。

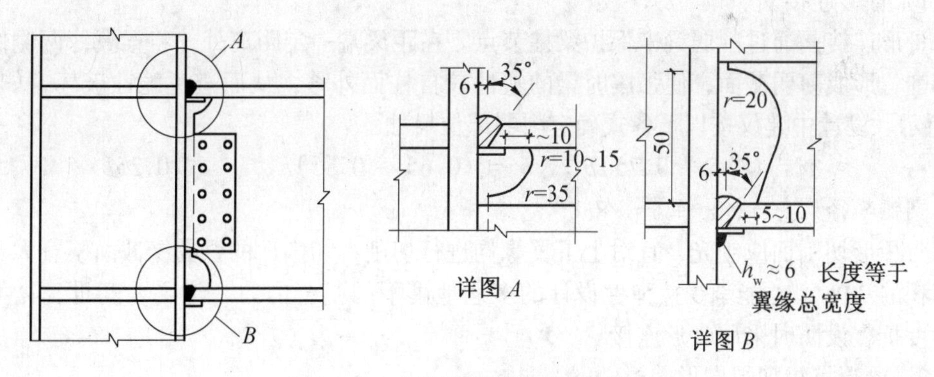

图 9－12　框架梁与柱刚性连接

①梁翼缘与柱翼缘间采用全熔透坡口焊缝，梁腹板采用摩擦型连接高强螺栓与柱翼缘节点板连接。

②梁腹板上下端均作扇形切角，下端的切角高度稍大一些，允许施焊时焊条通过。与梁翼缘相连处作成半径 10～15 mm 的圆弧，其端部与梁翼缘的全熔透焊缝应离开 10 mm 以上。梁下翼缘焊接衬板的反面与柱翼缘或壁板的连接处，应沿衬板全长用角焊缝连接，焊脚尺寸宜取 6 mm。

③梁与柱翼缘间的全熔透坡口焊缝，当抗震设防为 8 度乙类建筑和抗震设防 9 度时，应检验 V 形切口的冲击韧性，其冲击韧性在－20℃时不低于 27J。

④当梁翼缘的塑性截面模量小于梁全截面塑性模量的 70%时，梁腹板与柱的连接螺栓不得少于二列；当计算仅需一列时，仍应布置二列，且螺栓总数不得少于计算值的 1.5 倍。

（2）工字形截面柱和箱形截面柱通过带悬臂梁段与框架梁连接时，构造措施有两种：

①框架梁的现场拼接，翼缘采用全熔透坡口焊缝焊接，腹板采用高强度螺栓连接，如图 9－13 所示。

②框架梁的现场拼接全部采用高强度螺栓连接，如图 9－13b 所示。

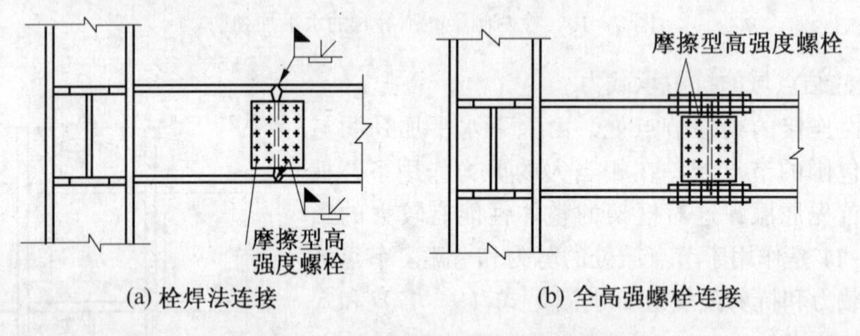

图 9－13　柱带悬臂梁段与框架梁连接

③梁与柱刚性连接时，按抗震设防的结构，柱在梁翼缘上下各 500 mm 的节点范围内，柱翼缘与柱腹板间或箱形柱壁板间的组合焊缝，应采用全熔透坡口焊缝。

5. 改进梁与柱刚性连接抗震性能的构造措施

为避免在地震作用下，梁与柱连接处焊缝发生破坏，宜采用能将塑性铰自梁端外移的做法。

1）骨形连接

骨形连接是通过削弱梁来保护梁柱节点。在距梁端一定距离处，将梁翼缘两侧做月牙形切削，形成薄弱截面，使强震时梁的塑性铰自柱面外移，从而避免脆性破坏，如图 9－14 所示。设计中建议按以下各式确定削弱部位尺寸：

$$a=(0.5\sim0.75)b_f,\quad b=(0.65\sim0.85)h_b,\quad c\leqslant0.25b_f$$

圆弧半径　$R=(4c^2+b^2)/8c$

月牙形切削面应刨光，宜对上下翼缘均进行切削，切削后的梁翼缘截面不宜大于原截面面积的 90%，并能承受按弹性设计的多遇地震下的组合内力。建议 8 度Ⅲ、Ⅳ类场地和 9 度抗震设防时采用骨形连接。

2）梁端翼缘加焊楔形盖板

在不降低梁的强度和刚度的前提下，通过梁端翼缘加焊楔形盖板，如图 9－15 所示，提高梁柱连接节点的承载力，同样可使塑性铰离开梁柱节点，使节点具有很好的延性，而不致发生脆性破坏。

梁端翼缘加焊楔形盖板时，盖板厚度不宜小于 8 mm，并在工厂焊于梁的端部，与梁翼缘同时开焊接坡口，盖板长度取 $0.3h_b$，并不小于 150 mm，一般可取 150～180 mm。

除在梁端翼缘加焊楔形盖板外，还可采用将梁端翼缘局部加厚或加宽等构造措施，使塑性铰离开梁柱节点，起到加强节点的作用。

6. 工字形截面柱在弱轴与主梁刚性连接

当工字形截面柱在弱轴方向与主梁刚性连接时，应在主梁翼缘对应位置设置柱水平加

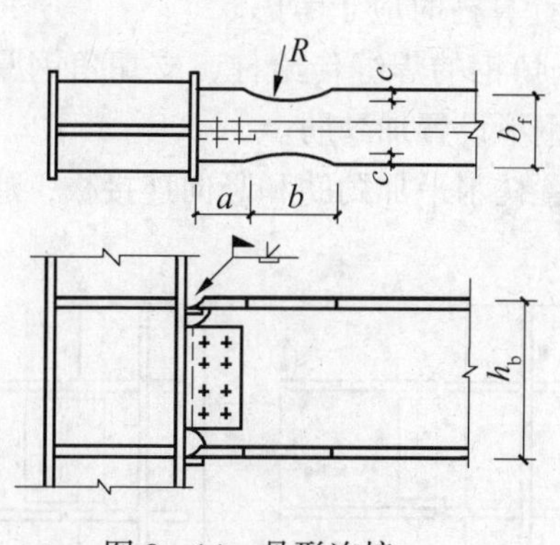

图 9－14　骨形连接

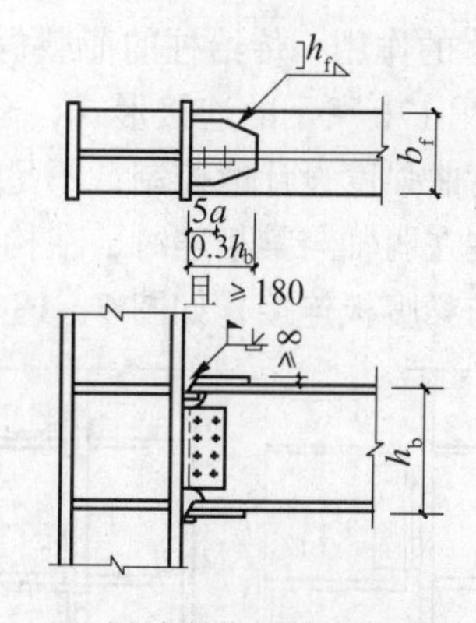

图 9－15　梁端翼缘加焊楔形盖板

劲肋，在梁高范围内设置柱的竖向连接板，其厚度应分别与梁翼缘和腹板厚度相同。柱水平加劲肋与柱翼缘和腹板均为全熔透坡口焊缝，竖向连接板与柱腹板连接为角焊缝。主梁与柱的现场连接如图 9－16 所示。

（1）梁翼缘采用全熔透坡口焊缝与柱水平加劲肋连接，梁腹板用高强度螺栓与柱竖向连接板连接。其连接计算方法与在柱强轴方向连接相同，梁端弯矩通过柱水平加劲肋传递，梁端剪力由梁腹板高强度螺栓承担。

（2）与柱在主轴方向连接相同，也可在垂直柱弱轴方向加焊悬臂梁段，形成连接支座与主梁连接，梁翼缘之间的连接可采用高强度螺栓或全熔透坡口焊缝，腹板之间采用高强度螺栓连接。

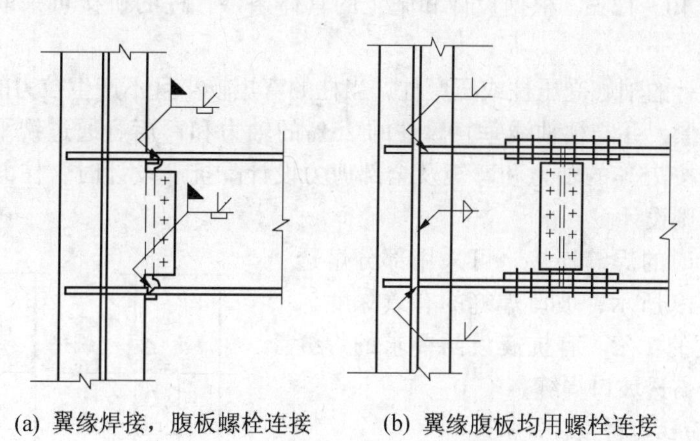

(a) 翼缘焊接，腹板螺栓连接　　(b) 翼缘腹板均用螺栓连接

图 9－16　柱在弱轴与主梁刚性连接

9.2.2.2　铰接连接

梁与柱的铰接连接只能承受很小的弯矩，梁端能够较自由地转动，但没有线位移，能传递剪力和轴力。铰接连接构造简单、传力简捷、施工方便，在工程中也有较广泛的应用。

由柱翼缘连接角钢（或节点板）或由支座连接角钢传递剪力的节点是典型的梁与柱铰接节点，如图 9－17 所示。用连接角钢与柱翼缘相连的梁，如图 9－17a 所示，通常认为支承点在柱翼缘表面，与梁腹板相连的高强度螺栓除承受梁端剪力外，还需考虑偏心弯矩

$M=R\cdot e$ 的作用。传给柱的荷载也是偏心的，在计算柱时应予考虑。

图 9－17b 所示的连接形式，全部剪力由支托角钢的焊缝传给柱，支托角钢厚度由承载肢的弯曲强度设计值控制，不足时可在支托角钢下设置加劲肋。

当柱在弱轴与梁相连时，在构造上仍应先设置柱水平加劲肋和竖向连接板，通过高强度螺栓与梁腹板连接，如图 9－18 所示。

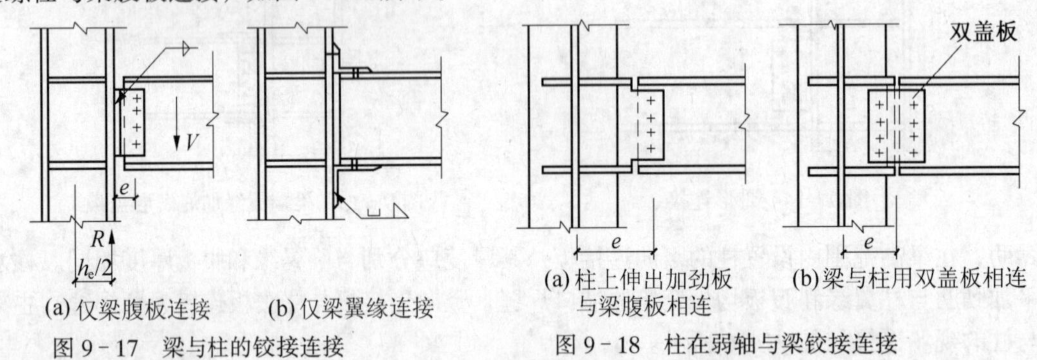

(a) 仅梁腹板连接　(b) 仅梁翼缘连接

图 9－17　梁与柱的铰接连接

(a) 柱上伸出加劲板与梁腹板相连　(b) 梁与柱用双盖板相连

图 9－18　柱在弱轴与梁铰接连接

9.2.3　柱与柱的连接

钢结构制作和安装过程中，由于运输条件的限制，或柱截面发生变化，需要将柱和柱拼接起来。柱的拼接节点一般都是刚接节点，柱拼接接头应位于框架节点塑性区以外，一般宜在框架梁上方 1.3 m 左右。考虑运输方便及吊装条件等因素，柱的安装单元一般采用三层一根，长度 10～12 m。根据设计和施工的具体条件，柱的拼接可采取焊接或高强度螺栓连接。

按非抗震设计的轴心受压柱或压弯柱，当柱的弯矩较小且不产生拉力的情况下，柱的上下端应铣平顶紧，并与柱轴线垂直。柱的 25% 的轴力和弯矩可通过铣平端传递，此时柱的拼接节点可按 75% 的轴力和弯矩及全部剪力设计。抗震设计时，柱的拼接节点按与柱截面等强度原则设计。

非抗震设计时的焊缝连接，可采用部分熔透焊缝，如图 9－19 所示，坡口焊缝的有效深度 t_e 不宜小于板厚度的 1/2。有抗震设防要求的焊缝连接，应采用全熔透坡口焊缝。

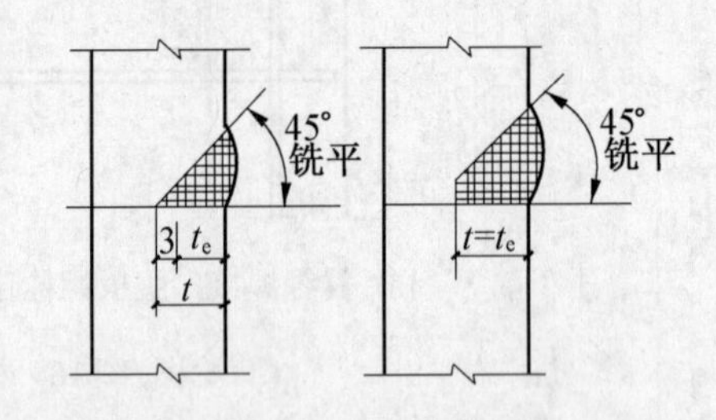

图 9－19　柱拼接接头的部分熔透焊缝

9.2.3.1　等截面柱的拼接

工字形截面柱的拼接接头，翼缘一般为全熔透坡口焊接，腹板可为高强度螺栓连接，如图 9－20a 所示，当柱腹板采用焊接时，上柱腹板开 K 形坡口，要求焊透，如图 9－20b 所示。

箱形截面柱的拼接接头应全部采用焊接，为便于全截面熔透，常用的接头形式如图 9－21所示。箱形截面柱接头处的下柱应设置盖板，与柱口齐平，盖板厚度不小于 16 mm，用单边 V 形坡口焊缝与柱壁板焊接，并与柱口一起刨平，使上柱口的焊接垫板与下柱有一个良好的接触面。上柱一般也应设置横隔板，厚度通常为 10 mm，以防止运输和焊接时变形。

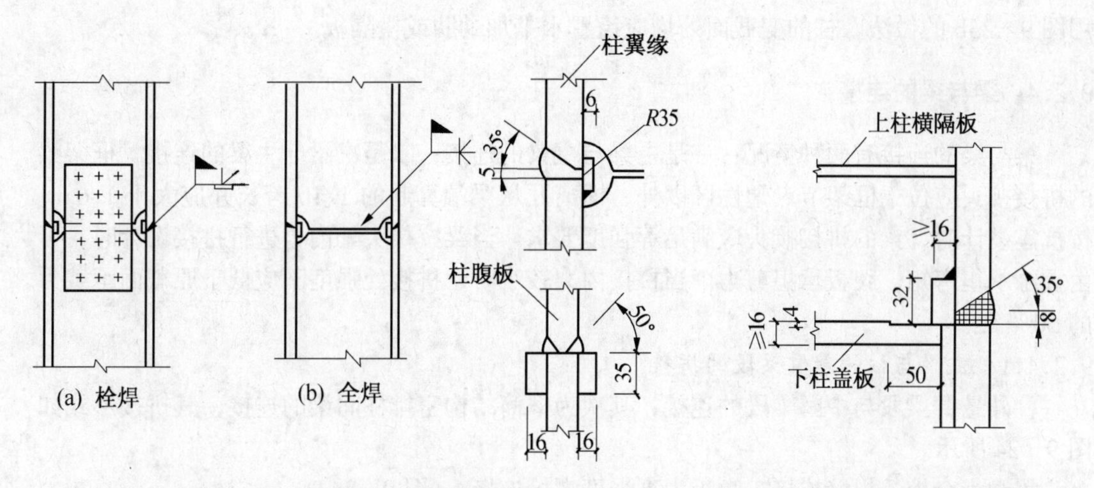

图 9－20　工字形柱的拼接接头　　　　图 9－21　箱形柱的焊接接头

高层钢结构中的箱形柱与下部型钢混凝土中的十字形柱相连时，应考虑截面形式变化处力的传递平顺。箱形柱的一部分力应通过栓钉传递给混凝土，另一部分力传递给下面的十字形柱，如图 9－22 所示。两种截面的连接处，十字形柱的腹板应伸入箱形柱内，形成两种截面的过渡段。伸入长度应不小于柱宽加 200 mm，即 $L\geqslant B+200$ mm，过渡段截面呈田字形。过渡段在主梁下并靠紧主梁。

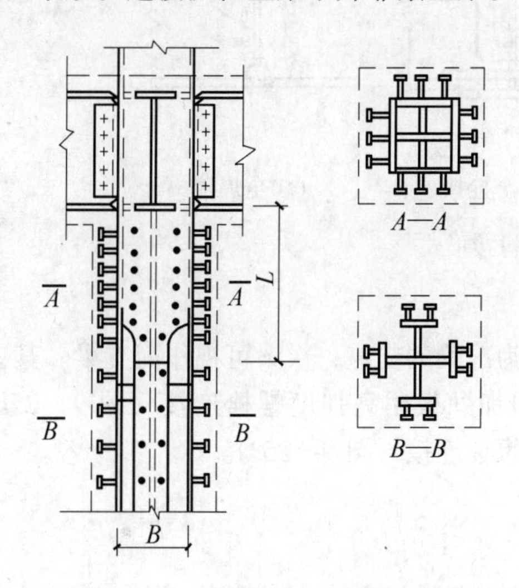

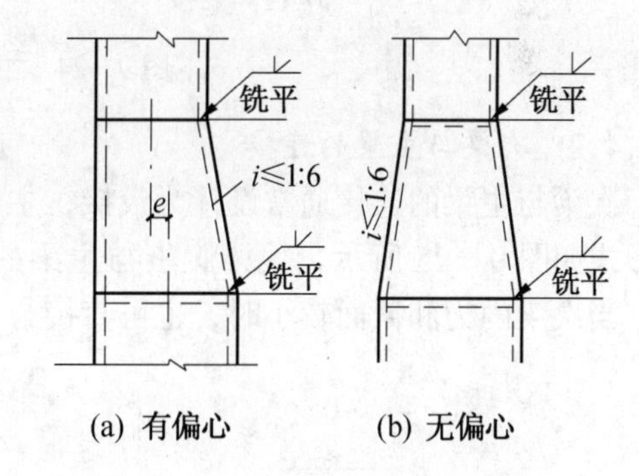

图 9－22　箱形柱与十字形柱的连接　　　　图 9－23　变截面柱的拼装

两种截面的接头处上下均应设置焊接栓钉，栓钉的间距和列距在过渡段内宜采用 150 mm，不大于 200 mm，沿十字形柱全高不大于 300 mm。

型钢混凝土中十字形柱的拼接接头，因十字形截面中的腹板采用高强度螺栓连接施工比较困难，翼缘和腹板均宜采用焊接。

9.2.3.2　变截面柱的拼接

柱需要变截面时，一般采用柱截面高度不变，仅改变翼缘厚度的方法。若需要改变柱截面高度时，柱的变截面段应由工厂完成，并尽量避开梁柱连接节点。对边柱可采用图 9－23a 的做法，不影响挂外墙板，但应考虑上下柱偏心产生的附加弯矩；对中柱可采用图 9－23b 的做法。柱的变截面处均应设置水平加劲肋或横隔板。

9.2.4 梁与梁的连接

梁与梁的连接有两种情况：一是主梁与主梁的连接；二是次梁与主梁的连接。框架梁的拼接接头应位于框架节点塑性区以外，即离开从梁端算起的 1/10 跨长并应大于 1.6 m。按抗震设计时，梁的拼接接头应满足等强度要求。当梁按接头处内力进行拼接设计时，可由翼缘承担弯矩，腹板承担剪力。当拼接内力较小时，拼接处强度不应低于原截面承载力的 50%。

9.2.4.1 主梁与柱的悬臂梁段的拼接

柱外悬臂梁段与中间梁段的连接，其次为框筒结构密排柱间梁的连接，其拼接形式如图 9－24 所示。

翼缘为全熔透焊缝连接，腹板为高强度螺栓连接；（图 9－24a）

翼缘和腹板都用高强度螺栓连接；（图 9－24b）

翼缘和腹板都用全熔透焊缝连接。（图 9－24c）

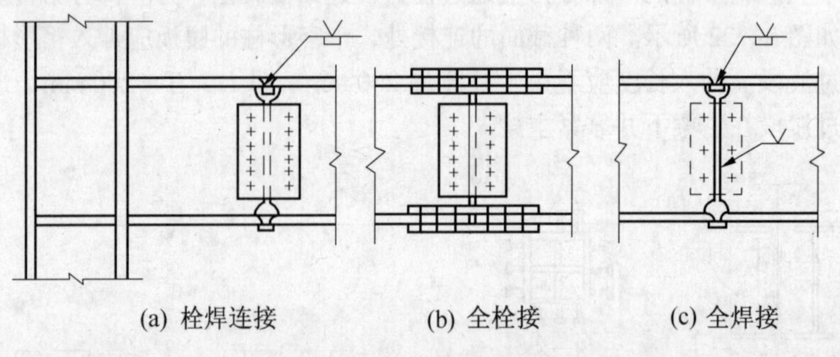

(a) 栓焊连接　(b) 全栓接　(c) 全焊接

图 9－24　主梁的拼接形式

9.2.4.2 次梁与主梁的连接

次梁与主梁的连接通常设计为铰接，主梁作为次梁的支座，次梁可视作简支梁。其拼接形式如图 9－25 所示，次梁腹板与主梁的竖向加劲板用高强度螺栓连接（图 9－25a、b）；当次梁内力和截面较小时，也可直接与主梁腹板连接（图 9－25c）。

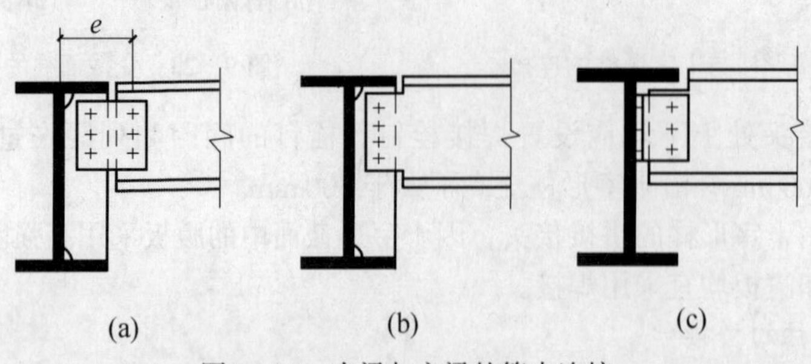

(a)　(b)　(c)

图 9－25　次梁与主梁的简支连接

当次梁跨数较多，跨度、荷载较大时，次梁与主梁的连接宜设计为刚接，此时次梁可视作连续梁，这样可以减少次梁的挠度，节约钢材。次梁与主梁的刚接形式如图 9－26 所示。

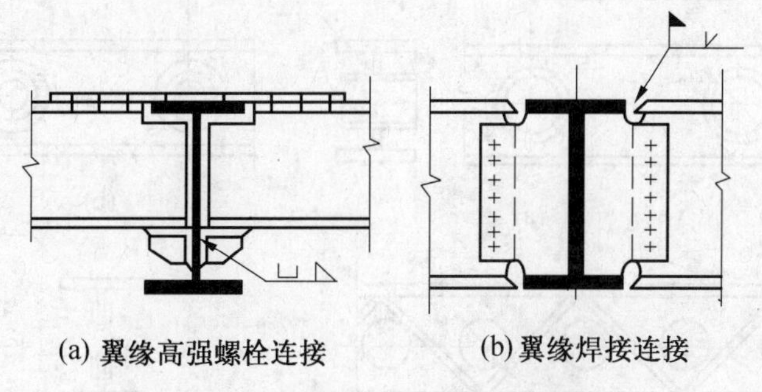
(a) 翼缘高强螺栓连接　(b) 翼缘焊接连接

图 9－26　次梁与主梁的刚性连接

9.2.4.3　主梁的侧向隅撑

按抗震设计时，在罕遇地震作用下，主梁与柱刚接节点处可能产生塑性铰。当楼板为刚性楼板，并与主梁的上翼缘有可靠的连接时，可以认为楼板对主梁的上翼缘有充分的侧向支承作用。但在梁的下翼缘处应设置侧向隅撑，设置位置在距柱轴线 1/8～1/10 的梁跨处。

侧向隅撑可按轴心受压构件计算，其轴心压力按下式计算：

$$N=\frac{A_{\mathrm{f}}f}{85\cos\alpha}\sqrt{\frac{f_{\mathrm{y}}}{235}} \tag{9-50}$$

式中　A_{f}——梁受压翼缘的截面面积；

f——梁翼缘抗压强度设计值；

α——隅撑与梁轴线的夹角，当梁互相垂直时可取 45°。

侧向隅撑的长细比应满足下式要求：

$$\lambda\leqslant130\sqrt{\frac{235}{f_{\mathrm{y0}}}} \tag{9-51}$$

式中　f_{y0}——侧向隅撑所用钢材的屈服强度。

9.2.4.4　梁腹板开孔的补强

当因管道穿过需要在梁腹板上开孔时，应根据孔的位置和大小确定是否对梁进行补强。当圆孔直径小于或等于 1/3 梁高，且孔洞间距大于 3 倍孔径，并能避免在梁端 1/8 跨度范围内开孔时，可不予补强。

当因开孔需要补强时，弯矩由梁翼缘承担，剪力由孔口截面的腹板和孔洞周围的补强板共同承担。圆形孔的补强可采用套管、环形补强板或在梁腹板上加焊 V 形加劲肋等措施，如图 9－27 所示。

梁腹板上开矩形孔时，对腹板的抗剪影响较大，应在洞口周边设置加劲板，其纵向加劲板伸过洞口的长度不小于矩形孔的高度，加劲肋的宽度为梁翼缘宽度的 1/2，厚度与腹板相同，如图 9－28 所示。

9.2.5　支撑与框架的连接

9.2.5.1　中心支撑与框架的连接

按抗震设计的支撑与框架的连接及支撑拼接的极限承载力，应满足 $N_{\mathrm{ubr}}\geqslant1.2A_{\mathrm{n}}f_{\mathrm{y}}$

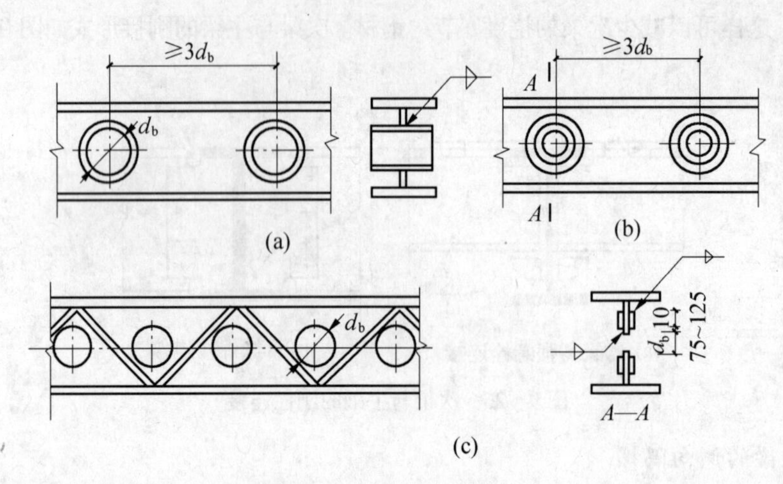

图 9-27　梁的圆形孔补强

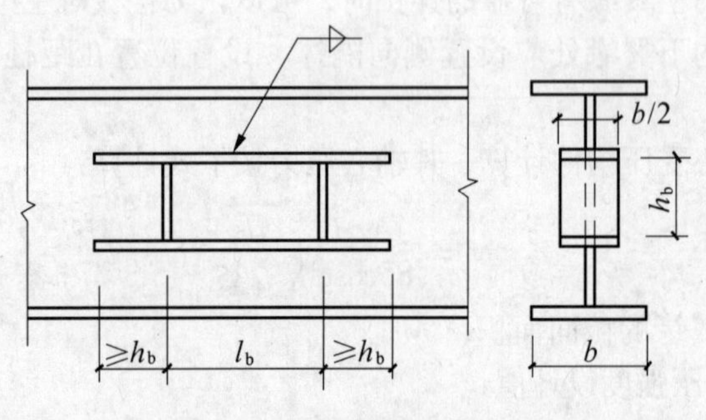

图 9-28　梁的圆形孔补强

的要求。中心支撑的重心线应通过梁与柱轴线的交点，当受构造条件的限制有不大于支撑杆件宽度的偏心时，结点设计应计入偏心造成附加弯矩的影响。

为便于节点的构造处理，带支撑的梁柱节点通常采用柱外带悬臂梁段的形式，使梁柱接头与支撑节点错开，如图 9-29a 所示。

抗震支撑的设计常将宽翼缘 H 形钢的强轴放在框架平面内，使支撑端部的节点构造更为刚强，如图 9-29b 所示，其平面外的计算长度取轴线长度的 0.7 倍。当支撑弱轴位于框架平面内时，其平面外的计算长度可取轴线长度的 0.9 倍。

支撑翼缘直接与梁和柱连接时，在连接处梁、柱均应设置加劲肋，以承受支撑轴心力对梁或柱的竖向或水平分力。支撑翼缘与箱形柱连接时，在柱壁板内的相应位置应放置水平加劲隔板。

9.2.5.2　偏心支撑与框架的连接

偏心支撑的斜杆中心线与梁中心线的交点，一般在消能梁段的端部，也允许在消能梁段内，此时将产生与消能梁段端部相反的附加弯矩，从而减少消能梁段和支撑的弯矩，对抗震有利。但交点不应在消能梁段以外，否则将增大支撑和消能梁段的弯矩，对抗震不利。

偏心支撑在达到设计承载力之前，支撑与框架梁的连接不应破坏，并能将支撑的力传递给梁。根据偏心支撑框架的设计要求，支撑端和消能梁段外的框架梁，其设计抗弯承载

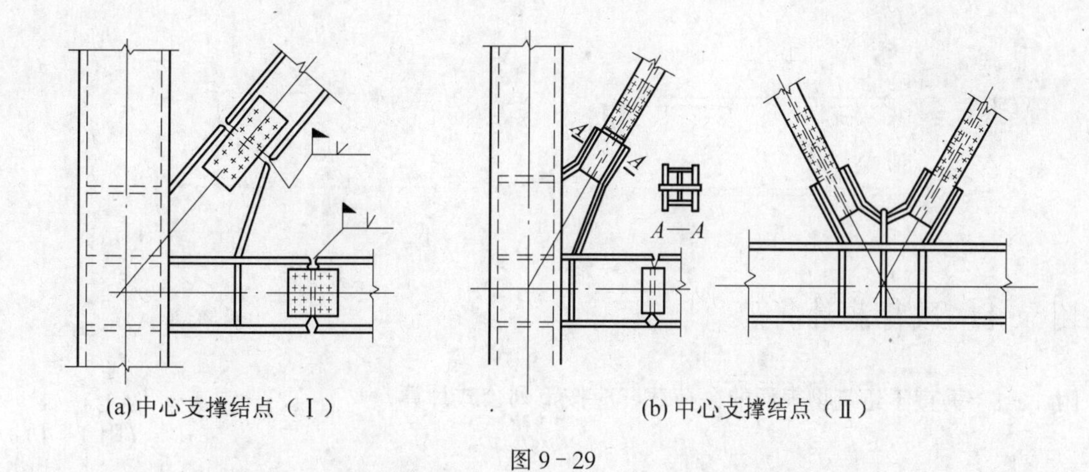

(a) 中心支撑结点（Ⅰ）　(b) 中心支撑结点（Ⅱ）

图 9－29

力之和应大于消能梁段的极限抗弯承载力。在设计支撑与框架梁的连接节点时，支撑两端与梁的连接应为刚性节点，支撑采用全熔透坡口焊缝直接焊于梁上的节点特别有效，如图 9－30 所示。

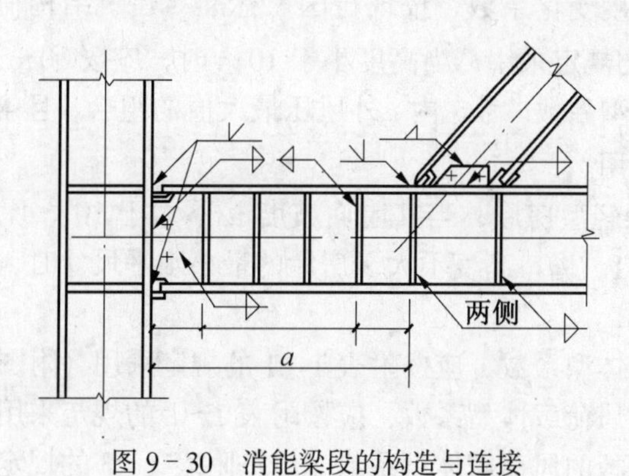

图 9－30　消能梁段的构造与连接

附 录

附录1 风荷载计算

附1-1 垂直于建筑物表面的风荷载，应按下列公式计算：

$$w_K > \mu_s \mu_z w_o \quad \text{(附1-1)}$$

式中 w_K——风荷载标准值，kN/m^2；

w_o——基本风压，按现行国家标准《建筑结构荷载规范（GB 50009—2001）》的规定值乘以1.05采用；

μ_z——风荷载高度变化系数，按现行国家标准《建筑结构荷载规范（GB 50009—2001）》的规定采用；当高度小于10 m时，应按10 m高度处的数值采用；

μ_s——风荷载体型系数，考虑内、外风压最大值的组合，且含阵风系数，按附1-2的规定采用。

附1-2 对于门式刚架轻型房屋，当其屋面坡度 α 不大于10°、屋面平均高度不大于10 m、房屋高宽比不大于1、檐口高度不大于房屋的最小水平尺寸时，风荷载体型系数 μ_s 应按下列规定采用：

(1) 刚架的风荷载体型系数，应按附表1-1的规定采用（附图1-1a、附图1-1b）；

(2) 檩条和墙梁的风荷载体型系数，应按附表1-2的规定采用（附图1-2）；

(3) 屋面板和墙面板的风荷载体型系数，应按附表1-3的规定采用（附图1-2）；

(4) 山墙墙架构件的风荷载体型系数，应按附表1-4的规定采用（附图1-2）；

(5) 屋面挑檐的风荷载体型系数，应按附表1-5的规定采用（附图1-3）。

注：对于多脊多坡的门式刚架轻型钢结构房屋，可参照本条规定采用。

对于本条未作规定的建筑类型的体型，风荷载体型系数及相应的基本风压和阵风系数可按现行国家标准《建筑结构荷载规范（GB 50009—2001）》的规定采用。

附表1-1 刚架的风荷载体型系数

建筑类型	分区											
	端区						中间区					
	1E	2E	3E	4E	5E	6E	1	2	3	4	5	6
封闭式	+0.50	−1.40	−0.80	−0.70	+0.90	−0.30	+0.25	−1.00	−0.65	−0.55	+0.65	−0.15
部分封闭式	+0.10	−1.80	−1.20	−1.10	+1.00	−0.20	+0.15	−1.40	−1.05	−0.95	+0.75	−0.05
敞开式	+1.05	−0.70	−0.70	−1.05	—	—	+1.05	−0.70	−0.70	−1.05	—	—

注：(1) 表中，正号（压力）表示风力由外朝向表面，负号（吸力）表示风力自表面向外离开，下同；

(2) 屋面以上的周边伸出部位，对 1 区和 5 区可取 +1.3，对 4 区和 6 区可取 −1.3，这些系数包括了迎风面和背风面的影响；

(3) 当端部柱距不小于端区宽度时，端区风荷载超过中间区的部分，宜直接由端刚架承受；

(4) 单坡房屋的风荷载体型系数，可按双坡房屋的两个半边处理（附图 1-1b）。

(5) 名词相关定义如下：

孔口：墙面和屋面未设置可供永久封闭用装置的面积。

敞开式房屋：各面墙至少有 80% 为孔口的房屋。

部分封闭式房屋：$A_0>0.05A_g$

$$A_0>A_{0i} \qquad \text{(附 1-2)}$$

$$A_0/A_{gi}<0.20$$

式中　A_0——受正风压的一片墙上孔口的总面积；

A_g——A_0 所指墙面的毛面积；

A_{0i}——除 A_0 以外的房屋所有墙面和屋面孔口面积的总和；

A_{gi}——除 A_g 以外的房屋所有墙面和屋面毛面积的总和。

封闭式房屋：没有部分封闭式房屋所规定孔口的房屋。

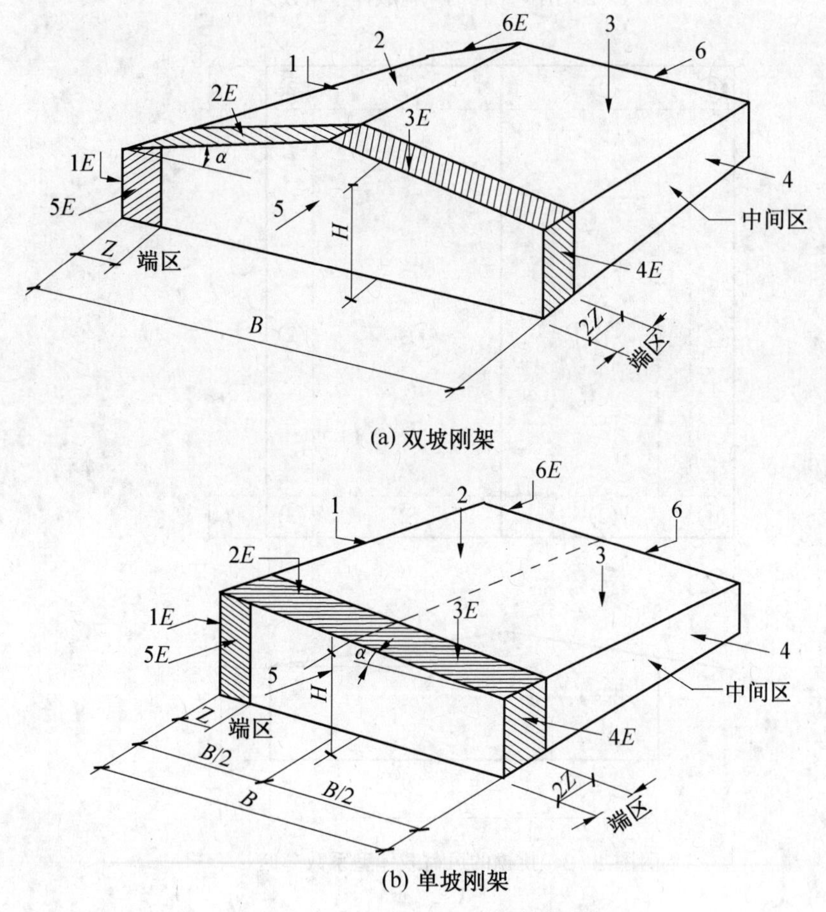

附图 1-1　刚架的风荷载体型系数分区

图中　α——屋面与水平的夹角；

B——建筑宽度；

H——屋顶至地面的平均高度，近似取檐口高度；

Z——计算围护结构构件时的房屋边缘带宽度，取建筑最小水平尺寸的10%或$0.4H$中之较小值，但不得小于建筑最小尺寸的4%或1m（附图1-2，附图1-3）；计算刚架时的房屋端区宽度取Z（横向）和$2Z$（纵向）。

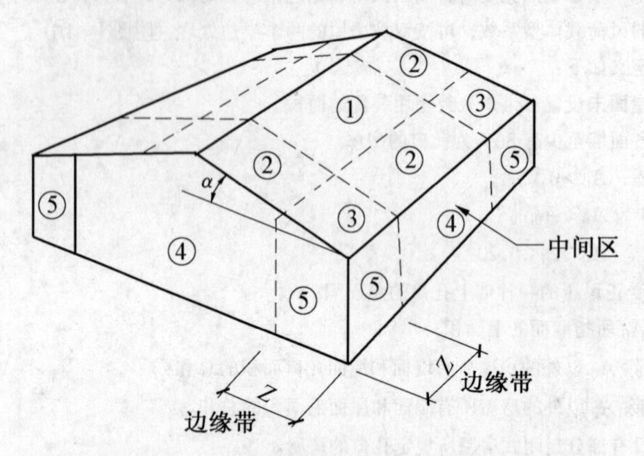

附图1-2　围护结构的风荷载体型系数分区

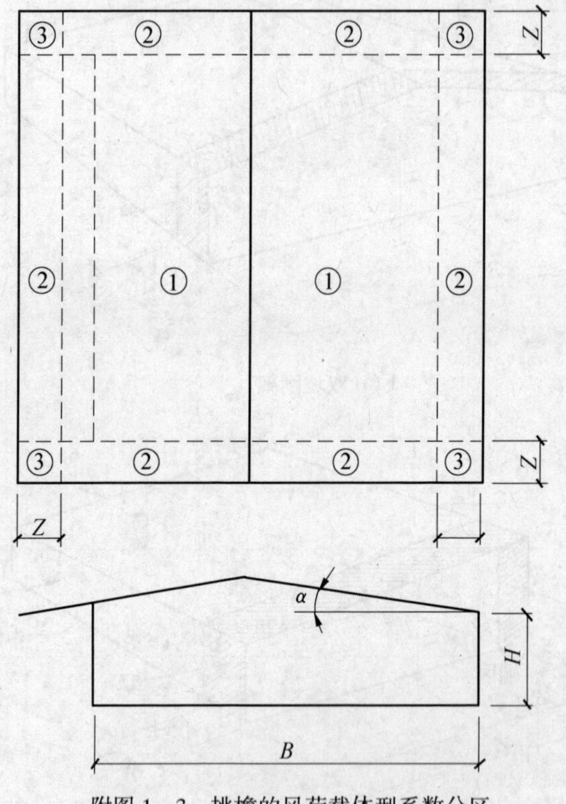

附图1-3　挑檐的风荷载体型系数分区

附表 1-2　檩条和墙梁的风荷载体型系数

结构构件	分区	有效受风面积（m^2）	封闭式建筑	部分封闭式建筑
檩条	中间区①	$A \leqslant 1$ $1 < A \leqslant 10$ $A \geqslant 10$	-1.3 $+0.15\log A - 1.3$ -1.15	-1.7 $+0.15\log A - 1.7$ -1.55
	边缘带②	$A \leqslant 6.3$ $6.3 < A \leqslant 10$ $A \geqslant 10$	-1.7 $+1.5\log A - 2.9$ -1.4	-2.1 $+1.5\log A - 3.3$ -1.8
	角部③	$A \leqslant 1$ $1 < A \leqslant 10$ $A \geqslant 10$	-2.9 $+1.5\log A - 2.9$ -1.4	-3.3 $+1.5\log A - 3.3$ -1.8
墙梁	中间区④	$A \geqslant 10$	-1.1 $+1.0$	-1.5 $+1.1$
	边缘带⑤	$A \geqslant 10$	-1.1 $+1.0$	-1.5 $+1.1$

注：(1) 表中，A 为构件的有效受风面积，按附表 1-3 的规定计算，下同；

(2) 表中列有压力和吸力时，应按两种情况进行结构构件计算，下同；

(3) 表中，带圆圈的数字表示分区号，见附图 1-2，下同。

附表 1-3　屋面板和墙面板的风荷载体型系数

结构构件	分区	有效受风面积（m^2）	封闭式建筑	部分封闭式建筑
屋面板和紧固件	中间区①	$A_1 \leqslant 1$	-1.3	-1.7
	边缘带②	$A_1 \leqslant 1$	-1.7	-2.1
	角部③	$A_1 \leqslant 1$	-2.9	-3.3
墙板和紧固件	中间区④	$A_1 \leqslant 1$	-1.2 $+1.2$	-1.6 $+1.3$
	边缘带⑤	$A_1 \leqslant 1$	-1.4 $+1.2$	-1.8 $+1.3$

注：表中，A_1 为紧固件的有效受风面积。

附表 1-4　山墙墙架构件的风荷载体型系数

结构构件	分区	有效受风面积（m^2）	封闭式建筑	部分封闭式建筑
斜梁	中间区①	$A \geqslant 10$	-1.2	-1.6
	边缘带②	$A \geqslant 10$	-1.3	-1.7
	角部③	$A \geqslant 10$	-1.3	-1.7
柱	中间区④	$A \geqslant 20$	-1.0 $+1.0$	-1.4 $+1.1$
	边缘带⑤	$A \geqslant 20$	-1.1 $+1.0$	-1.5 $+1.1$

附表 1－5　挑檐的风荷载体型系数

结构构件	分区	有效受风面积（m^2）	封闭式建筑
面板和紧固件	中间区①	$A_1 \leqslant 1$	－1.9
	边缘带②	$A_1 \leqslant 1$	－1.9
	角部③	$A_1 \leqslant 1$	－2.7
檩条和斜梁	中间区①和边缘带②	$A \leqslant 1$	－1.9
		$1 < A \leqslant 10$	$+0.1\log A - 1.9$
		$10 < A \leqslant 50$	$+0.858\log A - 2.658$
		$A \geqslant 50$	－1.2
	角部③	$A \leqslant 1$	－2.7
		$1 < A \leqslant 10$	$+1.8\log A - 2.7$
		$A \geqslant 10$	－0.9

注：挑檐的系数包括风荷载对上表面和下表面作用之和。

附 1－3　门式刚架轻型房屋的有效受风面积应按下列规定确定：

（1）构件的有效受风面积 A 可按下列公式计算：

$$A = lc \tag{附 1－3}$$

式中　l——所考虑构件的跨度；

c——所考虑构件的受风宽度，应大于 $(a+b)/2$ 或 $l/3$；

a、b——分别为所考虑构件（墙架柱、墙梁、檩条等）在左、右侧或上、下侧与相邻构件间的距离。

（2）无确定宽度的外墙和其他板式构件采用 $c = l/3$。

（3）紧固件的有效受风面积 A_1 取对所考虑的外力起作用的表面面积。

附录 2　受弯构件的容许挠度

附表 2－1　受弯构件的容许挠度

项　次	构　件　类　别	挠度容许值	
		$[\nu_T]$	$[\nu_Q]$
1	吊车梁和吊车桁架（按自重和起重量最大的一台吊车计算挠度）		
	（1）手动吊车和单梁吊车（含悬挂吊车）	$l/500$	
	（2）轻级工作制桥式吊车	$l/800$	
	（3）中级工作制桥式吊车	$l/1000$	
	（4）重级工作制桥式吊车	$l/1200$	
2	手动或电动葫芦的轨道梁	$l/400$	
3	有重轨（重量≥38 kg/m）轨道的工作平台梁	$l/600$	
	有轻轨（重量≤24 kg/m）轨道的工作平台梁	$l/400$	

续附表 2-1

项次	构件类别	挠度容许值	
		$[\nu_T]$	$[\nu_Q]$
4	楼（屋）盖梁或桁架，工作平台梁（第3项除外）和平台梁		
	（1）主梁或桁架（包括设有悬挂起重设备的梁和桁架）	$l/400$	$l/500$
	（2）抹灰顶棚的次梁	$l/250$	$l/350$
	（3）除（1）、（2）外的其他梁	$l/250$	$l/300$
	（4）屋盖檩条		
	支承无积灰的瓦楞铁和石棉瓦者	$l/150$	
	支承压型金属板、有积灰的瓦楞铁和石棉瓦等屋面者	$l/200$	
	支承其他屋面材料者	$l/200$	
	（5）平台板	$l/150$	
5	墙梁构件		
	（1）支柱		$l/400$
	（2）抗风桁架（作为连续支柱的支承时）		$l/1000$
	（3）砌体墙的横梁（水平方向）		$l/300$
	（4）支承压型金属板、瓦楞铁和石棉瓦墙面的横梁（水平方向）		$l/200$
	（5）带有玻璃窗的横梁（竖直和水平方向）	$l/200$	$l/200$

注：①l 为受弯构件的跨度（对悬臂梁和伸臂梁为悬伸长度的2倍）。

②$[\nu_T]$为全部荷载标准值产生的挠度（如有起拱应减去拱度）的容许值；

$[\nu_Q]$为可变荷载标准值产生的挠度的容许值。

附录3　轴心受压构件的稳定系数

附表 3-1a　a 类截面轴心受压构件的稳定系数 φ

$\lambda\sqrt{\frac{f_y}{235}}$	0	1	2	3	4	5	6	7	8	9
0	1.000	1.000	1.000	1.000	0.999	0.999	0.998	0.998	0.997	0.996
10	0.995	0.994	0.993	0.992	0.991	0.989	0.988	0.986	0.985	0.983
20	0.981	0.979	0.977	0.976	0.974	0.972	0.970	0.968	0.966	0.964
30	0.963	0.961	0.959	0.957	0.955	0.952	0.950	0.948	0.946	0.944
40	0.941	0.939	0.937	0.934	0.932	0.929	0.927	0.924	0.921	0.919
50	0.916	0.913	0.910	0.907	0.904	0.900	0.897	0.894	0.890	0.886
60	0.883	0.879	0.875	0.871	0.867	0.863	0.858	0.854	0.849	0.844
70	0.839	0.834	0.829	0.824	0.818	0.813	0.807	0.801	0.795	0.789
80	0.783	0.776	0.770	0.763	0.757	0.750	0.743	0.736	0.728	0.721
90	0.714	0.706	0.699	0.691	0.684	0.676	0.668	0.661	0.653	0.645
100	0.638	0.630	0.622	0.615	0.607	0.600	0.592	0.585	0.577	0.570

续附表 3-1a

$\lambda\sqrt{\frac{f_y}{235}}$	0	1	2	3	4	5	6	7	8	9
110	0.563	0.555	0.548	0.541	0.534	0.527	0.520	0.514	0.507	0.500
120	0.494	0.488	0.481	0.475	0.469	0.463	0.457	0.451	0.445	0.440
130	0.434	0.429	0.423	0.418	0.412	0.407	0.402	0.397	0.392	0.387
140	0.383	0.378	0.373	0.369	0.364	0.360	0.356	0.351	0.347	0.343
150	0.339	0.335	0.331	0.327	0.323	0.320	0.316	0.312	0.309	0.305
160	0.302	0.298	0.295	0.292	0.289	0.285	0.282	0.279	0.276	0.273
170	0.270	0.267	0.264	0.262	0.259	0.256	0.253	0.251	0.248	0.246
180	0.243	0.241	0.238	0.236	0.233	0.231	0.229	0.226	0.224	0.222
190	0.220	0.218	0.215	0.213	0.211	0.209	0.207	0.205	0.203	0.201
200	0.199	0.198	0.196	0.194	0.192	0.190	0.189	0.187	0.185	0.183
210	0.182	0.180	0.179	0.177	0.175	0.174	0.172	0.171	0.169	0.168
220	0.166	0.165	0.164	0.162	0.161	0.159	0.158	0.157	0.155	0.154
230	0.153	0.152	0.150	0.149	0.148	0.147	0.146	0.144	0.143	0.142
240	0.141	0.140	0.139	0.138	0.136	0.135	0.134	0.133	0.132	0.131
250	0.130									

附表 3-1b　b 类截面轴心受压构件的稳定系数 φ

$\lambda\sqrt{\frac{f_y}{235}}$	0	1	2	3	4	5	6	7	8	9
0	1.000	1.000	1.000	0.999	0.999	0.998	0.997	0.996	0.995	0.994
10	0.992	0.991	0.989	0.987	0.985	0.983	0.981	0.978	0.976	0.973
20	0.970	0.967	0.963	0.960	0.957	0.953	0.950	0.946	0.943	0.939
30	0.936	0.932	0.929	0.925	0.922	0.918	0.914	0.910	0.906	0.903
40	0.899	0.895	0.891	0.887	0.882	0.878	0.874	0.870	0.865	0.861
50	0.856	0.852	0.847	0.842	0.838	0.833	0.828	0.823	0.818	0.813
60	0.807	0.802	0.797	0.791	0.786	0.780	0.774	0.769	0.763	0.757
70	0.751	0.745	0.739	0.732	0.726	0.720	0.714	0.707	0.701	0.694
80	0.688	0.681	0.675	0.668	0.661	0.655	0.648	0.641	0.635	0.628
90	0.621	0.614	0.608	0.601	0.594	0.588	0.581	0.575	0.568	0.561
100	0.555	0.549	0.542	0.536	0.529	0.523	0.517	0.511	0.505	0.499
110	0.493	0.487	0.481	0.475	0.470	0.464	0.458	0.453	0.447	0.442
120	0.437	0.432	0.426	0.421	0.416	0.411	0.406	0.402	0.397	0.392
130	0.387	0.383	0.378	0.374	0.370	0.365	0.361	0.357	0.353	0.349
140	0.345	0.341	0.337	0.333	0.329	0.326	0.322	0.318	0.315	0.311
150	0.308	0.304	0.301	0.298	0.295	0.291	0.288	0.285	0.282	0.279

续附表 3－1b

$\lambda\sqrt{\frac{f_y}{235}}$	0	1	2	3	4	5	6	7	8	9
160	0.276	0.273	0.270	0.267	0.265	0.262	0.259	0.256	0.254	0.251
170	0.249	0.246	0.244	0.241	0.239	0.236	0.234	0.232	0.229	0.227
180	0.225	0.223	0.220	0.218	0.216	0.214	0.212	0.210	0.208	0.206
190	0.204	0.202	0.200	0.198	0.197	0.195	0.193	0.191	0.190	0.188
200	0.186	0.184	0.183	0.181	0.180	0.173	0.176	0.175	0.173	0.172
210	0.170	0.169	0.167	0.166	0.165	0.163	0.162	0.160	0.159	0.158
220	0.156	0.155	0.154	0.153	0.151	0.150	0.240	0.148	0.146	0.146
230	0.144	0.143	0.142	0.141	0.140	0.138	0.137	0.136	0.135	0.134
240	0.133	0.132	0.131	0.130	0.129	0.123	0.127	0.126	0.125	0.124
250	0.123									

附表 3－1c　c 类截面轴心受压构件的稳定系数 φ

$\lambda\sqrt{\frac{f_y}{235}}$	0	1	2	3	4	5	6	7	8	9
0	1.000	1.000	1.000	0.999	0.999	0.998	0.997	0.996	0.995	0.993
10	0.992	0.990	0.988	0.986	0.983	0.981	0.978	0.976	0.973	0.970
20	0.966	0.959	0.953	0.947	0.940	0.934	0.928	0.921	0.915	0.909
30	0.902	0.896	0.890	0.884	0.877	0.871	0.865	0.858	0.852	0.846
40	0.839	0.833	0.826	0.820	0.814	0.807	0.801	0.794	0.788	0.781
50	0.775	0.768	0.762	0.755	0.748	0.742	0.735	0.729	0.722	0.715
60	0.709	0.702	0.695	0.689	0.682	0.676	0.669	0.662	0.656	0.649
70	0.643	0.636	0.629	0.623	0.616	0.610	0.604	0.597	0.591	0.584
80	0.578	0.572	0.566	0.559	0.553	0.547	0.541	0.535	0.529	0.523
90	0.517	0.511	0.505	0.500	0.494	0.488	0.483	0.477	0.472	0.467
100	0.463	0.458	0.454	0.449	0.445	0.441	0.436	0.432	0.428	0.423
110	0.419	0.415	0.411	0.407	0.403	0.399	0.395	0.391	0.387	0.383
120	0.379	0.375	0.371	0.367	0.364	0.360	0.356	0.353	0.349	0.346
130	0.342	0.339	0.335	0.332	0.328	0.325	0.322	0.319	0.315	0.312
140	0.309	0.306	0.303	0.300	0.297	0.294	0.291	0.288	0.285	0.282
150	0.280	0.277	0.274	0.271	0.269	0.266	0.264	0.261	0.258	0.256
160	0.254	0.251	0.249	0.246	0.244	0.242	0.239	0.237	0.235	0.233
170	0.230	0.228	0.226	0.224	0.222	0.220	0.218	0.216	0.214	0.212
180	0.210	0.208	0.206	0.205	0.203	0.201	0.199	0.197	0.196	0.194
190	0.192	0.190	0.189	0.187	0.186	0.184	0.182	0.181	0.179	0.178
200	0.176	0.175	0.173	0.172	0.170	0.169	0.168	0.166	0.165	0.163

续附表 3 - 1c

$\lambda\sqrt{\frac{f_y}{235}}$	0	1	2	3	4	5	6	7	8	9
210	0.162	0.161	0.159	0.158	0.157	0.156	0.154	0.153	0.152	0.151
220	0.150	0.148	0.147	0.146	0.145	0.144	0.143	0.142	0.140	0.139
230	0.138	0.137	0.136	0.135	0.134	0.133	0.132	0.131	0.130	0.129
240	0.128	0.127	0.126	0.125	0.124	0.124	0.123	0.122	0.121	0.120
250	0.119									

附表 3 - 1d　*d* 类截面轴心受压构件的稳定系数 φ

$\lambda\sqrt{\frac{f_y}{235}}$	0	1	2	3	4	5	6	7	8	9
0	1.000	1.000	0.999	0.999	0.998	0.996	0.994	0.992	0.990	0.987
10	0.984	0.981	0.978	0.974	0.969	0.965	0.960	0.955	0.949	0.944
20	0.937	0.927	0.918	0.909	0.900	0.891	0.883	0.874	0.865	0.857
30	0.848	0.840	0.831	0.823	0.815	0.807	0.799	0.790	0.782	0.774
40	0.766	0.759	0.751	0.743	0.735	0.728	0.720	0.712	0.705	0.697
50	0.690	0.683	0.675	0.668	0.661	0.654	0.646	0.639	0.632	0.625
60	0.618	0.612	0.605	0.598	0.591	0.585	0.578	0.572	0.565	0.559
70	0.552	0.546	0.540	0.534	0.528	0.522	0.516	0.510	0.504	0.498
80	0.493	0.487	0.481	0.476	0.470	0.465	0.460	0.454	0.449	0.444
90	0.439	0.434	0.429	0.424	0.419	0.414	0.410	0.405	0.401	0.397
100	0.394	0.390	0.387	0.383	0.380	0.376	0.373	0.370	0.366	0.363
110	0.359	0.355	0.353	0.350	0.346	0.343	0.340	0.337	0.334	0.331
120	0.328	0.325	0.322	0.319	0.316	0.313	0.310	0.307	0.304	0.301
130	0.299	0.296	0.293	0.290	0.288	0.235	0.282	0.280	0.277	0.275
140	0.272	0.270	0.267	0.265	0.262	0.260	0.258	0.255	0.253	0.251
150	0.248	0.246	0.244	0.342	0.240	0.237	0.235	0.233	0.231	0.229
160	0.227	0.225	0.223	0.121	0.219	0.217	0.215	0.213	0.212	0.240
170	0.206	0.206	0.204	0.202	0.201	0.199	0.197	0.196	0.194	0.192
180	0.192	0.189	0.168	0.166	0.184	0.133	0.181	0.180	0.173	0.177
190	0.176	0.174	0.173	0.171	0.170	0.168	0.167	0.166	0.164	0.163
200	0.160									

附录 4　柱的计算长度系数 μ_2

附表 4－1　柱上端可移动但不转动的单阶柱下段的计算长度系数 μ_2

简　图	η_1 \ K_1	0.06	0.08	0.10	0.12	0.14	0.16	0.18	0.20	0.22	0.24	0.26	0.28	0.3	0.4	0.5	0.6	0.7	0.8
	0.2	1.96	1.94	1.93	1.91	1.90	1.89	1.88	1.86	1.85	1.84	1.83	1.82	1.81	1.76	1.72	1.68	1.65	1.62
	0.3	1.96	1.94	1.93	1.92	1.91	1.89	1.88	1.87	1.86	1.85	1.84	1.83	1.82	1.77	1.73	1.70	1.66	1.63
	0.4	1.96	1.95	1.94	1.92	1.91	1.90	1.89	1.88	1.87	1.86	1.85	1.84	1.83	1.79	1.75	1.72	1.68	1.66
	0.5	1.96	1.95	1.94	1.93	1.92	1.91	1.90	1.89	1.88	1.87	1.86	1.85	1.85	1.81	1.77	1.74	1.71	1.69
	0.6	1.97	1.96	1.95	1.94	1.93	1.92	1.91	1.90	1.90	1.89	1.88	1.87	1.87	1.83	1.80	1.78	1.75	1.73
	0.7	1.97	1.97	1.96	1.95	1.94	1.94	1.93	1.92	1.92	1.91	1.90	1.90	1.89	1.86	1.84	1.82	1.80	1.78
	0.8	1.98	1.98	1.97	1.96	1.96	1.95	1.95	1.94	1.94	1.93	1.93	1.93	1.92	1.90	1.88	1.87	1.86	1.84
	0.9	1.99	1.99	1.98	1.98	1.98	1.97	1.97	1.97	1.97	1.96	1.96	1.96	1.96	1.95	1.94	1.93	1.92	1.92
	1.0	2.00	2.00	2.00	2.00	2.00	2.00	2.00	2.00	2.00	2.00	2.00	2.00	2.00	2.00	2.00	2.00	2.00	2.00
	1.2	2.03	2.04	2.04	2.05	2.06	2.07	2.07	2.08	2.08	2.09	2.10	2.10	2.11	2.13	2.15	2.17	2.18	2.20
$K_1=\frac{l_1}{l_2}\cdot\frac{H_2}{H_1}$	1.4	2.07	2.09	2.11	2.12	2.14	2.16	2.17	2.18	2.20	2.21	2.22	2.23	2.24	2.29	2.33	2.37	2.40	2.42
	1.6	2.13	2.16	2.19	2.22	2.25	2.27	2.30	2.32	2.34	2.36	2.37	2.39	2.41	2.48	2.54	2.59	2.63	2.67
$\eta_1=\frac{H_1}{H_2}\sqrt{\frac{N_1}{N_2}\cdot\frac{l_2}{l_1}}$	1.8	2.22	2.27	2.31	2.35	2.39	2.42	2.45	2.48	2.50	2.53	2.55	2.57	2.59	2.69	2.76	2.83	2.88	2.93
	2.0	2.35	2.41	2.46	2.50	2.55	2.59	2.62	2.66	2.69	2.72	2.75	2.77	2.80	2.91	3.00	3.08	3.14	3.20
N_1——上段柱的	2.2	2.51	2.57	2.63	2.68	2.73	2.77	2.81	2.85	2.89	2.92	2.95	2.98	3.01	3.14	3.25	3.33	3.41	3.47
轴心力；	2.4	2.68	2.75	2.81	2.87	2.92	2.97	3.01	3.05	3.09	3.13	3.17	3.20	3.24	3.38	3.50	3.59	3.68	3.75
N_2——下段柱的	2.6	2.87	2.94	3.00	3.06	3.12	3.17	3.22	3.27	3.31	3.35	3.39	3.43	3.46	3.62	3.75	3.86	3.95	4.03
轴心力	2.8	3.06	3.14	3.20	3.27	3.33	3.38	3.43	3.48	3.53	3.58	3.62	3.66	3.70	3.87	4.01	4.13	4.23	4.32
	3.0	3.26	3.34	3.41	3.47	3.54	3.60	3.65	3.70	3.75	3.80	3.85	3.89	3.93	4.12	4.27	4.40	4.51	4.61

注：表中的计算长度系数 μ_2 值系按下式计算得出：$\tan\frac{\pi\eta_1}{\mu_2}+\eta_1K_1\cdot\tan\frac{\pi}{\mu_2}=0$。

附表 4－2　柱上端为自由的单阶柱下段的计算长度系数 μ_2

简　图	η_1 \ K_1	0.06	0.08	0.10	0.12	0.14	0.16	0.18	0.20	0.22	0.24	0.26	0.28	0.3	0.4	0.5	0.6	0.7	0.8
	0.2	2.00	2.01	2.01	2.01	2.01	2.01	2.01	2.02	2.02	2.02	2.02	2.02	2.02	2.03	2.04	2.05	2.06	2.07
	0.3	2.01	2.02	2.02	2.02	2.03	2.03	2.03	2.04	2.04	2.05	2.05	2.05	2.06	2.08	2.10	2.12	2.13	2.15
	0.4	2.02	2.03	2.04	2.04	2.05	2.06	2.07	2.07	2.08	2.09	2.09	2.10	2.11	2.14	2.18	2.21	2.25	2.28
	0.5	2.04	2.05	2.06	2.07	2.09	2.10	2.11	2.12	2.13	2.15	2.16	2.17	2.18	2.24	2.29	2.35	2.40	2.45
	0.6	2.06	2.08	2.10	2.12	2.14	2.16	2.18	2.19	2.21	2.23	2.25	2.26	2.28	2.36	2.44	2.52	2.59	2.66
	0.7	2.10	2.13	2.16	2.18	2.21	2.24	2.26	2.29	2.31	2.34	2.36	2.38	2.41	2.52	2.62	2.72	2.81	2.90
	0.8	2.15	2.20	2.24	2.27	2.31	2.34	2.38	2.41	2.44	2.47	2.50	2.53	2.56	2.70	2.82	2.94	3.06	3.16
	0.9	2.24	2.29	2.35	2.39	2.44	2.48	2.52	2.56	2.60	2.63	2.67	2.71	2.74	2.90	3.05	3.19	3.32	3.44
	1.0	2.36	2.43	2.48	2.54	2.59	2.64	2.69	2.73	2.77	2.82	2.86	2.90	2.94	3.12	3.29	3.45	3.59	3.74
	1.2	2.69	2.76	2.83	2.89	2.95	3.01	3.07	3.12	3.17	3.22	3.27	3.32	3.37	3.59	3.80	3.99	4.17	4.34
$K_1=\frac{l_1}{l_2}\cdot\frac{H_2}{H_1}$	1.4	3.07	3.14	3.22	3.29	3.36	3.42	3.43	3.55	3.61	3.66	3.72	3.78	3.83	4.09	4.33	4.56	4.77	4.97
	1.6	3.47	3.55	3.63	3.71	3.78	3.85	3.92	3.99	4.07	4.12	4.18	4.25	4.31	4.61	4.88	5.14	5.38	5.62
$\eta_1=\frac{H_1}{H_2}\sqrt{\frac{N_1}{N_2}\cdot\frac{l_2}{l_1}}$	1.8	3.88	3.97	4.05	4.13	4.21	4.29	4.37	4.44	4.52	4.59	4.66	4.73	4.80	5.13	5.44	5.73	6.00	6.26
	2.0	4.29	4.39	4.48	4.57	4.65	4.74	4.82	4.90	4.99	5.07	5.14	5.22	5.30	5.66	6.00	6.32	6.63	6.92
N_1——上段柱的	2.2	4.71	4.81	4.91	5.00	5.10	5.19	5.28	5.37	5.46	5.54	5.63	5.71	5.80	6.19	6.57	6.92	7.26	7.58
轴心力；	2.4	5.13	5.24	5.34	5.44	5.54	5.64	5.74	5.84	5.93	6.03	6.12	6.21	6.30	6.73	7.14	7.52	7.89	8.24
N_2——下段柱的	2.6	5.55	5.66	5.77	5.88	5.99	6.10	6.20	6.31	6.41	6.51	6.61	6.71	6.80	7.27	7.71	8.13	8.52	8.90
轴心力	2.8	5.97	6.09	6.21	6.33	6.44	6.55	6.67	6.78	6.89	6.99	7.10	7.21	7.31	7.81	8.28	8.73	9.16	9.57
	3.0	6.39	6.52	6.64	6.77	6.89	7.01	7.13	7.25	7.37	7.48	7.59	7.71	7.82	8.35	8.86	9.34	9.80	10.24

注：表中的计算长度系数 μ_2 值系按下式计算得出：$\eta_1K_1\cdot\tan\frac{\pi}{\mu_2}\cdot\tan\frac{\pi\eta_1}{\mu_2}-1=0$。

附录5 疲劳计算的构件和连接分类

附表 5-1 构件和连接分类

项次	简图	说明	类别
1	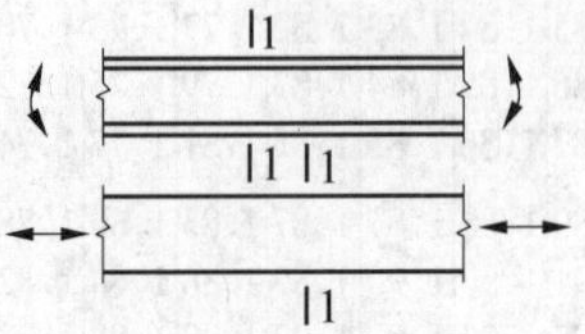	无连接处的主体金属 1. 轧制型钢 2. 钢板 a. 两边为轧制边或刨边； b. 两侧为自动、半自动切割边（切割质量标准应符合《钢结构工程施工及验收规范》）	 1 1 2
2	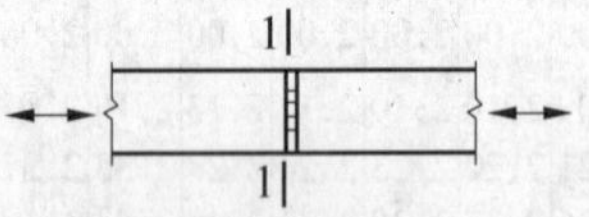	横向对接焊缝附近的主体金属 1. 符合《钢结构工程施工及验收规范》的一级焊缝 2. 经加工、磨平的一级焊缝	 3 2
3	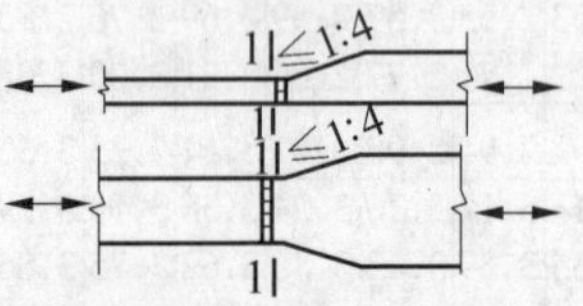	不同厚度（或宽度）横向对接焊缝附近的主体金属、焊缝加工成平滑过渡并符合一级焊缝标准	2
4	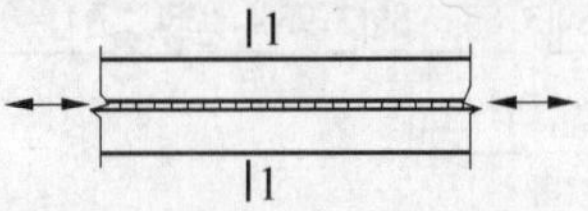	纵向对接焊缝附近的主体金属，焊缝符合二级焊缝标准	2
5	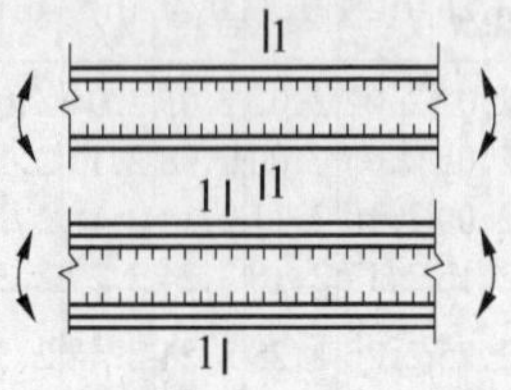	翼缘连接焊缝附近的主体金属 1. 翼缘板与腹板的连接焊缝 a. 自动焊，二级焊缝 b. 自动焊，三级焊缝，外观缺陷符合二级 c. 手工焊，三级焊缝，外观缺陷符合二级 2. 双层翼缘板之间的连接焊缝 a. 自动焊，三级焊缝，外观缺陷符合二级 b. 手工焊，三级焊缝，外观缺陷符合二级	 2 3 4 3 4
6	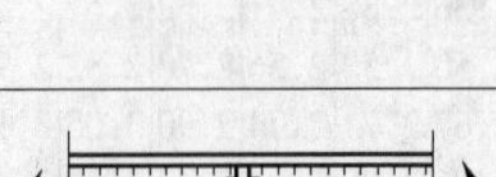	横向加劲肋端部附近的主体金属 1. 肋端不断弧（采用回焊） 2. 肋端断弧	 4 5
7	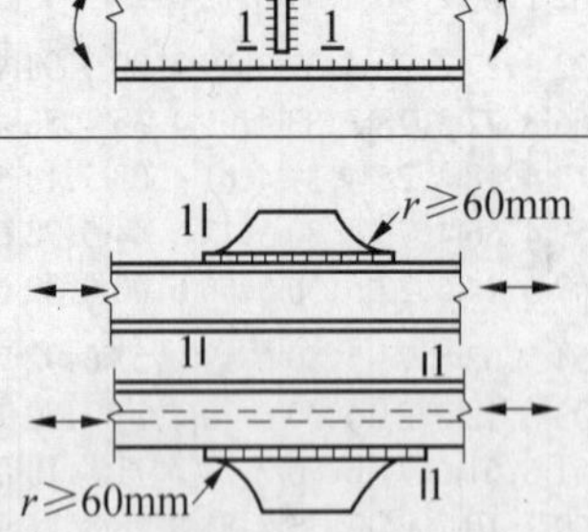	梯形节点板用对接焊缝焊于梁翼缘、腹板以及桁架构件处的主体金属，过渡处在焊后铲平、磨光、圆滑过渡，不得有焊接起弧、灭弧缺陷	1

续附表 5－1

项次	简　图	说　明	类别
8	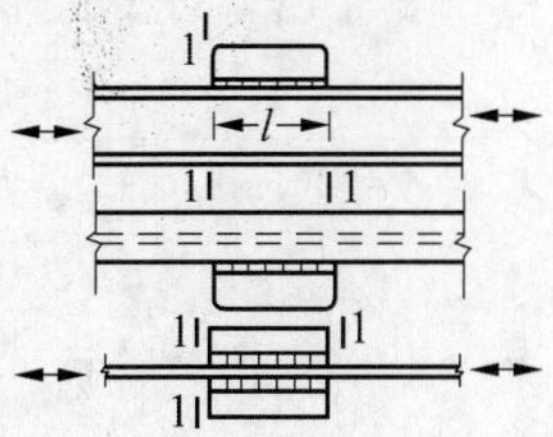	矩形节点板焊接于构件翼缘或腹板处的主体金属，$l>160\,\mathrm{mm}$	4
9	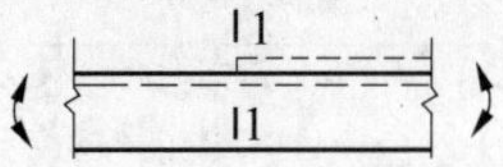	节点板中断处的主体金属（设端面正面焊缝）	6
10	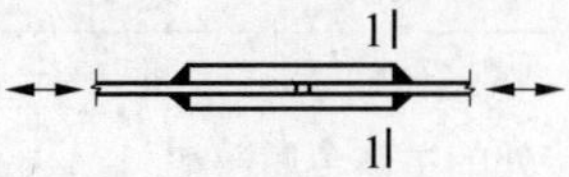	向正面角焊缝过渡处的主体金属	6
11	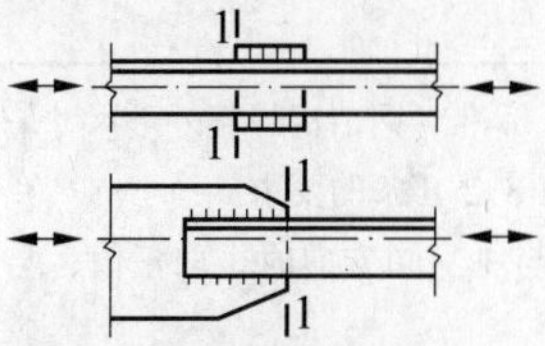	两侧面角焊缝连接端部的主体金属	8
12	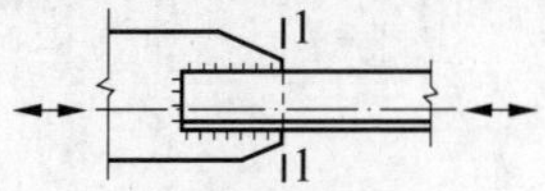	三面围焊的角焊缝端部主体金属	7
13	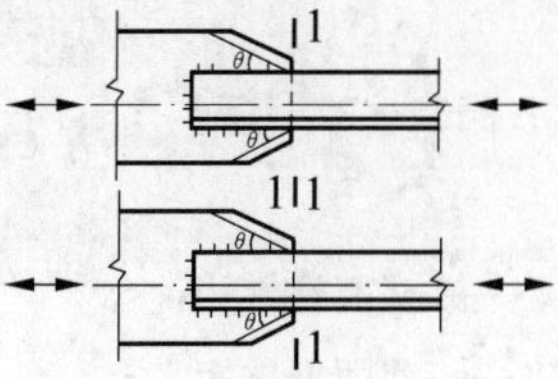	三面围焊或两侧面角焊缝连接的节点板主体金属（节点板计算宽度按应力扩散角 $\theta=30°$ 考虑）	7
14	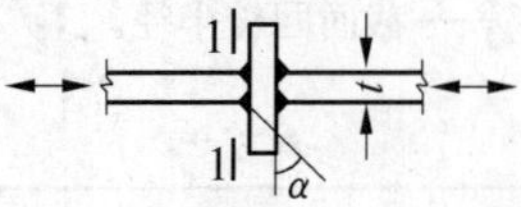	K 形对接焊缝处的主体金属，两板轴线偏离小于 $0.15t$，焊缝为二级，焊趾角 $\alpha\leqslant45°$	5
15	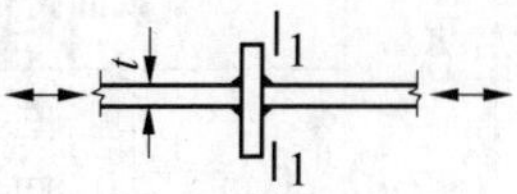	十字接头角焊缝处的主体金属，两板轴线偏离小于 $0.15t$	7
16	角焊缝	按有效截面确定的剪应力幅计算	8

续附表 5-1

项次	简 图	说 明	类别
17		铆钉连接处的主体金属	3
18		连系螺栓和虚孔处的主体金属	3
19		高强度螺栓摩擦型连接处的主体金属	2

注：①所有对接焊缝均需焊透。所有焊缝的外形尺寸均应符合现行国家标准《钢结构焊缝外形尺寸》的规定。

②角焊缝应符合现行国家标准《钢结构设计规范》第 8.2.7 条和第 8.2.8 条的要求。

③项次 10 中的剪应力幅 $\Delta\tau=\tau_{max}-\tau_{min}$，其中 τ_{min}的正负值为：与 τ_{max}同方向时，取正值；与 τ_{max}反方向时，取负值。

④第 17、18 项次的应力应以净截面面积计算，第 19 项应以毛截面面积计算。

附录 6 各类钢管的规格及截面特性

附表 6-1 无缝圆钢管的规格及截面特性（按 GB 8162—87 计算）

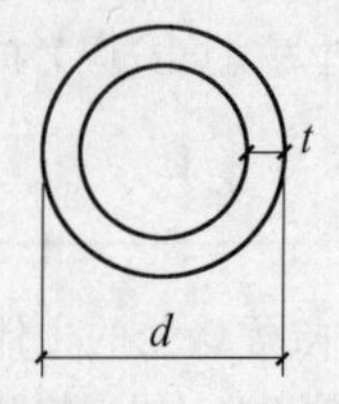

I——截面惯性矩；
W——截面抵抗矩；
i——截面回转半径。

尺寸(mm)		截面面积	每米重量	截面特性			尺寸(mm)		截面面积	每米重量	截面特性		
d	t	A (cm^2)	(kg/m)	I (cm^4)	W (cm^3)	i (cm)	d	t	A (cm^2)	(kg/m)	I (cm^4)	W (cm^3)	i (cm)
32	2.5	2.32	1.82	2.54	1.59	1.05	38	2.5	2.79	2.19	4.41	2.32	1.26
	3.0	2.73	2.15	2.90	1.82	1.03		3.0	3.30	2.59	5.09	2.68	1.24
	3.5	3.13	2.46	3.23	2.02	1.02		3.5	3.79	2.98	5.70	3.00	1.23
	4.0	3.52	2.76	3.52	2.20	1.00		4.0	4.27	3.35	6.26	3.29	1.21

续附表 6 - 1

尺　寸 (mm)		截面面积	每米重量	截面特性		
d	t	A (cm²)	(kg/m)	I (cm⁴)	W (cm³)	i (cm)
42	2.5	3.10	2.44	6.07	2.89	1.40
	3.0	3.68	2.89	7.03	3.35	1.38
	3.5	4.23	3.32	7.91	3.77	1.37
	4.0	4.78	3.75	8.71	4.15	1.35
45	2.5	3.34	2.62	7.56	3.36	1.51
	3.0	3.96	3.11	8.77	3.90	1.49
	3.5	4.56	3.58	9.89	4.40	1.47
	4.0	5.15	4.04	10.93	4.86	1.46
50	2.5	3.73	2.93	10.55	4.22	1.68
	3.0	4.43	3.48	12.28	4.91	1.67
	3.5	5.11	4.01	13.90	4.56	1.65
	4.0	5.78	4.54	15.41	6.16	1.63
	4.5	6.43	5.05	16.81	6.72	1.62
	5.0	7.07	5.55	18.11	7.25	1.60
54	3.0	4.81	3.77	15.68	5.81	1.81
	3.5	5.55	4.36	17.79	6.59	1.79
	4.0	6.28	4.93	19.76	7.32	1.77
	4.5	7.00	5.49	21.61	8.00	1.76
	5.0	7.70	6.04	23.34	8.64	1.74
	5.5	8.38	6.58	24.96	9.24	1.73
	6.0	9.05	7.10	26.46	9.80	1.71
57	3.0	5.09	4.00	18.61	6.53	1.91
	3.5	5.88	4.62	21.14	7.42	1.90
	4.0	6.66	5.23	23.52	8.25	1.88
	4.5	7.42	5.83	25.76	9.04	1.86
	5.0	8.17	6.41	27.86	9.78	1.85
	5.5	8.90	6.99	29.84	10.47	1.83
	6.0	9.61	7.55	31.69	11.12	1.82
60	3.0	5.37	4.22	21.88	7.29	2.02
	3.5	6.21	4.88	24.88	8.29	2.00
	4.0	7.04	5.52	27.73	9.24	1.98
	4.5	7.85	6.16	30.41	10.14	1.97
	5.0	8.64	6.78	32.94	10.98	1.95
	5.5	9.42	7.39	35.32	11.77	1.94
	6.0	10.18	7.99	37.56	12.52	1.92
63.5	3.0	5.70	4.48	26.15	8.24	2.14
	3.5	6.60	5.18	29.79	9.38	2.12
	4.0	7.48	5.87	33.24	10.47	2.11
	4.5	8.34	6.55	36.50	11.50	2.09
	5.0	9.19	7.21	39.60	12.47	2.08
	5.5	10.02	7.87	42.52	13.39	2.06
	6.0	10.84	8.51	45.28	14.26	2.04
68	3.0	6.13	4.81	32.42	9.54	2.30
	3.5	7.09	5.57	36.99	10.88	2.28
	4.0	8.04	6.31	41.34	12.16	2.27
	4.5	8.98	7.05	45.47	13.37	2.25
	5.0	9.90	7.77	49.41	14.53	2.23
	5.5	10.80	8.48	53.14	15.63	2.22
	6.0	11.69	9.17	56.68	16.67	2.20
70	3.0	6.31	4.96	35.50	10.14	2.37
	3.5	7.31	5.74	40.53	11.58	2.35
	4.0	8.29	6.51	45.33	12.95	2.34
	4.5	9.26	7.27	49.89	14.26	2.32
	5.0	10.21	8.01	54.24	15.50	2.30
	5.5	11.14	8.75	58.38	16.68	2.29
	6.0	12.06	9.47	62.31	17.80	2.27
73	3.0	6.60	5.18	40.48	11.09	2.48
	3.5	7.64	6.00	46.26	12.67	2.46
	4.0	8.67	6.81	51.78	14.19	2.44
	4.5	9.68	7.60	57.04	15.63	2.43
	5.0	10.68	8.38	62.07	17.01	2.41
	5.5	11.66	9.16	66.87	18.32	2.39
	6.0	12.63	9.91	71.43	19.57	2.38
76	3.0	6.88	5.40	45.91	12.08	2.58
	3.5	7.97	6.26	52.50	13.82	2.57
	4.0	9.05	7.10	58.81	15.48	2.55
	4.5	10.11	7.93	64.85	17.07	2.53
	5.0	11.15	8.75	70.62	18.59	2.52
	5.5	12.18	9.56	76.14	20.04	2.50
	6.0	13.19	10.36	81.41	21.42	2.48

续附表 6-1

尺寸 (mm)		截面面积	每米重量	截面特性		
d	t	A (cm^2)	(kg/m)	I (cm^4)	W (cm^3)	i (cm)
83	3.5	8.74	6.86	69.19	16.67	2.81
	4.0	9.93	7.79	77.64	18.71	2.80
	4.5	11.10	8.71	85.76	20.67	2.78
	5.0	12.25	9.62	93.56	22.54	2.76
	5.5	13.39	10.51	101.04	24.35	2.75
	6.0	14.51	11.39	108.22	26.08	2.73
	6.5	15.62	12.26	115.10	27.74	2.71
	7.0	16.71	13.12	121.69	29.32	2.70
89	3.5	9.40	7.38	86.05	19.34	3.03
	4.0	10.68	8.38	96.68	21.73	3.01
	4.5	11.95	9.38	106.92	24.03	2.99
	5.0	13.19	10.36	116.79	26.24	2.98
	5.5	14.43	11.33	126.29	28.38	2.96
	6.0	15.75	12.28	135.43	30.43	2.94
	6.5	16.85	13.22	144.22	32.41	2.93
	7.0	18.03	14.16	152.67	34.31	2.91
95	3.5	10.06	7.90	105.45	22.20	3.24
	4.0	11.44	8.98	118.60	24.97	3.22
	4.5	12.79	10.04	131.31	27.64	3.20
	5.0	14.14	11.10	143.58	30.23	3.19
	5.5	15.46	12.14	155.43	32.72	3.17
	6.0	16.78	13.17	166.86	35.13	3.15
	6.5	18.07	14.19	177.89	37.45	3.14
	7.0	19.35	15.19	188.51	39.69	3.12
102	3.5	10.83	8.50	131.52	25.79	3.48
	4.0	12.32	9.67	148.09	29.04	3.47
	4.5	13.78	10.82	164.14	32.18	3.45
	5.0	15.24	11.96	179.68	35.23	3.43
	5.5	16.67	13.09	194.72	38.18	3.42
	6.0	18.10	14.21	209.28	41.03	3.40
	6.5	19.50	15.31	223.35	43.79	3.38
	7.0	20.89	16.40	236.96	46.46	3.37

尺寸 (mm)		截面面积	每米重量	截面特性		
d	t	A (cm^2)	(kg/m)	I (cm^4)	W (cm^3)	i (cm)
108	4.0	13.06	10.26	177.00	32.78	3.68
	4.5	14.62	11.49	196.35	36.36	3.66
	5.0	16.17	12.70	215.12	39.84	3.65
	5.5	17.70	13.90	233.32	43.21	3.63
	6.0	19.22	15.09	250.97	46.48	3.61
	6.5	20.72	16.27	268.08	49.64	3.60
	7.0	22.20	17.44	284.65	52.71	3.58
	7.5	23.67	18.59	300.71	55.69	3.56
	8.0	25.12	19.73	316.25	58.57	3.55
114	4.0	13.82	10.85	209.35	36.73	3.89
	4.5	15.48	12.15	232.41	40.77	3.87
	5.0	17.12	13.44	254.81	44.70	3.86
	5.5	18.75	14.72	276.58	48.52	3.84
	6.0	20.36	15.98	297.73	52.23	3.82
	6.5	21.95	17.23	318.26	55.84	3.81
	7.0	23.53	18.47	338.19	59.33	3.79
	7.5	25.09	19.70	357.58	62.73	3.77
	8.0	26.64	20.91	376.30	66.02	3.76
121	4.0	14.70	11.54	251.87	41.63	4.14
	4.5	16.47	12.93	279.83	46.25	4.12
	5.0	18.22	14.30	307.05	50.75	4.11
	5.5	19.96	15.67	333.54	55.13	4.09
	6.0	21.68	17.02	359.32	59.39	4.07
	6.5	23.38	18.35	384.40	63.54	4.05
	7.0	25.07	19.68	408.80	67.57	4.04
	7.5	26.74	20.99	432.51	71.49	4.02
	8.0	28.40	22.29	455.57	75.30	4.01
127	4.0	15.46	12.13	292.61	46.08	4.35
	4.5	17.32	13.59	325.29	51.23	4.33
	5.0	19.16	15.04	357.14	56.24	4.32
	5.5	20.99	16.48	388.19	61.13	4.30
	6.0	22.81	17.90	418.44	65.90	4.28
	6.5	24.61	19.32	447.92	70.54	4.27
	7.0	26.39	20.72	476.63	75.06	4.25
	7.5	28.16	22.10	504.58	79.46	4.23
	8.0	29.91	23.48	531.80	83.75	4.22

续附表 6 - 1

尺寸(mm)		截面面积	每米重量	截面特性		
d	t	A (cm^2)	(kg/m)	I (cm^4)	W (cm^3)	i (cm)
133	4.0	16.21	12.73	337.53	50.76	4.56
	4.5	18.17	14.26	375.42	56.45	4.55
	5.0	20.11	15.78	412.40	62.02	4.53
	5.5	22.03	17.29	448.50	67.44	4.51
	6.0	23.94	18.79	483.72	72.74	4.50
	6.5	25.83	20.28	518.07	77.91	4.48
	7.0	27.71	21.75	551.58	82.94	4.46
	7.5	29.57	23.21	584.25	87.86	4.45
	8.0	31.42	24.66	616.11	92.65	4.43
140	4.5	19.16	15.04	440.12	62.87	4.79
	5.0	21.21	16.65	483.76	69.11	4.78
	5.5	23.24	18.24	526.40	75.20	4.76
	6.0	25.26	19.83	568.06	81.15	4.74
	6.5	27.26	21.40	608.76	86.97	4.73
	7.0	29.25	22.96	648.51	92.64	4.71
	7.5	31.22	24.51	687.32	98.19	4.69
	8.0	33.18	26.04	725.21	103.60	4.68
	9.0	37.04	29.08	798.29	114.04	4.64
	10	40.84	32.06	867.86	123.98	4.61
146	4.5	20.00	15.70	501.16	68.65	5.01
	5.0	22.15	17.39	551.10	75.49	4.99
	5.5	24.28	19.06	599.95	82.19	4.97
	6.0	26.39	22.72	647.73	88.73	4.95
	6.5	28.49	22.36	694.44	95.13	4.94
	7.0	30.57	24.00	740.12	101.39	4.92
	7.5	32.63	25.62	784.77	107.50	4.90
	8.0	34.68	27.23	828.41	113.48	4.89
	9.0	38.74	30.41	912.71	125.03	4.85
	10	42.73	33.54	993.16	136.05	4.82
152	4.5	20.85	16.37	567.61	74.69	5.22
	5.0	23.09	18.13	624.43	82.16	5.20
	5.5	25.31	19.87	680.06	89.48	5.18
	6.0	27.52	21.60	734.52	96.65	5.17
	6.5	29.71	23.32	787.82	103.66	5.15
	7.0	31.89	25.03	839.99	110.52	5.13
	7.5	34.05	26.73	891.03	117.24	5.12
	8.0	36.19	28.41	940.97	123.81	5.10
	9.0	40.43	31.74	1037.59	136.53	5.07
	10	44.61	35.02	1129.99	148.68	5.03

尺寸(mm)		截面面积	每米重量	截面特性		
d	t	A (cm^2)	(kg/m)	I (cm^4)	W (cm^3)	i (cm)
159	4.5	21.84	17.15	652.27	82.05	5.46
	5.0	24.19	18.99	717.88	90.30	5.45
	5.5	26.52	20.82	782.18	98.39	5.43
	6.0	28.84	22.64	845.19	106.31	5.41
	6.5	31.14	24.45	906.92	114.08	5.40
	7.0	33.43	26.24	967.41	121.69	5.38
	7.5	35.70	28.02	1026.65	129.14	5.36
	8.0	37.95	29.79	1084.67	136.44	5.35
	9.0	42.41	33.29	1197.12	150.58	5.31
	10	46.81	36.75	1304.88	164.14	5.28
168	4.5	23.11	18.14	772.96	92.02	5.78
	5.0	25.60	20.10	851.14	101.33	5.77
	5.5	28.08	22.04	927.85	110.46	5.75
	6.0	30.54	23.97	1003.12	119.42	5.73
	6.5	32.98	25.89	1076.95	128.21	5.71
	7.0	35.41	27.79	1149.36	136.83	5.70
	7.5	37.82	29.69	1220.38	145.28	5.68
	8.0	40.21	31.57	1290.01	153.57	5.66
	9.0	44.96	35.29	1425.22	169.67	5.63
	10	49.64	38.97	1555.13	185.13	5.60
180	5.0	27.49	21.58	1053.17	117.02	6.19
	5.5	30.15	23.67	1148.79	127.64	6.17
	6.0	32.80	25.75	1242.72	138.08	6.16
	6.5	35.43	27.81	1335.00	148.33	6.14
	7.0	38.04	29.87	1425.63	158.40	6.12
	7.5	40.64	31.91	1514.64	168.29	6.10
	8.0	43.23	33.93	1602.14	178.00	6.09
	9.0	48.35	37.95	1772.12	196.90	6.05
	10	53.41	41.92	1936.01	215.11	6.02
	12	63.33	49.72	2245.84	249.54	5.95
194	5.0	29.69	23.31	1326.54	136.76	6.68
	5.5	32.57	25.57	1447.86	149.26	6.67
	6.0	35.44	27.82	1567.21	161.57	6.65
	6.5	38.29	30.06	1684.61	173.67	6.63
	7.0	41.12	32.28	1800.08	185.57	6.62
	7.5	43.94	34.50	1913.64	197.28	6.60
	8.0	46.75	36.70	2025.31	208.79	6.58
	9.0	52.31	41.06	2243.08	231.25	6.55
	10	57.81	45.38	2453.55	252.94	6.51
	12	68.61	53.86	2853.25	294.15	6.45

续附表 6-1

尺寸(mm)		截面面积	每米重量	截面特性		
d	t	A (cm^2)	(kg/m)	I (cm^4)	W (cm^3)	i (cm)
203	6.0	37.13	29.15	1803.07	177.64	6.97
	6.5	40.13	31.50	1938.81	191.02	6.95
	7.0	43.10	33.84	2072.43	204.18	6.93
	7.5	46.06	36.16	2203.94	217.14	6.92
	8.0	49.01	38.47	2333.37	229.89	6.90
	9.0	54.85	43.06	2586.08	254.79	6.87
	10	60.63	47.60	2830.72	278.89	6.83
	12	72.01	56.52	3296.49	324.78	6.77
	14	83.13	65.25	3732.07	367.69	6.70
	16	94.00	73.79	4138.78	407.76	6.64
219	6.0	40.15	31.52	2278.74	208.10	7.53
	6.5	43.39	34.06	2451.64	223.89	7.52
	7.0	46.62	36.60	2622.04	239.46	7.50
	7.5	49.83	39.12	2789.96	254.79	7.48
	8.0	53.03	41.63	2955.43	269.90	7.47
	9.0	59.38	46.61	3279.12	299.46	7.43
	10	65.66	51.54	3593.29	328.15	7.40
	12	78.04	61.26	4193.81	383.00	7.33
	14	90.16	70.78	4758.50	434.57	7.26
	16	102.04	80.10	5288.81	483.00	7.20
245	6.5	48.70	38.23	3465.46	282.89	8.44
	7.0	52.34	41.08	3709.06	302.78	8.42
	7.5	55.96	43.93	3949.52	322.41	8.40
	8.0	59.56	46.76	4186.87	341.79	8.38
	9.0	66.73	52.38	4652.32	379.78	8.35
	10	73.83	57.95	5105.63	416.79	8.32
	12	87.84	68.95	5976.67	487.89	8.25
	14	101.60	79.76	6801.68	555.24	8.18
	16	115.11	90.36	7582.30	618.96	8.12
273	6.5	54.42	42.72	4834.18	354.15	9.42
	7.0	58.50	45.92	5177.30	379.29	9.41
	7.5	62.56	49.11	5516.47	404.14	9.39
	8.0	66.60	52.28	5851.71	428.70	9.37
	9.0	74.64	58.60	6510.56	476.96	9.34
	10	82.62	64.86	7154.09	524.11	9.31
	12	98.39	77.24	8396.14	615.10	9.24
	14	114.91	89.42	9579.75	701.84	9.17
	16	129.18	101.41	10706.79	784.38	9.10
299	7.5	68.68	53.92	7300.02	488.30	10.31
	8.0	73.14	57.41	7747.42	518.22	10.29
	9.0	82.00	64.37	8628.09	577.13	10.26
	10	90.59	71.27	9490.15	634.79	10.22
	12	108.20	84.93	11159.52	746.46	10.16
	14	125.35	98.40	12757.61	853.35	10.09
	16	142.25	111.67	14286.48	955.62	10.02
325	7.5	74.81	58.73	9431.80	580.42	11.23
	8.0	79.67	62.54	10013.92	616.24	11.21
	9.0	89.35	70.14	11161.33	686.85	11.18
	10	98.96	77.68	12286.52	756.09	11.14
	12	118.00	92.63	14471.45	890.55	11.07
	14	136.78	107.38	16570.98	1019.75	11.01
	16	155.32	121.93	18587.38	1143.84	10.94
351	8.0	86.21	67.67	12684.36	722.76	12.13
	9.0	96.70	75.91	14147.55	806.13	12.10
	10	107.13	84.10	15584.62	888.01	12.06
	12	127.80	100.32	18381.63	1047.39	11.99
	14	148.22	116.35	21077.86	1201.02	11.93
	16	168.39	132.19	23675.75	1349.05	11.86
377	9	104.00	81.68	17628.57	935.20	13.02
	10	115.24	90.51	19430.86	1030.81	12.98
	11	126.42	99.29	21203.11	1124.83	12.95
	12	137.53	108.02	22945.66	1217.28	12.81
	13	148.59	116.70	24658.84	1308.16	12.88
	14	159.58	125.33	26342.98	1397.51	12.84
	15	170.50	133.91	27998.42	1485.33	12.81
	16	181.37	142.45	29625.48	1571.64	12.78
402	9	111.06	87.23	21469.37	1068.13	13.90
	10	123.09	96.67	23676.21	1177.92	13.86
	11	135.05	106.07	25848.66	1286.00	13.83
	12	146.95	115.42	27987.08	1392.39	13.80
	13	158.79	124.71	30091.82	1497.11	13.76
	14	170.56	133.96	32163.24	1600.16	13.73
	15	182.28	143.16	34201.69	1701.58	13.69
	16	193.93	152.31	36207.53	1801.37	13.66

续附表 6－1

尺寸(mm)		截面面积	每米重量	截面特性			尺寸(mm)		截面面积	每米重量	截面特性		
d	t	A (cm^2)	(kg/m)	I (cm^4)	W (cm^3)	i (cm)	d	t	A (cm^2)	(kg/m)	I (cm^4)	W (cm^3)	i (cm)
426	9	117.84	93.00	25646.28	1204.05	14.75	530	9	147.23	115.64	50009.99	1887.17	18.42
	10	130.62	102.59	28294.52	1328.38	14.71		10	163.28	128.24	55251.25	2084.95	18.39
	11	143.34	112.58	30903.91	1450.89	14.68		11	179.26	140.79	60431.21	2280.42	18.35
	12	156.00	122.52	33474.84	1571.59	14.64		12	195.18	153.30	65550.35	2473.60	18.32
	13	168.59	132.41	36007.67	1690.50	14.60		13	211.04	165.75	70609.15	2664.50	18.28
	14	181.12	142.25	38502.80	1807.64	14.47		14	226.83	178.15	75608.08	2853.14	18.25
	15	193.58	152.04	40960.60	1923.03	14.54		15	242.57	190.51	80547.62	3039.53	18.22
	16	205.98	161.78	43381.44	2036.69	14.51		16	258.23	202.82	85428.24	3223.71	18.18
450	9	124.63	97.88	30332.67	1348.12	15.60	550	9	152.89	120.08	55992.00	2036.07	19.13
	10	138.61	108.51	33477.56	1487.89	15.56		10	169.56	133.17	61873.07	2249.93	19.10
	11	151.63	119.09	36578.87	1625.73	15.53		11	186.17	146.22	67687.94	2461.38	19.06
	12	165.04	129.62	39637.01	1761.65	15.49		12	202.72	159.22	73437.11	2670.44	19.03
	13	178.38	140.10	42652.38	1895.66	15.46		13	219.20	172.16	79121.07	2877.13	18.99
	14	191.67	150.53	45625.38	2027.79	15.42		14	235.63	185.06	84740.31	3081.47	18.96
	15	204.89	160.92	48556.41	2158.06	15.39		15	251.99	197.91	90295.34	3283.47	18.92
	16	218.04	171.25	51445.87	2286.48	15.35		16	268.28	210.71	95786.64	3483.15	18.89
465	9	128.87	101.21	33533.41	1442.30	16.13	560	9	155.71	122.30	59154.07	2112.65	19.48
	10	142.87	112.46	37018.21	1592.18	16.09		10	172.70	135.64	65373.70	2334.78	19.45
	11	156.81	123.16	40456.34	1740.06	16.06		11	189.62	148.93	71524.61	2554.45	19.41
	12	170.69	134.06	43848.22	1885.94	16.02		12	206.49	162.17	77607.30	2771.69	19.38
	13	184.51	144.81	47194.27	2029.86	15.99		13	223.29	175.37	83622.29	2986.51	19.34
	14	198.26	155.71	50494.89	2171.82	15.95		14	240.02	188.51	89570.06	3198.93	19.31
	15	211.95	166.47	53750.51	2311.85	15.92		15	256.70	201.61	95451.14	3408.97	19.28
	16	225.58	173.22	56961.53	2449.96	15.88		16	273.31	214.65	101266.01	3616.64	19.24
480	9	133.11	104.54	36951.77	1539.66	16.66	600	9	167.02	131.17	72992.31	2433.08	20.90
	10	147.58	115.91	40300.14	1700.01	16.62		10	185.26	145.50	80696.05	2689.87	20.86
	11	161.99	127.23	44598.63	1858.28	16.59		11	203.44	159.78	88320.50	2944.02	20.83
	12	176.34	138.50	48347.69	2014.49	16.55		12	221.56	174.01	95866.21	3195.54	20.79
	13	190.63	149.08	52047.74	2168.66	16.52		13	239.61	188.19	103333.73	3444.46	20.76
	14	204.85	160.20	55699.21	2320.80	16.48		14	257.61	202.32	110723.59	3690.79	20.72
	15	219.02	172.01	59302.54	2470.94	16.44		15	275.54	216.41	118036.75	3934.55	20.69
	16	233.11	183.08	62858.14	2619.09	16.41		16	293.40	230.44	125272.54	4175.75	20.66
500	9	138.76	108.98	41860.49	1674.42	17.36	630	9	175.50	137.83	84679.83	2688.25	21.96
	10	153.86	120.84	46231.77	1849.27	17.33		10	194.68	152.90	93639.59	2972.69	21.92
	11	168.90	132.65	50548.75	2021.95	17.29		11	213.80	167.92	102511.65	3254.34	21.89
	12	183.88	144.42	54811.88	2192.48	17.26		12	232.86	182.89	111296.59	3533.23	21.85
	13	198.79	156.13	59021.61	2360.86	17.22		13	251.86	197.81	119994.98	3809.36	21.82
	14	213.65	167.80	63178.39	2527.14	17.19		14	270.79	212.68	128607.39	4082.77	21.78
	15	228.44	179.41	67282.66	2691.31	17.15		15	289.67	227.50	137134.39	4353.47	21.75
	16	243.16	190.98	71334.87	2853.39	17.12		16	308.47	242.27	145576.54	4621.48	21.72

附表 6-2 电焊钢管（直缝管）的规格及截面特性（按 YB 242—263 计算）

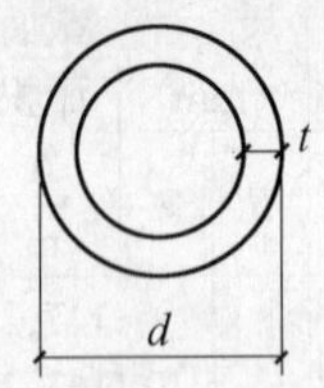

I——截面惯性矩；
W——截面抵抗矩；
i——截面回转半径。

尺寸 (mm)		截面面积	每米重量	截面特性		
d	t	A (cm^2)	(kg/m)	I (cm^4)	W (cm^3)	i (cm)
32	2.0	1.88	1.48	2.13	1.33	1.06
	2.5	2.32	1.82	2.54	1.59	1.05
38	2.0	2.26	1.78	3.68	1.93	1.27
	2.5	2.79	2.19	4.41	2.32	1.26
40	2.0	2.39	1.87	4.32	2.16	1.35
	2.5	2.95	2.31	5.20	2.60	1.33
42	2.0	2.51	1.97	5.04	2.40	1.42
	2.5	3.10	2.44	6.07	2.89	1.40
45	2.0	2.70	2.12	6.26	2.78	1.52
	2.5	3.34	2.62	7.56	3.36	1.51
	3.0	3.96	3.11	8.77	3.90	1.49
51	2.0	3.08	2.42	9.26	3.63	1.73
	2.5	3.81	2.99	11.23	4.40	1.72
	3.0	4.52	3.55	13.08	5.13	1.70
	3.5	5.22	4.10	14.81	5.81	1.68
53	2.0	3.20	2.52	10.43	3.94	1.80
	2.5	3.97	3.11	12.67	4.78	1.79
	3.0	4.71	3.70	14.78	5.58	1.77
	3.5	5.44	4.27	16.75	6.32	1.75
57	2.0	3.46	2.71	13.08	4.59	1.95
	2.5	4.28	3.36	15.93	5.59	1.93
	3.0	5.09	4.00	18.61	6.53	1.91
	3.5	5.88	4.62	21.14	7.42	1.90
60	2.0	3.64	2.86	15.34	5.11	2.05
	2.5	4.52	3.55	18.70	6.23	2.03
	3.0	5.37	4.22	21.88	7.29	2.02
	3.5	6.21	4.88	24.88	8.29	2.00
63.5	2.0	3.86	2.03	18.29	5.76	2.18
	2.5	4.79	3.76	22.32	7.03	2.16
	3.0	5.70	4.48	26.15	8.24	2.14
	3.5	6.60	5.18	29.79	9.38	2.12
70	2.0	4.27	3.35	24.22	7.06	2.41
	2.5	5.30	4.16	30.23	8.64	2.39
	3.0	6.31	4.96	35.50	10.14	2.37
	3.5	7.31	5.48	40.53	11.58	2.35
	4.5	9.26	7.18	49.89	14.26	2.32
76	2.0	4.65	3.65	31.85	8.38	2.62
	2.5	5.77	4.53	39.03	10.27	2.60
	3.0	6.88	5.40	45.91	12.08	2.58
	3.5	7.97	6.26	52.50	13.82	2.57
	4.0	9.05	7.10	58.81	15.48	2.55
	4.6	10.11	7.93	64.85	17.07	2.53
83	2.0	5.09	4.00	41.76	10.06	2.86
	2.5	6.32	4.96	51.26	12.35	2.85
	3.0	7.54	5.92	60.40	14.56	2.83
	3.5	8.74	6.86	69.19	16.67	2.81
	4.0	9.93	7.79	77.64	18.71	2.80
	4.5	11.10	8.71	85.76	20.67	2.78
89	2.0	5.47	4.29	51.75	11.63	3.08
	2.5	6.79	5.33	63.59	14.29	3.06
	3.0	8.11	6.36	75.02	16.86	3.04
	3.5	9.40	7.38	86.05	19.34	3.03
	4.0	10.68	8.38	96.68	21.73	3.01
	4.5	11.95	9.38	106.92	24.03	2.99
95	2.0	5.84	4.59	63.20	13.31	3.29
	2.5	7.26	5.70	77.76	16.37	3.27
	3.0	8.67	6.81	91.83	19.33	3.25
	3.5	10.06	7.90	105.45	22.20	3.24
102	2.0	6.28	4.93	78.57	15.41	3.54
	2.5	7.81	6.13	96.77	18.97	3.52
	3.0	9.33	7.32	114.42	22.43	3.50
	3.5	10.83	8.50	131.52	25.79	3.48
	4.0	12.32	9.67	148.09	29.04	3.47
	4.5	13.78	10.82	164.14	32.18	3.45
	5.0	15.24	11.96	179.68	35.23	3.43

续附表 6-2

尺寸 (mm)		截面面积	每米重量	截面特性		
d	t	A (cm^2)	(kg/m)	I (cm^4)	W (cm^3)	i (cm)
108	3.0	9.90	7.77	136.39	25.28	3.71
	3.5	11.49	9.02	157.02	29.08	3.70
	4.0	13.07	10.26	176.95	32.77	3.68
114	3.0	10.46	8.21	161.24	28.29	3.93
	3.5	12.15	9.54	185.63	32.57	3.91
	4.0	13.82	10.85	209.35	36.73	3.89
	4.5	15.48	12.15	232.41	40.77	3.87
	5.0	17.12	13.44	254.81	44.70	3.86
121	3.0	11.12	8.73	193.69	32.01	4.17
	3.5	12.92	10.14	223.17	36.89	4.16
	4.0	14.70	11.54	251.87	41.63	4.14
127	3.0	11.69	9.17	224.75	35.39	4.39
	3.5	13.58	10.66	259.11	40.80	4.37
	4.0	15.46	12.13	292.61	46.08	4.35
	4.5	17.32	13.59	325.29	51.23	4.33
	5.0	19.16	15.04	357.14	56.24	4.32
133	3.5	14.24	11.18	298.71	44.92	4.58
	4.0	16.21	12.73	337.53	50.76	4.56
	4.5	18.17	14.26	375.42	56.45	4.55
	5.0	20.11	15.78	412.40	62.02	4.53
140	3.5	15.01	11.78	349.79	49.97	4.83
	4.0	17.09	13.42	395.47	56.50	4.81
	4.5	19.16	15.04	440.12	62.87	4.79
	5.0	21.21	16.65	483.76	69.11	4.78
	5.5	23.24	18.24	526.40	75.20	4.76
152	3.5	16.33	12.82	450.35	59.26	5.25
	4.0	18.60	14.60	509.59	67.05	5.23
	4.5	20.85	16.37	567.61	74.69	5.22
	5.0	23.09	18.13	624.43	82.16	5.20
	5.5	25.31	19.87	680.06	89.48	5.18

注：宝鸡石油钢管厂生产的 ϕ219.1～ϕ426 的直缝钢管见续表。

续表

尺寸 (mm)		截面面积	每米重量	截面特性			生产厂家
d	t	A (cm^2)	(kg/m)	I (cm^4)	W (cm^3)	i (cm)	
219.1	5	33.61	26.61	1988.54	176.04	7.57	宝鸡石油钢管厂
	6	40.15	31.78	2822.53	208.36	7.54	
	7	46.62	36.91	2266.42	239.75	7.50	
	8	53.03	41.98	2900.39	283.16	7.49	
244.5	5	37.60	29.77	2699.28	220.80	8.47	
	6	44.93	35.57	3199.36	261.71	8.44	
	7	52.20	41.33	3686.70	301.57	8.40	
	8	59.41	47.03	4611.52	340.41	8.37	
273	6	50.30	39.82	4888.24	328.81	9.44	
	7	58.47	46.29	5178.63	379.39	9.41	
	8	66.57	52.70	5853.22	428.81	8.37	
323.9	6	59.89	47.41	7574.41	467.70	11.24	
	7	69.65	55.14	8754.84	540.59	11.21	
	8	79.35	62.82	9912.63	612.08	11.17	

续表

尺寸(mm) d	t	截面面积 A (cm²)	每米重量 (kg/m)	截面特性 I (cm⁴)	W (cm³)	i (cm)	生产厂家
325	6	60.10	47.70	7653.29	470.97	11.28	宝鸡石油钢管厂 沙市钢管厂
	7	69.90	55.40	8846.29	544.39	11.25	
	8	79.63	63.04	10016.50	616.40	11.21	
355.6	6	65.87	52.23	10073.14	566.54	12.36	
	7	76.62	60.68	11652.71	655.38	12.33	
	8	87.32	69.08	13204.77	742.68	12.25	
377	6	69.90	55.40	11079.13	587.75	13.12	
	7	81.33	64.37	13932.53	739.13	13.08	
	8	92.69	73.30	15795.91	837.98	13.05	
	9	104.00	82.18	17628.57	935.20	13.02	
406.4	6	75.44	59.75	15132.21	744.70	14.16	
	7	87.79	69.45	17523.75	862.39	14.12	
	8	100.09	79.10	19879.00	978.30	14.09	
	9	112.31	88.70	22198.33	1092.44	14.05	
	10	124.47	98.26	24482.10	1204.83	14.02	
426	6	79.13	62.65	17464.62	819.94	14.85	
	7	92.10	72.83	20231.72	949.85	14.82	
	8	105.00	82.97	22958.81	1077.88	14.78	
	9	117.84	93.06	25646.28	1206.05	14.75	
	10	130.62	103.09	28294.52	1328.38	14.71	

参考文献

[1] 中国建设部．建筑结构可靠度设计统一标准（GB 50068—2001）[S]．北京：中国建筑工业出版社，2001．

[2] 中国建设部．建筑结构荷载规范（GB 50009—2001）[S]．北京：中国建筑工业出版社，2001．

[3] 中国建设部．建筑抗震设计规范（GB 50011—2001）[S]．北京：中国建筑工业出版社，2001．

[4] 中国建设部．钢结构设计规范（GB 50017—2003）[S]．北京：中国计划出版社，2003．

[5] 湖北省发展计划委员会．冷弯薄壁型钢结构技术规范（GB 50018—2002）[S]．北京：中国计划出版社，2003．

[6] 中国工程建设标准化协会．门式刚架轻型房屋钢结构技术规程（CECS 102:2002）[S]．北京：中国计划出版社，2003．

[7] 中国建筑技术研究院．高层民用建筑钢结构技术规程（JGJ 99—98）[S]．北京：中国建筑工业出版社，1998．

[8] 北京工业大学，中国钢协专家委员会．预应力钢结构技术规程（CECS 212:2006）[S]．北京：中国计划出版社，2006．

[9] 中国建设部．网壳结构技术规程（JGJ 61—2003）[S]．北京：中国建筑工业出版社，2003．

[10] 天津市建设管理委员会．天津市空间网格结构技术规程（J 10566—2005）[S]．天津，2005．

[11] 哈尔滨建工学院，中国建科院．钢管砼结构设计与施工规程（CECS 28:90）[S]．北京：中国计划出版社，1992．

[12] 魏潮文，弓晓芸，陈友泉．轻型房屋钢结构应用技术手册［M］．北京：中国建筑工业出版社，2005．

[13] 王仕统．钢结构基本原理（第二版）[M]．广州：华南理工大学出版社，2007．

[14] 王仕统．双曲抛物面索网结构的近似计算［J］．建筑结构学报，1992（3）．

[15] 王仕统．衡量大跨度空间结构优劣的五个指标［J］．空间结构，2003（1）．

[16] 王仕统．简论空间结构新分类［J］．空间结构，2008（3）．

[17] 王仕统，金　峰，姜正荣，王　琦．索—桁结构的静力分析与动力特征研究［J］．建筑结构学报，1999（3）．

[18] 中国工程院土木水利与建筑工程学部．论大型公共建筑工程建设——问题与建议［M］．北京：中国建筑工业出版社，2006．

[19] 刘锡良．现代空间结构［M］．天津：天津大学出版社，2003．

[20] 钟善桐．钢管砼统一理论——研究与应用［M］．北京：清华大学出版社，2006．

[21] 钱若军，杨联萍．张力结构的分析、设计与施工［M］．南京：东南大学出版社，2003．

[22] 王仕统．我国钢结构和空间结构的现状与发展［J］．钢结构与建筑业，2001（1）．

[23] [美] T. Y. Lin（林同炎），S. D. Stotesbury（斯多台斯伯利）．Structural Concepts and Systems for Architects and Engineers（Second Edition，1988）．高立人，方鄂华，钱稼茹译．结构概念和体系（第二版）[M]．北京：中国建筑工业出版社，1999．

[24] 王仕统，姜正荣．宝安体育馆钢屋盖（140 m×140 m）结构设计［J］．钢结构，2003（5）．

[25] 王仕统，肖展朋，杨叔庸，李焜鸿．湛江电厂干煤棚四柱支承（113.4 m×113.4 m）屋盖网架结构［J］．空间结构，1996（2）．

[26] 刘大海，杨翠如．高楼钢结构设计（钢结构、钢-砼混合结构）[M]．北京：中国建筑工业出版社，2003．

[27] 陈富生，邱国桦，范　重．高层建筑钢结构设计（第二版）［M］．北京：中国建筑工业出版社，2004．

[28] 沈世钊，徐崇宝，赵 臣，武 岳．悬索结构设计（第二版）[M]．北京：中国建筑工业出版社，2006.
[29] 沈世钊，陈 昕．网壳结构稳定性 [M]．北京：科学出版社，1999.
[30] 陈绍蕃．钢结构稳定设计指南（第二版）[M]．北京：中国建筑工业出版社，2004.
[31] 陈 骥．钢结构稳定理论与设计（第二版）[M]．北京：科学出版社，2003.
[32] 唐家祥，王仕统，裴若娟．结构稳定理论 [M]．北京：中国铁道出版社，1989.
[33] 沈祖炎．钢结构学 [M]．北京：建筑工业出版社，2005.
[34] 董石麟，罗尧治，赵 阳．新型空间结构分析、设计与施工 [M]．北京：人民交通出版社，2006.
[35] 王仕统，姜正荣，谢 京．索—桁结构的设计参数探讨 [J]．建筑结构学报，2001 (5).
[36] 陈章洪．建筑结构选型手册 [M]．北京：中国建筑工业出版社，2000.
[37] 陆赐麟，尹思明，刘锡良．现代预应力钢结构 [M]．北京：人民交通出版社，2003.
[38] 王仕统．高层钢筋混凝土结构的抗震设计 [J]．成人高等教育，华南理工大学成人教育学院，1989.
[39] 曹 资，薛素铎．空间结构抗震理论与设计 [M]．北京：科学出版社，2005.
[40] F. Hartet. Multi－Storey Building in Steel, Second Edition. Collins Professional and Technical Books, 1985.
[41] [日] Masao Saitoh（斎藤公男），Hybrid Form－Resistance Structure, Shell、Membrane and Space Frames, Proceedings of IASS Symposium, Osake（大阪），1986 (2).
[42] [日] Kiyoshi Muto（武藤清），Aseismic Design Analysis of Buildings, Maruzen Co, Ltd. Tokyo, 1974.
[43] [英] John Chilton（约翰·奇尔顿）著．高立人译．空间网格结构（Space Grid Structures. 2000 国外当代结构设计丛书）[M]．北京：中国建筑工业出版社，2004.
[44] 李国强．多高层建筑钢结构设计 [M]．北京：中国建筑工业出版社，2004.
[45] 郑廷银．高层钢结构设计 [M]．北京：机械工业出版社，2005.
[46] 钱若军，杨联萍，胥传熹．空间格构结构设计 [M]．南京：东南大学出版社，2007.
[47] G·Kani 著．程积高译．多层刚架计算——一个考虑结点侧移简单而省时的方法 [M]．北京：中国建筑工业出版社，1963.
[48] 中国建筑科学研究院，浙江大学．网架结构设计与施工规程（JGJ 7—91）[S]．北京：中国建筑工业出版社，1992.
[49] 董石麟．空间结构 [M]．北京：中国计划出版社，2003.
[50] 陈伯真，胡毓仁．薄壁结构力学 [M]．上海：上海交通大学出版社，1992.
[51] 杨耀乾．薄壳理论 [M]．北京：中国铁道出版社，1984.
[52] [法] Rene Motro．薛素铎，刘迎春译．张拉整体——未来的结构体系 [M]．北京：中国建筑工业出版社，2007.
[53]《轻型钢结构设计手册》编委会．轻型钢结构设计手册 [M]．北京：中国建筑工业出版社，2006.
[54] 刘大海，杨翠如．高层建筑结构方案优选 [M]．北京：中国建筑工业出版社，1996.
[55] 沈祖炎，陈杨骥．网架与网壳 [M]．上海：同济大学出版社，1997.
[56] 罗福午，张惠英，杨 军．建筑结构概念设计及案例 [M]．北京：清华大学出版社，2003.
[57] [英] Z. S. Makowski 著．刘锡良，陈志华等译．平板网架分析、设计与施工 [M]．天津：天津大学出版社，2000.
[58] 王仕统．浅谈钢结构的精心设计（特邀报告）[C]．第三届全国现代结构工程学术研讨会论文集

（工业建筑，2003年增刊）.
[59] 尹德钰，刘善维，钱若军．网壳结构设计［M］．北京：中国建筑工业出版社，1996.
[60] 刘锡良，韩庆华．网格结构设计与施工［M］．天津：天津大学出版社，2004.
[61] ［英］Z. S. Makowski．赵惠麟等译著．穹顶网壳分析、设计与施工［M］．南京：江苏科学技术出版社，1992.
[62] 董石麟，陈兴刚．鸟巢形网架的构形、受力特性和简化计算方法［J］．建筑结构，2003（10）.
[63] 范　重，刘先明，范学伟，胡天兵，王　喆．国家体育场钢结构设计中的优化技术［C］．第五届全国现代结构工程学术研讨会（工业建筑，2005年增刊）.
[64] 北京市建筑设计院．北京工人体育馆的设计［J］．建筑学报，1961（4）.
[65] 浙江省工业设计院等．采用鞍形悬索屋盖结构的浙江人民体育馆［J］．建筑学报，1974（3）.
[66] 刘锡良，王仕统．积极进行技术储备，为2008年北京奥运场馆贡献力量［J］．钢结构与建筑业，2002（2）.
[67]《钢结构设计手册》编辑委员会．钢结构设计手册（上册，第三版）［M］．北京：中国建筑工业出版社，2004.
[68]《钢结构设计手册》编辑委员会．钢结构设计手册（下册，第三版）［M］．北京：中国建筑工业出版社，2004.
[69] 王仕统，王伯宁，姜正荣．四柱支承斜拉网架屋盖的静力分析和动力特征研究［J］．空间结构，1999（2）.
[70] 刘大海，杨翠如．型钢、钢管砼高楼计算和构造［M］．北京：中国建筑工业出版社，2003.
[71] ［美］Roger L. Brockenbrough，Frederick S. Merritt．同济大学钢与轻型结构研究室译．美国钢结构设计手册（上册）［M］．上海：同济大学出版社，2006.
[72] 尹德钰，赵红华．网架质量事故实例及原因分析［J］．建筑结构学报，1998，19（1）：15-23.
[73] 王秀丽．大跨度空间钢结构分析与概念设计［M］．北京：机械工业出版社，2008.
[74] 中国建设部．钢结构工程施工质量验收规范（GB 50205—2001）［S］．北京：中国计划出版社，2001.
[75] 陈友泉，魏潮文．门式刚架轻型房屋钢结构设计与施工疑难问题释义［M］．北京：中国建筑工业出版社，2009.
[76] Metal Building Manufacturers Association，Metal Building Systems Manual．2002，Cleveland，Ohio.
[77] 肖　炽，李维滨，马少华．空间结构设计与施工［M］．南京：东南大学出版社，1999.
[78] 童根树．钢结构设计方法（第一版）［M］．北京：中国建筑工业出版社，2007.
[79] 柴　昶，宋曼华．钢结构设计与计算（第二版）［M］．北京：机械工业出版社，2006.
[80] 梁启智，王仕统，林道勤．钢结构［M］．广州：华南理工大学出版社，2000.
[81] 沈祖炎，陈以一，陈扬骥．房屋钢结构设计［M］．北京：中国建筑工业出版社，2008.
[82] 魏明钟．钢结构（第二版）［M］．武汉：武汉理工大学出版社，2002.
[83] 王　宏，徐重良，邰国雄．广州歌剧院复杂钢结构综合施工技术．钢结构与建筑业，2008（18）.
[84] 陆赐麟．用科学标准促进钢结构行业健康发展．钢结构与建筑业，2009（19）.
[85] 曹富荣．深圳大运会主体育场铸钢结点制作新技术．钢结构与建筑业，2009（19）.
[86] 祝英杰．建筑抗震设计［M］．北京：中国电力出版社，2006.
[87] 戴立先，欧阳超，陈　滔．CCTV主楼超大悬臂钢结构安装技术．钢结构与建筑业，2008（18）.
[88] 陈绍蕃．钢结构（下册）房屋建筑钢结构设计［M］．北京：中国建筑工业出版社，2007.
[89] 周学军．门式刚架轻钢结构设计与施工［M］．济南：山东科学技术出版社，2001.

[90] 李雄彦. 门式刚架轻型钢结构工程设计与实例［M］. 北京：中国建筑工业出版社，2008.
[91] 冷弯薄壁型钢结构设计手册编辑委员会. 冷弯薄壁型钢结构设计手册［M］. 北京：中国建筑工业出版社，1995.
[92] 轻型钢结构设计手册编辑委员会. 轻型钢结构设计手册［M］. 北京：中国建筑工业出版社，2006.
[93] 轻型钢结构设计指南编辑委员会. 轻型钢结构设计指南［M］. 北京：中国建筑工业出版社，2000.